수준 높은 현장기술자를 위한 낮은 건설법무 이야기

황준화

박영사

첫 머리에

'언제나 나를 가르치는 건 말 없이 흐르는 시간이었다.'

그때는 몰랐는데 아주 긴 시간이 흐르고 많은 부침과 후회를 겪고 나서야 비로소 이 말의 묵직한 의미를 깨닫기 시작했던 것 같다.

현장기술자에게 현장은 기술의 배움터이고 삶의 터전이다. 그들은 현장이라는 공간 속에서 몸을 기대고 시간에 맡기다 보면 어느새 성숙한 기술자로서 다시 태어나게 된다. 현장에서의 시간은 그렇게 많은 배움의 깨우침을 '경험'이라는 이름으로 현장기술자에게 소리 없이 전해 준다.

지나고 보니 현장의 모든 문제는 시간이라는 거대한 흐름에서 해결되지 않는 것은 없었던 것 같다. 이 또한 다 지나간다. 그러나 여기에서 단서가 붙는다. 그것은 겉으로는 평온해 보이지만 현장기술자의 끊임없는 노력과 피땀 어린 쟁취의 결과물이라는 것이다.

어떤 문제라도 한 발 더 빨리 선제적으로 대응할수록 그리고 더 깊이 몰입하면 할수록 해결의 시간은 짧아진다. 그 해결의 원천은 지식에 기반한 상식이고 마무리는 경험이라는 산물이 된다. 이것이 반복되면 체화되어 감각이 된다. 이러한 과정 속에서 겪게 되는 많은 좌절과 고생은 스스로를 강인하게 만드는 덤으로써 각자가 가져가는 것이다. 혹독한 겨울이 가야 따뜻한 봄이 오고 모진 바람에 흔들려야 바랜 잎이 떨어지고 파릇한 새잎이 나오는 법이다. 아무리 오랫동안 현장에 몸담고 있더라도 아무 일도 하지 않으면 아무 일도 일어나지 않는다. 그 문제를 직접 맞닥뜨리지 않고 절실하게 고민하고 절박하게 끝까지 처리하지 않는다면 단순히 알기만 할 뿐 더 이상 스스로 문제를 해결하지 못하게 된다.

몸으로 체화하지 못한 경험과 지식은 확신이 될 수 없기에 해결의 도구가 될 수 없고 그렇다면 그것을 진정한 경험, 지식이라고 할 수 없는 것이다. 가 본 길을 아는 것은 운전자이지 옆자리의 동승자가 아니다.

현장에서 부딪치는 모든 문제는 반드시 해결의 답이 있다. 그리고 현장기술자는 이를 해결할 수 있는 기본이 있다. 그런데 좀 더 빠르고 더 확실하게 처리할 수 있느냐의 여부는 아주 작은 앎(knowing)을 갖고 있느냐에서 비롯되고 확신이 되어 좌고우면하지 않고 강력하게 실천할 수 있는 실행력으로 완결된다. 그래서 제대로 잘 알아야 하는 이유이다.

이 글은 그 작은 앎을 주고자 함이다. 현장의 모든 이벤트를 다 경험할 수 없지만 그래도 가장 쉽고 확실하게 자기 것으로 체화하여 확고하고 강력한 실행력을 줄 수 있는 그런 앎이다. 그래서 여기서의 앎이란 전문지식의 깊은 습득이라기보다는 문제를 해결하는 가장 좋은 방법과 정보를 찾을 수 있는 최소한의 방향이다. 그 다음으로 더 빠르게 해결할 수 있는 속도는 곧 간절함과 절박함으로 결정된다. 현장기술자가 확실한 방향과 속도를 가져야 하는 이유는 누구도 대체불가한 기술자(engineer)인 동시에 현장의 경영자(manager)이기 때문이다.

생각나는 대로 한 줄 한 줄 써 내려 가다 보니 어느새 읽기에 부담스러운 적지 않은 분량이 된 것 같다. 4가지의 서로 다른 이야기라고 위안을 해 보지만 그래도 과연 편하게 읽을 수 있을까라는 걱정이 앞선다.

'법 이야기'는 기본적인 법 상식과 공공공사의 「국가계약법」과 「공사계약일반조건」으로 한정했고 그러다 보니 자연스럽게 '분쟁 이야기'도 그 범주 내에서 다루게 되었다. 현장에서 발생하는 다양한 분야와 폭넓은 내용을 깊이 있게 다루지 못해 아쉽기도 하지만 아직까지는 내 스스로가 감당하기 어렵기도 하거니와 시중에 더 훌륭한 전문서적이 있기에 부족한 부분은 거기에 맡기는 것이 더 나을 듯싶다. 이 글이 진정 많은 현장기술자와 전문분야의 모든 분들에게 도움이 되고 여기에 또 다른 기회가 주어진다면 더 쉽지만 수준 높은 글을 집필할 수 있도록 다음을 기약하고자 한다. 한 가지 당부드리고 싶은 것은 '분쟁 이야기'의 내용은 반드시 '분쟁'으로만 한정하지 않고 평소에 현장기술자가 담고 가야 할 자세와 방향에 대한 저자의 자유로운 생각도 담았으니 수필을 읽듯이 편히 접했으면 하는 바람이다.

법과 분쟁만을 다루기에는 공허하고 왠지 부족할 것 같아 조금이라도 현장기술자에게 도움이 되고자 열정을 가지고 업무를 수행했던 공사보험과, 동료와 함께 고민하며 협업했던 하도급법 분야에 대한 나의 작은 경험과 묵혀 있던 자료를 다시 소환하여 나름 체계적으로 정리하고자 하였다. 공사보험과 하도급법은 아무리 쉽고 편하게 쓰고자 해도 기본적인 내용의 숙지가 필요하기 때문에 이를 접하는 현장기술자도 저자가 느낀 건조함과 지루함을 경험할 수밖에 없을 것 같다.

지금도 전국팔도, 세계 곳곳의 현장에서 인프라 건설을 위해 고생하는 현장기술자 여러분과 그리고 현장에 닥친 많은 어려움을 함께 헤쳐 나가는 데 도움을 주고 계신 많은 분야의 전문가에게 지면을 통해 한없는 고마움을 표시하고 싶다. 더불어 이 글을 통해 함께 소통하고 조금이라도 그 어려움을 나누고 실무에 도움이 되기를 간절하게 바란다.

깊이 있는 전문서적도 아니고 다음 장을 기다리는 흥미 있는 소설은 더욱 아니기에 이 글도 본이 아니게 '반달'이 된 것 같다. 그럼에도 불구하고 초라한 글을 세상 밖으로 나올 수 있도록 정성껏 도와주신 박영사 관계자 여러분께 진심으로 감사드린다. 70년의 긴 세월 동안 법학 관련, 독보적이고 전통의 역사를 가진 출판사인 '박영사'에 저자라는 이름과 글이 누가 되지 않기를 바란다.

2023. 2.
황준화

목 차

― 첫 번째 이야기 ―
법 이야기

─ 두 번째 이야기 ─

분쟁 이야기

— 세 번째 이야기 —

공사보험 이야기

— 네 번째 이야기 —

하도급법 이야기

부 록

들어가면서

테마

    현장은 보이지 않는 리스크(Risk)가 항상 도사리고 있다. 리스크는 어느 날 갑자기 발생하여 나타나는 것이 아니라 항상 내재적으로 만들어져 잠재해 있다가 일정 수위를 넘어갈 때 비로소 거대한 암 덩어리가 되어 현장의 임팩트로 다가온다. 현장은 공사기한이라는 끝이 있어서 리스크를 완전히 제거할 수 없다면 실제 발현되지 않도록 방어하고 관리하는 것이 최선이다.

    예측자체가 전혀 불가능한 현장 리스크란 없다. 다만 상존하는 리스크가 어떻게, 얼마나 현장에 영향을 주는가의 문제이고 이를 최소화하거나 무력화시키는 일련의 모든 행위가 곧 리스크 관리다.

    현장 초기에는 주로 사업성 민원부터 시작하여 착공 이후에는 공사관련 민원으로 공정차질이 발생하는 것은 아주 일반적이고 그 외에도 설계 및 시공결함 등의 품질사고, 하도급업체의 부도, 인허가지연, 안전 및 풍수해 등의 사고, 발주처, 감리자, 협력사 등의 이해관계자들과 흔히 발생하는 계약이행에 관한 갈등과 분쟁 등 곳곳이 지뢰밭과 같은 위험요소가 산재해 있다. 그 위험이 발현되면 곧바로 공사지연의 시간(Time)과 비용(Cost), 벌점부과, 영업제한 등과 같은 행정제재(Penalty)로 현장에 상처를 주게 된다. 한번 베인 상처는 빨리 치료하고 더 번지지 않도록 해야 한다.

    이와 같은 잠재적이고 발현된 리스크는 전통적으로 있어 왔고 이를 대응하는 데 있어서 현장의 경험적 Know—how 및 관례, 그리고 절차적 시스템을 통해 제거하거나 최소화할 수 있었다. 물론 가장 중요한 실질적 해결주체는 현장기술자이다. 그들이 얼마나 리스크의 총량을 제대로 파악하여 이에 대응하고 극복할 수 있느냐에 따라 현장의 성패를 좌우하게 된다.

    그런 의미에서 현장 리스크를 꼽으라면 나는 주저 없이 분쟁, 공사보험, 하도급 문제의 3가지를 우선 짚을 것이다.

    계약이행에 관한 발주처와의 분쟁, 갑작스럽고 예측 불가한 사고를 처리하기 위한 공사보험, 오랜 하도급 관행과 관성적인 사소한 잘못으로 치명적인 법적 제재가 뒤따를 수 있는 하도급법 문제가 아닐까 한다.

3대 리스크를 처리하는 데 있어서 전통적인 현장의 일처리 방식만으로는 분명 한계가 있고 오히려 더 큰 위험을 불러올 수 있다. 그것은 현장기술자가 온전히 처리하기 어려운 전문성을 가진 독립적이고 배타적인 문제들이기 때문이다. 반드시 더 잘 알고 더 많은 경험을 가진 확실한 전문가의 지원과 도움을 받아야 한다. 그러나 정작 도움은 필요할 때 찾을 수 없다. 그때부터 고난은 시작된다. 현장의 차고 넘치는 업무를 수행하는 현장기술자가 이 모든 리스크를 오롯이 감당하기에는 너무 큰 짐이다. 그들은 현장기술자로서 해야 할 현장의 일이 너무 많기 때문이다.

실력이 아니라 방향의 문제다. 이미 현장기술자는 모든 문제를 접해 오면서 이를 처리할 충분한 실력을 가지고 있다. 마중물이 없으면 아무리 좋은 펌프라도 우물물을 끌어올릴 수 없듯이 마중물과 같은 작은 도움을 받을 수 있다면 이러한 리스크는 때론 큰 어려움 없이 극복할 수 있다. 현장은 이를 해결해야 할 책임이 있고 그 주체는 현장기술자의 몫이다. 그래서 현장기술자는 영리함(Smart)을 넘어 영악할(Shrewd) 정도의 업무처리 능력이 필요하며 이를 위해서는 현장기술자는 리스크에 대한 기본적인 법무지식(Legal Affairs Knowledge)과 업무감각(Work Sense)을 제대로 가지고 있어야 한다.

그것이 곧 역량(Capability)이다. 역량이 쌓이면 강한 문화가 된다.

나 역시 현장기술자로서 많은 문제로 철저하게 좌절하기도 했고 관찰자적 입장에서 고민하고 힘들어하는 현장기술자를 숱하게 보아왔다. 그래서 누구보다도 그들의 간절하고 절박한 마음을 알고 있다. (현장업무로 너무 힘들고 심한 마음고생에 현장지원을 간 나를 보자마자 울분을 토하면서 너무 힘들고 지쳐 눈물을 쏟은 동료가 아직도 생각난다.)

이 글을 쓰게 된 동기다. 그저 내가 만나고 접했던 힘들고 고된 현장을 묵묵하게 지키고 있는 현장기술자의 눈높이를 생각하면서 나의 조그마한 팁(Tip)이, 미천한 경험이 그들에게 도움이 되고자 하는 마음에서다.

누가 뭐래도 나는 현장기술자가 현장의 문제를 해결하는 능력에 있어서 탁월한 역량이 있는지를 잘 알고 있다. 누구나 처음의 낯섦은 힘들기 마련이다. 그들에게 마중물만 되어준다면 더 많은 능력을 발휘하여 Solution을 찾을 수 있다고 확신한다.

지금도 현장의 짐을 안고 고민하고 힘들어 하는 현장기술자에게 소중한 마중물이 되어 수준 높은 현장기술자에게 조금이라도 도움이 되길 바란다.

[일러두기]

- 본서는 국가계약법(지방계약법)이 적용되는 공공공사를 중심으로 서술하였다.

- 본서는 어려운 법률용어를 가급적 배제하였고 법 이야기편의 '알기 쉬운 법률용어'의 범위 내에서 사용하였다.

- 국가계약법령상 '각 중앙관서의 장 또는 계약담당공무원'은 법적 의미가 다소 다를 수 있지만 편하게 이해할 수 있도록 '발주처'로 대체하여 표현하였다.

- 건설공사를 건설사업자에게 도급하는 자의 법률적 용어는 '발주자', 정부나 지자체, 공공기관은 '발주청'이라는 표현이 법률상 적절한 용어지만, 현장에서 오랫동안 '발주처'라는 표현을 주로 사용하고 있기에 편의상 이를 일반화하여 사용하였다.

- 「국가계약법」이나 「공사계약일반조건」 등의 법령규정은 별책으로 담지 않고 각각의 이야기와 관계있는 관련 규정의 원본을 박스형식으로 실어 한번에 확인하여 이해할 수 있도록 구성 하였다.

- 법령을 인용한 경우에 대해 법조항의 제목을 반영하여 별도의 색인이 필요 없도록 하였다 (예 :국가계약법 시행령 제91조(설계변경으로 인한 계약금액의 조정)).

- 법령을 별책이나 부록으로 첨부하지 않은 이유는 법령은 개정 및 제정으로 지속적으로 변하기 때문에 가급적 책자보다는 국가법령정보센터(www.law.go.kr)를 활용함을 권장하기 위함이다.

- 사건에 대한 판례의 색인은 종합법률정보(glaw.scourt.go.kr)를 활용하면 된다.

- 공사보험 이야기는 내용으로만 이해하는 데 부족하다고 판단되어 질의 및 답변사항을 반영하고 하도급법 이야기에서도 가급적 사례 위주로 설명하였다.

- 본문에서 담지 못한 건설관련 규정, 소장, 중재합의서, 판결문 등의 각종 양식 및 보험증권 (번역본)은 「부록」에서 별도로 다루었다.

- 본 내용에서 적용된 법령은 2022년 6월을 기준으로 적용되었고 그 이후 법 제정 및 개정으로 인해 변경된 사항은 별도로 감안하여야 한다.

- 법 이야기는 '공공조달계약법(저자 정원, 법률문화원), 공사보험 이야기는 '건설현장의 위험과 클레임 처리(저자 김정식, 대한경제)', 하도급법 이야기는 '하도급분쟁 심플한 정리법(저자 고지훈·김용우·여지윤, 건설경제)'의 내용을 참고 또는 인용하였으므로 자세한 내용의 이해를 위해서 해당 서적을 참조하기 바란다.

첫 번째 이야기

법 이야기

01
알기 쉬운 법으로의 한 걸음

법(法)이라는 한자를 풀어 보면 물(水)이 흘러서 가는(去) 것이다. 물은 거칠지 않고 모나지 않게 편안하게 낮은 곳으로 흘러간다는 순리(順理)의 의미다.

법은 사회적 인간으로서의 최소한으로 지켜야 하는 도덕적 규범을 명시화한 것인데 '법대로 한다'라는 말이 정떨어지는 무섭고 피곤하게만 느껴지는 것을 보면 법이 정말 '순리'일까 의심이 가기도 한다.

법이라는 단어가 짓누르는 무게감 때문에 '법 이야기'라는 소제목도 부담스럽게 느껴진다면 할 수 없지만 여기서 법이란 헌법, 형법, 소송법 등 어마무시한 법률 분야가 아니라 현장기술자가 이미 접해 보고 어느 정도 실무를 통해 알고 있는 '국가계약법'과 계약규정인 '공사계약일반조건'의 내용을 중심으로 한 건설관련법과 하도급법을 정리한 것으로 현장기술자가 언제 어디서나 접할 수 있는 상식수준(?)이므로 편하게 읽을 수 있는 이야기이니 안심해도 된다. 앞으로 다루어야 할 분쟁, 공사보험 및 하도급법에 관한 이야기를 펼쳐나가는 데 있어 필요한 기본적인 법률적 지식이기도 하다.

현장기술자가 변호사[1]가 될 일도 없고 전문적으로 법을 알아야 할 이유 또한 없으니 전혀 부담 갖지 않아도 될 것 같다.

나 역시 법학도가 아니고 더욱이 법률가 또한 아니어서 함부로 법을 논한 수준의 식견도 없지만, 단지 기술자로서 내가 아는 범위에서 현장에서 본연의 업무에 수고하는 현장기술자를 위해 조금이나마 쉽고 보탬이 되었으면 하는 마음으로 글을 쓴 것임을 밝혀두고 싶다.

---

1) 과거에는 사법시험 또는 사법고시라고 하는데 2017년까지 시행, 제59회 사법시험을 마지막으로 사법시험은 폐지되었고 그 이후에는 「법학전문대학원 설치·운영에 관한 법률」 제18조 제1항에 따른 법학전문대학원(로스쿨)의 석사학위를 취득한 사람 및 3개월 이내에 위 석사학위를 취득할 것으로 예정된 사람이 변호사시험에 응시자격이 주어진다.

오랫동안 선배들이 해 왔던 대로 부단히 쉬지 않고 목적물을 만들고 묵묵히 현장을 지키면서 열심히만 하면 항상 좋은 결과가 있었고 그 경험은 또 다음 현장에서의 밑천이 되어 왔던 것이 현장기술자가 그려왔던 '기본(基本)'이고 현장(現場, Site)이었다. 그런데 언젠가부터 현장기술자에게 '일만 열심히 하면 된다'라는 수식어는 실제로 통하지 않았고 반드시 좋은 결과로만 이어지지 않았기에 이제 '라떼' 같은 전설이 되었다.

기본이 변한 것이 아니라 현장이, 시대가 변했다는 표현이 맞을 것이다.

그렇다. 좋은 시절이 갔다고 보면 된다. 건설산업 특히 공공공사(公共工事)는 이제 돈이 되는 환경(Blue-Ocean)에서 돈을 잃는 환경(Red-Ocean)으로 이미 빠르게 변하고 있기 때문이다(이미 변했다는 표현이 맞을런지 모른다).

기업은 돈이 되지 않으면 허용의 폭(tolerance)이 줄어들고 다음을 기약할 수 없는 생존의 문제에 접하게 된다. 이제 단 한 번의 손해도 허용할 수 있는 수준을 넘어서 더 이상 만회할 수 없는 비정한 시장이 되었다. 그래서 살아남기 위한 다툼이 많아질 수밖에 없다. 수익구조의 한계에 봉착하고 있는 공공공사에서 법적분쟁의 다툼이 폭증하는 것은 전혀 이상한 것이 아니다.

현장기술자가 거친 노가다 현장에서 법이라는 고상한 분야를 접할 것으로 누가 생각이나 했겠는가?

나 역시 어쩌다 '법'이라는 큰 주제로 글을 쓰고 있지만 나 스스로를 보면서 세상이 참 많이 변했음을 부정할 수 없게 된다.

그러나 앞으로도 현장기술자로서 현장을 지켜야 할 날들이 많다면 이러한 변화를 부정할 필요도 없고 걱정하거나 두려워할 필요 또한 없다. 그 변화에 맞추어 대응하면 된다. 다만 변화의 대응에는 조건이 있다.

그동안 관성적으로 별 생각 없이 해 왔던 모든 일이 다 법으로 연결되어 있음을 깨닫는 것이 우선이고 그 절차에 따라 경험을 더해 조화롭게 일을 처리하면 된다. 그것을 법적 마인드(Legal Mind)라고 한다. 현장에서 이행하는 모든 계약행위는 법의 테두리 내에 있게 되므로 법을 이해하면 예측 가능한 대응을 할 수 있고 모든 업무가 체계성과 일관성을 갖고 있음을 확인할 수 있다. 그렇다고 현장기술자가 법에 대한 전문지식을 공부해야 한다는 것은 아니고 그럴만한 이유도 없다.

법은 국가의 안녕과 질서를 유지하는 최소한의 수단임과 동시에 권리를 행사하고 의무를 이행하면서 유지되는 개인과 사회의 계약적 관계에 있어서 기본적 토대가 된다. 마찬가지로 공공공사도 이와 같은 권리와 의무의 계약적 관계를 이행하는 데 있어서 국가계약법령이라는 법률에 근거하고 있으므로 법에 관한 이해가 필요한 명백한 이유가 된다.

법이라는 분야만 떼어서 본다면 현장기술자는 일반인과 다를 바 없는 상식적인 수준으로 법을 이해하고 있다. 본연의 업무가 법과 직접적으로 밀접하다고 생각하고 있지 않다. 그런데 가만히 보면 오랫동안 현장기술자가 목적물을 완성해가면서 실제 수행하는 모든 업무와 행위가 법에서 정한 규정에 따라 수행되고 있다는 것은 변함없는 사실이다. 특히 국가예산이 집행되는 공공공사는 발주처가 곧 정부이기 때문에 계약부터 준공까지 모든 행위가 법에 의한 행정이 된다.

그럼 행정(行政)이란 무엇인가? 이는 공익실현을 위해 법을 집행하는 작용이며 법이라는 테두리에 법의 목적을 구현하는 강제적이고 실질적인 행위이다. 발주처의 감독이, 인허가 기관의 담당자가 하나같이 규정을 따지면서 고압적이고 깐깐하게 업무를 처리하는 것은 법에서 정한 규정대로 집행해야 하기 때문이다.

발주처의 이와 같은 행정업무가 올곧게 수행될 수 있도록 법에서 정한 계약적 권한이 부여되면서 갑과 을의 구분이 명확해지게 된다. 발주처의 재량권 행사에 대해 상대적으로 계약상대자의 이익이 부당하게 침해되어 손해가 발생하거나 반대로 계약상대자가 수급자의 의무를 이행하지 못함으로써 발생하는 발주처의 손해를 법으로 다투는 행위가 곧 '분쟁'이고 이를 해결하는 수단 역시 법이 된다.

이제 조금씩 현장기술자가 아는 범위 내에서 법에 접근해 보자.

02
현장기술자가 알아야 할 법(法)이란?

모든 업(業)에는 그에 관한 법이 존재하고 반드시 법에 따라 업무를 수행해야 한다.

회사간의 상거래, 보험업무를 위해서는 상법을 알아야 하고, 세무사는 세법을, 부동산업자는 부동산 관련법을 알아야 하듯이 건설업에 종사하는 현장기술자도 건설관련법을 기본적으로 알아야 한다.

지금 이 순간에도 현업에 종사하는 현장기술자는 일을 통해 직간접적으로 법을 접하고 있고 이미 상당한 부분 알고 있으므로 전혀 걱정할 것은 없다(그런데 정작 현장기술자는 스스로가 잘 알고 있는 건설관련법을 잘 모른다고 생각하고 있다).

건설 분야는 토목, 건축이 큰 주축을 이루고 있지만, 이외에도 전기, 설비, 조경, 환경 등 매우 방대하고 다양하므로 그 공종에 따라 적용되는 법령이 다를 수 있다. 건설산업기본법은 모든 건설분야에 적용될 것 같지만 전기공사는 「전기공사업법」, 소방공사는 「소방시설공사업법」, 정보통신공사는 「정보통신공사업법」, 문화재 수리공사는 「문화재 수리 등에 관한 법률」과 같은 법령의 적용을 받기 때문에 이들 공사와는 사실상 무관하다.

토목이나 건축공종이 주된 공사에서 전기공사나 소방공사 등이 포함되면 별도의 인허가를 위한 제반서류를 작성해야 하는데 이는 서로 각자 다른 법령이 적용되기 때문이다.

현장기술자가 실무에서 접하는 가장 맏형격인 법이 건설산업기본법(이하 건산법)이고 여기서 적용되는 건설공사는[1]는 토목, 건축, 산업설비, 조경, 환경시설. 시설물 설치·유지·보

---

1) 건설산업기본법 제2조(정의) 이 법에서 사용하는 용어의 뜻은 다음과 같다.
  4. "건설공사"란 토목공사, 건축공사, 산업설비공사, 조경공사, 환경시설공사, 그 밖에 명칭과 관계없이 시설물을 설치·유지·보수하는 공사(시설물을 설치하기 위한 부지조성공사를 포함한다) 및 기계설비나 그 밖의 구조물의 설치 및 해체공사 등을 말한다. 다만, 다음 각 목의 어느 하나에 해당하는 공사는 포함하지 아니한다.
    가. 「전기공사업법」에 따른 전기공사
    나. 「정보통신공사업법」에 따른 정보통신공사

수하는 공사로 한정하고 있다. 건설기술관련 연구, 개발, 산업 및 건설현장의 품질 향상 및 안전에 관한 내용을 담고 있는 건설기술진흥법(구 건설기술관리법, 이하 건진법)도 건산법에서 정한 건설공사의 범위 내에서 적용된다. 이는 전기공사, 소방공사,. 정보통신공사, 문화재 수리공사는 건산법과 건진법의 적용을 받지 않음을 의미한다.

같은 공공시설물을 건설하는 토목, 건축공사지만 재정사업과 민자사업의 법적용 역시 다르다. 재정사업은 국가예산이 투입되는 공공공사로 국가계약법령을 적용받는 한편, 민자사업은 「사회기반시설에 대한 민간투자법」(약칭 민간투자법)이 적용되므로 기본체계부터 완전히 다르다.

이와 같이 법적용이 다른 이유는 건산법이나 건진법은 국토교통부, 전기공사업법은 산업통상자원부, 정보통신공사업법은 과학기술정보통신부, 민간투자법은 기획재정부 등 법을 관할하는 정부부처가 다르기 때문이다.

공공공사의 현장기술자가 가장 많이 접하게 되는 「국가계약법」은 건설공사 외에도 국가예산을 통해 조달·계약되는 모든 분야에 적용되어 국토교통부가 아닌 기획재정부 소관으로 딱 짚어서 건설관련법이라고 할 수 없지만 모든 공공공사계약에 직접 적용되므로 실질적으로 가장 중요한 법이다(참고로 지방계약법은 행정안전부 소관이다).

「하도급거래 공정화에 관한 법률」(약칭 하도급법) 역시 건설을 포함한 하도급거래가 통용되는 산업에 적용되어 건설관련법이라고 한정할 수 없지만 대부분의 건설공사가 주로 대기업 건설업체인 원수급자와 중소기업 전문건설업체인 하수급자의 하도급거래를 기반으로 하고 있고 건설에서 하도급 문제가 많은 쟁점이 되기 때문에 현장기술자가 실무적으로 자주 다루게 되는 밀접한 분야이다.

특히 하도급법은 하도급업체를 보호하기 위한 특별법으로 위반시 강력한 법적제재가 뒤따르기 때문에 건설관렵법 이상으로 기본적인 내용을 확실하게 이해하고 준수해야 할 필요가 있다.

'법 이야기'에서는 주로 국가계약법령을 중심으로 계약이행에 있어서 실무적으로 가장 많이 접하는 예규이자 계약문서인 「공사계약일반조건」을 중심으로 다루었고 하도급법에 관한 내용은 '하도급법 이야기'에서 별도로 다루었다.

건산법과 건진법은 그 내용이 방대하므로 직접 다루기 어렵지만, 국가계약법령과 달리 벌칙규정에 따른 제재를 동반하는 강제규정이 대부분이므로 현장기술자들이 간과하거나 위반하기 쉬운 벌칙조항 중심으로 다루었다.

다. 「소방시설공사업법」에 따른 소방시설공사
라. 「문화재 수리 등에 관한 법률」에 따른 문화재 수리공사

03
법쟁이와 토쟁이 그리고 Legal Mind

법률가의 사전적 정의는 법률을 연구하고 해석하거나 적용하는 일을 전문으로 하는 사람이다. 현장에서 토목기술자를 토쟁이, 건축기술자를 쪽쟁이라고 하듯이 법률가를 법쟁이라고 하는데 쟁이는 전문가, 고수라는 의미와 함께 약간 비하하거나 자조적 표현이기도 하다.

법쟁이인 법률가가 반드시 변호사라는 라이선스가 필요한 것 같지 않지만 통념적으로 변호사를 포함하여 판사, 검사 또는 법률을 전문으로 하는 교수 등의 전문가 집단을 포함하여 지칭한다고 할 수 있다.

변호사는 국가(법무부)에서 주관하는 변호사 시험에 통과하여야 자격이 주어지게 된다. 흔히들 말하는 육법전서(六法全書)란 변호사가 되기 위한 시험과목[1] 중에 헌법, 민법, 형법, 상법, 형사소송법, 민사소송법을 일컫는다.

앞서 설명한 국가계약법, 건설산업기본법, 건설기술진흥법, 하도급법과 같은 법은 변호사가 되기 위한 시험과목은 아니다. 달리 말하면 모든 변호사가 건설관련법을 안다고 할 수 없다. '잘 모른다'가 팩트이고 그것은 전혀 이상한 것이 아니다. 누구나 변호사는 모든 법을 다 잘 안다고 생각할 수 있지만, 이는 마치 토목기술자가 모든 공사를 다 잘 안다고 생각하는 것과 같은 선입견이다.

오래전에 건설분쟁 관련 세미나에서 패널로 참석한 변호사가 건설관련 소송에 대한 설명을 마치고 추가 질문을 받는 과정에서 참석자가 난데없이 하도급법에 관한 질문을 훅 던졌는데 변호사는 굉장히 당황하며 질문 취지에 맞지 않는 답변으로 빙빙 둘러대는 모습을 보

---

1) 공법(헌법 및 행정법 분야), 민사법(민법, 상법 및 민사소송법 분야), 형사법(형법 및 형사소송법 분야), 전문적 법률분야에 관한 과목(국제법, 국제거래법, 노동법, 조세법, 지적재산권법, 경제법, 환경법) 중 응시자가 선택하는 1개 과목

면서 그 순간 저 변호사는 하도급법을 전혀 모르고 있다는 나름의 확신이 들었다. 그러잖아도 변호사가 설명한 건설분쟁에 대해서도 왠지 실무와 달리 공허한 느낌이 들었기에 건설전문변호사는 아니라는 생각이 들었었다.

여기서 수준이나 실력을 말하고자 함이 아니라 서로 다른 분야에 대한 생소함을 말하고자 하는 것이다. 어찌 감히 나의 얕은 수준으로 변호사를 평가할 수 있겠는가? 이혼전문 변호사에게 국가계약법에 관한 질문한다면 역시 같은 결과가 나올 것이다. 같은 말이지만 교량공사만 해 본 현장기술자에게 갑자기 댐공사, 항만공사의 어떤 세부공종을 갑자기 물어보는 것과 다르지 않다. 물론 토목이든 법이든 전공분야이므로 나름 기본기로 어떻게 둘러댈 수 있을지 모른다. 이런 경우 가장 정답은 '조금 아는 것', '잘 모르는 것'이 아니라 정확하게 '모른다'가 맞는 말이다. 전문가의 세계에서 잘 모르는 것은 없고 오로지 '모른다'가 정답이다. 모르는 것보다 더 위험한 것은 조금 아는 것, 잘 모르는 것의 모호함이다.

안다는 것은 모르는 것을 아는 것이 바로 아는 것이다(知之爲知之 不知爲不知 是之也). 언제나 프로의 세계에서 잘 모르는 선무당이 사람 잡는다는 말은 틀린 말이 아닌 것 같다.

전문가는 서로 다른 분야라도 전문가로서 앎의 깊이를 단박에 느낄 수 있다.

현장기술자는 공사착수부터 준공에 이르기까지 건설관련법을 통해 업무를 수행하지만, 실제 본인들은 법을 잘 모른다고 생각한다. 왜냐면 법을 전공하지 않은 토쟁이기 때문이다. 그래서 기술자로서 목적물을 만드는 것이지 법을 이행한다는 생각은 전혀 하지 않는다.

그렇지만 그것은 사실이 아니다. 착공과 함께 착공계를 제출하고 품질·안전계획서, 실정보고, 설계변경, 기성수금, 검측행위, 계약금액조정 및 변경, 준공계 제출 그리고 준공 및 하자관리까지 일련의 모든 현장의 실무업무는 법적, 계약적 제반규정에 명시되어 있고 이를 이행하는 것이다. 다만 현장기술자는 각각의 업무에 대해 일일이 제반 법규정을 찾아가면서 수행하는 것이 아니라 전통적으로 오랜 시간에 걸쳐 정해진 업무를 자연스럽게 승계하면서 일하는 과정이기에 관념적으로 법적 업무를 수행한다는 인식을 갖지 않는 것이다.

산전수전을 겪으면서 실무적으로 단련된 현장기술자의 건설관련 법률적 상식은 사실 무시할 수준이 아니다. 다만 체계적으로 법을 공부하지 않았고 기술자로서 살아왔기 때문에 사고하는 기본적인 틀(frame)이 구조적으로 변호사와 다를 뿐이다. 그래서 어떤 문제가 닥쳤을 때 법적사고를 기반한 Legal Mind를 통해 논리적, 법리적으로 판단하는 능력에 있어서는 법률가에 비해 부족할 수밖에 없는 것이다.

Legal Mind란 사물을 법적으로 생각하는 정신, 즉 법적인 상식을 바탕으로 어떤 현상

(Event)에 대해 논리적인 사고로 합리적으로 판단하는 것으로 정의할 수 있다. 좀 더 구체적으로 말하면 현상에 대해 법적 권리와 의무의 관계에 기반한 사고로 판단한다는 것이다. 이것은 어떤 사실과 행위에 대해 법과 연결하여 스토리(story)를 형성하고 해석하는 능력인데 토쟁이와 법쟁이의 차이는 여기서 비롯되며 이는 전문성의 범주에 해당한다.

현장기술자가 육법전서와 같은 어려운 법률을 숙지해야 Legal Mind를 갖는 것은 아니지만 기본적인 법적 상식이 바탕이 되지 않으면 근본적인 개념과 인식의 차이를 좁히기는 어렵다.

요약하면 현재 수행하고 있는 계약적 행위는 대부분 법적으로 연결되어 있으므로 이해가 충돌하는 사안에 대해서는 상식적 기준과 법적 계약규정의 근거를 통해 합법적이고 객관적으로 판단하는 능력이 Legal Mind라고 보면 된다.

건설분쟁에 있어서 복잡하고 세부적인 법적사항은 전문가에게 의뢰하면 되지만 결국 큰 틀에서 분쟁을 유리하게 해결할 수 있는 Key는 현장기술자이기 때문에 Legal Mind의 무장은 반드시 필요하다.

법률가 및 기술자가 주로 다루는 법 분야

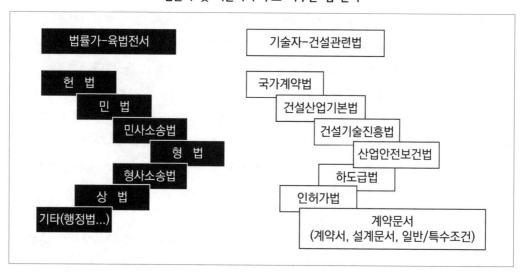

04
법령의 이해(법률, 시행령, 시행규칙)

아래 그림은 법제처 국가법령정보센터(www.law.go.kr)의 현행법령을 조회한 결과이다. 여기서 법령(法令)이란 법률(法律)과 명령(命令)의 줄임말로 헌법을 포함한 법률, 시행령이나 시행규칙, 자치법규 등의 포괄적인 의미로 136,777건이고 헌법을 제외한 국내의 법률건수는 1,572건이다. 법령은 계속해서 제정되기 때문에 앞으로도 더 많이 늘어날 것이다(법제처 국가법령정보센터 2022. 3. 30 기준).

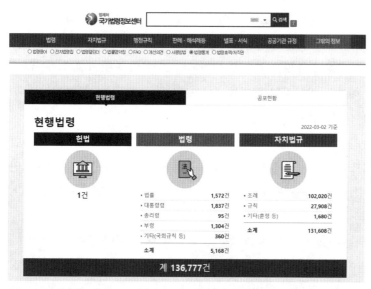

국내의 모든 법규에 대해서는 국가법령정보센터(www.law.go.kr)를 통해 조회할 수 있다.

사회가 복잡하고 다양해지면 법이 없는 사각지대가 늘어나게 되어 행정력이 제대로 미치지 못해 무질서, 불평등, 불합리 등의 문제가 발생하게 된다. 사회질서를 유지하고 효율적 관리와 통제를 위해서 국가는 계속해서 입법을 통해 법을 제정하게 되는데 법이 있어야 이를 근거로 국가의 행정력이 실질적으로 작용할 수 있기 때문이다.

법이라 함은 좁은 의미로 법률을 의미한다. 법률(法律)은 국회에서 국회의원이 제정한다.

법률은 법의 취지와 함께 목적, 적용에 대한 선언적 내용이 주를 이루기 때문에 실제 행정을 통해 실현되기 위해서는 세부적이고 구체적 내용이 필요한데 이러한 역할을 하는 것이 법률의 하위의 단계인 명령이고 이는 법규명령과 행정명령으로 구분된다.

법규명령인 시행령과 시행규칙은 법률의 원칙과 취지의 테두리 내에서 세부적 규정을 담은 것으로 시행령은 대통령, 시행규칙은 국무총리 및 장관이 만들고 국민에게 알리는 공포를 통해 완성된다. 법률조항에서 '대통령령으로 정하는 경우'라면 법률에 위임받은 시행령을 의미하고, 시행령에서 '기획재정부장관이 정하는 경우'라면 시행령에 위임받은 시행규칙이 되는 것이다.

행정명령은 행정부 내부조직과 활동을 규율하기 위한 예규, 훈령, 고시 등을 의미하는데 법규명령과 함께 일괄하여 명령(命令)이라고 하며 법과 명령을 합하여 법령(法令)이라고 한다(좁은 의미에서는 법률과 시행령, 시행규칙을 법령이라고 하고 행정명령은 행정규칙이라고 한다).

법률은 입법부인 국회, 명령은 행정부인 정부에서 제·개정한다는 것이 가장 큰 차이다. 동시에 효력에 있어서 법률은 벌칙조항(과태료, 벌금, 징역 등)을 통해 법을 위반한 개인 및 법인의 권리를 침익하거나 신체적 제한도 가할 수 있는 강제력이 부여된다는 점이 명령과 다른 점이다(시행령, 시행규칙, 행정규칙에는 벌칙조항이 없다).

특정인의 권익을 침해하는 강제적 효력은 오로지 입법부에 의한 법률에 의해서 가능하고 사법부는 법률을 통해 집행 여부를 판단하고 행정부에서 사법부의 판단사항을 행정력을 통해 집행하게 되는데 이것이 삼권분립의 핵심적 사항이다.

공공계약도 최상위 법률인 국가계약법의 조항만으로는 복잡한 계약행정업무를 처리할 명시적, 세부적 규정이 없으므로 행정처리에 한계가 있기 때문에 법률에 위임받은 하위법인 시행령, 시행규칙, 예규, 훈령, 고시 등을 통해 비로소 행정처리의 기준이 만들어지게 된다.

현장에서 자주 접하게 되는 행정규칙인 예규, 훈령, 고시에 대해 알아보자.

예규(例規)는 담당 공무원이 행정사무의 통일과 처리기준을 제시하는 세부지침으로 행정조직 내부에서만 효력을 갖게 되고 국민을 상대로 한 대외적 구속력은 없다. 공공계약에 관한 업무에서 실무적으로 가장 폭넓고 실무적으로 적용되는 것이 기획재정부(지방계약법은 행정안전부)가 제정하는 공사계약일반조건, 정부입찰·계약집행기준 등의 예규이며 여기서 공사계약일반조건은 계약문서에 해당하므로 가장 실질적인 효력을 갖게 된다.

고시(告示)는 법령의 규정하는 바에 의하여 행정기관이 결정한 사항이나 기타 일정한 사항을 널리 국민에게 알리는 행위이다. 모든 공공공사는 해당사업에 대한 고시가 선행되어야 한다.

고시와 유사한 개념으로는 공고(公告)가 있다. 일정한 사항을 널리 일반에게 알린다는 의미에서 같으나, 고시는 일단 정한 후 개정 또는 폐지되지 않는 한 효력이 계속되는 사항으로 그 내용에 따라서 구속력을 가지는 것으로, '○○사업기본계획 고시', '○○사업실시계획 고시', '○○ 주택재개발정비사업 사업시행계획인가 고시' 등과 같이 정부의 인허가를 통해 수행되는 사업이 이에 해당한다. 이에 반해, 공고는 용지보상 공고와 같이 일시에 또는 단기간에 일정한 사항을 대외적으로 알리는 것으로 구속력을 가지지 않는다.

훈령(訓令)은 상급기관이 하급기관에 대해 감독권의 작용으로 권한의 행사를 일반적으로 지시하기 위해 발하는 명령이다. '공공건설공사의 공사기간 산정기준(국토교통부 훈령 제1140호, 2019. 3. 1. 시행)'이 훈령의 사례이다.

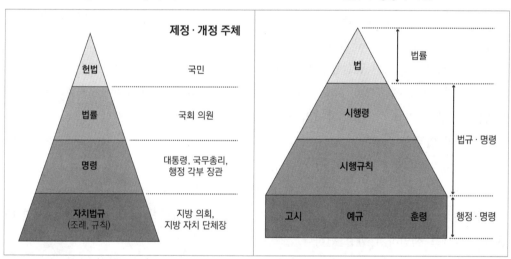

법의 제·개정 주체

법률과 명령의 구분

국가계약법령 체계도(법률 – 시행령 – 시행규칙 – 행정규칙)

05
법령은 어떻게 구성되어 있을까?

법령을 첫 조항부터 끝까지 차분하게 본다는 것은 쉽지 않다. 간략하게 핵심사항과 결과 위주의 보고체계에 익숙한 현장기술자에게는 여간 인내력이 필요한 것이 아니다(어렵고 한없이 건조하기 때문이다).

그럼에도 불구하고 업무상 법령을 확인하고 적용해야 할 경우가 적지 않다. 그나마 현장기술자에게 법에 관한 지식수준을 높이는 가장 확실하고 빠른 방법은 제한적이지만 일을 통해 관련된 법령을 함께 접하는 것이다. 현장기술자의 책상에 꽤 두꺼운 법령집이 자리잡고 있는 것이 새롭지 않은 이유이기도 한다.

아직도 책상에 오래된 건설관련 법령집이 있다면 이제는 폐기하는 것이 낫다. 법은 계속해서 변경되기 때문에 구법령(舊法令)을 보고 업무를 처리하다 보면 생각하지도 않은 문제가 발생할 수 있다. 가급적이면 법제처의 국가법령정보센터를 접속하여 가장 최신의 법률정보를 활용하여 업무를 수행하는 것이 바람직하다. 국가법령정보센터(www.law.go.kr)를 이용하면 관련 법령이 모두 활성화되어 있어 생각보다 수월하게 조회할 수 있다(국가법령정보센터를 통해 과거의 법 내용도 조회할 수 있고 출력 및 복사 등의 활용도가 높다).

법령은 내용에 있어서 일관된 순서를 가지고 있으므로 이러한 형식을 먼저 이해하면 내용을 조회하고 색인하기 한결 편하다.

법령(법률, 시행령, 시행규칙)이나 행정규칙(예규)을 조회하면 본문(본칙)과 부칙, 별표/서식으로 나뉘어 있다.

내용의 순서는 장(章), 조(條), 항(項), 호(號), 목(目)으로 구성되어 있는데 분량이 많으면 편(編), 장(章), 절(節)로 세분할 수 있다.

국가계약법은 35개 조(條)로만 구성되어 장(章)이 없으나 동법 시행령은 10개의 장과 118개의 조로 더 많은 내용으로 구성되어 있다. 건설산업기본법은 11개의 장과 101개의 조로 구성되어 있다. 민법의 경우 1,118개 조의 방대한 분량으로 편, 장, 절로 각각 나누어져 구성되어 있다(2022년 3월까지 조회기준이다).

　법령 본문의 내용은 ① 총칙, ② 법령의 본체, ③ 보칙 ④ 벌칙으로 구성되어 있다.

　총칙은 법령의 목적, 정의, 기본이념, 적용범위, 다른 법률과의 관계 등 기본적이고 원칙적 사항을 나타낸다. 본체는 해당 법령의 실체적 규정이 나열된 것이다.

　보칙은 기술적, 보완적 내용으로 수수료, 제척기간, 위임관련 사항 등 총칙을 보완하는 성격을 담고 있고 벌칙은 법령을 위배했을 때 과태료, 벌금, 징역, 양벌규정 등의 벌칙조항을 말한다. 앞서 설명한 바와 같이 벌칙조항은 법률위반에 대한 제재사항으로 법률에만 포함되어 있고 시행령, 시행규칙, 행정규칙상에는 해당 조항이 없다. 다음은 건산법 시행령의 구성 내용이다.

예) 건설산업기본법 시행령

【본문】
제1장(총칙) …. 총칙
　제1조 (목적)
제2장(건설업의 등록) ~ 제9장(시정명령 등) ….. 본체
제10장(보칙)… 보칙
제11장(벌칙)… 벌칙
【부칙】
　〈제15433호, 1997. 7. 10〉
【별표/서식】
　[별표1]

　부칙은 해당 법령이나 행정규칙의 시행과 관련하여 부수적인 내용을 법령의 끝부분에 정리한 규정이다. 부칙은 시행일, 유효기간, 다른 법령의 폐지에 관한 규정, 적용례·특례, 경과조치, 다른 법령의 개정에 관한 내용을 담고 있다.

　법령이나 행정규칙의 효력과 관련하여 제·개정과 시행일과 적용은 잘 구분해야 한다. 다음은 공사계약일반조건상의 부칙이다.

여기서 시행일은 제·개정된 행정규칙의 시행일을 공포하는 것이지만 변경된 규정을 적용하는 데는 기존 계약건에는 적용하지 않고 3월 28일 이후에 입찰대상분의 신규공사에만 적용된다는 의미이다. 계약과 무관한 것이므로 시행일 이전의 장기계속공사계약건의 경우 차수계약 여부와 관계없이 변경된 예규가 적용되지 않음을 의미한다.

국가계약법 시행규칙 구성(www.law.go.kr)

3. **국가를 당사자**로 하는 계약에 관한 법률 시행규칙
[시행 2021. 10. 28.] [기획재정부령 제867호, 2021. 10. 28., 타법개정]

⊟ 본문
  ⊟ 제1장 총칙
    ▸ 제1조 목적
    ▸ 제2조 정의
    ▸ 제3조 적용범위
  ⊟ 제2장 예정가격
    ▸ 제4조 예정가격조서의 작성
    ▸ 제5조 거래실례가격 및 표준시장단가에 따른 예정가격의 결정
    ▸ 제6조 원가계산에 의한 예정가격의 결정
    ▸ 제7조 원가계산을 할 때 단위당 가격의 기준
    ▸ 제8조 원가계산에 의한 예정가격 결정시의 일반관리비율 및 이윤율
    ▸ 제9조 원가계산서의 작성등
    ▸ 제10조 감정가격등에 의한 예정가격의 결정
    ▸ 제11조 예정가격결정시의 세액합산등
    ▸ 제12조 희망수량경쟁입찰시 예정가격의 결정
    ▸ 제13조 예정가격의 변경
  ⊞ 제3장 계약의 방법
  ⊞ 제4장 입찰 및 낙찰절차
  ⊞ 제5장 계약의 체결 및 이행
  ⊞ 제6장 대형공사계약
  ⊞ 제7장 계약정보의 공개 등
  ⊞ 제8장 이의신청과 국가계약분쟁조정위원회
⊞ **부칙**
⊟ **별표/서식**
  [별표 1] 삭제
  [별표 2] 부정당업자의 입찰참가자격 제한기준(제76조 관련)
  [별표 3] 부정당업자의 책임이 경미한 경우의 과징금 부과기준(제77조의2제1항제1호 관련)
  [별표 4] 입찰참가자격 제한으로 유효한 경쟁입찰이 명백히 성립되지 아니하는 경우 과징금 부과기준(제77조의2제1항
  [별지 제1호 서식] 경쟁입찰참가자격등록증
  [별지 제2호 서식] (일반, 제한, 지명)경쟁입찰참가통지서

만약 적용례가 없다면 시행일을 기준으로 모든 기존 공사현장에 적용되는 것이므로 제·개정 사항이 현장에 영향을 미치는지 반드시 확인해야 한다. 공사계약일반조건은 계약문서에 해당하기 때문에 변동사항은 곧 계약내용의 변경을 의미하기 때문이다.

별표나 서식 또는 별지가 있는데 이를 구분하는 명시적 기준은 없으나 법령에서 규정할 사항의 종류, 성질, 분량 등을 고려하여 해당 조문에 바로 규정하기 곤란하거나 조문내용이 복잡하게 될 경우 표를 통해 설명하는 경우 별표, 도면의 경우는 별도, 신청이나 신고 등을 위한 서식은 별지 제○호로 나타낸다.

여기까지 읽었다면 호기심이 발동하지 않는 한 다시 앞페이지로 갈 필요까지는 없을 것 같다. 현장기술자에게는 국가법령정보센터만 잘 조회할 수 있다면 그것으로 충분하다. 더 깊은 내용으로 갈 필요가 없기에 글을 쓰는 마음이 편안하다.

06
모두가 다 아는 계약(?)

국가계약법을 소개하기에 앞서 새삼스럽지만, 모두가 다 알고 있는 계약(契約)에 대한 이야기를 잠깐 해야 순서에 맞을 것 같다.

계약체결은 새로운 현장의 개설이며 신규현장으로 새로운 사람을 모이게 하고 계약이행이라는 과업이 주어지면서 목적물의 완성과 적기준공이라는 목표가 설정되어지는 빅 이벤트이다. 이 모든 것이 계약의 체결과 함께 시작된다.

돌이켜 보니 오랜 시간 동안 계약이행업무를 수행하고 있지만 제대로 '계약'에 대한 체계적인 교육을 받은 기억이 그다지 떠오르지 않는 것은 기억력이 흐려진 것 때문은 아닌 것 같다. 모두가 다 알고 있는 계약이지만 한 번도 제대로 배운 기억이 없다면 일을 통해 배운 것이리라.

계약이란 무엇일까? 단순한 물음에 정확한 의미를 살펴봐야 할 것 같다.

일요일 오후면 집을 나서며 지방의 현장으로 무거운 발걸음을 옮기고자 KTX 열차를 타기 위해 표를 구입하고 이동하게 된다. 기차표를 구매하기 위해 핸드폰의 코레일톡 앱을 실행하게 된다. 여기서는 기차시간표와 좌석, 가격에 대한 정보를 깔끔하게 제공해 준다.

이러한 정보는 나에게 KTX를 이용하도록 꾀어내는 행위인데 쉬운 말은 호객행위, 어려운 말로 청약의 유인(誘引, temptation)이라고 한다. 원하는 시간과 좌석을 찜하게 되는데 여기까지가 청약(請約 Offer)이다. 그러한 유인에 대해 약속을 구하는 행위이다. 여기까지는 아직 원하는 기차표가 완전하게 구매된 것은 아니다.

코레일톡에서는 내가 찜한 시간과 좌석이 먼저 다른 누군가가 구입하지 않았는지를 확인하고 이상이 없으면 최종적으로 구입요청을 승인해 주는데 이것을 승낙(承諾, Agreement)이라고 하며, 이로써 기차표를 구입하는 절차는 마무리되고 계약은 성립하게 된다.

중고차 매매거래의 예를 들어보자.

중고차시장에 사용하던 자동차를 1,000만 원의 중고가격에 내놓는 것은 청약의 유인이다. 이 자동차가 맘에 들었지만, 가격을 100만 원을 깎아 900만 원에 사겠다고 의사를 표시하면 이것이 청약이다. 그래서 차주가 이를 받아들이면 곧 승낙이 되고 매매계약은 체결된다.

이와 같이 계약은 청약과 승낙의 합치가 있으면 성립된다. 그런데 청약의 유인과 청약은 다르다. 앞서 기차표의 경우는 기차표 가격＝청약의 유인＝청약＝승낙＝계약으로 동일하다. 이에 반해 중고자동차의 경우는 청약의 유인이 1,000만 원이지만 구매예정자가 제시한 900만 원이 청약이고 판매자는 이를 승낙하였기 때문에 확정된 900만 원은 최종 계약금액이 된다. 유인 1,000만 원≠청약 900만 원＝승낙 900만 원＝계약 900만 원이 되는 것이다.

계약이 체결되었다면 청약과 승낙은 동일한 것이지만 청약의 유인은 반드시 동일하지 않을 수 있다는 점을 구별하여 설명하기 위한 것이다.

이와 같이 계약이 성립하는 과정에서 어떠한 타인의 강압이나 강제가 없는 오직 스스로 자유의지에 의한 결정에 따라 이루어지게 되는데 이를 계약자유의 원칙(契約自由 原則)이라고 한다.

그럼 공공공사의 공공계약체결 과정을 살펴보자.

정부는 입찰공고를 통해 공사를 발주하게 된다. 입찰공고에서는 입찰대상 공사의 공사명, 수요기관, 입찰자격, 낙찰방법, 계약방법 등에 관한 정보를 '나라장터'라는 시스템을 통해 누구나 조회할 수 있도록 입찰정보를 불특정 다수에게 제공한다.

여기서 입찰공고가 청약의 유인에 해당한다. '공사를 입찰하니 건설업체는 참여해라' 식으로 유도하는 일종의 광고(廣告)라고 할 수 있다. 그리고 유인을 받은 자, 즉 자격이 되는 건설업체는 입찰하게 되는데 이것이 청약이다. 그리고 정부는 입찰업체를 상대로 최종 심사를 통해 승낙하면 낙찰자를 선정하여 계약을 체결하게 된다. 공공계약도 청약과 승낙의 합치에 의한 계약임을 알 수 있다.

민법에서는 계약의 종류[1]를 증여, 매매, 교환, 도급, 고용 등 15가지로 구분하고 있다. 물론 현장기술자가 모든 계약 종류를 잘 알아야 할 필요는 없다. 다만 이 중에서 도급계약은 정확하게 이해해야 한다. 공공공사는 모두 도급계약이기 때문이다.

도급계약은 당사자 어느 일방이 일을 완성하고 상대방이 그 일의 결과에 대하여 보수를 지급할 것을 약정(約定)하는 청약과 승낙이 합치되면 성립한다. 보수를 지급하는 주체가 도급(都給)자, 받는 주체는 수급(受給)자가 된다(하도급계약도 똑같은 도급계약이다).

---

1) 민법 제2장 계약편에서는 계약의 종류에 대해서 증여, 매매, 교환, 소비대차, 사용대차, 임대차, 고용, 도급, 여행계약, 현상광고, 위임, 임치, 조합, 종신예금, 화해로 구분하고 있다.

계약구분	도급자(인)	수급자(인)
공공계약	정부, 지자체, 공공기관	건설사업자
민간계약	민간사업자	건설사업자
하도계약	건설사업자	건설사업자

도급계약은 계약당사자가 일의 완성과 보수의 지급이라는 서로의 대가(對價)가 있다고 하여 유상(有償)계약이라고 하며, 도급자는 보수를 지급해야 하는 책임과 수급자는 일을 완성해야 하는 책임, 곧 채무(債務)를 동시에 지게 되므로 이를 쌍무(雙務)계약이라고 한다. 어느 일방이 일을 완성하지 않거나 보수의 대가를 지급하지 않으면 '채무불이행'이 된다.

식당에서 메뉴를 주문할 때 반드시 계약서와 같은 문서를 포함하지 않고 식사 전에 반드시 비용을 지불하지 않아도 자동으로 계약이 이루어지는데 이렇게 일정한 형식이나 비용의 지급이 전제되지 않더라도 당사자간의 승낙만으로도 성립하는 계약을 낙성(諾成)계약이라고 한다.

이와 달리 부동산 거래와 같이 반드시 계약금을 지급해야 계약이 성립하는데 이를 요물(要物)계약이라고 한다. 단, 요물계약도 계약금만 지급하면 자동으로 계약이 성립되는 것이지 반드시 어떤 특별한 문서나 형식이 전제될 필요는 없다. 이와 같이 일정한 규정이나 형식에 따르는 계약을 요식(要式)계약, 이를 필요로 하지 않는 계약을 불요식(不要式)계약이라고도 한다. 대부분의 계약은 낙성계약, 불요식계약에 해당한다. 이런 이유도 구두계약도 계약이 되는 것이다.

그렇다면 공공공사의 도급계약도 낙성에 의한 구두계약이 가능할까?

우선 공공계약은 입찰 및 낙찰이라는 절차를 거쳐 도급계약에 이르기까지 모든 제반절차가 법규화되어 있어 원천적으로 계약서가 존재하지 않는 낙성계약의 여지가 없다. 공적예산이 소요되는 공공공사에서는 계약요건이 엄격하게 적용되며 반드시 일정한 양식과 규정을 갖추어야 계약이 성립된다.

물 들어올 때 노 젓는다고 계약을 설명하다 보니 너무 깊이 들어간 것 같다. 어떻게 계약이 이루어지고 계약방식과 종류에 따른 구분은 참고하면 된다. 머릿속에 오래 기억될 내용도 아닐 것 같다. 다만 현장기술자가 반드시 도급계약에 대해서만큼은 확실한 이해를 해야 한다. 계약당사자가 공히 똑같이 일의 완성과 보수의 지급이라는 책임과 권리가 동반하는 쌍무계약이라는 점과 공공계약에서의 도급계약은 반드시 일정한 형식이 필요한 요식계약임은 기억하자. 전혀 새로운 내용도 아니고 어려운 내용도 아니다. 그래서 모두가 아는 계약이다.

" 설계계약과 감리계약은 무슨 계약일까? "

위임은 당사자 일방이 상대방에 대하여 사무의 처리를 위탁하고 상대방이 이를 승낙함으로써 그 효력이 생긴다.[민법 제680조(위임의 의의)]

설계계약은 설계서의 작성이라는 일의 완성의 측면에서 볼 때 도급계약이라 할 수 있지만, 설계 업무에 대한 기술적 노무의 공급이라면 위임계약이라고 볼 수 있다. 위임계약은 사무를 대신하여 처리하는 것을 의미하는 것으로 감리(건설사업관리)계약이 이에 해당한다.

감리계약은 감리 대상공사의 진행정도나 목적물의 완성여부가 감리업무와 비례하지 않고 독립된 본질적으로 별개의 용역을 제공하므로 공사기간에 따라 감리업무의 기간이 결정되고 보수도 감리 수행기간에 따라 산정되므로 위임계약에 해당한다.[2] 도급계약과 달리 일의 완성이 아니라 위임계 약은 정해진 기간별로 대가를 지급받는 것이다.

설계계약을 도급계약이라고 보면 수급인(설계자)은 설계서에 대한 하자담보책임을 지게 되며 도 급인은 하자를 근거로 손해배상 청구를 할 수 있으며 계약을 해지 또는 해제할 수 있다. 대가지급 에 대한 하자 없는 일의 완성을 제공하는 도급계약의 특징인 쌍무계약으로 볼 수 있다.

일반적으로 턴키공사와 같이 목적물을 만들기 위한 설계서의 작성은 최종적으로 목적물의 완성에 의미가 있으므로 도급계약으로 볼 수 있으며, 기존 설계서에 대한 전문가의 설계검토용역과 같은 과업은 위임계약으로 볼 수 있을 것이다.

그러나 설계계약이 도급계약인지 위임계약인지의 여부를 구분하는 것보다 설계계약시 설계서의 하자에 관해 명확한 책임을 물을 수 있는 계약내용을 포함하는 계약이 실익이 있다. 설계서의 오 류나 누락 등의 하자가 발생하면 실제 잘못된 시공으로 손해가 발생할 수 있기 때문이다.

---

2) 대법원 2007. 7. 4. 선고 2000다6824 판결, 대법원 2000. 8. 22. 선고 2000다19342 판결.

07
국가(지방)계약법의 탄생

　정부나 지방자치단체, 공공기관이 국민의 세금인 공적예산을 통해 토목, 건축, 플랜트 등의 사회기반시설을 건설하는 공사가 공공공사이고 이 계약이 공공계약이다. 공공계약에서 적용되는 법률이 「국가(지방자치단체)를 당사자로 하는 계약에 관한 법률」(약칭 국가(지방)계약법)이고 공공계약에 적용되는 최상위법이라 할 수 있다.

　공공계약의 당사자는 발주처가 국가(정부), 지방자치단체, 공공기관이며 계약상대자는 사인(私人)에 해당하는 건설업체가 된다.

　그럼 언제부터 국가계약법이 적용되었을까?

　국가계약법은 과거 '예산회계법'[1]을 준용했으나 1993년 WTO 출범과 함께 1997. 1. 1.부터 국제적으로 정부조달협정이 발효됨에 따라 정부조달시장의 개방에 대비하여 국제규범을 반영하여 공정하고 효율적인 국가계약에 관한 제도를 마련하고자 제정되었다(1995. 1. 5. 법률 제04868호).

　국가계약법은 법률 35개 조항, 동법 시행령 118개 조항, 동법 시행규칙 87개 조항으로 구성되어 있고 세부적 이행을 위한 예규 및 훈령, 고시 등으로 이루어져 있다. 현장기술자에게 특히 잘 알아야 할 유용한 예규는 계약문서인 「공사계약일반조건」과 실무적 활용도가 높은 「정부 입찰·계약 집행기준」이다.

[주요 예규]

정부 입찰·계약 집행기준, 공사계약일반조건, 예정가격 작성기준, 입찰참가자격 사전심사요령, 적격심사세부기준, 최저낙찰제의 입찰금액 적정성 심사기준, 일괄입찰 등에 의한 낙찰자 결정기준, 협상에

---

1) 1961년 12월 19일 공포된 국가의 예산과 회계에 관한 기본법으로 2006년 국가재정법의 제정으로 폐지되었다.

의한 계약체결기준, 공동계약 운용요령, 용역계약 일반조건, 용역입찰유의서, 물품구매(제조)계약일반조건, 물품구매(제조) 입찰유의서, 종합계약집행요령, 국제계약분쟁조정위원회에 대한 조정청구절차

지방계약법은 국가계약법을 준용하였으나 2005. 8. 4. 지방계약법을 별도로 제정하여 적용하고 있다.

국가계약법이나 지방계약법은 내용에 있어서 입찰 대상의 공사금액 범위, 주민감독제 등 일부의 내용을 제외하면 입찰부터 계약 및 계약의 이행, 사후관리까지 서로 내용이 유사하다.

국가법령정보센터에서 국가계약법 법령체계도를 확인해 보면 공사계약일반조건이나 정부입찰·계약집행기준, 예정가격 작성기준 등의 예규가 각각 별도로 구성되어 있는데 지방계약법령 체계도상에는 예규가 별도로 구성되어 있지 않고 「지방자치단체 입찰 및 계약집행기준」에 일괄적으로 포함되어 있다.

가끔 지방계약법령상 공사계약일반조건 예규를 찾느라 애먹은 경우가 있어 참고하면 좋을 듯하다.

[지방자치단체 입찰 및 계약집행기준]

제1장 입찰 및 계약 집행기준, 제2장 예정가격 작성요령, 제3장 계약심사 운영요령, 제4장 제한입찰 운영요령, 제5장 수의계약 운영요령, 제6장 선금·대가 지급요령, 제7장 공동계약 운영요령, 제8장 주계약자 공동도급 운영요령 제9장 종합계약 운영요령, 제10장 계약분쟁조정위원회 운영요령, 제11장 입찰 유의서, 제12장 일괄입찰 등의 공사입찰 특별유의서, **13장 공사계약 일반조건**, 제14장 용역계약 일반조건, 제15장 물품계약 일반조건, 제16장 과징금부과심의위원회 운영요령, 제17장 일괄입찰 등의 공사계약특수조건

08
국가계약법에서 작용하는 민법의 원칙

'토질역학'의 기본은 실트, 점토, 모래 등에 따른 분류와 각각의 토성(土性)을 통해 역학적 성격을 규명하는 것이다. 물의 흐름, 압력, 유속, 저항을 이해하는 것이 '수리학'의 기초가 된다. 구조물의 각 부재는 힘을 받으면 반력이 작용하고 모멘트가 발생하고 변형이 일어나는 일련의 힘과 변형의 메카니즘을 이해하는 것이 곧 '구조역학'이다.

토목기술자의 입장에서 너무도 당연한 토목공학의 내용을 변호사가 접한다면 어떨까? 기본적인 내용에 대해서는 어느 정도 공감하고 이해할 수 있지 않을까?

상식적으로 전혀 이해할 수 없는 내용은 아니기 때문이다. 그럼에도 여기에서 아주 중요한 것은 토목기술자는 더 이상의 어떤 설명이 없어도 무엇을 의미하는지 직관적이고 감각적으로 알고 있다. 이는 변호사에게 가질 수 없는 앎의 감각(Knowledge Sense)이다. 역으로 법에 관해서 변호사가 갖는 앎의 감각을 기술자 쉽게 가질 수 없는 것 역시 당연하다.

모든 이론과 학문은 반드시 어떤 기초적 원리나 원칙이 작용하고 있고 이를 제대로 이해하고 인식하면 그 다음을 받아들이는 것에 대해 거부감 없이 자연스러울 수 있다.

국가계약법에 대해 법의 원칙이 어떻고 법의 성격이 어떻고 … 처음부터 고상하게 학문적으로 접근한다는 것이 현장기술자에게 아무런 의미가 없을지도 모른다. 굳이 그렇게 깊게 알아야 할 이유도 없다. 다만 업무상 표면적으로 접하게 되는 국가계약법에 대해 이번 기회를 통해 조금 더 앎의 감각을 넓혀 가는 것도 의미 있는 것이 아닐까 한다. 조금만 더 들어가다 보면 국가계약법에 대한 이해의 폭이 넓어질 수 있고 국가계약법은 완벽하지 않지만 나름대로 균형 있고 조화로운 법이라는 나의 오랜 생각을 조금이나마 현장기술자에게 전달해 주고 싶다는 생각에 기본원칙에 대한 설명이 필요해 보인다(글을 쓰는 나의 수준이 낮아서 어려운 이야기를 쓸 형편도 되지 못하기에 민법의 원칙은 수준 높은 현장기술자는 충분히 이해하리라 본다).

토목에서 역학(力學)이라는 분야도 관념적인 수학과 물리학의 원리와 원칙을 공학적 개념으로 확장하고 구체화하여 2차원의 설계서를 만들고 최종적으로 3차원의 목적물을 만들 수 있었던 것처럼 법원리는 추상적이지만 아주 오랜 시간 동안 많은 논리의 오류를 극복한 결과의 산물이기 때문에 이를 제대로 이해하고 받아들이면 사고와 응용의 범위가 넓어지고 합리적으로 생각하는 틀이 달라진다. 이러한 사고가 곧 Legal Mind이다.

국가계약법에는 사법(私法)의 가장 기초가 되는 민법(民法)의 법원리 테두리 속에서 작용하고 있다. 아주 일반적이고 그동안 많이 들어 왔던 당연한 내용 같지만, 현장기술자가 공학적 앎의 감각만으로 쉽게 체화할 수 있는 것은 물론 아니다.

한번쯤 들어 봤던 내용일 수 있으니 다시 한번 편한 마음으로 음미해 보자.

계약자유의 원칙(契約自由 原則)

서로 대등한 입장에서 당사자의 합의에 따라 계약을 체결함에 있어 의사표시, 상대방 선택, 계약내용과 방식의 자유를 의미한다는 것이 계약자유의 원칙이다. 계약자유는 청약과 승낙에 의한 의사표시의 자유, 계약의 상대방을 선택할 수 있는 자유, 계약내용을 정하고 변경하거나 보충하는 자유, 계약방식의 자유 등이 해당한다.

공공성과 공정성의 실현이라는 국가계약법의 성격상 의사표시, 계약내용 및 방식에 있어서 일정부분 정해진 절차와 형식적 제한이 있지만, 입찰대상자에게 모든 정보를 공개하여 원칙적으로 경쟁입찰을 통해 낙찰자를 선정하고 계약체결에 이르는 과정에 있어서 계약자유의 원칙에 반하지 않는다.

계약자유의 원칙의 본질은 계약은 자유롭게 할 수 있지만 동시에 같은 무게의 의무 또는 책임을 가져야 한다는 것이고 그 첫 번째가 신의성실의 의무가 될 것이다. 계약은 항상 책임이 따르기 때문에 계약자유의 원칙은 중요하다.

신의성실의 원칙(信義誠實 原則)

'계약은 상호 대등적 입장에서 합의에 따라 체결되어야 하며 계약내용은 신의성실에 원칙을 적용하여 이행한다.' 국가계약법에서 규정하고 있는 가장 포괄적인 계약의 대원칙에 해당한다. 민법 제2조(신의성실) '계약상 권리의 행사와 의무의 이행은 신의에 좇아 성실히 하여야 한다'라는 의미와 상통한다. 신의성실의 원칙[1]은 법과 도덕의 조화를 도모하고 있어 다

---

1) 이 원칙이 적용되기 시작한 것은 원래 채권법 분야이나 권리와 의무가 법에 의해 인정되는 것이라는 점에서 점차 법 일반에 적용되는 원칙으로 발전하게 되었다. 스위스 민법 제2조 제1항에서 "모든 사람은 권리의 행사와 의무의 이행에 있어서 신의성실에 따라 행동하여야 한다"고 하여 최초로 민법 전체에 걸치는 최고 원리로 확립한 이후, 현행 대한민국의 민법도 이를 명문규정화했다. 다음 백과사전(http://100.daum.net/eueycledia/view/b13s29460)

소 원칙적이고 선언적 의미가 있지만 궁극적으로 재판을 통해 실현된다. 계약당사자간 법적 분쟁에서 '신의성실의 원칙'을 누가 위배했는지에 따라 재판상 승패가 결정되므로 이는 매우 중요한 법원의 판단기준이 된다.

계약상 권리의 행사가 신의성실에 반하는 경우에는 권리남용이 되어 무효가 되며 의무의 이행이 신의성실에 반하는 경우에는 의무를 불이행한 것이기 때문에 그 책임을 지게 된다. 달리 말하면 계약당사자가 신의성실의 원칙을 잘 지킨다는 것은 각자에게 주어진 권리와 의무를 성실하게 지킨다는 것이므로 분쟁이 발생할 이유가 없는 것이다. 언제나 계약당사자 자신들은 항상 신의성실의 원칙을 준수한다고 생각하기에 신의성실을 구체화하는 기준을 제시하고자 계약규정을 정하는 것이다.

계약규정이 복잡해지고 까다롭다는 것은 신의성실 여부에 대한 판단을 더욱 객관화하기 수단이라 할 수 있다. 쉬운 것 같지만 상대적인 것으로 참으로 지키기 어려운 원칙이다.

권리남용금지의 원칙(權利濫用禁止 原則)

민법 제2조(신의성실) 제2항에 '권리는 남용하지 못 한다'라고 명시되어 있다. 권리남용이란 외형적으로는 권리의 행사인 것처럼 보이나, 사회통념상 허용범위를 넘은 권리행사의 금지에 대한 원칙이자 신의성실의 원칙에 반하는 권리행사로 인정되는 경우이다.

국가계약법은 국가라는 권력기관이 상대적으로 약자인 계약상대자와 상호 대등한 입장을 견지하고 있으며 계약상대자의 계약상의 이익을 부당하게 제한하는 특약 또는 조건을 정하지 못하도록 하여 권리의 남용을 규제하고 있다. 역으로 말하면 도급계약은 권리남용이 구조적으로 발생할 수 있는 여지가 많다는 것을 의미한다.

공공공사에서 오랫동안 소위 '발주처 갑질'이라는 인습이 관행 되었기에 불공정한 계약문화가 자리잡았고 계약상대자에게 좋지 못한 경험을 가져다주었다. 이로 인해 계약상대자는 발주자의 정당한 계약적 권리행사에 대해서도 권리남용이라는 강한 피해의식을 갖게 된다. 권리행사의 남용과 권리의 적극적이고 정당한 행사와의 경계가 사실상 모호하기 때문이다. 신의성실이 무너지고 권리남용의 부조화에 기인하는 문제이다.

사정변경의 원칙(事情變更 原則)

사정변경의 원칙이란 법률행위에 있어서 그 기초가 된 어떤 사정이 그 후에 당사자가 예견하지 못하거나 또는 예견할 수 없었던 중대한 변경이 발생하여 당초에 정하여진 계약사항을 그대로 유지하거나 강제하면 오히려 신의성실 원칙에 반하여 부당한 결과가 생기기 때문에 계약내용을 변경된 사정에 맞게 적당히 변경할 것을 상대방에게 청구하거나, 더 나아가서 계약을 해제·해지할 수 있다는 원칙이다.

공공계약에서 도급계약은 확정계약2)이 원칙으로 계약금액은 불변(不變)이 원칙인데 사정변경을 적용하지 않을 경우, 오히려 불합리한 결과가 발생하게 된다. 대표적인 사례가 설계변경, 물가변동, 기타 계약내용의 변경에 따른 계약금액 조정제도가 이에 해당한다. 계약체결 당시와 달리 사정이 변경되어 이를 반영함으로써 계약당사자의 합리적인 계약이행이 가능하게 된다. 실무적으로 가장 민감하고 가장 많은 분쟁의 대상이 되는 공사비나 공사기간 등의 청구에 적용되는 원칙이다.

실효의 원칙(失效 原則)

'권리위에 잠자는 자를 보호하지 않는다'라는 말이 있는데 이는 권리가 있는 자가 스스로 그 권리를 행사하지 않으면 더 이상 권리를 주장할 수 없다는 것이다. 모든 채권은 소멸시효가 있고 그 기간이 지나면 청구권은 자동적으로 소멸된다.

공사대금 청구권의 소멸시효는 3년이다. 청구시점 이후 3년 이내 법적으로 제기하지 않으면 청구권이 상실되는 것이다(단순히 문서상으로 청구하는 행위가 아니라 소송 등의 법적구제를 의미한다).

공공공사는 대부분 장기간 이행되므로 소멸시효기간을 놓치는 경우가 실무에서 적지 않게 발생한다. 소멸시효기간은 절대로 긴 시간이 아니다. 채권발생시기나 규모, 발주처 관계, 현장운영 등 너무도 많은 여러 여건상 3년이라는 시간내에 소송 등과 같은 법적구제를 제기한다는 보장이 없기 때문이다. 특히 장기계속계약공사는 차수계약이라는 점을 잊지말아야 한다.

---

2) 계약금액을 확정하여 계약을 체결하는 계약방법이다. 이는 미리 가격을 정할 수 없을 때 개략적인 금액으로 계약을 체결하고 계약이행이 완료된 후 정산하는 형태의 개산계약과 대비된다.

09
국가계약법은 '국가의 내부규정'(법의 분류와 성격)

　국가계약법은 국가와 사인간의 계약에 관한 기본적인 사항을 정함으로써 계약업무를 원활하게 수행할 수 있도록 함을 목적으로 하고 국제입찰에 따른 정부조달계약과 국가가 대한민국 국민을 계약상대자로 하여 체결하는 계약에 적용된다.

　공공계약은 계약당사자가 정부와 사인(私人)일 뿐 본질적으로 민간계약상의 사인간 계약과 다를 바가 없다. 다만 이윤추구가 아닌 국가예산을 집행하여 공공재를 생산하고 공공복리를 추구하는 목적이므로 공무원의 자의적 집행을 방지하기 위해 계약사무처리에 관한 필요한 사항을 규정한 것이 국가계약법이다.

　계약상대자에 해당하는 국민, 즉 사인이 지켜야 할 규정이 아니라 관계 공무원이 발주부터 입찰, 계약, 준공에 관해 어떻게 업무를 처리하는가에 대한 내부적 규정이라고 대법원은 다음과 같이 국가계약법의 본질적 성격을 정의하고 있다.

　국가계약법령은 국가가 사인과의 사이의 계약관계를 공정하고 합리적·효율적으로 처리할 수 있도록 관계 공무원이 지켜야 할 계약사무처리에 관한 필요한 사항을 규정한 것으로, 국가의 내부규정에 불과하다(대법원 2001. 12. 11. 선고 2001다33604 판결)

　국가계약법은 사회적 질서유지를 위해 모든 국민을 대상으로 공권력을 행사할 수 있는 공법적 성격이 아닌 법의 분류상 사법이라 하는 것이다. 이는 공법과는 반대되는 의미이다.

　그럼 사법과 공법은 또 무언가? 의미 그대로 쉽게 해석해 보자.

　사법(私法, Private Law)은 사인(私人) 상호간의 관계를 규율하는 사적인 법이고 공법(公法, Public Law)은 국가, 국가와 개인, 국가기관에 관한 공적인 법이라고 보면 된다.

　사법의 대표적인 것이 앞서 소개한 육법 중에서 민법이나 상법에 해당한다. 민법은 국민 전체에 공통으로 적용되는 재산이나 가족관계에 대한 포괄적 내용을 담고 있고[1] 상법[2]은 상행위, 회사, 상인 등의 대상으로 특정인이나 특정행위에 관한 법이다.

마찬가지로 육법 중의 나머지 헌법, 형법, 형사소송법, 민사소송법 등은 공법이라는 것을 알 수 있을 것이고 그 내용은 국가조직과 기능, 작용, 질서유지 등에 관한 사항에 관한 내용이다. 이와 함께 행정기관에 관한 조직, 행정권의 행사 등에 관한 내용을 담고 있는 행정법도 공법의 범주에 포함된다.

법적용에 있어서 민법이나 형법, 형사소송법, 민사소송법은 우리나라 국민 전체에 적용되어 일반법이라 하는데 상법은 상행위라는 특정범위, 특정인에 적용되므로 민법에 관련 규정이 있더라도 우선하여 적용되므로 민법에 대한 특별법이라고 한다. 민법에도 계약에 관한 내용이 있지만 국가와 사인간의 계약에 있어서는 국가계약법을 우선하여 적용하게 되므로 역시 민법에 대한 특별법이 되는 것이며 마찬가지로 하도급법도 하도급 거래에 관해서도 민법, 상법 보다 우선하는 특별법이 된다. 형법도 「성폭력범죄의 처벌 등에 관한 특례법」과 같이 특정범죄에 대해서는 별도로 정한 특별법을 우선하게 적용하게 된다(특별법은 법령의 제목으로도 알 수 있지만 특정 법률에 대한 상대적인 개념이다).

일반사람들은 도로교통법을 위반하면 범칙금과 벌점을 부과받는데 그렇게 대부분이 사람들이 부지불식간에 접하는 법 대부분이 행정법에 속한다. 국가계약법뿐만 아니라 건설산업기본법, 건설기술진흥법, 하도급법, 산업안전보건법 등과 같은 법 또한 모두 행정법에 해당한다.

행정이란 공익실현을 위해 법을 집행하는 행위로써 법이 정한 범위 내에서 법에서 부여된 권한을 가지고 행정기관이 행정집행을 통해 공익 및 사회질서를 준수하게 하는 것이다. 그래서 행정법에서는 법규를 위반하는 경우, 과태료 등의 행정적 제재는 물론 징역이나 벌금 등의 형벌에 관한 벌칙조항이 존재하여 행정력을 행사할 수 있는 근거가 마련되어 있다.

현장에서 인허가 기관과 행정업무로 인한 분쟁이 발생하는 경우는 민사소송이 아닌 행정심판이나 행정소송을 통해 해결하게 되는데 이는 인허가 관련 법률이 공법에 해당하는 행정법이기 때문이다.

그렇다면 행정법인 국가계약법을 적용받는 공공공사에서 발주처와 분쟁이 발생하게 되면 왜 민사소송을 하는 것일까? 그것은 분쟁의 대상이 무엇인가에 따라 다를 수 있다.

발주처와 공사대금과 같이 적법한 계약이행의 범주에서 발생하는 분쟁은 민사소송의 대

---

1) 민법은 1,118개의 법조항으로 내용은 크게 재산관계(물권, 채권) 가족관계(친족, 상속)으로 구성되어 있다.
2) 상법은 상행위, 회사, 보험, 해상, 항공 등의 내용으로 구성되어 있다.

상이 된다. 이는 국가계약법의 적용을 받더라도 정부와 사인간의 계약은 계약자유의 원칙에 입각한 사법상 범주이기 때문이다. 다만 계약이행 중에 발주처가 부과하는 부정당 제재, 벌점 부과와 같은 계약이행의 위법성에 관한 행정적 제재에 대해서는 민사소송이 아닌 행정소송의 대상이 되는 것이다.

정리하면, 국가계약법은 행정법이지만 사인간의 계약에 관한 사법이며 더 나아가 공무원이 지켜야 할 내부규정으로 한정하고 있고 대부분의 계약당사자간의 분쟁해결의 법적구제수단은 민사소송이 된다. 다른 일반적인 행정법과 달리 별도의 벌칙조항이 존재하지 않는다. 이러한 성격 때문에 국가계약법은 사법의 성격이 강하지만 공공성이라는 관점에서 부정당제재 규정을 본다면 일정부분 공법과 사법의 경계에 있다고도 할 수 있다.

국가계약법의 성격이 사법 또는 공법의 영역에 관한 구분은 그동안 많은 논쟁이 있어 왔지만, 이는 학문적인 문제이다. 이러한 구분이 현장기술자에게 큰 의미가 있는 것은 아니다.

" 한 방에 정리하는 법의 분류 "

아주 오래전 학창시절에 배웠던 사회시간을 잠시 생각하며 법을 어떻게 분류하는지 보자.

법	자연법				
	실정법	국내법	공법	실체법	헌법
					행정법
					형법
				절차법	민사소송법
					형사소송법
					행정소송법
			사법	민법	
				상법	
			사회법	노동법	
				경제법	
				사회보장법	
		국제법	조약, 국제법규		

법은 자연적 정의 또는 질서에 바탕을 두고 시대와 지역을 초월한 보편 타당성을 가진 자연법(自然法)과 인위적으로 사회질서를 위해 제정하여 실체적 효력을 가지는 실정법(實定法)으로 나눌 수 있고 일반적으로 법이라 함은 실정법을 의미한다.
국가기관에서 절차와 형식을 거쳐 문서로 만든 헌법, 법령은 실정법으로 성문법(成文法)이다. 반면 문서로 제정되어 있지 않지만 오랜 관행으로 법으로 인정되어 온 관습법(慣習法), 판례로 정해

진 판례법(判例法), 사물의 원칙이나 인간의 양심, 정의, 도리가 기준인 조리(條理)를 통틀어서 불문법(不文法)이라고 한다.

실정법은 적용범위에 따라서 국내법과 국제법으로 구분할 수 있다.

국내법은 다시 법의 성격에 따라 공법, 사법, 사회법으로 구분된다.

공법(公法)은 국가와 개인간의 관계에 구속력을 가지고 공익적 질서를 유지하기 위한 국가조직과 기능, 작용 등에 관한 법으로 헌법, 형법, 형사소송법, 민사소송법, 행정법 등이 있다.

사법(私法)은 개인상호간의 관계를 규율하는 것으로 민법, 상법이 해당한다.

사회법(社會法)은 자본주의 발전과 더불어 나타난 제반문제를 규율하고 해결하기 위한 법으로 경제법, 노동법, 사회복지법이 있는데 이는 공법과 사법의 성격을 동시에 갖는 특징이 있다.

법의 내용적 성격에 따라 실체법과 절차법으로 구분하는데 실체법은 권리와 의무의 내용, 범위 등을 말하며 민법, 상법, 형법, 행정법 등이 포함된다. 절차법은 실체법을 실현시키는 절차를 규정한 법으로 민사소송, 형사소송, 행정소송법 등이다.

행정법은 행정에 관한 법률로 분야도 가장 많고 실제 생활에서 실무적으로 가장 많이 접하게 된다. 건설관련법인 건설산업기본법이나 건설기술진흥법, 국가계약법, 그리고 하도급법 등 거의 대부분의 법률이 행정법에 속한다.

국가계약법은 행정법에 속하지만 내용으로 볼 때 계약에 관한 실체적 제반내용이 담겨 있으나 주로 적법한 국가예산을 운용함에 있어 공공성 및 공정성에 부합하는 조달계약에 관한 절차적 내용, 즉 담당 공무원이 절차적으로 수행해야 할 규정이 주를 이루고 있어 내용상으로 실체법이라기보다는 절차법으로 볼 수 있는 것이다.

10
국가계약법령 둘러보기

국가계약법은 공공계약에 관한 최상위법이고 기본원칙이자 가이드라인이다.

법률은 35개 조항으로 구성되어 있고 118개 조항의 시행령과 87개 조항의 시행규칙을 두어 국가계약법령이 구성된다(2022년 6월 기준).

단계별 주요 국가계약법조항

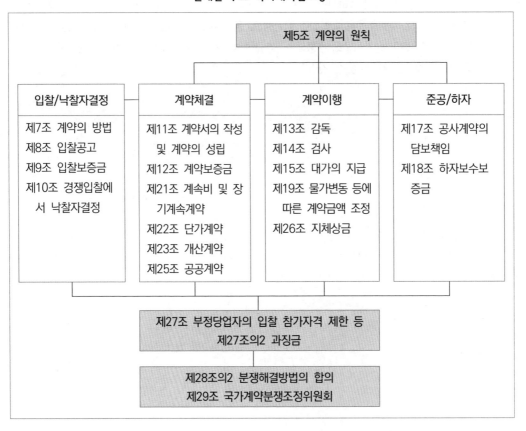

법의 내용적 구성을 보면 입찰 및 낙찰자 결정을 비롯하여 실제 현장기술자가 직접 관련이 있는 계약체결, 계약이행, 준공 및 하자로 구분할 수 있으며 부정당제재 및 분쟁에 관한 규정은 모든 부분에 적용된다.

현장과 직접적으로 관련된 법규정은 계약체결, 계약이행 및 준공/하자에 해당한다. 국가계약법령(법률. 시행령,시행규칙) 및 행정규칙(예규, 훈령, 고시)을 통해 국가계약법령의 체계가 완성된다. 실무적으로는 국가계약법 보다는 계약문서에 편입되는 예규인 공사계약일반조건을 위주로 우선하여 적용된다.

국가계약법령과 공사계약일반조건은 서로 분리된 내용이 아니라 국가계약법령의 기본내용을 중심으로 다음과 같이 상호 연계되어 있다. 다음은 계약이행에 관한 중요한 규정을 요약한 것이다.

국가계약법령과 공사계약일반조건

국가계약법	시행령	시행규칙	공사계약일반조건
1. 계약체결			
• 제11조(계약서의 작성 및 계약의 성립)	• 제48조(계약서의 작성) • 제49조(계약서작성의 생략)	• 제49조(계약서의 작성) • 제50조(계약서의 작성을 생략하는 경우)	• 제3조(계약문서) • 제4조(사용언어) • 제5조(통지 등)
• 제12조(계약보증금)	• 제50조(계약보증금 제51조 계약보증금의 국고귀속) • 제52조(공사계약에 있어서의 이행보증) • 제75조(계약의 해제·해지)	• 제51조(계약보증금 납부) • 제52조(하자보수보증금의 납부) • 제53조(현금에 의한 보증금 납부)~58조(주식양도증서) • 제59조(보증금의 납부확인) • 제60조(보증기간중 의무) • 제61조(보증보험증권등의 보증기간의 연장) • 제62조(계약금액변경시의 보증금의 조정 및 추가납부등) • 제63조(보증금의 반환) • 제64조(보증금등의 국고 귀속) • 제66조(공사계약에 있어서의 이행보증)	• 제7조(계약보증금) • 제8조(계약보증금의 처리) • 제9조(보증이행업체의 자격) • 제44조(계약상대자의 책임 있는 사유로 인한 계약의 해제 및 해지) • 제45조(사정변경에 의한 계약의 해제 또는 해지) • 제46조(계약상대자에 의한 계약해제 또는 해지)

• 제20조(회계연도 시작 전의 계약체결) • 제21조(계속비 및 장기계속계약) • 제22조(단가계약) • 제23조(개산계약) • 제24조(종합계약) • 제25조(공동계약)	• 제67조(회계연도 개시 전의 계약) • 제68조(공사의 분할계약금지) • 제69조(장기계속계약 및 계속비계약) • 제70조(개산계약) • 제71조(종합계약) • 제72조(공동계약)		

2. 계약의 이행

• 제13조(감독)	• 제54조(감독)	• 제67조(감독 및 검사) • 제68조(감독 및 검사의 실시에 관한 세부사항) • 제69조(감독 및 검사를 위탁한 경우의 확인)	• 제16조(공사감독관)
• 제14조(검사)			• 제12조(공사자재의 검사) • 제27조(검사) • 제28조(인수) • 제29조(기성부분의 인수)
• 제15조(대가의 지급)	• 제58조(대가의 지급) • 제59조(대가지급지연에 대한 이자)		• 제39조(기성대가의 지급) • 제39조의2(계약금액조정전의 기성대가지급) • 제40조(준공대가의 지급) • 제40조의2(국민건강보험료, 노인장기요양 보험료 및 국민연금보험료의 사후정산) • 제41조(대가지급지연에 대한 이자)
• 제17조(공사의 담보책임) • 제18조(하자보수보증금)	• 제60조(공사계약의 하자담보책임기간) • 제61조(하자검사) • 제62조(하자보수보증금) • 제63조(하자보수보증금의 직접사용)	• 제70조(하자담보책임기간) • 제71조(하자검사) • 제72조(하자보수보증금률) • 제73조(하자보수보증금율의 직접사용)	• 제33조(하자보수) • 제34조(하조보수보증금) • 제35조(하자검사) • 제36조(특별책임)
• 제19조(물가변동 등에 따른 계약금액조정)	• 제64조(물가변동으로 인한 계약금액의 조정) • 제65조(설계변경으로 인한 계약금액의 조정) • 제66조(기타 계약내용의 변경으로 인한 계약금액의 조정) • 제91조(설계변경으로 인한 계약금액 조정의	• 제74조(물가변동으로 인한 계약금액의 조정) • 제74조의2(설계변경으로 인한 계약금액의 조정) • 제74조의3(기타 계약내용의 변경으로 인한 계약금액의 조정)	• 제19조(설계변경 등) • 제19조의2(설계서의 불분명·누락·오류 및 설계서 간의 상호모순 등에 의한 설계변경)~19조의6(소요자재의 수급방법 변경) • 제19조의7(설계변경에 따른 추가조치 등) • 제20조(설계변경으로 인한

	제한:대형공사계약) • 제108조(설계변경으로 인한 계약금액조정:기술 제안입찰 등에 의한 계약)		계약금액의 조정 • 제21조(설계변경으로 인한 계약금액조정의 제한 등) • 제22조(물가변동으로 인한 계약금액의 조정) • 제23조(기타 계약내용의 변경으로 인한 계약금액의 조정) • 제23조의2(설계변경 등에 따른 통보) • 제23조의3(건설폐기물량의 초과발생에 따른 계약금액의 조정) • 제24조(응급조치) • 제26조(공가기간의 연장) • 제30조(부분사용 및 부가공사) • 제31조(일반적 손해) • 제32조(불가항력)
제26조(지체상금)	제74조(지체상금)	제75조(지체상금률)	• 제25조(지체상금) • 제26조(공가기간의 연장) • 제47조 공사의 일시정지 • 제47조의2(계약상대자의 공사정지 등) • 제47조의3(공정지연에 대한 관리)
• 제27조(부정당업자의 입찰 참가자격 제한 등) • 제27조의2(과징금)~제27조의5(조세포탈 등을 한 자의 입찰 참가자격 제한)	• 제76조(부정당업자의 입찰참가자격 제한) • 제제76조의2(과징금 부과의 세부적인 대상과 기준)~76조의13(수당)	• 제75조의2(부정당업자의 입찰참가자격 제한) • 제76조(부정당업자의 입찰참가자격 제한기준 등) • 제77조(입찰참가자격제한에 관한 게재 등) • 제77조의2(과징금 부과의 세부적인 대상과 기준)	• 제42조(하도급의 승인 등) • 제43조(하도급대가의 직접지급 등 • 제43조의2(하도급대금 등 지급 확인) • 제43조의3(노무비의 구분 관리 및 지급확인) • 제49조(부정당업자의 입찰 참가자격 제한)
• 제28조(이의신청) • 제28조의2(분쟁해결방법의 합의) • 제29조(국가계약분쟁조정위원회) • 제30조(계약절차의 중지)	• 제110조(이의신청을 할 수 있는 정부조달계약의 최소 금액 기준 등) • 제111조(국가계약분쟁조정위원회의 위원 등) • 제112조(심사) • 제113조(조정)	• 제86조(심사·조정 관련 비용 부담의 범위와 정산) • 제87조(위원회의 운영 등)	• 제51조(분쟁의 해결)

• 제31조(심사·조정)	• 제114조(조정의 중지) • 제114조의2(소송 관련 사실의 통지) • 제115조(비용부담)		

11
계약의 원칙, 신의성실, 권리남용 금지

법 제5조(계약의 원칙)

① 계약은 서로 대등한 입장에서 당사자의 합의에 따라 체결되어야 하며, 당사자는 계약의 내용을 신의성실의 원칙에 따라 이행하여야 한다.

③ 각 중앙관서의 장 또는 계약담당공무원은 계약을 체결할 때 이 법 및 관계 법령에 규정된 계약상대자의 계약상 이익을 부당하게 제한하는 특약 또는 조건(이하 "부당한 특약 등"이라 한다)을 정해서는 아니 된다.

국가계약법에서 가장 중요한 조항은 계약의 원칙이다. 당연히 법률상 조항이어야 함에도 불구하고 오랫동안 법률이 아닌 시행령에 규정되어 왔었고 최근 법률조항으로 신설(2019. 11. 26.)제정되었다(시행령의 해당 조항은 삭제되었다).

건설산업기본법에도 위와 동일한 내용의 계약의 원칙에 관한 규정이 있다.

법률은 법 적용에 있어 원칙과 취지를 선언적으로 규정한다.

계약의 원칙은 법적 다툼에서 가장 많이 인용되는 내용으로 당연히 법률조항으로 존재해야 가치와 의미가 있는 것이다.

계약에 있어서 일방이란 없고 반드시 쌍방 이상의 상대자가 존재해야 성립하는 것인데 계약당사자의 어느 일방이 우월한 입장에서는 계약자유의 원칙에 부합하지 않고 그러한 조건하에서 성립한 합의(合議)란 의미가 없는 것이다. 서로 대등한 지위에서 신의성실은 계약당사자 공히 부여되는 의무이다.

제3항의 '계약상대자의 계약상 이익을 부당하게 제한하는 특약 또는 조건을 정해서는 안 된다'는 내용은 권리남용 금지의 원칙을 규정한 것이다.

공공공사는 특성상 강력한 권한을 가지고 있는 정부, 지자체, 공공기관이라는 발주처에 비해 상대적으로 약자인 사인간의 계약이므로 해당 조항이 갖는 실질적 의미는 매우 중요하다.

앞서 국가계약법에서의 민법의 원리를 설명하였지만, 신의성실에 반하게 되면 곧 권리남용이 되어 무효가 되는 것으로 계약에 있어서 이 두 가지 원칙은 서로 조화롭게 병립해야 하는 가장 중요한 이유가 된다.

실무를 다루는 현장기술자에게 이와 같은 선언적인 문구가 실체적으로 와닿지 않을 수 있고 다소 공허하고 추상적인 구호로 느낄 수 있다. 그렇지만 법적분쟁에 있어서 '계약의 원칙'의 준수 여부에 대해 분쟁당사자의 소명을 얼마나 재판부에 논리적으로 주장하여 설득시킬 수 있느냐의 문제로 귀결된다고 해도 과장이 아닐 만큼 대단히 중요한 법리(法理)다.

분쟁에 있어서 계약당사자가 가장 대립하는 논쟁은 계약원칙에 따라 상호 대등하게 신의성실에 입각한 계약행위가 이루어졌는지와 함께 계약상대자의 정당한 이익을 발주처가 부당하게 제한하였는지가 법원 판단의 기준이 되고 승소 여부에 가장 중대한 영향을 미치게 된다. 따라서 분쟁의 당사자는 모든 사실과 정황을 각자 자신들에게 유리한 방향으로 법리를 구성하여 논리적으로 치열하게 주장하는 것이다. 계약당사자간의 법적분쟁은 반드시 진실을 밝히는 것만이 아니라 승패가 갈린 다툼이기 때문이다(범죄행위를 다루는 형사적 법적다툼은 반드시 진실을 찾아 법에 의한 정의를 구현하는 것이므로 민사적 법적다툼과는 구별된다).

공공공사에서 오랫동안 관행이었던 발주처의 우월적 지위, 소위 '갑질'로 인해 계약상대자의 상대적 피해가 발생해왔던 것도 부인할 수 없는 사실이다. 그럼에도 불구하고 공공공사를 통해 생존해야 하는 기업의 특성상 발주처와의 법적 대응에 소극적일 수밖에 없었던 환경이 아주 오랫동안 지속되어 왔다.

최근에는 공정이라는 화두와 함께 건설분쟁의 활성화로 건설문화의 패러다임이 확실히 바뀌어 가고 있어 법전에만 선언적으로 명시되어 잠자고 있었던 조항이 이제야 비로소 빛을 발하는 것 같다는 느낌이다.

국가계약법은 민법의 원칙이 잘 반영된 매우 균형적이고 공공계약의 성격을 제대로 반영하여 제정된 공정한 법률이다. 제대로 된 그라운드 룰을 얼마나 잘 활용하여 법적분쟁을 유리하게 이끌고 가느냐는 계약당사자의 몫이다.

건설산업기본법 제22조(건설공사에 관한 도급계약의 원칙) ① 건설공사에 관한 도급계약(하도급계약을 포함한다. 이하 같다)의 당사자는 대등한 입장에서 합의에 따라 공정하게 계약을 체결하고 신의를 지켜 성실하게 계약을 이행하여야 한다.

⑤ 건설공사 도급계약의 내용이 당사자 일방에게 현저하게 불공정한 경우로서 다음 각 호의 어느 하나

에 해당하는 경우에는 그 부분에 한정하여 무효로 한다.

1. 계약체결 이후 설계변경, 경제상황의 변동에 따라 발생하는 계약금액의 변경을 상당한 이유 없이 인정하지 아니하거나 그 부담을 상대방에게 떠넘기는 경우
2. 계약체결 이후 공사내용의 변경에 따른 계약기간의 변경을 상당한 이유 없이 인정하지 아니하거나 그 부담을 상대방에게 떠넘기는 경우
3. 도급계약의 형태, 건설공사의 내용 등 관련된 모든 사정에 비추어 계약체결 당시 예상하기 어려운 내용에 대하여 상대방에게 책임을 떠넘기는 경우
4. 계약내용에 대하여 구체적인 정함이 없거나 당사자 간 이견이 있을 경우 계약내용을 일방의 의사에 따라 정함으로써 상대방의 정당한 이익을 침해한 경우
5. 계약불이행에 따른 당사자의 손해배상책임을 과도하게 경감하거나 가중하여 정함으로써 상대방의 정당한 이익을 침해한 경우
6. 「민법」 등 관계 법령에서 인정하고 있는 상대방의 권리를 상당한 이유 없이 배제하거나 제한하는 경우

12
국가계약법은 원칙(原則), 공사계약일반조건은 실전(實戰)!

　현장기술자가 실무적으로 알고 넘어가야 할 부분은 계약이행에 관한 사항이다. 현장기술자는 원칙의 「국가계약법」보다는 실전인 「공사계약일반조건」을 기준으로 업무를 수행한다. 계약문서이기 때문이다.

　어렸을 때 중국 소림사의 무술영화에 열광했던 이유는 신비한 권법만 통달하면 어느 것도 무서운 것 없는 고수가 되어 현란한 기술로 악의 무리를 응징하는 단순한 줄거리에 통쾌함을 느꼈기 때문이다. 당시에는 신비한 중국무술 '쿵후(Kungfu)'를 동경하지 않을 수 없었다(기억이 너무 뚜렷해서 그리 오래전 기억이 아닌 것 같은데 벌써 수십 년 전 이야기다!). 최근에 그런 중국무술의 고수들이 이종격투기의 대표급도 아닌 아마추어 선수에게 실전에서 처참하게 무너지는 모습을 보면서 중국무술의 허접함을 넘어 허무함의 실소를 금할 수 없게 한다. 더 이상 쿵후를 실전용 무술로 생각하는 사람은 없을 것이다.

　적절한 비유인지 모르겠지만 공공공사 분쟁에 있어서도 국가계약법은 분명 실전용은 아닌 것 같다. 국가계약법의 규정이 선언적이고 추상적이라서 실제 복잡한 분쟁사안에 대한 판단기준의 근거가 명확하지 않다는 점, 계약당사자간 권리와 의무를 규정짓는 실체적 내용보다는 전반적으로 계약의 이행에 관한 담당 공무원이 해야 할 절차적 규정이라는 점 때문에 계약당사자간의 분쟁의 판단기준으로 적용하는 데는 한계가 있기 때문이다(실전용이 아니라고 국가계약법을 소외시킬 수 없는 것은 판결은 언제나 취지와 원칙의 선언적 명분을 통해 결론을 맺고 있음을 잊지 말아야 한다).

　시행령과 시행규칙을 통해 법률에 없는 내용을 자세히 밝히고 있지만 법률의 보완적 내용에 한정될 수밖에 없다. 반면, 계약문서인 「공사계약일반조건」은 국가계약법령의 연속선상에서 계약이행에 관한 세부적 사항에 대한 계약당사자의 권한과 의무를 명시하고 있고 분명한 계약문서의 효력을 가지고 있다. 현장업무에 있어서도 공사계약일반조건의 제반규정대로만 업무를 수행해도 큰 문제가 없으며 더 나아가 분쟁의 중요한 판단기준이 된다. 공사계약일반조건의 내용을 의미있게 짚어 봐야 할 이유가 된다.

대학원 시절 공공공사 건설분쟁에 관한 수업에서 있었던 일이다.

법률의 중요성을 말씀하시던 교수님 앞에서 실제 공공공사의 소송에서는 공사계약일반조건이 국가계약법보다 더 많이 인용되고 실무적으로도 더 중요하다는 개인적 의견을 밝혔는데 교수님께서는 어떻게 공무원의 내부적 규정인 예규를 법률과 비교하여 더 중요할 수 있느냐… 라고 나무라듯이 말씀하셨다. 그래서 부연하여 실제로 건설소송에 대해 경험하고 느낀 바를 설명해 드리면서 공사계약일반조건이 계약문서로 작용하기 때문에 일반 예규와는 다른 차원에서 접근해야 한다고 말씀드렸다. 그러자 이내 교수님께서는 같이 수업을 듣던 A변호사에게 그게 말이 되냐고 되물으셨고 난처해진 A변호사는 교수님의 질문을 무난하게 받아 주었다. 더 이상 분위기가 싸해지면 안 될 것 같아 고개를 숙이며 아무 말도 못했던 기억이 난다. 순간 기술자인 내가 변호사가 아닌 것이 후회스러웠고 기술자가 법을 논한다는 것이 아직 허용되지 않는 어떤 한계를 느꼈다.

교수님께서는 법적 판단에 있어서는 반드시 엄격하게 법률을 근거로 적용해야 한다는 중대성을 일깨워 주시고자 했으리라. 법적 다툼에 있어서 예규를 법률보다 더 우위로 비교한 것 자체가 자칫 법을 잘 모르는 기술자가 법률에 대한 편견을 가질 수 있다고 생각하신 것이 아닐까 한다. 예규는 법령보다 하위 개념으로 담당 공무원이 행정사무를 위한 내부적 세부지침으로 행정조직 내부에서만 효력을 갖고 대외적인 구속력이 없으므로 법적 판단에 있어서 법률이라는 큰 테두리를 벗어난다는 것은 있을 수 없는 일이다. 법의 존재와 효력에 관한 이유이기 때문이다. 마치 원도급업체의 내부사규가 하도급업체와의 법적 다툼에 영향을 미칠 수 없는 것과 다르지 않다.

법률의 효력과 강제력에 대한 원칙에도 불구하고 공공공사에서 공사계약일반조건은 계약문서로 편입되기 때문에 계약이행에 있어서 실무적으로도 가장 많이 활용됨과 동시에 법적 다툼에서도 인용되는 범위가 상당하다(내용에 있어서도 공사계약일반조건은 국가계약법령의 큰 틀을 벗어나지 않는다. '국가계약법령 둘러보기' 참조).

국가계약법은 계약당사가가 무엇을 해야 하는지, 어떻게 해야 하는지 등에 관한 책임과 권한에 대한 실체적 규정이 존재하지 않는다. 오직 계약을 이행하는 담당 공무원이 해야 할 일들을 절차적으로 규정했을 뿐이다. 이것만으로 계약당사자간의 계약에 관한 복잡한 분쟁 여부를 판단할 수 없다(최상위의 법률이라도 실질적으로 행정을 위한 세부규정이 없으니 분쟁의 대상인 행정적 계약행위의 판단기준이 될 수 없는 것은 당연하다).

반면 공사계약일반조건은 계약당사자간 적용되는 계약이행사항을 규정하고 있고 각자의 책임범위를 규정하고 있는 계약문서이기 때문에 법적 판단기준의 근거로써 아무런 문제가 없는 것이다. 계약적으로도 공공공사가 계약당사자의 일방이 정부라는 권력기관일 뿐이지 일반 사인간 계약과 본질적으로 다르지 않기 때문에 계약문서가 가장 우선이 되어야 하는 것은 너무도 당연한 원칙이기 때문이다.

클레임 업무를 시작하던 초기에 기술자로서 무엇부터 해야 할까 고민하다가 가장 먼저 했던 것이 공사계약일반조건의 복기였다. 개인적인 의견이지만 공사계약일반조건은 법취지를 잘 살리고 계약당사자의 여러사정을 조화롭게 반영하여 훌륭하게 작성된 계약규정이라고 생각한다.

법이 현장실무에서 발생하는 모든 문제를 명쾌하게 해결해 줄 수 없다. 법은 이벤트를 선행할 수 없기 때문이다. 그렇다고 새로운 이벤트에 따라 쉽게 제·개정될 수 있는 것도 아니다. 법은 취지와 원칙에 대한 방향이기 때문이다.

공사계약일반조건은 국가계약법의 원칙의 범위에서 새로운 이벤트를 흡수할 수 있는 기본적인 유연성을 가지고 있다. 그래서 언제나 실전용이다.

현장기술자에게 익숙한 공사계약일반조건을 이해하는 것은 어렵지 않다. 국가계약법령과 함께 좀 더 본질적이고 기본원리를 이해하면서 중요한 내용위주로 편하고 좀 쉽게 다가가 보도록 하자.

13
구두계약은 계약이 아니다(계약의 작성 및 성립)

법 제11조(계약서의 작성 및 계약의 성립)
① 각 중앙관서의 장 또는 계약담당공무원은 계약을 체결할 때에는 다음 각 호의 사항을 명백하게 기재한 계약서를 작성하여야 한다. 다만, 대통령령으로 정하는 경우에는 계약서의 작성을 생략할 수 있다.
1. 계약의 목적 2. 계약금액 3. 이행기간 4. 계약보증금 5. 위험부담 6. 지체상금(遲滯償金) 7. 그 밖에 필요한 사항
② 제1항에 따라 계약서를 작성하는 경우에는 그 담당 공무원과 계약상대자가 계약서에 기명하고 날인하거나 서명함으로써 계약이 확정된다.

단순히 물건을 사고, 파는 구매계약에서는 물건의 하자가 있으면 반품을 하거나 환불이 가능하기에 큰 문제가 발생하지 않는다.

그런데 건설공사에서 목적물에 어떤 문제가 발생하면 민간이나 공공의 구분 없이 공중의 안전과 직결될 가능성이 높다. 또한 목적물 자체의 구조적 문제가 아닌 단순하자가 발생한다고 해서 이를 철거하거나 원상복구 등의 이전단계로 되돌려야 하는 상황이 발생한다면 여기에는 엄청난 사회적 비용과 시간이 소요된다.

이와 같이 건설공사에서의 도급계약은 일반적인 거래수준의 계약과는 근본적으로 성격을 달리한다. 또한 건설공사는 발주자, 감리자, 설계사, 시공사, 민원인 등 다수의 이해관계자가 복잡하게 관계하고 있으며 채권, 채무의 규모가 커서 재산상 피해로 인한 경제적 파급효과가 상당하여 심각한 영향을 초래할 수 있으므로 이를 최소화할 수 있도록 당사자간 계약관계를 명확하게 구분해야 할 필요가 있다.

건설산업기본법에서도 계약상의 위험부담을 최소화하기 위해서 건설공사에 관한 도급계약의 당사자는 계약을 체결할 때 도급금액, 공사기간 등의 사항과 서명 또는 기명날인1)한

---

1) 그의 성명을 직접 기재하는 것을 서명 또는 자서(自署)라고 하고 자서까지는 할 필요 없이 타인이 기재하는

계약서를 작성하도록 규정하고 있으며 이를 위반하면 과태료를 부과하도록 하고 있다. 그렇지만 과태료를 부과한다고 해서 계약이 성립되지 않거나 해제될 수 있는 것은 아니어서 계약의 효력여부에 어떠한 영향을 주지 않는다.

건설도급계약의 절차와 내용을 무시할 수 없지만, 계약은 당사자간 자유로운 의사에 따른 것이고 국가가 강제할 수 있는 것이 아닌 계약자유의 원칙이 우선하므로 구두에 의한 계약도 계약성립의 효력에 문제가 되지 않는 것이다.

그렇다면 민간건설공사가 아닌 공공공사 도급계약에서도 일정한 형식 없이 구두계약이 가능할까?

결론은 불가능하다. 구두계약이 가능하다면 굳이 국가계약법령상 '계약서의 작성 및 계약의 성립'과 같은 조항을 만들 이유가 없을 것이다.

덧붙여서 공공계약은 국가계약법상 입찰 및 낙찰자 결정이라는 절차를 거쳐 계약에 이르는 모든 제반절차와 규정이 법규화되어 있어 원천적으로 구두계약과 같은 불완전한 계약방식이 자리 잡을 여지가 없다. 따라서 국가계약법 제11조에 따른 계약서의 작성이 없으면 계약자체가 성립하지 않고 효력도 인정되지 않는다.[2]

지금이라도 현장의 계약서를 확인해 보면 해당 법조항에 따른 계약내용이 빠짐없이 포함되어 있을 것이다. 공공계약에서는 계약성립에 따른 요건과 형식을 엄밀히 갖추어야 하는 요식계약이며 불요식계약은 원천적으로 배제된다.

것도 허용될 때, 예컨대 고무명판, 타이프 또는 인쇄 등으로 기재하는 것을 기명(記名)이라 한다. 또 기명이나 서명한 후에 인장을 누르는 것을 날인(捺印)이라 하는데, 기명한 후에 하는 것이 기명날인이다.

2) 대법원 2010. 11. 11. 선고 2010다59646 판결, 대법원 2009. 12. 24. 선고 2009다51288 판결.

14
계약문서에 우선순위가 있을까?

　　계약문서는 계약서, 설계서, 유의서, 공사계약일반조건, 공사계약특수조건, 산출내역서 등으로 구성되는데 이외에도 해당 계약의 적절한 이행에 따라 공사계약특수조건을 비롯하여 입찰안내서, 현장설명서, 청렴계약특수조건, 공동수급협정서, 공사현장안전수칙 등을 정할 수 있다. 또한 계약당사자간 행한 통지문서도 계약문서의 효력을 갖는다.

일반조건 제3조(계약문서)

① 계약문서는 계약서, 설계서, 유의서, 공사계약일반조건, 공사계약특수조건 및 산출내역서로 구성되며 상호보완의 효력을 가진다. 다만, 산출내역서는 이 조건에서 규정하는 계약금액의 조정 및 기성부분에 대한 대가의 지급시에 적용할 기준으로서 계약문서의 효력을 가진다.

③ 계약담당공무원은 「국가를 당사자로 하는 계약에 관한 법령」, 공사관계 법령 및 이 조건에 정한 계약일반사항 외에 해당 계약의 적정한 이행을 위하여 필요한 경우 공사계약특수조건을 정하여 계약을 체결할 수 있다.

④ 제3항에 의하여 정한 공사계약특수조건에 「국가를 당사자로 하는 계약에 관한 법령」, 공사 관계법령 및 이 조건에 의한 계약상대자의 계약상 이익을 제한하는 내용이 있는 경우에 특수조건의 해당 내용은 효력이 인정되지 아니한다.

⑤ 이 조건이 정하는 바에 의하여 계약당사자간에 행한 통지문서등은 계약문서로서의 효력을 가진다.

일반조건 제5조(통지 등)

① 구두에 의한 통지·신청·청구·요구·회신·승인 또는 지시(이하 "통지 등"이라 한다)는 문서로 보완되어야 효력이 있다.

② 통지 등의 장소는 계약서에 기재된 주소로 하며, 주소를 변경하는 경우에는 이를 즉시 계약당사자에게 통지하여야 한다.

③ 통지 등의 효력은 계약문서에서 따로 정하는 경우를 제외하고는 계약당사자에게 도달한 날부터 발생한다. 이 경우 도달일이 공휴일인 경우에는 그 익일부터 효력이 발생한다.

계약문서는 각각의 내용과 성격이 서로 달라서 해석을 달리하거나 내용상 충돌될 가능성이 높지 않지만 그럼에서 불구하고 이를 명확하게 해야 할 필요가 있어 수정이나 보완이 필요한 경우에는 별도의 특수조건을 정할 수 있다. 이때에도 계약당사자간 문서를 통해야 효력이 발생하게 되는데 그것은 당사자간 통지문서도 계약문서이기 때문이다.

설계서 중 설계도면이나 시방서는 목적물에 관한 설계 및 시공상의 지침이라고 한다면 산출내역서는 계약금액의 조정이나 기성부분에 대한 대가지급에 적용할 기준이 된다. 공사기간의 산정근거는 최근 (2020. 9. 24.)에 반영된 사항으로 공사기간에 대한 쟁점에 대한 기준정립과 함께 설계서의 범위가 공사관리의 부분까지 확대되고 있음을 의미한다고 할 수 있다.

그렇다면 계약문서에도 우선순위가 있을까?

결론은 계약문서에 있어서 해석의 우선순위는 원칙적으로 존재하지 않는다. 우선순위에 관한 규정은 없으며 오로지 상호보완의 효력만 갖는다. 다만 설계서의 우선순위에 정한 규정이 없더라도 설계서가 누락, 오류, 불분명한 경우에 대해서는 계약목적물의 본래의 기능 및 안전을 확보할 수 있도록 설계서를 보완하여 분명하고 명확하게 수정하는 것이다.

공사계약일반조건상의 설계변경 규정에는 공사시방서, 설계도면, 산출내역서가 각각 상이하면 공사시방서와 설계도면을 우선 확정하고 산출내역서를 확정된 내용에 일치시키게 되어 있는 규정을 볼 때 공사시방서와 설계도면이 산출내역서를 우선한다고 할 수 있을 것이다. 다만 공사시방서와 설계도면이 서로 상이한 경우는 우선순위의 여부가 아니라 가장 목적물 본연의 취지와 최선의 공사시공을 위해 계약당사자가 확정하는 것이다.

설계서에 시공방법, 투입자재, 규격 등이 명확하지 않은 경우는 현장에서 활용도가 높은 단가산출서나 수량산출서 등의 확인이 가능하면 이를 근거로 설계서를 일부 보완할 수 있지만 이는 공사수행방법이나 목적물의 변경이 아니므로 설계변경이 아니다. 단가산출서와 수량산출서는 설계서가 아니기 때문이다.

발주기관이 설계서를 작성하지 않는 대형공사(일괄입찰, 대안입찰)나 기술제안공사는 발주 시에 일찰안내서나 특별조건 등을 통해 계약문서에 대한 해석의 우선순위를 정할 수 있다.

다음은 일괄입찰공사의 입찰안내서상 계약문서의 우선순위를 정한 사례인데 일반적으로 계약서는 계약당사자간 날인이 있는 공신력 있는 계약문서이기 때문에 해석에 있어서 가장 우선순위가 된다. 입찰안내서는 전체적인 사업의 목적과 취지, 주요내용을 명시한 것으로 계약서 다음 순위가 된다. 일괄입찰공사에서도 공사시방서와 설계도면은 우선순위가 없음을 알 수 있고 특수조건 및 일반조건의 순서로 우선순위를 정하고 있음을 알 수 있다. 분쟁사안에 대해 계약문서상의 내용이나 해석에 충돌이 있다면 계약문서의 우선순위의 기준은 매우 중요한 쟁점이 된다.

일괄입찰공사 입찰안내서 일부분 발췌

계약문서 중 시방서, 설계도면, 공사비내역서가 상이한 경우 발주처의 조정을 거쳐 이들 문서들이 상호 보완적으로 수정되어야 한다. 다만, 합리적인 조정이 곤란한 경우 우선순위는 시방서, 설계도면, 공사비 내역서 순으로 적용할 수 있다.계약문서는 상호보완의 효력을 갖지만 해석의 우선 순위는 다음 각 호의 순서에 의한다.

1. 계약서
2. 입찰안내서
3. 공사시방서 및 설계도면
4. 일괄입찰 등의 공사 계약특수조건
5. 일반조건

일반조건 제19조의2 설계서의 불분명·누락·오류 및 설계서간의 상호모순 등에 의한 설계변경

1. 설계서의 내용이 불분명한 경우(설계서만으로는 시공방법, 투입자재 등을 확정할 수 없는 경우)
   • 설계자의 의견 및 발주기관이 작성한 단가산출서 또는 수량산출서 등의 검토
   • 당초 설계서(시공방법·투입자재 등)시공시 설계서 단순보완: 설계변경에 해당하지 않음(계약금액 조정불가)
   • 당초 설계와 다르게 시공시 설계변경: 설계변경 및 계약금액 조정
2. 설계서에 누락·오류: 설계변경 및 계약금액 조정
3. 설계도면과 공사시방서는 일치, 물량내역서 상이한 경우
   • 설계도면 및 공사시방서에 물량내역서를 일치: 설계변경 및 계약금액 조정
4. 설계도면, 공사시방서, 물량내역서 각각 상이
   • 설계도면과 공사시방서 우선 확정하여 일치, 확정된 내용으로 물량내역서 일치: 설계변경 및 계약금액 조정
※ 대형공사(일괄입찰, 대안입찰) 및 기술제안입찰 공사의 경우 계약금액 조정은 공사계약일반조건 제21조(설계변경으로 인한 계약금액조정의 제한 등) 적용하고 설계도면 및 공사시방서의 상이에 대해서는 입찰안내서 및 관련 법령에 따라 적용됨.

15
공공계약에서 보증(保證)의 의미

계약서의 기명날인과 함께 계약상대자가 계약보증금을 납부하여 계약이행에 대한 담보가 확보되어야만 비로소 완전한 계약체결의 절차가 완료된다. 계약보증금은 수급자의 원활한 이행을 담보하기 위해 계약금액의 일부를 미리 부담하게 하는 것이다.

계약보증금은 계약금액의 100분의 10 이상을 현금 또는 보증서로 납부하게 할 수 있고 장기계속공사의 경우 최초 계약체결시 총공사부기금액을 기준으로 한다.

계약보증금은 계약상대자의 채무이행(목적물의 완성)을 강제하기 위한 수단으로 계약상대자가 계약불이행으로 더 이상 도급계약관계를 지속할 수 없는 경우 발주처는 보증금을 국고에 귀속할 수 있다. 동시에 계약을 해제 또는 해지해야 한다.

계약보증금은 계약상대자의 계약불이행에 따른 발주처의 손해를 별도로 산정하여 증명하거나 손해배상소송 등의 복잡한 절차 없이 국가에 귀속할 수 있다는 데 의미가 있다. 계약보증금을 국고에 귀속할 때에는 계약보증금을 기성미지급액과 상계해서는 안 되며 계약의 일부 및 전부의 납부를 면제 받을 때에는 기성미지급액과 상계처리할 수 있다.

공사준공시에도 계약상대자가 하자보수보증금을 납부해야 준공처리가 완전히 종결된다.

법 제17조(공사계약의 담보책임)에서 민법에서 정한 담보책임의 존속기간[1]은 목적물 또는 지반공사의 하자기간 5년과 재료에 따른 구분에 따라 최대 10년을 두고 있는데 이는 하자보수기간에 대한 가이드라인을 제시한 것이고 하자에 관한 규정은 건설산업기본법[2]에서 자세히 규정하고 있다.

공종별 하자기간이 철근콘크리트나 철골구조부의 경우 7년에서 10년을 두고 있으며 기

---

1) 민법 제671조(수급인의 담보책임-토지, 건물 등에 대한 특칙) ① 토지, 건물 기타 공작물의 수급인은 목적물 또는 지반공사의 하자에 대하여 인도 후 5년간 담보의 책임이 있다. 그러나 목적물이 석조, 석회조, 연와조, 금속 기타 이와 유사한 재료로 조성된 것인 때에는 그 기간을 10년으로 한다.
2) 건설산업기본법 시행령 제30조(하자담보책임기간)으로 부록에 별도로 나타냈다.

타 공사 및 세부공종에 따라 1년에서 5년까지 구분하고 있다는 점에서 해당 법조항과 연관성이 있다.

하자보수보증금도 계약보증금과 같은 원리로 발주처가 미리 계약금액의 100분의 2에서 100분의 10 이하[3])로 계약상대자가 납부하도록 함으로써 하자발생에 따른 계약상대자의 불이행을 담보하고 있다. 공공공사의 장기계속공사의 경우는 연차계약별로 납부하여야 한다.

공종별 하자보수보증금률

공종	하자보수보증금률
1. 철도 · 댐 · 터널 · 철강교설치 · 발전설비 · 교량 · 상하수도 구조물등 중요구조물공사 및 조경공사	100분의 5
2. 공항 · 항만 · 삭도설치 · 방파제 · 사방 · 간척등 공사	100분의 4
3. 관개수로 · 도로(포장공사를 포함한다) · 매립 · 상하수도관로 · 하천 · 일반건축등 공사	100분의 3
4. 제1호 내지 제3호외의 공사	100분의 2

하자처리는 준공이 완료되어 계약기간 이후에 발생하지만, 계약상대자는 여전히 하자보수의무를 이행해야 할 계약상 책임이 있으며 하자보수 불이행도 계약을 이행하지 않는 것이기 때문에 부정당제재 요건에 해당한다. 하자분쟁이 주를 이루는 아파트나 건축물과 같은 민간공사와 달리 공공공사에서 하자에 관한 분쟁비율이 크지 않은 이유는 부정당제재와 같은 징벌적 행정제재 처분의 영향이 크다고 할 수 있다.

법 제12조(계약보증금)

① 각 중앙관서의 장 또는 계약담당공무원은 국가와 계약을 체결하려는 자에게 계약보증금을 내도록 하여야 한다. 다만, 대통령령으로 정하는 경우에는 계약보증금의 전부 또는 일부의 납부를 면제할 수 있다.

② 제1항에 따른 계약보증금의 금액, 납부방법, 그 밖에 필요한 사항은 대통령령으로 정한다.

③ 각 중앙관서의 장 또는 계약담당공무원은 계약상대자가 계약상의 의무를 이행하지 아니하였을 때에는 해당 계약보증금을 국고에 귀속시켜야 한다. 이 경우 제1항 단서에 따라 계약보증금의 전부 또는 일부의 납부를 면제하였을 때에는 대통령령으로 정하는 바에 따라 계약보증금에 해당하는 금액을 국고에 귀속시켜야 한다.

---

3) 국가계약법 시행규칙 제72조(하자보수보증금률) ① 각 중앙관서의 장 또는 계약담당공무원은 공사계약을 체결할 때에 영 제62조 제1항 본문의 규정에 의하여 다음 각호의 공종(각 공종간의 하자책임을 구분할 수 없는 복합공사인 경우에는 주된 공종을 말한다)구분에 의하여 계약금액에 대한 하자보수보증금률을 정하여야 한다.

시행령 제50조(계약보증금)

① 각 중앙관서의 장 또는 계약담당공무원은 법 제12조에 따른 계약보증금을 계약금액의 100분의 10 이상으로 납부하게 해야 한다. 다만, 「재난 및 안전관리 기본법」 제3조 제1호의 재난이나 경기침체, 대량실업 등으로 인한 국가의 경제위기를 극복하기 위해 기획재정부장관이 기간을 정하여 고시한 경우에는 계약보증금을 계약금액의 100분의 5 이상으로 할 수 있다.

③ 장기계속계약에 있어서는 제1차 계약체결시 부기한 총공사 또는 총제조등의 금액의 100분의 10 이상을 계약보증금으로 납부하게 하여야 한다. 이 경우 당해 계약보증금은 총공사 또는 총제조등의 계약보증금으로 보며, 연차별계약이 완료된 때에는 당초의 계약보증금 중 이행이 완료된 연차별계약금액에 해당하는 분을 반환하여야 한다.

⑦ 계약보증금은 현금 또는 제37조(입찰보증금)제2항 각호에 규정한 보증서등으로 이를 납부하게 하여야 한다.

일반조건 제7조(계약보증금)

① 계약상대자는 이 조건에 의하여 계약금액이 증액된 경우에는 이에 상응하는 금액의 계약보증금을 시행령 제50조(계약보증금) 및 제52조(공사계약에 있어서의 이행보증)에 정한 바에 따라 추가로 납부하여야 하며 계약담당공무원은 계약금액이 감액된 경우에는 이에 상응하는 금액의 계약보증금을 반환해야 한다.

② 계약담당공무원은 시행령 제52조(공사계약에 있어서의 이행보증) 제1항 본문에 의하여 계약이행을 보증한 경우로서 계약상대자가 계약이행보증방법의 변경을 요청하는 경우에는 1회에 한하여 변경하게 할 수 있다.

③ 계약담당공무원은 시행령 제37조(입찰보증금)제2항 제2호에 의한 유가증권이나 현금으로 납부된 계약보증금을 계약상대자가 특별한 사유로 시행령 제37조 제2항 제1호 내지 제5호에 규정된 보증서 등으로 대체납부할 것을 요청한 때에는 동가치 상당액 이상으로 대체 납부하게 할 수 있다.

법 제17조(공사계약의 담보책임)

각 중앙관서의 장 또는 계약담당공무원은 공사의 도급계약을 체결할 때에는 그 담보책임의 존속기간을 정하여야 한다. 이 경우 그 담보책임의 존속기간은 「민법」 제671[4)조에서 규정한 기간을 초과할 수 없다.

법 제18조(하자보수보증금)

① 각 중앙관서의 장 또는 계약담당공무원은 공사의 도급계약의 경우 계약상대자로 하여금 그 공사의 하자보수(瑕疵補修) 보증을 위하여 하자보수보증금을 내도록 하여야 한다. 다만, 대통령령으로 정하는 경우에는 하자보수보증금의 전부 또는 일부의 납부를 면제할 수 있다.

② 제1항에 따른 하자보수보증금의 금액, 납부시기, 납부방법, 예치기간, 그 밖에 필요한 사항은 대통령령으로 정한다.

③ 하자보수보증금의 국고 귀속에 관하여는 제12조(계약보증금) 제3항을 준용한다. 다만, 그 하자의 보수를 위한 예산이 없거나 부족한 경우에는 그 하자보수보증금을 그 하자의 보수를 위하여 직접 사용할 수 있다.

④ 제3항 단서의 경우에 사용하고 남은 금액은 국고에 납입하여야 한다.

시행령 제60조(공사계약의 하자담보책임기간)

① 각 중앙관서의 장 또는 계약담당공무원은 공사의 도급계약을 체결할 때에는 전체 목적물을 인수한 날과 준공검사를 완료한 날 중에서 먼저 도래한 날(공사계약의 부분 완료로 관리·사용이 이루어지고 있는 경우에는 부분 목적물을 인수한 날과 공고에 따라 관리·사용을 개시한 날 중에서 먼저 도래한 날을 말한다)부터 1년 이상 10년 이하의 범위에서 기획재정부령이 정하는 기간동안 해당 공사의 하자보수를 보증하기 위한 하자담보책임기간을 정하여야 한다. 다만, 공사의 성질상 하자보수가 필요하지 아니한 경우로서 기획재정부령이 정하는 경우에는 그러하지 아니하다.

② 장기계속공사에 있어서는 연차계약별로 제1항의 규정에 의한 하자담보책임기간을 정한다. 다만, 연차계약별로 하자담보책임을 구분할 수 없는 공사인 경우에는 제1차계약을 체결할 때에 총공사에 대하여 하자담보책임기간을 정하여야 한다.

시행령 제62조(하자보수보증금)

① 법 제18조의 규정에 의한 하자보수보증금은 기획재정부령이 정하는 바에 의하여 계약금액의 100분의 2이상 100분의 10이하로 하여야 한다. 다만, 공사의 성질상 하자보수가 필요하지 아니한 경우로서 기획재정부령이 정하는 경우에는 하자보수보증금을 납부하지 아니하게 할 수 있다.

② 각 중앙관서의 장 또는 계약담당공무원은 제1항의 규정에 의한 하자보수보증금을 당해 공사의 준공검사후 그 공사의 대가를 지급하기 전까지 납부하게 하고 제60조의 규정에 의한 하자담보책임기간동안 보관하여야 한다.

③ 장기계속공사에 있어서는 연차계약별로 제1항 및 제2항의 규정에 의한 하자보수보증금을 납부하게 하여야 한다. 다만, 연차계약별로 하자담보책임을 구분할 수 없는 공사인 경우에는 총공사의 준공검사 후 하자보수보증금을 납부하게 하여야 한다.

---

4) 제671조(수급인의 담보책임-토지, 건물 등에 대한 특칙) ① 토지, 건물 기타 공작물의 수급인은 목적물 또는 지반공사의 하자에 대하여 인도 후 5년간 담보의 책임이 있다. 그러나 목적물이 석조, 석회조, 연와조, 금속 기타 이와 유사한 재료로 조성된 것인 때에는 그 기간을 10년으로 한다.

16
계속비와 장기계속계약(계약의 방식)

공공공사에서 장기계속계약과 계속비계약의 가장 큰 구분은 예산이다.

계속비계약(繼續費契約)은 사전에 국회의 의결을 통해 예산을 확보한 후 시행하는 방식이고 장기계속계약(長期繼續契約)[1]은 수년이 소요되는 사업에 대해 국회의 의결 없이 정부가 예산을 편성함으로써 공사착수가 가능하다.

공공공사는 경제활성화, 균형 있는 지역발전 등의 정책적 차원에서 시행되므로 장기계속공사는 제한된 예산이라는 현실적 여건을 극복하기 위한 계약방식이다.

예산은 원칙적으로 각 회계연도마다 편성되고 지출원인행위는 중앙관서의 장이 배정된 예산 또는 기금운용계획의 금액 범위 안에서 하여야 한다.[2] 그러므로 정부조달계약도 국가의 회계연도에 맞춰 편성된 예산의 회계연도를 1년 단위로 하여 계약기간을 1년으로 하고 그 회계연도 내에 대금을 지급하게 된다. 계약내용의 성질상 계약기간이 1년 이상이어야 할 경우가 있는데 이때 통상적으로 체결되는 것이 '장기계속계약'이다.

국가계약법상 장기계속계약의 계약상대자는 각 차수의 계약을 체결하고 이를 이행할 의무를 가지며 발주처는 각 차수마다 다른 자로 계약상대자로 바꿀 수 없고, 계약상대자가 후행차수의 계약체결에 응하지 않을 경우 계약상대자의 책임있는 사유로 인한 계약해제·해지 및 부정당제재 사유가 된다.

총공사금액 및 총공사기간은 장기계속계약의 1차년도 제1차공사를 체결하면서 덧붙여

---

1) 장기계속계약제도는 1975년 12월에 최초로 도입되었으며, 그 당시에는 일본 회계법과 같이 "이행에 수년을 요하는 계약을 대통령령이 정하는 바에 따라 장기계속계약을 체결"하는 것이 가능하다고 규정되었으며, 1978년에 이르러 시행령에 "이행에 수년을 요하며 설계서 등에 의하여 사업내용이 확정된 공사는 장기계속계약을 체결"할 수 있도록 규정되었다. 이는 계속비 예산편성의 불편 없이 계속비와 같은 효과를 누릴 수 있도록 정부예산 편성상의 편의를 도모하기 위함이었다. 강영진, 정부장기대형공사 계약제도에 관한 연구-실제 사례를 중심으로-, 고려대학교 석사학위논문, 2004, 13쪽.

2) 국고금관리법 제20조(지출원인 행위의 준칙).

적는 부기의 형태로 이루어지고 여기서 부기된 합의를 통상 '총괄계약'이라 칭한다(총괄계약은 총공사금액 및 총공사기간이 표기된 계약이다). 여기서 제2차공사 이후의 계약은 부가된 총괄계약(물가변동이나 설계변경 등의 계약금액의 조정이 있는 경우에는 조정된 총공사금액을 말한다)에서 이미 계약된 금액을 공제한 금액의 범위 안에서 계약을 체결할 것을 부관으로 약정하여야 한다.

요약하면 총공사금액에서 각 차수별 계약금액을 정하고 이를 빼먹는 구조가 장기계속계약 방식이라고 이해하면 된다.

계속비계약은 완성에 수년을 요하는 공사, 제조 및 연구, 개발사업의 경우 경비의 총액과 연부액을 정하여 미리 국회의 의결을 얻은 범위 안에서 수년 내 지출할 수 있는 예산으로 체결된다.

계속비계약은 전체예산을 확보하여 정해진 기간 내에 공사를 완료한다는 데 의미가 있다. 이는 사업단위 중심의 예산으로 총액계약을 체결하고 연도별 사업비 중 당해연도에 지출하지 못한 금액은 사업을 완성할 때까지 계속 이월하여 사용할 수 있다. 장기계속공사와 구별되는 가장 큰 특징은 사업비를 사전에 확보함으로써 예산부족에 따른 공사차질 없이 연속적으로 공사를 수행할 수 있다는 점이다. 계속비 공사에서도 5년의 연한을 10년으로 연장이 가능하다.

계속비와 장기계속계약의 구분 외에도 단가계약, 개산계약, 종합계약, 공동계약 등의 계약방식이 있다.

단가계약(單價契約)은 일정기간 계속하여 제조, 수리, 가공, 매매, 공급, 사용 등의 계약을 할 필요가 있을 때에는 해당 연도 예산의 범위에서 단가(單價)로 계약을 체결하는 것이다. 대부분의 공공계약은 단가계약에 해당한다.

개산계약(槪算契約)은 개발시제품의 제조계약, 시험·조사·연구 용역계약, 공공기관과의 관계 법령에 따른 위탁 또는 대행 계약, 시간적 여유가 없는 긴급한 재해복구를 위한 계약 등 미리 가격을 정할 수 없을 경우 개산계약을 체결할 수 있다.

종합계약(綜合契約)은 같은 장소에서 다른 관서, 지방자치단체 또는 공기업 및 준정부기관이 관련되는 공사 등에 대하여 관련 기관과 공동으로 발주하는 계약이다.

공동계약(公同契約)은 공사계약·제조계약 또는 그 밖의 계약에서 필요하다고 인정하면 계약상대자를 둘 이상으로 하는 공동계약을 체결할 수 있다. 대부분의 공공공사는 공동계약 방식으로 계약을 체결한다.

법 제21조(계속비 및 장기계속계약)

① 각 중앙관서의 장 또는 계약담당공무원은 「국가재정법」 제23조(계속비)에 따른 계속비사업에 대하여는 총액과 연부액을 명백히 하여 계속비계약을 체결하여야 한다.

② 각 중앙관서의 장 또는 계약담당공무원은 임차, 운송, 보관, 전기 · 가스 · 수도의 공급, 그 밖에 그 성질상 수년간 계속하여 존속할 필요가 있거나 이행에 수년이 필요한 계약의 경우 대통령령으로 정하는 바에 따라 장기계속계약을 체결할 수 있다. 이 경우 각 회계연도 예산의 범위에서 해당 계약을 이행하게 하여야 한다.

시행령 제69조(장기계속계약 및 계속비계약)

① 다음 각 호의 어느 하나에 해당하는 계약으로서 법 제21조에 따라 장기계속계약을 체결하려는 경우에는 각 소속중앙관서의 장의 승인을 받아 단가에 대한 계약으로 체결할 수 있다.

    1. 운송 · 보관 · 시험 · 조사 · 연구 · 측량 · 시설관리등의 용역계약 또는 임차계약

    2. 전기 · 가스 · 수도등의 공급계약

    3. 장비, 정보시스템 및 소프트웨어의 유지보수계약

② 장기계속공사는 낙찰등에 의하여 결정된 총공사금액을 부기하고 당해 연도의 예산의 범위안에서 제1차공사를 이행하도록 계약을 체결하여야 한다. 이 경우 제2차공사 이후의 계약은 부기된 총공사금액(제64조(물가변동) 내지 제66조(설계변경)의 규정에 의한 계약금액의 조정이 있는 경우에는 조정된 총공사금액을 말한다)에서 이미 계약된 금액을 공제한 금액의 범위안에서 계약을 체결할 것을 부관으로 약정하여야 한다.

③ 장기물품제조등과 정보시스템 구축사업(구축사업과 함께 해당 정보시스템의 운영 및 유지보수사업을 포괄하여 계약을 체결하는 경우를 포함한다)의 계약체결방법에 관하여는 제2항을 준용한다.

④ 제2항 및 제3항의 규정에 의한 제1차 및 제2차이후의 계약금액은 총공사 · 총제조등의 계약단가에 의하여 결정한다.

⑤ 계속비예산으로 집행하는 공사에 있어서는 총공사와 연차별공사에 관한 사항을 명백히 하여 계약을 체결하여야 한다.

17
대가를 지급받기까지(감독, 검사, 대가의 지급)

도급계약에서 대가(代價)를 지급받는 것은 일의 완성에 상응하는 가장 기본적인 사항이다. 그러나 발주자에게 자금문제가 발생하면 수급자와 법적분쟁이 발생하는 사례는 흔히 접할 수 있다(민간공사에서 공사대금과 관련한 가장 대표적인 분쟁사안이 유치권 행사이다).

공공공사는 발주처가 정부이므로 계약상대자가 돈을 떼이는 일은 발생하지 않는다. 그래서 대가와 관련한 민감한 분쟁사항은 많지 않다. 그런 점에서 공공계약은 매우 안정적인 형태의 도급계약이다. 다만 공공계약에서는 대가를 지급하는 감독, 검사 등의 절차가 중요하다(현장에서 기성을 수령하기 위한 일련의 절차는 가장 일상적이고 반복적인 현장기술자의 업무이고 발주처별, 계약건에 따라서 대가를 지급받는 기성절차는 다소 상이할 수 있다. 이번 기회에 감독과 검사의 구별을 통해 왜 기성검사를 비상주 감리원이 해야 하는지를 이해하면 된다).

대가를 받기 위해서는 계약상대자는 대가를 청구하고 감독(발주처) 또는 감독으로 위임받은 자가(감리자) 검사를 완료하는 절차를 거치게 된다.

중간정산금이나 준공금과 같은 대가의 청구 및 수령은 계약상대자에게는 일상적인 업무에 해당하지만, 발주처는 공적예산의 지출에 관한 예산집행의 행정업무에 해당하므로 법적하자가 없어야 한다. 따라서 목적물에 대한 계약이행분의 이상유무를 검사하고 실제 청구분과 이행분을 공식적으로 확인하는 과정이 선행되어야 대가가 집행되는 것이다.

'감독'은 계약을 적절하게 이행하기 위해 관리하는 행위이지만 '검사'는 계약이행의 전부나 일부에 대해 정해진 계약서, 설계서를 기준으로 적합 여부를 판정하는 행위로 서로 다른 성격을 가진다. 각각의 직무 및 시행주체가 다르며 법규에서도 이를 구분하고 있다.

현장에서 목적물의 완성을 위한 이행 여부를 확인하는 검측업무는 감독의 업무라고 할 수 있으나 이행완료에 따른 기성 및 준공검사는 검사업무로 구별된다. 기성이나 준공검사, 암판정 등 중요한 검사에 대해 비상주감리원을 통해 시행하는 것은 일부 예외 규정에도 불구하고 감독과 검사의 직무는 겸할 수 없도록 규정하고 있기 때문이다. 계약이행에 관한 감독은 발주처의 고유권한이고 의무사항이다. 감독업무는 계약담당공무원인 발주처에서 직접 감독할 수 있으나 전문적 기술, 설계·시공의 난이도, 발주처의 기술인력 부족 등을 사유로 전문기관을 통해 건설기술진흥법의 건설사업관리규정(감리제도)에 따라 감독을 위임할 수 있다. 감독과 마찬가지로 검사도 건설기술진흥법 제39조(건설사업관리 등의 시행)에 따라 동일하게 적용된다.

건설공사의 품질확보 및 향상을 위해 총공사비가 200억 원 이상의 100미터 이상 교량, 댐, 철도 등의 일정규모 이상의 공사에 대해 건설사업관리를 하도록 하고 있다. 단, 저가로 낙찰(예정가격의 100분의 70 미만)공사에 대해서는 건설기술진흥법상, 건설사업관리자(감리원)의 배치기준의 50%를 추가하여 배치할 수 있도록 하여 저가공사에 따른 품질저하를 최소화하는 규정도 포함하고 있다.

법 제13조(감독)

① 각 중앙관서의 장 또는 계약담당공무원은 공사, 제조, 용역 등의 계약을 체결한 경우에 그 계약을 적절하게 이행하도록 하기 위하여 필요하다고 인정하면 계약서, 설계서, 그 밖의 관계 서류에 의하여 직접 감독하거나 소속 공무원에게 그 사무를 위임하여 필요한 감독을 하게 하여야 한다. 다만, 대통령령으로 정하는 계약의 경우에는 전문기관을 따로 지정하여 필요한 감독을 하게 할 수 있다.
② 제1항에 따라 감독하는 자는 감독조서(監督調書)를 작성하여야 한다.

시행령 제54조(감독)

① 법 제13조 제1항 단서에서 "대통령령으로 정하는 계약"이란 다음 각 호의 어느 하나에 해당하는 계약을 말한다.
   1. 「건설기술 진흥법」 제39조(건설사업관리 등의 시행) 제2항, 「전력기술관리법」 제12조, 「문화재수리 등에 관한 법률」 제38조 또는 그 밖에 관련 법령상 의무적으로 건설사업관리 또는 감리를 하여야 하는 공사계약
   2. 전문적인 지식 또는 기술을 필요로 하거나 기타 부득이한 사유로 인하여 법 제13조 제1항 본문에 규정된 감독을 할 수 없는 제조 기타 도급계약

건설기술진흥법 제39조(건설사업관리 등의 시행)

① 발주청은 건설공사를 효율적으로 수행하기 위하여 필요한 경우에는 다음 각 호의 어느 하나에 해당하는 건설공사에 대하여 건설엔지니어링사업자로 하여금 건설사업관리를 하게 할 수 있다.

1. 설계·시공 관리의 난이도가 높아 특별한 관리가 필요한 건설공사
2. 발주청의 기술인력이 부족하여 원활한 공사 관리가 어려운 건설공사
3. 제1호 및 제2호 외의 건설공사로서 그 건설공사의 원활한 수행을 위하여 발주청이 필요하다고 인정하는 건설공사

② 발주청은 건설공사의 품질 확보 및 향상을 위하여 대통령령으로 정하는 건설공사에 대하여는 법인인 건설엔지니어링사업자로 하여금 건설사업관리(시공단계에서 품질 및 안전관리 실태의 확인, 설계변경에 관한 사항의 확인, 준공검사 등 발주청의 감독 권한대행 업무를 포함한다)를 하게 하여야 한다.

법 제14조(검사)

① 각 중앙관서의 장 또는 계약담당공무원은 계약상대자가 계약의 전부 또는 일부를 이행하면 이를 확인하기 위하여 계약서, 설계서, 그 밖의 관계 서류에 의하여 검사하거나 소속 공무원에게 그 사무를 위임하여 필요한 검사를 하게 하여야 한다. 다만, 대통령령으로 정하는 계약의 경우에는 전문기관을 따로 지정하여 필요한 검사를 하게 할 수 있다.

② 제1항에 따라 검사하는 자는 검사조서(檢査調書)를 작성하여야 한다.

시행령 제55조(검사)

① 법 제14조 제1항에 따른 검사는 계약상대자로부터 해당 계약의 이행을 완료한 사실을 통지받은 날부터 14일 이내에 완료해야 한다. 다만, 기획재정부장관이 정하는 경우에는 7일의 범위에서 그 검사기간을 연장할 수 있다.

③ 법 제14조 제1항 단서에서 "대통령령이 정하는 계약"이라 함은 제54조 제1항 각호의 1에 해당하는 계약을 말한다.

⑤ 천재·지변등 불가항력의 사유로 제1항의 규정에 의한 기간내에 검사를 완료하지 못한 경우에는 당해 사유가 소멸한 날부터 3일이내에 검사를 완료하여야 한다.

⑥ 각 중앙관서의 장 또는 계약담당공무원은 법 제14조 제1항의 규정에 의한 검사를 함에 있어서 계약상대자의 계약이행내용의 전부 또는 일부가 계약에 위반되거나 부당함을 발견한 때에는 지체없이 필요한 시정조치를 하여야 한다. 이 경우 계약상대자로부터 그 시정을 완료한 사실을 통지받은 날부터 제1항의 규정에 의한 기간을 계산한다.

⑦ 제58조(대가의 지급) 제3항의 규정에 의한 기성대가지급시의 기성검사는 법 제13조에 의한 감독을 행하는 자가 작성한 감독조서의 확인으로 갈음할 수 있다. 다만, 동 검사 3회마다 1회는 법 제14조에 의한 검사를 실시하여야 한다.

대가 지급의 절차는 기성금(준공금)의 청구, 검사, 지급의 순서로 진행된다.

발주처는 기성검사 완료 후 계약상대자의 청구일로부터 5일 이내 지급해야 한다. 계약수량, 이행의 전망, 이행기간을 참작하여 30일 만에 지급하는 경우를 소위 약식기성이라 하는데 이때는 검사완료 전에 계약상대자의 청구가 가능하며 검사완료일로부터 5일 이내 대가를 지급할 수 있으며 여기서 기성검사는 제14조(검사)의 검사조서에 대해 감독의 감독조서의 확인으로 갈음할 수 있다. 다만 3회마다 1회는(1회 및 2회차 약식기성일 경우 3회차는 정식기성) 검사조서에 의한 정식 기성검사를 해야 한다(시행령 제55조(검사) 제7항).

기성금이나 준공금과 같은 대가를 지급 받는다는 것은 곧 계약상대자의 채무가 변제됨을 의미한다. 그래서 계약상대자는 대가의 청구시 대가와 관련한 다른 청구사항에 영향이 없는지를 확인해야 한다.

기성금 또는 준공금이 물가변동이나 설계변경 등의 계약금액조정과 관련이 있음에도 불구하고 대가를 지급받게 되면 지급받은 분에 대해서 추가적인 청구가 사실상 불가하므로 각별히 주의해야 한다. 그럼에도 불구하고 기성금의 청구를 보류할 수 없다면 개산금으로 청구해야 한다.

특히 차수계약 준공시에는 준공분에 관한 별도의 청구사항이 있는지를 확인하여 반드시 준공대가 수령 전에 청구행위를 해야 한다.

선금은 일의 완성에 대한 대가는 아니지만, 계약체결의 대가로 그 성질상 미리 지급하지 아니하면 해당 사업에 지장을 가져올 우려가 있는 경우 미리 지급할 수 있는 경비이다(회계예규 정부입찰·계약집행기준에서는 선금이란 용어를 적용하고 있으며 현업에서는 선급금, 또는 선금급으로 표현하기도 하는데 동일한 의미로 통용되며 의미상 차이는 없다).

계약을 체결하면 발주처는 계약금액의 100분의 70을 초과하지 않는 범위에서 선금을 지급할 수 있고 원자재가 급등하는 경우 100분의 10 범위에서 추가지급이 가능하다. 100억 이상의 공사 계약금액에 대해서는 100분의 30 범위 내에서 계약상대자가 청구시 14일 이내에 의무적으로 지급해야 한다.[1] 계약금액은 장기계속계약은 차수계약금액, 계속비계약은 당해연도 연부액 기준이 된다.

계약상대자가 선금을 수령하기 위해서는 선금 신청서(공동이행인 경우 공동수급체 구성원별로 구분 기재된 신청서를 대표자가 제출), 하수급인에 대한 선금지급계획, 증권 또는 보증서증권이나 보증서를 납부해야 하며 보증기간의 개시일은 선금지급일 이전이며 종료일은 준공일로부터 60일 이상으로 해야 한다. 따라서 계약기간 변경시 보증서상 보증기간을 변경해야 한다.

계약상대자의 귀책에 의해 선금을 반환해야 하는 경우는 선급지급시점을 기준으로 선금잔액에 대한 약정이자율을 적용한 이자상당액을 지급해야 한다.

선금잔액반환[2]은 1. 계약의 해제 또는 해지, 2. 선금지급조건의 위배, 3. 정당한 사유 없

---

1) 정부입찰·집행기준 제34조(적용 범위)
   1. 계약금액이 100억 원이상인 경우: 100분의 30,
   2. 계약금액이 20억 원이상 100억 원 미만인 경우: 100분의 40
   3. 계약금액이 20억 원 미만인 경우: 100분의 50
2) 정부입찰·집행기준 제38조(반환청구)
   ① 계약담당공무원은 선금을 지급한 후 다음 각호의 1에 해당하는 경우에는 해당 선금잔액에 대해서 계약상대자에게 지체 없이 그 반환을 청구하여야 한다. 다만, 계약상대자의 귀책사유에 의하여 반환하는 경우에는 해당 선금잔액에 대한 약정이자상당액을 가산하여 청구하여야 한다. 이 경우에 약정이자율은 선금을 지급한 시점을 기준으로 한다.
   1. 계약을 해제 또는 해지하는 경우
   2. 선금지급조건을 위배한 경우

이 선금 수령일로부터 15일 이내에 하수급인에게 선금 미배분, 4. 계약변경으로 인한 계약금액의 감액 하는 경우다. 여기서 4의 경우는 계약금액이 감액되는 비율만큼 선금을 반환청구해야 하나 계약상대자에게 지급된 선금이 최대 선금지급률(100분의 70)을 초과하지 아니하였을 때는 계약상대자로부터 변경계약에 따른 배서증권 징구 등 채권확보를 안전하게 하는 것으로 이를 갈음할 수 있다.

선금에서의 분쟁은 주로 선금잔액반환과 관련된 사항이다.

예산의 조기집행을 위해 실제 공사착공이 어려움에도 불구하고 발주처가 계약상대자에게 선금을 신청하게 하거나 선금비율을 높이는 사례가 있다. 계약상대자도 내부사정이나 시중금리가 높아 선금 수령이 유리할 경우, 의무선금비율 이상으로 선금을 신청할 수 있다. 문제는 당해 차수계약금액을 계약기간 내 집행하지 못해 다음 해로 이월되는 경우가 발생할 수 있는데 이를 사고이월[3]이라 한다.

사고이월의 책임이 계약상대자일 경우 이는 곧 지체상금을 부과해야 하는 상태가 되는데 기수령한 선금의 정산이 완료되지 않았다면 이자 상당액을 포함한 선금잔액 반환문제가 제기된다.

사고이월에 따라 지체상금 및 선금반환과 관련한 사건[4]에서 대법원은 선금에 대한 이자 상당액을 손해배상예정액으로 인정한 바 있다. 선금은 실제 집행 가능한 금액을 신청해야 하고 발주처도 정부입찰·집행기준 예규상 계약을 체결한 연도 내에 집행할 수 있는 금액을 확인하여 선금을 지급해야 사고이월과 같은 문제가 발생하지 않는다.

❝선금의 지급시기 및 채권압류와의 관계❞

> **[질의회신 요약]**
> 1. 장기계속공사의 2차 차수계약기간이 17년 11월 ~ 18년 7월인 경우 12월에 선금신청 가능여부(2017-12-07)
>   ☞ 선금지급의 기한은 계약기간이 아니라 회계연도 기준으로 계약체결 연도 내 해당예산이 집행할 수 있는 경우로 회계연도 내 잔여 계약이행 기간이 30일을 초과하지 않는 경우는 지

---

4. 정당한 사유 없이 선금 수령일로부터 15일 이내에 하수급인에게 선금을 배분하지 않은 경우
5. 계약변경으로 인해 계약금액이 감액되었을 경우

3) 사고이월은 당해년 계약 후 불가피한 사유로 회계연도 내에 예산이 집행되지 지출되지 못하고 다음연도로 이월하는 것으로 재이월이 불가하고 명시이월은 원인행위(계약) 유무 관계없이 연도내에 지출이 완료되지 못할 것이 미리 예측되는 사업을 이월하는 것으로 의회의 승인이 필요하며 재이월이 가능하다.

4) 대법원 2018. 10. 25. 선고 2015다221958 판결.

급할 수 없으나 선금을 지급하지 않고 계약이행이 곤란한 경우는 30일 이내도 지급은 가능함. 따라서 17년도에 지급가능액이 선금의 기준이 되므로 미지급한 선금은 차기년도에 지급할 수 있음.

2. 공사대금의 채권이 압류된 상태에서 선금 지급 가능여부(2017-05-17)

☞ 공사대금의 압류결정문이 제3채무자인 발주기관에 송달되면 발주기관은 공사대금을 압류채권 변제에 충당(공탁)해야 하며 공사대금의 일부인 선금도 압류의 효력에 미치지만, 선금을 공탁하는 경우 계약상대자 및 하수급인에게 지급되는 것이 아니므로 계약목적을 달성하기 위한 본래의 선금 목적에 위반되므로 계약목적 달성 이외에 사용할 것이 명백한 경우 지급하지 아니함이 타당함.

18
사정변경 원칙의 계약금액조정제도와 그 과제

공공공사는 공적예산의 효율적 운용과 국고에 부담을 최소화하기 위해 예정가격을 미리 작성하고 그 범위 내에서 가격을 확정하여 계약하는 이른바 확정(確定)계약의 원칙이 적용되는데 이는 원칙적으로 계약금액의 변경이 없음을 전제로 한다. 이와 달리 미리 가격을 정할 수 없을 때는 개산(概算)계약을 체결하는 것이다.

그러나 장기간에 걸친 공사기간에 따른 경제상황의 변동, 현장상태를 완벽하게 반영할 수 없는 설계의 한계, 기타 사업계획 등의 변경 등 입찰시 예측하여 반영할 수 없는 사정변경이 발생하게 되므로 이를 합리적으로 계약에 반영하는 것이 필요한데 법 제19조는 민법원리인 '사정변경의 원칙'을 실현하는 규정이다.

법 제19조(물가변동 등에 따른 계약금액 조정)
각 중앙관서의 장 또는 계약담당공무원은 공사계약·제조계약·용역계약 또는 그 밖에 국고의 부담이 되는 계약을 체결한 다음 물가변동, 설계변경, 그 밖에 계약내용의 변경(천재지변, 전쟁 등 불가항력적 사유에 따른 경우를 포함한다)으로 인하여 계약금액을 조정(調整)할 필요가 있을 때에는 대통령령으로 정하는 바에 따라 그 계약금액을 조정한다.

계약금액 조정규정은 물가변동, 설계변경, 기타 계약내용의 변경이라는 3가지의 사정변경의 큰 축으로 시행령으로 구체화된다(국가계약법시행령 제64조 물가변동으로 인한 계약금액의 조정, 제65조 설계변경으로 인한 계약금액의 조정, 제66조 기타 계약내용의 변경으로 인한 계약금액의 조정).

최초 계약과 달리 물가상승과 하락, 설계서의 변경에 따른 물량의 증감분 반영, 설계서 외 공사기간의 연장 등 기타 계약내용의 변경이 발생하였으나 당초에 정해진 계약내용을 그대로 유지할 경우에 오히려 신의성실에 반해 부당한 결과로 나타나게 되므로 변경된 사정을 계약금액 조정절차를 통해 계약에 반영함으로써 사정변경이 구체적으로 실현되고 계약당사자 공히 합리적인 계약이행이 가능하게 한다는 점에서 의의가 있다.

사정변경에 따른 비용의 증감을 최종 도급금액에 반영하여 발주처는 예산을 효율적으로 운용하고 계약상대자는 불합리한 손해를 최소화할 수 있도록 하여 공평하게 분배하는 효과를 기대할 수 있는 것이다.

전통적으로 현장기술자가 가장 많은 업무량, 업무시간이 투입되는 부분이 바로 계약금액조정 분야인데 이를 통해 현장의 매출과 이익구조를 개선하는 것은 곧 현장기술자의 능력이 된다(과거 발주처를 상대로 한 법적분쟁은 금기사항이었지만 계약금액조정과 관련한 소송사례는 어렵지 않게 찾을 수 있는데 이는 계약금액조정이 얼마나 현장의 성패를 좌우하는 간절한 수단인지를 여실히 보여준다).

주택이나 아파트 등의 비교적 단기간이 소요되는 건설시장에 비해 장기간이 소요되는 인프라를 구축해야 하는 공공공사에서 물가변동 및 설계변경에 따른 계약금액조정제도는 계약상대자의 사업수지에 가장 직접적 영향을 주는 계약규정이다.

물가변동 조정제도가 단기간의 인플레이션이나 특정자재의 급등과 같은 급속한 사정변경 사항을 오롯이 반영하는 데 한계가 있지만 나름 일정부분의 완충역할을 할 수 있다는 점에서 큰 의미가 있다(특히 직접 목적물을 완성하는 중소업체인 하도급사에게는 매우 중요한 제도이다).

설계변경도 사정변경을 실현하는 중요한 계약행위에 해당한다.

공사를 착수하기 전에 가장 먼저 하는 일이 설계서를 면밀하게 검토하는 것인데 이는 설계서상의 오류나 누락, 현장여건과 상이, 물량의 과다과소 계상 등으로 발생할 수 있는 불이익을 최소화하고 공사이행 중에는 발생하는 제반 문제와 이벤트를 반영하여 계약금액조정절차를 통해 사정변경 원칙이 실현되게 하는 것이다.

과거 높은 경제성장율[1]로 건설사는 물가변동에 따른 계약금액 증액조정을 통해 현장의

---

1) 대한민국 경제성장률(1981~2021), 한국은행.

원가율이 개선되는 나름 특수효과를 누려왔기 때문에 저가수주나 공사기간이 늘어나도 손해가 크게 발생하지 않았던 시절이 있었다. 여기에 공공 인프라시설의 수요가 폭증하여 건설시장여건이 더할 나위 없이 좋았고 발주처 주도의 예산운용을 통해 설계변경 등의 계약금액 조정에 대한 집행여력이 충분했었다.

그러나 급성장의 시대가 저물면서 물가변동에 의한 계약금액조정은 과거와 같은 긍정적 변수에 한계를 가지고 있다.

설계역량 부족 또는 다양한 신공법 등 건설기술 발전의 과도기적인 시기에 수행될 수밖에 없었던 수많은 설계변경은 실제 현장업무의 주를 이룰 만큼 그 대상과 내용이 많았고 설계변경에 따른 계약금액조정은 계약상대자의 매출과 이익에 큰 영향을 주었다. 그러나 이제는 설계 및 시공의 기술수준이 향상되어 설계변경이 제한적이며 여기에 발주처의 엄격한 예산관리로 설계변경은 예산절감의 수단이 되고 있어 오히려 현장의 원가상승 리스크로 작용하기도 한다.

여기에 나름 건설사에게 큰 도움이 되었던 공기연장간접비도 장기계속계약이라는 현재의 공공계약 체계에서는 한계에 봉착하고 있다.

이제 수주만 하면 일정이익이 보장되었던 공공공사의 매력은 급속히 사라져 가고 있다. 더 이상 물가변동이나 설계변경은 현장의 성패를 좌우하는 방법론적인 게임체인저가 될 수 없음을 의미하고 있는 것이다. 그래서 현장기술자는 지금부터 '기타계약내용의 변경'을 잘 살펴야 한다. 계약금액조정에 있어서 마지막으로 남은 포텐셜 있는 분야라고 할 수 있다.

어려운 여건에도 불구하고 공공공사에서 사정변경의 구현수단인 계약금액조정은 현장의 가장 큰 핵심사항이다. 어려운 현장일수록 착실하게 준비하고 챙겨야 한다. 오랜 기간 동안 수행해 온 업무지만 여전히 쉽지만은 않고 똑같은 오류와 시행착오는 늘 반복된다(계약행위에 대한 개념적 기반이 부족해서 발생할 수 있는 문제이기도 하다).

물가변동이나 설계변경, 그리고 기타계약내용의 변경은 공공공사가 있는 한 지속적으로 반복적으로 발생할 수밖에 없고 현장기술자는 현장이 존재하는 한 끊임없이 동일한 업무를 수행해야 한다. 더 어려운 것은 계약금액조정에 관한 문제는 언제나 발주처, 계약상대자가 항상 서로 상반된 입장에 있다는 것이다. 그럼에도 불구하고 계약당사자는 끊임없는 협의가 필요하고 좀 더 유리한 협상을 위해서는 제대로 확실히 알아야 한다. 그래야 진정한 현장기술자다.

19
현장기술자가 알고 있는 설계변경이란?

대학의 전공과목도 없고 그렇다고 회사에서 별도의 체계적인 교육과정이 없음에도 불구하고 현장에서 수년만 근무하게 되면 '모두가 다 아는 설계변경'이 된다. 모든 공공공사에서 적용되는 설계변경에 관한 규정은 같지만, 예나 지금이나 설계변경은 현장기술자에게 가장 많은 업무를 가중시키는 것 또한 다르지 않다.

일반내역입찰공사에 있어서 설계서는 계약체결 이전에 완료되었기 때문에 공사수행 중에 창의적, 혁신적 발상을 반영하는 데 극히 제한적일 수밖에 없다. 계약상대자는 오로지 설계서에 따라 시공하면 된다. 자동차, 핸드폰, 의류 등과 같이 대중의 선호도에 제품을 만드는 일반 제조업과 성격을 달리할 수밖에 없다. 그것은 건설산업은 다수의 고객인 소비자를 대상으로 하는 사업이 아닌 특정 고객인 발주자를 대상으로 하는 수주산업이자 이미 확정된 목적물의 완성만을 추구하는 도급계약의 성격을 갖기 때문이다.

짧은 설계기간 동안에 공사구간의 지형조건과 지반상태, 주변여건 등 현장의 모든 여건을 완벽하게 반영하기란 사실상 불가능하다. 이미 설계된 목적물에 대해서도 장기간 수행되기 때문에 새로운 요구조건을 반영하여 가장 최적의 공용성 있는 목적물을 실현하기 위한 수단이 설계변경이다. 따라서 설계변경은 건설에 있어서 필수 불가결한 절차이다.

현장기술자의 업무 중에서 공사담당자의 검측업무, 공무담당자의 설계변경업무는 곧 현장의 주된 일이 된다. 검측은 매출이다. 검측의 통과횟수는 곧 공정율이자 현장의 매출을 올리는 일이다. 설계변경은 대부분 계약금액의 변경을 동반하기 때문에 사업규모가 확대되는 신규수주와 같은 효과로 매출 및 원가와 직결된다. 따라서 무엇을 어떻게 설계변경을 하느냐는 계약상대자 입장에서 매우 중요할 수밖에 없는 것이다.

설계변경의 당위성은 여기서 접고 이제 설계변경의 개념에 대해 이해해 보자.

설계변경은 설계서인 설계도면 및 공사시방서, 산출내역서를 서로 일치시키거나 이를 변경하는 행위이다. 다만, 설계서를 계약상대자가 작성하는 대형공사(일괄입찰, 대안입찰) 기술제안입찰공사(기본설계, 실시설계 기술제안분)의 경우는 산출내역서는 설계서에 포함되지 않기 때문에 설계도면과 산출내역서가 상이하다고 해서 산출내역서를 설계도면에 일치하여 변경할 수 없으며 이를 설계변경이라 할 수 없는 것이다. 따라서 계약금액조정대상이 아니며 이를 허용하고 있지 않다.

설계변경에 관한 일반적 정의는 공사계약일반조건 제19조에서 설명하고 있다.

일반조건 제19조(설계변경 등)
① 설계변경은 다음 각호의 어느 하나에 해당하는 경우에 한다.
   1. 설계서의 내용이 불분명하거나 누락·오류 또는 상호 모순되는 점이 있을 경우
   2. 지질, 용수 등 공사현장의 상태가 설계서와 다를 경우
   3. 새로운 기술·공법사용으로 공사비의 절감 및 시공기간의 단축 등의 효과가 현저할 경우
   4. 기타 발주기관이 설계서를 변경할 필요가 있다고 인정할 경우 등

해당 조항을 근거로 설계변경을 크게 두 가지로 구분하자면 다음과 같다.

첫째는 설계서를 현실적으로 자연스럽게 맞추기 위한 행위이다.

제19조 제1항 제1호 및 제2호에 해당하는 것으로 제19조의2(설계서의 불분명·누락·오류 및 설계서간의 상호모순 등에 의한 설계변경), 제19조의3(현장상태와 설계서의 상이로 인한 설계변경)의 조항에 해당한다.

신설되는 목적물은 현지의 지질, 용수, 배수, 지형뿐만 아니라 기존 시설물과의 관계 등 현장 여건에 자연스럽게 조화롭게 맞추어야 하자 없는 쓰임새가 확보된다. 구조물 자체가 변경되지 않더라도 지형이나 배수조건에 맞는 계획고의 조정, 지반 상태에 따른 심도의 결정 등이 해당한다고 할 수 있다.

설계서가 이러한 물리적, 지형적 상황을 완벽하게 재현할 수 없으므로 현장에서 계약당사자, 설계사, 감리사의 기술자가 최적의 조건을 결정하여 설계서를 수정해야 하고 설계서상 불분명, 오류, 누락 등에 따른 결함이 발견되면 이를 일치시키거나 보완 및 수정하여 변경하는 일련의 행위가 설계변경이다.

일괄입찰이나 대안입찰 공사와 같이 설계도면을 계약상대자가 작성하는 경우에서도 설계도면상 결함이나 오류가 있으면 이를 수정하여 변경해야 하므로 설계변경에 해당한다. 모든 설계도서는 준공시 목적물과 일치되어야 하기 때문이다. 다만 이와 같은 계약상대자 사유의 설계변경은 원칙적으로 계약금액의 조정이 불가하고 상당히 제한된다는 것이 일반내역

입찰과 다르다. 즉, 설계변경이지만 계약금액조정 대상은 아닌 것이다.

둘째는 설계서를 인위적으로 변경하는 행위이다.

제19조 제1항 제3호 및 제4호에 해당하는 것으로 제19조의4(신기술 및 신공법에 의한 설계변경), 제19조의5(발주기관의 필요에 의한 설계변경), 제19조의6(소요자재의 수급방법 변경)의 내용에 해당한다.

설계서에 결함이나 하자가 없더라도 예산절감, 시공방법의 개선, 목적물 기능의 향상, 신기술 및 신공법의 적용, 관련법령의 변경, 사업민원, 사업계획 변경 등에 따른 사정변경으로 목적물이 변경되는 사유이다.

복잡한 이해관계가 상존하고 정치적, 지역적, 사회적 요구사항을 수용해야 하는 공공공사의 특성과 오랜기간에 걸쳐 수행되기 때문에 여러 가지 사유에 의한 인위적인 변경은 실제로 많이 발생하게 된다.

인위적인 설계서의 변경은 주로 목적물 그 자체가 변경되기 때문에 정밀한 설계검토가 필요하며 실제 현장에서 수행하는 대부분의 설계변경도 이에 해당하고 규모가 상대적으로 크기 때문에 계약상대자에게는 매출과 원가에 직접 영향을 주고, 발주처는 예산집행과 관련한 피감사항이 되기 때문에 항상 민감한 쟁점이 될 수밖에 없다.

특히 발주기관의 필요에 의한 설계변경은 내역입찰뿐만 아니라 일괄 및 대안입찰, 기술제안 입찰에서도 계약금액조정의 가장 중요한 사유에 해당한다.

설계변경에 관한 아래의 일반조건의 내용은 현장기술자가 기본적으로 숙지해야 한다. 설계변경은 현장기술자가 누구보다도 잘 알고 있지만 다시 한번 설계변경에 관한 규정과 설계

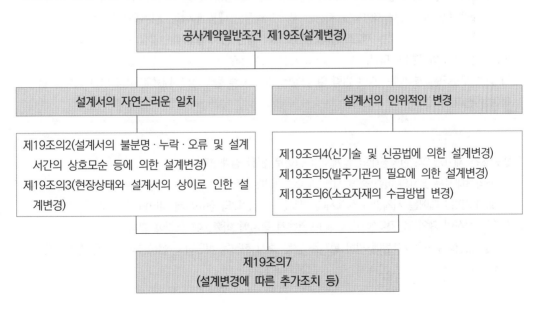

변경의 개념을 계약적으로 제대로 이해해야 한다.

더 이상 설계변경에 대해서는 별도의 설명이 필요 없을 듯하다.

일반조건 제19조의2(설계서의 불분명·누락·오류 및 설계서간의 상호모순 등에 의한 설계변경)

① 계약상대자는 공사계약의 이행중에 설계서의 내용이 불분명하거나 설계서에 누락·오류 및 설계서간에 상호모순 등이 있는 사실을 발견하였을 때에는 설계변경이 필요한 부분의 이행전에 해당사항을 분명히 한 서류를 작성하여 계약담당공무원과 공사감독관에게 동시에 이를 통지하여야 한다.

② 계약담당공무원은 제1항에 의한 통지를 받은 즉시 공사가 적절히 이행될 수 있도록 다음 각호의 어느 하나의 방법으로 설계변경 등 필요한 조치를 하여야 한다.

   1. 설계서의 내용이 불분명한 경우(설계서만으로는 시공방법, 투입자재 등을 확정할 수 없는 경우) 에는 설계자의 의견 및 발주기관이 작성한 단가산출서 또는 수량산출서 등의 검토를 통하여 당 초 설계서에 의한 시공방법·투입자재 등을 확인한 후에 확인된 사항대로 시공하여야 하는 경 우에는 설계서를 보완하되 제20조(설계변경으로 인한 계약금액의 조정)에 의한 계약금액조정 은 하지 아니하며, 확인된 사항과 다르게 시공하여야 하는 경우에는 설계서를 보완하고 제20조 (설계변경으로 인한 계약금액의 조정)에 의하여 계약금액을 조정하여야 함

   2. 설계서에 누락·오류가 있는 경우에는 그 사실을 조사 확인하고 계약목적물의 기능 및 안전을 확보할 수 있도록 설계서를 보완

   3. 설계도면과 공사시방서는 서로 일치하나 물량내역서와 상이한 경우에는 설계도면 및 공사시방 서에 물량내역서를 일치

   4. 설계도면과 공사시방서가 상이한 경우로서 물량내역서가 설계도면과 상이하거나 공사시방서와 상이한 경우에는 설계도면과 공사시방서중 최선의 공사시공을 위하여 우선되어야 할 내용으로 설계도면 또는 공사시방서를 확정한 후 그 확정된 내용에 따라 물량내역서를 일치

③ 제2항 제3호 및 제4호는 제2조(정의) 제4호에서 정한 공사(일괄/대안입찰, 기술제안입찰)의 경우 에는 적용되지 아니한다. 다만, 제2조(정의) 제4호에서 정한 공사의 경우로서 설계도면과 공사시방서 가 상호 모순되는 경우에는 관련 법령 및 입찰에 관한 서류 등에 정한 내용에 따라 우선 여부를 결정 하여야 한다.

일반조건 제19조의3(현장상태와 설계서의 상이로 인한 설계변경)

① 계약상대자는 공사의 이행 중에 지질, 용수, 지하매설물 등 공사현장의 상태가 설계서와 다른 사실 을 발견하였을 때에는 지체없이 설계서에 명시된 현장상태와 상이하게 나타난 현장상태를 기재한 서 류를 작성하여 계약담당공무원과 공사감독관에게 동시에 이를 통지하여야 한다.

② 계약담당공무원은 제1항에 의한 통지를 받은 즉시 현장을 확인하고 현장상태에 따라 설계서를 변 경하여야 한다.

일반조건 제19조의4(신기술 및 신공법에 의한 설계변경)

① 계약상대자는 새로운 기술·공법(발주기관의 설계와 동등이상의 기능·효과를 가진 기술·공법 및 기자재 등을 포함한다. 이하 같다)을 사용함으로써 공사비의 절감 및 시공기간의 단축 등에 효과가 현저할 것으로 인정하는 경우에는 다음 각호의 서류를 첨부하여 공사감독관을 경유하여 계약담당공무원에게 서면으로 설계변경을 요청할 수 있다.

    1. 제안사항에 대한 구체적인 설명서

    2. 제안사항에 대한 산출내역서

    3. 제17조(착공 및 공정보고)제1항 제2호에 대한 수정공정예정표

    4. 공사비의 절감 및 시공기간의 단축효과

    5. 기타 참고사항

② 계약담당공무원은 제1항에 의하여 설계변경을 요청받은 경우에는 이를 검토하여 그 결과를 계약상대자에게 통지하여야 한다. 이 경우에 계약담당공무원은 설계변경 요청에 대하여 이의가 있을 때에는 「건설기술 진흥법 시행령」 제19조(기술자문위원회의 구성 및 기능 등)에 따른 기술자문위원회(이하 "기술자문위원회"라 한다)에 청구하여 심의를 받아야 한다. 다만, 기술자문위원회가 설치되어 있지 아니한 경우에는 「건설기술 진흥법」 제5조(건설기술심의위원회)에 의한 건설기술심의위원회의 심의를 받아야 한다.

③ 계약상대자는 제1항에 의한 요청이 승인되었을 경우에는 지체없이 새로운 기술·공법으로 수행할 공사에 대한 시공상세도면을 공사감독관을 경유하여 계약담당공무원에게 제출하여야 한다.

④ 계약상대자는 제2항에 의한 심의를 거친 계약담당공무원의 결정에 대하여 이의를 제기할 수 없으며, 또한 새로운 기술·공법의 개발에 소요된 비용 및 새로운 기술·공법에 의한 설계변경 후에 해당 기술·공법에 의한 시공이 불가능한 것으로 판명된 경우에는 시공에 소요된 비용을 발주기관에 청구할 수 없다.

일반조건 제19조의5(발주기관의 필요에 의한 설계변경)

① 계약담당공무원은 다음 각호의 어느 하나의 사유로 인하여 설계서를 변경할 필요가 있다고 인정할 경우에는 계약상대자에게 이를 서면으로 통보할 수 있다.

    1. 해당공사의 일부변경이 수반되는 추가공사의 발생

    2. 특정공종의 삭제

    3. 공정계획의 변경

    4. 시공방법의 변경

    5. 기타 공사의 적정한 이행을 위한 변경

② 계약담당공무원은 제1항에 의한 설계변경을 통보할 경우에는 다음 각호의 서류를 첨부하여야 한다. 다만, 발주기관이 설계서를 변경 작성할 수 없을 때에는 설계변경 개요서만을 첨부하여 설계변경

을 통보할 수 있다.

    1. 설계변경개요서

    2. 수정설계도면 및 공사시방서

    3. 기타 필요한 서류

③ 계약상대자는 제1항에 의한 통보를 받은 즉시 공사이행상황 및 자재수급 상황 등을 검토하여 설계변경 통보내용의 이행가능 여부(이행이 불가능하다고 판단될 경우에는 그 사유와 근거자료를 첨부)를 계약담당공무원과 공사감독관에게 동시에 이를 서면으로 통지하여야 한다.

일반조건 제19조의6(소요자재의 수급방법 변경)

① 계약담당공무원은 발주기관의 사정으로 인하여 당초 관급자재로 정한 품목을 계약상대자와 협의하여 계약상대자가 직접 구입하여 투입하는 자재(이하 "사급자재"라 한다)로 변경하고자 하는 경우 또는 관급자재 등의 공급지체로 공사가 상당기간 지연될 것이 예상되어 계약상대자가 대체사용 승인을 신청한 경우로서 이를 승인한 경우에는 이를 서면으로 계약상대자에게 통보하여야 한다. 이때 계약담당공무원은 계약상대자와 협의하여 변경된 방법으로 일괄하여 자재를 구입할 수 없는 경우에는 분할하여 구입하게 할 수 있으며, 분할 구입하게 할 경우에는 구입시기별로 이를 서면으로 계약상대자에게 통보하여야 한다.

② 계약담당공무원은 공사의 이행 중에 설계변경 등으로 인하여 당초 관급자재의 수량이 증가되는 경우로서 증가되는 수량을 적기에 지급할 수 없어 공사의 이행이 지연될 것으로 예상되는 등 필요하다고 인정되는 때에는 계약상대자와 협의한 후에 증가되는 수량을 계약상대자가 직접 구입하여 투입하도록 서면으로 계약상대자에게 통보할 수 있다.

③ 제1항에 의하여 자재의 수급방법을 변경한 경우에는 계약담당공무원은 통보당시의 가격에 의하여 그 대가(기성부분에 실제 투입된 자재에 대한 대가)를 제39조(기성대가의 지급) 내지 제40조(준공대가의 지급)에 의한 기성대가 또는 준공대가에 합산하여 지급하여야 한다. 다만, 계약상대자의 대체사용 승인신청에 따라 자재가 대체사용된 경우에는 계약상대자와 합의된 장소 및 일시에 현품으로 반환할 수도 있다.

④ 계약담당공무원은 당초계약시의 사급자재를 관급자재로 변경할 수 없다. 다만, 원자재의 수급 불균형에 따른 원자재가격 급등 등 사급자재를 관급자재로 변경하지 않으면 계약목적을 이행할 수 없다고 인정될 때에는 계약당사자간의 협의에 의하여 변경할 수 있다.

⑤ 제2항 및 제4항에 의하여 추가되는 관급자재를 사급자재로 변경하거나 사급자재를 관급자재로 변경한 경우에는 제20조(설계변경으로 인한 계약금액의 조정)에 정한 바에 따라 계약금액을 조정하여야 하며, 제3항 본문에 의하여 대가를 지급하는 경우에는 제20조(설계변경으로 인한 계약금액의 조정)제5항을 준용한다.

일반조건 제19조의7(설계변경에 따른 추가조치 등)

① 계약담당공무원은 제19조 제1항에 의하여 설계변경을 하는 경우에 그 변경사항이 목적물의 구조 변경 등으로 인하여 안전과 관련이 있는 때에는 하자발생시 책임한계를 명확하게 하기 위하여 당초 설계자의 의견을 들어야 한다.

② 계약담당공무원은 제19조의2, 제19조의3 및 제19조의5에 의하여 설계변경을 하는 경우에 계약상 대자로 하여금 다음 각호의 사항을 계약담당공무원과 공사감독관에게 동시에 제출하게 할 수 있으며, 계약상대자는 이에 응하여야 한다.

    1. 해당공종의 수정공정예정표

    2. 해당공종의 수정도면 및 수정상세도면

    3. 조정이 요구되는 계약금액 및 기간

    4. 여타의 공정에 미치는 영향

③ 계약담당공무원은 제2항 제2호에 의하여 당초의 설계도면 및 시공상세도면을 계약상대자가 수정하여 제출하는 경우에는 그 수정에 소요된 비용을 제23조(기타 계약내용의 변경으로 인한 계약금액의 조정) 에 의하여 계약상대자에게 지급하여야 한다.

20
설계변경과 계약금액조정은 다르다

설계변경이 중요한 것은 계약금액조정과 직결되기 때문이다.

발주처는 예산운용, 계약상대자는 사업관리 측면에서 설계변경에 의한 계약금액의 조정은 매우 큰 의미가 있다. 예나 지금이나 계약상대자인 시공사는 얼마나 많은 설계변경을 통해 도급액이 증가 및 매출이익에 기여했느냐 여부가 현장 운영에 있어서 중요한 평가의 대상이다.

설계변경으로 도급금액을 증액하기 위해서는 현장기술자의 많은 역량과 노력이 뒷받침되어야 하고 동시에 발주처와의 원만한 관계와 소통이 유지되어야만 한결 수월할 수 있기 때문에 충분히 현장평가의 바로미터가 될 수 있었다. 이는 공공공사에서 양질의 수익구조가 전제되었기 때문에 가능했던 기준이라고 보면 될 것 같다(아직도 설계변경은 항상 부정적 이미지로 다가온다. 특히 공공공사에서 설계변경은 예산운용 적정성과 관련하여 항상 집중적 피감대상이 되었다. 실제로 공공공사의 설계변경은 부실과 부정이라는 이미지에 갇혀 있었던 것도 피할 수 없는 사실이었다. 설계변경을 부당한 이익을 취하고자 하는 그릇된 수단으로만 보는 부정적인 인식은 창의적인 건설산업의 고도화에 장애요소로 작용할 수밖에 없다).

시대가 변했다는 것으로 모든 것을 대변할 수 없지만, 확실히 공공공사는 과거와 달리 많은 여건들이 변했고 계속 변해 가고 있다.

공공공사가 많은 수익을 낼 수 있었던 시기에는 규모를 늘리는 것이 중요하지만 이제는 규모의 확대가 매출이익의 증대로 연결되지 않는다. 심지어 설계변경으로 규모가 커질수록 수익이 악화되는 상황도 쉽지 않게 발생한다. 따라서 이제는 반드시 설계변경을 통한 계약금액의 증가가 사업수지 측면에서 유리하지만은 않다. 답이 될 수 있을지 모르지만… 그때그때 다르다.

그럼에도 불구하고 설계변경이라는 계약행위는 불가피하게 발생될 수밖에 없고 설계변경은 현장여건의 반영, 시공방법의 개선, 공정 및 원가, 품질, 안전 등의 전반적인 현장의 공사관리를 개선하는 수단이 되므로 원활한 계약이행을 위해서 세심하고 꼼꼼한 설계변경은 더욱 필요하기 때문에 설계변경업무를 잘 해내는 것은 분명 현장기술자의 역량임은 변함없는 사실이다.

설계변경은 계약상대자가 설계변경을 요청하고 최종적으로 발주처의 승인을 통해 도급내역에 반영하고 계약을 변경하는 계약금액조정 절차를 거쳐야 절차적으로 완료된다(발주처의 지시에 의한 설계변경도 기본적으로 계약상대자의 설계변경의 요청 및 최종적으로 발주처의 승인이라는 절차는 변함없다).

당연히 계약금액이 조정되어야만 비로소 설계변경분에 대한 정상적인 대가를 받을 수 있게 된다(다만, 설계변경 사안에 따라 긴급성을 요하는 경우에 한해 설계변경 신청에 대한 발주처의 승인이 완료되면 우선 시공이 가능한 것이고 시공한 부분에 대해서는 계약변경이 되지 않더라도 계약상대자의 개산급 신청에 의한 대가는 지급받을 수 있다).

모든 설계변경이 대가의 지급여부에 해당하는 계약금액조정 대상은 아니며 이는 설계변경 사유나 계약방식 등에 따라 결정된다.

일반내역입찰공사는 설계변경은 계약금액조정사유가 되지만(물량내역서를 계약상대자가 작성하는 특수한 형태의 순수내역입찰공사는 예외) 대형공사(대안, 일괄입찰) 및 기술제안공사(실시설계 및 기본설계 기술제안입찰)는 원칙적으로 계약금액을 증액할 수 없다.

계약금액조정규정을 적용함에 있어서 입찰방식에 따라 달라지는 데 가장 중요한 변수는 발주처와 계약상대자 중 누가 설계서를 작성했느냐의 작성주체에 따라 설계변경에 따른 계약금액조정규정의 적용과 대상이 결정된다.

설계변경분에 대한 기성대가의 지급

공사계약일반조건 제20조(설계변경으로 인한 계약금액의 조정)

⑧ 발주기관은 제1항(공사량의 증가) 내지 제7항(1식 단가)에 의하여 계약금액을 조정하는 경우에는 계약상대자의 계약금액조정 청구를 받은 날부터 30일이내에 계약금액을 조정하여야 한다. 이 경우에 예산배정의 지연 등 불가피한 경우에는 계약상대자와 협의하여 그 조정기한을 연장할 수 있으며, 계약금액을 조정할 수 있는 예산이 없는 때에는 공사량 등을 조정하여 그 대가를 지급할 수 있다.

공사계약일반조건 제39조의2(계약금액조정전의 기성대가지급)

① 계약담당공무원은 물가변동, 설계변경 및 기타계약내용의 변경으로 인하여 계약금액이 당초 계약금액보다 증감될 것이 예상되는 경우로서 기성대가를 지급하고자 하는 경우에는 「국고금관리법 시행

규칙」제72조(개산급)에 의하여 당초 산출내역서를 기준으로 산출한 기성대가를 개산급으로 지급할 수 있다. 다만, 감액이 예상되는 경우에는 예상되는 감액금액을 제외하고 지급하여야 한다.

② 계약상대자는 제1항에 의하여 기성대가를 개산급으로 지급받고자 하는 경우에는 기성대가신청시 개산급신청사유를 서면으로 작성하여 첨부하여야 한다.

21

설계변경에 의한 계약금액조정은 입찰방식이 결정한다

설계변경에 의한 계약금액조정은 계약건이 최초 어떠한 입찰방식으로 발주되었는가에 따라 결정된다.

큰 틀에서 일반내역입찰공사는 모든 설계변경이 계약금액조정 대상이 되지만 대형공사 (일괄입찰/대안입찰) 및 기술제안형 공사는 정부에 책임있는 사유 또는 천재지변 등 불가항력의 사유로 인한 경우를 제외하고는 원칙적으로 계약금액 증액이 제한(증액불가)된다.

입찰관련 서류[1] 중에서 설계서, 물량내역서 등의 설계서(실시설계)의 작성주체가 발주처인 일반내역입찰공사 및 실시설계 기술제안입찰공사와 계약상대자가 작성주체인 대형공사 및 기본설계 기술제안 입찰공사는 각기 다른 계약금액 조정규정이 적용된다.

이러한 이유로 시행령 및 공사계약일반조건에서 설계변경에 의한 계약금액조정규정을 자세히 명시하고 있다. 일반내역입찰은 시행령 제65조(설계변경으로 인한 계약금액의 조정) 및 공사계약일반조건 제20조(설계변경으로 인한 계약금액의 조정)를 적용하고, 대형공사(일괄입찰, 대안입찰)는 시행령 제91조(설계변경으로 인한 계약금액 조정의 제한)를 적용한다. 기술제안입찰 공사는 시행령 제108조(설계변경으로 인한 계약금액조정)에서 실시설계 기술제안입찰에 따른 공사계약의 경우에는 제65조를, 기본설계 기술제안입찰에 따른 공사계약의 경우에는 제91조를 적용하도록 하고 있다. 공사계약일반조건 제21조(설계변경으로 인한 계약금액조정의 제한 등)는 대형공사 및 기술제안입찰공사에 공히 적용되는 규정이다.

입찰방식에 따른 계약금액조정규정 적용을 요약하면 다음과 같다.

---

1) 설계서, 물량내역서, 입찰공고문, 입찰유의서, 입찰참가신청서·입찰서 및 계약서 서식, 계약일반조건 및 특수조건, 대형공사 및 기술제안입찰 공사의 입찰안내서 등: 국가계약법 시행령 제14조(공사의 입찰) 제1항, 동법 시행규칙 제41조(입찰에 관한 서류의 작성).

입찰방식		입찰근거	계약금액조정	
			조정방법 적용	설계변경 대상 여부
내역입찰	일반내역입찰	시행령 제14조	시행령 제65조 일반조건 제20조	모든 설계변경 가능
	순수내역입찰	시행령 제14조 제6항	시행령 제91조 제3항 일반조건 제21조	단순 물량누락 · 오류 불가
대형공사	일괄입찰	시행령 제78조		계약금액 증액불가 (정부의 책임있는 사유, 불가항력 사유만 계약금액 조정가능: 일반조건 제21조)
	대안입찰			
기술제안	기본설계	시행령 제98조	시행령 제65조 제3항 일반조건 제21조	
	실시설계			

설계서의 작성주체에 따라 구분하면 다음과 같다.

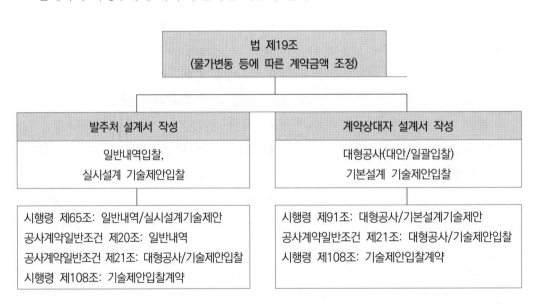

1. 일반내역입찰공사

일반내역입찰공사에서는 설계변경에 관한 규정인 공사계약일반조건 제19조(설계변경)규정에 대해 시행령 제65조 및 공사계약일반조건 제20조 규정에 따라 계약금액조정을 조정한다. 단, 계약상대자가 입찰시 물량내역서를 작성한 순수내역입찰공사에 관해서는 물량내역서의 누락 및 오류에 대해서 계약금액을 변경할 수 없다.

계약금액조정규정은 시행령 제65조(설계변경으로 인한 계약금액의 조정) 및 일반조건 제20조(설계변경으로 인한 계약금액의 조정)가 적용된다.

주요 내용을 요약하면 신규공종의 여부와 설계변경의 책임주체, 신공법 신기술의 적용에 따라 조건을 달리하여 적용한다.

① **신규공종의 여부**　기존공종의 물량증가는 계약단가, 신규공종은 신규단가에 낙찰율을 곱한 단가를 적용한다. 단, 표준시장단가(실적공사비)가 적용된 경우에는 물량증가시 및 신규공종의 설계변경 당시의 표준시장단가를 적용한다.

② **설계변경의 책임주체**　계약상대자의 책임없는 사항이나 발주처의 요구에 따른 경우는 기존 및 신규공종 여부와 관계없이 신규단가와 신규단가에 낙찰율은 곱한 단가의 평균단가를 적용하면 된다.

③ **신기술 및 신공법의 적용**　신규공종에 해당하며 책임주체가 계약상대자에 의한 것으로 신규단가에 낙찰율을 곱한 단가를 적용하지만 공사비 절감의 효과로 예산을 절감할 수 있으므로 당초 공종의 공사비 대비 절감액의 30%를 감액하여 반영하게 된다(A공종에 대해 신공법으로 B공종으로 설계변경시 A공종 공사비 1억 원, B공종 0.5억 원이면 절감액 0.5의 30%만 감액하여 0.85억 원을 적용하게 된다).

④ **일반관리비, 이윤 및 제경비**　산출내역서상의 일반관리비, 이윤 및 제 경비(간접노무비, 안전관리비 등)의 비율에 의하며 설계변경 당시의 관계법령 및 예정가격 결정시 요율을 초과할 수 없다.

산출내역서를 제출하는 경우로서 그 물량내역서의 누락 사항이나 오류 등으로 설계변경이 있는 경우에는 그 계약금액을 변경할 수 없다.

② 계약담당공무원은 예정가격의 100분의 86 미만으로 낙찰된 공사계약의 계약금액을 제1항에 따라 증액조정하려는 경우로서 해당 증액조정금액(2차 이후의 계약금액 조정에 있어서는 그 전에 설계변경으로 인하여 감액 또는 증액조정된 금액과 증액조정하려는 금액을 모두 합한 금액을 말한다)이 당초 계약서의 계약금액(장기계속공사의 경우에는 제69조 제2항에 따라 부기된 총공사금액을 말한다)의 100분의 10 이상인 경우에는 제94조 제1항에 따른 계약심의위원회, 「국가재정법 시행령」 제49조에 따른 예산집행심의회 또는 「건설기술 진흥법 시행령」 제19조에 따른 기술자문위원회(이하 "기술자문위원회"라 한다)의 심의를 거쳐 소속중앙관서의 장의 승인을 얻어야 한다.

③ 제1항의 규정에 의하여 계약금액을 조정함에 있어서는 다음 각호의 기준에 의한다.

　　1. 증감된 공사량의 단가는 제14조(공사의 입찰) 제6항 또는 제7항의 규정에 의하여 제출한 산출내역서상의 단가(이하 "계약단가"라 한다)로 한다. 다만, 계약단가가 제9조의 규정에 의한 예정가격의 단가(이하 "예정가격단가"라 한다)보다 높은 경우로서 물량이 증가하게 되는 경우 그 증가된 물량에 대한 적용단가는 예정가격단가로 한다.

　　2. 계약단가가 없는 신규비목의 단가는 설계변경 당시를 기준으로 하여 산정한 단가에 낙찰률을 곱한 금액으로 한다.

　　3. 정부에서 설계변경을 요구한 경우(계약상대자에게 책임이 없는 사유로 인한 경우를 포함한다)에는 제1호 및 제2호의 규정에 불구하고 증가된 물량 또는 신규비목의 단가는 설계변경당시를 기준으로 하여 산정한 단가와 동단가에 낙찰률을 곱한 금액의 범위안에서 계약당사자간에 협의하여 결정한다. 다만, 계약당사자간에 협의가 이루어지지 아니하는 경우에는 설계변경당시를 기준으로 하여 산정한 단가와 동 단가에 낙찰률을 곱한 금액을 합한 금액의 100분의 50으로 한다.

④ 각 중앙관서의 장 또는 계약담당공무원은 계약상대자가 새로운 기술·공법 등을 사용함으로써 공사비의 절감, 시공기간의 단축등에 효과가 현저할 것으로 인정되어 계약상대자의 요청에 의하여 필요한 설계변경을 한 때에는 계약금액의 조정에 있어서 당해절감액의 100분의 30에 해당하는 금액을 감액한다.

⑤ 제4항의 경우 새로운 기술·공법 등의 범위와 한계에 관하여 이의가 있을 때에는 기술자문위원회(기술자문위원회가 설치되어 있지 아니한 경우에는 「건설기술 진흥법」 제5조에 따른 건설기술심의위원회를 말한다)의 심의를 받아야 한다. 이 경우 새로운 기술·공법 등의 범위와 한계, 이의가 있을 경우의 처리방법 등 세부적인 시행절차는 각 중앙관서의 장이 정한다.

⑥ 계약금액의 증감분에 대한 일반관리비 및 이윤등은 제14조(공사의 입찰) 제6항 또는 제7항의 규정에 의하여 제출한 산출내역서상의 일반관리비율 및 이윤율등에 의하되 기획재정부령이 정하는 율을 초과할 수 없다.

일반조건 제20조(설계변경으로 인한 계약금액의 조정)

① 계약담당공무원은 설계변경으로 시공방법의 변경, 투입자재의 변경 등 공사량의 증감이 발생하는 경우에는 다음 각호의 어느 하나의 기준에 의하여 계약금액을 조정하여야 한다.

    1. 증감된 공사량의 단가는 계약단가로 한다. 다만 계약단가가 예정가격단가보다 높은 경우로서 물량이 증가하게 되는 때에는 그 증가된 물량에 대한 적용단가는 예정가격단가로 한다.

    2. 산출내역서에 없는 품목 또는 비목(동일한 품목이라도 성능, 규격 등이 다른 경우를 포함한다. 이하 "신규비목"이라 한다)의 단가는 설계변경당시(설계도면의 변경을 요하는 경우에는 변경도면을 발주기관이 확정한 때, 설계도면의 변경을 요하지 않는 경우에는 계약당사자간에 설계변경을 문서에 의하여 합의한 때, 제19조 제3항에 의하여 우선시공을 한 경우에는 그 우선시공을 하게 한 때를 말한다. 이하 같다)를 기준으로 산정한 단가에 낙찰율(예정가격에 대한 낙찰금액 또는 계약금액의 비율을 말한다. 이하 같다)을 곱한 금액으로 한다.

② 발주기관이 설계변경을 요구한 경우(계약상대자의 책임없는 사유로 인한 경우를 포함한다. 이하 같다)에는 제1항에도 불구하고 증가된 물량 또는 신규비목의 단가는 설계변경당시를 기준으로 하여 산정한 단가와 동 단가에 낙찰율을 곱한 금액의 범위안에서 발주기관과 계약상대자가 서로 주장하는 각각의 단가기준에 대한 근거자료 제시 등을 통하여 성실히 협의(이하 "협의"라 한다) 하여 결정한다. 다만, 계약당사자간에 협의가 이루어지지 아니하는 경우에는 설계변경당시를 기준으로 하여 산정한 단가와 동 단가에 낙찰율을 곱한 금액을 합한 금액의 100분의 50으로 한다.

③ 제2항에도 불구하고 표준시장단가가 적용된 공사의 경우에는 다음 각호의 어느 하나의 기준에 의하여 계약금액을 조정하여야 한다.

    1. 증가된 공사량의 단가는 예정가격 산정시 표준시장단가가 적용된 경우에 설계변경 당시를 기준으로 하여 산정한 표준시장단가로 한다.

    2. 신규비목의 단가는 표준시장단가를 기준으로 산정하고자 하는 경우에 설계변경 당시를 기준으로 산정한 표준시장단가로 한다.

④ 제19조의4(신기술 및 신공법에 의한 설계변경)에 의한 설계변경의 경우에는 해당 절감액의 100분의 30에 해당하는 금액을 감액한다.

⑤ 제1항 및 제2항에 의한 계약금액의 증감분에 대한 간접노무비, 산재보험료 및 산업안전보건관리비 등의 승율비용과 일반관리비 및 이윤은 산출내역서상의 간접노무비율, 산재보험료율 및 산업안전보건관리비율 등의 승율비용과 일반관리비율 및 이윤율에 의하되 설계변경당시의 관계법령 및 기획재정부장관 등이 정한 율을 초과할 수 없다.

⑥ 계약담당공무원은 예정가격의 100분의 86미만으로 낙찰된 공사계약의 계약금액을 제1항에 따라 증액조정하고자 하는 경우로서 해당 증액조정금액(2차 이후의 계약금액 조정에 있어서는 그 전에 설계변경으로 인하여 감액 또는 증액조정된 금액과 증액조정하려는 금액을 모두 합한 금액을 말한다)이 당초 계약서의 계약금액(장기계속공사의 경우에는 시행령 제69조 제2항에 따라 부기된 총공사금액)의 100분의 10 이상인 경우에는 시행령 제94조(계약심의위원회의 설치)에 따른 계약심의회, 「국가재정

법 시행령」 제49조(예산집행심의회)에 따른 예산집행심의회 또는 「건설기술 진흥법 시행령」 제19조 (기술자문위원회의 구성 및 기능 등)에 따른 기술자문위원회의 심의를 거쳐 소속중앙관서의 장의 승인을 얻어야 한다.일부 공종의 단가가 세부공종별로 분류되어 작성되지 아니하고 총계방식으로 작성(이하 "1식단가"라 한다)되어 있는 경우에도 설계도면 또는 공사시방서가 변경되어 1식단가의 구성내용이 변경되는 때에는 제1항 내지 제5항에 의하여 계약금액을 조정하여야 한다.

⑧ 발주기관은 제1항 내지 제7항에 의하여 계약금액을 조정하는 경우에는 계약상대자의 계약금액조정 청구를 받은 날부터 30일이내에 계약금액을 조정하여야 한다. 이 경우에 예산배정의 지연 등 불가피한 경우에는 계약상대자와 협의하여 그 조정기한을 연장할 수 있으며, 계약금액을 조정할 수 있는 예산이 없는 때에는 공사량 등을 조정하여 그 대가를 지급할 수 있다.

⑨ 계약담당공무원은 제8항에 의한 계약상대자의 계약금액조정 청구 내용이 부당함을 발견한 때에는 지체없이 필요한 보완요구 등의 조치를 하여야 한다. 이 경우 계약상대자가 보완요구 등의 조치를 통보받은 날부터 발주기관이 그 보완을 완료한 사실을 통지받은 날까지의 기간은 제8항에 의한 기간에 산입하지 아니한다.

⑩ 제8항 전단에 의한 계약상대자의 계약금액조정 청구는 제40조(준공대가의 지급)에 의한 준공대가 (장기계속계약의 경우에는 각 차수별 준공대가) 수령전까지 조정신청을 하여야 한다.

2. 대형공사(일괄입찰, 대안입찰), 기술제안 입찰공사

대형공사 및 기술제안 입찰공사의 공통점은 설계변경으로 계약내용을 변경하는 경우에 대해 계약금액을 증액할 수 없도록 계약금액조정을 제한하고 있다. 다만 발주처의 책임있는 사유 및 불가항력 사유는 제외된다.

발주처의 책임있는 사유 및 불가항력 사유

1. 사업계획 변경 등 발주기관의 필요에 의한 경우
2. 발주기관 외에 해당공사와 관련된 인허가기관 등의 요구가 있어 이를 발주기관이 수용하는 경우
3. 공사관련법령(표준시방서, 전문시방서, 설계기준 및 지침 등 포함)의 제·개정으로 인한 경우
4. 공사관련법령에 정한 바에 따라 시공하였음에도 불구하고 발생되는 민원에 의한 경우
5. 발주기관 또는 공사 관련기관이 교부한 지하매설 지장물 도면과 현장 상태가 상이하거나 계약이후 신규로 매설된 지장물에 의한 경우
6. 토지·건물소유자의 반대, 지장물의 존치, 관련기관의 인허가 불허 등으로 지질조사가 불가능했던 부분의 경우
7. 제32조(불가항력)에 정한 사항 등 계약당사자 누구의 책임에도 속하지 않는 사유에 의한 경우

반면 일괄입찰/대안입찰, 기본설계기술제안 입찰공사는 계약상대자가 실시설계적격자로서 실시설계(설계서) 작성주체가 되고 실시설계기술제안 입찰공사는 발주처가 실시설계를 작성하므로 각각 설계서의 작성주체가 다르기 때문에 계약금액조정 규정도 달리 적용된다.

일괄입찰/대안입찰 및 기본설계기술제안 입찰공사의 경우 실시설계적격자(계약상대자)의 책임없는 다음의 사유로 실시설계를 변경할 경우는 계약금액조정의 대상이 된다. 계약금액조정시 증감조정의 공사물량은 수정 전과 수정 후의 도면을 비교하여 증감분을 산정하는 것으로 당초 설계도면과 산출내역서 수량이 과다과소로 일치하지 않을 경우에 대해서도 이를 수정하지 아니하고 당초 산출내역서의 수량을 기준으로 증감분만 반영하는 것이다(일반조건 제21조 제6항).

계약금액조정 대상 사유

1. 민원이나 환경·교통영향평가 또는 관련 법령에 따른 인허가 조건 등과 관련하여 실시설계의 변경이 필요한 경우
2. 발주기관이 제시한 기본계획서·입찰안내서 또는 기본설계서에 명시 또는 반영되어 있지 아니한 사항에 대하여 해당 발주기관이 변경을 요구한 경우
3. 중앙건설기술심의위원회 또는 기술자문위원회가 실시설계 심의과정에서 변경을 요구한 경우

계약금액조정규정의 적용은 설계서의 작성주체에 따라 물량증감 및 신규단가 적용시 대형공사(대안입찰,일괄입찰) 및 기본설계기술제안 입찰공사는 국가계약법 시행령 제91조(설계변경으로 인한 계약금액의 조정) 제3항의 규정을 적용하고 실시설계 기술제안입찰공사는 국가계약법 시행령 제65조(설계변경으로 인한 계약금액의 조정) 제3항을 적용하며 주요 내용은 다음과 같다.

---

① 대형공사(대안입찰, 일괄입찰), 기본설계 기술제안 입찰공사
- 물량 증가시 산출내역서상 단가와 설계변경 당시 산정한 단가의 평균단가를 적용한다(예정가격이 존재하지 않기 때문에 낙찰률 적용대상이 아님).
- 신규비목의 단가는 설계변경 당시를 기준으로 산정한 단가를 적용한다.
② 실시설계 기술제안 입찰공사
- 증감된 공사량은 계약단가를 적용한다.
- 신규비목단가는 설계변경 당시를 기준으로 산정한 단가에 낙찰률을 곱한 금액으로 한다.
- 발주처가 설계변경을 요구한 경우 및 계약상대자의 책임없는 사유에 해당하는 경우 물량증가분 및 신규단가는 설계변경 당시를 기준으로 하여 산정한 단가와 동단가에 낙찰률을 곱한 금액의 100분의 50으로 한다.

시행령 제65조(설계변경으로 인한 계약금액의 조정) ③ 제1항의 규정에 의하여 계약금액을 조정함에 있어서는 다음 각호의 기준에 의한다. 　1. 증감된 공사량의 단가는 제14조(공사의 입찰) 제6항 또는 제7항의 규정에 의하여 제출한 산출내역서상의 단가(이하 "계약단가"라 한다)로 한다. 다만, 계약단가가 제9조(예정가격의 결정기준)의 규정에 의한 예정가격의 단가(이하 "예정가격단가"라 한다)보다 높은 경우로서 물량이 증가하게 되는 경우 그 증가된 물량에 대한 적용단가는 예정가격단가로 한다. 　2. 계약단가가 없는 신규비목의 단가는 설계변경 당시를 기준으로 하여 산정한 단가에 낙찰률을 곱한 금액으로 한다. 　3. 정부에서 설계변경을 요구한 경우(계약상대자에게 책임이 없는 사유로 인한 경우를 포함한다)에는 제1호 및 제2호의 규정에 불구하고 증가된 물량 또는 신규비목의 단가는 설계변경당시를 기준으로 하여 산정한 단가와 동단가에 낙찰률을 곱한 금액의 범위안에서 계약당사자간에 협의하여 결정한다. 다만, 계약당사자간에 협의가 이루어지지 아니하는 경우에는 설계변경당시를 기준으로 하여 산정한 단가와 동 단가에 낙찰률을 곱한 금액을 합한 금액의 100분의 50으로 한다.	실시설계기술제안
시행령 제91조(설계변경으로 인한 계약금액의 조정) ③ 제1항 또는 제2항의 경우에 계약금액을 조정하고자 할 때에는 다음 각호의 기준에 의한다. 　1. 감소된 공사량의 단가: 제85조(일괄입찰등의 입찰절차) 제2항 및 제3항의 규정에 의하여 제출한 산출내역서상의 단가 　2. 증가된 공사량의 단가: 설계변경당시를 기준으로 산정한 단가와 제1호의 규정에 의한 산출내역서상의 단가의 범위안에서 계약당사자간에 협의하여 결정한 단가. 다만, 계약당사자 사이에 협의가 이루어지지 아니하는 경우에는 설계변경당시를 기준으로 산정한 단가와 제1호의 규정에 의한 산출내역서상의 단가를 합한 금액의 100분의 50으로 한다. 　3. 제1호의 규정에 의한 산출내역서상의 단가가 없는 신규비목의 단가: 설계변경당시를 기준으로 산정한 단가	일괄입찰 대안입찰 기본설계기술제안

일반조건 제21조(설계변경으로 인한 계약금액조정의 제한 등)

① 다음 각 호의 어느 하나의 방법으로 체결된 공사계약에 있어서는 설계변경으로 계약내용을 변경하는 경우에도 정부에 책임있는 사유 또는 천재 · 지변 등 불가항력의 사유로 인한 경우를 제외하고는 그 계약금액을 증액할 수 없다.

　　2. 시행령 제78조(적용대상등)에 따른 일괄입찰 및 대안입찰(대안이 채택된 부분에 한함)을 실시하여 체결된 공사계약

　　3. 시행령 제98조(정의)에 따른 기본설계 기술제안입찰 및 실시설계 기술제안입찰(기술제안이 채택된 부분에 한함)을 실시하여 체결된 공사계약

③ 각 중앙관서의 장 또는 계약담당공무원은 시행령 제78조에 따른 일괄입찰과 제98조에 따른 기본설계 기술제안입찰의 경우 계약체결 이전에 실시설계적격자에게 책임이 없는 다음 각 호의 어느 하나

에 해당하는 사유로 실시설계를 변경한 경우에는 계약체결 이후에 즉시 설계변경에 의한 계약금액 조정을 하여야 한다.

    1. 민원이나 환경·교통영향평가 또는 관련 법령에 따른 인허가 조건 등과 관련하여 실시설계의 변경이 필요한 경우

    2. 발주기관이 제시한 기본계획서·입찰안내서 또는 기본설계서에 명시 또는 반영되어 있지 아니한 사항에 대하여 해당 발주기관이 변경을 요구한 경우

    3. 중앙건설기술심의위원회 또는 기술자문위원회가 실시설계 심의과정에서 변경을 요구한 경우

④ 제1항 또는 제3항의 경우에서 계약금액을 조정하고자 할 때에는 다음 각호의 기준에 의한다.

    1. 실시설계 기술제안입찰은 시행령 제65조(설계변경으로 인한 계약금액의 조정) 제3항에 의한다.

    2. 제1항 제2호의 경우와 기본설계 기술제안입찰은 시행령 제91조(설계변경으로 인한 계약금액 조정의 제한) 제3항에 의한다.

⑤ 제1항에 정한 정부의 책임있는 사유 또는 불가항력의 사유란 다음 각호의 어느 하나의 경우를 말한다. 다만, 설계시 공사관련법령 등에 정한 바에 따라 설계서가 작성된 경우에 한한다.

    1. 사업계획 변경 등 발주기관의 필요에 의한 경우

    2. 발주기관 외에 해당공사와 관련된 인허가기관 등의 요구가 있어 이를 발주기관이 수용하는 경우

    3. 공사관련법령(표준시방서, 전문시방서, 설계기준 및 지침 등 포함)의 제·개정으로 인한 경우

    4. 공사관련법령에 정한 바에 따라 시공하였음에도 불구하고 발생되는 민원에 의한 경우

    5. 발주기관 또는 공사 관련기관이 교부한 지하매설 지장물 도면과 현장 상태가 상이하거나 계약 이후 신규로 매설된 지장물에 의한 경우

    6. 토지·건물소유자의 반대, 지장물의 존치, 관련기관의 인허가 불허 등으로 지질조사가 불가능했던 부분의 경우

    7. 제32조(불가항력)에 정한 사항 등 계약당사자 누구의 책임에도 속하지 않는 사유에 의한 경우

⑥ 제4항에 따라 계약금액을 증감조정하고자 하는 경우에 증감되는 공사물량은 수정전의 설계도면과 수정후의 설계도면을 비교하여 산출한다.

⑦ 제3항 각호의 사유 및 제5항 각호의 사유에 해당되지 않는 경우로서 현장상태와 설계서의 상이 등으로 인하여 설계변경을 하는 경우에는 전체공사에 대하여 증·감되는 금액을 합산하여 계약금액을 조정하되, 계약금액을 증액할 수는 없다.

⑧ 계약담당공무원은 제7항에 따른 계약금액 조정과 관련하여 연차계약별로 준공되는 장기계속공사의 경우에는 계약체결시 전체공사에 대한 증·감 금액의 합산처리 방법, 합산잔액의 다음 연차계약으로의 이월 등 필요한 사항을 정하여 운영하여야 한다.

⑨ 제1항 내지 제8항에 따른 계약금액조정의 경우에는 제20조(설계변경으로 인한 계약금액의 조정) 제5항 및 제8항 내지 제10항을 준용한다(간접비 반영 비율).

계약규정을 종합하여 일반내역입찰, 대형공사, 기술제안입찰공사에 대한 설계변경시 단가적용은 다음과 같다.

입찰방식	설계서 작성	조정규정	설계변경사유	책임 주체	단가 적용	단가산정
일반내역입찰	발주처	시행령 제65조 일반조건 제20조	제19조의2 (설계누락, 오류 또는 모순)	발주처	협의 단가	1. 물량증가시 2. 신규비목 협의단가=(신규단가 +신규단가×낙찰률) ×50/100
			제19조의3(현장 상태의 상이)			
			제19조의5 (발주기관이 요구한 변경)			
			제19조의4 (신기술, 신공법)	계약 상대자	계약 단가	1. 물량증감시 2. 신규비목 협의단가=(신규단가 ×낙찰률)
			시공방법, 투입자재변경			
실시설계기술제 안입찰공사	발주처	시행령 제65조 제3항		발주처	협의 단가	1. 물량증가시 2. 신규비목 협의단가=(신규단가 +신규단가×낙찰률) ×50/100
				계약 상대자	계약 단가	1. 물량증감시 2. 신규비목 협의단가=(신규단가 ×낙찰률)
일괄입찰/대안입 찰/기본설계기술 제안입찰공사	계약 상대자	시행령 제91조 제3항		발주처	협의 단가	1. 물량증가시 =(신규단가+계약단 가)×50/100 2. 신규비목 =설계변경당시 산정단가
				계약 상대자	계약 단가	

22

물가변동 조정제도의 법적, 계약적 관점의 차이

물가변동에 의한 계약금액조정은 목적물의 변경이라는 설계변경과 달리 물가(物價)라는 외부적 경제사정의 변경에 기인하게 된다.

제한된 국가예산의 안정적 운용이라는 측면에서 공공계약은 기본적으로 계약금액이 변하지 않는 확정계약을 원칙으로 하고 있으나 장기간에 걸쳐 이행되는 공공공사에 대해 예측할 수 없는 물가변동이라는 사정변경을 반영함으로써 물가상승시에는 계약상대자에게 물가상승분의 보전을 통해 계약상대자의 수익저하의 위험이 경제적 약자인 하도급업자에게 전가되지 않도록 하여 원활한 계약이행이 이루어질 수 있도록 하는 것이다.

반대로 물가하강시에는 계약금액의 감액을 통해 발주처의 효율적인 예산관리가 가능하므로 계약당사자 모두에게 공평하게 적용되는 합리적인 제도이다. 다만 상대적으로 물가변동 조정제도는 계약상대자에게 물가변동에 따른 손해를 최소화 할 수 있고 더 나아가서 일정부분은 이익으로 반영될 수 있는 유리한 규정임은 틀림없다.

설계변경으로 인한 계약금액조정은 일반내역입찰, 일괄 및 대안입찰, 기술제안 입찰 등의 입찰방식에 따라 달리 적용되고 설계변경의 사유 및 내용에 따라 계약금액조정 여부 및 범위, 규모가 결정되므로 계약당사자간 이해관계에 따른 이견과 해석의 여지가 다를 수 있어 분쟁의 발단이 되는 경우가 적지 않다.

설계변경 사안이 불분명하거나 모호한 경우 현장기술자는 관련기관에 질의하게 되는데 '설계서, 현장여건, 관련규정 등을 고려하여 계약담당공무원이 판단 결정하여야 할 사항입니다'로 회신되는 경우가 대부분이다. 이는 설계변경에 따른 계약금액조정은 상당부분 승인권자인 발주처의 판단, 즉 재량에 따라 처리될 수 있는 여지가 많다는 것을 의미한다(그 많은 설계변경 규정이 있어도 항상 새롭고 애매한 문제들을 속시원하게 해결해 줄 수 없다. 나머지는 협의의 몫이다).

이와 달리 물가변동은 계약당사자의 판단이나 복잡한 해석이 필요없다. 오로지 계약내역서를 바탕으로 각종 물가지수를 반영하여 산술적 결과를 토대로 결정되는 구조이기 때문이다.

과거 고도성장의 경제환경 속에서는 물가상승의 여력이 많았고 대부분의 현장에서 '물가변동으로 인한 계약금액조정'은 사막의 오아시스 같은 존재였다.

본인이 현장 3년 차에 근무했던 도로현장(국도)도 70% 중반의 그다지 좋은 낙찰률도 아니였고, 당초 공사기간이 4년에서 16년까지 약 10년 이상의 공사기간이 연장되었음에도 불구하고, 공기연장간접비 한 푼 받지 않고도 적자가 발생하지 않았던 것은 적기에 반영받은 물가상승에 따른 계약금액상승분이 큰 요인으로 작용했기 때문이었다.

그렇다면 물가변동으로 인한 계약금액조정 규정이 계약상대자에게 유리하게 작용한다고 해서 이를 배제하는 계약을 체결하는 것이 가능할까?

실제로 입찰조건에 물가변동 배제특약을 반영한 계약건에 대한 효력 여부에 대한 사건들이 있었다.

공사계약특수조건상 물가변동 배제특약을 반영하여 화물용 전기기관차 56량을 공급하기로 한 계약건에 대해 하급심과 대법원은 판결은 서로 달랐다.

하급심[1]에서는 '물가는 상승하는 것이 일반적이고 하강하는 것은 예외라 할 것이어서 물가변동 배제특약은 쌍방에게 중립적이기보다는 피고인 발주처가 유리한 조항이며 계약상대자에게 계약상 이익을 부당하게 침해하는 특약 또는 조건을 정해서는 안 된다는 국가계약법상 계약의 원칙(판결 당시 국가계약법 시행령 제4조 계약의 원칙)을 위반한 것이고 국가계약법 제19조(물가변동 등에 따른 계약금액 조정)는 강행규정에 해당한다'고 밝히면서 물가변동 배제특약은 무효라고 판단하였다.

그러나 대법원에서는 국가와 사인간의 대등한 당사자 사이의 계약이므로 물가변동 조정제도는 강행규정이 아닌 임의규정이므로 계약상대자의 이익을 침해하지 않으므로 무효가 아니라고 판단하였다. 또한 국가계약법령상 물가변동으로 인한 계약금액 조정규정의 내용과 입법취지 등을 고려할 때, 위 규정은 국가 등이 사인과의 계약관계를 공정하고 합리적·효율적으로 처리할 수 있도록 계약담당자 등이 지켜야 할 사항을 규정한 데에 그칠 뿐이고, 국가가 계약상대자와의 합의에 기초하여 계약당사자 사이에만 효력이 있는 특수조건 등을 부가하는 것을 금지하거나 제한하는 것이라고 할 수 없다고 판단하였다.

또한 일부 외산자재에 대해 공사계약특수조건상 물가변동 배제특약을 적용하여 계약을 체결하였으나 2008년 발생한 금융위기로 인한 환율상승에 따른 물가변동분에 대해 발주처

---

1) 서울고등법원 2014. 10. 30. 선고 2014나2006945 판결.

가 특약을 이유로 거절한 사건에서도 대법원[2])은 배제특약의 효력을 인정하였다. 국가계약법령상 물가변동으로 인한 계약금액 조정 규정의 내용과 입법 취지 등을 고려할 때, 위 규정은 국가 등이 사인과의 계약관계를 공정하고 합리적·효율적으로 처리할 수 있도록 계약담당자 등이 지켜야 할 사항을 규정한 데에 그칠 뿐이고, 국가 등이 계약상대자와의 합의에 기초하여 계약당사자 사이에만 효력이 있는 특수조건 등을 부가하는 것을 금지하거나 제한하는 것이라고 할 수 없다고 하여 계약상대자의 이익을 침해하지 않았다고 판단하였다.

이와 같이 대법원은 국가계약법의 해당규정을 임의규정으로 판단하여 당사자간 계약상 합의를 우선하여 중요하게 여기고 있음을 알 수 있다(공공계약을 바라보는 법원의 시각은 계약당사자가 대등하고 계약자유의 원칙에 입각한 사인간 일반적 계약으로 보고 있다는 것이다).

그러나 위와 같은 대법원의 판결에도 불구하고 물가변동 조정규정은 법률에서 명확하게 규정하고 있고 정부에서도 강행규정으로 인식하여 반드시 계약상 반영하고 있다. 실제 모든 공공공사에서 국가계약법상 물가변동 조정규정이 배제되는 현장은 없다.

물가변동 조정제도의 계약적 관점과 법적 관점은 다소 다르게 나타나고 있지만, 공공공사 현장에서 물가변동을 배제하는 특약은 없다고 봐도 될 것이고 이것은 발주기관인 정부의 일관된 입장이라 보면 된다.

---

2) 대법원 2017. 12. 21. 선고 2012다74076 전원합의체 판결.

23
물가변동에서 놓치지 말아야 하는 것들

물가변동이 합리적인 계약규정임에도 불구하고 현장에서 제대로 관리하지 못해서 낭패를 보는 경우가 있다. 바로 청구의 문제다. 모든 계약금액조정은 청구라는 행위를 통해 완성되며 청구의 주체는 계약상대자이다. 물가변동 역시 다르지 않다.

물가변동이 계약금액에 반영되는 조건은 계약체결일로부터 90일[1] 이상 경과하고 입찰일을 기준으로 산정된 조정률(품목조정률 또는 지수조정률)이 3% 이상 증가(Escalation) 또는 감소(Descalation)해야 한다. 2차 이후 물가변동은 직전 조정기준일로부터 90일 이상 경과해야 한다. 다만 천재·지변 또는 원자재의 가격급등으로 인하여 당해 조정제한기간내에 계약금액을 조정하지 아니하고는 계약이행이 곤란하다고 인정되는 경우는 계약을 체결한 날 또는 직전 조정기준일부터 90일 이내에 계약금액을 조정할 수 있다.

덧붙여서 계약체결시 물가변동 적용방법에 대해서는 계약서상 지수조정률 또는 품목조정률을 명시하여야 하지만 계약상대자가 지수조정률을 원하는 경우 외에는 일단 품목조정률로 명시해야 한다.[2]

물가변동에 따른 계약금액조정은 일정기간 및 요율이라는 기준에 도달하더라도 자동적으로 반영되는 것이 아니라 반드시 계약상대자의 조정신청, 즉 청구행위가 있어야 계약금액조정이 가능하다. 물가변동 적용시점(조정기준일)을 제대로 파악하지 못하고 기성금을 수령한 이후에 조정신청을 하게 되면 기성금에 해당하는 물가상승분을 받을 수 없게 된다. 이와

---

1) 민법상 초일 불산입 원칙에 따라 90일의 기산일은 계약체결일 익일, 또는 조정기준일 익일이 된다. 즉, 91일째부터가 된다.

2) 계약상대자는 계약체결시 계약금액 조정방법으로 지수조정률 방법을 선택할 수 있으나, 그러한 권리행사에 아무런 장애사유가 없는데도 지수조정률 방법을 원한다는 의사를 표시하지 않았다면 품목조정률 방법으로 계약금액을 조정해야 한다. 이러한 권리행사에 아무런 장애사유가 없는데도 지수조정률 방법을 원한다는 의사를 표시하지 않았다면 품목조정률 방법으로 계약금액을 조정해야 한다(대법원 2019. 3. 28. 선고 2017다 213470 판결).

같은 일이 발생한다면 현장기술자의 명백한 업무착오이자 관리부실이다.

적기에 청구를 놓치게 되면 곧 청구권이 상실되므로 어떠한 이유라도 발주처에 항변할수 없다. 설령 적기에 신청행위가 이루어진 경우에도 산출결과에 오류가 확인되어 발주처가수정 및 보완 등으로 반려하는 경우, 신속하게 보완하고 수정하여 가급적 빠른 시기에 재접수를 해야 신청일이 지연되지 않는다. 물가변동 신청일은 재접수일 기준이기 때문이다(실제로 물가변동 관련해서는 공정률 적용에 관해 발주처와 협의과정에서 수정이나 보완사항이 자주 발생한다).

선급금 수령시기를 계약상대자가 조정할 수 없지만 선급금 지급율이 높을수록 물가변동조정금액이 낮아지므로 이를 감안하여 선급금을 신청해야 한다.

물가변동 조정금액=물가변동 적용대상금액×조정률-선급금 공제금액
(선급금 공제금액3)=물가변동 적용대상금액×조정률×선금지급률)

공정율은 물가변동의 적용대가의 대상을 결정하는 기준이 되고 이로 인해 계약금액조정액이 결정되므로 가장 실무적으로 중요한 쟁점이 된다.

물가변동 적용대상은 조정시점상 발주처가 승인한 전체예정공정표를 기준으로 예정공정표상 조정기준일 이전에 이행해야 할 물량은 물가변동 적용대상에서 제외되어야 한다. 실제완료한 실행공정이 예정공정보다 부진할 경우 예정공정을 적용하고 실행공정이 예정공정보다 선행된다면 실행공정을 적용한다.

선급금과 기성금의 물가변동 적용

구분	수령시점	물가변동 적용 여부
선급금	조정기준일 이전	선급금 공제
	조정기준일 이후	선급금 비공제
기성금	조정신청일 이전	물가변동 대상금액 제외
	조정신청일 이후	물가변동 대상금액 포함

---

3) 선금급 공제금액의 물가변동대상금액은 장기계속공사는 당차수분 계약금액, 계속비공사는 당해년 연부액, 선금지급률은 선금급/당해년도 계약금액 (장기계속공사), 선금급/당해년도 연부액(계속비공사)이다.

공정지연의 사유가 계약상대자의 책임이 아닌 보상지연 등의 발주처 귀책이나 불가항력 사유에 기인하게 되면 미시행분에 대해서는 물가변동대상에 포함되지만, 실무적으로 공정지연의 책임여부가 불분명하기 때문에 계약당사자간 많은 쟁점이 될 수 있다.

부득이 조정기준일 이후에 시행부분에 대해 선시공이 불가피하여 시행하고 기성을 청구해야 한다면 반드시 그 사유를 명시한 개산급으로 신청해야 물가변동 적용대상에서 누락되지 않는 점을 유의해야 한다.

물가변동에서 공정율의 적용은 조정금액을 결정하는데 가장 중요한 변수다.

실행공정율이 예정공정율보다 상당히 지연될 경우 지연사유를 반영하여 정상적인 공정관리를 위해 발주처에 수정공정표를 제출하여 승인을 받는 것이 정상적인 업무처리지만 예정공정표의 수정은 물가변동에 따른 계약금액 조정액, 즉 예산과 직접적 관련이 있으므로 발주처에서는 선뜻 변경예정공정표를 승인하려 하지 않는다. 예정공정표의 수정은 물가변동뿐만 아니라 공기연장에 대한 책임문제가 선행·확정되어야 하므로 실제 공정현황을 오롯이 반영하여 변경하기란 사실상 쉽지 않다.

장기계속공사에서 물가변동 조건은 성립하였으나 이를 인지하지 못한 채 차수준공대금을 수령한 경우 차기 차수계약기간에 별도의 조정신청을 통해 계약금액조정이 가능할까? 결론부터 말하면 불가하다.[4]

장기계속공사에서 차수준공으로 준공대금을 수령한 이후에는 해당 준공수령금액에 대해서는 계약금액조정대상이 될 수 없다. 준공은 모든 것이 종료되었음을 의미하고 차수준공도 예외가 될 수 없다. 장기계속공사에서는 일괄적인 전체준공이란 없고 오로지 차수준공만이 존재하므로 최종차수의 준공이나 최초 1차수 준공이나 계약적 의미는 동일한 것이다. 만약 차수준공 전에 계약금액조정 청구행위의 누락을 인지하였지만 시간적으로 계약금액조정절차를 진행할 수 없더라도 반드시 준공대금 수령 전에 청구누락의 사유를 밝혀 청구행위에 준하는 이의를 제기하여야 법적분쟁시 항변할 수 있는 근거가 된다(정당한 청구누락 사유가 존재하지 않는다면 이의제기를 하더라도 청구행위로 인정받기 쉽지 않다).

철강재나 레미콘 등의 특정 주요자재가 시장상황이나 급격한 수요 등으로 단기간에 가격의 급등하지만 전체공사비를 차지하는 비율이 낮아 물가변동요건이 성립되지 않는 경우가

---

4) 당사자 사이에 계약금액조정을 염두에 두지 않고 확정적으로 지급을 마친 기성대가는 당사자의 신뢰보호 견지에서 물가변동적용대가에서 공제되어 계약금액조정의 대상이 되지 않는다(대법원 2006. 9. 14. 선고 2004다28825 판결).

사실상 현장에서는 가장 관리하기 어려운 상황이 된다. 그렇다고 투입을 늦출 수 없고 가격이 저렴할 때 구매하여 마냥 보관하여 사용할 수 없기 때문이다. 이러한 특수한 상황을 감안하여 품목조정률이나 지수조정률에 따른 총액조정요건이 충족되지 않더라도 단품조정을 통해 별개로 계약금액조정을 할 수 있도록 한 규정이 단품물가조정(단품ESC)이다. 특정 단품의 조달에 문제가 발생하여 업체의 급격한 손해가 발생하여 공정차질에 따른 피해를 최소화하기 위한 제도이다.

단품조정의 조건은 계약체결일로부터 90일이 경과하고 특정규격의 자재(단품)의 가격증감율이 입찰일을 기준으로 100분의 15 이상일 경우 품목조정률에 의해 계약금액을 조정할 수 있다. 여기서 특정자재란 모든 자재에 공히 적용되는 것이 아니라 공사비를 구성하는 순공사원가(재료비, 노무비, 경비)의 1%이상을 차지하는 주요자재로 한정된다.

단품조정은 총액조정(총액ESC)의 보완적 기능이므로 단품조정이 총액조정과 동시에 발생될 경우에 대해서는 총액조정을 우선하여 적용하게 된다. 다만 단품조정이 총액조정보다 하수급업체에 유리한 경우 및 기타 합리적 사유가[5] 있는 경우에 대해서는 발주처와 협의하여 단품조정을 우선하여 계약금액을 조정할 수 있다.

그러나 단품조정 이후 총액조정을 신청하는 경우에 있어서 단품조정에 의해 조정된 계약금액을 차감하여 총액조정을 적용하는 규정 때문에 사실상 단품ESC 제도가 실무적으로 제대로 활용되지 않는다는 문제점이 있다.

가령 총공사비가 100억 원, 철강재가 5억 원인 경우, 철강재의 20% 급등이 발생하면 1억원의 단품ESC를 적용할 수 있게 된다. 그러나 이후 총액ESC 적용시에는 철강재는 이미 단품ESC 적용을 받은 품목이 되어 총액ESC 산정에서는 이를 제외한 95억 원에 대한 물가상승율이 3%이상이 되어야 하기 때문에 총액ESC의 적용조건이 충족하지 않을 수 있다. 만약 단품ESC를 적용하지 않고 철강재를 포함하여 총액ESC의 3% 적용을 받는다면 3억 원의 계약금액 조정이 가능하게 되므로 단품ESC를 적용받지 않는 것이 유리할 수 있는 것이다.

특정품목의 급격한 가격상승시에는 해당시점의 물가현황을 고려하여 단품 및 총액ESC 중 어떤 유형의 물가변동이 유리한지 판단하여 적용해야 한다.

물가변동에서 놓치지 말아야 할 것들을 놓치면 정말 안 된다. 돌이킬 수 없기 때문이고

---

5) 정부입찰·집행기준 제70조의3(특정규격 자재의 가격변동으로 인한 계약금액조정) ③ 계약담당공무원은 총액증액조정요건과 단품증액조정요건이 동시에 충족되는 경우에는 총액증액조정을 적용하여야 한다. 다만, 다음 각호의 경우에는 단품증액조정을 우선 적용할 수 있다.
   1. 단품증액조정이 총액증액조정보다 하수급업체에 유리한 경우
   2. 기타 발주기관의 계약관리 효율성 제고 등을 위해 단품증액조정을 적용할 필요성이 있다고 인정되는 경우

달리 대체할 수 없는 소중한 비용이기 때문이다(물가상승비는 계약상대자뿐만 아니라 일부는 하도급사의 몫이라는 점을 잊지 말아야 한다).

시행령 제64조(물가변동으로 인한 계약금액의 조정)

① 각 중앙관서의 장 또는 계약담당공무원은 법 제19조(물가변동 등에 따른 계약금액 조정)의 규정에 의하여 국고의 부담이 되는 계약을 체결(장기계속공사 및 장기물품제조등의 경우에는 제1차계약의 체결을 말한다)한 날부터 90일이상 경과하고 동시에 다음 각 호의 어느 하나에 해당되는 때에는 기획재정부령이 정하는 바에 의하여 계약금액(장기계속공사 및 장기물품제조등의 경우에는 제1차계약체결시 부기한 총공사 및 총제조등의 금액을 말한다. 이하 이 장에서 같다)을 조정한다. 이 경우 조정기준일(조정사유가 발생한 날을 말한다. 이하 이 조에서 같다)부터 90일이내에는 이를 다시 조정하지 못한다.

　1. 입찰일(수의계약의 경우에는 계약체결일을, 2차 이후의 계약금액 조정에 있어서는 직전 조정기준일을 말한다. 이하 이 항 및 제6항에서 같다)을 기준일로 하여 기획재정부령이 정하는 바에 의하여 산출된 품목조정률이 100분의 3 이상 증감된 때

　2. 입찰일을 기준일로 하여 기획재정부령이 정하는 바에 의하여 산출된 지수조정률이 100분의 3 이상 증감된 때

② 각 중앙관서의 장 또는 계약담당공무원은 제1항의 규정에 의하여 계약금액을 조정함에 있어서 동일한 계약에 대하여는 제1항 각호의 방법중 하나의 방법에 의하여야 하며, 계약을 체결할 때에 계약서에 계약상대자가 제1항 제2호의 방법을 원하는 경우 외에는 동항 제1호의 방법으로 계약금액을 조정한다는 뜻을 명시하여야 한다.

③「국고금관리법 시행령」제40조(선급)의 규정에 의하여 당해 계약상대자에게 선금을 지급한 것이 있는 때에는 제1항의 규정에 의하여 산출한 증가액에서 기획재정부령이 정하는 바에 의하여 산출한 금액을 공제한다.

④ 각 중앙관서의 장 또는 계약담당공무원은 관계법령에 의하여 최고판매가격이 고시되는 물품을 구매하는 경우 기타 제1항의 규정을 적용하여서는 물품을 조달하기 곤란한 경우에는 계약체결시에 계약금액의 조정에 관하여 제1항의 규정과 달리 정할 수 있다.

⑤ 제1항의 규정을 적용함에 있어서 천재·지변 또는 원자재의 가격급등으로 인하여 당해 조정제한기간내에 계약금액을 조정하지 아니하고는 계약이행이 곤란하다고 인정되는 경우에는 동항의 규정에도 불구하고 계약을 체결한 날 또는 직전 조정기준일부터 90일 이내에 계약금액을 조정할 수 있다.

⑥ 제1항 각 호에 불구하고 각 중앙관서의 장 또는 계약담당공무원은 공사계약의 경우 특정규격의 자재(해당 공사비를 구성하는 재료비·노무비·경비 합계액의 100분의 1을 초과하는 자재만 해당한다)별 가격변동으로 인하여 입찰일을 기준일로 하여 산정한 해당자재의 가격증감률이 100분의 15이상인 때에는 그 자재에 한하여 계약금액을 조정한다.

⑦ 각 중앙관서의 장 또는 계약담당공무원은 환율변동을 원인으로 하여 제1항에 따른 계약금액 조정 요건이 성립된 경우에는 계약금액을 조정한다.

⑧ 제1항에도 불구하고 각 중앙관서의 장 또는 계약담당공무원은 단순한 노무에 의한 용역으로서 기

획재정부령으로 정하는 용역에 대해서는 예정가격 작성 이후 노임단가가 변동된 경우 노무비에 한정하여 계약금액을 조정한다.

일반조건 제22조(물가변동으로 인한 계약금액의 조정)

① 물가변동으로 인한 계약금액의 조정은 시행령 제64조(물가변동으로 인한 계약금액의 조정) 및 시행규칙 제74조(물가변동으로 인한 계약금액의 조정)에 정한 바에 의한다.

② 계약담당공무원이 동일한 계약에 대한 계약금액을 조정할 때에는 품목조정율 및 지수조정율을 동시에 적용하여서는 아니되며, 계약을 체결할 때에 계약상대자가 지수조정율 방법을 원하는 경우외에는 품목조정율 방법으로 계약금액을 조정하도록 계약서에 명시하여야 한다. 이 경우 계약이행중 계약서에 명시된 계약금액 조정방법을 임의로 변경하여서는 아니된다. 다만, 시행령 제64조 제6항에 따라 특정규격의 자재별 가격변동으로 계약금액을 조정할 경우에는 본문에도 불구하고 품목조정율에 의한다.

③ 제1항에 의하여 계약금액을 증액하는 경우에는 계약상대자의 청구에 의하여야 하고, 계약상대자는 제40조(준공대가의 지급)에 의한 준공대가(장기계속계약의 경우에는 각 차수별 준공대가) 수령전까지 조정신청을 하여야 조정금액을 지급받을 수 있으며, 조정된 계약금액은 직전의 물가변동으로 인한 계약금액조정기준일부터 90일이내에 이를 다시 조정할 수 없다. 다만, 천재·지변 또는 원자재의 가격급등으로 해당 기간내에 계약금액을 조정하지 아니하고는 계약이행이 곤란하다고 인정되는 경우에는 계약을 체결한 날 또는 직전 조정기준일로부터 90일이내에도 계약금액을 조정할 수 있다.

④ 계약상대자는 제3항에 의하여 계약금액의 증액을 청구하는 경우에 계약금액조정 내역서를 첨부하여야 한다.

⑤ 발주기관은 제1항 내지 제4항에 의하여 계약금액을 증액하는 경우에는 계약상대자의 청구를 받은 날부터 30일 이내에 계약금액을 조정하여야 한다. 이 때 예산배정의 지연 등 불가피한 경우에는 계약상대자와 협의하여 그 조정기한을 연장할 수 있으며, 계약금액을 증액할 수 있는 예산이 없는 때에는 공사량 등을 조정하여 그 대가를 지급할 수 있다.

⑥ 계약담당공무원은 제4항 및 제5항에 의한 계약상대자의 계약금액조정 청구 내용이 일부 미비하거나 분명하지 아니한 경우에는 지체없이 필요한 보완요구를 하여야 하며, 이 경우 계약상대자가 보완요구를 통보받은 날부터 발주기관이 그 보완을 완료한 사실을 통지받은 날까지의 기간은 제5항에 의한 기간에 산입하지 아니한다. 다만, 계약상대자의 계약금액조정 청구내용이 계약금액 조정요건을 충족하지 않았거나 관련 증빙서류가 첨부되지 아니한 경우에는 그 사유를 명시하여 계약상대자에게 해당 청구서를 반송하여야 하며, 이 경우에 계약상대자는 그 반송사유를 충족하여 계약금액조정을 다시 청구하여야 한다.

⑦ 시행령 제64조 제6항에 따른 계약금액 조정요건을 충족하였으나 계약상대자가 계약금액 조정신청을 하지 않을 경우에 하수급인은 이러한 사실을 계약담당공무원에게 통보할 수 있으며, 통보받은 계약담당공무원은 이를 확인한 후에 계약상대자에게 계약금액 조정신청과 관련된 필요한 조치 등을 하도록 하여야 한다.

원자재 가격급등 등으로 계약이행이 곤란한 경우 계약금액조정 요약

(정부입찰 · 집행기준 제70조의4)

- 적용근거: 국가계약법 시행령 제64조(물가변동으로 인한 계약금액의 조정) 제5항 천재 · 지변 또는 원자재의 가격급등으로 인하여 당해 조정제한기간내에 계약금액을 조정하지 아니하고는 계약이행이 곤란하다고 인정되는 경우
- 적용기준: 원자재의 가격급등 등으로 인하여 계약체결일 또는 직전 조정기준일 이후90일내에 계약금액을 조정하지 아니하고는 계약이행이 곤란하다고 인정되는 경우
  1. 공사, 용역, 물품제조계약에서 품목조정률이나 지수조정률이 5%이상 상승한 경우
  2. 물품구매 계약에서 품목조정률이나 지수조정률이 10%이상 상승한 경우
  3. 공사, 용역 및 물품제조계약에서 품목조정률이나 지수조정률이 3%(물품구매계약에서는 6%)이상 상승하고, 기타 객관적 사유로 조정제한기간 내에 계약금액을 조정하지 아니하고는 계약이행이 곤란하다고 계약담당공무원이 인정하는 경우
- 계약이행이 곤란한 객관적 사유
  1. 계약가격과 시중거래가격의 현저한 차이 존재
  2. 환율급등, 하도급자의 파업등 입찰시 또는 계약체결시 예상할 수 없었던 사유에 의해 계약금액을 조정하지 아니하고는 계약수행이 곤란한 상황
  3. 계약을 이행하는 것보다 납품지연, 납품거부, 계약포기로 제재조치를 받는 것이 비용상 더 유리한 상황
  4. 주요 원자재의 가격급등으로 인한 조달곤란으로 계약목적물을 적기에 이행할 수 없어 과도한 추가비용이 소요되는 상황
  5. 기타 계약상대자의 책임없는 사유로 계약금액을 조정하지 아니하고는 계약이행이 곤란한 상황

24

돈이 되는 기타 계약내용의 변경, 제대로 알자!

계약상대자의 청구요소는 크게 비용(Cost)과 시간(Time)으로 구분할 수 있다.

여기서 비용은 계약금액조정이고 시간은 공기연장이다.

물가변동은 물가상승분에 해당하는 비용요소이다.

많은 현장기술자는 설계변경은 계약금액조정시 비용요소만 청구하는 것으로 인식하고 있지만, 설계변경도 비용과 함께 시간의 청구가 가능하며 필요하다. 설계변경시 해당공종의 수정공정표를 제출하도록 되어 있는 것은 시간요소에 대한 청구근거가 되는 것이다.

그런데 설계변경 신청시 비용만 반영하고 시간요소인 추가공기를 긴밀하게 고려하지 않아 청구하지 않는 경우가 쉽지 않게 발생한다. 설계변경을 승인받기 위해 많은 고생을 했지만, 막상 설계변경분에 소요되는 공기산정을 제대로 못해 추가공기를 청구하지 못하면 적정공기 확보가 불가하므로 공기에 쫓기고 지체상금의 위험부담을 안게 되어 오히려 설계변경으로 현장은 더 힘들게 될 수 있다(실제로 이런 사례는 쉽지 않게 발생한다는 것이 문제다).

시간의 변경은 설계도면이나 시방서와 무관한 것으로 목적물의 변경은 없지만 계약상 정해진 공사기간의 변경을 가져오기 때문에 계약내용의 변경에 해당하므로 이를 원인으로 하여 계약금액을 조정할 수 있는 것이다.

토취장이나 사토장 등의 운반거리 변경 역시 공법의 변경이나 목적물의 변경을 동반하지 않기에 설계변경은 아니지만, 당초 설정된 운반거리가 변경되었으므로 계약내용이 변경된 것이므로 변경에 따른 비용의 정산이 필요하게 된다.

이와 같이 물가변경이나 설계변경이 아닌 계약내용의 변경이 발생되어 계약금액조정을 해야 할 때 그 근거가 되는 규정이 '기타 계약내용의 변경으로 인한 계약금액조정'이다. 이는 물가변동과 설계변경과는 전혀 다른 성격의 계약금액조정사유이다.

물가변동이나 설계변경은 내용이 분명하고 수량과 금액에 대한 예측이 가능한 정(靜)적인 성격이 있다. 무엇보다도 계약당사자가 지속적으로 정보와 내용이 공유되고 충분한 협의를 거치면서 그동안 많은 선례와 근거를 통해 계약금액조정이라는 절차가 정착되어 왔다(물론 설계변경도 많은 이견과 부침속에서 힘들고 지루한 협의과정을 통해 결정되는 쉽지 않은 절차이다).

이에 반해 기타 계약내용의 변경은 매우 가변적이어서 예측이 불확실하고 주로 시간(Time)이라는 변수의 메커니즘을 가진 동(動)적인 성격이 있다. 당연히 정형화되고 보수적인 대응을 추구하는 발주처로서는 기타 계약내용에 따른 계약금액조정은 상당히 부담되고 실제로 계약금액조정 사례가 거의 없어 계약당사자간 원만한 협의가 이루어지지 못하고 결국 분쟁으로 이어져 제3자의 법적판단에 따라 처리되는 경우가 대부분이다.

그동안 발주처에서 기타 계약내용의 변경으로 인한 계약금액조정에 대해 인색했고 계약상대자도 물가변동이나 설계변경과 같이 치열하게 다투지 않은 채 일정부분의 손해를 감수한 측면도 있지만, 과다한 공기연장에 의한 적자 폭의 확대를 감당하기 어려워 법적분쟁을 통해서 해결하는 경향이 나타나기 시작했다.

한동안 물가변동이나 설계변경이 사업수지의 측면에서 현장의 성패를 좌우했다면 앞으로는 기타 계약내용의 변경사항을 제대로 계약금액에 반영하는지의 여부가 중요한 요소가 될 것이다. 발주처와 원활한 협의에 의한 계약적 처리가 어렵더라도 발주처와 마찰을 최소화하면서 법적분쟁을 통해 슬기롭게 해결할 수 있느냐가 중요한 변수가 되기에 현장기술자의 확실한 이해가 필요한 부분이다.

다음의 공사계약일반조건상의 규정은 물가변동과 설계변경 외 기타 계약내용의 변경에 관한 계약금액조정 대상이 되는 사항으로 실무적으로 반드시 챙겨야 할 청구대상에 해당한다.

제18조(휴일 및 야간작업), 제26조(계약기간의 연장)은 공사기간에 관한 사항인데 휴일 및 야간작업은 돌관공사를 통한 공기단축에 해당하여 공기연장과 서로 대립적으로 연계되며 실제 상당히 복잡한 메커니즘을 가지고 있는 규정이다.

휴일 및 야간작업은 명시적인 발주처의 공기단축지시 보다는 공기연장이 인정되지 않아 지체상금 리스크가 발생하여 이를 방어하기 위한 공사수행방법으로 돌관공사비가 청구대상이고 계약기간 연장은 연장기간 및 이에 상응하는 간접비로 시간과 비용이 청구대상이 된다. 그렇지만 공사기간과 관련한 계약금액조정은 계약규정대로 원만하게 수행되지 않기 때문에 대부분 분쟁대상이 된다.

제24조(응급조치), 제30조(부분사용 및 부가공사)는 응급조치내용과 부가공사의 성격에 따

라 계약당사자는 사전(단가확정) 및 사후(실비증빙)를 통해 계약에 반영할 수 있을 것이고 응급조치나 부가공사로 인해 별도의 공기연장이 필요하다면 비용과 함께 시간이 청구요소가 될 수 있다.

제28조(인수), 제29조(기성부분의 인수)는 인수대상이 명확하고 목적물의 공정이 완료된 사항에 대한 유지비용이 해당하므로 계약반영이 가능하다.

제37조(특허권 등의 사용)은 발주처가 특정시공방법을 요구하는 경우에 발생되는데 설계서의 변경의 수반 여부에 따라 설계변경이 되지만 특허권의 사용료만 해당한다면 기타 계약내용의 변경사항이 될 수 있다.

제31조(일반적 손해), 제32조(불가항력)는 계약이행 중 예기치 않은 사고 등으로 목적물이나 제3자의 손해가 발생한 경우로써 원칙적으로 공사보험을 통해 처리해야 할 사항이다. 다만 계약당사자의 책임없는 사유에 한해 공사보험으로 처리할 수 있는 금액을 초과하는 경우나 공사보험의 적용이 되지 않을 경우에 한해 발주처가 부담한다는 규정이다. 손해에 따른 복구의 성격과 내용에 따라 설계변경 또는 기타계약내용의 변경이 될 수 있고 복구비용 및 시간이 청구요소가 될 수 있을 것이다.

기타 계약내용의 변경은 공사계약일반조건에서 규정한 사항 이외에도 전혀 예상하지 못한 다른 이벤트도 대상이 될 수 있다. 가장 중요한 것은 어떻게 계약내용이 변경되었고 어떠한 방식으로 처리할 것인지를 계약당사자가 협의하여 계약금액에 반영하는지 또는 법적분쟁을 통해 해결하는지의 여부이다.

발주처나 계약상사자 모두 설계변경이나 물가변동과 달리 기타 계약내용의 변경에 대해 익숙하지 않다. 그래서 반드시 현장기술자는 설계변경과 다른 개념의 기타 계약내용의 변경에 대한 확실한 이해가 필요하다.

기타 계약내용의 변경사항은 제대로 알면 돈이 되고 시간을 번다. 제대로 알아야 제대로 청구할 수 있다(전혀 새로운 규정이 아니다. 제대로 모르면 다 소용없는 규정일 뿐이다).

공사계약 일반조건에서의 기타 계약내용변경의 주요조항

주요 내용	청구요소
제18조(휴일 및 야간작업) ① 계약상대자는 계약담당공무원의 공기단축지시 및 발주기관의 부득이한 사유로 인하여 휴일 또는 야간작업을 지시받았을 때에는 계약담당공무원에게 추가비용을 청구할 수 있다. ② 제1항의 경우에는 제23조(기타 계약내용의 변경으로 인한 계약금액의 조정)를 준용한다.	비용,시간 (공기단축)

제24조(응급조치) ① 계약상대자는 시공기간중 재해방지를 위하여 필요하다고 인정할 때에는 미리 공사감독관의 의견을 들어 필요한 조치를 취하여야 한다. ② 소요된 경비중에서 계약상대자가 계약금액의 범위내에서 부담하는 것이 부당하다고 인정되는 때에는 제23조(기타 계약내용의 변경으로 인한 계약금액의 조정)에 의하여 실비의 범위안에서 계약금액을 조정할 수 있다.	비용, 시간 (공기연장이 필요할 경우)
제26조(계약기간의 연장) ① 계약상대자는 제25조(지체상금)제3항 각호의 어느 하나의 사유가 계약기간내에 발생한 경우에는 계약기간 종료전에 지체없이 제17조 제1항 제2호(공사공정예정표)의 수정공정표를 첨부하여 계약담당공무원과 공사감독관에게 서면으로 계약기간의 연장신청을 하여야 한다. 다만, 연장사유가 계약기간내에 발생하여 계약기간 경과후 종료된 경우에는 동 사유가 종료된 후 즉시 계약기간의 연장신청을 하여야 한다. > **제25조(지체상금)** > ③ 계약담당공무원은 다음 각호의 어느 하나에 해당되어 공사가 지체되었다고 인정할 때에는 그 해당일수를 제1항의 지체일수에 산입하지 아니한다. > 1. 제32조에서 규정한 불가항력의 사유에 의한 경우 > 2. 계약상대자가 대체 사용할 수 없는 중요 관급자재 등의 공급이 지연되어 공사의 진행이 불가능하였을 경우 > 3. 발주기관의 책임으로 착공이 지연되거나 시공이 중단되었을 경우 > 5. 계약상대자의 부도 등으로 보증기관이 보증이행업체를 지정하여 보증시공할 경우 > 6. 제19조에 의한 설계변경(계약상대자의 책임없는 사유인 경우에 한한다)으로 인하여 준공기한내에 계약을 이행할 수 없을 경우 > 7. 발주기관이 「조달사업에 관한 법률」 제27조 제1항에 따른 혁신제품을 자재로 사용토록 한 경우로서 혁신제품의 하자가 직접적인 원인이 되어 준공기한내에 계약을 이행할 수 없을 경우 > 8. 원자재의 수급 불균형으로 인하여 해당 관급자재의 조달지연 또는 사급자재(관급자재에서 전환된 사급자재를 포함한다)의 구입곤란 등 기타 계약상대자의 책임에 속하지 아니하는 사유로 인하여 지체된 경우 ② 계약담당공무원은 제1항에 의한 연장청구를 승인하였을 경우에는 동 연장기간에 대하여는 제25조(지체상금)에 의한 지체상금을 부과하여서는 아니된다. ④ 계약기간을 연장한 경우에는 제23조(기타 계약내용의 변경으로 인한 계약금액의 조정)에 의하여 그 변경된 내용에 따라 실비를 초과하지 아니하는 범위안에서 계약금액을 조정한다. 다만, 제25조 제3항 제5호(계약상대자의 부도 등으로 보증기관이 보증이행업체를 지정하여 보증시공할 경우)의 사유에 의한 경우에는 그러하지 아니하다. ⑤ 계약상대자는 제40조(준공대가의 지급)에 의한 준공대가(장기계속계약의 경우에는 각 차수별 준공대가) 수령전까지 제4항에 의한 계약금액 조정신청을 하여야 한다.	비용, 시간

제28조(인수) ① 발주관서는 인수된 공사목적물을 계약상대자에게 유지관리를 요구하는 경우에는 이에 필요한 비용을 지급하여야 한다.	비용
제29조(기성부분의 인수) ① 계약담당공무원은 전체 공사목적물이 아닌 기성부분에 대하여 이를 인수할 수 있다. ② 제1항의 경우에는 제28조(인수)를 준용한다.	비용
제30조 (부분사용 및 부가공사) ① 발주기관은 계약목적물의 인수전에 기성부분이나 미완성부분을 사용할 수 있으며, 이 경우에 사용부분에 대해서는 해당 구조물 안전에 지장을 주지 아니하는 부가공사를 할 수 있다. ② 계약담당공무원은 제1항에 의한 부분사용 또는 부가공사로 인하여 계약상대자에게 손해가 발생한 경우 또는 추가공사비가 필요한 경우로서 계약상대자의 청구가 있는 때에는 제23조(기타 계약내용의 변경으로 인한 계약금액의 조정)에 의하여 실비의 범위안에서 보상하거나 계약금액을 조정하여야 한다.	비용
제31조(일반적 손해) ① 계약상대자는 계약의 이행중 공사목적물, 관급자재, 대여품 및 제3자에 대한 손해를 부담하여야 한다. 다만, 계약상대자의 책임없는 사유로 인하여 발생한 손해는 발주기관의 부담으로 한다. ② 제10조(손해보험)에 의하여 손해보험에 가입한 공사계약의 경우에는 제1항에 의한 계약상대자 및 발주기관의 부담은 보험에 의하여 보전되는 금액을 초과하는 부분으로 한다. ③ 제28조(인수) 및 제29조(기성부분의 인수)에 의하여 인수한 공사목적물에 대한 손해는 발주기관이 부담하여야 한다.	비용

제32조(불가항력)
① 불가항력이라 함은 태풍·홍수 기타 악천후, 전쟁 또는 사변, 지진, 화재, 전염병, 폭동 기타 계약당사자의 통제범위를 벗어난 사태의 발생 등의 사유(이하 "불가항력의 사유"라 한다)로 인하여 계약당사자 누구의 책임에도 속하지 아니하는 경우를 말한다. 다만, 이는 대한민국 국내에서 발생하여 공사이행에 직접적인 영향을 미친 경우에 한한다.
② 불가항력의 사유로 인하여 다음 각호에 발생한 손해는 발주기관이 부담하여야 한다.
  1. 제27조(검사)에 의하여 검사를 필한 기성부분
  2. 검사를 필하지 아니한 부분중 객관적인 자료(감독일지, 사진 또는 동영상 등)에 의하여 이미 수행되었음이 판명된 부분
제31조(일반적 손해)
① 계약상대자는 계약의 이행중 공사목적물, 관급자재, 대여품 및 제3자에 대한 손해를 부담하여야 한다. 다만, 계약상대자의 책임없는 사유로 인하여 발생한 손해는 발주기관의 부담으로 한다.
② 제10조(손해보험)에 의하여 손해보험에 가입한 공사계약의 경우에는 제1항에 의한 계약상대자 및 발주기관의 부담은 보험에 의하여 보전되는 금액을 초과하는 부분으로 한다.
③ 계약담당공무원은 제2항에 의하여 손해의 상황을 확인하였을 때에는 별도의 약정이 없는 한 공사금액의 변경 또는 손해액의 부담 등 필요한 조치에 대하여 계약상대자와 협의하여 이를 결정한다. 다만, 협의가 성립되지 않을 때에는 제51조(분쟁)에 의해서 처리한다.
	비용, 시간
	(공기연장이
	필요할 경우)

24_ 돈이 되는 기타 계약내용의 변경, 제대로 알자!

제37조(특허권 등의 사용) 공사의 이행에 특허권 기타 제3자의 권리의 대상으로 되어 있는 시공방법을 사용할 때에는 계약상대자는 그 사용에 관한 일체의 책임을 져야 한다. 그러나 발주기관이 제3조(계약문서)의 계약문서에 시공방법을 지정하지 아니하고 그 시공을 요구할 때에는 계약상대자에 대하여 제반편의를 제공·알선하거나 소요된 비용을 지급할 수 있다.	비용

제47조(공사의 일시정지)
① 공사감독관은 다음 각호의 경우에는 공사의 전부 또는 일부의 이행을 정지시킬 수 있다. 이 경우에 계약상대자는 정지기간중 선량한 관리자의 주의의무를 게을리 하여서는 아니된다.
  1. 공사의 이행이 계약내용과 일치하지 아니하는 경우
  2. 공사의 전부 또는 일부의 안전을 위하여 공사의 정지가 필요한 경우
  3. 제24조(응급조치)에 의한 응급조치의 경우
  4. 기타 발주기관의 필요에 의하여 계약담당공무원이 지시한 경우
② 공사감독관은 제1항에 의하여 공사를 정지시킨 경우에는 지체없이 계약상대자 및 계약담당공무원에게 정지사유 및 정지기간을 통지하여야 한다.
③ 제1항 각호의 사유가 발생한 경우로서 공사감독관이 제2항에 따른 통지를 하지 않는 경우 계약상대자는 서면으로 공사감독관 또는 계약담당공무원에게 공사 일시정지 여부에 대한 확인을 요청할 수 있다.
④ 공사감독관 또는 계약담당공무원은 제3항의 요청을 받은 날부터 10일 이내에 공사계약상대자에게 서면으로 회신을 발송하여야 한다.
⑤ 제1항 및 제4항에 의하여 공사가 정지된 경우에 계약상대자는 계약기간의 연장 또는 추가금액을 청구할 수 없다. 다만, 계약상대자의 책임있는 사유로 인한 정지가 아닌 때에는 그러하지 아니한다.
⑥ 발주기관의 책임있는 사유에 의한 공사정지기간(각각의 사유로 인한 정지기간을 합산하며, 장기계속계약의 경우에는 해당 차수내의 정지기간을 말함)이 60일을 초과한 경우에 발주기관은 그 초과된 기간에 대하여 잔여계약금액(공사중지기간이 60일을 초과하는 날 현재의 잔여계약금액을 말하며, 장기계속공사계약의 경우에는 차수별 계약금액을 기준으로 함)에 초과일수 매 1일마다 지연발생 시점의 금융기관 대출평균금리(한국은행 통계월보상의 금융기관 대출평균금리를 말한다)를 곱하여 산출한 금액을 준공대가 지급시 계약상대자에게 지급하여야 한다.
⑦ 제6항에서 정하는 발주기관의 책임있는 사유란, 부지제공·보상업무·지장물처리의 지연, 공사 이행에 필요한 인·허가 등 행정처리의 지연과 계약서 및 관련 법령에서 정한 발주기관의 명시적 의무사항을 정당한 이유없이 불이행하거나 위반하는 경우를 말하며, 그 외 계약상대자의 책임있는 사유나 천재·지변 등 불가항력에 의한 사유는 제외한다.
	비용, 시간

제47조의2(계약상대자의 공사정지 등) ① 계약상대자는 발주기관이 「국가를 당사자로 하는 계약에 관한 법률」과 계약문서 등에서 정하고 있는 계약상의 의무를 이행하지 아니하는 때에는 발주기관에 계약상의 의무이행을 서면으로 요청할 수 있다. ② 계약담당공무원은 계약상대자로부터 제1항에 의한 요청을 받은 날부터 14일이내에 이행계획을 서면으로 계약상대자에게 통지하여야 한다. ③ 계약상대자는 계약담당공무원이 제2항에 규정한 기한내에 통지를 하지 아니하거나 계	비용, 시간 (공기연장이 필요할 경우)

약상의 의무이행을 거부하는 때에는 해당 기간이 경과한 날 또는 의무이행을 거부한 날부터 공사의 전부 또는 일부의 시공을 정지할 수 있다.

④ 계약담당공무원은 제3항에 의하여 정지된 기간에 대하여는 제26조에 의하여 공사기간을 연장하여야 한다.

25
기타 계약내용의 변경에서 실비산정의 개념

국가계약법령과 공사계약일반조건상에 '기타 계약내용의 변경'으로 인한 계약금액 조정에 대해 명시하고 있지만, 실제 현장에서 기타 계약내용의 변경을 통해 계약금액을 조정한 사유는 물가변동이나 설계변경에 비하면 아주 미미하다고 할 수 있다(그동안 공공공사에서 계약금액 조정의 대상은 물가변동과 설계변경이 거의 전부였다고 해도 틀린 말은 아니다).

실무적으로 가장 많이 접하게 되는 기타 계약내용의 변경의 대표적인 사례는 공사기간 및 운반거리 변경을 들 수 있다.

운반거리 변경은 사토장, 토취장의 일부변경이나 신규로 발생되는 운반거리와 변경 운반속도를 통해 운반비를 재산정하는 것을 의미한다.

아직도 많은 현장기술자는 운반거리 변경을 설계변경이라고 인식하고 있는데 그 이유는 비용(단가)산정에 있어서 설계변경과 유사한 방식을 적용하기 때문이 아닐까 한다. 이와 달리 공사기간 연장에 따른 간접비 산정은 운반거리 변경과 산정방법이 완전히 다르지만, 기타 계약내용의 변경으로 인한 계약금액조정에서는 이를 총칭하여 '실비산정'이라 하는데 기타 계약내용에 따라 산정방법은 달리 적용된다.

실비(實費, Actual Cost)의 사전적 의미는 실제로 드는 비용이다.

계약적인 의미에서 실비에 대한 구체적 규정인 정부입찰·계약 집행기준 제72조(실비산정기준)에서 '실제 사용된 비용' 등 객관적으로 인정될 수 있는 자료라는 기준을 정하고 있어 사전적 의미와 크게 다르지 않다. 실비산정을 적용하는 가장 큰 이유는 비용산정의 과다과소(過多過小)의 문제를 객관적으로 극복할 수 있는 방법이지만 변경내용에 따라 반드시 실투입만 의미하는 것은 아니다.

공사비는 간접공사비 및 직접공사비로 구분할 수 있는데 간접공사비는 직접공사비와 연동되어 정해진 승율비용과 계약상대자가 적용한 일반관리비율 및 이윤을 적용하는데 공기연장간접비는 직접공사비의 변동과 무관하기에 이와 같은 방법으로 비용을 산정할 수 없다. 또한 사전에 단가와 수량이라는 내역상 비용으로 확정할 수 없기 때문에 사후정산의 실비산정 규정이 정립된 것이다.

공기연장간접비는 공기연장에 따른 현장관리비의 자연적인 증가비용이다. 정부입찰·집행기준 제73조(공사이행기간의 변경에 따른 실비산정)규정에는 직접노무비가 아닌 간접노무비에 해당하는 현장직원의 급여, 연말정산서, 임금지급대장, 경비지출관련 계약서, 요금고지서, 영수증 등 실제 사용된 증빙자료를 근거로 하고 기타경비, 산재 및 고용보험료는 산출내역서상의 비율을 곱해 산정하며 공기연장에 따라 건설장비의 유휴가 발생하는 경우, 장비임대료도 반영할 수 있도록 실비산정을 규정하고 있다.

이에 반해 운반거리 변경의 산정방법은 당초 계약단가를 기준으로 운반거리의 변경분에 대해 운반 당시의 품셈을 기준으로 산정한 단가에 낙찰율을 곱한 단가의 범위에서 계약당사자간 협의하여 결정하고 협의가 이루어지지 않을 경우에는 그 중간금액으로 한다. 즉 당초 계약단가와 변경된 신규 협의단가로 구성되는 것으로 이러한 산정방법은 실제 사용된 실비가 아닌 설계변경시 신규단가를 산정하는 방식과 동일하다.

운반거리변경이 공기연장간접비와 다른 실비산정 방식을 적용하는 이유는 운반거리변경은 수행주체에 따라 투입비용의 편차가 발생할 수 있는데 실제 투입된 비용을 반영하게 된다면 비용의 상한(上限)이 존재하지 않아 과다한 실투입을 반영할 경우, 객관성과 합리성이 결여되므로 일의 착수 전에 운반거리 변경조건에 따른 새로운 단가를 산정하여 이를 확정한 후 계약에 반영하여 시행하는 것이다.

이와 같이 공기연장간접비 및 운반거리변경의 비용산정 방법은 다르지만 기타계약내용의 변경에서는 이를 일괄하여 '실비산정'이라고 하는 것이다.

운반거리 및 공사기간의 변경 외 기타 계약내용의 변경에 의한 계약금액조정에 대해서는 변경 전후의 단가 차액분에 대해 계약당사자간 협의하도록 되어 있다. 그렇지만 운반거리 및 공사기간 변경 외의 다른 기타 계약내용 변경사항에 대해 어떻게 세부적인 산정방법을 적용하는지에 대한 규정이 현재로선 불분명하다. 따라서 공사계약일반조건상의 기타 계약내용의 변경에 해당하는 돌관공사, 응급조치, 일반적 손해, 불가항력 등과 계약이행 중이 이와 다른 새로운 계약내용 변경에 해당하는 돌발적 상황과 정상적 통제가 어려운 문제를 가진 다양한 사례가 발생할 수 있기 때문에 실비산정의 방법에 대해서는 발주처와 긴밀한 협의가 필요한 사항이다.

그러나 이와 같은 기타 계약내용의 변경에 대한 계약금액조정은 계약당사가간 협의가 쉽지 않다. 사례가 많지 않기 때문이고 사안에 따른 세부적인 계약규정이 존재하지 않기 때문에 대부분 분쟁대상이 될 수밖에 없고 법적으로 해결해야 할 가능성이 높다. 기타 계약내용의 변경을 제대로 알아야 할 확실한 이유이다.

실비산정 방법의 종류

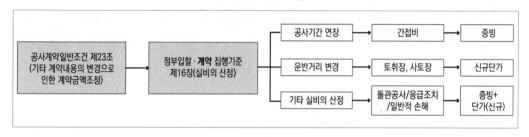

시행령 제66조(기타 계약내용의 변경으로 인한 계약금액의 조정)
① 각 중앙관서의 장 또는 계약담당공무원은 법 제19조의 규정에 의하여 공사·제조등의 계약에 있어서 제64조 및 제65조의 규정에 의한 경우외에 공사기간·운반거리의 변경 등 계약내용의 변경으로 계약금액을 조정하여야 할 필요가 있는 경우에는 그 변경된 내용에 따라 실비를 초과하지 아니하는 범위안에서 이를 조정한다.

공사계약일반조건 제23조(기타 계약내용의 변경으로 인한 계약금액의 조정)
① 계약담당공무원은 공사계약에 있어서 제20조(설계변경) 및 제22조(물가변동)에 의한 경우 외에 공사기간·운반거리의 변경 등 계약내용의 변경으로 계약금액을 조정하여야 할 필요가 있는 경우에는 그 변경된 내용에 따라 실비를 초과하지 아니하는 범위안에서 이를 조정(하도급업체가 지출한 비용을 포함한다)하며, 계약예규 「정부입찰·계약 집행기준」제16장(실비의 산정)을 적용한다.
② 제1항에 의한 계약내용의 변경은 변경되는 부분의 이행에 착수하기 전에 완료하여야 한다. 다만, 계약담당공무원은 계약이행의 지연으로 품질저하가 우려되는 등 긴급하게 계약을 이행하게 할 필요가 있는 때에는 계약상대자와 협의하여 계약내용 변경의 시기 등을 명확히 정하고, 계약내용을 변경하기 전에 계약을 이행하게 할 수 있다.
③ 제1항의 경우에는 제20조 제5항(간접비 및 일반관리비 이윤에 관한 승율비율)을 준용한다.
④ 제1항에 의하여 계약금액이 증액될 때에는 계약상대자의 신청에 따라 조정하여야 한다.
⑤ 제1항 내지 제4항에 의한 계약금액조정의 경우에는 제20조 제8항(계약조정 청구를 받은 날로부터 30일 이내 계약금액조정) 내지 제10항(준공대가 수령전까지 조정신청)을 준용한다.

제73조(공사이행기간의 변경에 따른 실비산정)

① 간접노무비는 연장 또는 단축된 기간중 해당현장에서 계약예규 「예정가격 작성기준」 제10조(노무비)제2항(간접노무비는 직접 제조작업에 종사하지는 않으나, 작업현장에서 보조작업에 종사하는 노무자, 종업원과 현장감독자 등의 기본급과 제수당, 상여금, 퇴직급여충당금의 합계액으로 한다.) 및 제18조(간접노무)에 해당하는 자가 수행하여야 할 노무량을 산출하고, 동 노무량에 급여 연말정산서, 임금지급대장 및 공사감독의 현장확인복명서 등 객관적인 자료에 의하여 지급이 확인된 임금을 곱하여 산정하되, 정상적인 공사기간 중에 실제 지급된 임금수준을 초과할 수 없다.

② 제1항에 따라 노무량을 산출하는 경우 계약담당공무원은 계약상대자로 하여금 공사이행기간의 변경사유가 발생하는 즉시 현장유지·관리에 소요되는 인력투입계획을 제출하도록 하고, 공사의 규모, 내용, 기간 등을 고려하여 해당 인력투입계획을 조정할 필요가 있다고 인정되는 경우에는 계약상대자와 협의하여 이를 조정하여야 한다.

③ 경비중 지급임차료, 보관비, 가설비, 유휴장비비 등 직접계상이 가능한 비목의 실비는 계약상대자로부터 제출받은 경비지출관련 계약서, 요금고지서, 영수증 등 객관적인 자료에 의하여 확인된 금액을 기준으로 변경되는 공사기간에 상당하는 금액을 산출하며, 수도광열비, 복리후생비, 소모품비, 여비·교통비·통신비, 세금과공과, 도서인쇄비, 지급수수료(7개 항목을 "기타경비"라 한다)와 산재보험료, 고용보험료 등은 그 기준이 되는 비목의 합계액에 계약상대자의 산출내역서상 해당비목의 비율을 곱하여 산출된 금액과 당초 산출내역서상의 금액과의 차액으로 한다.

④ 계약상대자의 책임 없는 사유로 공사기간이 연장되어 당초 제출한 계약보증서·공사이행보증서·하도급대금지급보증서 및 공사손해보험 등의 보증기간을 연장함에 따라 소요되는 추가비용은 계약상대자로부터 제출받은 보증수수료의 영수증 등 객관적인 자료에 의하여 확인된 금액을 기준으로 금액을 산출한다.

⑤ 계약상대자는 건설장비의 유휴가 발생하게 되는 경우 즉시 발생사유 등 사실관계를 계약담당공무원과 공사감독관에게 통지하여야 하며, 계약담당공무원은 장비의 유휴가 계약의 이행 여건상 타당하다고 인정될 경우에는 유휴비용을 다음 각 호의 기준에 따라 계산한다.

    1. 임대장비: 유휴 기간 중 실제로 부담한 장비임대료
    2. 보유장비: (장비가격×시간당 장비손료계수)×(연간표준가동기간÷365일)×(유휴일수) × 1/2

제74조(설계서 작성시 주의사항 및 운반거리 변경에 따른 실비의 산정)

① 계약담당공무원은 시행령 제14조(공사의 입찰)에 의한 해당 공사의 설계서를 작성함에 있어 운반비 산정의 기준이 되는 다음 각호의 사항을 구체적으로 명기하여 불가피한 경우를 제외하고는 계약체결 후 운반거리 변경이 발생하지 아니하도록 하여야 한다.

    1. 토사채취, 사토 및 폐기물처리 등을 위한 위치

2. 공사현장과 제1호에 의한 위치간의 운반거리, 운반로, 및 운반속도 등

3. 기타 운반비 산정에 필요한 사항

② 계약담당공무원은 토사채취 사토 및 폐기물처리등과 관련하여 당초 설계서에 정한 운반거리가 증·감 되는 경우에 다음 각호의 기준에 의하여 계약금액을 조정한다.

1. 당초 운반로 전부가 남아 있는 경우로서 운반거리가 변경되는 경우 · 조정금액 = 당초 계약단가 + 추가된 운반거리를 변경당시의 품셈을 기준으로 하여 산정한 단가와 동 단가에 낙찰율을 곱한 단가의 범위내에서 계약당사자간에 서로 주장하는 각각의 단가기준에 대한 근거자료 제시 등을 통하여 성실히 협의(이하 이 장에서 "협의"라 한다)하여 결정한 단가

2. 당초 운반로 일부가 남아 있는 경우로서 운반거리가 변경되는 경우 · 조정금액=(당초 계약단가 -당초 운반로중 축소되는 부분의 계약단가)+대체된 운반거리를 변경당시 품셈을 기준으로 산 정한 단가와 동 단가에 낙찰율을 곱한 단가의 범위내에서 계약당사자간에 협의하여 결정한 단가

3. 당초 운반로 전부가 변경되는 경우 · 조정금액=(계약단가+변경된 운반거리를 변경당시 품셈을 기준으로 산정한 단가와 동단가에 낙찰율을 곱한 단가의 범위내에서 계약당사자간에 협의하여 결정한 단가)-계약단가

③ 제2항 각호에 의한 산식 중 협의단가를 결정함에 있어 계약당사자간의 협의가 이루어지지 아니하 는 경우에는 그 중간금액으로 한다.

제75조(기타 실비의 산정)

제73조 및 제74조 규정이외의 경우에 실비의 산정은 변경된 내용을 기준으로 하여 산정한 단가와 당 초 단가와의 차액범위안에서 계약당사자간에 협의하여 결정한다. 다만, 계약당사자간에 협의가 이루어 지지 아니하는 경우에는 변경된 내용을 기준으로 하여 산정한 단가와 당초 단가를 합한 금액의 100분 의 50으로 한다.

26
지체상금을 두려워해야 하는 이유

지체상금(遲滯償金)은 계약상대자의 귀책으로 기한 내 공사를 완료하지 못해 발주처에게 지불하는 배상금이다. 목적물의 미완성과 함께 인도의 지체 (특히 기계나 설비, 건축물의 사용 승인 등)도 포함된다.

도급계약은 쌍무계약, 즉 계약당사자가 목적물의 완성과 대가의 지급이라는 상호 채무 관계이다. 지체상금은 계약상대자의 공사기간 내 목적물의 미완성이라는 이행지체로 인한 채무불이행에 대해 도급자가 손해배상액을 담보하는 성격의 손해배상 예정금액이라 할 수 있다(지방계약법에서는 '지연배상금'으로 규정되어 있다).

지체상금이 손해배상 예정금액으로 갖은 의미는 두 가지로 요약할 수 있다.

첫째는 발주처는 계약상대자의 채무불이행 사실, 즉 계약상대자가 공사를 완성하지 못한 채 약정완공기일을 도과한 사실만 확인하면 지체상금은 자동적으로 성립되고 지체에 따른 손해액의 산정을 증명할 필요가 없다. 이는 계약보증금이나 하자보증금과 기본적인 성격이 다르지 않다.

둘째는 지체상금이 부당하게 과한 경우 손해배상 예정금액으로 감액[1]이 가능하고 감액 여부는 발주처에서 결정할 수 없고 계약상대자가 소송을 제기함으로써 법원에서 판단할 사항이다(중재도 가능하다).

지체상금을 위약벌[2]로 하는 계약조건인 경우는 감액이 불가하고 위약벌과 별도로 손해배상 청구가 가능하지만 국가계약법상의 지체상금은 손해배상액에 대한 예정액의 성격을 갖

---

1) 민법 제398조(배상액의 예정) ① 당사자는 채무불이행에 관한 손해배상액을 예정할 수 있다.
　② 손해배상의 예정액이 부당히 과다한 경우에는 법원은 적당히 감액할 수 있다.
　③ 손해배상액의 예정은 이행의 청구나 계약의 해제에 영향을 미치지 아니한다.

2) 위약벌(違約罰)은 채무를 이행하지 않을 경우, 채무자가 채권자에게 벌금을 내는 것을 말한다. 위약금은 상대의 손해를 배상하는 성격이나 위약벌은 손해랑 상관없는 벌금의 형태이다.

기 때문에 일정액의 감액이 가능하고 원칙적으로 별도의 손해배상 청구대상은 아니다. 그러나 지체상금의 감액규모는 오로지 법원의 결정에 따라야 하는 것이지 발주처에서 임의대로 조정할 수 있는 대상은 아니다.

지체상금 부과조건이 공사의 미완성을 전제로 하기 때문에 공사완성에 대한 판단기준이 중요하다. 이에 대법원 판례[3]는 '공사가 도중에 중단되어 예정된 최후의 공정을 종료하지 못한 경우에는 공사가 미완성된 것이나 당초 예정된 최후의 공정까지 종료하고 주요 구조부분이 약정된 대로 시공되어 사회통념상 일이 완성된 것이고 최후의 공정의 종료여부는 도급계약의 구체적 내용과 신의성실의 원칙에 비추어 객관적 판단에 따라야 한다'라고 판단하였다.

위 판결내용을 '주요부분만 완성되면 공정을 종료한 것'과 같이 이해될 수 있지만 가장 중요한 핵심은 신의성실에 의한 객관적 판단이고, 여기서 객관적 판단이란 계약상대자가 아니라 발주처의 판단을 의미한다고 봐야 한다.

만약 도로공사에서 포장까지의 주요부분이 완성되었다고 하더라도 차선도색이 미완성되었거나 인도부 경계석이 일부 시공이 되지 않았다면 이는 공사완성이라 볼 수 없는 것이다(계약상대자는 공사완료에 대해 엄격한 잣대를 가져야 된다).

결론적으로는 최후의 공정의 종료 여부는 도급내용에 따라 지체상금 부과 주체인 발주처의 재량적 판단에 따라 지체상금 여부가 결정된다고 할 수 있다.

지체상금은 발주처가 지체일수를 근거로 지체상금을 산정하여 부과·통지함으로써 즉시 효력이 발생하므로 계약상대자의 기성채권 공제가 가능하며 계약상대자는 현금으로 납부해야 한다. 또한 지체상금의 부존재나 감액은 오로지 소송 등의 법적구제 방법밖에 없다는 점, 지체상금의 감액 또는 부존재에 대한 입증책임은 계약상대자에게 귀결된다는 점 등으로 볼 때 지체상금은 발주처의 강력한 계약적 제재에 해당하지만, 동시에 계약상대자에게는 가장 부담스러운 규정임은 틀림없다.

지체상금률은 공사의 경우 1일 지체일수당 계약금액의 0.5/1,000로 개정되었다(당초 계약금액의 1/1,000이었으나 2017. 12. 28. 개정되었다). 개정규정[4]은 이 규칙 시행 전에 체결된 계약

---

3) 대법원. 1997. 10. 10. 선고. 97다23150호. 판결.
4) 국가계약법 시행규칙 제75조(지체상금률)지체상금률<개정 2017. 12. 28>

구분	개정 전	개정 후
공사	1/1,000	0.5/1,000
물품의 제조·구매	1.5/1,000	0.75/1,000
물품의 수리·가공·대여, 용역	2.5/1,000	1.25/1,000
군용 음·식료품제조·구매	3/1,000	1.5/1,000

에 대하여도 적용된다.

지체상금=계약금액×지체일수×지체상금률
(계약금액: 인수, 관리 및 사용 중인 부분은 제외)
(지체상금률: 0.5/1,000)

여기서 계약금액이란 계속비계약에서는 총괄계약금액, 장기계속계약은 연차별 계약금액에 해당하며 목적물의 일부가 완료되어 발주처가 이를 인수하거나 관리, 사용하고 있는 부분은 제외하여 산정한다.

일부 현장기술자는 기성검사를 완료하고 기성금을 수금한 부분은 지체상금에서 제외되는 것으로 오해하고 있는데 공공공사에서 기성금과 지체상금은 관련이 없다. 민자사업과 같은 국가계약법 적용을 받지 않는 사업장의 경우, 지체상금시 계약금액에서 기성금액을 제외하는 조건이 있지만, 이는 공공공사와 무관한 것이므로 혼동하면 안 된다. 그래서 국가계약법상 지체상금은 계약상대자에게 매우 불리한 규정이라는 것이다.

지체상금의 상한(上限)규정이 없었으나 현재는 계약금액의 30/100로 해당규정이 제정되었다(국가계약법 시행령 제74조(지체상금), 2018. 12. 4, 지방계약법 시행령 제90조(지연배상금), 2019. 6. 25). 이를 일수로 환산하면 600일(30/100= 0.5/1,000×600)의 지체일수에 해당한다.

지체상금의 상한규정이 없는 경우, 계약상대자가 얼마까지 지체상금을 부담해야 하는지에 대해 불분명하였다. 그래서 지체상금의 상한액은 계약보증금인 계약금액의 10/100이 상한이라는 견해가 있었다. 이는 지체상금이 기본계약(主계약)에 곁들여서 행하여지는 종(從)된 계약으로 원칙적으로 기본계약이 무효, 취소, 해제 등으로 부존재하는 경우 지체상금 약정도 그 목적을 상실하여 효력을 잃기 때문에 계약보증금을 상회할 수 없다는 논리다. 지방계약법상에도 계약이 지속되는 것을 전제로 지체상금(지연배상금)이 계약보증금을 초과하는 경우에 대해 계약보증금을 추가로 내도록 하고 있다.

이러한 혼란을 없애기 위해 지체상금의 상한을 결정한 것은 합리적인 조치라고 할 수 있다. 그렇다면 계약보증금 이상의 지체상금을 부과받는 경우가 발생한다면 차라리 계약을 해지하는 것이 비용적으로 유리하지 않을까 하는 생각을 하게 된다.

공공공사에서는 계약상대자가 공사지체에 따른 지체상금을 부과받더라도 이는 계약불이

운송 · 보관 및 양곡가공	5/1,000	2.5/1,000

행에 해당하지 않기 때문에 부정당제재와 같은 행정적 제재대상은 아니다. 그렇기 때문에 지체상금은 손해배상 예정금액으로 구분하고 분쟁의 법적해결은 민사소송에 따르는 것이다. 그렇지만 단순한 공사지체의 수준을 넘어 정당한 이유 없이 계약을 이행하지 않는다면 이는 계약해지사유가 되며 동시에 부정당제재요건5)이 성립하기 때문에 공공공사에서 계약상대자는 지체상금을 부과받더라도 반드시 공사를 완료해야 한다. 그렇지 않으면 반드시 부정당제재 처분을 받게 된다.

지체상금의 면책요건은 계약상대자의 책임없는 사유로 인한 공기지연이다.

불가항력 사항, 용지보상 및 발주처 사유의 인허가지연 등 비교적 공기지연 사유가 명확한 면책사항이 대상이다. 그러나 현장기술자가 가장 혼동하기 쉬운 것이 외부 기후적 요인에 해당하는 지속적인 강우, 집중호우, 혹한기 및 혹서기 등의 공사일수 부족에 따른 공기지체에 대해서도 불가항력적 면책사항으로 판단하는 경향이 있는데 법원은 지체상금 면책에 대해 엄격하고 보수적으로 판단하고 있으므로 현장기술자는 공기지체에 대한 명확한 책임주체가 인정되지 않는 한 항상 보수적으로 접근하여 공정을 관리하는 것이 바람직하다.

지체상금이 부과되면 지체상금의 부존재 및 공기연장 여부 등을 다투는 분쟁단계로 접어드는 것은 불가피한 순서가 된다.

법 제26조(지체상금)
① 각 중앙관서의 장 또는 계약담당공무원은 정당한 이유 없이 계약의 이행을 지체한 계약상대자로 하여금 지체상금을 내도록 하여야 한다.
② 제1항에 따른 지체상금의 금액, 납부방법, 그 밖에 필요한 사항은 대통령령으로 정한다.
③ 제1항의 지체상금에 관하여는 제18조(하자보수보증금)제3항(국고 귀속) 단서를 준용한다.

지방계약법 제30조(지연배상금 등)
① 지방자치단체의 장 또는 계약담당자는 정당한 사유 없이 계약의 이행을 지체한 계약상대자로 하여금 지연배상금을 내도록 하여야 한다.
④ 지방자치단체의 장 또는 계약담당자는 제1항에 따른 지연배상금의 징수사유가 발생하고 그 금액이 계약금액의 100분의 10 이상인 경우로서 제30조의2(계약의 해제·해지)에 따라 계약을 해제 또는 해

---

5) 국가계약법 시행령 제76조(부정당업자의 입찰참가자격 제한) 제1항
　가. 정당한 이유 없이 계약을 체결 또는 이행하지 아니하거나 입찰공고와 계약서에 명시된 계약의 주요조건을 위반한 자

지하지 아니하는 경우에는 계약상대자로 하여금 잔여계약 이행금액에 대하여 계약보증금을 추가로 내도록 하여야 한다.

시행령 제74조(지체상금)

① 각 중앙관서의 장 또는 계약담당공무원은 계약상대자(국가기관과 지방자치단체를 제외한다)가 계약상의 의무를 지체한 때에는 지체상금으로서 계약금액(장기계속공사계약 · 장기계속물품제조계약 · 장기계속용역계약의 경우에는 연차별 계약금액을 말한다. 이하 이 조에서 같다)에 기획재정부령이 정하는 율과 지체일수를 곱한 금액을 계약상대자로 하여금 현금으로 납부하게 하여야 한다. 이 경우 계약상대자의 책임없는 사유로 계약이행이 지체되었다고 인정될 때에는 그 해당일수를 지체일수에 산입하지 아니한다.

② 제1항의 경우 기성부분 또는 기납부분에 대하여 검사를 거쳐 이를 인수한 경우(인수하지 아니하고 관리 · 사용하고 있는 경우를 포함한다. 이하 이 조에서 같다)에는 그 부분에 상당하는 금액을 계약금액에서 공제한 금액을 기준으로 지체상금을 계산하여야 한다. 이 경우 기성부분 또는 기납부분의 인수는 성질상 분할할 수 있는 공사 · 물품 또는 용역등에 대한 완성부분으로서 인수하는 것에 한한다.

③ 제1항 및 제2항에 따라 납부할 지체상금이 계약금액(제2항에 따라 기성부분 또는 기납부분에 대하여 검사를 거쳐 이를 인수한 경우에는 그 부분에 상당하는 금액을 계약금액에서 공제한 금액을 말한다)의 100분의 30을 초과하는 경우에는 100분의 30으로 한다.

공사계약일반조건 제25조(지체상금)

① 계약상대자는 계약서에 정한 준공기한(계약서상 준공신고서 제출기일을 말한다. 이하 같다)내에 공사를 완성하지 아니한 때에는 매 지체일수마다 계약서에 정한 지체상금률을 계약금액(장기계속공사계약의 경우에는 연차별 계약금액)에 곱하여 산출한 금액(이하 "지체상금"이라 한다)을 현금으로 납부하여야 한다. 다만, 납부할 금액이 계약금액(제2항에 따라 기성부분 또는 기납부분에 대하여 검사를 거쳐 이를 인수한 경우에는 그 부분에 상당하는 금액을 계약금액에서 공제한 금액을 말한다)의 100분의 30을 초과하는 경우에는 100분의 30으로 한다.

② 계약담당공무원은 제1항의 경우에 제29조(기성부분의 인수)에 의하여 기성부분에 대하여 검사를 거쳐 이를 인수(인수하지 아니하고 관리 · 사용하고 있는 경우를 포함한다. 이하 이 조에서 같다)한 때에는 그 부분에 상당하는 금액을 계약금액에서 공제한다. 이 경우에 기성부분의 인수는 그 성질상 분할할 수 있는 공사에 대한 완성부분으로 인수하는 것에 한한다.

③ 계약담당공무원은 다음 각호의 어느 하나에 해당되어 공사가 지체되었다고 인정할 때에는 그 해당일수를 제1항의 지체일수에 산입하지 아니한다.

    1. 제32조에서 규정한 불가항력의 사유에 의한 경우

2. 계약상대자가 대체 사용할 수 없는 중요 관급자재 등의 공급이 지연되어 공사의 진행이 불가능하였을 경우
3. 발주기관의 책임으로 착공이 지연되거나 시공이 중단되었을 경우
5. 계약상대자의 부도 등으로 보증기관이 보증이행업체를 지정하여 보증시공할 경우
6. 제19조에 의한 설계변경(계약상대자의 책임없는 사유인 경우에 한한다)으로 인하여 준공기한내에 계약을 이행할 수 없을 경우
7. 발주기관이 「조달사업에 관한 법률」 제27조 제1항에 따른 혁신제품을 자재로 사용토록 한 경우로서 혁신제품의 하자가 직접적인 원인이 되어 준공기한내에 계약을 이행할 수 없을 경우

⑤ 제3항 제5호에 의하여 지체일수에 산입하지 아니하는 기간은 발주기관으로부터 보증채무 이행청구서를 접수한 날부터 보증이행개시일 전일까지(단, 30일 이내에 한한다)로 한다.

⑥ 계약담당공무원은 제1항에 의한 지체일수를 다음 각호에 따라 산정하여야 한다.

1. 준공기한내에 준공신고서를 제출한 때에는 제27조(검사)에 의한 준공검사에 소요된 기간은 지체일수에 산입하지 아니한다. 다만, 준공기한 이후에 제27조 제3항에 의한 시정조치를 한 때에는 시정조치를 한 날부터 최종 준공검사에 합격한 날까지의 기간(검사기간이 제27조에 정한 기간을 초과한 경우에는 동조에 정한 기간에 한한다. 이하 같다)을 지체일수에 산입한다.
2. 준공기한을 경과하여 준공신고서를 제출한 때에는 준공기한 익일부터 준공검사(시정조치를 한 때에는 최종 준공검사)에 합격한 날까지의 기간을 지체일수에 산입한다.
3. 준공기한의 말일이 공휴일(관련 법령에 의하여 발주기관의 휴무일이거나 「근로자의 날 제정에 관한 법률」에 따른 근로자의 날(계약상대자가 실제 업무를 하지 아니한 경우에 한함)인 경우를 포함한다)인 경우에 지체일수는 공휴일의 익일 다음날부터 기산한다.

⑦ 계약담당공무원은 제1항 내지 제3항에 의한 지체상금은 계약상대자에게 지급될 대가, 대가지급지연에 대한 이자 또는 기타 예치금 등과 상계할 수 있다.

27

계약상대자가 가능한 계약해지(해제) 및 공사정지 사유

　도급계약은 일의 완성을 담보로 하는 계약이므로 도급자는 수급자의 원활한 계약이행이 이루어지지 않아 계약상 목적물을 완성할 수 없을 경우에 대해 계약을 해지(解止) 또는 해제(解除)할 수 있도록 하고 있다. 공사계약일반조건에서는 계약상대자의 책임있는 사유와 그렇지 않은 사유를 구분한 계약의 해지 및 해제조건을 두고 있다.

　현장에서 발생할 수 있는 발주처에 의한 주요 계약해지사유는 계약상대자가 정당한 이유 없이 일을 착수하지 않거나, 목적물의 완성 여부의 불투명, 장기계속공사에 있어서 2차 공사 이후의 계약 미체결, 공정지연에 따른 시공계획서 미제출 및 미이행 등 계약상대자의 귀책에 의한 것이다.

　계약상대자의 책임있는 사유의 공사지체로 준공기한에 완공하지 못하는 경우에 대해서 지체상금이 계약보증금상당액이 되면 계약해지의 사유가 될 수 있다. 계약보증상당액인 계약금액(장기계속공사는 차수별 계약금액)의 100분의 10에 상당하기 위해서는 200일의 지체일수(1천분의 0.5)가 발생하는 경우이다.

　발주처가 계약을 해지(해제)하게 되면 계약상대자 및 하수급자에게 이를 통지하고 계약상대자는 공사수행과 관련한 수급자의 지위를 잃게 되므로 모든 공사를 즉시 중지하고 발주처에게 공사장의 모든 정보 및 편의를 제공하며, 점유하고 있는 공사장에서 철수하여야 한다. 이후 발주처와 선금 및 기성분 정산, 관급자재 및 대여품 반환정산, 선금 및 기성분 정산을 통해 해지(해제)절차를 밟게 된다.

　일의 완성이 지체되는 경우에 대해서는 계약상대자의 계약이행 가능성, 계약유지 필요성이 인정되는 경우에 한해 계약 미이행 잔여분에 상당하는 계약보증금을 추가로 납부하면 계약은 유지할 수 있도록 하고 있다. 단순히 일의 지체만의 사유로 계약을 해지할 수 없는 것이다. 공공공사에서 계약상대자의 귀책에 의한 계약해지(해제) 사유는 대부분 부정당 제재사유에 해당한다.

계약상대자의 책임없는 사유에 의한 계약의 해지(해제)에는 사업취소 및 변경에 따라 발주기관이 계약해지(해제)하는 경우와 계약금액 및 공사기간에 따른 계약상대자에 의한 계약해지(해제)가 있다. 계약상대자의 책임없는 사유에 해당하지만 계약을 해지(해제)할 수 있는 주체는 각각 다르다.

계약상대자의 책임없는 사유로 인한 계약 해지(해제)시에는 기성금 및 선금을 정산하되 선금의 미정산잔액에 대한 이자는 가산하지 않는다. 또한 계약의 해제 및 해지에 따른 인력 및 자재 등의 철수비용에 대해서는 발주처에 청구할 수 있다.

계약의 해지(해제)와 달리 발주처는 공사이행의 불일치, 안전, 응급조치 등의 사유 및 계약상대자도 발주처의 계약상 의무사항을 불이행을 사유로 각각 공사의 일부 및 전부의 이행을 정지시킬 수 있다.

발주처의 책임있는 사유로 공사중지기간이 60일을 초과한 경우는 초과한 시점의 잔여계약금액(장기계속공사계약은 차수별 계약금액)에 대해 초과일수 1일마다 지연발생 시점의 금융기관 대출평균금리(한국은행 통계월보상의 금융기관 대출평균금리)를 곱하여 산출한 금액인 '지연보상금'을 준공대가 지급시 계약상대자에게 지급하여야 한다. 여기서 발주처의 책임있는 사유란 사업부지제공을 위한 보상, 지장물 처리 등과 발주처 과업상 인허가 등의 행정처리 등 법령 및 계약상 정한 명시적 의무사항을 의미하며 계약상대자의 책임있는 사유나 천재지변의 불가항력 사유는 지연보상금의 대상이 되지 않는다(불가항력 사유는 발주처의 책임과 무관하므로 지연보상금 대상이 아니다).

계약상대자에 의한 공사정지 규정은 다소 애매하다.

발주처의 국가계약법률 및 계약문서상 의무사항의 불이행에 관해 계약상대자가 서면으로 요청하고 발주처가 기한 내 미통지 또는 의무사항 불이행시 공사를 정지할 수 있다고 명시하고 있으나 계약상대자에 의한 공사정지가 가능한 발주처의 의무사항에 대한 명확한 규정을 확인할 수 없다. 사실상 이와 같은 상황이라면 분쟁의 상태라고 할 수 있는데 분쟁 중에 공사수행을 중지할 수 없다는 규정과 서로 상반된다(해당 규정은 현실적으로 실행 가능한 규정은 아닌 것 같다).

공사계약일반조건 제44조(계약상대자의 책임있는 사유로 인한 계약의 해제 및 해지)
① 계약담당공무원은 계약상대자가 다음 각호의 어느 하나에 해당하는 경우에는 해당 계약의 전부 또

는 일부를 해제 또는 해지할 수 있다. 다만, 제3호의 경우에 계약상대자의 계약이행 가능성이 있고 계약을 유지할 필요가 있다고 인정되는 경우로서 계약상대자가 계약이행이 완료되지 아니한 부분에 상당하는 계약보증금(당초 계약보증금에 제25조(지체상금)제1항에 따른 지체상금의 최대금액을 더한 금액을 한도로 한다)을 추가납부하는 때에는 계약을 유지한다.

1. 정당한 이유없이 약정한 착공시일을 경과하고도 공사에 착수하지 아니할 경우
2. 계약상대자의 책임있는 사유로 인하여 준공기한까지 공사를 완공하지 못하거나 완성할 가능성이 없다고 인정될 경우
3. 제25조(지체상금)제1항(지체상금 대상의 계약금액이 100분의 30)에 의한 지체상금이 시행령 제50조(계약보증금)제1항(계약금액의 100분의 10이상의 계약보증금)에 의한 해당 계약(장기계속공사계약인 경우에는 차수별 계약)의 계약보증금상당액에 달한 경우
4. 장기계속공사의 계약에 있어서 제2차공사 이후의 계약을 체결하지 아니하는 경우
5. 계약의 수행중 뇌물수수 또는 정상적인 계약관리를 방해하는 불법·부정행위가 있는 경우
6. 제47조의3(공정지연에 대한 관리)에 따른 시공계획서를 제출 또는 보완하지 않거나 정당한 이유 없이 계획서대로 이행하지 않을 경우
7. 입찰에 관한 서류 등을 허위 또는 부정한 방법으로 제출하여 계약이 체결된 경우
8. 기타 계약조건을 위반하고 그 위반으로 인하여 계약의 목적을 달성할 수 없다고 인정될 경우

공사계약일반조건 제45조(사정변경에 의한 계약의 해제 또는 해지)

① 발주기관은 제44조 제1항 각호의 경우외에 다음 각 호의 사유와 같이 객관적으로 명백한 발주기관의 불가피한 사정이 발생한 때에는 계약을 해제 또는 해지할 수 있다.

1. 정부정책 변화 등에 따른 불가피한 사업취소
2. 관계 법령의 제·개정으로 인한 사업취소
3. 과다한 지역 민원 제기로 인한 사업취소
4. 기타 공공복리에 의한 사업의 변경 등에 따라 계약을 해제 또는 해지하는 경우

공사계약일반조건 제46조(계약상대자에 의한 계약해제 또는 해지)

① 계약상대자는 다음 각호의 어느 하나에 해당하는 사유가 발생한 경우에는 해당계약을 해제 또는 해지할 수 있다.

1. 제19조(설계변경 등)에 의하여 공사내용을 변경함으로써 계약금액이 100분의 40이상 감소되었을 때
2. 제47조에 의한 공사정지기간이 공기의 100분의 50을 초과하였을 경우

공사계약일반조건 제47조(공사의 일시정지)

① 공사감독관은 다음 각호의 경우에는 공사의 전부 또는 일부의 이행을 정지시킬 수 있다. 이 경우에 계약상대자는 정지기간중 선량한 관리자의 주의의무를 게을리 하여서는 아니된다.

    1. 공사의 이행이 계약내용과 일치하지 아니하는 경우

    2. 공사의 전부 또는 일부의 안전을 위하여 공사의 정지가 필요한 경우

    3. 제24조에 의한 응급조치의 경우

    4. 기타 발주기관의 필요에 의하여 계약담당공무원이 지시한 경우

⑥ 발주기관의 책임있는 사유에 의한 공사정지기간(각각의 사유로 인한 정지기간을 합산하며, 장기계속계약의 경우에는 해당 차수내의 정지기간을 말함)이 60일을 초과한 경우에 발주기관은 그 초과된 기간에 대하여 잔여계약금액(공사중지기간이 60일을 초과하는 날 현재의 잔여계약금액을 말하며, 장기계속공사계약의 경우에는 차수별 계약금액을 기준으로 함)에 초과일수 매 1일마다 지연발생 시점의 금융기관 대출평균금리(한국은행 통계월보상의 금융기관 대출평균금리를 말한다)를 곱하여 산출한 금액을 준공대가 지급시 계약상대자에게 지급하여야 한다.

⑦ 제6항에서 정하는 발주기관의 책임있는 사유란, 부지제공·보상업무·지장물처리의 지연, 공사 이행에 필요한 인·허가 등 행정처리의 지연과 계약서 및 관련 법령에서 정한 발주기관의 명시적 의무사항을 정당한 이유없이 불이행하거나 위반하는 경우를 말하며, 그 외 계약상대자의 책임있는 사유나 천재·지변 등 불가항력에 의한 사유는 제외한다.

공사계약일반조건 제47조의2(계약상대자의 공사정지 등)

① 계약상대자는 발주기관이 「국가를 당사자로 하는 계약에 관한 법률」과 계약문서 등에서 정하고 있는 계약상의 의무를 이행하지 아니하는 때에는 발주기관에 계약상의 의무이행을 서면으로 요청할 수 있다.

② 계약담당공무원은 계약상대자로부터 제1항에 의한 요청을 받은 날부터 14일이내에 이행계획을 서면으로 계약상대자에게 통지하여야 한다.

③ 계약상대자는 계약담당공무원이 제2항에 규정한 기한내에 통지를 하지 아니하거나 계약상의 의무이행을 거부하는 때에는 해당 기간이 경과한 날 또는 의무이행을 거부한 날부터 공사의 전부 또는 일부의 시공을 정지할 수 있다.

④ 계약담당공무원은 제3항에 의하여 정지된 기간에 대하여는 제26조(계약기간의 연장)에 의하여 공사기간을 연장하여야 한다.

28

국가계약법의 성격을 흔드는 부정당제재 규정

　국가계약법의 성격에 관해 그동안 사법(私法) 또는 공법(公法)의 여부에 대해 학문적 논쟁이 있어 왔는데 그 대상이 부정당제재 규정이다.

　국가계약법은 국가와 사인간의 사적계약의 계약사무처리에 관한 국가의 내부규정(대법원의 판결내용)이므로 사법적 영역을 다루고 있지만, 국가가 특정사유에 대해 사인의 이익을 침해할 수 있는 부정당제재라는 강제적, 침익적 규정의 존재로 인해 공법적 특성이 나타나기 때문이다.

　국가계약법이 건설산업기본법이나 건설기술진흥법, 하도급법과 달리 별도의 벌칙조항이 없다 하더라도 부정당제재에 관한 규정만으로도 강력한 제재가 가능한 만큼 충분히 공법적 성격의 근거라는 것이다.

　공공공사에서 부정당제재는 공공성 및 공정성이라는 대원칙의 실현을 위한 수단에 부합하지만, 행정제재에 대한 발주처의 재량권 남용의 여부에 따라서 계약상대자인 건설사의 입장에서는 이로 인한 불이익을 받을 수 있는 항상 불안전한 위치에 있을 수밖에 없다. 앞서 설명한 민법의 원리인 권리남용금지의 원칙과 신의성실의 원칙의 조화로운 균형이 필요한 이유다.

　부정당제재와 같은 권리를 침해하는 행정처분은 그 절차적 정당성을 확보해야 하므로 국가계약법이 아닌 행정절차법[1]의 절차를 따르게 하고 있다. 계약상대자가 부정당제재에 대한 불복(不服)절차를 밟고자 할 때는 민사소송이 아니라 소명절차를 포함한 행정심판 및 행정소송으로만 가능하다.

---

1) 행정절차법은 행정의 공정성·투명성 및 신뢰성을 확보, 국민의 권익을 보호함을 목적으로 하며 적용법위에 대해서도 처분, 신고, 행정상 입법예고, 행정예고 및 행정지도의 절차(이하 "행정절차"라 한다)에 관하여 다른 법률에 특별한 규정이 있는 경우를 제외하고는 이 법에서 정하는 바에 따른다고 되어 있다.

부정당제재의 절차[2])는 다음과 같다.

부정당제재 절차

위반행위 적발	처분에 대한 사전통지	의견제출 (필요시 청문회)	처분·심의 결정	통지 및 게재
국가계약법 제27조 제1항 담당공무원이 적발 및 그 소속 중앙관서의 장에게 보고	행정절차법 제22조(의견청취) 위반행위자에 대한 처분내용 및 의견제출 등의 통지	행정절차법 제22조(의견청취) 위반행위자에게 의견제출 기회제공, 필요시 청문회 개최	행정절차법 제22조(의견청취) 제23조(처분의 이유제시) 신속한 처분 결정	행정절차법 제26조(고지) 국가계약법 시행규칙 제77조 (입찰참가자격제한에 관한 게재 등) 통지 및 나라장터 게재

부정당제재는 국가계약법 제27조(부정당업자의 입찰참가자격제한)이라는 법조항의 줄임말이다. 부정당제재규정은 국가(지방)계약법의 적용을 받는 공공공사의 입찰 및 낙찰, 계약이행 전 과정에 걸쳐 계약상대자의 위법행위에 대해 발주처(정부, 지자체, 공공기관)가 입찰을 최소 1개월에서 2년까지 제한하는 규정이므로 제재대상 건설업체는 사실상 신규수주가 불가하다는 의미이다(수의계약 불가).

입찰제한의 범위가 법을 위반한 현장의 발주처만 대상으로 하지 않고 정부, 지자체, 공공기관의 발주하는 모든 공공공사에 입찰이 제한되어 마치 연좌제와 같은 것이어서 계약상대자에게는 영업이 불가하므로 생존과 직결되는 심각한 영향을 주게 된다.

부정당제재에 따른 입찰참가제한 제재를 가할 수 있는 주체로서 정부(지자체)는 국가(지방)계약법에 근거하고 공공기관[3])은 공공기관운영법[4])에 따라 공기업과 준정부기관만이 제재

---

2) 김경만, 부정당업자 제재제도의 개선방안에 대한 연구, 고려대학교 석사학위논문, 2012, 33쪽 참조.

3) 공공기관은 공공기관법에 적용받으며 정부나 지자체가 출연하거나 재정지원을 통해 설립하여 운영하는 기관으로 일정요건에 따라 기획재정부장관이 매년 지정한다. 직원수(50명 이상), 수입액(30억 원 이상), 자산규모(10억 원 이상)가 되어야 하며 공기업은 자체수입액 비중이 50% 이상, 준정부기관은 50% 미만인 경우 해당한다. 공기업에는 한국토지주택공사, 한국도로공사, 농어촌공사, 한국수자원공사, 한국석유공사, 한국수력원자력 등이며 준정부기관은 국가철도공단, 국토안전관리원, 한국국토정보공사 등이다. 공기업과 준정부기관 외의 기관이 기타공공기관이며 건설기술교육원, 새만금개발공사, 주택관리공단 등이 해당한다.

4) 공공기관운영법 제39조(회계원칙 등)
② 공기업·준정부기관은 공정한 경쟁이나 계약의 적정한 이행을 해칠 것이 명백하다고 판단되는 사람·법인 또는 단체 등에 대하여 2년의 범위 내에서 일정기간 입찰참가자격을 제한할 수 있다.

의 권한이 있다. 다만 기타 공공기관은 자체적으로 발주하는 공사에 대해서만 부정당업자에 대한 입찰제한은 가능하다.[5]

부정당제재의 대상범위는 계약상대자로서 시공사, 설계·용역(건설사업관리)사 등도 포함된다. 입찰시 부정 및 담합행위에 관한 사항 외에 특히 현장에서 발생할 수 있는 주요 제재사유를 보면 다음과 같다.

부정당업자의 제재사유

1. 계약을 이행함에 있어서 부실·조잡 또는 부당하게 하거나 부정한 행위를 한 자
   - 부실시공, 하자비율 등
2. 「건설산업기본법」, 「전기공사업법」, 「정보통신공사업법」, 「소프트웨어산업 진흥법」 및 그 밖의 다른 법률에 따른 하도급에 관한 제한규정을 위반(하도급통지 의무위반의 경우는 제외한다)하여 하도급한 자 및 발주관서의 승인 없이 하도급을 하거나 발주관서의 승인을 얻은 하도급조건을 변경한 자
3. 「하도급거래 공정화에 관한 법률」을 위반하여 공정거래위원회로부터 입찰참가자격 제한의 요청이 있는 자
4. 계약을 이행할 때에 「산업안전보건법」에 따른 안전·보건 조치 규정을 위반하여 근로자에게 대통령령으로 정하는 기준에 따른 사망 등 중대한 위해를 가한 자
   - 동시에 2명 이상의 근로자가 사망한 경우
5. 정당한 이유 없이 계약의 체결 또는 이행 관련 행위를 하지 아니하거나 방해하는 등 계약의 적정한 이행을 해칠 염려가 있는 자
   - 장기계속공사에서 다음 차수의 계약을 체결하지 않는 경우
   - 계약이행능력심사를 위해 제출한 하도급관리계획, 외주근로자 근로조건 이행계획에 관한 사항의 이행
   - 입찰공고와 계약서에 명시된 계약의 주요조건(입찰공고와 계약서에 이행을 하지 아니하였을 경우 입찰참가자격 제한을 받을 수 있음을 명시한 경우에 한정한다)을 위반한 자
   - 공동계약에 관한 사항의 이행
   - 감독 또는 검사에 있어서 그 직무의 수행을 방해한 자

부정당제재는 천재지변, 국내외 경제사정 악화에 따른 급격한 여건변화, 발주자의 자료

---

5) 기타공공기관에서도 부정당업자 제제조치를 규정하고 있는 계약사무운영규정이 공공기관법에 근거하고 있으나, 공공기관법은 공기업 또는 준정부기관의 입찰참가자격 제한조치에 대해서만 규정하고 있을 뿐, 기타공공기관의 입찰참가자격 제한조치에 대해서는 별도로 규정하고 있지 아니하다(대법원 2010. 11. 26. 자 2010무137 결정).

상 오류 등 부정당업자의 책임이 경미한 경우 입찰참가자격제한 대신에 과징금[6])으로 갈음할 수 있다. 단, 입찰 관련 사기, 담합 및 허위서류 제출, 부정행위로 인해 국가에 손해를 끼친 경우, 하도급법에 따른 하도급 관련 제한규정 위반 등에 관한 사항은 과징금으로 갈음이 불가하다.

부정당재재 사유 중에서 가장 민감한 부분이 시공과 관련된 부실벌점인데 이와 관련하여 어떤 법적 규정이 적용되는지 확인해 보자.

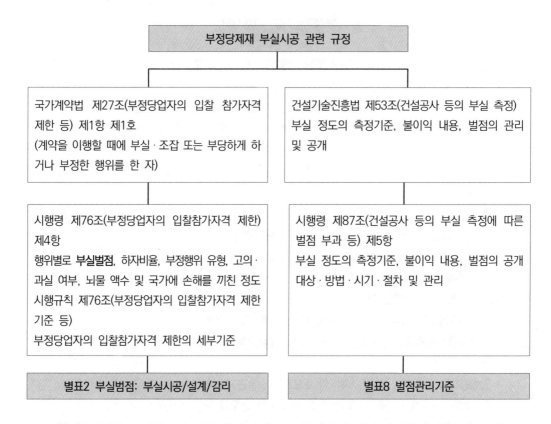

시공과 관련한 부실시공의 경우 부실벌점으로 측정하게 되며 부실벌점 부과의 근거는 건설기술진흥법 제53조(건설공사 등의 부실 측정)[7]) 및 동법 시행령 제87조(건설공사 등의 부실 측

---

6) 위반행위와 관련된 계약의 계약금액(계약을 체결하지 아니한 경우에는 추정가격을 말한다)의 100분의 10에 해당하는 금액

7) 제53조(건설공사 등의 부실 측정) ① 국토교통부장관, 발주청(「사회기반시설에 대한 민간투자법」에 따른 민간투자사업인 경우에는 같은 법 제2조 제5호에 따른 주무관청을 말한다. 이하 이 조에서 같다)과 인·허가기관의 장은 다음 각 호의 어느 하나에 해당하는 자가 건설엔지니어링, 건축설계, 「건축사법」 제2조 제4호에 따른 공사감리 또는 건설공사를 성실하게 수행하지 아니함으로써 부실공사가 발생하였거나 발생할 우려가 있는 경우 및 제47조(건설공사의 타당성 조사) 에 따른 건설공사의 타당성 조사(이하 "타당성 조사"라 한다)

정에 따른 벌점 부과 등)의 별표8의 벌점관리기준에 따르게 된다.

부실벌점에 따른 제재 및 과징금 부과사유

입찰참가자격 제한사유	제재 기간	과징금 부과율
1. 법 제27조 제1항 제1호에 해당하는 자 중 부실시공 또는 부실설계 · 감리를 한 자		
가. 부실벌점이 150점 이상인 자	2년	10%
나. 부실벌점이 100점 이상 150점 미만인 자	1년	5%
다. 부실벌점이 75점 이상 100점 미만인 자	8개월	4%
라. 부실벌점이 50점 이상 75점 미만인 자	6개월	3%
마. 부실벌점이 35점 이상 50점 미만인 자	4개월	2%
바. 부실벌점이 20점 이상 35점 미만인 자	2개월	1%

벌점부과기준을 통해 발주처에서 벌점을 측정하고 부과하고 부정당제재의 행정적 제재 처분과 연계되므로 벌점부과에 관한 불복절차도 민사소송이 아닌 행정소송 등의 법적 분쟁 이라는 절차를 거쳐야 한다.

입찰참가자격 제한에 대한 과징금 부과 대상

법 제27조의2(과징금)

① 각 중앙관서의 장은 제27조 제1항에 따라 부정당업자에게 입찰 참가자격을 제한하여야 하는 경우로서 다음 각 호의 어느 하나에 해당하는 경우에는 입찰 참가자격 제한을 갈음하여 다음 각 호의 구분에 따른 금액 이하의 과징금을 부과할 수 있다.

    1. 부정당업자의 위반행위가 예견할 수 없음이 명백한 경제여건 변화에 기인하는 등 부정당업자의 책임이 경미한 경우로서 대통령령으로 정하는 경우: 위반행위와 관련된 계약의 계약금액(계약을 체결하지 아니한 경우에는 추정가격을 말한다)의 100분의 10에 해당하는 금액

    2. 입찰 참가자격 제한으로 유효한 경쟁입찰이 명백히 성립되지 아니하는 경우로서 대통령령으로 정하는 경우: 위반행위와 관련된 계약의 계약금액(계약을 체결하지 아니한 경우에는 추정가격을 말한다)의 100분의 30에 해당하는 금액

② 각 중앙관서의 장은 제1항에 따른 과징금 부과를 하려면 대통령령으로 정하는 바에 따라 제27조의3에 따른 과징금부과심의위원회의 심의를 거쳐야 한다.

에서 건설공사에 대한 수요 예측을 고의 또는 과실로 부실하게 하여 발주청에 손해를 끼친 경우에는 부실의 정도를 측정하여 벌점을 주어야 한다.

③ 제1항에 따른 과징금의 금액과 그 밖에 필요한 사항은 대통령령으로 정한다.

④ 각 중앙관서의 장은 제1항에 따라 과징금을 부과받은 자가 납부기한까지 내지 아니하면 국세 체납처분의 예에 따라 징수한다.

시행령 제76조의2(과징금 부과의 세부적인 대상과 기준)

① 법 제27조의2 제1항 제1호에서 "부정당업자의 책임이 경미한 경우로서 대통령령으로 정하는 경우"란 다음 각 호의 어느 하나에 해당하는 경우를 말한다. 다만, 법 제27조 제1항 제2호, 같은 항 제4호부터 제7호까지, 이 영 제76조 제2항 제1호 가목·나목·라목 및 같은 항 제2호 나목·다목에 해당하는 자는 제외한다.

1. 천재지변이나 그 밖에 이에 준하는 부득이한 사유로 인한 경우
2. 국내·국외 경제 사정의 악화 등 급격한 경제 여건 변화로 인한 경우
3. 발주사에 의하여 계약의 주요 내용이 변경되거나 발주자로부터 받은 자료의 오류 등으로 인한 경우
4. 공동계약자나 하수급인 등 관련 업체에도 위반행위와 관련한 공동의 책임이 있는 경우
5. 입찰금액 과소산정으로 계약체결·이행이 곤란한 경우로서 제36조(일찰공고의 내용)제16호에 따른 기준 및 비율을 적용하는 등 책임이 경미한 경우
6. 금액단위의 오기 등 명백한 단순착오로 가격을 잘못 제시하여 계약을 체결하지 못한 경우
7. 입찰의 공정성과 계약이행의 적정성이 현저하게 훼손되지 아니한 경우로서 부정당업자의 책임이 경미하며 다시 위반행위를 할 위험성이 낮다고 인정되는 사유가 있는 경우

② 법 제27조의2 제1항 제2호에서 "입찰참가자격 제한으로 유효한 경쟁입찰이 명백히 성립되지 아니하는 경우로서 대통령령으로 정하는 경우"란 입찰자가 2인 미만이 될 것으로 예상되는 경우를 말한다.

③ 법 제27조의2 제1항에 따른 과징금의 부과 비율과 그 밖에 필요한 사항은 법 제27조 제1항 각 호에 해당하는 행위별로 부실벌점, 하자비율, 부정행위의 유형, 고의·과실 여부 등을 고려하여 기획재정부령으로 정한다.

시행규칙 제77조의2(과징금 부과의 세부적인 대상과 기준)

① 법 제27조의2 제1항과 영 제76조의2에 따라 과징금을 부과하는 위반행위의 종류와 위반 정도 등에 따른 과징금 부과율은 다음 각 호의 구분에 따른 별표 3 및 별표 4와 같다.

1. 법 제27조의2 제1항 제1호 및 영 제76조의2제1항에 따른 부정당업자의 책임이 경미한 경우의 과징금 부과기준: 별표 3
2. 법 제27조의2 제1항 제2호 및 영 제76조의2제2항에 따른 입찰참가자격 제한으로 유효한 경쟁입찰이 명백히 성립되지 아니하는 경우의 과징금 부과기준: 별표 4

② 각 중앙관서의 장은 위반행위의 동기·내용과 횟수 등을 고려하여 제1항에 따른 과징금 금액의 2분의 1의 범위에서 이를 감경할 수 있다.

"부정당제재 처분을 할 수 있는 공공기관"

정부, 지자체와 달리 모든 공공기관이 부정당제재를 가할 수 있는 것은 아니다.

정부국가, 지자체는 「국가(지방)계약법」에 근거하여 부정당제재를 가할 수 있고 공공기관은 공기업과 준정부기관이 「공공기관은 공공기관 운영에 따른 법률」에 따라 부정당업자의 입찰참가자격제한이라는 부정당제재 부과가 가능한 것이다.

이는 부정당업자를 대상으로 하여 1월 이상 2년 이하의 범위 내에서 공공입찰 참가를 제한하는 것으로, 여기서 공공입찰은 국가, 지자체, 공공기관에서 발주하는 모든 공공계약에 적용된다. 단, 기타공공기관에 의한 부정당제재 및 입찰참가자격제한은 자체적으로 가능하지만 정부, 지자체, 공공기관이 발주하는 공사와는 무관하다.

공공기관은 정부의 투자 출자 또는 정부의 재정지원 등으로 설립 운영되는 기관으로서 공기업, 준정부기관, 기타공공기관으로 구분하고 일정 요건에 따라 기획재정부장관이 매년 지정하게 된다.

유형구분		지정요건
①	공기업	직원 정원이 50인 이상이고, 자체수입액이 총수입액의 2분의 1 이상인 공공기관 중에서 기획재정부장관이 지정한 기관
	시장형	자산규모가 2조원 이상이고, 총 수입액 중 자체수입액이 75% 이상인 공기업(한국전력공사, 한국가스공사 등)
	준시장형	시장형 공기업이 아닌 공기업(한국도로공사, 한국방송광고진흥공사 등)
②	준정부기관	직원 정원이 50인 이상이고, 공기업이 아닌 공공기관 중에서 기획재정부장관이 지정한 기관
	기금관리형	국가재정법에 따라 기금을 관리하거나, 기금의 관리를 위탁받은 준정부기관(서울올림픽기념국민체육진흥공단, 한국문화예술위원회 등)
	위탁집행형	기금관리형 준정부기관이 아닌 주정부기관(한국승강기안전공단, 한국장학재단 등)
③	기타공공기관	직원 정원 50인 미만인 공공기관과 이외 공기업, 준정부기관이 아닌 공공기관 - 기관의 성격 및 업무특성 등을 고려하여 기타공공기관 중 일부를 연구개발을 목적으로 하는 기관 등으로 세분하여 지정할 수 있음

공공공사 건설과 관련된 주요 공공기관은 다음과 같다.

(산업부) 한국전력공사, 한국가스공사, 한국 남동/중부/동서/서부 발전, 한국석유공사, 한국수력원자력, 한국지역난방공사,

(국토부) 한국도로공사, 한국철도공사, 국가철도공단, 한국토지주택공사, 한국수자원공사, 새만금개발공사

(환경부) 한국수자원공사, 한국환경공단

(해양부) 부산상항만공사, 인천항만공사, 여수광양항만공사

(농림부) 한국농어촌공사

∴ 기타 공공기관: (주)강원랜드, 국토연구원, 서울대학교병원, 한국건설기술연구원

분쟁을 끝내는 방법!

분쟁의 해결방법에 관한 규정은 몇 년 전만 하더라도 국가계약법상에는 없었던 조항이었으나 계약체결시 당사자간 발생하는 분쟁의 해결방법을 국가계약분쟁 조정위원회의 조정 또는 「중재법」에 따른 중재로 미리 정할 수 있도록 함으로써 소송으로 인한 사회적 비용을 절감하고자 신설되었다(2017. 12. 19.).

법 제28조의2(분쟁해결방법의 합의)

① 각 중앙관서의 장 또는 계약담당공무원은 국가를 당사자로 하는 계약에서 발생하는 분쟁을 효율적으로 해결하기 위하여 계약을 체결하는 때에 계약당사자 간 분쟁의 해결방법을 정할 수 있다.

② 제1항에 따른 분쟁의 해결방법은 다음 각호의 어느 하나 중 계약당사자 간 합의로 정한다.

   1. 제29조에 따른 국가계약분쟁조정위원회의 조정

   2. 「중재법」에 따른 중재

공사계약일반조건에서도 법원의 판결 또는 중재로 분쟁을 해결하도록 되어 있다(이를 선택적 중재조항이라고 한다).

법원의 판결, 즉 소송은 헌법[1]에서 보장된 국민의 기본권이기 때문에 계약조항 여부와 관계없이 계약당사자 어느 일방이 독립적이고 자유롭게 법원에 소를 제기함으로써 성립되지만, 중재는 계약당사자간 합의를 거쳐 대한상사중재원[2]에 중재신청을 해야만 비로소 중재절차를 밟을 수 있다는 점이 소송과 가장 다른 부분이다.

국가계약분쟁조정위원회의 조정에 의한 분쟁해결 방법도 종국적으로 조정안에 대한 당

---

1) 헌법 제27조 ① 모든 국민은 헌법과 법률이 정한 법관에 의하여 법률에 의한 재판을 받을 권리를 가진다.
2) 대한상사중재원은 중재법에 의거하여 1966. 3. 22. 설립된 상설 국내 유일의 법정 중재기관이다.

사자간의 합의가 되어야 종결된다.

이와 같이 소송절차에 의한 판결에 의하지 아니하고 분쟁을 해결하는 제도를 대체적 분쟁해결제도(ADR: Alternative Dispute Resolution)라고 하며 소송에 비하여 신속하고 비용이 저렴하며 사건에 대한 상호 비밀이 보장되기 때문에 신속한 분쟁해결과 분쟁 이후 당사자 간의 지속적 관계 유지가 필요한 건설분쟁에 합리적인 제도이다.

그동안 공공공사 분쟁 해결에 있어서 소송의 문제점은 지속적으로 제기되어 왔다. 1심(지방법원)에서 종결되지 않고 2심(고등법원), 심지어는 3심 대법원 확정판결까지 수년이 소요되는 절차를 거치는 경우가 다반사이고 이로 인해 소요되는 비효율성, 소송비용 등의 사회적 비용이 만만치 않다(범죄행위를 입증하기 위한 증거를 찾고 진실을 규명하여 범인을 심판하여 사회적 정의를 구현하는 형사소송과 달리 당사자간 발생한 손해에 대해 누가 더 합리적이고 논리적으로 주장하고 증거를 제시하여 판단을 구하는 민사상 건설소송이 그리 오랜 시간을 들여 가면서 판정해야 할 사항인지 사뭇 의심이 든다).

조정(調停)이란 제3자가(조정자) 분쟁당사자 사이에서 서로의 주장하는 바를 조율하여 합의에 이르게 함으로써 분쟁을 해결하는 수단이다. 국가계약법에서는 국가계약분쟁조정위원회(이하 위원회)를 기획재정부 산하로 두어 국가계약에서 발생하는 분쟁을 심사·조정하게 하고 있다. 조정대상은 입찰 및 낙찰, 계약금액 조정, 개산계약 및 사후원가검토조건부 계약에 있어서 정산, 지체상금, 계약해지·해제 등 폭넓은 부분을 다루고 있다. 그러나 위원회의 구성3)상 위원장 및 일부 위원은 고위공무원이 포함된다는 점에서 공평성의 문제가 제기될 수 있기에 계약상대자 입장에서 선호하기 어려운 제도이다. 또한 상설기구로 운영되지 않아 실질적 기능을 수행하는 데 있어서 전문성의 한계도 존재한다. 분쟁해결에 있어서 조정은 법적 강제성, 구속력이 없으므로 조정결과에 불복하여 소송을 제기할 수 있고 어느 일방이 진행 중인 조정절차를 중지할 수 있다.

---

3) 국가계약법 제29조(국가계약분쟁조정위원회) ① 국가를 당사자로 하는 계약에서 발생하는 분쟁을 심사·조정하게 하기 위하여 기획재정부에 국가계약분쟁조정위원회(이하 "위원회"라 한다)를 둔다.
② 위원회는 위원장 1명을 포함하여 15명 이내의 위원으로 구성한다.
③ 위원회의 위원장은 기획재정부장관이 지명하는 고위공무원단에 속하는 공무원이 되고, 위원은 대통령령으로 정하는 중앙행정기관 소속 공무원으로서 해당 기관의 장이 지명하는 사람과 다음 각 호의 어느 하나에 해당하는 사람 중 성별을 고려하여 기획재정부장관이 위촉하는 사람이 된다.
1.「고등교육법」에 따른 대학에서 법학·재정학·무역학 또는 회계학의 부교수 이상의 직에 5년 이상 근무한 경력이 있는 사람
2. 변호사의 자격을 가진 사람으로서 그 자격과 관련된 업무에 5년 이상 재직 중이거나 재직한 사람
3. 정부의 회계 및 조달계약 업무에 관한 학식과 경험이 풍부한 사람으로서 제1호 또는 제2호의 기준에 상당하다고 인정되는 사람

이에 반해 중재는 계약당사자간 합의하에 중재절차를 밟게 되면 법원에서 사건을 심리하는 방식과 유사하게 진행되며 중재절차 중에 같은 사안으로 법원에 별도의 제소가 불가능하다. 중재 역시 당사자간 의견을 존중하여 상호합의에 의한 분쟁해결을 지향하고 있지만, 합의가 불가하면 법원과 동일하게 해당 사건에 대해 선임된 중재인의 판정을 통해 분쟁을 마무리한다. 이때 판정은 대법원의 확정판결과 동일한 효력을 갖게 된다. 절차상 하자가 없는 한 중재판정이 된 사건에 대해 법원에 다시 소 제기가 불가능하다.

" 법적분쟁은 왜 소송이나 중재로 해결해야 할까? "

소송과 중재의 판정은 법적강제력을 가질 수 있기 때문이다.

소송을 통한 분쟁 해결의 궁극적 이유는 채권자가 법원의 판결문으로 국가권력을 통해 청구권을 실현할 수 있기 때문이다. 중재 역시 판정문이 동일한 효력을 가지고 있다(다만 집행을 위해서는 법원을 통해 별도의 절차를 진행해야 한다).

판결문을 집행권원(執行權原)이라 하는데 말 그대로 집행의 권한이 있는 문서로써 국가의 강제력에 의해 실현될 청구권의 존재와 범위가 표시되고, 압류 등의 강제집행을 가능하게 함으로써 채권을 회수할 수 있게 된다.

집행권원은 법원 및 중재의 판결문, 상대방의 이의가 없는 금전청구 등의 지급명령, 2,000만 원 이하인 소액에 대한 이행권고 결정, 판사가 조정하여 합의하거나 강제로 조정하는 화해권고결정, 가압류 가처분 명령 등이 포함된다.

소송에서 승소하더라도 채무자의 재산을 확보하지 못하면 사실상 승소의 실익이 발생하지 않는다. 따라서 소송과 동시에 상대방의 재산을 가압류하는 등의 채무자의 재산을 확보하는 사전적인 조치가 매우 중요한데 그 법적수단이 곧 집행권원이다. 다만 공공공사의 발주처는 정부, 지자체, 공공기관에 해당하므로 금전채무과 관련된 소송에서 가압류, 가처분과 같은 재산을 보전하는 처분은 사실상 불필요하다.

민사소송에서 법원의 판결문과 함께 중재판정의 판정문도 집행권원으로써 동일한 효력을 갖는다. 다만 중재원이 직접 강제집행을 하는 것이 아니고 법원을 통해 강제집행 절차를 대행하여 집행할 수 있는 것이다.

중재는 일단 계약당사자간 합의를 통해 중재절차를 진행하게 되면 법원과 같이 제3자의 판결이라는 결과가 도출되어 강제력이 있지만, 조정은 이러한 강제성을 가지고 있지 않기 때문에 당사자간 조정합의가 없다면 궁극적으로 분쟁의 법적 해결수단이 될 수 없는 것이다.

30

소송에 대해 알아두면 좋은 것들

소송은 사법기관인 법원의 판단을 구하는 방법이다. 법원은 지방법원(1심), 고등법원(2심), 대법원(3심)의 3심제로 구성되어 있다.

사건의 종류에 따라 판사 1인이 재판하는 것을 단독부, 판사 3인이면 합의부라고 하는데 이를 구분하는 기준은 소송가액(訴價)으로 2억 원 이하는 단독부, 2억 원을 초과하는 경우는 합의부에서 맡게 된다.

1심의 판결에 불복하여 2심의 판단을 구할 때 2억 원 이하는 지방법원의 합의부, 2억 원을 초과하는 경우는 고등법원에서 판단하게 되며 다시 이에 불복할 경우는 최종 대법원의 판단을 받게 된다. 참고로 형사사건의 경우 사형, 무기 또는 단기 1년 이상의 징역 또는 금고에 해당하는 사건의 경우 모두 합의부에서 관할한다.

상소제도

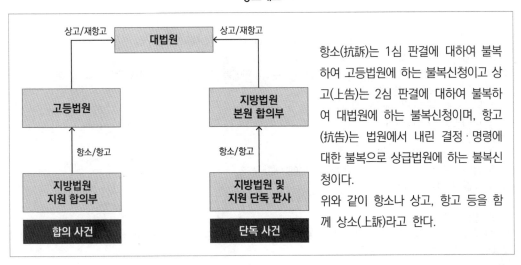

항소(抗訴)는 1심 판결에 대하여 불복하여 고등법원에 하는 불복신청이고 상고(上告)는 2심 판결에 대하여 불복하여 대법원에 하는 불복신청이며, 항고(抗告)는 법원에서 내린 결정·명령에 대한 불복으로 상급법원에 하는 불복신청이다.
위와 같이 항소나 상고, 항고 등을 함께 상소(上訴)라고 한다.

소송의 진행 소송은 법원에 심리 및 판결을 구하는 소(訴)를 제기하는 것이다. 이는 소장(訴狀)이라는 형식을 통해 법원에 제출하면서 시작된다. 소장[1]은 당사자와 법정대리인, 청구취지 및 원인을 통해 왜 소를 제기했는지를 밝히고 이에 관한 세부 내용과 증거 등을 첨부하는 것인데 이를 위해서는 사전에 모든 자료를 준비하고 변호사를 선임하여 소장을 작성하게 된다.

세부내용은 사건의 개요 및 내용, 그동안 진행사항, 사안의 법리적 사항, 입증방법 등을 일목요연하게 정리하여 이를 법원에 접수하게 된다. 소장을 작성하는 것은 변호사이지만 소장의 내용이 얼마나 사실적 기초에 입각하여 객관적이고 구체성을 담는지의 여부는 실제 분쟁사안을 오랜 시간 동안 접한 현장기술자의 참여에 따라 내용의 질(質)이 달라질 수 있다. 현장기술자와 변호사의 협업이 절대적으로 필요한 이유이다.

소송의 진행은 원고의 소장에 대해 피고가 소장의 부본을 송달받은 날부터 30일 이내에 답변서를 제출하면서 본격적으로 시작된다. 이후 법원에서는 소송 당사자(법률대리인) 및 기타의 소송관계인(증인·감정인 등)이 모여 소송행위를 하도록 일정을 정하는데 이를 기일(期日)이라고 하며 기일 전에 당사자는 각자의 주장 사실과 증거, 이와 관련한 법률적 사항을 기재한 준비서면(準備書面)[2]을 법원에 제출하여 이를 통해 법정에서 자신들의 의견을 진술하는 변론(辯論)에 대해 법원은 이를 바탕으로 심사하며 재판을 수행하게 되는데 이를 심리(審理)라고 한다. 수차례의 심리의 과정을 거쳐서 법원은 최종적으로 판결(判決)하게 된다.

법정에서 오랜 시간 동안 판사를 상대로 논리와 주장을 밝히는 모습은 드라마나 영화에서만 볼 수 있는 장면이고 실제는 구두에 의한 설명보다는 주로 준비서면을 통해 진행되기 때문에 약 20분 내외로 아주 짧은 시간에 끝나는 것이 일반적이다.

---

1) 민사소송법 제249조(소장의 기재사항) ① 소장에는 당사자와 법정대리인, 청구의 취지와 원인을 적어야 한다. ② 소장에는 준비서면에 관한 규정을 준용한다.
2) 민사소송법 제274조(준비서면의 기재사항) ① 준비서면에는 다음 각호의 사항을 적고, 당사자 또는 대리인이 기명날인 또는 서명한다.
   1. 당사자의 성명·명칭 또는 상호와 주소
   2. 대리인의 성명과 주소
   3. 사건의 표시
   4. 공격 또는 방어의 방법
   5. 상대방의 청구와 공격 또는 방어의 방법에 대한 진술
   6. 덧붙인 서류의 표시
   7. 작성한 날짜
   8. 법원의 표시
   ② 제1항 제4호 및 제5호의 사항에 대하여는 사실상 주장을 증명하기 위한 증거방법과 상대방의 증거방법에 대한 의견을 함께 적어야 한다.

영화나 드라마에서의 법정모습을 기대하기에는 대한민국의 사건은 너무 많다.

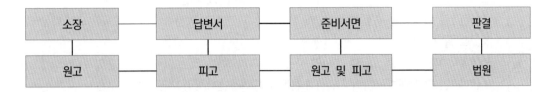

(소장, 답변서, 준비서면, 판결문은 부록에 첨부하였다.)

법원의 판결　　건설소송에서 1심 판결에 소요되는 기간은 사건의 내용과 규모 등에 따라 다르지만 약 1년 내외 정도 소요된다고 할 수 있다. 2심도 1심과 유사하지만 3심의 대법원판결까지 갈 경우 수년이 걸릴 수 있다(판결기간를 제한하는 강제규정은 없다).

공기연장 간접비의 대표적 소송사건인 서울지하철 7호선 소송의 경우 대림산업 외 11개 건설사가 발주처인 서울시를 상대로 2011년 3월 소송을 제기했고 1심은 2013년, 2심은 2014년 원고인 건설사가 승소했으나 2018년 대법원은 원심을 파기하여 서울시의 손을 들어주었고 2020년 1월 파기환송심에서 서울시가 승소함으로써 종결되었다. 본 사건의 경우 대법원의 확정판결까지 10년에 가까운 시간이 소요된 것이다(대법원판결은 유사한 사건의 판결기준이 되기 때문에 대법원판결이 결정되지 않아 당시 간접비 사건 1심 및 2심 판결 대부분이 함께 지연되었다).

건설분쟁, 특히 공공공사의 민사사건이 수년 이상 소요될 정도로 민감하고 어려운 사안인지 아쉬움이 많다. 판결이 지연되면 계약당사자는 수년이 지난 사건에 매달려 계속해서 관리해야 한다(수년이 지난 상급심판결이 항상 정당하다는 보장이 있는지도 궁금하다).

오랜 소송전에 따른 변호사비를 포함한 소송비용도 만만치 않은데 발주처는 국민의 세금인 국가예산이 소요되고 계약상대자는 소송비용으로 허리가 휘게 된다. 과연 건설분쟁으로 대법원까지 가야 하는 것이 진정한 공정을 실현하는 것인지는 계약당사자 모두가 다시 한번 숙고해야 하고 이를 최소화하기 위한 제도 및 규정의 정립은 반드시 필요해 보인다.

" 사건번호는 어떻게 부여될까? "

법원에서는 하나의 심판 사건마다 고유한 번호를 붙이는데 이를 사건번호라 한다.

사건번호를 보면 어떤 종류의 사건인지 짐작할 수 있고 사건을 검색하는 데 도움이 되기 때문에 참고로 알아보자.

법원에서 재판을 받고 있다면 본인의 사건번호를 기억하는 것은 여러모로 도움이 된다.

사건번호만 알면 대법원 나의 사건검색 홈페이지3)에서 상대방이 어떤 서류를 냈는지, 사건이 어떻게 진행되고 있는지 직접 확인할 수도 있다. 국가법령정보센터에서 사건번호를 검색하면 판례 전문을 찾아볼 수 있다.

건설분쟁 대부분은 민사사건에 해당하며 사건번호는 일반적으로 다음과 같다.

2018가합6789, 2019나8888, 2020다1000.

여기서 맨 앞의 숫자 4자리 2018 등은 사건이 접수된 연도를 뜻한다.

'ㅏ' 받침이 붙는 '가, 나, 다'는 각각 '민사사건의 1심, 2심, 3심'을 의미하고 가합은 1심의 2억 원이 초과된 합의부 판결에 해당한다. 가소이면 소가가 3천만 원 이하의 소액사건, 가단이면 소가 가 3천만 원 초과 2억 원 이하의 단독사건이다. 2심인 고등법원 이상은 별도로 합, 소, 단 등이 붙지 않는다. 마지막 숫자는 통상 법원에 접수된 순서대로 부여된다.

요약하면 2018가합6789은 1심 지방법원 합의부, 2019나8888는 2심 고등법원, 2020다1000 는 3심 대법원 사건이 됨을 알 수 있다.

민사사건과 달리 형사사건은 2018고합6789, 2019고8888, 2020도1000 등으로 나타난다. 연 도 뒤의 부호는 민사와 달리 'ㅗ' 받침이 붙게 되어 '고, 노, 도'는 각각 '형사사건의 1심, 2심, 3심' 에 해당하며 고합은 합의부, 고단은 단독, 고약은 벌금형 등 비교적 가벼운 형사사건에 대해 정식 재판보다 간소하게 서류만으로 재판을 하는 약식사건에 해당한다.

일반법원과 달리 헌법재판이나 행정소송, 이혼소송 등 재판의 성격에 따라 사건번호는 달리 부여 되는데 건설분쟁의 대부분은 민사소송에 해당하므로 상기의 규정만 이해하고 있으면 사건의 개략 적 사항을 미리 알 수 있게 된다.

---

3) https://law.scourt.go.kr

31

공공공사 분쟁을 중재로 해결해야 하는 이유!

중재(仲裁)라는 단어의 어감 때문에 중재를 분쟁당사자 각자의 대치되는 주장 또는 청구사항에 대해 어느 중간 단계에서 조정하는 의미로 이해하는 경우가 많다. 중재가 당사자간의 합의를 도출하여 분쟁을 해결하고자 하는 기본원칙은 맞지만 일단 중재절차를 밟게 되면 법원과 다를 바 없는 재판과정이 진행된다.

중재는 소송과 더불어 법적 구속력과 강제력이 있으며 소송시 법원에서 사건을 심리하는 기본적 절차나 방법이 거의 유사하다고 보면 된다. 다만 소송이 어느 일방이 자유롭게 소를 제기하면 성립되는 것과 달리 중재는 분쟁사안에 대한 당사자간 중재합의가 전제되어야 한다는 것이 다를 뿐이다(그러나 중재합의가 가장 어려운 과정이다).

중재합의는 분쟁사안이 발생하기 전에 합의해 두는 사전 중재합의 방식과 이미 발생된 분쟁사안을 중재로 해결하기로 합의하는 사후 중재합의 방식이 있다. 국가계약법상의 분쟁해결방법의 합의는 바로 사전 중재 합의방식에 해당한다(국가계약법상 사전 중재합의를 위해서는 계약을 체결하는 때에 계약당사자간 별도의 중재합의가 필요하다).

실제 현장에서 분쟁이 발생하면 발주처와 계약상대자간 분위기는 찬바람이 돌고 심지어 감정의 골이 깊어지는 경우가 많아서 중재합의가 선행되어야 하는 중재보다 소송으로 진행될 확률이 높다. 그렇기 때문에 계약체결시 사전 중재합의가 가장 실효적이고 확실하지만 아직까지 공공공사에서 사전 중재합의를 하는 사례는 거의 없다고 보면 된다.

그렇다면 왜 공공공사에서 분쟁해결로 중재가 활성화되지 않을까?

발주처는 중재를 꺼린다. 그것은 국가공무원인 법관이 판결을 내는 소송이 중재보다 공신력과 신뢰성을 확보한다고 믿기 때문이다. 민간인 신분인 중재인의 판결에 대해 불공정성할 것이라는 선입관과 중재판정결과가 계약상대자가 유리하게 결정된다는 의심의 심리가 자리 잡고 있다(많은 중재사건 중에서는 기본적으로 발주처가 계약상대자에게 계약반영을 통해 해결해야 하는 사안이지만 예산 등의 사유로 이를 제대로 처리하지 않고 중재로 해결하는 경우가 많다. 당연히 구조적으로 계약상대자에게 유리한 분쟁사안이지 중재재판부의 편파성에 기인하지 않는다).

그리고 중재합의를 통해 분쟁을 해결하는 것이 추후 감사기관에 의한 피감시 소송이 아닌 중재의 선택에 대한 책임문제로 피해가 있을 것이라고 인식하기 때문에 중재가 아직까지 소송의 대체적 수단으로 자리 잡지 못하고 있다(중재에 의한 분쟁해결방법을 선택했다고 피감을 통해 발주처의 담당자가 불합리한 조치를 받은 사례를 확인한 바 없다. 다만 중재합의서의 내용에 문제가 있다면 이는 피감대상일 수 있을 것이다).

중재는 중재법[1]을 기반으로 하고 있으며 국가계약법상 분쟁을 해결하는 절차로 규정하고 있으므로 소송과 비교해 불편한 차별을 받을 이유가 전혀 없다. 해외에서 일반화된 중재가 국내 공공공사에서 분쟁해결 방법으로 자리를 잡는 데 있어서 아직까지 더 많은 시간이 필요해 보인다.

중재를 활성화하기 위해서는 사건의 내용과 성격에 따라 중재로 해결해야 하는 구체적이고 강제적인 기준 및 절차에 관한 법제(개)정을 비롯한 제도적 보완절차가 반드시 필요하다(중재에 관한 발주처의 인식의 전환을 기대하기에는 중재의 활성화는 너무 요원해 보인다).

소송은 3심제로써 3심까지 진행될 경우, 단심인 중재보다 오랜 시간과 비용이 소요된다.

소송이 불가피하다면 최대 2심으로 끝내야 한다. 사인인 계약상대자가 항소(1심→2심), 및 상고(2심→3심)를 하는 경우는 헌법에 보장된 권리이므로 이를 막을 수 없지만, 발주처는 계약상대자가 상고하지 않는다면 최대한 2심으로 종결하는 것이 가장 가장 합리적이고 필요에 따라서는 이를 규정화할 필요가 있다. 2심까지는 어느 정도 판결이 확정되는 기간을 예상할 수 있지만 3심인 대법원판결은 기한을 알 수 없고 계약당사자간 너무 많은 비용과 시간의 소모전에 불과하다. 그런 의미에서 분쟁 해결 방법으로써 중재는 충분한 대안이 될 수 있다(공공공사 분쟁이 반드시 3심 판결을 받아야 할 정도의 중대한 사항인지는 고민해야 할 문제이다. 정부든 건설사든 해야 할 일이 너무 많다. 더 이상 송사(訟事)로 서로의 발목을 잡는 것은 바람직하지 않다).

당사자간의 분쟁사안에 대해 중재합의서를 작성하여 대한상사중재원(이하 중재원)에 제출하고 소장에 해당하는 중재신청서를 제출하고 중재비용을 예납하면 비로소 중재절차가 진행된다(계약체결시 분쟁에 관해 일괄적으로 사전중재합의를 하는 경우 별도의 중재합의서를 작성 할 필요는 없다).

---

1) 중재법 제1조(목적) 이 법은 중재(仲裁)에 의하여 사법(私法)상의 분쟁을 적정·공평·신속하게 해결함을 목적으로 한다. [법률 제16918호]

중재절차(대한상사중재원 자료)

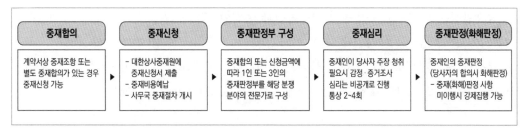

소송에서 원고의 지위에 해당하는 것이 중재를 신청하는 신청인이 되는 것이고 피고는 피신청인이 된다.

법원에서 정한 법관이 판결하는 소송과 달리 중재는 중재인에 의한 중재판정부를 구성하게 되는데 여기서 당사자의 합의 또는 사건의 규모나 성격에 따라 중재인을 1인 또는 3인으로 합의하여 정할 수 있다.

소송 및 중재의 비교

구분	소송	중재	비고
판정절차	3심제	단심제	
소요비용	0.3~1.3억	0.6억	100억 원 기준 인지액(1심~3심) 및 중재비용(변호사 비용제외)
소요기간	최소 1년~3년 이상	6개월~1년 내외	3심의 경우 소요기간 산정 불가
당사자 표시	원고-피고	신청인-피신청인	
절차진행	법원주도 법리위주 공개원칙	당사자 합의 법리 및 전문성 비공개 원칙	

※ 소요기간 및 비용은 사건에 따라 달라질 수 있음.

일반적으로 3인의 중재판정부가 구성되며 중재원에서 중재인 명부를 양 당사자에게 제공하여 가장 선호도가 높은 순위로 중재재판부가 구성되기도 하며(중재원 선정방식) 신청인 및 피신청인 양 당사자가 각각 1인을 선정하고 나머지 1인은 합의 또는 중재원에서 정할 수 있다(당사자 선정방식).

중재인은 법조인, 기술자, 학계 교수 등의 각 분야 전문가로 구성된다. 중재의 개시부터 중재판정까지는 사안에 따라 다를 수 있으나 일반적으로 6개월에서 1년 정도의 소요된다(사건에 따라 감정 등의 별도의 절차를 수행하게 되면 중재판정까지 기간은 다소 길어질 수 있다).

중재판정은 단심으로 대법원의 확정판결과 동일한 효력을 갖으며 적법하게 중재절차가 진행되어 판정되면 같은 사건에 대해 어느 일방이 별도의 소송을 진행할 수 없다.

분쟁만큼은 빨리 끝내고자 하는 불같은 우리나라 국민성보다 끝까지 간다는 불굴의 의지가 더 앞서는 것 같다(그래서 대한민국에서는 중재가 정착하기 어려운 걸까?).

중재법 제12조(중재인의 선정)

① 당사자 간에 다른 합의가 없으면 중재인은 국적에 관계없이 선정될 수 있다.

② 중재인의 선정절차는 당사자 간의 합의로 정한다.

③ 제2항의 합의가 없으면 다음 각 호의 구분에 따라 중재인을 선정한다.

    1. 단독중재인에 의한 중재의 경우: 이는 한쪽 당사자가 상대방 당사자로부터 중재인의 선정을 요구받은 후 30일 이내에 당사자들이 중재인의 선정에 관하여 합의하지 못한 경우에는 어느 한쪽 당사자의 신청을 받아 법원 또는 그 법원이 지정한 중재기관이 중재인을 선정한다.

    2. 3명의 중재인에 의한 중재의 경우: 각 당사자가 1명씩 중재인을 선정하고, 이에 따라 선정된 2명의 중재인들이 합의하여 나머지 1명의 중재인을 선정한다. 이 경우 어느 한쪽 당사자가 상대방 당사자로부터 중재인의 선정을 요구받은 후 30일 이내에 중재인을 선정하지 아니하거나 선정된 2명의 중재인들이 선정된 후 30일 이내에 나머지 1명의 중재인을 선정하지 못한 경우에는 어느 한쪽 당사자의 신청을 받아 법원 또는 그 법원이 지정한 중재기관이 그 중재인을 선정한다.

④ 제2항의 합의가 있더라도 다음 각 호의 어느 하나에 해당할 때에는 당사자의 신청을 받아 법원 또는 그 법원이 지정한 중재기관이 중재인을 선정한다.

    1. 어느 한쪽 당사자가 합의된 절차에 따라 중재인을 선정하지 아니하였을 때

    2. 양쪽 당사자 또는 중재인들이 합의된 절차에 따라 중재인을 선정하지 못하였을 때

    3. 중재인의 선정을 위임받은 기관 또는 그 밖의 제3자가 중재인을 선정할 수 없을 때

⑤ 제3항 및 제4항에 따른 법원 또는 그 법원이 지정한 중재기관의 결정에 대하여는 불복할 수 없다.

32
건설산업기본법, 건설기술진흥법의 벌칙조항

　건설산업기본법(이하, 건산법)은 건설공사의 조사, 설계, 시공, 감리, 유지관리, 기술관리 등에 관한 기본적인 사항과 건설업의 등록 및 건설공사의 도급 등에 필요한 사항을 정함으로써 건설공사의 적정한 시공과 건설산업의 건전한 발전을 도모함을 목적으로 하고 있다.

　건설기술진흥법(이하, 건진법)은 건설기술의 연구·개발을 촉진하여 건설기술 수준을 향상시키고 이를 바탕으로 관련 산업을 진흥하여 건설공사가 적정하게 시행되도록 함과 아울러 건설공사의 품질을 높이고 안전을 확보함으로써 공공복리의 증진과 국민경제의 발전에 이바지함을 목적으로 한다.

　건산법과 건진법의 목적에서 보면 알 수 있듯이 건설업 전반에 대해 건산법은 적정시공과 건설산업 기반구축, 건진법은 건설공사의 품질과 안전에 관한 법령으로 반드시 준수해야 하는 공법(公法)의 성격을 가지고 있어 국가와 사인간의 계약을 다루는 사법(私法)적 성격을 주로 갖는 국가계약법과 달리 적용범위가 넓고 법령의 대부분 사항을 강제적으로 준수해야 하는 규정들이다.

　건산법 및 건진법에서 적용하는 건설공사[1]의 범위는 토목, 건축, 산업설비, 조경, 환경시설, 시설물 유지보수 공사 등이며 전기공사, 정보통신공사, 소방시설공사, 문화재 수리공사에 적용되지 않는다.

---

1) 건설산업기본법 제2조(정의) 이 법에서 사용하는 용어의 뜻은 다음과 같다.
　4. "건설공사"란 토목공사, 건축공사, 산업설비공사, 조경공사, 환경시설공사, 그 밖에 명칭과 관계없이 시설물을 설치·유지·보수하는공사(시설물을 설치하기 위한 부지조성공사를 포함한다) 및 기계설비나 그 밖의 구조물의 설치 및 해체공사 등을 말한다. 다만, 다음 각 목의 어느 하나에 해당하는 공사는 포함하지 아니한다.
　　가. 「전기공사업법」에 따른 전기공사
　　나. 「정보통신공사업법」에 따른 정보통신공사
　　다. 「소방시설공사업법」에 따른 소방시설공사
　　라. 「문화재 수리 등에 관한 법률」에 따른 문화재 수리공사

공공공사 역시 착공부터 준공까지 수행하는 모든 현장실무 업무는 건산법과 건진법의 적용하에 이루어진다.

현장기술자가 수행하는 일상적인 대부분의 업무에 있어서 사소한 사항이라도 건산법과 건진법을 위반하면 벌칙규정이 적용되는데 일반적으로 알고 있는 것보다 상당히 엄격하다.

벌칙규정에 대해 주요 위반내용을 간단하게 정리했는데 만약 현장에서 위반 여부를 확인하기 위해서는 반드시 국가법령정보센터를 조회하여 세부내용을 조회할 수 있도록 해야 한다(벌칙규정을 확인하다 보면 일일이 해당 법조항을 다시 확인해야 하는 번거로움이 있어 쉽고 빠르게 벌칙규정을 이해하기 위해 중요내용만 요약했고 벌칙규정에서 현장기술자가 간과할 수 있거나 유의해야 할 사항에 대해서는 음영을 통해 표시하였다).

현장 또는 본사 각 부서에서는 수행하는 업무는 시스템화 되어 있고 각각 업무절차서를 기본으로 하고 있는데 모두 해당법규를 반영한 것이라고 보면 된다.

건산법이나 건진법에서 가장 먼저 나오는 벌칙규정은 현장기술자는 공공시설물의 문제로 인해 발생하는 인명, 재산상의 피해에 대해서는 공사기간뿐만 아니라 하자담보책임기간까지 이어져 법적으로 자유로울 수 없는 무거운 법적책임이 따르게 된다는 것이다.

법규정을 위반하면 벌금이나 징역과 같은 전과가 남는 형벌이 적용받을 수 있지만 실무에 있어서 위반사항의 대부분은 행정벌인 과태료 사항에 해당한다. 벌칙의 경중을 떠나서 업무를 수행함에 있어서 불확실하거나 모호한 사안에 대해서는 반드시 관련 업무절차서와 해당 법규정을 확인하여 뒤탈이 없도록 하는 것이 가장 중요하다.

공무, 공사, 품질, 안전 등 현장기술자 자신이 수행하는 모든 업무가 법과 무관하지 않은 것은 없다고 생각하면 된다. 절차대로 업무를 수행하고 있다면 벌칙에 대한 부담이나 두려움을 가져야 할 이유는 전혀 없다. 현장기술자가 가장 잘 아는 분야이고 전문가이기 때문이다.

건설산업기본법 벌칙규정

구분	벌칙내용	주요내용	적용조항
벌금/징역	무기 또는 3년 이상	• 건설업자, 건설기술인으로서 안전에 관한 법령을 위반하여 착공~하자담보기간에 시설물의 구조상 주요부분(교량, 터널, 터널, 고가차도, 지하도, 활주로, 댐 등의 시행령에 정한 시설물)에 중에 대한 파손으로 인명을 이 살상한 자된 경우	제93조
	10년 이하	• 제93조에 따른 시설물의 구조상 중대한 파손으로 공중의 위험을 발생한 자된 경우(10년 이하)	

	10년 이하/ 1억 원 이하	• 업무상 과실로 제93조의 제시설물의 구조상 주요부분에 중대한 파손으로 인명을 이 살상한 자된 경우	제94조
	5년 이하/ 5천만 원 이하	• 업무상 과실로 제93조의 시설물의 구조상 주요부분에 중대한 파손으로 공중의 위험을 발생한 자인명이 살상된 경우	
	5년 이하/ 2억 원 이하	• 건설공사 입찰시 부당한 이익을 취득하거나 공모하여 미리 조작한 가격으로 입찰한 자, 다른 건설사업자의 견적으로 제출한 자, 위계 또는 위력, 그 밖의 방법으로 다른 건설업자의 입찰행위를 방해한 자	제95조
	5년 이하/ 5천만 원 이하	• 건설업의 미등록, 부정등록, 등록증 대여 및 알선행위 • 등록증 대여 업체에게 공사를 도급한 건축주 • 부정청탁 등으로 재산상 부당이익을 취하거나 제공한 자	제95조의 2
	3년 이하/ 3천만 원 이하	• 건설업 양도시 미신고, 부정하게 신고한 자 • 공사내용에 상응하는 건설등록업자에게 하도급 하지 않은 수급인 • 건설공사 하도급 제한 규정을 위반하여 하도급한 자 • 법 위반을 신고한 수급인 및 하수급인에게 수주기회 제한 등의 불이익을 주는 행위 • 건설공사 시공자의 제한을 위반하여 시공한 자 • 영업정지처분(건설업 등록말소 포함)을 위반하여 시공한 자한 자 • 하수급인에 대한 관리의무를 이행하지 않은 수급인 (하수급인의 영업정지 처분위반행위를 지시, 공모한 경우만 해당) • 하수급인에 대한 관리의무를 이행하지 않은 수급인	제96조
	1년 이하/ 1천만 원 이하	• 비건설업자가 등록건설업자로 표시 · 광고하는 행위 • 건설공사 및 건설사업관리 실적, 기술자보유현황, 재무상태를 거짓으로 제출한 자 • 법령에 의한 건설기술인의 현장배치를 하지 아니한 자	제97조
	2천만 원 이하	• 수급인이 하수급인의 재하도급의 관리의무 미이행 • 공제조합의 부실예방, 건전경영을 유도하기 위해 국토부장관의 권고 · 요구 또는 명령을 이행하지 아니한 공제조합 및 그 임원	제98조의 2
과태료	500만 원 이하	• 영업정지처분 또는 등록말소처분을 받은 내용을 발주자에게 통지하지 아니한 건설사업자 및 그 포괄승계인 • 도급계약을 계약서로 체결하지 않거나 교부하지 않은 건설사업자(하도급자는 제외) • 건설공사대장의 기재사항을 발주자에게 통보하지 않거나 거짓으로 통보한 자 • 공사대금의 지급보증, 담보의 제공 또는 보험료등의 지급을 정당한 사유 없이 이행하지 아니한 자 • 직접시공대상의 도급공사에 대해 발주자에게 직접시공계획을 통보하지 아니한 자 • 하도급(재하도급)공사를 발주자에게 통보하지 아니한 자 • 공공공사에서 발주자에게 제출한 하도급계획을 정당한 사유없이	제99조

		이행하지 아니한 자	
		• 공공공사에서 하도급한 사항을 공개하지 않거나 공개한 사항과 달리 계약을 체결한 자	
		• 수급인이 지급받은 기성금, 준공금에 대해 하수급인에게 15일 이내 현금으로 지급하지 않아 시정명령을 받고 따르지 아니한 자	
		• 국토부장관의 시정명령을 받고 이에 따르지 아니한 자	
		• 건설업자가 국토부장관, 지자체장의 경영실태조사에 대해 거부, 기피,방해, 거짓으로 보고한 자	
		• 건설분쟁조정위원회로부터 분쟁조정 신청내용을 통보받고 그 조정에 참여하지 아니한 자	
		• 건설업 등록자가 국토부장관의 실시하는 교육을 이수하지 아니한 자	
		• 하수급인의 추가·변경공사요구에 대해 공사의 내용, 금액 등의 사항을 서면으로 요구하지 않은 수급인	
		• 벌점이 기준(5점)을 초과한 자	
		• 타워크레인에 대한 대여계약을 체결하고 발주자에거 통보하지 아니한 자	
	50만 원 이하	• 건설업 등록증, 등록수첩의 변경신청을 정해진 기간에 하지 아니한 자 • 발주자 승낙없이 정당한 사유없이 건설현장을 이탈한 건설기술인 • 건설업자가 국토부장관, 지자체장의 경영실태조사보고를 게을리한 자 • 건설공사의 표지의 게시에 대한 시정명령이나 지시에 따르지 아니한 건설업자	제100조

건설진흥기술법 벌칙규정

구분	벌칙내용	주요내용	조항
벌금/ 징역	(무기 또는 3년 이상)	• 착공부터 하자담보책임기간에 시설물(교량,터널,터널,고가차도,지하도,활주로,댐 등의 시행령에 정한 시설물)의 구조상 중대한 손괴로 사람이 다치거나 죽음에 이르게 한 자	제85조 (양벌규정)
	(10년 이하/ 1억 원 이하)	• 제85조에 따른시설물의 구조상 중대한 손괴로 사람을 위험하게 한 자	
	10년 이하/ 1억 원 이하)	• 업무상 과실로 제85조의 시설물에 대해 사람을 다치거나 죽음에 이르게 한 자	제86조 (양벌규정)
	(5년 이하/ 5천만 원 이하	• 업무상 과실로 제85조의 시설물에 대해 사람을 위험하게 한 자	
	(5년 이하/ 5천만 원 이하)	• 발주청이 시행하는 타당성 조사에서 고의로 수요 예측을 부실하게 하여 발주청에 손해를 끼친 건설기술용역사업자(과실인 경우 3년이하 금고/3천만 원 이하)	제87조

2년 이하/ 1억 원 이하		• 시방서, 설계서의 내용과 맞지 않게 안전 및 환경관리 의무를 위반하여 물적·인전 피해가 예상되어 감리자 또는 공사감독자가 건설업자에게 재시공·공사중지의 명령이나 그 밖에 필요한 조치를 이행하지 아니한 자 • 위의 재시공·공사중지의 명령 등의 조치를 이유로 건설기술인의 변경, 현장상주 거부, 용역대가 지급거부 등의 처우와 관련하여 불이익을 주는 자	제87조의 2
2년 이하/ 2천만 원 이하		• 건설기술용역업의 등록을 하지 아니하고 건설기술용역 업무를 수행한 자 • 건설사업관리보고서를 작성·제출하지 아니하거나 거짓으로 수정하여 제출한 건설기술용역사업자 • 건설사업관리 업무를 게을리하여 교량, 철도, 터널 등의 시설물(고가차도, 지하도, 활주로, 삭도, 댐, 항만시설 등 시행령에서 정한 시설물)의 주요 부분의 구조안전에 중대한 결함을 초래한 건설기술용역사업자 • 설계도서를 작성할 때 구조물(가설구조물포함)의 구조검토를 하지 아니한 건설기술용역사업자 (설계도서 변경시도 같다.) • 품질관리계획 또는 품질시험수립계획을 수립·이행하지 아니하거나 품질시험 및 검사를 하지 아니한 건설사업자 또는 주택건설등록업자 • 품질이 확보되지 아니한 건설자재·부재를 공급하거나 사용한 자 • 반품된 레미콘을 품질인증을 받지 않고 재사용한 자 • 안전관리계획을 수립·제출, 이행하지 않거나 거짓으로 제출한 건설사업자 또는 주택등록건설업자 • 안전관리계획에 따른 안전점검을 하지 아니한 건설사업자 또는 주택건설등록업자 • 관계전문가의 확인없이 가설구조물 설치공사(동바리,거푸집,비계 등)를 한 건설업자 또는 주택건설등록업자 • 가설구조물의 안전에 지장이 없도록 안정성 확인업무를 성실하게 수행하지 아니함으로써 가설구조물이 붕괴되어 사람을 주거나 다치게 한 관계전문가 • 직무상 알게 된 비밀을 누설하거나 도용한 사람 (건설사업관리 업무나 신기술 또는 외국 도입 건설기술 등)	제88조 (양벌규정)
1년 이하/ 1천만 원 이하		• 신기술 활용실적을 거짓으로 제출한 자 • 신기술사용협약에 관한 증명서의 발급신청을 거짓으로 한 자 • 근무처 및 경력등을 거짓으로 신고하여 건설기술인이 된 자 • 자신의 건설기술경력증을 빌려 준 사람, 빌린사람, 이를 알선한 사람, 다른 사람의 성명을 사용하여 건설공사, 건설기술용역 업무를 수행한 사람 • 국토부장관, 시·도지사의 건설기술용역사업자의 수행의 검사를 거부·방해 또는 기피한 자 • 정당한 사유 없이 실정보고를 하지 아니하거나 거짓으로 한	제89조 (양벌규정)

		건설기술용역사업자, 실정보고를 접수하지 아니한 자 • 부실공사의 측정 도또는 건설공사현장 등의 점검을 거부·방해 또는 기피한 자 • 안전관리계획의 승인 없이 착공한 건설사업자 또는 주택건설등록업자 • 국토부장관, 발주청, 인허가 기관 및 건설사고조사위원회의 중대건설현장사고 조사를 거부·방해 또는 기피한 자	
과태료	2천만 원 이하	• 시공단계의 건설사업관리계획을 수립하지 아니한 자(발주청) • 건설사업관리기술인 또는 공사감독자의 배치 등 건설사업관리계획을 준수하지 아니한 채 착공하게 하거나 건설공사를 진행한 자 • 공제조합의 부실예방, 건전경영을 유도하기 위해 국토부장관의 권고·요구 또는 명령을 이행하지 아니한 공제조합 및 그 임원	제91조
	1천만 원 이하	• 건설기술인에게 설계도서, 시방서 등과 맞지 않는 부당한 사항을 요구하거나 부당한 요구에 불응한다는 이유로 불이익을 준 발주자 및 건설기술인을 고용하는 사용자 • 대통령령으로 정하는 규모이상의 건설기술용역사업 및 건설공사에 대해 평가를 하지 아니하는 자(발주청) • 품질관리비를 공사금액에 계상하지 않거나 규정을 위반하여 사용한 자 • 안전관리계획을 수립하였던 공사를 준공했을 때에 안전점검에 관한 종합보고서를 제출하지 않거나 거짓으로 작성한 건설사업자나 주택건설등록업자 • 건설공사 참여자의 안전관리 수준 평가를 거부·방해 또는 기피한 자 • 설계의 안전성을 검토하지 아니한 자(발주청) • 안전관리비(환경관리비)를 공사금액에 계상하지 아니한 자 또는 위반하여 안전관리비(환경관리비)를 사용한 자	
	300만 원 이하	• 국토부장관이 실시하는 교육·훈련을 정당한 사유없이 받지 아니한 건설기술인 및 경비를 부담하지 아니하거나 경비부담을 이유로 건설기술인에게 불이익을 준 사용자 • 교육자료를 제출하지 아니하거나 거짓으로 자료를 제출한 자(자료요청 받는 관계기관의 장) • 영업정지처분을 받은 건설기술경력증을 반납하지 아니한 건설기술인 • 건설기술용역변경등록을 하지 아니하거나 거짓으로 한 건설기술용역사업자 • 휴업, 폐업시 시·도지사에게 신고하지 아니한 건설기술용역사업자 • 영업양도 또는 합병신고를 하지 아니한 건설용역사업자	

- 영업정지명령을 받고 영업정지기간에 건설기술용역 업무를 수행하거나 상호를 바구어 건설기술용역을 수주한 자
- 등록취소 또는 영업정지처분을 받은 사실과 내용을 해당 건설기술용역의 발주자에게 통지하지 아니한 자
- 업무수행에 관한 보고 및 관계자료를 제출하지 아니한 건설기술용역사업자
- 건설공사현장을 점검한 점검결과 및 조치결과를 (국토부장관에게) 제출하지 아니하거나 거짓으로 제출한 특별자치시장, 특별자치도지사, 시장·군수, 구청장, 발주청
- 안전관리계획의 승인 없이 건설업자 및 주택건설등록업자가 착공했음을 알고 묵인한 발주자
- 착공전 승인한 안전관리계획 및 검토결과 준공시는 안전점검에 관한 보고서를 국토부장관에게 제출하지 아니하거나 거짓으로 제출한 발주청, 인허가기관, 건설사업자, 주택건설등록업자
- 건설사고 발생사실을 발주청 및 인·허가기관에 통보하지 아니한 건설공사 참여자(발주청 제외)

33
알기 쉬운 법률용어

　법률이라는 분야로 현장기술자가 접근하기 더욱 어렵게 만드는 것이 법률용어다. 마치 변호사에게 공학용어가 이해하기 어려운 것과 다르지 않다. 그것은 소통의 가장 기초적인 단위가 용어이기 때문이다. 그렇다고 현장기술자가 복잡하고 전문적인 법률용어를 모두 이해할 수 없고 반드시 그래야 할 이유도 없다. 그래서 현장기술자에게 부담되지 않는 범위 내에서 알아두면 좋을 법률용어를 정리하였다.

　법원의 판결문을 읽다 보면 무슨 말인지, 왜 이렇게 말을 빙빙 돌리는지 이해하기 어려웠다. 법률의견서 역시 다르지 않다. '그래서 결과가 뭔데?'라는 확실하고 명쾌한 답변을 기대했지만 몇 번을 읽어 봐도 의미파악이 쉽지 않은 경우가 적지 않다. 때론 변호사와의 의사소통과정에서 같은 현상은 반복된다.

　그렇지만 달리 생각해 보자.

　변호사에게 기술자가 보는 설계도서를 보여준다면 과연 제대로 이해할까? 현장기술자가 말하는 표현의 의미를 제대로 알아들을 수 있을까? 수십 년간 서로 다른 세계에서 다른 사고와 다른 환경 속에서 삶을 살아왔음을 기억해야 한다.

　그렇다. 세상은 불공평한 것이 아니라 근본적으로 현상과 사물을 바라보고 생각하는 뇌의 구조가 서로 다르게 발전해 왔다는 '다름'이 존재하는 것뿐이다. 그래서 이러한 부자연스러움을 극복하기 위해서는 무언가 서로 다른 영역에 대한 기본적인 지식의 습득이 필요한 것이다.

　그 첫 번째가 법률용어의 쉬운 접근이 아닐까 한다. 일단 용어의 개념을 알아야 사건을 담당하는 변호사와 소통하기 쉽고 상호 이해의 폭을 좁힐 수 있다.

　사건에 관한 준비서면은 변호사가 작성하지만, 현장기술자가 참여하고 의견을 개진하여 반영하는 것이 매우 중요하다. 현장기술자가 어느 정도의 기본적인 법률용어의 정립이 되어 있으면 소통이 명확해지고 더욱 훌륭한 준비서면이 작성될 수 있을 것이다. 어떤 법률용어를 적용하느냐에 따라 전체적인 의미가 달라질 수 있기 때문이다.

현장기술자는 실제로 많은 대외적인 인허가 행정업무를 많이 접하기 때문에 생각보다 많은 법률용어를 알고 있지만 확실한 개념을 이해하면 업무를 수행하는 데도 상당히 도움이 될 것이다.

법률용어에 대한 쉬운 이해를 위해 건설관련 법규를 함께 담았다.

---

1. 가압류/가처분, 2. 각하/기각, 3. 심리/변론/갑호증/을호증, 4. 강행규정/임의규정, 5. 고시/공고, 6. 고지/통지, 7. 공공기관, 8. 공동소유(공유/합유/총유), 9. 구분소유권/구분지상권, 10. 고소/고발, 11. 무효/취소/해제/해지, 12. 물권/채권, 13. 벌금/과태료/과징금, 14. 보상/배상, 15. 선의/악의, 16. 소멸시효/제척기간/공소시효, 17. 실체법/절차법, 18. 일반법/특별법, 19. 예규/훈령/지침, 20. 위임/고용, 21. 제척/기피/회피, 22. 지상권/지역권, 23. 판결/결정/명령/재결, 24. 허가/인가/특허, 25. 승인/확인, 26. 간주한다(본다)/추정한다/의제, 27. 이전/전/이후/후, 28. 적용한다/준용한다, 29. 즉시/지체없이, 30. 한다/하여야 한다/할 수 있다

---

1. 가압류/가처분

가압류(假押留)　　현장에서 공동도급사간의 채권채무에 대한 분쟁시 상대방의 재산을 가압류하는 경우를 자주 경험하게 된다. 채무자 소유의 금전채권 등의 재산에 대해 강제집행을 보전하기 위해 미리 임시로 압류하는 법원의 처분으로 민사소송법상의 압류는 집행기관에 의하여 채무자의 특정재산에 대해 강제로 경매 등의 처분을 할 수 있다. 이에 반해 가압류는 강제적 처분을 할 수 없으나 채무자가 재산을 함부로 처분할 수 없게 되는 효력이 있다.

채무자가 재산을 몰래 처분할 경우 채권자는 소송에서 승소하더라도 아무런 실익이 없게 된다. 장기간이 소요되는 소송과정에서도 채무자는 자신의 재산을 빼돌릴 수 있으므로 이런 경우를 대비해서 채권자가 채무에 대한 입증자료를 확보하여 법원에 가압류를 신청하여 받아들여지게 되면 채무자는 자신의 재산을 임의로 처분할 수 없게 되는 것이다. 가압류는 소송결과와 관계없이 진행할 수 있으므로 우선 시행하여 채무자의 자산을 확보한 후 소송을 착수하는 것이 유리하다.

가압류의 대상은 금전채권이나 금전으로 환산할 수 있는 채권에 해당하는 현금, 부동산, 자동차, 채권(타공사 계약분) 등의 유체동산에 해당한다. 소송이 종결되면 압류절차를 거쳐 강

제집행을 통해 승소분에 대한 채권을 확보할 수 있는 것이다.

가처분　　가압류와 성격은 유사하나 가압류 보다 다양하고 그 대상이 금전채권 이외의 청구권에 대한 집행을 보전하기 위한다는 점에서 다르다. 즉, 다툼의 대상이 되는 권리관계에 대해 임시의 지위를 정하기 위해 법원이 행하는 일시적 명령을 말한다.

예를 들어 공사현장 근처에서 민원인이 건설공사로 인해 소음, 먼지, 진동 등으로 직접적으로 건강 및 활동에 상당히 문제가 있거나 건물에 균열이 발생하여 손상되는 등의 이유로 심각한 손해를 입었다면 공사중지 가처분 신청을 할 수 있고 법원에서 이를 받아들이게 되면 공사를 중지해야 한다.

2. 각하/기각

각하(却下)　　법원에 제출한 소장이 흠결로 소송요건에 해당하는 형식을 갖추지 못해 소송을 착수하지도 못한 채 종결시키는 결정이다.

건설소송에서 부정당제재와 같은 행정제재를 다투는 사안을 행정소송이 아닌 민사소송으로 제소한다면 이는 형식적 요소를 갖추지 못한 것으로 법원은 각하 결정을 내리게 된다. 즉 소송의 절차도 밟지 못하고 종결되는 것이다. 단, 각하결정을 받게 되면 소송에 필요한 형식적 요소를 수정하여 다시 소를 제기하여 재판을 받을 수 있다.

기각(棄却)　　소송에서 재판부가 원고의 청구에 대해 이유 없다고 하여 원고의 주장을 받아들이지 않고 배척하는 것을 말한다. 즉, 원고의 입장에서 볼 때 전부 패소를 의미한다. 반대로 인용(認容)은 심판 청구에 이유가 있다고 인정될 때 청구인의 주장을 받아들이는 것으로 승소를 의미한다.

기각은 소송에 필요한 형식적인 요소를 갖추고 법원에서 소송을 심리한 후 재판판결의 결과로서 원고는 상급심에서 다시 다툴 수 있다.

3. 심리/변론/갑호증/을호증

심리(審理)　　법원이 판결을 도출하기 위해 사건에 대한 사실 및 법률관계를 조사하는 행위로 소송이 개시와 함께 시작된다.

변론(辯論)　　법원에서 정한 기일에 법정에서 소송 당사자(또는 소송대리인)는 재판부에 각자의 주장을 담은 준비서면과 이를 입증할 증거를 포함한 서면을 제출하고 이를 설명하게 되는데 이러한 일련의 행위를 변론이라고 한다. 변론이 종결되면 법원은 이를 근거로 판결을 하게 된다.

갑호증/을호증   당사자가 민사소송의 변론시 제출하는 증거로 이를 서증(書證)이라 하는데 원고가 제출한 서증이 갑호증이고 갑 1호증, 2호증 등으로 제출하게 된다. 피고가 제출한 서증은 을호증이 된다.

4. 강행규정/임의규정

강행규정(强行規定)   사회의 존립과 질서유지를 위해 국가와 개인간의 공적영역을 규율하는 공법(헌법, 형법 등)의 경우 당사자의 의사와 관계없이 강제적으로 적용되는 규정이 강행규정이다. 강행규정에 위반하는 내용의 법률행위는 부적법·위법한 행위로 무효가 되거나 그에 준하는 처벌규정도 존재한다.

강행규정이 반드시 공법에만 적용되는 것은 아니며 국가계약법이나 공사계약일반조건 등에서도 아래의 조항과 같이 ' ~하여야 한다. ~하여서는 안 된다.' 등으로 명시되어 있다면 강행규정에 해당한다고 할 수 있다.

국가계약법

제26조(지체상금)

① 각 중앙관서의 장 또는 계약담당공무원은 정당한 이유 없이 계약의 이행을 지체한 계약상대자로 하여금 **지체상금을 내도록 하여야 한다.**

공사계약일반조건

제11조(공사용지의 확보)

① 발주기관은 계약문서에 따로 정한 경우를 제외하고는 계약상대자가 공사의 수행에 필요로 하는 날까지 공사용지를 확보하여 계약상대자에게 **인도하여야 한다.**

임의규정(任意規定)   사인간의 사적영역을 규율하는 것과 같이 반드시 강제할 수 없고 일반적으로 제재가 따르지 않는 것으로 '~할 수 있다'와 같은 규정이면 임의규정으로 볼 수 있다.

국가계약법

제25조(공동계약)

① 각 중앙관서의 장 또는 계약담당공무원은 공사계약·제조계약 또는 그 밖의 계약에서 필요하다고 인정하면 계약상대자를 둘 이상으로 하는 **공동계약을 체결할 수 있다.**

공사계약일반조건

제45조(사정변경에 의한 계약의 해제 또는 해지)

① 발주기관은 제44조 제1항 각호의 경우 외에 다음 각 호의 사유와 같이 객관적으로 명백한 발주기관의 불가피한 사정이 발생한 때에는 **계약을 해제 또는 해지할 수 있다.**

---

5. 고시/공고

고시(告示)　　행정기관이 법령이 정하는 바에 따라 일정한 사항을 일반국민에게 알리는 문서이다. 행정법상 공고와 명백하게 구별하여 사용되지는 않지만, 엄격하게 구별한다면 고시는 일단 정한 후 개정 또는 폐지되지 않는 한 계속적으로 효력이 있는 사항을 알리는 경우에 사용된다.

공고(公告)　　일정한 사항을 널리 일반인에게 알리는 문서로서 일시적 또는 단기간의 일정한 사항을 알리는 경우에 사용되고 구속력을 가지지 않는 사항을 내용으로 하는 경우가 많다.

6. 고지/통지

고지(告知)　　행정청이 행정처분을 서면으로 하는 경우에 그 상대방에게 처분에 관하여 행정심판을 제기할 수 있는지의 여부, 제기하는 경우의 재결청(행정심판을 수리하여 재결할 권한을 가진 행정청)·경유절차·청구기간을 알려주는 제도를 말한다.

통지(通知)　　자기의사나 어떤 사실을 타인에게 알리는 것으로서 행정법상으로는 준법률행위적 행정행위의 하나로서 특정인 또는 불특정다수인에 대하여 특정한 사실을 알리는 행정행위이다.

보험가입시 고지의무는 보험계약 전 보험사에 알릴 의무, 통지의무는 보험가입 후 위험이 증가되어 변경사항을 보험사에 알리는 의무로 구분할 수 있다.

공사계약일반조건

제5조(통지 등)

① 구두에 의한 **통지**·신청·청구·요구·회신·승인 또는 지시(이하 "통지 등"이라 한다)는 문서로 보완되어야 효력이 있다.

② **통지** 등의 장소는 계약서에 기재된 주소로 하며, 주소를 변경하는 경우에는 이를 즉시 계약당사자

에게 통지하여야 한다.

③ **통지** 등의 효력은 계약문서에서 따로 정하는 경우를 제외하고는 계약당사자에게 도달한 날부터 발생한다. 이 경우 도달일이 공휴일인 경우에는 그 익일부터 효력이 발생한다.

④ 계약당사자는 계약이행중 이 조건 및 관계법령 등에서 정한 바에 따라 서면으로 정당한 요구를 받은 경우에는 이를 성실히 검토하여 회신하여야 한다.

---

7. 이행이익, 신뢰이익

이행이익과 신뢰이익의 구분은 계약체결 여부이다. 이행이익은 계약이 체결되었으나 이행이 지체되거나 불능되어 계약이 해제된 경우, 계약을 이행하면 발생될 이익이며 이행이익은 손해배상의 범위가 된다.

반면 신뢰이익은 계약이 체결되어 이행될 것으로 믿고 지출한 비용이 된다. 계약체결전 입찰 및 낙찰에 관한 분쟁이 발생하여 손해가 발생했다면 손해배상의 대상은 입찰에 관해 지출한 비용이 되는 것이지 계약을 이행하는 경우 예상한 이행이익이 될 수 없는 것이다. 따라서 신뢰이익은 이행이익보다 많을 수 없다.

8. 공동소유(공유/합유/총유)

하나의 물건을 2인 이상의 다수인이 공동으로 소유하는 것을 공동소유라 하며, 공유소유의 형태로는 공유·합유·총유가 있다. 공공공사는 대부분 발주처와 여러 수급체와 계약을 체결하는 공동도급의 형태로 운영되는데 여기서 단일 계약건에 대한 공동수급체 사이의 공동소유가 발생하게 된다.

공유(公有)　　공동소유자 사이에 아무런 인적 결합관계가 없는 것으로 하나의 토지를 여러사람이 매수하여 지분별로 소유하는 경우에 해당하고 공유자 전원의 동의가 있으면 원칙적으로 지분의 처분이 자유롭다.

합유(合有)　　공동이행방식에 의한 공동수급체의 법적성격이며 법률의 규정 또는 계약에 의하여 수인이 조합체로서 물건을 소유하는 때의 그 공동소유를 말한다. 공유와 같이 합유자는 지분을 갖지만, 자유로이 처분하지 못하는 점에서 공유지분과 다르다.

총유(總有)　　법인 아닌 사단의 공동소유형태를 말한다. 총유의 주체는 법인아닌 사단, 즉 법인격 없는 인적 결합체로 「종중(宗中)」이 그 예이다. 부동산의 총유는 등기하여야 하며, 등기신청은 사단의 명의로 그 대표자 또는 관리인이 하여야 한다.

9. 구분소유권/구분지상권

구분소유권(區分所有權)　　수인이 1동의 건물을 분할하거나 구분하여 각각 그 일부를 소유하는 경우에 인정되는 소유권을 말한다. 이는 건물의 일부가 독립한 건물과 경제적으로 동일한 효용을 가지며 사회 관념상 독립한 건물로 취급되는 경우에 그에 대하여 독립한 소유권을 인정하는 데 그 제도적 취지가 있다. 아파트나 연립주택 등의 소유구조에 해당한다.

구분지상권(區分地上權)　　지하 또는 지상의 공간에 있어서 상하의 범위를 정하여 건물 기타 공작물을 소유하기 위하여 설정하는 지상권을 말하며, 공중권·지중권 및 지하권을 통틀어서 구분지상권이라고 한다. 구분지상권은 터널·고가도로·지하철·송전탑·지하상가 등을 건설할 때 적용된다.

10. 고소/고발

고소(告訴)　　범죄의 피해자 또는 그와 일정한 관계가 있는 고소권자가 수사기관에 대하여 범죄사실을 신고하여 범인의 처벌을 구하는 의사표시

고발(告發)　　고소권자와 범인 이외의 제3자가 수사기관에 대하여 범죄사실을 신고하는 의사표시

과거 '소비자고발'이라는 프로그램이 있는데 제3자인 방송국에서 고발하는 방식으로 '소비자고소'라고 하지 않는다는 점만 알면 이 두 가지의 의미를 구분할 수 있다.

11. 무효/취소/해제/해지

무효(無效)　　일정한 원인에 의해 법률행위의 내용에 따른 법률효과가 당연히 생기지 않는 것으로서, 특정인의 주장을 필요로 하지 않으며 당연히 효력이 없다.

국가계약법

제5조(계약의 원칙)

③ 각 중앙관서의 장 또는 계약담당공무원은 계약을 체결할 때 이 법 및 관계 법령에 규정된 계약상대자의 계약상 이익을 부당하게 제한하는 특약 또는 조건(이하 "부당한 특약등"이라 한다)을 정해서는 아니 된다.

④ 제3항에 따른 부당한 특약 등은 무효로 한다.

취소(取消)　　일정한 원인을 이유로 일단 유효하게 성립한 법률행위의 효력을 행위 시

에 소급하여 소멸시키는 취소권자의 의사표시로서 취소권자의 주장이 있어야 비로소 효력을 잃고, 일정한 기간이 경과하면 취소권도 소멸된다.

해제(解除)　　유효하게 성립하여 있는 계약관계를 당사자 일방의 의사표시에 의하여 처음부터 계약이 존재하지 않았던 것과 같은 상태로 만드는 것을 말한다.

해지(解止)　　계속적 계약(도급계약, 임대차, 고용 등)에 있어서 당사자 일방의 의사표시에 의하여 장래에 향하여 그 계약관계를 소멸하게 하는 것으로 이전의 계약관계는 존재하게 된다.

국가계약법

제5조의3(청렴계약 위반에 따른 계약의 해제·해지 등)
각 중앙관서의 장 또는 계약담당공무원은 청렴계약을 지키지 아니한 경우 해당 **입찰·낙찰을 취소하거나 계약을 해제·해지하여야** 한다.

---

12. 물권/채권

물권(物權)　　특정한 물건을 직접 지배하여 이익을 얻는 배타적인 권리를 말하는 것으로서, 재산권이고 지배권이며 절대권이다. 자동차나 아파트 등을 소유(등기, 등록)하는 것, 핸드폰을 소유(점유)하는 것을 의미한다. 민법상 인정되는 물권은 소유권, 점유권, 용익물권(지상권·지역권·전세권), 담보물권(유치권·질권·저당권)이다.

채권(債權)　　특정인이 특정인에 대하여 일정한 급부를 청구할 수 있는 권리를 말한다. 일을 완성하면 대가를 청구하는 권리, 근로를 하면 급여를 청구할 수 있는 권리이다. 채권(채무)은 받을 돈(줄돈)이며 세무적으로 매출 세금계산서(매입 세금계산서), 회계적으로 자산(부채)에 해당한다. 채권자는 그러한 권리를 가지고 있는 자이고 반대가 채무자이다.

13. 벌금/과태료/과징금

벌금(罰金)　　범죄인에게 5천 원 이상의 일정한 금액의 지급의무를 강제적으로 과하는 형벌이다. 형법이므로 전과기록으로 남게 된다.

건설기술진흥법

제85조(벌칙)
① 제28조 제1항을 위반하여 착공 후부터 「건설산업기본법」 제28조에 따른 하자담보책임기간까지의

기간에 다리, 터널, 철도, 그 밖에 대통령령으로 정하는 시설물의 구조에서 주요 부분에 중대한 손괴(損壞)를 일으켜 사람을 다치거나 죽음에 이르게 한 자는 무기 또는 3년 이상의 징역에 처한다.

② 제1항의 죄를 범하여 사람을 위험하게 한 자는 10년 이하의 징역 또는 **1억 원 이하의 벌금에 처한다.**

과태료(過怠料) 　 국가 또는 지방자치단체가 일정한 행정상의 질서위반행위에 대한 제재로서 가하는 형법상의 형벌이 아닌 금전벌의 일종이므로 전과로 기록되지는 않는다. 과태료는 행정상의 의무위반에 대한 제재수단이므로, 이러한 행정의무를 부과할 수 있는 권한을 가지며 동시에 이러한 행정의무위반에 대하여 제재를 가할 수 있는 권한을 가진 모든 기관은 과태료의 부과·징수주체가 될 수 있다.

건설기술진흥법

제91조(과태료)

① 다음 각 호의 어느 하나에 해당하는 자에게는 **2천만 원 이하의 과태료를 부과한다.**
　　1. 제39조의2 제1항을 위반하여 건설사업관리계획을 수립하지 아니한 자
　　2. 제39조의2 제6항을 위반하여 건설공사를 착공하게 하거나 건설공사를 진행하게 한 자
　　3. 제77조 제2항에 따른 명령을 이행하지 아니한 자

과징금(過徵金) 　 과징금은 행정법상의 의무를 위반하거나 이행하지 않은 자에게 경제적 이익이 발생한 경우 이익을 박탈하여 간접적으로 의무이행을 확보하기 위해 행정기관이 부과하는 금전적 제재다. 행정법을 위반한 사유는 과태료와 동일하나 가장 큰 차이는 법을 위반하여 얻은 경제적 이익의 박탈이라고 할 수 있다. 특히 인·허가사업을 함에 있어 법령에 의한 의무위반을 이유로 그 인·허가사업을 정지하여야 할 경우에 이용자의 편의 등을 고려하여 이를 정지시키지 않고 사업을 계속하게 하되, 사업을 계속함으로써 얻는 이익을 박탈하는 행정제재금으로 주로 활용되고 있다. 행정심판이나 소송을 통해 취소요구가 가능하다.

국가계약법

제27조의2(과징금)

① 각 중앙관서의 장은 제27조 제1항에 따라 부정당업자에게 입찰 참가자격을 제한하여야 하는 경우로서 다음 각 호의 어느 하나에 해당하는 경우에는 입찰 참가자격 제한을 갈음하여 다음 각 호의 구분에 따른 금액 이하의 **과징금을 부과할 수 있다.**

1. 부정당업자의 위반행위가 예견할 수 없음이 명백한 경제여건 변화에 기인하는 등 부정당업자의 책임이 경미한 경우로서 대통령령으로 정하는 경우: 위반행위와 관련된 계약의 계약금액(계약을 체결하지 아니한 경우에는 추정가격을 말한다)의 100분의 10에 해당하는 금액
2. 입찰 참가자격 제한으로 유효한 경쟁입찰이 명백히 성립되지 아니하는 경우로서 대통령령으로 정하는 경우: 위반행위와 관련된 계약의 계약금액(계약을 체결하지 아니한 경우에는 추정가격을 말한다)의 100분의 30에 해당하는 금액

14. 보상/배상

보상(補償)　　적법한 행위로 인해 입은 재산상의 손실을 갚아주는 것을 말한다. 공법상 원칙적으로는 국가의 합법적 권리행사로 입은 손실을 국가가 보전하여 주는 제도를 말하는데, 헌법상 공공필요에 의한 재산권의 수용·사용 또는 제한 및 그에 대한 보상은 법률로서 하되, 정당한 보상을 지급하여야 한다.

배상(賠償)　　채무불이행 또는 불법행위 등의 위법행위로 인하여 타인에게 발생시킨 손해를 갚아주는 것이다. 행정법상 국가 또는 지방자치단체가 공권력을 행사함에 있어서 위법하게 개인의 권리를 침해한 경우에 그 손해를 전보하기 위한 제도를 말하며, 「국가배상법」에서 이를 자세하게 규정하고 있다.

보상과 배상의 구분은 적법이나 불법의 여부인데 공공사업을 위해 적법한 절차로 시행하는 토지보상을 토지배상이라고 하지 않는다.

15. 선의/악의

선의(善意)　　법률상의 용어로서는 어떤 사실을 알지 못한 것을 의미한다. 도덕적인 의미에서의 선의와는 관계가 없다. 선의로 어떤 행동을 했다는 것은 모르는 상태에서 행동을 했다는 의미이다. 판결문에서 자주 인용되는데 이번 기회에 정확한 의미를 알아두자.

악의(惡意)　　선의에 대한 반대말로서 어떤 사정을 알고 있는 것을 말한다. 법의 영역에서 선의와 악의를 구별하는 이유는 특정한 사실을 알고 있었던 자(악의)는 그 사실에 의하여 예상치 못한 손해를 입을 염려가 없고 따라서 그를 보호할 필요가 없으나, 특정한 사실을 알지 못했던 자(선의)는 그 사실에 의하여 예상치 못한 손해를 입을 염려가 있으므로 이를 보호하기 위함이다.

16. 소멸시효/제척기간/공소시효

　　소멸시효(消滅時效)　　권리자가 자신의 권리를 행사할 수 있음에도 불구하고 일정기간 동안 권리를 행사하지 않는 경우 그의 권리를 소멸시켜 버리는 제도를 말한다. 공사 관련 채권은 민법상 3년간 권리를 행사하지 않으면 소멸시효가 완성된다. 참고로 일반적인 민사 내용으로 개인과 개인이 빌려주는 일반채권은 10년, 상거래나 영리적 목적의 채권이나 은행에서 빌린 대출금은 5년이다.

　　이러한 소멸시효제도를 인정하는 것은 ① 오랜 기간 동안 자신의 권리를 행사하지 않음으로써 「권리위에 잠자고 있던 자는 법률의 보호를 받을 가치가 없다」는 사고와 ② 일정한 사실상태가 장기간 계속되면 그것이 진실한 권리관계에 의한 것이라는 개연성이 대단히 높고, 따라서 증거보전의 어려움이 극복될 수 있다는 점을 고려한 것이다.

민법

제163조(3년의 단기소멸시효)

다음 각 호의 채권은 3년간 행사하지 아니하면 **소멸시효**가 완성한다.

1. 이자, 부양료, 급료, 사용료 기타 1년 이내의 기간으로 정한 금전 또는 물건의 지급을 목적으로 한 채권
2. 의사, 조산사, 간호사 및 약사의 치료, 근로 및 조제에 관한 채권
3. **도급받은 자, 기사 기타 공사의 설계 또는 감독에 종사하는 자의 공사에 관한 채권**
4. 변호사, 변리사, 공증인, 공인회계사 및 법무사에 대한 직무상 보관한 서류의 반환을 청구하는 채권
5. 변호사, 변리사, 공증인, 공인회계사 및 법무사의 직무에 관한 채권
6. 생산자 및 상인이 판매한 생산물 및 상품의 대가
7. 수공업자 및 제조자의 업무에 관한 채권

제164조(1년의 단기소멸시효)

다음 각호의 채권은 1년간 행사하지 아니하면 **소멸시효**가 완성한다.

1. 여관, 음식점, 대석, 오락장의 숙박료, 음식료, 대석료, 입장료, 소비물의 대가 및 체당금의 채권
2. 의복, 침구, 장구 기타 동산의 사용료의 채권
3. 노역인, 연예인의 임금 및 그에 공급한 물건의 대금채권
4. 학생 및 수업자의 교육, 의식 및 유숙에 관한 교주, 숙주, 교사의 채권

제척기간(除斥期間) 　　권리관계를 신속히 확정시키기 위하여 일정한 권리에 관하여 법률이 정한 존속기간을 말한다.

제척기간과 소멸시효와 기본적으로 유사하지만, 차이점은 소멸시효는 사유(천재 기타 사변 등)나 조치(내용증명 발송, 가압류 등) 등에 중단 및 정지되지만 제척기간은 이러한 기간의 진행을 멈출 수 없다는 점이다.

공소시효(公訴時效) 　　형사소송법상 검사가 일정기간 동안 공소를 제기하지 않고 방치하는 경우에 국가의 소추권을 소멸시키는 제도를 말한다. 공소시효의 기간은 범죄의 경중에 따라 1~15년으로 정해져 있다.

17. 실체법/절차법

실체법(實體法) 　　법률의 규정내용을 표준으로 권리의무의 실체를 말한다. 예컨대 권리의무의 발생·변경·소멸·성질·내용·범위 등을 규율하는 법으로서 절차법에 상대되는 법규일반, 헌법·민법·형법·상법 등이 실체법이다. 실체법은 절차법을 전제로 해야만 그 실현이 보장되는 밀접한 관계가 있다.

절차법(節次法) 　　권리의무의 실질적 내용을 실현하는 절차를 말한다. 예컨대 권리의 보전·실현, 의무의 이행·강제 등을 규율하는 법을 말하며, 민사소송법·형사소송법·부동산등기법 등이 이에 해당한다. 절차법은 실체법의 존재를 전제로 하여서만 의의가 있다. 국가계약법은 공정한 국가계약의 절차를 이행하기 위한 계약담당 공무원의 내부규정이라 할 수 있으므로 절차법에 가깝다고 할 수 있다.

18. 일반법/특별법

일반법(一般法) 　　보통법이라고도 하며, 사람, 장소 등에 특별한 제한이 없이 널리 일반적으로 적용되는 것이다(민법, 형법).

특별법(特別法) 　　일반법보다 좁은 범위의, 특정한 사람·장소 또는 사항에 적용되는 법을 말한다. 일반법과 특별법의 구분은 상대적이다. 도급계약에 관해 민법은 일반법이지만 정부를 상대로 하는 도급계약에 관해서는 국가계약법이 특별법이 된다. 상거래에만 적용되는 상법은 특별법이지만 하도급거래에 관해서는 하도급법이 상법에 대해 특별법에 해당하여 우선 적용된다.

19. 예규/훈령/지침

예규(例規)　　행정규칙의 하나로서 행정사무의 통일을 기하기 위하여 상급기관이 하급기관에 대하여 감독권의 발동으로서 발하는 문서로서, 반복적으로 행하는 행정사무의 기준을 제시하는 법규문서 이외의 문서를 말한다. 이는 특별권력관계 및 행정조직 내부에 대해서만 효력이 있다(공사계약일반조건, 정부입찰·계약집행기준).

훈령(訓令)　　상급관청이 하급관청의 권한의 행사를 지시하기 위하여 발하는 명령을 말하며, 훈령을 발할 수 있는 권한을 훈령권 또는 지휘권이라 한다. 훈령은 상급관청이 하급관청의 권한의 행사에 관하여 발하는 명령이므로 하급관청의 구성원에 변동이 있더라도 계속 유효하게 존속한다(공공 건설공사의 공사기간 산정기준(국토교통부 훈령 제1140호, 2019. 3. 1. 시행)).

지침(指針)　　어떤 사항에 관하여 구체적인 계획을 책정하거나 또는 대책을 시행하는 경우에 준거로 하거나 준거가 되는 기본적인 방향이나 방법을 나타내는 것을 말한다(주택관리업자 및 사업자 선정지침(제2021-1505호)).

20. 위임/고용

위임(委任)　　당사자 일방, 즉 위임인이 상대방에 대하여 「사무의 처리」를 위탁하고 상대방, 즉 수임인이 이를 승낙함으로써 성립하는 계약이다. 수임인은 위임인에 대하여 자기의 재량으로 사무를 처리하므로 독립성을 가진다는 점에서 일의 완성과 대가를 지급하는 도급(都給)이나 노무자가 사용자의 지휘·명령에 따라서 노무를 제공하는 고용과 다르다. 발주처와 감리(건설사업관리자)는 위임계약에 해당한다.

고용(雇用)　　당사자 일방(노무자)이 상대방에 대하여 노무 내지 노동력을 제공할 것을 약정하고 상대방(사용자)이 이에 대하여 보수를 지급할 것을 약정함으로써 성립하는 계약이다.

21. 제척/기피/회피

제척(除斥)　　법관 등이 구체적인 사건에 대하여 법률에서 정한 특수한 관계(예, 친족)가 있는 때에 법률상 당연히 그 사건에 관한 직무집행에서 제외되는 것이다.

기피(忌避)　　법관이 제척사유에 해당함에도 재판에 관여하거나 제척사유가 아니라도 불공평한 재판을 할 우려가 있은 경우 당사자의 신청에 의해 직무집행에서 제외시키는 것이다.

회피(回避)　　법관 등이 소송사건에 관하여 스스로 기피의 원인이 있다고 판단하여 자발적으로 사건취급에서 탈퇴하는 것을 말한다.

※ 행정심판·소청심사 등의 경우에도 일반적으로 적용한다.

22. 지상권/지역권

지상권(地上權)　　타인의 토지에서 건물 기타 공작물이나 수목을 소유하기 위하여 그 토지를 사용할 수 있는 물권을 말한다. 즉, 타인의 소유권을 제한해서 토지를 일면적으로 지배하는 용익물권을 말한다. 건물 기타 공작물이나 수목의 소유를 목적으로 하는 권리이므로 지상권자가 설치한 공작물이나 삭제한 수목은 토지에 부합되지 아니하고 그 소유권은 지상권자에게 귀속한다.

지역권(地役權)　　일정한 목적을 위하여 타인의 토지(承役地)를 자기의 토지(要役地)의 편익에 이용하는 것을 내용으로 하는 용역물권을 말한다. 예컨대 자기 토지의 편익을 위하여 타인의 토지를 통행하는 것, 타인의 토지로부터 물을 끌어오는 것 등이 그 내용이 된다.

23. 판결/결정/명령/재결

판결(判決)　　민사소송법상의 판결이라 함은 법원이 하는 재판으로서 반드시 변론을 거쳐 행해져야 한다. 판결은 법정의 형식에 의하여 판결원본을 작성하여 이에 의거하여 선고를 하지 아니하면 효력을 발생하지 못한다. 판결은 변론에 관여한 법관이 행하는데, 당사자가 본안의 신청에 의하여 심판을 요구한 사항, 즉 청구에 관해서만 한다. 판결은 원칙적으로 구두변론에 의하여야 하고 이유를 명시하여야 하며 판결에 대한 상소방법은 항소 또는 상고이다.

결정(決定)　　민사소송법상의 결정은 법원이 행하는 재판의 한 종류로서, 판결은 반드시 변론을 거쳐야 되는 반면, 결정에 있어서는 변론의 여부가 임의적이다. 가압류명령 및 가처분명령은 변론을 경유하는 경우에는 판결이고, 변론을 거치지 않는 경우에는 결정이 된다. 판결은 확정되어야 비로소 본래적인 효력을 발생하는 반면, 결정은 고지에 의해 곧 효력이 발생한다(지급명령, 압류명령, 전부명령(명칭은 명령이지만 실제는 결정임)).

재결(裁決)　　행정심판의 청구에 대한 심리의 결과를 판단하는 행위를 말한다. 즉, 심판청구사건에 대한 재결청(행정심판을 수리하여 재결할 권한을 가진 행정청)의 종국적 판단인 의사표시를 가리켜 재결이라고 하는 것이다. 재결은 행정법상 법률관계의 존부 또는 정부에 관한 분쟁에 대하여 재결청이 일정한 절차를 거쳐서 판단·확정하는 행위이다. 법원의 판결과 성질이 비슷하므로, 준사법행위라고 볼 수 있다(토지수용재결).

24. 허가/인가/특허

허가, 인가, 특허의 구분은 이론적인 구분으로서, 실제로는 용어가 혼용되어 사용하고 있다. 도로점용허가는 실정법상 허가라는 용어를 사용하지만 이론적으로는 특허에 해당한다.

허가(許可)　　법규로서 정하여진 일반적인 상대적 금지를 특정한 경우에 해제하여 적법하게 그 금지된 행위를 할 수 있게 하는 행정행위이다(일시도로사용허가, 영업허가, 화약류 영업허가).

인가(認可)　　국가·공공단체 등 행정주체가 직접 자기와 관계없는 다른 법률관계에 있어서의 당사자의 법률적 행위를 보충하여 그 법률상 효력을 완성시키는 행정행위이다(행정기관이 가지는 법적 효력을 가지게 된다. 예: 도시개발조합설립인가).

특허(特許)　　특정의 상대방을 위하여 새로이 일정한 권리·능력 또는 포괄적인 법률관계를 설정하는 행정행위이다(자동차운사사업면허, 광업허가, 어업면허, 도로/하천 점용허가).

건설산업기본법

제21조(건설기술인의 신고)

④ 「건설산업기본법」 등 관계 법률에 따라 **인가, 허가,** 등록, 면허 등을 하려는 행정기관의 장은 건설기술인의 근무처 및 경력 등의 확인이 필요한 경우에는 국토교통부장관의 확인을 받아야 한다.

---

25. 승인/확인

승인(承認)　　국가나 지방자치단체의 기관이 다른 기관이나 개인의 특정한 행위에 대하여 부여하는 허가적·인가적 승낙 또는 동의를 말한다.

공사계약일반조건

제16조(공사감독관)

② 공사감독관은 계약담당공무원의 **승인** 없이 계약상대자의 의무와 책임을 면제시키거나 증감시킬 수 없다.

확인(確認)　　특정한 사실 또는 법률관계의 존재에 관하여 의문이나 다툼이 있는 경우에 이를 공권적으로 확정·판단하는 행정행위(당선인의 결정, 도로하천구역 결정)를 말한다.

26. 간주한다(본다)/추정한다/의제

「간주한다(본다)」고 함은 사실은 그렇지 않은 경우에도 분쟁을 방지하고 법률적용을 명확히 하기 위하여 법령으로 그렇다고 확정하는 것이다. 그러므로 간주되는 것에 대하여는 법령상 확정된 것이므로 반대증거를 제출하더라도 달라지지 않는다.

공사계약일반조건

제35조(하자검사)

① 계약담당공무원은 제33조 제1항의 하자담보책임기간중 연2회 이상 정기적으로 하자발생 여부를 검사하여야 한다.

② 계약담당공무원은 하자담보책임기간이 만료되기 14일 전부터 만료일까지의 기간 중에 따로 최종검사를 하여야 하며, 최종검사를 완료하였을 때에는 즉시 하자보수완료확인서를 계약상대자에게 발급하여야 한다. 이 경우에 최종검사에서 발견되는 하자사항은 하자보수완료확인서가 발급되기 전까지 계약상대자가 자신의 부담으로 보수하여야 한다.

③ 계약상대자는 제1항 및 제2항의 검사에 입회하여야 한다. 다만, 계약상대자가 입회를 거부하는 경우에 계약담당공무원은 일방적으로 검사를 할 수 있으며 검사결과에 대하여 **계약상대자가 동의한 것으로 간주한다.**

「**추정한다**」고 하는 것은 어느 쪽인지 증거가 분명하지 않을 경우에 일응 그러리라고 판단을 내려 놓은 것을 말한다. 그러므로 당사자가 반대증거를 제출할 경우에는 추정된 것은 전복되고 만다.

「**의제**」는 인·허가절차를 간소화하기 위하여 특정법률(A법)에 의하여 인·허가를 받은 경우에는 다른 법률(B법)에 의한 인·허가를 받은 것으로 보는 것이다. 의제를 받기 위해서는 사업자 등은 다른 법률에 의한 인·허가시 요구되는 서류를 A법에 의한 인·허가권자에게 제출하고, 당해 인·허가권자는 B법에 의한 인·허가권자와 협의를 하여야 한다. 이와 같이 서류제출과 인·허가권자의 협의가 있어야 의제가 되는 것이며, 단순히 법률에 의제가능 대상으로 열거되어 있다고 해서 의제가 되는 것은 아니다.

국가계약법

제35조(벌칙 적용에서의 공무원 의제)

다음 각 호의 위원회의 위원 중 공무원이 아닌 위원은 「형법」 제129조부터 제132조까지의 규정을 적용할 때에는 공무원으로 본다.

    1. 제27조의3에 따른 과징금부과심의위원회

    2. 제29조에 따른 국가계약분쟁조정위원회

    3. 입찰·낙찰 또는 계약의 체결·이행에 관한 사전심사 및 자문 업무를 수행하는 대통령령으로
       정하는 위원회

27 이전/전/이후/후

「이전」과 「이후」는 기준시점을 포함하는 것이고, 「전」과 「후」는 기준시점을 포함하지 않는다. 기간계산에 있어서 「4월 1일 이후 15일간」이라고 하면 4월 1일부터 4월 15일까지를 의미하고, 「4월 1일 후 15일간」이라 하면 4월 2일부터 4월 16일까지를 의미한다.

28. 적용한다/준용한다

「적용한다」라고 함은 특정규정이 조금도 수정됨이 없이 그대로 다른 사항에 적용되는 경우에 사용한다.

공사계약일반조건

제23조(기타 계약내용의 변경으로 인한 계약금액의 조정)

① 계약담당공무원은 공사계약에 있어서 제20조 및 제22조에 의한 경우 외에 공사기간·운반거리의 변경 등 계약내용의 변경으로 계약금액을 조정하여야 할 필요가 있는 경우에는 그 변경된 내용에 따라 실비를 초과하지 아니하는 범위 안에서 이를 조정(하도급업체가 지출한 비용을 포함한다)하며, 계약예규 「정부입찰·계약 집행기준」 제16장(실비의 산정)을 적용한다.

「준용한다」라고 함은 특정규정이 준용되는 사항의 성질에 따라 다소 수정되어 적용되는 경우에 사용된다.

공사계약일반조건

제29조(기성부분의 인수)

① 계약담당공무원은 전체 공사목적물이 아닌 기성부분(성질상 분할할 수 있는 공사에 대한 완성부분에 한한다)에 대하여 이를 인수할 수 있다.

② 제1항의 경우에는 제28조를 준용한다.

29. 즉시/지체없이

「즉시」는 시간적 즉시성이 보다 강한 것이다. 이에 대하여 「지체없이」는 역시 시간적 즉시성이 강하게 요구되지만 정당한 또는 합리적인 이유에 대한 지체는 허용된다고 해석하고, 다만 사정이 허락하는 한 가장 신속하게 하여야 한다는 것을 뜻한다.

공사계약일반조건

제32조(불가항력)

① 불가항력이라 함은 태풍·홍수 기타 악천후, 전쟁 또는 사변, 지진, 화재, 전염병, 폭동 기타 계약당사자의 통제범위를 벗어난 사태의 발생 등의 사유(이하 "불가항력의 사유"라 한다)로 인하여 공사이행에 직접적인 영향을 미친 경우로서 계약당사자 누구의 책임에도 속하지 아니하는 경우를 말한다.

② 불가항력의 사유로 인하여 다음 각호에 발생한 손해는 발주기관이 부담하여야 한다.

    1. 제27조에 의하여 검사를 필한 기성부분

    2. 검사를 필하지 아니한 부분중 객관적인 자료(감독일지, 사진 또는 동영상 등)에 의하여 이미 수행되었음이 판명된 부분

    3. 제31조 제1항 단서 및 동조 제3항에 의한 손해

③ 계약상대자는 계약이행 기간 중에 제2항의 손해가 발생하였을 때에는 **지체없이** 그 사실을 계약담당공무원에게 통지하여야 하며, 계약담당공무원은 통지를 받았을 때에는 **즉시** 그 사실을 조사하고 그 손해의 상황을 확인한 후에 그 결과를 계약상대자에게 통지하여야 한다.

---

30. 한다/하여야 한다/할 수 있다

「한다」 또는 「하여야 한다」는 반드시 할 의무를 지우는 것이고, 「할 수 있다」는 재량에 따라 하여도 좋고 하지 아니하여도 좋은 경우를 말한다.

공사계약일반조건

제17조(착공 및 공정보고)

① 계약상대자는 계약문서에서 정하는 바에 따라 공사를 착공**하여야 하며** 착공시에는 다음 각호의 서류가 포함된 착공신고서를 발주기관에 제출하여야 한다. 다만, 계약담당공무원은 공사기간이 30일 미만인 경우 등에는 착공신고서를 제출하지 아니하도록 **할 수 있다**.

두 번째 이야기

분쟁 이야기

01
고백(告白)

핸드폰 벨소리가 요란하게 들리고 눈을 떴다. 직장 동료의 목소리였다.

그 순간 침대 위의 입에 거품을 물고 사경을 헤매는 나의 딸의 눈을 볼 수 있었다. 그렇게 돌이킬 수 없는 비극은 시작되었다. 정말 돌이킬 수 없는…

긴급한 수술이 진행되었고 장폐쇄로 썩어간 소장의 일부를 절단하게 되었다. 단순히 외과적 손상이지만 장폐쇄로 인한 고통은 경기를 일으켰고 이미 뇌의 산소포화도는 47%로 떨어졌고 돌이킬 수 없이 뇌손상은 진행되었다. 정상인은 95% 이상의 뇌포화도를 유지해야 된다. 살아있다는 것은 다행이지만 이미 뇌기능은 일부 손상되었고 검사결과도 이를 확인해 주고 있었다.

복부CT 촬영까지 했는데 단순히 장(腸)이 꼬인 증세인 장폐쇄를 확인하지 못한 오진으로 밤새 고통 속에서 몸을 꼬던 나의 딸의 모습을 생각하면 가슴이 절로 메어 온다. 장폐쇄는 어린 아이들에게 자주 발생하는 것이지만 이루 말할 수 없는 고통을 동반한다. 밤새 그 고통과 싸우며 더 이상 견디지 못해 경기를 일으켰던 것인데 부모로서 장염이라는 의사의 진단을 믿고 그 중요한 골든 타임을 놓친 것은 아직도 천추의 한으로 남는다. 하물며 태어날 때부터 장폐쇄로 이미 장의 일부를 절단한 경험이 있는 아이의 병력을 병원이 이미 알고 있음에도, 대학병원의 유능한 의료진이 이를 제대로 진단하지 못한 것은 명백한 과실이었다. 복부CT로 장폐쇄를 판독하여 진단하는 것은 임상 교수급 이상의 고도의 전문적 지식이 요구되는 것이 아니라 전공의 2년차 이상(외과는 물론이고 진단방사선과 전공의라면 누구나)이라면 누구나 판독할 수 있는 것이라고 한다.

모든 정황을 보면 당시 국내에서 몇째 가라면 서러운 종합대학병원에 몸담고 있는 의료진의 실력이 부족해서 일어난 의료사고라기보다는 순간적 태만이 과실을 불러온 것임을 명백하게 알 수 있었다. 생각할수록 부모의 입장에서 더 억울하고 억장이 무너지는 환장할 일이다.

누구나 실수는 한다. 그러나 이러한 실수가 한 아이를 정상인으로 생활할 수 없는 장애를 만들고 그 보호자는 자신의 모든 것을 희생하며 자식의 곁을 지켜야 한다. 그것도 평생동안…

장애인 부모의 소망은 절대로 자식보다 먼저 세상을 떠나지 않는 것이다. 그것은 너무도 간절하지만 부질없는 많은 장애인 부모들의 한결같은 소망이다. 장애인 자식을 더 이상 보살필 수 없어 자식과 함께 세상을 등지는 소식을 접하면서 이를 독하다고, 비정하다고, 부모의 도리가 아니라고 말하는 세간의 비판은 이해는 가지만 아무도 스스로 살아갈 수 없는 장애인에게 부모가 없는 삶이란 어떤 것인지를 평범하고 건강한 사람은 알지 못한다.

수술이 끝나고 의사는 나에게 연신 미안함을 밝혔다. 나는 차오르는 분노를 최대한 억누르고 흥분하지 않으려 노력했다. 당신의 실수로 만약 아이에게 문제가 되면 나는 법정에서 심판하겠다고 말하고 애써 의젓함을 보였다. 하기야 더 이상 의사와 멱살 잡고 싸운다고 이미 지난 시간을 돌이킬 수 있겠는가?

2006년 10월 26일 병원에 찾아간 바로 그 다음날 발생한 일이니 벌써 십여 년이 흘렀다. 상상할 수 없었던 비극이 그 짧은 이틀이라는 시간에 이루어졌다. 소장의 일부를 절단하였기에 이를 이겨내기 위한 만 1살도 되지 않은 아이의 고통과 이를 치료하고 간호하기 위한 아내의 고생은 이루 말할 수 없었다. 그 힘든 고생도 언젠간 다 지나갈 것이라는 막연한 희망은 말 그대로 희망으로 끝났다. 이러한 고생이 평생을 가리라는 생각은 나도, 아내도 하지 않았다. 아니 못했다.

장애의 몸이 되어 버린 나의 딸을 평생 돌봐야 하는 끝이 없는 고통은 그 순간부터 시작되었다.

그렇게 나는 뜻하지 않는 의료사고를 겪게 되었다.

다음 해 2007년 5월 17일 법원에 소장을 접수하고 의료소송은 시작되었다. 당시 인기 있었던 의료 드라마의 자문법률을 맡고 있던 로펌을 소송대리인으로 정했다. 사실 어떤 로펌을 소송대리인으로 해야 할지에 대해서 큰 고민을 하지 않았다. 이는 내가 로펌을 잘 알아서가 아니라 그 당시 인기 있던 드라마가 끝날 무렵 자막에 올라왔던 법률자문 로펌이었기에 선택의 여지가 없었다.

대부분 서류에 의존하는 일반적인 소송과 달리 의료소송이 힘든 것은 실제로 환자를 데리고 별도의 의료감정을 받아야 하고 그 감정을 하는 사람도 역시 같은 업무를 수행하는 의사라는 전문가 집단이기 때문에 감정결과에 대한 찜찜한 의심을 가질 수밖에 없었다. 그래서 의료소송은 해 봐야 소용없다고도 했다.

2007년 5월에 시작된 소송은 2010년 10월 28일 끝났다(울산지방법원 2010. 10. 28. 선고

2007가합3090 판결). 3년이 넘는 시간이다. 지금 생각해 보면 어떻게 갔는지 모르겠지만 지금 법원의 기록을 보면 내가 전혀 알지 못했던 많은 일들이 진행되었음을 알 수 있었다. 그리고 직접 법원에서 당사자인 본인과 판사, 원고 및 피고 대리인의 대질과 조정의 절차도 있었던 것으로 기억된다.

나는 당시 변호사와 첫 번째 만남을 가졌는데 그동안 몇 번 담당 변호사가 바뀌었다는 말과 함께 의료인의 과실이 있을 경우라도 소송 청구액의 50%의 일부승소하면 가장 잘 되는 것이고 이번 사건도 그렇게 진행될 것 같다는 영혼 없는 귀뜸뿐이었다.

역시 결과는 일부 승소, 청구액의 50%만 인정받았다.

판결의 내용을 종합하면 이렇다.

'의사의 과실은 인정되지만 의료판단은 의사의 재량이고 환자의 체질적 문제도 있다는 점, 이러한 점에 근거하여 손해배상의 산정은 공평·타당한 분담을 그 지도원리로 하는 손해배상제도에 부합한다고 할 것이므로 50%로 제한한다'라는 것이다.

어떻게 과실이 인정되는데 100%가 안 되는지, 아픈 것 자체가 죄가 되는 것인지, 그리고 50%가 공평한 손해배상 산정인지 이해가 되지 않았다.

2심으로 항소를 고민하였다. 그러나 2심에서 전부 승소한다는 판단이 서지 않았고 로펌에서도 전혀 그런 확신을 주지 않았다. 2심으로 진행하면 다시 별도의 수임료를 내야 한다는 것뿐이었다. '이래서 소송으로 망한다는 것이구나…'라는 세간의 말들을 실감할 수 있었다.

무엇보다 나의 소송대리인이 실망스러웠다. 그들은 이번 판결에 대해 특별한 아쉬움이나 미련이 없어 보였다. 시작할 때부터 절박함도 느낄 수 없었지만, 영화나 드라마에서와 같은 열정적인 변호사의 모습은 그저 나의 환상이었다.

더 이상 자신이 없었다. 소송 초기 2회 쌍불[1]로 신뢰할 만한 행동을 보이지 못했던 터라 이 로펌을 통해 2심으로 항소하는 것은 어렵다고 보고 포기했다.

이때부터 변호사에 대한 이유 없는 불신이 있었던 것 같다.

영화 데빌스 에드버킷(devil's advocate)에서 악마와 같은 돈밖에 모르는 냉정한 변호사지만 의뢰인에게 언제나 승소를 안겨주는 모습을 생각했기에 실망은 더 컸다. 그 이후 개봉된 영화 '변호인'에서 송강호와 같은 열정과 치열함으로 무장한 변호사의 모습에 감동했지만 실제와 다를 것이라는 냉소를 가져다 준 것도 나의 쓰린 경험의 발로였다.

지금 다시 생각해 보면 변호사가 의뢰인의 입장을 고려하여 사건에 대해 편안하고 덤덤

---

1) 쌍방불출석의 줄임말로 소송당사자들 쌍방이 재판에 출석하지 않거나 출석하더라도 변론하지 않을 경우로 2회 이상 쌍불일 경우 원고의 소가 자동취소될 수 있는 것이다(민사소송법 제268조).

하게 말할 수밖에 없었음을 이제는 충분히 이해할 수 있을 것 같다. 나는 당시 너무 몰랐다. 그들 역시 변호사를 업으로 하는 사람들이고 나의 사건도 그들에게는 많은 사건들 중 또 하나의 사건인 것을.

　　그들이 나보다 절실하고 절박해야 할 이유는 없었다. 나의 절박함은 상대방에게 요구할 대상이 아님을 절실이 깨달았다. 그리고 절박하고 간절한 마음은 실천을 전제로 해야 가치의 완성을 이룰 수 있음을 알게 되었다(나의 사건이지만 내가 할 수 있는 것은 아무도 없었던 것 같다).

　　그럼에도 불구하고 왠지 그런 사무적이고 건조한 태도가 싫었다. 전혀 간절함이라고는 1도 없는 그런 전형적인 엘리트 변호사들을 보면서 더 이상 그 어떤 드라마틱한 환상 같은 것은 내 머릿속에서 이미 사라졌다.

　　난생처음 접한 나의 법적 소송은 그렇게 끝났다.

02
클레임 업무의 시작

'야 니가 한번 클레임 업무 해 봐.'

본부장의 이 말 한마디로 토쟁이 현장기술자인 나에게 전혀 접해보지도 못했던 클레임이라는 새로운 업무가 시작되었다. 그때가 2012년이었다.

당시에 내가 몸담고 있던 현장은 '경인아라뱃길사업'으로 서울 한강과 인천 앞바다를 잇는 속칭 '경인운하' 공사로 이명박 대통령의 4대강 사업과 함께 말도 많고 탈고 많았던 대형 국책사업의 하나였다.

계약 당시인 2009년, 공사기간 2년 6개월, 공사비가 2,643억 원의 그야말로 대형사업이었다. 인허가 및 보상이 완료되지 않은 상태였기 때문에 이를 고려하면 사실상 실질적 공사기간은 2년 내외밖에 되지 않았다. 매월 최소한 100억 원 이상의 공사를 수행해야 준공이 가능했다. 당시 일반 국도건설 현장의 경우 예산이 부족하여 1년에 100억 원도 안 되는 현장도 꽤 있었음을 감안하면 그야말로 숨이 막히는 공사기간이었다.

사업자체가 대통령의 공약사업으로 반드시 임기 내 완공해야 했기 때문에 공공공사의 고질적인 문제인 예산부족이라는 문제는 있을 수 없었다. 오로지 공기(工期)의 문제만이 존재했다.

내가 속한 공구[1]는 갑문, 수로조성, 교량, 부두 등 타공구가 가지고 있는 모든 공종이 혼합되어 있었고 이를 일괄로 수행해야 했기에 더욱 세밀하고 조화로운 공사관리를 요구하는 구간이었다. 비가 와서 공사를 하지 못하면 청와대에서 발주처를 통해 공사독촉 연락이 왔을 정도로 기한 내 준공을 위한 공정은 절실했다. 어떤 이유도 공사를 멈출 수 있는 것은 없었다.

---

1) 경인아라뱃길 사업은 총 6개 공구로 1~5공구는 위치상 인천에 위치하였고 계약 당시 1공구는 수로조성, 부두, 호안공사를 포함하여 2,997억 원, 2공구는 갑문 설치로 1,722억 원이, 3·4·5공구는 주운수로의 교량을 건설하는 사업이었다. 6공구는 수로조성, 부두, 호안, 갑문 및 교량 등의 복합공사였다.

내가 클레임 업무를 맡게 된 것은 온전히 현장의 적자 때문이었다. 나의 어떤 다른 능력이나 전문성과는 전혀 무관한 것이었고 단순히 현장의 공사원가를 담당했던 공무책임자의 위치에 있었기 때문이었다.

당시만 해도 턴키공사는 공공공사에서 그나마 이윤이 남을 수 있는 유일한 입찰방식의 공사였기에 적자를 본다는 것은 그야말로 있을 수 없는 심각한 일이었다. 그렇지만 현장의 적자는 쌓여 갔고 더 이상 이를 만회할 수 있는 대안은 없었다. 그나마 불확실한 대안은 발주처를 상대로 클레임을 제기하는 것이었다.

4대강 사업 및 경인아라뱃길 사업은 대표적인 국책사업이었지만 턴키공사도 적자를 볼 수 있다는 것과 적자의 규모도 몇억, 몇십억을 넘어서 몇백억에 이를 수 있다는 위험한 시그널을 주는 계기가 되었다. 턴키공사가 한번 잘못되면 예측 가능한 수준의 적자가 아니라는 데 심각한 인식의 전환이 이루어졌다.

이미 적자가 난 현장을 다시 흑자로 만들 수 없는 것이고 그저 얼마나 손해를 만회할 수 있느냐가 관건이었다. 과연 잘 할 수 있을까?

오래전에 회사에서는 직원들의 역량을 키우기 위해 순환보직이라는 제도가 있어서 운 좋게 시공과 공무, 품질 업무를 수행한 적이 있기에 현장의 어떤 업무도 수행할 수 있다고 자부하고 있었지만, 클레임이라는 용어 자체가 거부감을 주는 당시의 환경에서는 도대체 무엇을 어떻게 어디부터 시작해야 할지 참으로 막막했다. 한번도 가보지 않은 길을 가야 한다는 것은 나에겐 또 다른 시험이었다(나는 그렇게 도전적이거나 탁월함을 갖고 있지 않은 평범하고 보수적인 현장기술자일 뿐이었다).

회사의 법무팀이나 로펌에서 수행하는 전문적 법적 분쟁업무에 대해 십여 년 이상 현장 업무만 수행한 현장기술자가 무엇을 할 수 있을까? 이것은 나만의 생각이 아니라 주변의 회의적인 시선도 다르지 않다는 것을 따갑도록 느낄 수 있었다.

오로지 내가 수행했던 현장에서 적자를 만회하기 위한 대책으로 나름대로 클레임 대상을 정하고 자료를 준비하는 공무책임자로서의 일상적 역할만 수행했던 것뿐이다. 굳이 경험이라고 한다면 이전의 현장에서 국민연금과 건강보험의 정산과 관련하여 중재를 수행한 경험이지만 이 또한 현장기술자로서 현장을 위해 당연한 업무를 수행했던 것이지 온전한 클레임 업무라고 할 수는 없는 것이었다.

이제는 더 이상 내가 몸담고 있는 현장만이 아니라 토목부문에서 수행하고 있는 모든 국내현장을 대상으로 클레임 업무를 수행해야 한다는 것이고 그것은 나에게는 너무 무거운 짐이었다.

그런데 이상하게도 한 번도 느끼지 못한 설레임으로 나의 가슴은 뛰고 있었다.

03
처음부터 다시 시작하기

새로움이 마냥 설레임과 두려움이 될 수만은 없었다. 새로운 도전은 선구자로서의 디딤돌이 될 수 있지만 발을 잘못들이게 되면 상처만 남은 채 흔적조차 남지 않고 사라진다. 성과가 나타나지 않으면 곧 어설픔만 남게 된다. 그 성과도 매우 짧은 시간 내에 나타나야 한다. 회사는 그렇게 너그럽고 넉넉한 시간을 주지 않는다.

어림없다. 냉정한 프로의 세계가 아닌가? '미래를 위한 역량개발', '새로운 업무영역의 확장을 통한 수익창출'과 같은 미사여구는 항상 오래가지 않는 허망한 구호라는 것쯤은 알고 있었다. 그러나 소문만 요란하고 다시 아무 성과 없이 현장으로 돌아가는 것은 상상하기도 싫었다.

당시 법적 분쟁에 관련된 업무는 모든 건설회사가 그렇듯이 법무팀이 주관하고 있었고 당연히 토목사업부서의 롤(Role)이 아니었기 때문에 해당업무에 관해 경험 있는 기술자나 업무절차 자체가 존재하지 않았다. 당연히 인수받아야 할 업무도 사람도 없었다.

송충이가 솔잎을 먹어야 하듯이 노가다가 노가다 밥을 먹어야 한다는 근본 없는 토쟁이 근성에 의한 관성(慣性)은 계속해서 새로운 업무에 대한 무거운 심적 부담만 주고 있었다.

'이젠 무얼해야 할까?'라는 막막한 화두가 스스로에게 던져졌을 때 가장 먼저 시작한 것이 '공사계약일반조건'의 복기였다. 그렇다고 기술자가 법전(法典)을 볼 수는 없지 않은가? 실무적으로 가장 많이 접하게 되는 계약규정이고 나름 오랫동안 현장에서 공무업무를 수행하면서 어느 정도 잘 알고 있다고 생각하고 있었기 때문이기도 했다. 그러나 그동안 현장업무를 수행하기 위해 순간순간 그때마다 필요한 계약규정만 부분적으로 접했지, 제대로 전체적인 내용의 의미를 깊이 이해하지 못했고 또 그래야 할 필요도 없었다.

현장을 벗어나서 객관적인 입장에서 공사계약일반조건을 수차례 읽고 다시 쓰고 때로는 한자로 바꿔 쓰면서 체화하고자 했던 것이 첫 번째의 수고였다. 그러나 그러한 수고는 다시 한번 되짚어 본다는 의미에서 도움은 될 수 있었지만 본질적으로 계약규정의 내용의 깊이를 몸속 깊이 체화하기에는 한계가 있음을 절실히 느꼈다. 아직도 나의 사고(思考)는 현장기술자로서 고인물 속에 그렇게 머무르고 있었다.

오랫동안 현장기술자로서 몸에 밴 사고의 틀은 쉽게 바뀔 수 없음을 깨달았을 때 좀 더 생각의 폭을 넓히기 위해 어느 정도 법에 대한 원리와 지식에 관한 체계화된 교육과 학습이 절실함을 느꼈다. 지금 생각해 보면 공사계약일반조건도 궁극적으로 법이라는 큰 틀속에서 만들어진 것인데 그 법이라는 기본을 모르니 항상 겉돌 수밖에 없었던 것이다.

일단 내가 몸담았던 현장의 손해를 클레임을 통해 최소화해야 한다는 것이 첫 번째 과제였다. 동시에 사업팀에서 관리하는 국내 모든 현장들의 현안사항을 이해하고 잘 챙기면서 더 나아가 클레임 사항을 발굴하고 해결방안을 수립하여 이행하여 어떻든 좋은 결과를 도출해야 한다는 나름대로 큰 틀의 밑그림을 그렸다.

그림을 완성하기 위해서는 '나'라는 존재의 이유에 대해 현장에게 확실한 신뢰를 주는 것이 필요했다.

어느 날 갑자기 본사에서 새로운 업무를 맡았다고 엊그제까지 같은 현장기술자였던 나에게 전문성을 인정하고 문제해결을 의뢰할 현장은 없다. 클레임에 관한 나의 수준이 현장기술자와 별반 다름이 없음을 내 스스로 너무 잘 알고 있었다.

당시만 해도 현장은 클레임에 대한 어떤 인식이 있었던 것도 아니였고 문제를 끄집어내는 데 익숙하지 않았다. 특히 발주처와의 문제를 본사에서 해결해 주리라고 믿는 현장은 없었다. 어떻게 현장에서 하다 하다가 문제가 곪아서 터지기 직전에 가서야 알 수 있는 것이 현장이고 누구도 입 다물고 있으면 도대체 알 수 없는 폐쇄적, 독립적 조직이 현장이었다. 그리고 그런 현장의 특성은 누구보다도 내가 더 잘 알고 있는 것이기도 했다.

클레임 업무의 목적은 명확했지만 전혀 내세울 만한 이력이나 전문적 소양이 없었던 내가 가장 근본적인 문제였다. 내가 몸담았던 현장의 분쟁사항을 잘 안다는 것으로 입찰방식과 공사의 성격, 발주처가 다른 타 현장을 진단한다는 것은 전혀 가당찮은 이야기다. 예나 지금이나 가장 경계해야 할 것은 완전히 모르는 것이 아니라 잘 모르는 것이다. 선무당이 사람 잡는다는 것은 언제나 진실이기 때문이다.

나의 부족한 전문성을 보완하고 현장에 신뢰성을 제시할 수 있는 방법이 필요했다. 그래서 당시 아라뱃길 현장의 소송대리인 로펌에 몸담고 계셨던 클레임 전문가와 함께 업무를 수행하게 되었다. 국내 테크니션 클레임 전문가 1세대로 건설법무의 이론과 실무를 겸비하셔서 내가 부족한 부문을 메워주면서 현장에도 신뢰를 줄 수 있었다. 이렇게 앞으로 수행해야 할 클레임 업무의 방향과 방법을 잡을 수 있었다.

이제야 미약한 클레임 업무를 시작할 수 있었다.

04
성과는 모든 것을 이야기하고 문화가 된다

수십 개의 현장을 직접 방문하여 계약문서를 검토하고 현장의 목소리를 들으면서 조금씩 현장의 클레임 사안을 모니터링하기 시작했다.

자연스럽게 현장을 방문하면서 현안의 쟁점에 관한 계약규정 및 향후 예상되는 문제와 대안을 제시하였고 현장기술자를 대상으로 실무교육도 시행할 수 있었다. 필요에 따라서 변호사와 함께 직접 현장을 방문하고 상황을 파악하여 필요시 법률의견서를 작성하여 제공하는 등의 색다른 현장지원이 시작되었다.

KTX를 타고, 고속버스를 타고 전국의 현장을 방문하면서 무언가 보물을 찾는다는 기대감을 가지고 현장직원들과 함께 숙제를 풀어갔던 것은 나에게 너무도 값진 수업이었고 지금도 무한한 부듯함을 주었던 감동의 추억으로 회상하곤 한다.

그때까지 현장손익이나 기타 현안문제를 조사하고 담당임원에게 보고하여 조치하기 위해 본사의 사업팀 담당자가 현장을 가는 경우를 제외하고 대부분은 현안사항을 보고하거나 품의승인을 받기 위해 현장에서 본사로 방문하는 경우가 대부분이었다. 그렇지만 클레임 관련한 사항으로 현장에서 본사로 오는 일은 없었다.

찾아가는 서비스! 내가 직접 현장으로 찾아가면 되었고 그것이 당시 세웠던 업무방침의 처음이자 끝이었다. 현장의 클레임 문제를 해결하기 위해서 지속적으로 전문가가 현장에 직접 방문하고 협의하고 모니터링 하는 것 자체가 지금까지 현장으로서는 한 번도 없었던 새로움이었다. 클레임 업무가 현장담당자가 자리를 비우며 본사까지 올라와서 1회성 업무로 협의하고 끝나야 할 일이 아니었기에 내가 직접 현장으로 직접 찾아가는 것은 너무나 당연한 것이었다.

불과 약 10년 전이지만 그 당시만 해도 클레임이란 해외건설 교육에서나 듣던 이야기였고 국내의 공공공사에서는 생소하다 못해 엄두가 나지 않는 분야였다.

클레임 업무를 수행하면서 현장은 오랜 관성에 따른 관행적 업무처리, 선임자의 경험에 의존한 업무방식, 발주처와의 수직적 관계를 고려할 수밖에 없는 업무절차 등으로 오롯이 계약규정대로 업무가 수행되지 않고 있음을 절실하게 느낄 수 있었다. 그것은 불과 얼마 전까지 현장에 몸담았던 나의 생각과 업무처리의 연속선상에 있는 것이었다. 직접 현장과 함께하면서 이제는 변해야 되고 그렇지 않으면 더 많은 리스크가 될 수 있다는 사실을 새삼스럽지만 조심스럽게 깨닫기 시작했다.

현장기술자들에게는 도급계약상의 의무과 권리는 물론 청구(請求)라는 개념도 확실치 않았다. 당시 서서히 쟁점이 되기 시작한 공기연장 이슈와 간접비를 실제로 받을 수 있다는 것조차 현장으로써는 새롭게 다가왔던 것도 사실이었다. 현장을 방문하면서 이러한 소소한 사항을 전파하면서 서서히 현장에서 조금씩 나의 존재를 이해하고 업무의 신뢰가 형성되기 시작했다.

그동안 묻혀 있던 발주처와의 분쟁사안들이 표면으로 서서히 드러나기 시작했다. 분쟁의 법적해결의 절차를 진행하면서 초기에는 현장의 많은 우려와 걱정이 있었다. 그것은 발주처로부터 받을 수 있는 직간접의 피해와 같은 것이었다. 너무 오랜 시절을 그렇게 '을'로 지내온 방어적 본능 같은 것이기도 했다.

실제로 현장에서 분쟁을 법적으로 처리한다는 의사표시만으로도 대부분의 발주처는 현장에 직접 불이익을 줄 수 있는 강압적 반응이 대부분이었고 현장에서도 이로 인해 받을 수 있는 피해에 대해 상당히 고민하고 걱정하였다. 그러나 막상 법적 절차를 진행하면서는 현장에 구체적이고 직접적인 피해가 발생했던 사례는 실제로 생각했던 것처럼 크지 않았다. 그렇지만 일정기간 발주처에서는 현장을 차갑게 대하고 승인사항의 보류, 현장점검 등을 통해 현장은 지속적으로 발주처의 소리 없는 압박에 시달리고 힘겨워 한 것은 사실이었다. 그런 가운데서도 현장은 이러한 일련의 조치가 본사의 방침임을 적극적으로 설명하면서 나름대로 슬기롭게 대처했다.

서서히 분쟁을 법적으로 대응하고 해결해 가면서 금전적 손해가 만회되고 사업수지가 개선되는 사례들이 나타나기 시작했다. 일부 발주처에서도 분쟁의 법적해결을 인정하기 시작했고 현장의 걱정과 우려는 조금씩 누그러졌다.

이러한 모든 결과의 일등공신은 바로 현장기술자였다. 그동안 현장기술자들은 조금이라도 수익을 남기고, 적기에 준공을 위해 밤낮을 안 가리고 항상 그래왔듯이 열심히 일해 왔다. 분쟁이라는 낯선 상황에 접했지만 전문가 집단이 이끌어 주고(Lead) 도와주고(Help), 챙김(Monitoring, Check)으로써 그동안 해 왔던 일과 다름없이 충분히 해결하는 역량을 보여

주었다. 잘 몰랐을 뿐이었지 능력이 부족한 것이 아님을 입증해 준 것이었다.

발주처는 해당분야 최고의 전문가 집단이다. 여기에다 우월한 계약적 지위와 권한을 가진 발주처를 현장소장의 개인기에 의존하여 해결하는 데는 한계에 봉착하고 있음을 현장에서도 깨닫기 시작했다. 회사에서도 현장에 대해 계약에 입각한 원칙적인 대응을 주문하였고 사업보고회에서도 클레임을 통해 손익을 개선하겠다는 현장은 점점 늘어났고 실제로 대부분 현실화되었다. 분쟁사안에 대해 발주처의 관계만을 우선시하여 일정 손해를 감수하면서 적당히 넘어가는 현장은 더 이상 존재할 수 없는 분위기가 형성되었다.

발주처와의 분쟁을 법적 절차로 해결하면서 숫자로 나타나는 손익성과에 대한 입소문이 퍼지면서 현장직원들도 클레임 해결에 대한 동기부여가 강해지기 시작했다. 당연히 정보와 교육에 대한 욕구가 늘어났고 모든 현장직원이 참석하는 집합 교육에서는 클레임 분야에 대한 관심과 인기가 가장 높았다. 이러한 현장기술자의 기대에 부응하기 위해 처음으로 국내에서 가장 유능하다는 건설전문 변호사들을 주제별로 초빙하여 가장 따끈따끈한 소송사례와 정보를 제공하였다. 당연히 현장기술자의 호응도 뜨거웠다.

클레임을 업무의 일환으로 받아들이기 시작했다는 인식의 전환이 무엇보다도 가장 의미 있는 것이었다. 그것은 분쟁에 대해 어떻게 대처하고 해결하는지에 대한 분명한 방향을 가지고 바로 강력한 실행으로 이어질 수 있도록 하였다. 이것은 분쟁업무가 시스템화되어 처리되고 있음을 의미하는 것이었다.

이제는 몰라서, 어려워서, 발주처 관계를 핑계로 현장에 닥친 불합리하고 불공정한 손해를 그냥 넘어가는 일은 없었다. 어느 순간부터는 아무리 작은 분쟁사안이라도 현장에서 더욱 적극적으로 사업팀의 자문과 검토를 요청하고 있었다. 이는 작지만 매우 의미있는 변화였다. 그것은 철저하게 준비하고 대응하면 얼마든지 법적으로 처리하여 좋은 결과를 도출할 수 있다는 자신감이 자리 잡고 있기에 가능한 것이기 때문이었다.

현장의 신선한 변화와 함께 클레임 업무를 수행하면서 껄끄러웠던 법무팀과의 관계도 조금씩 해소되고 있었다. 법무팀 고유의 업무영역과 중복되고 기술자가 수행하는 법무업무에 대한 불신이리라. 이것은 업무수행과정으로 이어져 잦은 마찰이 발생하기도 했다.

법무팀 담당자가 시공담당을 하고 검측한다면 역시 기술자도 같은 감정이 아니겠는가? 보이지 않는 긴장감에 처음에는 적응이 되지 않았고 또 다시 법무팀과 부딪쳐야 한다는 부담감이 무겁게 한구석을 자리 잡곤 했다. 이와 같은 부담은 나뿐만이 아니라 대부분 현장의 정서였고 일부 현장은 법무팀을 기피하는 경향까지 있었다(내가 아는 대부분의 건설사가 법무팀과 현장 및 사업팀의 관계가 원활하지 않았고 심지어 깊은 갈등이 있는 경우도 적지 않았다). 큰 틀의 방향보다는 세부적인 사항에 대한 이견차이, 특히 직접 발주처를 직접 상대해야 하는 현장과 조금이라도 법리적으로 유리한 상황을 만들어야 하는 법무팀의 입장차이가 서로의 불신으로 이어지게 되는데 그것은 서로 다른 업무와 위치에서 사안을 바라보는 허용(tolerance)의 차이였다(실제로 현장의 의견을 반영해도 법리적으로 큰 하자가 없는 경우가 적지 않다. 그만큼 현장기술자의 역량이 충분하고 시간적, 거리적으로 서로의 소통의 한계로 인한 오해가 있을 뿐이다).

현장과 법무팀, 그리고 사업팀간 어느 정도의 타협과 법리적으로 문제가 없는 수준의 접점이 필요했고 그것은 현장을 가장 이해하고 있고 법적분쟁의 해결을 통해 처리해야 하는 전문가와 함께 내가 해야 할 일이었다.

현장은 나의 Solution을 선택했고 나는 현장의 Needs를 만족해 주고자 했다. 그것은 같은 기술자라는 알량한 동질성 때문이 아니라 최선의 절충적 선택지였다. 현장기술자가 결국 문제해결의 주체였기 때문이고 현장기술자의 판단에 대한 믿음이 있었다. 그리고 누구보다도 가장 많이 고민한 그들의 판단이 서투르지 않았음을 알고 있었기 때문이었다. 그렇지만 내가 선택한 해결과정과 방법도 큰 틀에서는 법무팀과 다르지 않았다. 다만 현장의 상황을 고려하면서 법리적 하자가 없도록 현실적 대안을 가져갈 수 있는 현장기술자로서의 감각(sense)이 법무팀의 담당자보다 조금 더 가지고 있었기 때문이었다.

분명한 것은 법적 분쟁에 있어서 기본적인 업무의 롤(R&R, Role and Responsibilities)은 법무팀이다. 좀 더 자유롭고 적극적으로 업무를 처리하기 위해서는 법무팀의 긴밀한 협조가 필요했다. 이를 위해서 서로 인간적으로 좋은 관계가 기반이 가장 중요함을 깨닫기까지 그리 오랜 시간이 걸리지 않았다. 법정에서 법무팀의 담당자와 사건결과에 기뻐하고 아쉬워하면서 서로가 자연스럽게 가까워지고 친밀한 관계가 형성될 수 있었다.

모두가 승소(勝訴)라는 뚜렷하고 간절한 목표는 하나였기 때문이었다. 그래서 지금도 기술자인 나를 믿어준 법무팀의 모든 분들께 항상 감사하게 생각하고 있다.

다행스럽게도 법적분쟁의 결과가 대부분 승소로 이어지면서 놀랄 만한 사업수지의 개선[1]이라는 결과가 나타났고 이는 동시에 법무팀의 성과(Performance)로 연결되는 것이었기에 빠른 시간에 서로 신뢰하는 협력관계를 만들 수 있게 되었다.

성과의 힘이다. 만약 성과가 없었다면 클레임 업무는 흔적 없이 사라졌을 것이고 법무팀

---

1) 클레임 업무 이후 분쟁에 대한 소송 및 중재 등의 법적해결의 결과로 3년간 353억 원을 승소하였고 이 중 당사 지분에 해당하는 221억 원이 손익에 반영되었다.

과의 신뢰는 물 건너 갔을지도 모른다. 이제는 법무팀에서 더욱 법적분쟁 과정에서 양질의 소재와 스토리를 생산할 수 있는 원천은 현장이고 함께하면 더 멋진 그림을 그릴 수 있음을 너무 잘 인식하고 있다.

현장이 실질적이고 적극적인 참여를 끌어낼 수 있었던 것은 같은 현장기술자의 시각과 눈높이에서 문제를 바라보고 법률대리인에게 최대한 현장의 의견을 반영할 수 있는 분위기를 조성하고 조율하면서 지속적인 지원의 성과가 하나하나 결실을 이루게 된 것이다.

성공은 확신이 되고 확신은 일상이 되고 있었다. 그것은 이제 새로운 문화가 되고 있었다.

회사가 분쟁에 대응하고 처리하는 수준이 높다는 평을 로펌 관계자로부터 자주 듣게 되었고 덤으로 사건을 같이 하고 싶다는 소문도 적잖게 듣게 되었다. 빈말이라도 기분 좋은 소문이었다.

더 길게 이야기하면 자랑만 늘어놓는 것 같아 여기서 끝내는 게 좋을 것 같다.

05
전문가로 가는 첫 번째의 길

자연스럽게 말하고 있는 변호사와의 대화에서 튀어나온 알 수 없는 법률용어가 귀에 거슬려서 그 다음부터는 무슨 얘기를 했는지 헤매게 된다. 판례를 읽어 내려가면서 줄기차게 나오는 법률적 표현과 생소한 용어에 부딪히면서 참을성(?)의 한계에 다다른 스스로를 깨닫고 너무도 부족함을 느꼈다.

그만그만한 실력으로는 누군가에게 진정 도움을 주는 데 한계가 있음을 깨닫기까지는 짧은 시간으로 충분했다. 전문가(專門家)라는 소리를 듣기 위해서는 부족한 실력을 메울 수 있는 공부가 절실히 필요했다. 근본적으로 법을 이해하지 못하면 겉돌 수밖에 없다는 느낌은 확신이 되어갔다.

전공분야인 기술사 시험도 전문학원을 통해서 새롭게 공부하는데 한번도 접하지 않은 법 분야를 독학할 수는 없었다. 그래서 광운대 건설법무대학원에 진학하게 되었다. 그곳에서는 나와 같은 기술자뿐만 아니라 변호사, 건설사, 용역사, 설계사, 공무원, 부동산 등 다양한 분야의 사람들이 접할 수 있었고 법학개론부터 민사소송법, 민법, 행정법 등 기본적인 법률 분야를 공부할 수 있었다. 현장에서 실무적으로 다루는 계약관련법이 개설되지 않았으나 나름 법에 대한 이해와 소양의 깊이를 더 쌓을 수 있었던 기회였다.

현장출장이 잦은 업무상 특징을 고려할 때 2년 동안 주중 야간수업과 주말의 주간수업은 나에게 쉽지 않은 시간들이었다. 기술자가 법학이라는 학문을 공부한다는 자부심과 전문가가 되기 위한 절실함이 있었기에 가능했다. 여기에는 적잖은 수업료(?)도 한몫했다.

처음 접하는 법학에 대한 호기심과 그동안 알고 싶었지만 문의할 수 없었던 소소한 사항 등을 알 수 있었고 다양한 분야의 사람들과의 만남은 새로움의 지평을 열 수 있었다. 대학원생으로서 교과과정의 배움 외에도 법에 관한 잡다한 지식으로 관심을 확장하고 책과 인터넷 등을 통해 스스로 앎의 범위를 넓힐 수 있었던 계기가 된 것은 가장 큰 의미였던 것 같다.

공학을 전공했다고 바로 현장의 기술자로서 역할을 할 수 없듯이 대학원의 짧은 시간 동안 법학을 공부했다고 전문가가 될 수 없는 것이다. 다만 공학도가 역학과 모멘트를 설명할 수 있어야 하고 직접 자신이 경험하지 않더라도 교량과 도로, 댐에 대해 기본적인 썰을 풀 수 있어야 하듯이 이젠 법을 공부하는 위치이기 때문에 몰라도 그만인 것이 아니라 나와 같은 기술자에게 법에 대해 최소한의 개괄적인 설명을 할 수 있어야 한다. 그렇게 아는 체를 위해서라도 공부를 해야 했다.

무엇보다도 대학원은 특정 분야에 대한 논문을 작성하면서 좀 더 깊이 있는 연구를 할 수 있다는 데 의의가 있다. 학부생이 작성하는 논문과 직접 비교할 수 없지만 오랜 실무경험을 토대로 이와 관련한 주제를 정하고 법학이라는 학문을 접목하여 논문을 작성한다는 것은 쉽지 않지만 또 다른 새로움이자 깊이 있게 심화할 수 있는 기회가 될 수 있었다.

대학원 재학시절 무렵은 공공공사에서 공기연장에 관한 분쟁의 가장 큰 이슈였고 실제로 나 스스로가 많은 현장에 대해 공기연장과 관련한 분쟁업무를 최전선에서 수행하고 있었기에 자연스럽게 석사논문도 공기연장 간접비를 주제로 작성할 수 있었다.[1]

이때 작성한 논문에서 제기한 쟁점은 간접비 청구시점, 공백기간, 휴지기간, 차수별 중복기간에 대한 실효 여부, 장기계속공사에서 간접비, 간접비 채권의 소멸시효 하수급인의 간접비 적용, 설계변경과 간접비의 관계, 지체상금과의 관계 등으로 실제로 논문작성 이후, 대법원판결이 나오기 이전까지 간접비 분쟁사건에서 많은 쟁점사안이 되었던 사항들이었다.

현장의 분쟁사안을 실무적으로 접하면서 많은 판례를 검토하고 직접 일선에서 업무를 통해 많이 고민했던 여러 현안사항을 집약하여 논문에 담아낼 수 있었다. 논문을 마무리할 즈음에는 다시 현장으로 발령을 받아 더 많은 시간을 할애하지 못하는 바람에 내용과 형식에 있어서 좀 더 학문적인 깊이와 세련미를 높이지 못한 투박한 논문이 된 것 같아서 아쉬움으로 남는다. 그렇지만 내용에 있어서 당시 제기한 문제들은 현장기술자가 접할 수 있는 문제들을 제기하고 실무적 경험을 담았기에 좋은 길잡이가 될 수 있었다고 조심스럽게 평가한다. 그래서 당시 논문의 내용을 요약해서 출력하여 각 현장의 실무자에게 배포하기도 하였다(대법원의 간접비 판결로 아쉽지만 상당 부분의 내용이 그 의미가 퇴색되었다).

그리 긴 시간이 아니었음에도 불구하고 건설법무 논문이 나올 수 있었던 것도 대학원을 통해 법학을 학문적으로 접할 수 있었기에 가능했던 것이다.

전문가로의 첫발을 들인 순간이었다. 그렇지만 아직 갈 길은 멀게만 느껴졌다.

---

1) 황준화, 公共工事의 工期延長 間接費의 實務的 爭點事項에 관한 硏究, 광운대학교 건설법무대학원 석사학위논문, 2015.

06
배워서 남 주나? 남 준다!

　클레임과 관련하여 교육자료를 만들고 실무적 사항에 대해 전 현장의 구성원에게 정보를 제공하고 교육을 할 수 있는 기회는 나에겐 가장 소중한 경험이었다.

　법률 관련 지식이나 경험은 한참 모자라지만 그래도 나의 가장 큰 무기는 현장기술자와 법률가의 Needs를 동시에 체감하고 있다는 것이고 그래서 무엇을 해야 하는지, 무엇이 필요한지에 대해 중간자적 입장에서 누구보다 확실하게 알고 있다는 것이다. 그러한 나만의 감각이 현장에게 조금이나마 도움을 줄 수 있었다. 여기저기서 얻은 지식과 정보를 통해 주기적으로 글을 써서 모든 현장구성원에게 이메일을 통해 제공하고 교육교재를 만들어 가며 현장기술자들을 상대로 나름 호응도 높은 강의를 하면서 어려운 문제를 같이 고민할 수 있었다. 돌이켜 보면 조직의 구성원으로써 가장 가치있고 보람된 시기였던 것 같다.

　내 마음속 한 켠에 언젠가 전국을 돌며 나의 지식과 경험이 필요한 곳을 돌아다니며 강의나 컨설팅을 할 수 있는 보따리 장사, 일명 시간강사가 되어서 후배들에게 실질적 도움을 줄 수 있는 그런 업(業)을 가져야겠다고 마음먹었던 것도 이 시기였다(아직까지는 그 소망을 이루지는 못하고 있다).

　욕심이 났다. 지인분들의 적극적 권유도 한몫했지만, 아직 무언가 부족함을 느끼고 있었기에 좀 더 학문적인 공부를 해야겠다는 생각이 들었다. 내가 '강사(講師)'라는 원대한 꿈(?)을 이루기 위해서는 그 대상이 되는 사람들로부터 아무 거리낌 없이 인정해 줄 수 있는 '박사(博士)'라는 학위가 필요할 것 같았다.

　법쟁이가 아닌 토쟁이인 내가 법에 관해 이야기한다는 것이 '과연 얼마나 상대방에게 신뢰와 전문성을 줄 수 있을까?'라는 질문에 대한 자신감이 없었다.

　클레임 업무를 수행하면서 많은 변호사, 전문가 및 이해관계자와 만나게 되는데 내면적으로 쌓인 깊이나 실력보다도 처음 내미는 명함에 깨알같이 적혀 있는 변호사, 기술사, 박사

179

와 같은 라이선스가 적지 않는 영향을 미치는 것을 깨달았다. 라이선스는 곧 전문성에 대한 암묵적인 신뢰이기 때문일 것이다(실제 라이선스가 반드시 해당분야의 진짜 전문가를 의미하는 것은 아니다라고 생각하지만 굳이 그 이유를 설명할 필요는 없을 것 같다).

업무초기에 다양한 로펌의 변호사를 만나서 회의를 하다 보면 나의 의견은 그분들에게는 그리 중요하지 않았다. 왠지 배제되고 소외되는 알 수 없는 썰렁한 느낌, 현장의 업무 메커니즘, 실무적 문제점, 기술적 사항 등의 문제보다는 오로지 법률적 관점의 내용이 중심이 된다. 그래서 변호사분들은 사업팀인 나보다는 법무팀 담당자의 의견에 더 많은 관심을 기울인다. 기술적인 내용을 설명해도 기술사라는 액면이 있어야 더 많은 관심을 가질 수 있음을 알았다. 법학을 전공하고 많은 경험이 있어도 변호사라는 라이선스가 없으면 왠지 공식적인 믿음을 갖지 못하는 것과 다를 것 없다는 생각을 하게 되었다. 그러한 선입관에 대한 옳고 그름의 판단 여부를 떠나서 그것이 상식적이고 평범한 일반적인 관점이라면 그 또한 받아들여야 한다고 생각했다. 몸이 아파 병원에 가더라도 일반의가 아니라 전문의에게 치료받아야 한다는 생각은 너무 당연한 일반적 선택인 것이다.

박사과정 입문은 자만과 나태에 안주하지 않고 좀 더 미래를 위한 배움의 준비과정이였지만 다른 한편으로는 개인적으로 닥친 이유 없는 억울하고 답답했던 시련을 극복하고자 하는 모멘텀의 선택이었다(자세한 내용을 밝히고 싶지도 그래야 할 이유도 없지만, 기술자로서의 나의 신념과 바램이 무너졌고 억울한 마음은 지울 수 없는 사건이 있었다. 지금도 마음이 편치 않는 것을 보면 아직도 나에게는 더 많은 인격적 수양이 필요한 것 같다).

학부나 석사과정과 달리 박사과정은 수동적 학습의 과정이 아니라 스스로 공부하여 전문분야를 더욱 깊게 몰입하는 과정이라고 할 수 있다. 박사과정의 최종적 목적은 학위의 취득이고 이를 위해서는 논문이 통과되어야 한다.

박사과정 1학기 시점인 2016년 하반기부터 일찌감치 논문의 주제를 돌관공사(突貫工事)[1]로 정하고 준비했다. 그것은 당시 설계변경이나 공기연장과 같은 단일한 사항의 분쟁이 앞으로 시간(time)을 매개로 한 공정책임, 지체상금, 추가공사 등의 계약이행과정의 다양한 요소가 복잡한 구조로 동시에 전개될 것으로 예상되었기에 여기에 가장 부합하는 모델인 돌관공사라는 주제를 정하게 되었다.

돌관공사는 아주 오래전부터 건설현장에서는 매우 익숙하고 당연한 공사수행 방법이지만 분쟁과 연계하여 학문적, 계약법적으로 연구한 사례가 전무했다. 오로지 나 스스로가 돌관공사를 경험한 것이 가장 중요한 소재였고 더불어 돌관공사에 관한 소송의 경험이 있기에

---

1) 황준화, 공공공사에서의 돌관공사 분쟁의 법적 쟁점과 과제, 광운대학교 박사학위논문, 2019.

주제를 정하는 데 좌고우면(左顧右眄)할 필요가 없었다(아라뱃길 현장에서의 공기부족 및 돌관공사에 대한 경험은 당시 나에게 어떤 트라우마로 자리잡고 있었던 것 같다).

박사학위의 취득은 나에게 무거운 책임과 소명을 던져 주었다. 논문은 내 인생의 공식적인 점(點) 하나를 남기는 것으로 영원히 남게 된다. 누구나 인터넷을 통해 논문을 확인하고 평가받을 수 있기에 조금이라도 부실하거나 잘못된 부분이 있다면 오롯이 나의 책임이 되는 것이다. 세간에는 잘못된 박사논문으로 인해 많은 비난을 받거나 심지어 공직인사에서 중요한 검증대상이 되는 것을 보면 확실히 박사라는 학위는 명예와 엄중한 책임을 함께하는 것은 분명하다.

박사 대상자는 필요에 따라 국가정책의 연구와 조사에 활용될 수 있도록 정부가 관리하고 논문은 언제나 학문적, 정책적으로 인용될 수 있다. 그만큼 박사논문은 석사논문과 절차와 과정에 있어서도 격(格)과 질(質)이 다르다. 학문적으로 박사라는 과정은 공부를 지속적으로 할 수 있는 동기이자 원동력일 뿐 끝이 될 수 없다. 세상은 엄청난 속도로 바뀌고 있어서 안주하고 지속적으로 공부하지 않으면 곧 퇴보되고 어느 순간에 껍데기가 된다. 그래서 항상 새로움을 겸허히 받아들일 수 있는 소양이 필요한 것이다.

자기 스스로의 만족만을 위한 배움은 이 넓은 우주에 오로지 지구만이 인간이 존재하는 것과 같이 비경제적인 것이 아닐까?

혼자만 알고 사라져 버린다는 것은 참 아까운 일인 것 같다. 간접적 경험의 산물인 지식을 필요로 하는 많은 사람들이 있다. 조금만 더 알고 나면 아주 쉽게 문제를 해결할 수 있고 일취월장(日就月將)의 성과를 이룰 수 있지만, 그 '조금'을 알기가 쉽지 않다. 그래서 배워서는 남을 주는 것은 베풂이자 곧 선(善)이다. 단순히 석·박사라는 호칭으로 자기만의 위안과 만족에 머무르지 않고 더 많은 사람들에게 자기가 가지고 있는 지식과 경험을 베푸는 것이라야 더욱 의미 있는 것이 되지 않을까 생각한다.

배워서 남 주는 것이야말로 스스로에게 보람되고 가장 경제적인 구제가 아닐까? 더 많이 베풀 수 있는 기회가 왔으면 좋겠다.

07
반달

　영화 '범죄와의 전쟁'은 조폭들의 세계를 그린 영화다. 조폭의 우두머리 격인 최형배(하정우)는 자신들을 건달이라 하고 조폭의 행세를 하는 최익현(최민식)을 '반달'이라고 비하하는 장면이 나온다. 최익현은 하위직 세관원인 비리 공무원이었지만 우연히 갖게 된 마약으로 인해 조폭 우두머리인 최형배를 만나고 그를 뒷배로 해서 넓디넓은 인맥을 이용하고 건달행세를 하면서 이권을 통해 자신만의 입지를 다지고 살아남기 위해 건달들을 거듭 배신하면서 끝까지 생존하는 인물이다.

　이 영화에서 '반달'인 최민식은 권모술수와 배신의 아이콘이다. 여기서 반달은 건달도 민간인도 아닌 마치 아수라 백작 같이 두 가지를 동시에 가진 멸시의 의미이다. 좋게 표현한다면 중간지대이다.

　오랜 시간을 현장기술자로 일해 온 내가 클레임과 관련한 업무를 하고 한참이 지나면서 주변에서 나를 '반달'이라고 했다. 당시 현업에서 기술자가 전문적으로 법적 분쟁에 관한 업무를 수행하는 사례가 없었고 기술자와 변호사의 중간적인 업무를 수행했기에 때문에 아마도 그런 의미로 반달이라 그랬던 것이다.

　'반달'이란 말은 나를 인정해 주는 것 같아 전혀 거부감이 없었고 오히려 기분이 좋았다. 영화 속의 그 반달이 아니라 분쟁을 확실하게 대응할 수 있도록 현장기술자들에게 그 동안 접해보지 못했던 실질적인 지원과 교육의 기회를 제공하고 분쟁사건이 발생하면 현장의 의견과 변호사와의 눈높이를 맞추어 최선의 결과가 나올 수 있도록 전문적인 코디네이터 역할을 했기에 불러준 것이라 생각하면 참으로 고맙고 과분한 호칭이다.

　난 법률가가 아니다. 그렇지만 현장과 법원, 로펌을 오가며 현장기술자와 본사 법무담당자, 변호사와 항상 업무를 수행하면서 나름의 경험과 기술자의 시각을 통해 사건을 바라보면서 법률가는 아니지만 전반적인 흐름이나 상황에 대해서는 변호사보다 더 빠르게 이해할 수 있었다. 모든 현장기술자들은 나에게는 모두 선배이자 후배이고 동료였기 때문에 어떠한 의사소통의 어려움 없이 그들의 한숨 소리도 놓치지 않고 공감하고 이해할 수 있었다.

필요에 따라서는 변호사가 작성하는 소장이나 준비서면의 내용에 대해 나의 경험에 입각하여 현장의 입장과 현실적 문제를 고려하면서 나름대로 수정하여 검토의견을 제시하였다. 참으로 고마운 것은 대부분의 변호사가 이러한 나의 의견을 최대한 반영해 주었다는 것이다 (생각해 보면 참으로 영리한 변호사다!).

업무를 수행하면서 겪은 경험과 판례, 이래저래 주워 담은 미천한 지식을 접목하여 '알기 쉬운 클레임'이라는 제목으로 사업부문의 모든 직원을 대상으로 주기적으로 글을 올리곤 했다. 더 많은 사례를 현장에 전파하라며 칭찬해 주셨던 임원도 계셨고 현장을 방문하였을 때 실제 그 글을 출력하여 밑줄을 그어 가면서 읽고 직접 나에게 질문하셨던 현장소장도 있었다. 의외로 많은 현장의 공무담당자들도 몰랐던 사실을 알게 되었다고 직접 소감을 전하기도 했는데 어쩌면 그런 측면에서 '반달'이라고 나를 불러주셨던 것 같고 그래서 고마울 따름이었다. 어차피 나는 건달이 아니니까.

기술자와 법률가의 중간적 위치에서 팩트와 상황을 정확하게 인식하고 객관적 사실을 근거로 분쟁에 대응할 수 있는 반달과 같은 역할은 꼭 필요함을 말하고 싶다. 변호사와 기술자는 살아온 삶의 영역과 지나온 궤적은 물론 추구하는 방향도 다르기에 동질성을 찾기 쉽지 않다. 그래서 사고하는 구조 자체도 다를 수밖에 없고 달라야 한다.

특히 건설분쟁은 기본적으로 기술적 쟁점이 깔려 있고, 공정, 원가, 공기 등의 요소, 이외에도 발주자와 수급자로서 계약상대자, 하수급자, 건설관리자(감리자) 등의 이해관계자가 복잡하게 얽혀 있으며 분쟁 당시의 현장여건과 외부적 요인 등을 함께 고려해야 한다. 그런 이유로 건설만 종사한 현장기술자와 송사(訟事)를 다루는 변호사가 한번에 같은 공감을 기대하는 것은 너무 성급한 것이다.

변호사는 어느 한 사건만 다루지 않고 수십 건의 서로 다른 종류의 사건을 시간을 쪼개어 동시에 다루기 때문에 어느 한 현장의 분쟁사건도 그 많은 사건 중의 하나로 때론 완벽한 사실관계를 파악하는 것이 쉽지만은 않다(이러한 과중한 업무를 소화해 내면서 사건을 파악하고 이해하며 준비서면을 작성하는 변호사는 참으로 대단하다). 그래서 변호사에게는 금쪽같은 시간이 곧 비용이므로 모든 비용은 시간으로 산정한다(time charge).

현장도 다르지 않다. 현장기술자가 현장업무를 제쳐두고 무작정 분쟁사안에 매달릴 수만은 없기 때문에 효율적인 업무처리를 위해서는 충분한 기술적 경험과 법무적 지식을 가진 전문가 집단이 지속적으로 Follow-up하면서 그동안 수집한 모든 정황 및 정보, 증거자료 등을 제대로 변호사에게 전달하고 이해시킬 수 있어야 한다. 동시에 현장기술자가 분쟁에 대비하여 법적, 계약적 규정에 입각하여 업무를 수행할 수 있도록 방법적 수단을 제시하고 지원해야 한다. 그것도 아주 쉽게 해야 한다. 현장기술자는 본업만으로도 정신없이 하루를 보내야 하고 분쟁업무만 전념할 수 있는 상황을 현장이 만들어 주지 않기 때문이다.

'반달'의 역할은 전문적 지식을 가지고 현장기술자와 변호사와의 눈높이를 맞추어 소통을 원활하게 하고 상호 의견의 합치와 효율적인 업무조정을 하는 것이다. 그래서 모두에게 진정한 도우미가 되어야 하는 것이 아닐까 한다.

그런 진정한 반달이 되고 싶다.

그러나 아직도 난 반달의 반도 되지 않은 것 같다.

08
클레임과 분쟁

    클레임(Claim)과 분쟁(Dispute)의 의미는 실제 다르지만, 국내에서는 동일한 의미로 쓰이고 있다. 이젠 발주처와 분쟁이 어느 정도 일반화되었다고는 하나 아직도 클레임이라는 용어가 그리 편히 다가오지 않는 걸 보면 클레임이란 여전히 쉬운 문제는 아닌 것 같다.

    클레임이라는 용어는 국내계약법에는 존재하지 않는다. 발주처에게 클레임을 제기한다는 의미는 곧 분쟁의 발생을 의미한다. 대부분 현장기술자들은 클레임을 발주처와 법적다툼으로 인식하고 있는데 엄밀하게 구분하자면 이는 분쟁의 의미에 해당한다.

    클레임은 20년 전부터 건설CM과 함께 교육의 단골메뉴였지만 주로 해외건설 사례가 대부분이었다. 그 당시 교육에서도 조만간 국내건설에서도 클레임이 본격화되리라는 것이 한결같은 예측이 있었는데 생각보다 늦었지만 이제 국내건설에도 그런 시대가 왔음은 부인할 수 없을 것 같다.

    클레임[1]이란 계약당사자가 그 계약상의 조건에 대하여 계약서의 조정 또는 해석, 금액의 지급, 공기의 연장, 계약서와 관련되는 기타의 구제를 권리로 요구하거나 주장하는 것을 말한다[2]

    현장에서 설계변경, 물가변동, 공기연장 등의 계약금액조정이나 계약내용의 변경에 대해 '실정보고'[3]라는 형식을 통해 발주처에 제출하는 청구행위가 일반적인데 이것이 곧 클레임

---

1) AIA-A201, Clause 4.3.1, 1987
'A Claim is a demand or assertion by one of the parties seeking as a matter of right, adjustment or interpretation of contract terms, Payment of money, Extension of time or Other relief with respect to the terms of the Contract.'
2) 미국건축가 협의회(American Institute of Architects)의 정의이며 이는 미국연방조달규정(Federal Acquisition Regulation)의 정의와 유사하다.
3) 실정보고가 별도의 계약적 정의 및 절차로 구체화 되지 않지만 현장에서 실무적으로 실정보고라는 이름으로 발주처에 제출하고 있다.

이라고 할 수 있다. 따라서 클레임은 분쟁 이전의 청구의 단계로 좀 더 광범위한 의미라고 볼 수 있다.

분쟁4)은 일방이 제기한 클레임에 관해 협의에 의해 해결하지 못하고 소송이나 중재, 조정 등의 제3자의 판단을 통해 해결하는 것으로 국내에서는 클레임을 분쟁의 의미로 통용되어 사용하고 있는데 그렇다고 이를 엄격하게 구분해야 할 실익은 없다. 다만 국내의 공공공사에서는 클레임의 의미가 아직까지 계약상대자의 청구행위에 대한 발주처와의 갈등의 의미가 내포하여 부정적인 의미로 받아들여지고 있어 분쟁이란 표현이 더 적절하다고 할 수 있다.

분쟁의 해결방법은 소송(訴訟)과 중재(仲裁), 조정(調停)이 있다.

소송은 법원을 통한 민사소송이 대부분이지만 사안에 따라 행정소송이 될 수 있다. 중재는 중재법에 근거하여 계약당사자간의 중재합의를 전제로 대한상사중재원의 중재절차를 거쳐 중재판정을 받는 것이며 조정은 국가계약법의 국가계약분쟁조정위원회의 조정에 의한 해결 방법이다. 소송과 중재의 판정은 종국적으로 분쟁을 해결하는 데 법적 강제성과 효력이

분쟁과 클레임의 범위

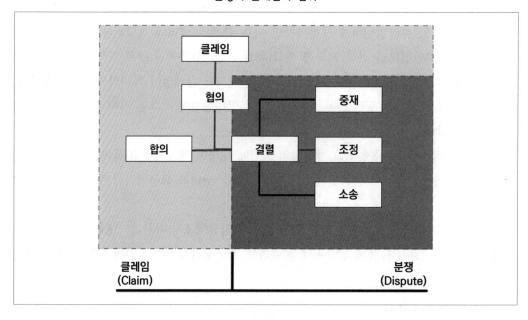

4) FIDIC은 2008년도에 발간한 Gold Book을 말한다.
"Dispute" means any situation where (a) one Party makes a claim against the other Party; (b) the other Party rejects the claim in whole or in part; (c) the first Party does not acquiesce, provided however that a failure by the other Party to oppose or respond to the claim, in whole or in part, may constitute a rejection if, in the circumstances, the DAB or the arbitrator(s), as the case may be, deem it reasonable for it to do so.

발생하지만 조정은 계약당사자간 반드시 조정합의가 이루어져야 분쟁해결이 종료된다.

지금까지는 클레임 업무에 관한 나의 이야기를 소개하면서 클레임이라는 용어를 사용했지만, 앞으로는 가급적 분쟁이라는 용어로 대체하여 사용하고자 한다.

09
발주처에게 감히 소송을? 그래도 옛날이 좋았을까?

공공공사에서 정부, 지방자체단체, 공공기관은 발주자의 지위를 갖게 되는데 이는 민간 공사에서 기본적으로 현장을 감독하고 계약이행에 관한 승인권한을 갖는 발주자의 일반적인 계약적 권한 외에도 벌점을 부과하거나 부정당제재 등의 행정처분의 권한을 함께 가지는 우월적 지위를 법적으로 부여받게 된다.

어디 그뿐인가? 엄청난 규모의 공공시장에서는 발주처는 계약상대자인 시공사가 영업적으로 항상 관리해야 할 고객(Client)이기도 하다.

'계약은 서로 대등한 입장에서 당사자의 합의에 따라 체결되어야 한다', '계약상대자의 계약상 이익을 부당하게 제한할 수 없다'라는 국가계약법의 계약원칙은 우월적 지위를 가진 국가기관이 사인에게 권한행사의 남용을 금지하고자 하는 최소한의 대원칙을 제시한 것이지만 달리 말하면 실질적으로 수평적이고 대등한 관계의 한계성을 의미하는 것이 아닐까 한다.

그러나 일을 완성하면 대가를 지급하는 조건부 계약이라는 도급계약의 본질적 측면에서 볼 때 도급자가 수급자보다 다소 높은 계약적 지위를 갖는 것이 반드시 불평등한 것만은 아니다. 더구나 이윤을 추구해야 하는 건설사에게 공공성, 공정성을 담보하고 계약행정을 수행해야 하는 국가기관으로서 발주처라면 더욱 그렇다.

그러한 관계 속에서도 계약은 당사자간 협의를 통해 실현되는 것이고 협의는 사람과의 관계 속에서 형성되는 것이기에 서로의 허용(tolerence)의 범위를 인정하고 이를 최대한 좁혀 가는 과정이다. 지속적인 정반합(正反合)의 과정이라 할 수 있고 그 과정이 곧 계약을 이행하는 기본 메커니즘이 되는 것이다.

발주처든 계약상대자든 모두 기술자이므로 기본적 방향이 다르지 않다. 다만 서로의 허용 범위가 다른 것이고 누가 더 유리하도록 허용의 범위를 조정하느냐가 곧 협의이자 협상이다.

옛날이든 지금이든 발주처라고 해서 잘 접대해 주고 비위를 잘 맞춘다고 모든 일이 계약상대자의 의도대로 처리되지 않는다. 기본적으로 상호 허용의 범위까지 도달하고 감사(監査)에 대비한 확실한 객관성이 확보되어야 그 허용범위 내에서 계약당사자간 일정부분의 유불리를 감수하여야 일이 해결되는 것이다(향응과 접대만으로 계약상대자의 이익과 편의를 과다하게 제공한 발주처를 나는 아직 접해 본 적이 없다).

모든 업무가 항상 감사대상인 피감기관으로서 예산을 책임지고 보수적으로 집행할 수밖에 없는 발주처의 입장은 분명하더라도 때론 그 명분이 과하게 되면 계약상대자의 입장에서는 발주처의 갑질로 느껴질 수밖에 없게 된다.

분쟁은 상호 허용범위를 초과했기 때문에 발생한다. 상호 허용범위를 벗어나 더 이상 협의에 의해 조정할 수 없는 단계이다. 다시 말하면 발주처의 명분과 계약상대자의 실리의 중간점을 찾을 수 없는 상태이기도 하다.

딱히 언제라고 말하기 어렵지만, 공공공사에서 계약상대자가 감히 발주처에게 법적분쟁을 제기한다는 것은 도저히 있을 수 없는 일이라고 생각했던 시기가 있었다.

일정부분 부당하다고 판단되는 발주처의 조치로 손해가 발생해도 이를 법적으로 대응한다는 것은 선택적 대안이 될 수 없었던 시기였다. 만약 소송을 제기하고자 하면 발주처는 담당임원을 호출하여 취소할 것을 요구했으며 현장의 중요 현안사항을 상대로 강한 압력을 행사하는 경우가 적지 않았다. 따라서 어떤 수단을 이용해서라도 그저 시끄럽지 않게 발주처와 평안하고 원활한 관계를 유지하는 것이 선(善)이었고 이를 기반으로 더 많은 수익을 창출하는 것이 곧 능력이자 우수한 현장이라고 평가되었던 시기였다(그렇게만 할 수 있다면 이러한 평가기준은 지금시점에서도 달라져야 할 이유는 없으며 우수한 평가를 받는 것은 너무도 당연한 것이다).

그래도 과거에 그렇게 흘러갈 수 있었던 그 이면에는 수익창출이 가능했던 공공공사의 Blue-Ocean한 환경이 조성되어 있었기에 가능했다. 굳이 소송을 통해 다투면서 손해를 해결해야 할 절실함이 필요 없었던 것이다.

공공공사는 재무적으로 불확실한 민간발주 공사나 미분양 리스크가 상존하는 주택사업보다 확실한 채권을 확보할 수 있고 선금과 기성을 꼬박꼬박 받을 수 있었기에 당시 대부분 건설사의 Cash-Cow 역할을 톡톡히 하고 있었다. 당연히 공공공사의 영업과 수주는 절실했고 발주처를 상대로 감히 소송을 제기한다는 것은 있을 수 없는 일이었다.

발주처의 갑질이 있었어도, 혼탁한 관행이 있었어도, 그 시기를 몸소 경험한 선배나 동료 기술자들은 그래도 그 시기가 지금보다 좋았다고 한다. 갑질은 상대적 개념이고 관행은 시대상 허용의 범위이지 지금의 관점으로 모든 걸 판단하는 것이 과연 정당하다고만 할 수 없다는 것이다. 아무리 어려운 일이라도 법적 분쟁 없이 계약당사가간 협의하여 처리했다면 그 자체만으로도 계약적으로 의미있는 것이라고 할 수 있을 것이다.

뭐든지 다 지나고 나면 지금보다 더 좋게 느껴지고 낫다고 생각하는 것이 인지상정(人之常情)일 수도 있다. 그러나 가만히 생각해 보면 과거에도 모든 일이 쉽게만 해결된 적은 없었던 것 같다. 밟아야 할 절차가 누락되거나 적당하게 넘어가면서 일이 완결된 것이 없었다.

계약적으로 별문제가 없는 소소한 설계변경이라도 실타래 풀리듯 쉽게 일사천리로 해결되는 일은 없다는 것, 어렵고 많은 수고가 더해져야 비로소 발주처의 승인이라는 허들을 힘겹게 넘어가서 겨우겨우 해결된다는 것, 그리고도 매년 똑같은 일들은 계속해서 발생되고 반복된다는 것, 많은 현장기술자는 경험으로 알고 있을 것이다. 그래서 하나같이 쉬웠던 기억은 없다. 다만 예나 지금이나 불가능할 것 같은 어려운 일도 발주처를 향해 많은 발품을 팔고 진심으로 설득하고 사정을 하면 그래도 끝이 보이고 반드시 해결된다는 것은 다르지 않은 것 같다(물론 현장의 능력에 따라 그 결과가 너무 다르다는 것은 다들 알 것이다).

과거의 건설업이 갑질문화와 부조리, 불공정, 부실시공으로만 점철되었다면 과연 지금과 같이 세계적 건설강국이 될 수 있었겠는가?

계약당사자간의 분쟁을 법적으로 해결하는 것만이 반드시 공정하고 더 진보되었다고만 판단하는 것은 어쩌면 또 하나의 오류일지 모른다는 생각도 하게 된다.

이제 세상이 변했다. 과거가 아무리 좋았더라도 이젠 그때로 되돌아갈 수는 없다.

발주처든 계약상대자든 어떤 식으로도 어느 일방의 책임없는 사유로 발생하는 손해는 더 이상 절대 그냥 넘어가지 않는다. 반드시 법적절차를 통해 해결한다.

이제는 발주처도 확실히 과거와 다른 스탠스를 가지고 있다. 법대로 처리하는 데 있어서 더 이상 부정하지 않고 유연하게 받아들이면서 오히려 계약상대자 이상으로 분쟁에 대비하고 있다. 계약상대자의 담합이나 법 위반에 따른 손해에 대해서도 가차 없이 손해배상을 청구한다. 물론 계약상대자는 더 말할 것 없다. 서로가 허용의 범위를 좁히기 위해 그다지 애쓰려 하지 않는다. 이것이 계약적인 측면에서 볼 때 발전인지 퇴보인지의 여부를 따져야 할 이유는 없다. 이제는 새로운 시대적 트렌드이고 계약문화가 되었기 때문이다.

그래도, 그래도 '옛날 그때의 발주처가 지금보다 더 발주처답다'라는 생각이 심심찮게 드는 것은 무슨 이유일까?

법적구제를 통한 분쟁해결이 공정의 구현이 아니라 단지 손해를 보전하기 위한 생존의 수단이라면 옛날의 그때가 좋을 수도 있다는 것은 잘못된 생각일까?

10
분쟁의 활성화는 공정이 아니라 생존이다

　분쟁을 인정하고 소송이나 중재 등의 법적구제를 통한 해결이 과거와 달리 큰 쟁점 없이 일반적인 수단으로 서서히 자리를 잡고 있다. 물론 아직도 일부 발주처는 사안에 따라서 법적분쟁의 해결에 대해 거부감을 갖고 있지만 그럼에도 불구하고 공공공사에서 건설분쟁에 관한 인식은 확실히 바뀌어 가고 있음은 부인할 수 없는 사실이다.

　공공공사 건설문화의 패러다임(Paradigm)이 새롭게 바뀌고 있다.

　그 변환의 첫 번째 변곡점은 공공공사의 끝판왕인 4대강 공사 이후라고 볼 수 있을 것 같다. 이 시기에 역대 가장 많은 공공발주가 이루어졌고 국내 굴지의 대부분의 대형건설업체가 대부분 참여하여 전 국토에서 동시다발적으로 대규모 공사가 시작되었다. 4대강 사업의 적정성 여부는 논란의 여지가 있지만, 그동안 시도하지 않는 대형 보 구조물과 하천정비 등 22조 원이 넘는 사업을 불과 2년 반 만의 기간 내 공사를 완료했다는 것은 그동안 보상, 예산 등의 문제로 고무줄처럼 늘어졌던 공공공사 공사기간을 비교할 때 전혀 새로운 차원의 국책사업이었던 것은 틀림없다.

　유례없는 규모의 4대강 사업을 주도한 대부분의 대형건설업체는 턴키공사임에도 불구하고 대부분 상당액의 손실을 보았다(일부 언론이나 시민단체에서는 4대강 사업으로 인해 건설업체가 부당하게 엄청난 이익을 봤다고 주장하지만 내가 아는 범위에서 이는 사실과 다소 다르다). 다만 동시다발적인 공사착공으로 특정분야 전문건설업체, 장비, 자재업체 등은 수요를 충족하지 못할 정도로 부족하여 손해를 볼 이유가 없었다. 오히려 해당공사의 계약당사자에 해당하는 소위 1군이라는 대형건설업체는 짧은 기간 내 대형공사를 완료하기 위해 상당한 공사비 손실을 보았고 여기에 담합에 따른 과징금1)까지 떠안게 되었다.

---

1) 2012년 공정거래위원회는 현대건설과 삼성물산, SK건설, GS건설을 포함한 8개 건설사에 4대강 담합에 대한 책임을 물어 모두 1,100억 원의 과징금을 부과했다. 건설사들은 이에 대해 부당하며 무효 소송을 제기했지만 모두 패소했다.

당시 적자가 발생하지 않는다던 턴키공사임에도 불구하고 공사기간 부족, 설계변경에 따른 계약금액조정 제한, 수해로 인한 공사상 피해 등의 사유로 상당한 적자가 불가피하였다. 적자를 만회하기 위해 대부분의 건설업체에서는 설계변경, 공기단축과 관련한 돌관공사 등의 계약금액조정 관련한 공사대금 소송을 제기하였다.

4대강의 시작은 화려했지만, 그 끝은 적자로 인한 소송 전의 진흙탕 싸움이 되어 버렸다.

공공공사의 발주처는 예산집행의 투명성에 대한 감사가 강화되고 경영평가가 최우선시 되면서 과거와 달리 예산에 관한 발주처의 권한은 점차 축소되어 공사비에 대해 더 이상 예전과 같이 관대할 수 없었다.

경제성장율의 하향과 함께 물가변동은 상승폭은 감소되었고 설계변경은 예산절감이라는 명분하에 하면 할수록 손해가 발생하는 구조가 되었다.

공공공사 발주는 곤두박질하였지만 건설업체는 줄어들지 않았고 과다경쟁으로 수주는 더욱 어렵게 되었다. 그나마 일정부분 이윤이 보장되었던 기술형 입찰공사인 공공 턴키공사는 4대강의 적자로 인해 더 이상 양질의 영업대상이 아니었다. 그렇게 공공공사 시장은 어느새 Red-Ocean으로 급격하게 변하고 있었다. 공공공사의 매력은 퇴색되었다. 건설업체의 경영지표는 2009년을 기점으로 급격하게 나빠지고 있다는 것이 이를 말해 주고 있다.[2]

이젠 생존의 문제였다. 발주처는 더 이상 두려움의 대상이 아니었다. 발주처와의 분쟁은 공정의 문제가 아니라 생존의 문제였다.

4대강 사업과 관련한 분쟁과 함께 그동안 눌려 왔던 공기연장 간접비 소송이 들불처럼

---

2) 공공공사의 비중이 100%인 건설기업과 0%인 건설기업을 비교해 보았을 때, 공공공사의 비중이 클수록 낮은 영업이익률을 보이는 경향이 존재하는 것으로 나타난다. 특히, 공공공사의 비중이 100%인 업체의 경우 타 건설업체에 비해 현저하게 낮은 수준의 영업이익률을 보이고 있다. 공공공사의 매출 비중이 100%인 업체들의 영업이익률은 2005년 -5.73%에서 2016년 -24.57%로 약 19%p 급격하게 감소하였다. 반면, 공공공사의 비중이 0%인 업체들의 영업이익률은 2005년 -11.19%에서 2016년 3.39%로 오히려 약 14%p 증가하였다. (한국건설산업연구원, 공공공사비 산정 및 관리 실태와 제도적 개선방안, 2018).

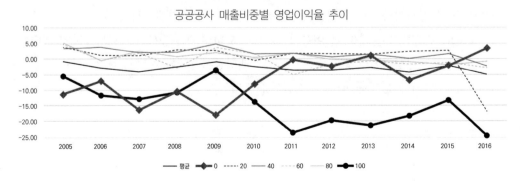

공공공사 매출비중별 영업이익율 추이

번져 나갔다. 감히 범접하지 못했던 발주처와의 법적분쟁이 시작된 것이다. 공사기간 연장에 대한 간접비를 보전할 만큼의 물가변동은 발생하지 않았고 거의 대부분의 공공공사 현장에서 공기연장으로 인한 적자는 심각한 문제였다.

대부분의 공공공사 현장은 공사초기 보상지연, 예산부족 등으로 상당기간 공기가 연장되어 계약상대자의 적자가 발생했지만 이를 만회할 방법은 간접비를 지급받아 보전받는 방법뿐이었다. 그러나 어떤 발주처도 공기연장간접비를 계약금액조정의 대상으로 인정하지 않았다. 결국 법적으로 해결할 수밖에 없었던 것이다.

계약상대자의 절박한 현실을 발주처도 인지하지 못한 것은 아니었다. 그러나 발주처 입장에서도 계약행정상 그동안 아무런 사례가 없는 간접비를 계약에 반영하는 것은 쉽지 않은 것이었고 차라리 소송으로 해결하는 것이 피감기관으로 대외적인 감사를 받는 데 수월한 방법이기도 했다.

그 이후 실제 이루어진 많은 법적분쟁에서 공기연장간접비는 계약상대자에게 매우 높은 승소율을 안겼다. 최소한 2018년 10월 30일 대법원 판결 이전까지는.

언제부터인가 공기연장간접비와 관련한 분쟁에 대해서는 발주처도 법적구제를 통한 분쟁해결로 일정부분 컨센서스(consensus)가 형성되고 있었다. 간접비사건은 더 다양한 분야에 대한 법적분쟁의 도화선이 되었다는 데 의미가 있다.

생존을 위한 분쟁이었지만 이는 전반적인 공공공사의 패러다임을 바꾸는 계기가 되었다. 분쟁은 발주처의 역린(逆鱗)을 건드린 것이 아니라 공정한 계약이행을 위한 새로운 수단이 되었고 새로운 문화로 만들어져 갔다.

발주처와 계약상대자가 합의를 도출할 수 없는 분쟁사안을 더 이상 내부적으로 해결하지 않고 계약규정에 따른 법적수단을 통해 해결하는 분위기가 조성되었다는 것만으로도 분명한 변화임은 틀림없다. 계약규정에 명시된 법적구제를 통한 분쟁해결이 실현되기까지 아주 오랜 시간이 소요되었다.

이제 더 이상 공공공사 분쟁의 법적해결은 이론이나 해외공사에서 사례가 아닌 지금 일하고 있는 현장 어디라도 시작될 수 있다.

11

분쟁을 바라보는 현장기술자, 그리고 변호사의 차이

건설기술자에게 법적분쟁이라는 분야는 사실 굉장히 낯설고 쉽지 않은 분야다. 분쟁해결에 있어서 그 시작부터 끝까지 법률의 틀 속에서 진행되고 끝을 맺기 때문이다. 따라서 법에 대한 전문적 이해가 절대적이다.

엔지니어로서 현장기술자는 역학(力學)이나 재료 등을 전공한 공학자로서 기본적으로 공학적 사고의 틀이 판단기준이 된다. 법적인 사고로 문제에 접근하는 데 익숙하지 않다. 쉽게 말하면 법쟁이(법률가)와 토쟁이(기술자)는 근본적인 사고와 판단의 뇌 구조가 다르다.

현장기술자는 설계도에 따라 도로를 놓고 교량을 만들고 터널을 뚫으면서 어떻게 하면 목적물을 빨리 완성하고 더 잘 만들 수 있는가, 좀 더 수익을 남길 수 있는가에 대한 문제를 해결하는 사람이지 별도로 법적 사항을 고려하면서 일하지 않는다. 이러한 행동양식은 의례적으로 분쟁에 있어서는 법률가인 변호사에게 모든 것을 일임하는 것으로 인식한다. 실제로 기술자들은 변호사와 접촉하는 것조차 상당히 부담스러워하는 경우도 흔히 볼 수 있다.

실제로 똑같은 분쟁사안에 대해서 변호사와 기술자는 눈높이와 관점이 달라 사안의 인식에 있어서 보이지 않는 분명한 차이가 발생한다. 이는 변호사와 기술자가 추구하는 가치와 기준이 서로 다르기 때문에 발생하는 자연스러운 차이이다.

건설분쟁을 해결하는 데 법적수단이 불가피하므로 법적절차를 수행하는 분야는 변호사의 몫이 된다. 한편으로 현장기술자의 역할은 계약이행의 주체로서 어떠한 계약조건에 기반하여 어떻게 목적물을 만들어야 하는지에 대한 것이다.

현장기술자는 설계도, 시방서, 산출내역서 등의 기본적인 계약조건을 확실하게 숙지하고 있어야 제대로 된 목적물을 완성할 수 있는데 이것이 기술자와 기능공을 구분하는 척도가 된다. 기능공은 목적물의 어느 일정부분을 오랜 경험과 직접 단련한 기능을 가지고 육체적 노동을 통해 실체적으로 목적물의 각 부분을 완성하는 최일선의 생산자이지만 현장기술자는 이러한 기능적 부분을 서로 통합하여 관리하여 발주처, 감리자 등의 이해관계자와의 계약적 업무를 수행함으로써 최종적으로 계약상 요구되는 목적물을 완성하는 책임을 갖는 것이다. 따라서 계약내용을 가장 잘 이해해야 하며 이를 제대로 이행할 수 있는 주체가 되는 것이다.

그럼에도 불구하고 정작 법적분쟁에 있어서는 그동안 기술자가 수행해 왔던 계약행위와 별개로 변호사가 다 알아서 해 주리라 기대한다.

분쟁사안에 대한 변호사와 기술자의 Needs는 서로 다르고, 생각하는 방향 역시 다를 수 있다. 예를 들어 변호사는 분쟁사안에 대해 문서는 적기에 통지하고 회신하였는지, 그 내용은 적정한지, 적기에 청구행위를 했는지, 정작 계약상대자로서 의무이행에 문제가 없었는지 등 모든 관점이 소송이라는 프레임에 따라 계약상대자의 행위가 계약법적으로 하자가 없었는지를 확인하게 된다.

이에 반해 현장기술자는 계약이행에 있어서 발주처나 감리자 등의 이해관계자와 얼마나 문제가 있었는지, 발주처의 부당한 처신으로 얼마나 억울한지, 어떻게 손해가 발생했는지 등의 그동안 수행한 업무의 정당성을 이야기하고 싶어 한다. 서로의 눈높이가 다르기 때문에 발생하는 문제들이다.

서로가 분쟁을 바라보고 이해하는 방법론적 접근이 다를 수밖에 없다. 그래서 법적분쟁은 계약이라는 테두리 내에서 이와 연관한 법리와 직접적으로 연결되어 있어서 오로지 법적인 기준에 따라 철저하게 계약적 권리와 의무의 관점에서 사고하며 판단하는 법적 사고방식, 즉 Legal Mind가 필요한데 현장기술자에게는 다소 생소한 부분이다. 한 번도 접해 본 적도, 접해야 할 필요성도 없었기 때문이다.

그러나 이러한 다름(difference)을 인정하고 잘 버무려서 새롭고 참신함의 무기로 가져가야 한다. 관점이 다를 수 있지만, 목적이 같다면 다름은 무기가 되는 것이지 방해요소가 아니다.

서로의 간격(gap)이 크다면 줄여서 가면 된다. 어느 날 갑자기 현장기술자가 법을 공부할 수 없는 노릇이고, 변호사 역시 새롭게 공학을 공부할 수 없는 것과 다르지 않다. 간격을 줄일 수 있는 가장 빠른 방법은 단연 소통(疏通)이 첫 번째다. 소통이 되면 충분히 각자의 개인기로 그 간격을 메울 수 있다.

그래서 분쟁을 해결해야 하는 주체(Key-man)의 개인기가 필요하다.

12
분쟁에 관한 의사결정

분쟁을 해결하기 위해서는 여러 단계의 의사결정이 필요하다.

분쟁사안을 소송과 같은 법적구제수단을 통해 해결할 것인지 아니면 발주처와의 관계, 장기적 실익 등을 따져 접을 것인지에 대한 의사결정이 그것이다. 물론 이러한 의사결정은 일차적으로 현장의 의견을 검토하고 이를 바탕으로 큰 틀에서 여러 사항을 감안하여 의사결정권자가 판단하게 될 것이다.

분쟁을 해결하는 방법도 검토의 대상이 된다. 분쟁해결을 위한 법적구제수단은 조정, 중재, 소송이 있다.

조정은 국가계약분쟁위원회의 조정을 의미하는데 위원장은 고위공무원, 위원의 일부는 중앙행정기관 소속공무원으로 구성되어 있어서 계약상대자측에서 선호하지 않고 어느 일방이 거부하면 조정이 성립되지 않아 법적 강제력도 없다.

중재는 대법원의 확정판결과 같은 효력과 함께 처리기간이 소송에 비해 짧고 비용도 많지 않은 합리적 대안이지만 발주처와 중재합의가 필요하다. 아직까지 발주처가 중재를 선호하지 않기에 합의를 이끌어 내기가 쉽지 않다.

결국 분쟁에 있어서 계약상대자의 의사결정이란 발주처에 소송을 제기하느냐의 여부이다. 그럼 소송을 제기하는 데 있어서 의사결정은 어떤 요소를 고려해야 할까?

정답이라 할 수 없지만, 다음과 같은 기준을 예시할 수 있을 것 같다. 물론 어떤 사항도 우선순위가 될 수 없고 전적으로 현장여건이나 사업의 특성, 분쟁의 규모, 발주처에 따라 달라질 수 있는 것으로 개인적인 견해임을 밝혀둔다.

첫째는 분쟁발생의 시점이다. 우선 분쟁의 발생시점이 공사 초기라면 소송을 제기하기란 사실상 어렵다. 공기연장간접비 분쟁이 활성화된 이유도 공사준공시점이라는 시기상 계약이행의 차질을 최소화할 수 있는 유리함이 있었기 때문이다(그러나 간접비 사건의 대법원 판결에서 총괄계약기간을 인정하지 않았기 때문에 더 이상 시기적인 유리함이 있다고 할 수 없다).

다만 공사초기 발생한 공사대금에 관한 분쟁을 다투기 위해서는 소멸시효가 청구시점으로부터 3년임을 감안해야 한다. 여기서 소멸시효란 단순히 3년 내 발주처에 문서상으로 재청구가 아니라 법적구제수단(소송, 중재)을 제기해야 한다는 점을 유의해야 한다.

앞으로 더 많은 잔여 계약물량의 원활한 이행을 위해서는 발주처와의 관계를 고려하지 않을 수 없고 충분히 남은 잔여기간 동안 다른 대안을 가지고 발주처와 큰 틀의 합의를 통해 처리할 시간적 여지가 충분하기 때문이다. 이러한 측면에서 분쟁시점이 총공사의 준공시점에 가깝다면 의사결정의 폭이 넓어질 수 있다.

둘째로 분쟁대상의 금액적 규모이다. 그 범위를 획일적으로 특정할 수 없지만, 충분히 다툼의 여지가 있을 상당액이 되어야 한다.

법적다툼을 위해서는 단순히 현장기술자와 업무만 가중되는 것이 아니라 법적다툼을 위한 방향설정, 법률대리인 선임부터 분쟁에 관한 입증자료를 구체화하기 위한 제반 준비 등 많은 비용과 시간이 소요된다. 당연히 법적분쟁으로 인한 발주처와 불편한 관계와 이로 인한 현장운영상 불리한 영향 등의 모든 요소를 감내할 수 있을 만큼의 실익이 있는 규모라야 한다.

발주처는 절대로 계약상대자를 드러내놓고 직접 도와주지 않는다. 물론 발주처가 그렇게 해서는 안 된다. 그런데 하물며 법적분쟁의 날 선 칼을 세운다면 얼마든지 명분을 가지고 현장의 발목을 잡을 수 있고 심지어는 부러뜨릴 수 있다는 것은 다들 실감할 것이다(이것은 옳고 그름의 문제가 아니라 누구나 '피고(被告)'라는 위치가 된다면 그럴 수 있으므로 입장을 바꿔보면 잘못되었다고만 할 수는 없는 것이다).

현장기술자가 기본적인 법적, 계약규정을 잘못 이해하여 사실상 청구가 불가한 사안에 대해서도 분쟁대상으로 포함하게 된다면 의미 없는 청구금액만 커지게 되고 분쟁규모가 과다하게 산정되어 의사결정을 오인하게 할 수 있다. 의사결정권자는 우선 현장에서 산정한 청구대상금액을 신뢰할 수밖에 없다. 현장기술자가 가장 잘 알고 있다고 믿기 때문이고 여기에 규모가 크다면 의사결정은 빨라질 수 있을지도 모른다. 그래서 현장에서 제대로 분쟁규모를 산정하는 것이 중요한 것이다.

현장의 의견을 듣고 직접 내용을 검토하다 보면 현장에서 추정한 수십억 원, 수백억 원의 분쟁대상금액이 그 10분의 1도 안 되는 경우도 있다. 계약규정에 입각하여 냉정하게 실질적으로 다투어야 할 금액에 대한 면밀한 검토가 우선이 되어야 하는 이유이다. 별도로 전문가에게 의뢰하여 교차 검토하는 것이 필요하다. 이는 현장기술자가 미덥지 못해서가 아니라 객관적 근거에 따른 합리적인 산정을 통해 분쟁대상 규모를 확정하는 것이 중요하기 때문이다.

셋째는 승소율이다. 전쟁에 임하면서 이길 수 있는 확률이란 가장 중요한 선택적 요소이다. 그러나 승소율은 재판관 외에는 아무도 확정할 수 없는 미지의 확률이다. 결국 승소율이란 분쟁사안에 대한 확실한 법리와 계약적 규정에 입각한 객관적인 근거, 충분한 논리적 사유, 그리고 이를 뒷받침할 수 있는 데이터와 입증자료 등 이길 수 있는 무기가 많아야 높아지는 것이다.

분쟁대상으로 명확하고 분명한 명분과 사유가 있더라도 실제 면밀하게 검토하다 보면 확실한 무기가 없는 경우가 의외로 많다. 청구상 하자가 있거나, 분쟁사안의 귀책 및 책임배분이 불분명한 경우, 자료가 부실하거나 입증의 한계가 있는 경우 등 승소율이 높지 않은 경우가 그것이다.

공사방식에 있어서도 일반내역입찰공사보다 기술형입찰공사인 일괄 또는 대안입찰공사가 법적분쟁시 청구금액보다 실제 판결시 인용되는 금액이 낮아 승소율이 떨어지는 경향이 높은데 이는 계약규정상 계약상대자의 책임범위가 넓어서 소송을 유리하게 이끌어 갈 수 있는 기본적으로 분쟁의 프레임이 불리하여 이길 수 있는 무기의 힘이 약해지기 때문이다.

분쟁에 대한 의사결정사항은 전혀 새로운 것도, 그리 특별한 것도 아닌 기본적이고 보편적인 사항들이다. 그러나 기본과 보편의 원칙을 제대로 준수하기 위해서는 확실한 기준을 가지고 원점에서 구체적이고 세밀하게 이루어져야 하고 의사결정은 이러한 모든 상황을 반영하되 객관적 토대에서 이루어져야 한다. 어떤 경우에도 감정적 판단(특히 발주처에 대한)은 배제되어야 하며 냉정하게 이길 수 있는 대상과 금액을 도출해야 한다.

확실한 의사결정에서 가장 중요한 기반은 현장기술자의 역량에 의한 신뢰도이다. 여기서 역량(capability)이란 변호사와 같은 법률전문가 분야의 역량을 의미하지 않는다. 그동안 수행한 업무처리가 계약규정에 따라 문제가 없었는지, 분쟁의 본질은 무엇이고 분쟁에 대비하여 어떤 준비를 해야 하는지, 분쟁을 해결하기 위해 어떤 지원과 도움이 필요한지 등 철저하게 계약적 실무위주로 대비하여 실행할 수 있느냐에 대한 역량이다. 물론 더 많은 지식과 정보, 경험을 갖고 있다면 당연히 더 빠르고 신뢰도 높은 판단기준을 제공할 수 있음은 두말할 필요가 없다.

어느 한순간에 이루어지는 것은 없다. 무슨 일이든 확고한 의지와 탄탄한 기본기를 바탕으로 꾸준하고 지속적으로 준비되어야 한다. 그래야 보물 같은 분쟁사안이 묻히지 않고 법적분쟁에 대한 의사결정의 대상으로 선택받을 수 있기 때문이다.

여기까지 잘 왔다면 일단은 반은 이긴 것이다.

13

끝의 시작, 분쟁은 계약이행의 연속이다(분쟁에 대처하는 자세)

분쟁이슈가 발생해서 현장을 간다. 현장 출입문을 열면 왠지 싸한 느낌과 함께 무거운 기운을 느낀다. 현장구성원에 대한 친밀도의 호불호에 따라 느낄 수 있는 나만의 극히 개인적 감정일 수 있다.

그런데 불길하고 찜찜한 기운은 이상하게 항상 적중한다. 실제 현장은 너무 많은 어려움에 꽤 오랫동안 직면해 있었고 생각한 것 이상으로 매우 불리한 상황으로 흘러가고 있었다. 현장구성원의 지친 눈빛을 확인하면서 처음 현장 출입문을 열때의 그 느낌이 틀리지 않았음에 스스로 적잖이 놀라는 경우가 있다.

무엇이 어떻게 잘못된 것일까?

현장은 많은 현안이 존재하고 여기에는 발주처, 감리, 협력업체 등의 많은 이해관계자의 이견이 충돌하며 그 이견의 간극을 좁히지 못하게 되면 감정적으로 대응하게 된다. 결국 합의에 이르지 못하고 분쟁의 수순을 밟게 되는 것이 일반적이다. 그러한 통상적인 분쟁에 있어서 가장 정점인 꼭대기에 있는 것이 발주처와 계약상대자의 분쟁이다. 분쟁도 계약의 이행이라는 큰 틀에서 보면 현장에서 발생하는 많은 문제를 해결해야 하는 하나의 대상이다. 다만 그 해결방법에 있어서 법적구제수단이라는 제3자의 판단이 개입되어야 하는 형식이 발주처나 계약상대자 모두에게는 아직까지 낯설고 부담되기 때문에 분쟁을 계약행위이라는 일련의 과정이 아니라 감정적 대립의 산물로 생각하는 인식이 지배적이다. 이는 누군가 일보 양보해서 자체적으로 해결하는 것이 법적해결의 방법보다 더 선(善)이라는 전통적 인식이 기반으로 자리잡고 있기 때문이기도 하다(무슨 문제든 법으로 해결하는 것은 항상 복잡한 절차가 뒤따르기 때문에 피곤한 것은 사실이다).

당사자간 합의보다 더 좋은 분쟁해결방법은 없다. 그러나 그것은 겉으로는 합의일 수 있지만 어느 일방의 손해 또는 책임을 감수해야 한다. 이를 감수해야 할 이유가 없다면 법적인 해결방법이 가장 합리적이고 신뢰도가 높은 선택이 된다.

모든 분쟁은 끝의 시작이다.

공사기간이 연장되지 않았는데 간접비의 손해가 발생할 이유가 없고 공사가 종료되지 않았는데 지체상금이 부과될 이유가 없다. 목적물이 변경되지 않았는데 설계변경으로 손해를 볼 까닭도 없는 것이고 물가가 상승하지 않았는데 물가변동금액을 반영받아야 할 이유도 없다. 이렇듯 분쟁이란 그 대상이 완료되어야 비로소 분쟁이 시작될 수 있는 것이다. '끝났다'는 것은 일단 비용이 투입되었고 손해를 확인하였음을 전제로 한다. 그래서 모든 분쟁은 끝의 시작이다.

공공공사에서 분쟁을 이유로 공사를 중지할 수 없는 것이 계약규정이다. 분쟁이 일을 중단해야 할 어떠한 조건이 아님을 명시적으로 밝힌 것이다. 그렇다면 분쟁이 목적물을 완성하는데 최소한 큰 걸림돌이 되지 않는다.

분쟁현장은 일도 많지만 현장을 바라보는 많은 외부의 시선 그 자체가 무거운 부담이 된다. 현장의 분위기가 좋을 리 없다. 여기에 계약상대자가 발주처와 분쟁을 통해 해결해야 한다고 보고하기도 쉽지 않은 선택이고 부담이다. 당연히 아무도 현장에 좋은 소리할 사람은 없고 심지어는 발주처 관리를 못 하는 문제 있는 현장으로 찍힐 수 있다. 현장구성원의 표정은 뭔가 불만에 차 있고 생기와 활력은 더 이상 기대할 수 없게 된다. 그래서 힘든 현장을 방문하게 되면 이렇게 무거운 기운을 느끼지 않을 수 없게 된다.

분쟁은 반드시 현장운영의 잘못으로 기인하는 것이 아니다. 분쟁은 계약이행의 하나의 과정이라고 받아들여야 한다. 이는 발주처도, 감리자도 현장도 본사도 다르지 않다. 더 이상 분쟁이 현장의 분위기를 가라앉히는 원인이 되어서는 안 된다. 쉽지 않지만 분쟁단계에서의 감정적 대립은 상처만 낳게 된다. 업무에 있어서 심하게 언쟁할 수 있고 얼굴을 붉힐 수 있어도 그 이상은 곤란하다.

분쟁의 현장에서 현장소장이나 담당임원과 같은 리더의 중요성이 필요한 이유다. 분쟁을 해결하는 과정에서 일상적으로 해오던 업무와 같이 덤덤하게 최선을 다하면 된다. 쉽지 않은 말이지만 어차피 분쟁은 사라지지 않는다.

분쟁으로 지치지 않고 계약당사자, 서로가 인간적, 감정적 상처를 받지 않아야 한다. 분쟁도 현장업무의 연속으로 자연스럽게 받아들이는 슬기로운 자세가 현장기술자에게 필요하다.

14
현장기술자의 무모한 질문이 필요할 때

기술혁신의 원리는 매우 단순하다고 한다. 무모하지만 새로운 질문을 던지고 그 질문의 답을 끊임없이 Up-grade해 가는 과정이라고 한다. 출발점은 '무모한 질문'이고 이를 현실화 시키는 데 있어서 계속 실패를 거듭하여 한 단계씩 향상되는 과정이라는 것이다.

그렇다면 누가 그러한 무모하고 새로운 질문을 하는가? 그것은 의외로 해당 분야의 박식한 전문가가 아니라는 것이다.

스페이스엑스의 최고 경영자 일론머스크가 처음으로 던진 질문은 '1단 로켓을 재사용할 수 있는가?'라는 것이었다고 한다. 이는 우주발사 기술자에게는 상식을 벗어난 질문이었다. 1단 로켓은 발사하여 완전 소진 후 바다에 빠뜨려 버려 왔던 방법은 70여 년 동안 우주발사 역사의 교과서였다. 교과서적 방법을 벗어나 '1단 로켓을 다시 쓸 수 없을까?'라는 무모한 생각을 현실화하여 1단 로켓은 재활용함으로써 로켓 발사비용이 기존의 10분의 1밖에 되지 않게 되었다. 2002년 창업한 스페이스엑스는 위성발사 시장에서 시장점유율이 0%에서 지금은 60%라고 한다. 존재하지 않는 비즈니스모델을 새로 창출했기에 가능한 것이었다.

컴퓨터 중앙처리장치(CPU)는 1971년 인텔이 처음으로 만들었다고 한다. 이전에는 CPU란 개념이 없었다. 당시에는 여러 개의 칩이 각각 나누어서 서로 다른 기능을 하고 있었다.

여기에 새로운 질문이 던져졌다. '여러 가지 기능을 하나의 반도체 Chip으로 통합할 수 없을까?' 이 새로운 질문을 인텔이 받아들었고 실제 10년간 끊임없는 Version-Up 과정을 통해 세상을 바꾸는 컴퓨터가 등장했다고 한다. 이 새로운 질문은 Chip 분야의 전문가가 아니었다. 전자계산기를 만드는 회사의 '고지마'라는 CEO였다. '전자계산기에 소요되는 Chip이 너무 많이 들어가 이를 줄일 수 없을까?'라고 고민하다가 그냥 인텔관계자에게 물은 것뿐이었다.

일론 머스크도 고지마도 둘 다 해당분야의 기술 전문가가 아니다. 그들의 물음은 아주 단순하지만 사소한 것에서 출발했다. 그렇다고 바로 세상이 바뀐 것 또한 아니지만 그 질문에 대한 답을 위해 오랫동안 Up-grade해 가는 과정의 결정체가 바로 기술혁신이라고 한다.

기술혁신의 이야기와 법적분쟁 이야기는 달라도 너무 다른 분야이다. 사실 비교 자체가 어불성설일 수 있다. 다만 여기서 말하고 싶은 것은 현장기술자의 역할이다. 이젠 현장기술자의 새로운 질문이 필요할 때라는 것을 말하고 싶다.

사실 많은 분쟁에 있어서 항상 결정적 Key맨은 미안하지만, 변호사가 아니라 현장기술자였다. 현장기술자의 의심과 질문에 따라 새로운 방향이 결정될 수 있다. 마치 일론 머스크나 고지마와 같은 역할이다. 변호사는 현장기술자가 내놓은 질문과 의견을 수용하고 합당한 법리를 만들어 법적분쟁을 대행하는 전문가로 인텔이나 스페이스엑스의 기술자와 같은 역할이라고 할 수 있을 것이다.

좋은 결과를 도출하는 분쟁현장의 공통점이 있다. 분쟁관련 업무에 대해서도 항상 기존에 해 왔던 업무와 다름없이 열정적이고 성실하게 수행하는 현장기술자의 존재가 기본이지만 한발 나아가서 더 중요한 특징은 많은 질문과 적극적인 의견을 제시한다는 것이다.

때론 현장기술자의 다소 엉뚱한 질문에 대해 '이 친구가 아직 이것도 모르나'라고 어물쩍 넘어가려는 순간, 해당부분의 자료를 제시하고 본인이 왜 질문을 했는지 설명을 들으면서 깜짝 놀라게 된다. 그동안 별로 중요하지 않다고 생각했는데 그 질문에 답을 구하는 과정에서 새로운 논리와 주장을 할 수 있음을 깨닫게 되었다. 바로 그 자리에서는 제대로 밝히지 못했지만, 그 이후 그 친구의 존재가 너무 고마웠다. 좋은 결과가 도출되었음은 물론이다. 어느 순간 나 또한 전문가랍시고 현장기술자는 잘 모를 것이라는 편견에 물들어 가고 있음을 깨달았다.

현장기술자가 던지는 질문과 의견은 그 속에 현장의 지나온 궤적과 그림자가 담겨 있다. 엉뚱할수록 무모할수록 반드시 그 질문은 꼭 한번 다시 보게 된다. 너무 당연하고 기초적이라고 생각하다가 혹시 내가 잘못 알고 있는지를 다시 확인하게 된다. 그러다 보면 뭔가 큰 것이 제대로 걸리게 된다.

열정 없는 사람에게 질문을 바라는 것은 우물가에서 숭늉을 찾는 것보다 더 어렵다. 누구나 질문하지 않는다. 그런데 엉뚱하고 바보 같은 질문을 할 수 있다면 열정을 넘어 용기와 높은 포텐셜이 있다는 증거다. 그것이 원석(原石)이다.

앞으로 더 복잡하고 난해한 분쟁은 계속될 것이다. 더 많은 현장기술자의 새롭고 엉뚱하고 더 나아가 무모한 질문이 필요하다.

스마트한 변호사는 언제든지 당신의 질문을 멋진 법리로 만들어 줄 것이다.

15
이론과 경험의 선택

　현장은 어떤 문제라도 어떤 상황이라도 주어진 시간 내에 반드시 끝을 봐야 한다. 해결의 주체도 오로지 현장구성원이다. 그래서 TF(Task Force) 조직이다. 누구도 대신할 수도 없다. 모든 현장에 발생하는 문제들은 서로 유사하지만 똑같은 이벤트는 없으므로 이를 해결하는 정답도 항상 같지 않다. 해결의 수단은 경험이 항상 우선한다.

　경험이란 일을 통해 누적되어 몸소 체화된 행동양식이다. 시행착오(trial and error)라는 궤적을 통한 방법론적 습득이 경험이라는 기술자의 역량이 된다.

　경험은 본질적으로 문제를 해결하는 습관으로써 작용하여 문제에 직면할 때 가장 먼저 해결할 수 있는 수단이 된다. 오랫동안 현장의 문제를 가장 빠른 방법으로 해결하는 수단으로 작용해 온 것은 부인할 수 없는 사실이고 겪어 보지 않은 어떤 새로운 문제가 닥쳐 와도 이를 해결할 수 있는 답을 만들 수 있는 것도 누적된 경험의 힘이다. 경험이 있느냐와 없느냐의 차이는 곧 업무의 맥(脈)을 알고 신속하게 대처할 수 있느냐를 결정한다.

　현장은 일일이 설명할 수 없는 많은 부분에 대한 현장구성원의 경험의 조각이 모여서 움직이는 곳이다. 현장에서 발생하는 수많은 이벤트를 처리하는데 일일이 절차를 거치면서 해결책을 만들어 갈 만큼 현장에 주어진 시간은 없다. 경험적 직관으로 즉시 제때 처리하지 않는다면 예고 없이 찾아오는 다음의 이벤트를 대응할 수 있는 시간을 확보할 수 없게 된다. 경험의 수단을 선택할 수밖에 없는 가장 본질적인 이유는 현장에 주어진 시간의 제한성 때문이다. 순간의 선택에 따라 시간이 좌우된다.

　경험은 실체가 없는 산물이다.

　설계도면과 시방서로만 공사를 수행할 수 없다.

　구조물의 콘크리트 타설에 있어서 정작 가장 먼저 고려할 것은 레미콘 차량이 타설현장에 진입하는 데 문제가 없는지, 차량이 대기할 공간이 확보되어 교통상 문제가 없는지 등 설계서에서 알려주지 않지만 너무도 평범한 경험적 산물이다. 그렇지만 이를 고려하지 않게 되면 결국 시간과 비용을 무경험의 대가로 지불해야 한다.

인허가 업무는 어디부터 어떻게 해야 하는지, 어떻게 민원을 처리하는지와 같은 직접적인 시공에 관한 것은 아니지만 이러한 문제가 해결되지 않는다면 결국 시공에 차질이 발생하게 된다. 처음 업무를 접하는 사람에게는 막막하지만, 경험자에게는 아주 일상에 불과할 수 있다(경험자를 통해 방법과 정보를 찾는 것보다 더 빠르고 좋은 방법은 아직까지 없는 것 같다).

이렇듯 경험이라는 수단은 난해한 문제를 해결하는데 더없이 훌륭한 방편임이 틀림없으나 점차 모든 업무가 시스템화되면서 경험에 의한 업무처리가 때론 편법적 수단이 되기도 하고 규정준수(compliance)에 위배되는 상황이 발생하기 때문에 점차 한계성을 갖기 시작한 것도 이제 현장문화의 큰 흐름이 되고 있다.

그래서 경험을 절차화하는 것이 필요하다. 경험의 절차화란 절차서나 매뉴얼이라는 2차원적인 이론이 된다. 절차서를 공유하면 누구나 공통된 문제를 해결하는 경험을 접할 수 있고 또 하나의 방법론적 수단이 될 수 있다. 그것이 간접경험이다(절차서의 가장 큰 한계는 실제 문제가 발생하기 전까지, 심지어 문제가 발생해도 막상 절차서를 스스로 접하려고 하지 않는다는 것이다. 이것을 해결하는 1차적 방법이 교육이다).

경험과 이론은 서로 다른 대립적 개념으로 이해할 대상이 아니다. 경험과 이론은 별개가 아니다. 경험은 이론을 방법론적으로 습득한 것이고 훌륭한 경험도 이를 체계화하고 절차화하면 이론으로 정립되는 것이다. 닭이냐 달걀이냐의 문제일 뿐 무엇이 우선이라고 할 수 없다.

현장에서는 이론을 경험보다 하위의 수단으로 인식하는 경향이 적지 않지만, 실제 어떤 위험에 직면한 이벤트가 발생하게 되면 그 해결의 첫 단추는 이론에서 출발한다.

터널이 붕락되고, 대절토 사면이 무너지고, 구조물의 심각한 균열이 발생하고, 굴착에 따른 인접건물에 피해가 발생하는 등의 사고가 발생했을 때 우선, 이론으로 무장된 전문가가 설계부터 결과상의 모든 데이터를 진단하고 그 이후 시공전문가와 함께 해결방안이 제시된다.

몸이 아프면 X-Ray나 MRI를 통해 먼저 진단하듯이 모든 문제의 해결은 원인에 대한 이론적 근거가 제시되어야 한다. 토목의 모든 구조물은 경험으로 설계되는 것이 아니라 정밀한 공학적 이론과 수학을 기반으로 하므로 모든 문제의 발단과 결론은 공학적, 산술적 수치의 결과가 도출되어야 한다. 이론의 영역에 경험의 수단을 조화롭게 적용해야 하는 이유다.

분쟁에 있어서 경험은 현장기술자에게 귀중한 자산이지만, 가치있는 경험이 되기 위해서는 그 밑바탕은 탄탄한 법리라는 이론을 기반으로 한다.

지금 현장에 문제가 있는가? 문제를 해결하는 것은 경험과 이론을 잘 선택하고 융합해야 한다. 이론적 지식이 필요하다면 빨리 정보를 찾아라. 그리고도 부족하다면 경험을 가진 사람에게, 그래도 부족하다면 반드시 전문가에게 연락하고 도움을 받아라. 그것이 곧 정답이다. 참 쉽다.

16
선승구전(先勝求戰)

이기는 군대는 항상 이겨 놓고 싸우고 지는 군대는 싸움을 건 후 이기려고 한다(勝兵 先勝而後求戰, 敗兵 先戰而後求勝). 손자병법에 나오는 말이다.

선승구전, 이겨 놓고 싸운다는 의미다. 싸우기 전에 전략과 전술을 가지고 이길 수밖에 없는 판을 만드는 것이다. 이길 수 있는 조건과 상황은 없고 이길 수 있는 조건과 상황은 스스로 만들어야 한다는 의미이다. 완전무결한 준비 없는 싸움은 이길 수 없다는 것이다.

충무공 이순신 장군은 36번의 크고 작은 해전에서 단 한 번도 패배한 적이 없었다. 임진왜란에서 조선수군은 일본수군에 맞서 23전 23승의 전과를 이루었고 이 불멸의 기록은 세계 해전사에 영원히 신화로 남는다.

그렇다면 그 비결은 무엇일까? 그는 항상 이길 수 있는 상황을 만들어 싸웠고 선조의 명을 어기고 관직을 파하면서까지 이길 수 없는 싸움은 피했다. 그것은 비겁함이 아니라 전력을 낭비하면서 불필요한 싸움을 할 필요가 없는 것이고 준비되지 않는 싸움은 반드시 필패함을 알고 있었기 때문이었다. 전쟁에서 패전은 모든 것을 잃는 것이다. 패자는 할 말이 많지만 아무도 들어주지 않는다. 승패가 걸리는 싸움은 언제나 냉혹한 것이다.

법적분쟁에 있어서도 승소와 패소의 결과는 냉엄하고 잔인하다.

공공공사에서 발주처를 상대로 법적분쟁을 한다는 의사결정부터가 쉽지 않다. 더 이상 피할 수 없었던 간절한 최선의 선택일 수밖에 없었을 것이고 이를 증명하는 방법이 이기는 것이다. 그래야 실리와 명분을 챙길 수 있기 때문이다. 실리는 '돈'이고 명분은 '정당방위'이다.

법적분쟁에서 완전승소란 쉽지 않다. 청구사항의 일정부분만 인용되거나 또는 청구금액의 일부가 사정되는 일부승소로 끝나는 경우가 많다. 그래서 조금이라도 승소율을 높일 수 있는 유리한 상황을 만들어야만 최선의 좋은 결과를 도출할 수 있는 것이다.

우스갯소리로 법적분쟁에 있어서 확실하게 이길 수 있는 가장 환상적인 조건이란, 첫째

좋은 재판관을 만나고(계약상대자 입장에서는 갑질하는 발주처에 대해 단호하고, 발주처 입장에서는 국가예산을 중요시하는 재판관의 경우라고 할까...), 둘째는 상대측 변호사가 무능한 경우(건설 관련 경험이 없어 사건의 맥을 제대로 못 잡는 경우...)라고 한다. 이 두 가지가 동시에 작용하면 더할 나위 없이 이길 수 있는 상황이지만 소송의 경우 1심으로 끝나지 않기 때문에 이런 요행이 그 다음 판에서는 이루어지지 않는다. 그래서 일희일비(一喜一悲)하지 않고 더욱 디테일하고 치밀하게 준비해야 하는 이유다. 끝날 때까지 끝난 것은 아니다.

이기는 것에는 반드시 비결이 있고 이기는 것도 습관이 된다. 작은 경험이지만 분쟁에서 이기는 비결은 무엇일까? 내 생각은 이렇다.

무엇보다도 그 첫째는 간절함이다. 이기는 현장은 간절(懇切)함과 절박(切迫)함이 있다. 간절함과 절박함한 마음은 누구가 갖을 수 있지만 이를 과감하게 실천하고 무섭게 몰입하게 만드는 현장기술자만이 이기는 경험을 만들어 갈 수 있다.

분쟁이 아니더라도 이기는 현장은 기본적인 현장업무에 대한 체계가 잘 갖추어져 있다. 분쟁사안에 대한 자료의 파일링과 관련 대내외적 문서의 정리 등 탄탄한 기본기에서 나오는 안정감이 있다. 여기에 머무르지 않고 높은 관심을 가지고 전문가의 지도에 잘 따르고 적극적인 의견을 제시하기 때문에 당연히 아주 좋은 구체적 자료가 나오고 탄탄한 스토리가 구성된다.

반대의 경우는 현장의 선입견이 너무 과하고 모든 걸 스스로 판단하려고 한다. 한결같이 발주처가 잘못하고 있고 그래서 이 지경까지 왔다고 한다. 그런데 내용을 살펴보면 정작 현장에서 제대로 대응하고 조치한 흔적이 보이지 않는다. 결론은 그냥 억울하다는 것으로 귀착된다. 제시된 어떤 자료도 도움이 될 만한 것이 없고 흔하고 뻔한 자료가 대부분이다. 심지어는 자료가 어디에 있는지도 모르고 허둥대는 경우도 있다. 뭐가 그리도 바쁜지 도무지 편하게 이야기 할 분위기가 아니다. 어수선하다. 점점 막막해지고 더 이상 현장에 머무는 것조차 편치 않게 된다.

현장과 본사, 그리고 사건을 맡은 로펌과의 유기적인 협업시스템이 갖추어져 있다면 업무효율이 극대화될 수 있을 것이다. 똑똑하고 스마트한 변호사는 참 많지만 사건의 맥을 확실히 잡고 구체적 방향을 제시하면서도 현장의 간절함을 이해하는 변호사를 만난다면 금상첨화다. 의뢰인의 의견과 자료에만 머무르지 않고 유사한 판례를 발굴하여 이길 수 있는 상황을 만들어 갈 수 있는 변호사라면 최선의 선택이다.

항상 이길 수 있는 상황은 없다. 이길 수 있는 상황은 만드는 것일 뿐이다. 이것은 언제나 뼛속 깊은 절실한 명제다. 다시 한번 명심하자.

先 勝 求 戰!(선승구전)

17
스스로 하던 시대는 지났다. 맡겨라!

선승구전의 첫 번째는 무엇일까?

가급적이면 스스로 모든 것을 직접 하려고 하지 마라. 전문가에게 맡기고 제때 적기를 놓치지 말아야 한다. 현장에서 일어나는 모든 이벤트를 현장기술자가 스스로 처리해야 능력 있고 일을 잘한다고 판단하는 것은 잘못된 생각이다. 때론 매우 위험할 수 있다.

고민은 뒤로 미루고 될 수 있으면 우선 전문가 집단을 빨리 참여시키는 것이 좋다. 이젠 여기저기 묻고 물어 업무를 처리하던 시절은 지났다. 당장 수행해야 할 본업을 충실히 하면서도 분쟁으로 커질 것 같은 쟁점사안에 대해서 사전에 효율적이고 능동적으로 대처하기 위해서는 본인 스스로가 직접 모든 것을 처리하려고 하지 말고 전문가의 도움을 받아 분쟁사안에 대해 방향과 자문, 검토 등의 제반 필요한 업무를 대행할 수 있도록 하면 된다. 전문가의 개입을 통해 분쟁사안에 대한 방향과 정보를 수렴하고 전문가와 현장기술자가 협업을 통해 차분하게 준비할 수 있다.

전문가 집단과 함께 업무를 협업하여 수행하다 보면 본인이 직접 수행하는 것보다 더 많은 지식과 정보를 더 빠른 시간에 습득할 수 있고 사건을 보는 시야가 넓어져 더 많은 역량을 발휘할 수 있게 된다. 여기서 전문가 집단이란 건설클레임 관련 전문용역을 업으로 하는 전문가도 될 수 있고 실제 분쟁업무에 관해 다수가 인정하는 전문가일 수 있고 필요에 따라서는 건설전문 로펌일 수 있다. 다만 지속적인 관리가 필요한 경우라면 현장경험과 이론을 가진 분쟁관련 전문가가 변호사보다 더 유용하지 않을까 한다(기술자로서 분쟁전문가를 편의상 '테크니션 분쟁전문가'로 정의하고자 한다).

쟁송에 착수하지 않은 사전 준비과정에서 로펌을 통한 자문이나 관리는 비용적 부담이 적지 않다. 실무적으로도 로펌의 변호사보다도 테크니션 분쟁전문가의 지속적 지원이 더욱 효과적이다. 그럼에도 불구하고 로펌을 통한 관리를 원한다면 건설전문변호사를 선택하면 된다(로펌 중에서도 테크니션 분쟁전문가를 보유하고 있다).

중요 이벤트에 대해서는 법률의견서를 통해 적기에 자문을 받아야 큰 그림(big picture)을 그릴 수 있는 법률적 배경이 된다. 그리고 세부방향을 수립하면 된다.

분쟁에 대비해서 현장기술자가 챙겨야 할 자료는 계약이행을 통해 자연적으로 얻게 되는 문서, 보고서, 회의록 등의 자료와 객관성을 확보할 수 있는 Raw Data, 필요시 별도의 용역을 통해 체계적으로 만든 자료 등이 포함될 수 있다. 모든 자료는 각각 분산되지 않고 일정한 형태로 Filing을 하게 되면 비로소 현장의 일차적인 준비는 마무리된다. 이러한 자료에 실을 꿰매서 시간과 연결하면 곧 이야기(story)가 된다.

현장에서는 지금 이 시간 이후에도 무슨 일이 어떻게 발생할지 모른다. 현장기술자가 분쟁업무만 하기에는 사람도 시간도 녹록하지 않다. 언제든지 발주처가 요구하는 자료를 만들어야 하고 하필이면 바쁠 때 본사에서 요구하는 자료는 왜 이리도 많은지, 여기에다 대외 및 대내적인 현장점검은 때를 가리지 않는다.

분쟁으로 인한 업무상 상당한 부담(loading)이 발생하지만 그렇다고 일상적인 일을 멈출 수 없는 것이고 기존의 반복되는 업무는 점점 무게를 더해 가며 시간은 간다. 한 번도 겪어보지 않는 분쟁에 대해 현장기술자가 모든 것을 스스로 준비하고 대응하기란 쉽지 않은 일이다.

분쟁사안을 현장에서 직접 처리하기 위해 발주처와 협의하고 읍소도 하지만 상황은 별도 나아지지 않고 하염없이 시간만 흘러간다. 그러면서 현장은 또 다른 일과 이슈가 발생하고 분쟁사안은 거기에 묻히게 되면서 담당자가 바뀌고 시간이 흘러 한참이 지난 시점에서 잊혔던 분쟁사안은 다시 쟁점이 된다. 상처가 곪으면 잠시 가릴 수 있지만 그 속은 계속해서 썩어가고 어느 순간에는 더 큰 상처를 남겨야만 치유되는 것처럼 문제를 정리하지 않고 넘어가면 절대로 안 된다.

모든 걸 한꺼번에 스스로 하려고 하다 보면 전체적인 업무관리 능력이 떨어져 적기에 청구를 놓치고 시효가 지나는 등 더 이상 법적으로도 해결할 수 없는 돌이킬 수 없는 상황이 되기도 한다. 좀 더 일찍 전문가에게 지속적인 모니터링과 코칭을 받았으면 이런 상황이 되지 않았을 텐데… 하는 후회와 안타까움은 소용없는 일이 된다.

준비한다고 준비되는 것이 아니다. 이 모든 것을 자체적으로 하다 보면 반드시 놓치는 것이 있다. 그래서 될 수 있는 한 전문가에게 맡기는 것이 멀리 보면 현명하고 지혜로운 조치가 된다. 그렇지 않아도 법적분쟁 단계에 가면 상대방의 주장과 입증자료에 따라 또 새로운 무언가를 준비하고 대응해야 할 일은 많다.

유사한 분쟁사안이라도 그 틀은 다 똑같을 것 같지만 그 속을 들여다보면 계약방법, 현장여건, 발주처 등 모든 상황이 다르기 때문에 챙겨야 할 사항과 자료가 각기 다르다. 또한 각 사안에 따라 적용되는 판례의 내용이 달라서 로펌이나 전문가에게 제반업무 및 자문을 맡김으로써 놓치는 일이 없도록 챙기는 일이 더 중요하다.

현장에서 분쟁이 발생하더라도 대부분은 계약이행 중에는 소송이나 중재와 같은 법적해결의 절차를 진행하지 않고 여러 가지 분쟁사안을 모아서 준공 이후에나 착수하게 된다. 시간적으로 분쟁 발생시점부터 상당시간이 지난 후에야 법적 분쟁에 착수하게 되고 그렇게 또 오랜 시간이 지나고 나서야 판정결과가 나오게 된다. 민사소송의 경우 대법원까지 사건이 진행되면 그 끝을 기약할 수 없고 최소 수년이 지나야 확정판결[1]이 나오는 아주 긴 여정이다.

발주처와 협의하여 해결할 수 없는 분쟁사안이라도 공사수행 과정에서 설계변경이나 추가공사 등의 다른 이벤트와 연계함으로써 일정부분 손해를 보전할 수 있다면 굳이 법적다툼으로 해결하지 않는 것이 오히려 지혜로운 선택일 수 있다. 물론 그렇게만 된다면 더할 나위 없겠지만 이상하게도 어떤 분쟁사안이 발생하면 계속해서 또 다른 분쟁이슈가 발생하고 이 것들이 서로 꼬이고 설키면서 오히려 눈처럼 쌓여서 더 이상 협의로 해결할 수 없는 상황이 이르게 되는 것이 통상적인 분쟁의 흐름이라서 당사자간 합의로 처리된다는 것이 쉽지 않다.

전문가가 현장에 투입하는 시점은 어떤 쟁점이 분쟁화되기 전에 가급적 빠를수록 좋다. 분쟁사안에 대해서 법적구제를 통해 해결이 가능한지, 실익이 있는지에 대한 확실한 방향을 정할 수 있고 그래야 분쟁에 관한 신속한 의사결정을 받을 수 있다. 이런 것들을 우선하여 챙기는 것이 현장기술자의 몫이다. 의사결정을 위한 보고의 시간을 늦추지 말아야 한다. 그리고 의사결정이 떨어지면 그때부터는 할 수 있는 모든 자원과 방법을 동원하여 법적다툼을 하면 된다.

현장기술자에게는 이러한 모든 상황을 감안하여 신속한 결정을 내릴 수 있는 감각(sense)이 필요하다. 신속한 결정이 현장을 살린다. 이 글이 그러한 감각을 키울 수 있는 쉬운 보조재가 되었으면 하는 바람이다.

맡겨라! 모르면 나보다 더 똑똑한 전문가에게 맡겨라. 그것이 센스(Sense)있는 현장기술자에게 최소한의 답이다.

---

1) 확정판결(確定判決)은 하급심 소송절차에서 내려진 판결에 대해 소송 당사자가 더 이상 상소하지 않거나 상소를 거쳐 대법원에서 내려진 판결로서 확정된 효력을 가지는 판결을 의미한다. 상소기간은 형사소송에서는 7일, 민사소송에서는 14일로 규정한다. 확정된 효력을 가지는 판결은 통상적인 불복신청으로 취소할 수 없다.

18

사람은 떠나지만, 문서는 남는다

'문서 보내!' (여기서부터 톤은 높아진다.)

이쯤 되면 한번 가보자는 상황이 된다. 더 이상 물러설 수 없는 단계, 협의에 의한 합의 처리가 어려운 상황이 된다.

문서는 보편적이고 공식적인 의사전달의 수단이다. 일상적인 모든 업무의 종착점은 문서로 귀결된다. 그렇지만 민감한 사안에 대해 '문서'라는 말은 유독 다른 의미로 '더 이상 양보는 없다'는 인내의 한계에 다다른 결연한 의미로 전달된다.

좀 더 문서에 대한 이야기를 해야 할 것 같다.

분쟁에 있어서 문서는 별도의 설명이 필요 없는 중요한 단서다. 문서는 계약이행과정에서 계약당사자간 공식적인 의사결정의 수단이자 계약문서의 효력[1]을 갖기 때문이고 분쟁시 법적판단에 직접적 영향을 미치는 입증자료가 된다. 대부분의 문서는 계약이행시기에 따라 작성되기 때문에 문서를 보면 현장의 이력(history)을 알 수 있고 현재 어떤 상황에 직면하고 있는지 판단할 수 있다.

현장에서 생성하는 방대한 모든 문서가 계약문서로서 효력을 갖는 것은 아니다. 가장 중요한 것은 계약당사자간 통지의 절차를 거친 것으로 공식적인 수단의 근거인 문서번호, 수신인, 날짜, 보낸이 등을 기입하는 형식을 갖추어야 비로소 효력을 갖는다. 이와 같은 양식을 반드시 갖추지 않더라도 검측서, 품질시험서, 작업일보 등의 일상적인 문서는 반드시 발주처에 통지되어 내용에 따라 확인, 승인, 지시 등의 구체적 회신절차를 밟게 되는 계약문서가

---

1) 공사계약일반조건 제3조(계약문서) ⑤ 이 조건이 정하는 바에 의하여 계약당사자간에 행한 통지문서 등은 계약문서로서의 효력을 가진다.
제5조(통지 등) ① 구두에 의한 통지·신청·청구·요구·회신·승인 또는 지시(이하 "통지 등"이라 한다)는 문서로 보완되어야 효력이 있다. ③ 통지 등의 효력은 계약문서에서 따로 정하는 경우를 제외하고는 계약당사자에게 도달한 날부터 발생한다. 이 경우 도달일이 공휴일인 경우에는 그 익일부터 효력이 발생한다.

된다. 이렇게 정형화된 문서는 대부분 건산법, 건진법, 산업안전보건법 등의 관련법 및 계약 규정에 근거하고 있다.

계약문서의 효력과 별개로 법적분쟁시 문서는 재판부에게 당시 정황을 이해시키거나 당사자의 주장을 제시하는 입증자료로써 분쟁사안에 관계되어 생성된 모든 보고서, 공식 및 비공식자료 등이 대상이 될 수 있으므로 공식적인 통지문서만이 반드시 필요조건은 아니다. 이는 어디까지나 재판부의 판단에 관한 문제다. 다만 통지문서의 경우 상대방도 사실관계를 확인한 사항이므로 객관성과 신뢰성을 확보한 것이라고 할 수 있지만 분쟁사안의 정황을 통지문서만으로 판단할 수 있는 범위는 제한적이다. 민감한 특정사안에 대한 계약당사간 문서는 청구에 대한 승인 여부, 이에 관한 이의제기와 같은 수준의 당사자간의 주장이 담긴 내용을 상대방에게 공식적으로 전달했다는 것, 그 이상도 이하도 아니며 문서내용으로만 사실의 객관적 판단을 할 수 없는 경우가 대부분이다.

그럼에도 불구하고 적기에 문서행위를 통해 확실한 의사표현을 못하게 되면 불리하다. 그것은 법적분쟁은 분쟁사안이 발생한 시점이 아니라 준공 이후 등 상당기간이 지난 시점에 착수되기에 분쟁발생 당시의 정확한 사실확인 자체가 어렵기 때문에 적기에 문서를 통지하여 계약당사자의 공식적인 의사표현을 해야 하는 것이다.

당시의 상황에 대해 해당업무를 수행한 담당자가 정확하게 기억하고 있고 모든 정황은 확실하지만 정작 공식적인 의사전달 문서가 없다면 이를 사실로 입증할 방법은 쉽지 않기 때문에 막상 법적분쟁에 있어서 상당히 힘든 상황이 연출될 수 있다(당시에는 너무 중요한 일이라 오랫동안 기억할 수 있을 것 같지만 그 기억의 한계는 생각보다 짧다).

문서는 내용상 경중(輕重)에 따라 중요도가 다르다.

현장에서 생성되는 문서는 크게 처분문서와 보고문서로 나눌 수 있다. 물론 이 둘을 나누는 법적, 형식적 구분은 없고 그 내용으로써 판단해야 한다.

원론적으로 처분문서라 함은 법률적 행위가 그 문서 자체에 의하여 이루어진 경우의 문서를 말한다. 쉽게 말하면 공사기간이나 계약금액의 조정과 같은 계약적 내용이나 조건의 변경, 행정처분에 관한 문서에 해당한다. 설계변경 관련하여 계약금액조정에 대해 계약상대자가 청구하고 발주처가 승인하는 일련의 문서는 처분문서에 해당한다. 이는 계약을 변경할 수 있는 처분성이 있기 때문이다.

반면 보고문서는 문서작성자가 보고 느끼고 판단한 바를 적은 것인데 현장에서 작성되는 일상적인 보고서, 현황자료, 기타 검토서 등 계약이행상 필요한 일상적 업무에 관한 문서라고 할 수 있다. 보고문서는 계약적 조건이나 내용의 변경에 직접적 어떤 영향은 미치지 않고 반드시 이를 전제로 하지도 않는다.

분쟁의 해결은 계약당사자간의 서로 상반된 처분문서에 입각한 행위에 대한 사법적 판단을 구하는 절차라고 볼 수 있다. 즉, 계약상대자의 청구에 대해 발주처는 이를 불승인하는 처분문서가 있었을 것이고 이에 대한 법적 판단을 통해 책임과 부담의 주체를 구하는 행위인 것이다.

처분문서를 보면 분쟁의 내용과 대상 및 범위가 어떠한지를 알 수 있지만, 처분문서만으로 분쟁사안의 옳고 그름을 판단하는 데는 한계가 존재한다. 그래서 비록 처분문서가 아니라도 분쟁사안의 정황을 인식하고 객관적 판단을 위해서 현장의 모든 자료와 문서는 입증자료로 필요하다.

분쟁발생 당시, 발주처와의 관계 때문에 부득이 정상적으로 문서를 통지하지 못하는 상황도 발생하는데 회의자료나 비공식적으로 협의한 자료, 이메일 자료, 현장기술자의 수첩에 빼곡히 쓴 자료도 때로는 처분문서에 준하는 결정적인 입증자료의 구실을 할 수 있다(이는 재판부가 결정할 일이다).

현장에서 현안과 관련하여 발주처에게 공식적으로 문서를 통지하는 행위가 말처럼 쉬운 것은 아니다. 특히 민감한 사항에 대해서는 발주처와 사전에 일정부분의 교감이 이루어져야 하는데 이러한 과정에서 문서가 생성되지 않는 경우가 상당히 많기 때문이다. 협의에 의한 해결이 더 이상 불가능하고 심지어 감정적 대립단계에 가서야 비로소 문서의 통지행위가 시작되기도 한다. 대개 이런 경우에 있어서 문서는 서로 각자의 주장만 담은 내용으로 심지어 반려되는 경우도 흔하다. 문서가 반려되더라도 반려된 사실의 기록과 증거도 중요하다. 대부분 전자문서시스템을 통해 반려되는 경우 일정시간이 지나면 완전히 삭제처리가 되어 반려여부도 불확실하게 되므로 반려된 화면을 캡처하고 반려사실을 입증서류로 제출하여 유리한 정황으로 인정받는 경우도 있다.

그러나 가장 안타까운 것은 이와 같은 입증자료를 제때 확보하지 못해 법적분쟁의 착수조차 어렵거나 법적분쟁시 제한된 또는 불확실한 입증자료 때문에 더 이상 공격적인 주장과 논리의 전개가 어려워져 사건이 불리하게 진행되는 상황이다.

현장기술자가 분쟁에 대한 기본적 지식과 업무주체의 흐름을 알아야 하는 이유는 분명하다. 그것은 언제나 협의로 해결할 수 있는 분쟁사안이 그리 많지 않다는 것이다. 현장은 돌아가도 누군가는 분쟁에 대비하여 차분하게 준비해야 한다. 적기란 없다. 빠를수록 좋은 것이다. 그리고 실천에 옮겨야 비로소 분쟁의 경쟁력이 되는 것이다.

사람은 아무도 남지 않는다. 문서를 남겨라!

19
억울한 것과 필요한 것(청구행위에 대해)

분쟁현장의 현장기술자를 접해 보면 모든 문제가 발주처의 갑질과 불합리한 조치 때문에 발생하였고 이로 인한 손해가 발생해서 너무 억울하다고 한다. 일종의 피해의식이다. 그러나 정작 사안을 세밀하게 들여다보면 업무상 적기에 적절한 대응을 못 하고 발주처와 지속적인 협의도 없는 상태에서 더 이상 아무런 추가조치 없이 하염없이 시간이 흘러 끝내 돌이킬 수 없는 상황으로 변해버린 경우가 적지 않다. 대부분 관행적 인식에 따른 관습적인 일처리를 통한 오류이다. 때로는 과실에 가깝다.

특히 청구(請求)에 관한 문제들이다.

청구란 쉽게 말해 상대방에게 계약적 권리사항을 요청하는 행위이다. 이러한 청구가 분쟁(Dispute)을 통칭하는 클레임(Claim)이다.

건설공사에서 청구의 대상은 주로 공사기간이라는 시간(Time)과 공사비에 해당하는 비용(Cost)로 나눌 수 있다. 청구행위에 있어서 가장 중요한 것은 시점이다. 청구시점을 놓치거나 청구란 행위가 없으면 청구대상, 즉 채권 자체가 소멸하거나 발생하지 않게 된다. 특히 장기 계속공사에서 차수공사의 경우 준공대금 수령 전 청구해야 한다는 공사계약일반조건의 규정[1]을 소홀히 하거나 무심히 놓쳐 모든 것이 수포가 되는 경우가 심심치 않게 발생한다.

'확정적으로 지급을 마친 공사대금은 당사자의 신뢰보호 때문에 계약금액조정의 대상이 되지 않는다'는 대법원 판례는(대법원 2002. 11. 26. 선고 2001다11130 판결)동일한 대상에 대해 돈을 받으면 더 이상 청구대상이 될 수 없음을 밝히는 매우 중요한 판정이다.

---

1) 공사계약일반조건 제20조(설계변경으로 인한 계약금액의 조정), 제22조(물가변동으로 인한 계약금액의 조정), 제23조(기타 계약내용의 변경으로 인한 계약금액의 조정) 계약상대자의 계약금액조정 청구는 준공대가(장기계속계약의 경우에는 각 차수별 준공대가) 수령 전까지 조정신청을 하여야 한다.

오래전에 4대강 사업을 시행한 국내 유수의 시공업체들과 유명 로펌사간에 클레임 관련하여 회의가 있었다. 당시 4대강 사업은 수십조의 공사를 불과 2년여의 짧은 기간에 끝내야 했기 때문에 공정에 치명적인 문제와 함께 추가적인 공사비가 상당히 소요되었지만, 턴키공사라는 특성상 공사비를 추가 반영하는 것에 여러 가지 제약이 존재했으며 당시 이명박 정부의 대국민 국책사업이었기에 공사기간을 연장하기도 쉽지 않은 상황이었다.

　　준공이전에 각 업체의 현장에서는 몇 박스 분량의 엄청나게 많은 자료를 가지고 와서 그간의 진행사항 및 쟁점사항을 설명하고 발주처로 인해 손해가 발생했음을 토로하고 있었다. 당시 당사도 4대강을 참여하고 있었고 나는 이미 회의 전에 해당현장을 수차례 직접 방문하여 여러 쟁점사항을 검토한 바 있었다. 그렇지만 차수준공과 관련한 청구문제상의 하자 및 계약적 제한규정으로 대부분의 분쟁사안이 현시점에서 청구행위는 더 이상 실익이 크지 않음을 사전에 검토했었다. 청구권에 하자가 발생되었기 때문이다. 다른 회사도 유사한 상황임을 개략적으로 알고 있었지만 실제 어떻게 준비하고 있는지 청구 여부에 문제가 없었는지 등에 대해 궁금한 것이 많았다.

　　각 업체에서 제기했던 사항 중에서 특정사항에 대해서는 충분히 다투어 볼 가능성이 있었지만, 문제는 대부분 청구상에 하자가 있는 사항이었다. 이미 과업은 차수준공의 절차를 끝냈으나, 준공 당시 별도의 청구절차를 제기하지 못했다. 역시 명백한 청구상 하자가 있음을 확인하였다. 이 점에 있어서는 모든 회사가 동일한 문제를 가지고 있었던 것이다. 예상과 다르지 않았다. 당시 어쩔 수 없이 정부시책에 따라 적자를 감수하면서 밤낮없이 신속하게 수행한 사항이었지만 적기 미청구에 따른 청구상 하자는 정작 법적구제에 있어서 돌이킬 수 없는 실책이었다. 그러나 하나같이 모두가 너무 억울하지만, 반드시 발주처가 지급해야 할 비용임을 구구절절 당당하게 밝히고 있었다. 각 사의 담당자와 변호사들과의 질의 및 답변이 끝나갈 즈음, 더 이상 조용히 지켜보기만 하면 안 될 것 같아 손을 들고 의견을 밝혔다.

　　'대부분 제기된 사안은 이미 해당차수 준공과 함께 완료되었으나 준공대금 수령 이전에 어떠한 청구절차가 없기 때문에 청구권에 하자로 소송을 제기해도 승소할 가능성은 없는 사항 같습니다'라고 단호하게 말했다. 갑자기 수십, 수백억의 쟁송건에 들떠 있던 분위기는 차갑게 가라앉았고 오죽하면 파트너 변호사가 '얼음을 뿌린 것같이 차갑네요'라고 헛웃음을 지었다. 나중에 각 업체들은 동일한 사안을 가지고 소송에 임했지만, 역시 결과가 좋지 않았다. 당사에서는 이 사건에서 청구상 하자가 없는 사안만으로 비록 대상금액은 작지만 소송을 제기하여 일부 승소했다.

　　유사한 다른 사례이다.

급히 현장의 요청이 있어 ○○현장으로 내려갔다. 항만현장으로 턴키공사지만 당시 낮은 입찰가로 전략적으로 수주하여 이미 상당분의 적자가 발생한 현장이었다.

내용인즉 당초 케이슨 제작장의 위치가 변경됨에 따른 추가비용을 청구하는 사항이었다. 케이슨 제작장을 공사현장 내 구간이 아닌 타지역 소재 제작장을 사용하는 것으로 실시설계 하였고 발주처에서 이를 승인하였다. 타지역의 제작장의 관리는 발주처의 유관기관이었기에 해당 제작장의 사용시기를 인지하고 있었으므로 공사수행을 위해 공사용지를 확보해야 하는 계약상 협조의무가 있었다. 그러나 해당 제작장이 관리청이 자체공사를 사유로 사용을 못 하게 됨으로써 부득이 제작장의 위치를 현장 인근으로 변경할 수밖에 없었고 이와 관련하여 발주처의 승인을 득하여 공사를 수행하게 되었다.

제작장의 변경에 대해서는 발주처의 책임사항이 비교적 명백하여 추가비용 대상임에는 큰 문제가 없을 거라는 판단으로 현장을 방문하였다. 예상대로 여러 사항을 검토한 결과 발주처의 책임이 인정된다고 판단하였고 해당 공사비도 상당액에 이르며 해당사안에 대해서는 우선 청구절차를 밟고 여의치 않을 경우 분쟁으로 처리할 수 있는 충분히 유리한 사항이라고 생각하였다. 그러다가 전년도 산출내역서를 검토하던 과정에 이미 제작장 변경과 관련하여 지난해 계약내역에 공사비증감 없이 합산되어 반영되었고 제작장 변경에 관한 사항은 차수준공된 상태로 준공금도 수령이 완료된 상태였다. 물론 이와 관련하여 발주처에 이의를 제기하겠다는 문서 역시 존재하지 않았다.

순간에 한숨이 나왔다. '몇 개월만 일찍 챙겼더라면...'

더욱 아쉬운 것은 해당사안에 대해 이미 로펌으로부터 '발주처의 책임있는 사유에 해당하여 공사계약 일반조건 규정상 공사대금 증액 요청대상'이 될 수 있다는 검토의견서도 받은 상태였다는 점이다. 현장에서는 발주처와의 관계를 고려하여 원활한 공사수행이나 기타 다른 사안과 함께 해결하기 위해 해당사안을 최종준공시점에 일괄로 처리할 나름대로 계획을 가지고 있었다. 당초 제작장이 운반거리가 멀고 해상운반의 리스크가 있어서 제작장 변경이 오히려 현장에서는 더 합리적 결정이었을런지도 모른다. 그렇지만 일단 공사비가 증액되는 사항이 확인되었고 법률검토 역시 발주처 책임사항으로 다투어 볼 여지가 있다는 의견이었지만 정작 어떻게 청구절차를 진행하고 이의를 제기하는지의 세부적 방법까지는 현장에서 제대로 챙기지 못했던 것이다. 그리고 최종 준공시점이 다다르자 현장에서 해결의 실마리를 찾기 위해 사업팀의 도움을 받아 처리하고자 했던 것이었다.

청구에 관한 관련규정을 제대로 이해하지 못해서 비롯된 문제였다. 당시만 해도 청구시기와 그 절차에 대해 많은 현장기술자들이 제대로 이해하지 못하는 사례가 많았다. 그래서 항상 현장을 방문할 때마다, 교육을 통해서 '청구(請求)'의 중요성을 최우선적으로 하였다.

짧은 공기, 적자현장으로 가장 힘들고 어려운 여건하에서 고생하고 있는 동료를 보면서 마음이 아팠다. 원가의 반도 되지 않는 턴키공사를 수주하고 공사를 수행한다는 것이 말이 좋아 전략수주이지 결국 모든 고생과 어려움은 현장기술자에게 떠미는 것 그 이상도 아니다. 참으로 현명하지 않은 결정이지만 그 와중에 이러한 분쟁사안을 좀 더 챙겼다면 그래도 현장기술자의 노력이 헛되지는 않았을 것이라는 생각에 안타까웠다. 현장동료들과 많은 이야기를 하면서 쓰디쓴 술잔을 넘기면서 현장에 어떤 도움도 주지 못했다는 아쉬운 마음을 갖고 서울로 올라오는 내내 가슴이 답답했던 기억이 난다.

그렇다. 억울한 것은 어쩔 수 없지만 필요한 것은 반드시 챙겨야 하는데 그중에서 가장 중요한 것이 청구이다.

20
실무자와 리더의 역할!

많은 이슈와 문제로 발주처와 심한 분쟁에 있는 ○○현장으로 달려갔다.

이미 현장의 원가는 오래전에 적자로 전환했고 발주처와는 끝이 보이지 않는 다툼이 지속되고 있었다. 설계변경에 관한 추가공사, 공기지체 등의 문제로 발주처와 불협화음은 지속되고 있었다. 가장 좋지 않은 모습으로 흘러가고 있었다.

오랫동안 이어진 발주처와의 갈등으로 현장의 분위기는 싸늘하게 가라앉아 있었고 현장 구성원은 하루빨리 현장을 떠났으면 하는 눈빛이었다. 발주처와 오랫동안 분쟁이 지속되는 전형적인 모습 바로 그대로였다.

현장기술자로 공무업무를 수행하고 있던 후배 직원은 대뜸 '형님 힘들어 죽겠습니다. 마치 거대한 바위와 일하는 것 같아요. 공문을 보내도 회신도 없고, 그나마 보낸 회신은 모든 책임은 다 시공사의 몫이라네요. 한 푼도 줄 수 없다고 합니다. 하물며 이젠 발주처에서 저를 이 현장에서 내보내라고 공문까지 왔습니다'라고 한숨을 쉬면서 한탄을 하는데 들으면 들을수록 답답하고 기가 찼다.

분쟁상태가 오래 지속된 현장을 가보면 대부분 모든 문제가 발주처의 갑질 때문이고 현장은 피해자라고 주장하는 경우가 많아서 사실확인이 필요해 보였다. 현장에서 고이 관리하고 있는 수많은 문서들이 그동안의 역사를 말해 주기 때문에 차분히 검토하기 시작했고 직접 현장도 수차례 답사하였다. 사실 큰 기대를 하지 않았던 것은 무엇보다 해당 현장이 턴키 공사이기 때문에 내역입찰공사에 익숙한 현장기술자의 의견보다는 발주처의 주장의 타당할 수 있다는 나의 선입관도 있었다.

시간이 흐르면서 조금씩 반전이 나타나고 있었다. 그렇게도 어렵고 힘든 상황임에도 불구하고 현장의 모든 서류는 어디 하나 흠잡을 데 없었다. 공사 초기부터 발령받아 현장의 모든 사정을 제대로 알고 있는 넋두리한 후배를 퇴출하라는 지시공문이 보낸 이유도 알게 되었다. 그것은 일을 못 하거나 다른 문제가 있던 것이 아니라 모든 업무를 원칙적으로 처리하고 불합리한 발주처의 주장에 대해 단호하게 대응하다가 미운털이 박혔기 때문이었다. 시공사 입장에서는 상을 주어도 모자랄 능력 있는 직원이었다.

일반적으로 현장에서 놓치기 쉬운 사항이나 발주처와의 관계를 고려하여 껄끄러운 사항은 문서를 생성하지 않는 사례가 많지만 거의 완벽할 정도로 모든 문서는 세밀하게 정리되어 있었고 적기에 공문을 통지하고 객관적 자료에 근거하여 청구하였음을 확인하였다. 흠잡을 만한 구석이 없었다. 다만 오랜 갈등으로 문서의 내용은 가시가 돋친 문구로 가득 차서 얼마나 현장의 갈등과 상처가 얼마나 지속되고 있었는가를 여실히 말해주었다. 오히려 쟁점사항에 대해 발주처는 무조건 안 된다는 식의 서투르고 갑의 냄새가 심하게 묻어 나오는 대응이 더 문제로 보였다.

나는 그 후배직원이 너무 고마웠다. 그동안 꾸준히 전 직원을 대상으로 동절기 기간에 클레임에 관한 교육을 시행했고 많은 사례를 전파하면서 정말 얼마나 효과가 있을까 의문을 갖고 있었다. 그러나 후배직원은 그 교육의 사례들을 소홀히 하지 않았고 나에게 교육받았던 대로 원칙대로 업무를 수행했음을 밝혔다. 최소한 본인이 무엇을 어떻게 해야 하는지를 제대로 알고 있었다는 것과 많은 부침에서도 꿋꿋하게 견디고 본인의 역할 그 이상을 해 주었다는 사실만으로 눈물나게 고마웠다.

해당현장은 발주처와 분쟁으로 인해 수차례 현장소장이 바뀐 바 있었고 본사에서는 발주처와 갈등을 해결하지 못하는 문제현장으로 인식하고 있었다. 당시만 해도 법적분쟁의 해결보다는 발주처와의 갈등은 곧 현장의 무능함으로 판단하는 경향이 있었다. 그렇게 현장은 내부와 외부로부터 더욱 힘들게 되었다. 이러한 상황에 놓이게 되면 현장기술자는 더 조급하여 어떻게 어려움을 해결해야 하는지에 대한 확신을 가질 수 없게 된다. 그래서 분쟁을 해결한 경험이 너무도 소중한 것이다. 그것은 두려움을 없애주고 믿음을 줄 수 있는 용기와 같은 것이기 때문이다.

본격적으로 현장이 분쟁모드에 돌입하면서 새로운 현장소장이 부임하였다.

가장 큰 변화는 분쟁사항에 대해 법적절차를 통해 해결하겠다는 확고한 방향을 가지고 발주처에게 확실한 의사를 표명하였다. 모든 역량을 법적분쟁에 대응할 수 있도록 준비하였고 현장구성원도 반드시 해결할 수 있다는 결연함으로 조금씩 생기를 찾아가고 있었다. 물론 담당임원도 현장의 의견을 적극적으로 반영하여 힘을 실어 주었다.

현장구성원과 본사의 의사결정권자에게 법적분쟁을 통해 해결할 수 있다는 확신을 심어주고 현장기술자와 함께 법적분쟁에 대비한 준비를 하고 차근차근 분쟁절차를 수행하는 것이 나의 역할이었다.

　　용지보상지연, 문화재조사, 태풍으로 인한 풍수해(재난지역선포), 설계변경, 물가변동반영, 벌점부과, 공기연장, 지체상금 등 이 지면에 모두 담을 수 없는 너무 많은 이벤트가 있었다. 공공공사 분쟁의 끝판왕이라고 해도 될 정도의 쟁점사안이 너무 많았다. 여기에 최종적으로 지체상금이 부과된 것을 보면 얼마나 막막하고 힘겨운 분쟁이었음을 알 수 있다(공기연장사유가 다양했음에도 불구하고 지체상금 부과는 계약당사자간 갈등의 골이 깊었음을 단적으로 말해 준다).

　　다이나믹한 법적분쟁이 끝났을 때 답이 없을 것 같았고 막막했던 이 현장은 지체상금을 무효화한 것은 물론, 공기연장 인정 및 설계변경 등의 주요 청구사항을 인정받아 200억 원 이상을 승소하였다. 전혀 기대하지 않았던 보석 같은 값진 '반전의 결과'였다. 엄청난 반향을 일으켰고 단숨에 문제현장이 모범현장으로 자리잡았다. 모질고 힘든 시간이었지만 확실한 방향을 가지고 끈질기게 잘 버티면서 초지일관한 결과였기에 더욱 그 가치가 빛났다.

　　확실하고 야무진 업무를 수행한 후배직원도 큰 역할을 했지만 이러한 결과의 밑바탕에는 담당임원 및 현장소장이라는 리더의 값진 역할의 결과였다. 확실한 방향과 확신을 가지고 결연하게 대응하고 현장구성원이 하나가 될 수 있는 구심점의 역할을 제대로 했기 때문에 가능한 결과였다.

　　정상적인 현장에서도 발주처와 이견, 마찰, 대립이 발생하고 이를 해결하기가 쉽지 않은데 장기간 계속되는 발주처와의 분쟁상태에서 현장을 운영하는 것은 참으로 쉽지 않다. 그래서 실무를 처리하는 담당자의 능력과 판단도 중요하지만 이를 제대로 발휘되기 위해서는 담당임원, 현장소장과 같은 의사결정권자인 리더의 역할은 필수적인 요소가 된다.

　　정상적인 현장보다 힘들고 어려운 현장일수록 리더의 역할은 처진 현장 분위기를 살려주고 직원들이 지치지 않고 이겨낼 수 있는 무한신뢰와 시그널을 줄 수 있어야 한다. 리더는 방향성을 가지고 업무를 담당하는 실무자에게 최대한 능력을 발휘할 수 있도록 권한을 위임하여 맡기며 실무자의 과업을 챙기는 것이 중요하다.

　　지금 생각해도 가장 힘들었지만 가장 보람 있었고 행복했던 순간이었다. 분쟁결과의 짜릿함은 잊을 수가 없었다. 앞으로 이런 경험을 다시 할 수 있다면 더 바랄 게 없을 것 같다.

21
산출내역서는 설계서일까? 계약문서일까?

아주 오래전 신입기사시절에 현장에서 내손에 있던 설계도면을 지긋이 나이 드신 마을주민분이 보시면서 '그거(설계도면) 참 신기하네. 시간이 지나면 거기 나온 그림대로 만드니 얼마나 대단한 것인가'라고 말씀하셨다. 순간 너무 당연한 그분의 말씀을 그냥 흘려들었지만 지금 다시 생각해 보면 설계도면을 표현한 그분의 말씀이 참으로 대단하다는 생각을 하게 된다. 너무 당연하지만, 그때까지만 해도 나는 설계도면이 대단하다는 생각을 가져 본 적이 없었다.

설계도면은 설계 엔지니어, 발주처 담당자, 유관기관 공무원 등 수많은 이해관계자의 손을 거치면서 숱한 우여곡절 끝에 현장기술자의 손에 다다른다. 그리고 시간이 흐르게 되면 여지없이 설계도면 그대로 새로운 공간이 실현된다. 2차원이 3차원으로 변신한다. 참 대단한 것이다.

설계도면에 표현하지 못한 시공방법, 시공기준 등의 모든 기술적 사항을 표시한 것이 공사시방서이다. 따라서 설계도면과 공사시방서는 가장 우선되어야 할 설계서이자 계약문서이다. 설계서는 건설현장의 존재이유가 된다. 이들이 서로 일치하지 않는다면 현장에서는 상당한 혼선이 발생할 수밖에 없기 때문에 설계도면과 공사시방서가 서로 일치하지 않거나 누락, 오류가 있다면 목적물의 취지에 맞추어 시공에 참여하는 발주처, 감리자, 시공사의 현장기술자들이 검토하여 새로 정하는 것이다. 다만 산출내역서가 설계도면과 공사시방서보다 우선할 수 없기 때문에 이들과 서로 내용이 다르거나 과다과소, 오류나 누락 등에 대해 일치하기위한 수정변경이 발생하게 되는데 이것이 설계변경이다.

입찰 전 입찰참가자에게 제공되는 현장설명서는 설계서에 표시하지 못하는 과업의 목적, 공사전반에 관한 사항, 현장상태 등에 관한 정보와 함께 내역을 구성하는 단가에 관한 설명서 등을 포함하는 도서로 설계도면, 공사시방서와 함께 설계서에 해당한다. 설계도면, 공사시방서, 현장설명서는 입찰방식, 계약체결의 방법에 따른 공사의 성격과 관계없이 모든 공공공사에 적용되는 설계서가 된다.

　이와 달리 산출내역서는 목적물을 완성하기 위해 공종별 비목과 품목, 규격, 물량, 단위 등이 표시된 물량내역서에 단가 등을 기재하여 계약금액을 나타낸 것으로 설계서의 작성주체에 따라 설계서의 여부가 결정된다.

　일반내역입찰이나 대안입찰의 원안부분은 발주기관이 설계도면, 시방서, 물량내역서를 작성하게 되므로 산출내역서는 설계서가 된다. 설계도면이나 공사시방서의 변경이 없이도 산출내역서의 변경이 설계변경에 해당하고 계약금액조정도 수반된다.

　반면 일괄입찰이나 대안입찰의 대안분(이하 대형공사), 기본설계 기술제안입찰, 실시설계 기술제안입찰(이하 기술제안공사)의 공사는 계약상대자가 설계도면, 공사시방서, 산출내역서를 작성하는 부분에 대해서는 설계도면과 공사시방서는 설계서에 해당하지만, 산출내역서는 설계서가 아니다.

　내역입찰공사에서 설계도면에 따라 시공한 물량과 산출내역이 불일치하게 되면 산출내역서를 변경하는 설계변경을 통해 계약금액조정을 통한 정산이 가능하다. 그러나 대형공사 및 기술제안공사는 산출내역서의 과다과소, 누락, 오류에 대한 모든 책임을 계약상대자의 몫이 되는 것이다. 그것은 산출내역서가 설계서가 아니므로 설계변경 사유가 되지 않기에 계약금액조정사유도 될 수 없기 때문이다.

　공사계약일반조건상 설계서의 정의[1]에 따르면 공사시방서, 설계도면, 현장설명서, 물량내역서 외에 '공사기간의 산정근거'가 최근에 추가되었다. 이는 발주기관이 명확한 근거 없이 관행적으로 공사기간 산정하지 않고 근로기준법 개정에 따른 근로시간 단축과 기후요인 변화 등 건설환경 변화에 발맞춰 합리적인 적정 공기를 산정하도록 명문화한 것이다.

　설계서는 계약문서이다. 이외에도 계약서, 유의서, 공사계약일반조건, 공사계약특수조건 및 산출내역서가 상호보완의 효력을 가진 계약문서가 된다. 여기서 산출내역서는 입찰방식에 따라 설계서의 여부가 결정되지만 계약금액조정 및 기성부분에 대한 대가의 지급시 적용할 기준으로 계약문서이다.

---

1) 공사계약일반조건 제2조(정의) "설계서"라 함은 공사시방서, 설계도면, 현장설명서, 공사기간의 산정근거 및 공종별 목적물 물량내역서(가설물의 설치에 소요되는 물량 포함하며, 이하 "물량내역서"라 한다)를 말하며, 다음 각 목의 내역서는 설계서에 포함하지 아니한다.
　나. 시행령 제78조에 따라 일괄입찰을 실시하여 체결된 공사와 대안입찰을 실시하여 체결된 공사(대안이 채택된 부분에 한함)의 산출내역서
　다. 시행령 제98조에 따라 실시설계 기술제안 입찰을 실시하여 체결된 공사와 기본설계 기술제안입찰을 실시하여 체결된 공사의 산출내역서

22
설계변경과 기타계약내용의 변경

  '우리현장은 사토장의 운반거리가 늘어나서 설계변경을 통해 공사비가 올라갈 예정입니다.' 이 말은 맞는 말일까?

  결론부터 말하면 잘못된 표현이다. 운반거리 변경은 현장에서 매우 흔하게 발생하며 운반거리 변경에 따라 단가를 재산정하여 공사비가 변경되므로 흔히들 운반거리 변경을 설계변경이라고 하지만 이는 '기타계약내용의 변경'이라고 해야 맞는 표현이다. 이렇게 운반거리 변경을 설계변경이라고 해도 자연스럽게 받아들이는 것은 설계변경에 대한 확실한 개념정립이 되지 않은 상태에서 운반거리변경도 설계변경과 유사한 계약금액조정대상이기 때문이다.

  현장기술자들은 계약내용의 변경사항의 대부분을 설계변경으로 인식하고 업무를 수행하는데 이는 계약에 관한 전문적인 교육을 제대로 받지 못한 상태에서 현업의 많은 실무를 선임으로부터 관행적으로 습득해 가는 과정에서 비롯되는 결과로써 이제는 정확한 계약적 용어와 의미를 이해하여 적용할 필요가 있다.

  설계변경은 목적물의 변경을 의미한다. 목적물 자체의 내용, 규격, 수량 등의 변경과 함께 목적물을 제작하는 과정인 공법상의 변경 및 시방기준 등의 변경도 포함한다. 설계서는 설계도면이나 시방서를 포함하는 계약문서이고 이들의 변경이 곧 설계변경을 의미한다.

  이와 달리 사토장이나 토취장은 운반거리가 바뀐다고 목적물이 바뀌지 않는다. 마찬가지로 공사기간이 연장되어도 목적물 자체의 변경과 무관하기 때문에 이를 설계변경이라고 하지 않는 것이다. 다만 목적물의 변경은 아니지만, 계약상 내용 또는 조건은 변경된 것이므로 이를 '기타계약내용의 변경'으로 정의하는 것이다.

  그렇다면 일반내역입찰공사에서는 산출내역서가 설계서이므로 운반거리가 변경됨에 따라 산출내역서도 함께 변경되므로 설계변경에 해당하는 것이 아닌가라는 질문을 할 수 있다. 그러나 이런 경우의 산출내역서는 설계도면이나 공사시방서와의 불일치를 일치하는 행위가 아닌 산출내역서만의 독립적이고 개별적인 변경에 불과한 것으로 설계변경과 구분하여 기타 계약내용의 변경이라고 하는 것이다(산출내역서의 변경이 설계변경이 아니라 기타계약내용의 변경에 따른 산출내역서의 변경인 것이다).

산출내역서는 기성부분에 대한 대가(代價)의 지급시 적용할 계약문서이므로 설계변경이나 물가변동, 기타계약내용의 변경에 따른 계약금액조정절차는 최종적으로 산출내역서를 변경하고 이를 근거로 계약을 변경해야 완료된다. 변경된 산출내역서로 기성을 청구해야 비로소 대가를 지급받을 수 있는 것이다(계약변경 없이 설계변경 승인분에 대해 사전공사를 수행한 경우는 개산급에 의한 기성신청 및 지급은 가능하다).

현장기술자들이 운반거리 변경에 대해 설계변경으로 인식하고 있는 또 다른 사유는 비용산정에 있어서 설계변경과 유사성에 있다. 설계변경시 공사비 산출은 단위작업당 소요 재료수량, 노무량, 장비사용시간 등을 수치로 표시한 표준품셈을 기반하여 단가를 산출하여 공사비를 산정하는데, 변경된 운반거리의 산정에 있어서 단가산정도 설계변경과 같은 방법이기 때문이다.

'기타 계약내용의 변경'의 계약금액조정 방법은 실비산정이 적용되어 본질적으로 설계변경과는 서로 다른 메커니즘을 가지고 있다. 실비산정은 말 그대로 실투입 실적에 따른 증빙을 의미한다. 따라서 실제 공사를 직접 시행하는 하도급업체가 지출한 비용도 포함하는 실투입비(Actual Cost)의 정산을 기본으로 하는 것이고 공기연장시 산정되는 간접비도 이와 다르지 않다. 다만 운반거리변경과 같이 실투입비가 아닌 변경단가를 산정하게 되는데 총칭하여 '실비산정'이라 정의하고 있는 것이다(자세한 내용은 법이야기 편의 '기타 계약내용의 변경에서 실비산정의 개념'을 참조하면 된다).

앞으로는 설계변경에 관한 분쟁보다도 기타 계약내용의 변경에 해당하는 다양한 유형의 내용과 조건이 변경되거나 특히 시간을 변수로 하는 차원이 다른 기존의 양상과 다른 분쟁이 예상된다. 그래서 '설계변경'과 '기타 계약내용의 변경'에 대한 개념정립에 따른 명확한 구분이 필요하고 이에 맞는 계약금액조정 산정방법에 대한 확실한 이해가 필요한 것이다.

이제 맨 처음으로 돌아가서 질문에 대한 답을 해보자. 다음과 같이 표현하면 100점이 된다.

'우리현장은 사토장의 운반거리가 늘어나서 기타계약내용의 변경에 따른 계약금액조정을 통해 공사비가 올라갈 예정입니다.'

23

분쟁 트렌드의 변화 '시간(Time)'

세상이 변했다. 지금도 너무 빠르게 변하고 있다.

실제 보고 경험할 수 있는 기술(Technology)이 변화를 주도하고 있는 것 같지만 그에 못지않게 문화(Culture)도 함께 변화하고 있음을 어느 순간 절감하게 된다. 국내건설에서 그것도 민간공사가 아닌 공공공사에서 건설분쟁을 거리낌 없이 이야기할 수 있는 것만으로도 달라진 건설문화의 모습이다.

그동안 건설분쟁이 전혀 없었던 것은 아니지만 본격적으로 분쟁이 활성화된 것은 10년도 되지 않는다. 그 부싯돌 역할을 한 것이 공기연장간접비 관련 분쟁이었다. 그간 설계변경이나 물가변동 등의 공사대금과 관련한 분쟁이 지속적으로 있었지만 공기연장간접비 분쟁은 짧은 시기에 동시다발적으로 태동하였다.

공기연장간접비 분쟁이 생존을 위한 건설업체의 경영난 타개책으로 기인하였던, 수직적 갑을관계의 대등적 전환과 공정실현의 욕구에 대한 분출이었던 간에 새로운 건설문화로 자리잡았음은 주지의 사실이다. 간접비 분쟁은 난공불락과 같이 느껴졌던 공공공사의 발주처, 좀 더 과장하면 정부권력을 상대로 법적구제를 통해 분쟁을 해결할 수 있다는 방향을 제시하면서 또 하나의 새로운 패러다임의 건설문화를 구현했던 빅 이벤트였다.

여기서 주목해야 할 것은 공기연장간접비 분쟁은 그 내용에 있어서 공사기간이라는 시간의 변수가 본격적인 쟁점의 대상이 되었다는 것이다. 그동안 주로 설계변경과 같은 일의 양(量: 물량의 변경)이나 질(質: 공법의 변경)에 관한 쟁점이 본격적으로 시간으로 이동하고 있다는 것으로 시간(Time)을 계량화하여 비용(Cost)으로 환산되어 청구될 수 있음을 의미한다.

추가공사 등의 일의 양의 변경이나 여건변동에 따른 공사방법의 적용과 같은 직접적인 공사비에 대한 분쟁은 그 절차나 책임의 주체 그리고 비용의 산정에 대해서 명확한 계약규정을 적용할 수 있었고 수많은 경험과 풍부한 자료를 통해 계약당사자간 협의의 폭을 넓힐 수 있는 허용(tolerance)의 범위가 존재했다.

시간의 문제는 종국적으로 약정한 기한(期限) 내에 적기 완성해야 하느냐의 문제이다. 발주자의 입장에서 플랜트 공사에서 조기완공은 생산량의 확대를 통한 매출향상에 직결된 문제이고 민간공사의 아파트나 빌딩은 입주와 임대수익이, 민자사업에서는 운영기간 및 운영수익과 연관되어 있기 때문에 적기준공은 계약당사자간에는 가장 중대한 계약조건에 해당한다.

건설기술의 척도 역시 공기단축이 모티브이다.

Big Data, BIM, AI, 로봇, 드론 등은 설계, 시공, 품질, 안전에 관한 기존의 공사수행방법의 수준을 획기적으로 향상시키는 것을 전제로 하지만 본질적으로 기존의 방법보다 '더 빠르게' 할 수 있느냐에 대한 방법론적 수단으로 Game-Changer가 되어야 비로소 스마트 건설이라 할 수 있다(새로운 신기술, 신공법의 건설기술이 다른 조건을 충족한다 해도 기존의 공사수행방법보다 느리다면 기술적 매력은 반감될 수밖에 없다).

오랫동안 공공공사는 공사기간에 비교적 관대했다. 아니 애초부터 정해진 기간 내에 준공할 수 있는 조건을 충족하기 어려웠던 것이 맞는 표현이다.

유달리 공공공사는 정치적, 지역적 특수성이 고려되어 왔고, 그러다 보니 예산이 제대로 확보되지 않은 상태에서 장기계속계약을 적용하여 공사착수는 했으나 그 끝이 보이지 않았던 아주 근본적이고 구조적 문제가 있었다(그래도 국민의 관심도가 높은 국책공사에 대해서는 성질 급한 우리 국민의 욕구를 상당히 만족시켜 주었던 것 같다).

그동안 공공공사의 특징에서 비롯되는 발주처 책임의 공사용지 미확보, 예산부족 등의 발주처 책임의 구조적인 공기지연 문제는 계약상대자로서 시공사가 극복해야 할 공기지연에 관한 일정부분 책임도 희석해 주었던 것도 사실이다(용지보상지연이라는 사유만으로도 계약상대자는 공기지연의 책임을 발주처로 전가하는 데 수월했다). 그러나 앞으로는 발주처도 부분적 용지보상에 관한 엄격한 공정관리 및 추가예산이 소요될 수밖에 없는 공기연장에 대한 책임을 쉽게 인정하지 않을 것이고 더욱 엄격하고 면밀하게 계약규정을 적용하여 계약상대자에게 공기지연의 책임범위를 확대할 것이다. 이는 지체상금이라는 쟁점이 더 커질 수 있음을 의미한다.

장기계속계약방식이 존재하는 한 계약상대자는 더 이상 간접비 분쟁을 통한 법적해결로 공기연장에 따른 비용적 손해를 해결하기 힘든 상황이다. 그래서 선제적으로 공기지연의 요소를 차단하고 지체상금을 부과받지 않는 공정관리 방안의 강구가 필요하다. 계약상대자의 공기연장과 발주처의 지체상금은 앞으로 더 뜨거운 분쟁이슈가 될 것이다.

이 두 가지의 시간적 대립을 그나마 일정부분 해소할 수 있는 대안이 돌관공사라고 할 수 있지만 아직까지는 혁신적인 건설기술이 적용되지 않는 한 돌관공사에 의한 공기단축은 자원의 과잉투입과 비용의 상승을 유발하게 한다.

시간에 관한 직접적인 분쟁대상인 공기연장, 지체상금, 돌관공사비 등이 매우 복잡하게 전개될 가능성이 높고 개별적 공정에 대한 시간적 분석이 필요하므로 책임을 규명하는 것도 쉽지만은 않을 것이다.

시간에 관한 분쟁은 앞으로 더 많은 현장기술자의 능력과 변화를 요구할 것이다.

시간에 관한 분쟁대상의 관계

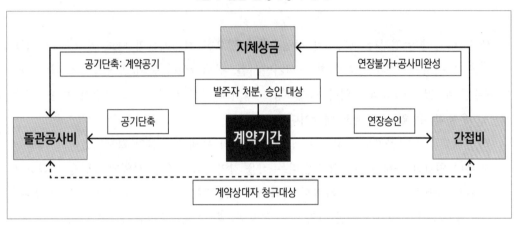

24
언제까지 장기계속계약의 불합리를 감내해야 할까?

장기계속계약은 정부나 지자체가 사업수행에 필요한 전체예산의 확보 없이도 최소한의 예산만으로도 지역균형개발, 다양한 사회기반시설, 경제활성화 등의 공공목적을 위한 사업에 착수할 수 있고 국회의 심의나 의결과정을 거치지 않고 자체적으로 한정적 예산을 탄력적으로 운용할 수 있는 정책적 대안이다.

사실 대부분의 공공공사가 용지보상, 인허가 등의 문제로 예산이 확보되었다고 해도 공사초기부터 원활한 공사수행이 쉽지 않다는 점을 감안한다면 우선 사업의 첫발을 내딛고 사전에 이러한 장애요인들을 제거하면서 사업을 추진한다는 긍정적인 측면이 분명히 있다.

다만 공사초기 일정기간 동안 이와 같은 문제를 해소한다고 하더라도 적정예산의 확보가 지연되면 공사는 지지부진하게 되고 사업기간의 장기화로 이어져 비용은 필연적으로 증가될 수밖에 없는 구조가 된다. 특히 정치적 목적이나 특정집단의 이해관계에 따라 졸속으로 착수되는 경우, 문제는 더욱 심각해질 수 있다.

사업의 전체예산이 확보되지 않는 상태에서 소규모의 연간예산에 따른 차수계약에 의한 사업수행방식인 장기계속계약에서는 효율적이고 종합적인 사업관리가 이루어지기 어렵다. 이는 확정된 전체예산으로 이행되는 계속비공사와 더욱 대비된다. 이러한 문제들로 장기계속계약제도를 폐지하자는 의견도 있으나 정부재정 여건상 공공사업을 모두 계속비 예산으로 편성·운용할 수 없는 것 또한 현실이다.

효율적인 예산운영을 위해서 장기계속계약제도를 유지하되 적정한 시기에 계속비계약으로 전환함으로써 장기계속계약제도가 가지고 있는 단점을 보완할 수 있다면 더할 나위 없지만 역시 얼마나 예산이 이를 뒷받침해 줄 수 있느냐의 문제다. 예산은 없고 할 일은 너무 많다.

총공사금액과 총공사기간이 적용되는 계속비계약과 달리 오로지 당해년 차수계약만 계약적으로 유효한 장기계속계약은 계약적 측면에서 가지고 있는 구조적인 문제점은 지금까지 계약이행에 많은 문제를 야기해 왔으나 별도의 계약관련법개정이 실현되지 않는다면 앞으로도 극복하기 쉽지 않을 것 같다.

장기계속계약에서 차수계약은 총공사부기금액과 총공사기간을 계약조건으로 하는 총괄계약에 앞서는 계약적 효력이 존재함을 대법원 판결[1]이 확정해 주었기 때문이다.

각 차수계약기간 내 청구해야 할 사항은 반드시 준공대가 수령 전까지 조정신청을 해야 한다는 계약규정[2]은 너무나도 중요하고 절대적인 청구시기에 대한 가이드라인이지만 현장기술자에게 많은 오류를 범할 수 있는 함정과 같다.

아주 쉽고 단순하게 표현하면 돈을 받고 나면 더 이상 이와 관련한 사항에 대해서는 이의를 제기할 수 없다는 것이다. 많은 현장기술자가 간과하기 쉬운 것이 차수계약기간을 총괄계약기간으로 범위를 확대해석하여 차수계약기간 내 청구하지 못하는 오류를 범할 수 있다는 것이다.

계약상대자 입장에서 채권이 발생하는 시점, 즉 공사대금이나 공사기간의 연장 등의 청구시점은 반드시 해당차수 계약기간 내에 청구절차를 이행해야 한다는 것인데 이는 시간적 연속선상에서 지속적으로 이루어지는 건설공사의 속성과 상당히 다른 이질적인 규정이기 때문이다.

계속비계약에서는 이러한 문제가 발생할 이유가 없다. 차수계약이 존재하지 않기 때문에 차수준공 자체가 없고 따라서 차수계약기간이라는 특정기간에 청구해야 할 필요가 없다. 공사비나 공사기간 등의 청구는 최종 준공 전에 청구하면 아무런 하자가 없다. 동일한 공공공사이고 동일한 발주처임에도 불구하고 이와 같은 계약방식의 차이로 인해 이행해야 할 절차가 다르고 절차의 이행 여부에 따라 그 결과는 비교할 수 없는 엄청난 차이를 가져오게 된다.

장기계속계약의 이와 같은 유별난 계약적 특성은 당연히 계약당사자에게는 불리하게 작용하게 된다. 특히 분쟁에 있어서는 절대적으로 불리할 수밖에 없다.

존재할 수밖에 없는 장기계속계약이라면 이로 인한 구조적인 불합리한 계약상대자의 손해는 국가가 책임져야 할 비용이지 더 이상 계약상대자가 감내해야 우선순위는 아니지 않을까?

---

1) 대법원 2018. 10. 30. 선고 2014다235189 전원합의체 판결.
2) 공사계약일반조건 제20조(설계변경으로 인한 계약금액의 조정) 제10항, 제22조(물가변동으로 인한 계약금액의 조정)제3항, 제21조(기타 계약내용의 변경으로 인한 계약금액의 조정) 제5항.

25

아! 공기연장간접비

　공공공사에서 공기연장이 뜨거운 논쟁거리가 될 수밖에 없었던 이유는 821개의 공공공사 현장 중 약 31%인 254개 현장에서 공기연장이 발생되었다는 연구조사[1]를 보면 알 수 있다. 지금도 많은 공사가 진행 중임을 감안하면 앞으로도 더 많은 현장에서 공기는 연장될 수밖에 없다.

　공기지연 사유는 예산부족, 용지보상지연, 사업계획 및 설계변경으로 파악되었다. 공기지연 사유에 대해 예산 부족이 96건으로 가장 많았고, 설계계획 변경(76건), 용지보상지연(73건), 문화재 발굴(34건), 인허가 지연(28건) 등 발주자 귀책사유가 상당부분 차지했다. 또한 간접비 소송도 1~3심에 계류된 건설사 간접비 소송은 211건에, 소송가액은 1조 2,000억 원에 수준이라고 밝혔다.[2] 그야말로 공공공사는 공기연장간접비 소송으로 점철되었다.

　간접비 분쟁이 이렇게 확산될 수 있었던 것은 계약적으로 처리할 수 없었던 사항을 소송에 의한 법적구제로 해결할 수 있었고, 실제로 계약상대자인 시공사의 귀책 없이 연장된 공사기간의 간접비를 인정해 주는 법원의 판단이 대체로 많아서 시공사 입장에서는 간접비를 통해 막대한 손해를 보전받을 수 있었기 때문이었다.

　손해의 보전을 수익으로 볼 수 없지만 공공공사에서 약 5% 내외의 이윤이 발생한다고 가정하면 50억 원(약 3~5년 연장시)의 간접비 승소는 1,000억 원 이상의 수주와 같은 효과를 갖게 되는 결코 적은 금액이 아니다.

　공기연장간접비의 쟁점은 공사기간 연장이라는 단순한 내용이지만 그 사안에 따라 판정 결과가 다르고 그동안 접하지 못했던 새롭고 다양한 연구대상이었기에 많은 쟁점과 토론이 본격화되었고 건설업계의 중요한 화두로 자리잡고 있었다. 언론은 간접비 소송에 대한 시공

---

1) 한국건설산업연구원, 공공공사비 산정 및 관리 실태와 제도적 개선방안, 2018. 3.
2) 2018년 9월 추경호 국회의원이 제시한 자료.

사의 승소소식을 전하면서 이제야 비로소 공정한 계약문화가 정착되고 있다고 덧붙이면서 분위기를 띄우기도 했다.

공기연장간접비 사건처럼 우여곡절이 많은 법원의 판결이 있었을까 싶을 정도로 1심판결이 2심에서 뒤집히는 경우도 많았고, 판단의 내용에 있어서 논쟁은 항상 끊이지 않았다.

간접비사건은 대법원 전원합의체[3] 판결시점인 2018년 10월 30일 이전과 이후로 나뉜다(대법원 2018. 10. 30. 선고 2014다235189 전원합의체 판결).

간접비사건이 공공공사 분쟁의 불쏘시개 역할은 바로 이 시점까지라고 보면 된다. 그 이후의 수많은 간접비 소송은 시공사 입장에서 더 이상 기대했던 좋은 성적표를 받을 수 없게 되었고 소송을 취하하는 경우도 상당했다.

도대체 무슨 일이 일어난 것일까?

대법원 판결 이전까지 공기연장 간접비에 관한 주된 이슈는 공공공사의 차수별 계약방식인 장기계속공사에서 발생하게 된다. 총공사기간이 연장되었다는 것은 각 차수 계약기간이 연장되었거나 차수계약의 횟수가 늘어났거나 또는 이 두 가지가 복합적으로 작용하면서 발현된다.

그동안 동일한 간접비사건에서 하급심의 판결이 서로 상반되었던 이유는 청구대상의 공기연장기간이 차수계약기간에 한해 유효한 것인지 아니면 총괄계약기간에도 적용될 수 있는지에 대한 법원의 판단이 달랐기 때문이다. 그래서 대법원의 판결은 이를 최종적으로 확정하는 데 있어 매우 중요했고 업계와 정부, 법조계 초미의 관심사였다.

대법원이 판결한 '서울지하철 7호선 연장 구간(1~4공구)'의 공기연장 간접비 사건은 이미 1심(서울중앙지방법원 2013. 8. 23. 선고 2012가합22179 판결)과 2심(서울고등법원 2014. 11. 5. 선고 2013나2020067 판결)은 총괄계약상 총공사기간의 연장을 인정하여 계약상대자인 시공사의 손을 들어 주었다. 승소금액도 무려 140억 원이 넘었다.

그러나 예상과 달리 대법원은 1심과 2심 판결을 뒤집었다. 2심 판결 후 거의 4년 만의 길고 긴 기다림의 결과였기에 많은 시공사에게는 청천벽력 같은 판결이었다.

건설업계에서는 향후 1조 2천억 원에 달하는 간접비 손실[4]을 떠안게 될 수 있다며 법개

---

3) 대법원 전원합의체는 대법원장을 포함한 대법관 14명으로 구성된 합의체이다. 재판장은 대법원장이 맡는다. 주로 정치·사회적으로 논란이 있고 파급력이 큰 사건들을 담당하므로 전원합의체에서 나온 선고 결과는 사회에 미치는 영향이 매우 크다. 의결은 대법관 전원 3분의 2 이상의 출석과 출석인원 과반수의 찬성으로 이뤄진다(다음 백과사전).

4) 추경호 의원, 각 발주기관 현황조사 결과(2018. 10.) 인용.
[2018. 9. 30. 기준 공공공사에서 공기연장간접비 청구관련 소송사례의 조사결과]
- 1심 기준 소송가액: 약 1.2조 원.

정을 통한 제도개선을 요구하였다. 대법원 판결로 진행 중인 간접비 소송이 계약상대자에게 불리하게 진행될 수밖에 없으므로 계약상대자 법적구제의 절차를 밟아야 할 이유가 사라졌다(실제로 대부분의 소송결과가 계약상대자의 패소로 나타났고 소송을 포기한 사례도 적지 않다).

대법원은 총괄계약의 효력은 계약상대방의 결정, 계약이행의사의 확정, 계약단가에만 미치고 계약상대방이 이행할 급부의 내용, 공사대금의 범위, 계약의 이행기간은 차수계약을 통해 확정된다고 보았다. 쉽게 말해서 총괄계약은 차수계약 이후 잔여분에 대해 별도의 발주 절차를 거치지 않고 기존 계약상대자에게 기존 계약단가를 통해 공사를 최종적으로 완료하기 위한 약정으로서만 효과가 있다는 것이다. 판결문에서도 공사계약일반조건상 장기계속공사에서 계약상대자의 계약금액조정 청구는 각 차수준공대가 수령 전까지 해야 한다는 규정5)을 인용하면서 청구에 있어서 총괄계약에서 총공사기간의 계약적 효력을 인정하지 않았다(공사계약일반조건상 '차수준공대가 수령 전'이라는 계약금액조정의 청구시점을 명시한 규정은 설계변경은 2006. 5. 25., 공기연장간접비 청구는 2010. 11. 30. 개정되었다).

공기연장청구가 차수계약기간 내에 이루어지지 않았다면 곧 청구상 하자에 해당하므로 효력이 없다는 것이다. 대법원 판단을 적용한다면 계약상대자가 간접비 소송에서 승소할 수 있는 여지는 상당히 줄어들었다. 더 이상 공기연장 간접비를 법적구제를 통해 해결할 수 있는 법리가 사라진 것이고 승소가능성이 낮아져 실익이 없다는 것이다.

실제로 ○○국도건설현장에 대한 간접비사건의 결과를 보면 사건의 결과를 보면 얼마나 쪼그라진 실익의 실체를 확인할 수 있다.

해당사건은 당초 공사기간이 2002. 12. 30.~2007. 12. 4.에서 2015. 3. 31.로 연장되어 약

- 평균적인 공기연장기간: 35.3개월
- 공기연장의 원인: 예산 부족, 민원 발생, 용지보상 및 이주 지연 등 발주자의 책임사유가 대부분(판결이 선고된 소송 중 약 78% 시공업체 승소)

공기연장간접비 청구관련 소송시례 조사결과

발주기관	건수		계약액 (억 원)	청구액 (억 원)	확정	
	소송	중재			소송승소	중재
국가	71	1	57,177	268	241	
지자체	61	7	37,580	243	118	22
공공기관	105		123,949	655	16	
지방공공	15		3,721	26	4	
합계	252 (96.9%)	8 (3.1%)	222,427	1,192	379 (32건)	22 (6건)

5) 공사계약일반조건 제26조(계약기간의 연장) 계약상대자는 제40조에 의한 준공대가(장기계속계약의 경우에는 각 차수별 준공대가) 수령 전까지 제4항에 의한 계약금액 조정신청을 하여야 한다.

88개월의 공기가 연장되었다. 현장은 72억 원의 간접비를 청구하였고 1심에서 57억 원이 인정되었으나(서울지방법원 2017. 3. 17. 선고 2015가합57153 판결) 대법원 판결 이후 선고된 2심에서는 9억 원만 인정되었다(서울고등법원 2019. 5. 29. 선고 2017나2021525 판결). 상고했으나 같은 해 대법원에서는 상고를 기각함으로써 판결이 확정되었다(대법원 2019. 10. 17. 선고 2019다245730 판결). 간접비 사건의 대법원 전원합의체 판결로 대법원에서는 더 이상 사건의 법리를 깊게 들여다 볼 필요가 없었기에 매우 이례적으로 3심까지의 모든 절차가 신속하게 완료되었다.

총괄계약을 인정하여 계약상대자의 손을 들어준 하급심 사건은 대법원의 법리와 다르기 때문에 결국 뒤집어질 수밖에 없다는 점을 감안하면 다시 간접비에 대한 손해는 계약상대자인 시공사가 떠안게 될 수밖에 없게 되었다.

'너무 많은 국가예산이 소요되기 때문이었을까?'라는 의구심을 자아낼 만큼 대법원 판결은 뒷말이 많았다. '현실적 문제를 고려하지 않았다', '모든 비용을 건설사에 떠넘기는 판결'이라고도 했다.

공정과 적자탈출의 부싯돌이 되었던 공기연장간접비 사건의 역할은 대법원의 판결로 서서히 막을 내려야 할 것 같다. 새로운 법안이 개정되기 전까지는 말이다.

26
대법원 판결에 대한 기술자의 소심한 항변

대한민국 사법부 최고 기관으로 최종 심판을 내리는 대법원, 그것도 대법관 전원이 참여한 전원합의체의 판결은 굳건한 원칙이자 기준이 되는 매우 의미있는 판결의 끝판왕이다.

공기연장 간접비에 대한 쟁점을 일순간에 정리하여 확실한 기준을 마련하여 더 이상 논란의 여지를 없앴다는 점에서 의의가 있다. 따라서 판결내용의 옳고 그름을 논하는 것은 큰 의미가 있어 보이지 않는다. 그럼에도 불구하고 판결내용의 몇 가지 쟁점에 대해 법률가가 아닌 기술자로서 소심한 항변을 통해 그 아쉬움을 묻고자 한다.

계약체결 전 입찰단계로 시간을 돌려본다. 건설사가 입찰에서 제시하는 투찰가는 발주처가 제시한 입찰안내서나 현장설명서상의 목적물, 공사여건 및 공사기간 등의 조건을 반영하여 내부적으로 실행예산을 산정하고 이를 기반으로 일정부분의 이윤, 일반관리비 등을 감안하여 최종 산정하게 된다.

입찰안내서나 현장설명서상의 제시사항은 신뢰할 수 있는 내용이어야 하며 반드시 지켜져야 할 약속이다. 여기서 제시된 장기계속공사의 여부는 계약방식이지 공사기간이 연장됨을 인정해야 하는 조건이나 수단이 될 수 없다. 공기연장이 장기계속방식의 계약에 따라 필연적으로 발생하는 결과라 할지라도 이로 인한 손해를 계약상대자가 감내해야 할 이유는 될 수 없다.

현장은 건설사에서 자체적으로 작성한 실행예산에 의해 운영된다. 그중에서 현장관리비는 입찰안내서상의 공사기간을 반영하여 산정하는 고정비이고 직접공사비의 변동과 관계없는 비탄력적인 비용으로 공사기간이 연장되면 고스란히 현장관리비는 늘어난다.

공사기간과 달리 목적물이 변경되는 설계변경은 변경조건에 따라 계약금액이 조정되고 공사수행에 따라 비용이 투입되는 직접공사비로 탄력적이다. 설계변경의 규모에 따라 추가되는 공사량에 대해서는 공사기간이라는 시간과 연동되기도 하지만 조정금액의 산정에 있어서 시간과는 무관하다(이러한 이유로 설계변경으로 공사기간이 연장된다면 반드시 연장된 기간을 청구해야 한다).

판결내용에 의하면 계약보증금은 총괄계약분을 납부하고 차수준공분은 반환받으며 하자담보책임기간이나 하자보수보증금, 지체상금 등은 차수계약분을 기준으로 적용한다는 근거를 들어 차수계약의 효력을 우선하였다.

공사계약 체결시 계약보증금은 총괄계약에 해당하는 총공사부기금액에 대한 계약보증금[1]을 납부하도록 되어 있는데 계약상대자 입장에서 동일한 계약서에 명시된 총공사부기금액이라는 총괄계약의 효력이 차수계약과 다르다고 인정하고 보증금을 납부하여 계약을 체결한다는 것은 상식적이지 않다. 오히려 계약상대자의 입장에서는 총괄계약이 주(主)이고 차수계약은 종(從)이라는 인식하는 것이 상식이다. 어느 누구도 현장의 공사금액이나 공사기간을 차수계약으로 인식하지 않고 대외적인 인허가 관련 서류에서도 현장은 총괄계약금액과 총공사기간으로 표현하고 이를 조건으로 모든 절차를 진행한다.

보증금의 차수준공분의 반환의 논리로 총괄계약의 효력을 부인한다면 처음부터 차수계약분의 계약보증금만 납부함이 타당하다. 총괄계약분으로 공사손해보험을 가입해야 하는 계약상대자가 총괄계약의 효력이 차수계약과 다르다고 인식해야 하는 이유에 대한 대법원의 판단기준의 근거가 무엇인지 의문이다.

대법원에서 총괄 및 차수계약을 이분법적으로 구분하고 선언적으로 그 효력 여부를 확정짓는 것이 사적자치원리(계약자유의 원칙)에 부합하는지 또한 의문이다.

대법원에서 확정지은 새로운(?) 효력이 법리적으로 옳다 하더라도 이미 그와 같은 사실을 인지하지 못한 기존의 계약당사자에게 법적구제 수단인 청구권이 박탈되면서 그 피해를 고스란히 가져가야 하는 것 또한 기술자로서 이해하기 어려운 부분이다. 차라리 계약적 효력 여부가 아닌 계약규정상의 차수계약준공대금 수령전에 청구하지 못한 청구의 하자만을 원인으로 했다면 그나마 계약규정에 따른 판결이라 군말 없이 받아들일 수 있을 것 같다.

자연과학이나 인문학에서의 원칙(原則)이라 함은 그 논리가 확장되어도 변하지 말아야 한다. 따라서 이번 판결내용이 중대한 원칙으로 자리잡기 위해서는 어떠한 상황의 확장에도 논리적 모순이 없어야 한다.

대법원의 판결내용대로 차수계약만이 급부의 내용, 공사대금의 범위, 계약의 이행기간에 관한 효력을 인정한다면 입찰안내서상 제시한 총공사기간을 무시하고 최초 차수계약부터 최

---

1) 국가계약법 시행령 제50조(계약보증금) ③ 장기계속계약에 있어서는 제1차 계약체결시 부기한 총공사 또는 총제조 등의 금액의 100분의 10이상을 계약보증금으로 납부하게 하여야 한다. 이 경우 당해 계약보증금은 총공사 또는 총제조등의 계약보증금으로 보며, 연차별계약이 완료된 때에는 당초의 계약보증금 중 이행이 완료된 연차별계약금액에 해당하는 분을 반환하여야 한다.

소의 계약금액으로 계약하고 계약횟수를 인위적으로 무한대로 늘인다면 각 차수계약기간은 연장될 여지가 없기 때문에 총공사기간의 연장과 무관하게 계약상대자는 아예 청구권 자체가 박탈되는 결과가 되는 비상식적인 상황에 놓이게 되는데 이것이 원칙인지 아니면 원칙의 예외인지 구별이 되지 않는다.

총공사기간이 5년이면 일반적으로 5차수까지 5건의 차수계약이 성립하는 것으로 예상할 수 있으나 공기연장이 발생하지 않도록 차수 계약금액을 최소화하여 10차수, 20차수, 30차수로 수십 년 동안 공사를 수행하게 된다면 결과적으로 공기연장이라는 이벤트는 영원히 발생하지 않는다. 따라서 계약상대자의 공기연장 청구권은 절대 성립할 수 없다.

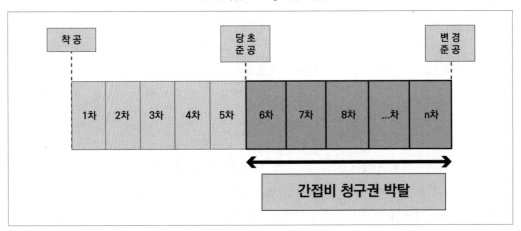

차수계약횟수와 청구권 박탈

• 총공사기간에 연장되었음에도 불구하고 차수계약기간의 연장 없이 계약횟수가 증가되면 간접비를 청구할 수 없게 된다.

입찰안내서상 제시한 공사기간과 달리 이미 실제 총공사기간은 늘어났는데 명목적인 공기연장은 없었다는 이상한 논리가 된다. 대법원 판결내용대로 차수계약은 총괄계약상 부기된 공사비를 빼먹는 구조이므로 차수계약 횟수가 많다는 것은 곧 차수계약금액의 축소를 의미한다. 그런데 간접비는 차수계약금액의 규모에 따라 쉽게 경감할 수 있는 성질이 아닌 비탄력적인 고정비이기 때문에 차수계약 횟수의 증가에 따라 총공사기간이 늘어나게 될수록 계약상대자의 간접비 손해가 증가되는 매우 불리한 구조가 된다.

대법원 판결에 따르면 발주처는 총공사기간의 연장 여부와 관계없이 특정 차수계약의 연장기간분에 대한 공기연장간접비를 지급해야 하는데 일부 차수계약기간은 연장되었으나 총공사기간은 변경이 없거나 오히려 단축되는 경우가 발생한다면 어떡해야 할까? 이러한 상황을 본질적으로 공기가 연장되었다고 할 수 있는지, 그래서 발주처가 공기연장간접비를 지급해야 하는지에 대한 근본적인 의심에 대한 합리적 답안을 찾을 수 없어 혼란스럽다.

아무리 생각해도 앞뒤가 맞지 않는다는 느낌은 지울 수 없다.

여기까지… 기술자의 넋두리였다.

총괄계약기간 변경과 차수계약

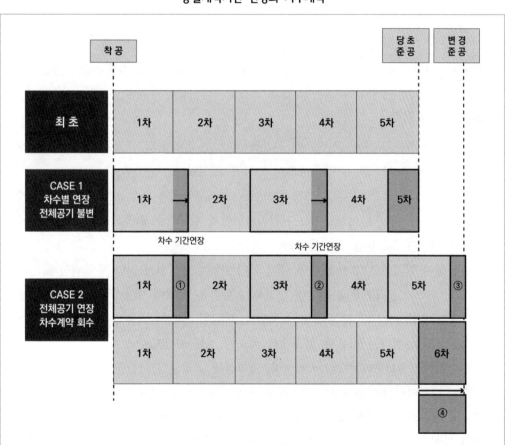

- CASE 1은 차수계약기간이 연장되었지만 총공사기간은 불변된 경우 연장된 차수계약기간에 대한 간접비 청구가 가능하고 발주처는 전체공기의 연장과 무관하게 각 차수의 간접비를 지급해야 하는 경우이다.
- CASE 2는 동일하게 공사기간이 연장되었더라도 5차수계약인 경우 공기연장 간접비 청구가 가능하지만 6차수로 차수계약횟수가 늘어나면 공기연장간접비는 청구가 불가하게 된다.

27
공기연장간접비의 나머지 쟁점들에 대해

공기연장간접비에 관해 그동안 쟁점이 되어 왔던 사항에 대해 살펴보자.

간접비의 청구조건

공기연장에 관한 공사계약일반조건 제26조(계약기간의 연장)의 규정은 그동안 여러 차례 개정이 이루어졌고 간접비 분쟁에 중요한 영향을 미쳐왔다.

2010. 11. 30. 이전까지는 공기연장간접비에 대한 계약금액 조정신청, 즉 청구시점에 대한 명시적 규정은 없었다. 이때까지는 계약기간연장과 계약금액 조정신청을 '함께'해야 한다는 이른바 '동시청구조건'만 존재했다(2006. 5. 25. 개정).

실비산정이 원칙인 간접비에 대해 아직 공기연장이 발현되지 않아 투입되지 않은 비용을 미리 산정하여 공기연장과 동시에 신청해야 한다는 것인데 내용상으로도 다소 모순이 있었고 그래서 일선에서도 많은 혼란이 있었다. 하급심 간접비 소송에서 기간과 비용을 동시에 청구하지 못했다는 이유로 소송에서 패소한 사례도 있었다.

이후(2010. 11. 30.)부터는 간접비에 대한 계약금액 조정신청 시점을 '차수별 준공대가 수령 전'으로 명시되면서 청구시점은 간접비 분쟁의 승소여부에 있어서 가장 중요한 변수로 작용하였다. 대부분의 간접비 소송의 패소원인이 청구시점의 하자에 기인하였기 때문이다.

이와 같이 청구시점의 규정이 변경되었음에도 불구하고 실제 많은 현장은 각 차수계약 연장기간의 간접비 청구시점을 놓친 경우가 많았다. 변경규정에 대한 이해부족으로 차수 계약기간 내 간접비 청구절차를 밟지 않은 채 차수준공금을 수령한 경우가 적지 않았고 준공금 수령전 청구절차를 이행하지 않았기에 청구상 하자가 발생하였다(차수준공의 개념을 계약적 의미의 준공이라기보다는 단순히 반영된 예산의 집행완료로밖에 인식하지 않았다). 이러한 청구상 문제점을 극복하고자 공기연장에 관해서는 총괄계약상의 총공사기한을 기준으로 청구시점을 최종차수 준공 전에 일괄적으로 간접비를 청구하였던 것이다. 공사기간을 차수계약기간이 아닌 총공사기간으로 인식한 것으로 당연히 상식적이라 할 수 있다.

하급심에서도 총괄계약상 총공사기간을 기준으로 최종 준공시점의 공기연장 간접비를 인용한 판결이 적지 않았다. 이러한 하급심의 판결결과로 공사기간의 연장은 총공사기간의 연장으로 해석하는 데 문제가 없어 보였다. 그러나 대법원판결 이후 이와 같은 최종차수, 최종 준공시점에 일괄적으로 간접비를 청구하는 것은 청구상 하자에 해당하므로 승소가 어렵다.

청구상 하자를 극복하기 위해서는 각 차수기간 연장시는 차수준공 전에 기타 계약내용에 따른 공기연장간접비를 각각 신청하고 다시 최종 준공시에도 총연장기간에 대해서도 다시 한번 청구절차를 밟게 된다면 가장 확실한 청구절차가 된다. 단, 연장된 차수계약기간에 대해 간접비를 청구하더라도 3년이 경과되면 청구시효가 소멸되므로 3년 이내 소송 등을 통한 법적구제를 착수해야 한다.

휴지기간과 공백기간

휴지기간은 한국도로공사에서 적용하는 제도로 기온, 강우 등의 외부적 요인으로 목적물의 품질에 문제가 될 수 있는 동절기나 하절기와 같은 기간에 공사를 일시 중지하여 그 중지기간을 계약기간에서 제외하는 것으로 계약상대자 입장에서도 공사수행에서 불리한 기간만큼의 계약상 적정 공사기간을 확보할 수 있는 합리적 계약운영 방안이라고 할 수 있다.

그러나 이러한 취지와 달리 예산부족, 보상지연 등의 발주처 사유의 공사이행 지체기간을 휴지기간으로 대체하면서 휴지기간에 대한 추가비용(간접비)을 청구하지 않는다는 조건을 명시하여 계약상대자와 차수계약을 하였다.

공정위에서는 이와 같이 휴지기간은 계약상대자에게 불이익을 주는 행위로 간주하여 시정명령과 5억 원의 과징금을 부과하였다(2015. 2. 23.). 이에 한국도로공사는 공정위 처분을 취소하는 소를 제기하였고, 법원은 '공정거래를 저해할 정도의 불공정 거래행위로 보기 어렵다'라는 취지로 공정위의 처분을 취소하였고(서울고등법원 2017. 7. 21. 선고 2015누945 판결) 대법원에서 확정[1]되었다.

휴지기간 및 공백기간을 포함한 간접비 소송사건[2]에서도 법원은 대법원 판결(대법원 2018. 10. 30. 선고 2014다235189 전원합의체 판결)을 인용하면서 계약기간으로 보지 않아 간접비를 인정하지 않았다.

---

1) 대법원 2018. 1. 25. 선고 2017두58076 판결.
2) 서울중앙지방법원 2021. 1. 20. 선고 2016가합558201 판결.

차수계약기간을 줄이고 차수계약횟수를 늘이는 계약을 하면서 각 차수간 공백기간이 발생하게 되면 총괄계약상의 총공사기간은 늘어나지만 각 차수계약기간의 연장이 발생하지 않게 된다. 또는 계약기간을 착수 후 ○○○일로 정하는 경우에도 휴지기간과 공백기간은 계약기간에 포함되지 않게 되므로 결국 공사를 수행하는 기간은 늘어나더라도 계약상대자의 간접비 청구권 자체가 성립하지 않게 된다.

차수계약상 중복기간

장기계속공사의 차수계약은 1년의 회계연도를 기준으로 계약 및 준공하는 방식이지만 예산의 조기확보, 공사기간의 단축 등의 사유로 전(前)차수 계약기간에 후행차수가 계약되어 중복기간이 발생하는 경우가 있다. 이와 같은 경우 전행차수의 공기가 연장된다면 간접비 청구가 가능한지 여부가 문제가 된다.

우선 선행 및 후행차수의 중복기간만큼 총괄계약기간도 단축되는지부터 따져봐야 한다. 조달청 질의회신[3]에 의하면 중복기간에 따른 총공사기간의 변경은 없음을 명확히 하고 있다. 즉 당초 총괄계약상 총공사기간이 300일이고 1차 계약기간이 100일이고 2차 계약(준공차수)이 1차 계약기간에 이루어져 1차 계약기간과 70일이 겹칠 경우라도, 총공사기간은 230일로 단축되지 않고 2차계약기간은 270일로 총공사기간은 300일로 변경되지 않는다는 것이다. 만약 중복기간 만큼 총공사기간이 단축된다면 계약상대자 입장에서는 불리한 계약조건으로 변경된 것이고 이에 따른 지체상금의 위험부담이 발생할 수 있게 되어 총공사기간의 변경은 없다는 전제를 명확히 하고 있다(단, 계약당사자간의 합의에 의한 총공사기간의 연장 또는 단축은 가능한 것으로 회신하고 있다).

그렇다면 중복 계약된 상태에서 선행차수기간이 연장되었다면 간접비 청구가 가능할까? 결론부터 말하면 법원의 판단에 따라 다르다.

6차 계약기간이 7차 계약기간내에서 213일 연장기간에 대한 간접비 청구사건에서 1심[4]과 2심[5]의 판단이 엇갈렸다.

---

3) 공개번호 2009090018, 2003180024, 1703030011, 1809280045.
4) 서울중앙지방법원 2019. 11. 13. 선고 2016가합517477 판결.
5) 서울고등법원 2020. 12. 11. 선고 2019나2057290 판결.

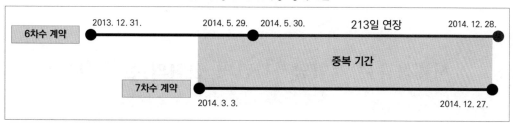

선·후행 차수계약상 중복기간

1심은 중복기간에 따른 간접비를 인정하지 않았다. 7차 계약기간의 간접공사비가 계약상 반영되어 있는 것으로 판단하였기 때문이다. 반면 2심에서는 중복기간에 발생한 간접비(4.4억 원)가 7차 도급계약분의 간접공사비(2.2억 원)를 웃돌고 6차 계약의 연장된 기간에 대한 간접비가 7차 계약분의 간접공사비에 반영되었다고 보기 어렵기 때문에 감정인이 산정한 간접비 1.8억 원을 인정하였다. 2심 판결은 6차 및 7차를 완전히 독립적으로 판단한 것이 아니라 감정인이 연장된 기간에 대한 간접비에 대해 6차 및 7차의 기성대금 비율로 안분하여 산정한 비용을 인정한 것인데 나름 합리적으로 보이지만 원칙적으로 불명확하게 보인다(이런 결과를 보면 참으로 소송은 쉽지 않다).

대법원 전원합의체 판결대로라면 각 차수는 독립적 계약이기 때문에 중복기간 여부와 관계없이 차수계약기간의 연장에 대한 간접비 지급은 가능해야 한다는 해석이 설득력이 있다. 이와 같이 선·후행 차수계약의 중복기간에 대한 간접비를 어떻게 해석하느냐에 따라 판단의 기준은 달라질 수 있다는 것인데 결국 판사의 성향에 따라 달라질 수 있다는 의미다.

총괄계약기간을 공기연장기준으로 한다면 이와 같은 중복기간의 문제에 있어서 중복기간이 존재여부와 무관하게 총괄계약기한을 도과하는지 여부만 판단하게 되면 해결은 명쾌해진다. 이것이 상식적이고 순리라고 생각한다.

아무리 여러 가지 측면을 고려해도 대법원 판결은 답답하다.

28
지체상금은 계약당사자간의 신뢰의 산물이다

공공공사에서 지체상금은 계약상대자에게 가장 부담스러운 규정이다.

지체상금은 발주처의 가장 강력한 금전적 제재수단이고 계약상대자에게는 금전적 손해 외에도 회사의 신뢰도, 시공능력 및 영업적 리스크로 확장될 수 있어서 공기가 지연되면 어떤 수단과 방법을 동원해서라도 예정된 준공기한을 지키는 것은 공공공사에서 불문율로 여겨왔다. 공공발주의 최대의 수요처이자 발주처인 정부를 상대로 지속적으로 공사를 수행해야 하는 건설사에게 금기시되어 온 가장 중요한 계약적 책임이기도 하다.

공사초기 보상지연, 인허가 등으로 착수가 상당히 지연되지만 이러한 문제가 해결되고 예산이 확보되어 본격적으로 공사가 착수되면 시공사는 무서운 속도의 속전속결로 지연기간의 상당분을 만회하여 발주처와 합의한 기한 내 공사를 끝내고야 만다. 특히 국책공사나 중요 인프라 공사에서 이러한 경향은 더욱 강하게 나타나는데 공기단축 능력에 있어서는 국내 건설사는 탁월한 집중력과 책임감이라는 DNA를 가지고 있으며 여기에 발주처의 측면적인 협조가 이루어져서 가능하게 된다. 그래서 그동안 공공공사의 분쟁에 있어서 지체상금은 중요한 쟁점이 되지 않았다.

그럼에도 불구하고 지체상금에 관한 분쟁이 발생했다면 이는 단순히 공사지체에 따른 문제만 있는 것이 아니라 실제로 그 이면에는 매우 복잡하고 다양한 형태로 이미 계약당사자간의 갈등이 상당히 심각한 경우가 대부분이다. 실제로 지체상금 관련 분쟁현장을 가보면 확연하게 알 수 있다. 계약상대자의 시공능력과 별개로 발주처의 협조가 더해지지 않는다면 지체상금에 관한 분쟁은 피하기 쉽지 않다.

지체상금은 계약당사자간의 기본적 신뢰관계가 형성된다면 발생되지 않거나 최소화할 수 있어 심각한 분쟁으로 확대되지 않을 수 있는 여지가 있다. 지체상금 부과의 결정권자는 발주처이기 때문이다.

공기지연에 있어서 계약당사자 어느 일방의 전적인 책임이 존재하지 않고 대부분 쌍방의 책임이 일정부분 공존하는 경우가 대부분인데 이렇게 계약상대자와 발주처의 이행지체 및 방해 행위가 중첩적으로 발생하는 것을 동시발생 공기지연(Concurrent delay)이라고 하며 이에 대한 결과물이 지체상금이므로 필연적으로 법적분쟁이 발생할 수밖에 없어서 사실 발주처도 지체상금 부과는 상당히 부담스러운 계약적 제재조치이다.

기한 내 준공이 쉽지 않다고 판단될 경우 적법하게 계약적 규정범위 내에서 이를 해결할 수 있는 출구전략을 모색하여 서로가 WIN-WIN할 수 있는 방안을 찾아야 한다. 이러한 계약당사자간 출구전략의 원천은 어디까지나 상호신뢰를 기반으로 긴밀한 협조가 절대적이다.

지체상금을 부과하는 기준인 일의 완성은 최후의 공정까지 일을 종료하고 주요 구조부분이 시공된 것으로 도급계약의 구체적 내용에 따른 객관적 판단이 기준이 되어야 한다. 주요 구조부분이라는 실체적 판단 주체는 계약상대자가 아닌 발주처이므로 계약상 어떠한 부분이라도 기한 내 완성되지 않는다면 지체상금 부과를 부당하다 할 수 없다. 지체상금의 산정과 부과에 관해서는 발주처의 재량사항이다(앞서 '법 이야기'의 '지체상금을 두려워해야 하는 이유'를 다시 한번 참조하면 된다. 지체상금은 각별하게 신경써야 한다).

계약상대자는 지체상금을 현금으로 납부해야 하며 발주처는 기성채권을 공제할 수 있다. 지체상금은 부과처분을 무효화하거나 경감받기 위해서는 오로지 법적구제를 통해서만 가능하기 때문에 지체상금은 그 자체로 매우 버거운 일이 된다. 만약 소송의 결과가 유리하게 나온다고 하더라도 발주처에서 이를 인정하지 않는다면 2심, 3심까지 길고 긴 법적다툼은 피할 수 없다.

지체상금에 분쟁에서 지체상금 부존재의 입증책임은 계약상대자에게 있다. 이는 발주처의 공기지체 책임 및 공기연장 대상임을 동시에 밝혀야 한다. 공기연장이 부인되면 지체상금은 성립되기 때문이다. 그래서 정말로 쉬운 일이 아니다.

지체상금을 부과받지 않아야 하는 이유를 더 이상 열거할 필요는 없을 것 같다.

지체상금이 분쟁으로 치닫게 하지 않기 위해서는 계약상대자는 수급자로서 공사완료를 위한 신의성실의 모습을 보여주어야 한다. 아무리 작은 부분이라도 미완성이 존재한다면 이는 약정된 대로 시공한 것이 아니다. 그래서 계약상대자는 공사완성에 대해 스스로 엄격한 잣대를 가져가야 한다.

다시 한번 명심하자! 지체상금은 계약당사자간 신뢰의 부재이다.

신뢰의 부재는 곧 분쟁의 시작이 된다.

29
돌관공사의 성립, 그 불행한 선택!

돌관공사(突貫工事), 영문으로는 Acceleration이라고 한다. 말 그대로 공기촉진을 위한 공사다. 돌관공사는 너무 익숙한 현장용어다.

돌관공사는 예정된 공사기한을 단축하거나 지연된 공정을 만회하기 위해 당초 계획한 공사수행 방법으로는 목적을 달성하기 어렵다고 판단되어 자원(인력, 장비, 자재 등의 모든 Resource)과 시간을 추가로 투입하여 공기를 단축하는 공사수행 방법이다.

돌관공사의 목적은 오로지 공기를 단축하기 위함이다. 공공공사에서 최초 준공예정일 이전에 단축하는 경우는 극히 드물다고 볼 때 대부분의 돌관공사는 공기지연에 대한 만회대책이다.

그러나 돌관공사에서 작업시간을 연장하고 자원을 계획보다 추가로 투입한다는 것은 반드시 효율의 저하를 동반한다. 당연히 생산성이 낮아지고 비용은 상승하게 된다(만약 효율이 저하되지 않는다면 당초 수립한 계획에 오류가 있음을 의미한다).

현장기술자라면 대부분 한 번쯤은 돌관공사 경험을 가지고 있을 것이다. 그렇다면 돌관공사비용을 받은 경험이 있는가?

아마도 돌관공사비가 청구대상임을 모르는 경우도 많을 것이다. 많은 경험을 가진 현장기술자가 돌관공사를 너무 잘 안다고 생각하지만 그만큼 계약적으로는 돌관공사를 잘 모른다. 그렇다고 전혀 이상할 것도 없다. 제대로 된 계약규정이 없기 때문이다. 계약규정 어디에도 돌관공사라는 용어 자체가 없는데 제대로 이해할 수 없는 것은 어쩌면 당연할지도 모른다.

돌관공사에 대한 계약적 규정은 휴일 및 야간작업으로 표현되는 공사계약일반조건의 제18조(휴일 및 야간작업)[1]가 유일하다.

---

1) 제18조(휴일 및 야간작업) ① 계약상대자는 계약담당공무원의 공기단축지시 및 발주기관의 부득이한 사유로 인하여 휴일 또는 야간작업을 지시받았을 때에는 계약담당공무원에게 추가비용을 청구할 수 있다.

공기연장간접비에 대한 세부적 설명과 산정방법을 담고 있는 친절한 정부 입찰·계약 집행기준에도 돌관공사비에 대해서는 어떠한 내용도 없다. 당연히 이와 유사한 판례도 흔치 않다.

그럼에도 불구하고 돌관공사를 제대로 이해해야 할 이유가 있다. 앞으로의 분쟁은 시간을 다투는 이벤트가 대세가 될 것이다. 돌관공사는 공기지연 또는 연장, 지체상금과 같이 시간에 관한 분쟁에 있어서 시간을 단축할 수 있는 유일한 수단이기 때문이다. 공기를 연장하지 않고 지체상금을 부과받지 않기 위해서는 돌관공사 수행이 불가피하므로 계약적 이해와 접근이 필요하다. 사실 그렇게 복잡하지도 어렵지도 않다.

일단 지금까지 막연하게 알고 있는 돌관공사를 잊으면 된다. 단순히 계획이 틀어져서 어쩔 수 없이 야간에 작업하고 인력과 장비를 추가로 투입하는 것은 특별한 조치로서의 작업이지 이제부터 더 이상 돌관공사가 아니다. 비용을 청구할 수 있는 조건이어야만 돌관공사다.

그럼 돌관공사의 청구조건에 대해 살펴보자.

첫째는 발주처의 공기단축지시이다.

발주처의 공기단축지시는 국내외를 막론하고 가장 중요한 계약상 돌관공사비의 청구조건이자, 선결조건이다.[2)]

국내 공공공사에 있어서 공기가 지연되어 기한내 준공이 불확실한 경우에 대해 발주처가 계약상대자로 하여금 공기단축에 관한 만회대책을 수립하여 시행할 것을 지시하는 것은 아주 일반적이다. 발주처는 사업의 주체로서 계약상대자의 준공의무를 재촉하고 책임을 이행하라는 차원이지 돌관공사비를 지급한다는 의미의 공기단축지시는 아닐 수 있다. 이러한 주장이 사실이 되기 위해서는 계약상대자가 공기지연의 책임이 있는 경우에 해당한다.

'발주처의 공기단축지시'라는 청구요건이 성립되기 위해서는 공기지체가 계약상대자의 책임없는 사유가 전제되어야 하며 명시적인 발주처의 돌관공사 지시가 아니라도 회의록, 메일자료, 내부문건 등의 정황자료 등으로 공기단축 지시여부의 입증이면 부족하지 않다. 이 두 가지 조건이 동시에 성립해야 돌관공사비의 청구조건의 효력이 발생한다고 할 수 있다 (공기가 지연되면 당연히 발주처의 공기단축지시는 불가피하다. 발주처도 추후 분쟁에 있어서 정당성

---

② 제1항의 경우에는 제23조(기타 계약내용의 변경으로 인한 계약금액의 조정)를 준용한다.

2) 미국 연방국 항소 위원회 결정에서는 5가지 요건을 갖추도록 하는데, 그것은 ① 시공자의 면책되는(excusable) 공기지연이어야 하고, ② 시공자가 발주자에게 적시에(timely) 지연사실을 통지하고, 적절한(proper) 공기연장을 청구하였어야 하고, ③ 발주자가 공기연장청구를 미루거나 거절하였어야 하고, ④ 발주자 또는 발주자의 대리인이 강제(coercion), 지시(direction) 또는 합리적으로 해석될 수 있는 방법을 통하여 연장되지 않은 기간 내에 준공할 것을 명령해야 하고, ⑤ 시공자가 실제로 추가공사비를 투입하여 공기를 단축하여야 한다.

확보 측면에서도 필요하기 때문이다).

대부분 공기지연의 책임에 대한 규명이 법적분쟁에 의한 판단에 따르기 때문에 돌관공사 역시 법적구제를 통해 해결할 수밖에 없는 분쟁사안이 된다.

둘째는 실제 공기단축의 효과가 객관적으로 명확하게 입증되어야 한다.

너무도 당연한 말이지만 객관적인 입증이 실제로 간단한 문제가 아니다. 객관적이고 명확한 입증이란 공식적인 기준과 비교하여 확실한 단축효과가 발생함을 의미한다. 여기서 공식적 기준은 승인된 예정공정표상의 각각의 Activity에 대한 공정기간이 될 것이고 최소한 이보다 단축되어야 한다. 이는 기준이 되는 예정공정표가 아무런 문제없이 제대로 정상적으로 작성되어야 하는 중요한 이유가 된다. 만약 예정공정표상 일부 공정의 오류가 있거나 과도하게 공기가 단축되어 있다면 돌관공사에 따른 공기단축의 효과를 입증하기가 어렵게 된다.

공기단축의 입증을 위해서 예정공정표상의 Activity를 기준으로 단축 여부를 산정하기 애매한 상황이라면 역으로 공기지연에 따른 공기연장기간을 정확하게 산정하는 것이 우선적인 필수사항이 된다. 다만, 공기지연은 전적으로 어느 일방의 책임에 국한되지 않기 때문에 공기지연의 이벤트가 발생되더라도 책임주체를 구분하고 책임분배에 따라 지연기간을 정확하게 산정해야 하는 것으로 이를 객관적으로 입증하는 것은 결코 쉬운 일이 아니다.

보상지연이나 예산문제, 인허가, 민원 등과 같은 지연사유는 확실한 지연기간의 산정이 가능하고 책임주체가 명확하지만, 그 밖의 공사 중에 발생하는 수많은 공기지연 이벤트의 책임주체는 항상 모호하고 불확실하며 지속적으로 발생하고 반드시 어느 일방의 책임을 구별하기란 쉽지 않기 때문이다.

그동안 보상지연이나 예산, 사업민원 등과 같은 발주처의 단골 지연책임은 상대적으로 계약상대자의 지연책임을 제대로 드러나지 않거나 희석시킬 수 있었고 법적분쟁에서도 발주처에게 불리한 판단의 근거로 작용했던 것도 사실이다.

또한 정부, 공공기관의 특성상 발주처의 담당자가 오롯이 현장을 처음부터 준공 때까지 관리하는 경우가 흔치 않기 때문에 객관적 사실이나 근거를 확보하고 이를 법적분쟁까지 끌고 가서 관리하기 어려웠던 부분도 공기지연 분쟁에서 발주처에게 불리하게 작용하였다. 그러나 앞으로 발주처에서 시스템적으로나 세밀한 공정관리기법을 통해 이와 같은 책임배분의 문제를 보완하여 대비한다면 결코 계약상대자의 유리한 전개가 쉽지 않을 것이다(기본적으로 도급계약은 도급자가 유리한 구조이기 때문이다).

분쟁을 염두하여 가장 중요한 것은 공사초기부터 지속적으로 공기지연과 관련한 데이터를 백업(Back-up)하고 사실에 기반한 스토리를 구성할 수 있도록 계약당사자 모두가 지속적으로 준비해야 한다.

셋째는 돌관공사로 인해 입증 가능한 손해가 존재해야 한다.

돌관공사는 반드시 비용의 상승을 동반하기 때문에 어떤 식으로도 돌관공사로 인한 손해는 불가피하다. 돌관공사는 투입대비 가성비가 낮고 효율의 저하가 불가피하므로 직접적 비용의 손해로 이어지지만, 손해의 규모에 대한 경험적인 예측이 쉽지 않다. 여기에 추가자원 및 작업시간의 연장에 따라 이를 관리하기 위해 소요되는 간접비 성격의 현장관리비도 만만찮다. 그렇지만 돌관공사는 직접공사비에 해당하기 때문에 현장관리비와 같은 간접비 증가분은 청구대상이라 할 수 없어서 실제로 구체화 되지 않는 손해는 더욱 커질 수밖에 없다(돌관공사비는 언제나 예상비용을 초과하게 된다. 그만큼 돌발변수가 많기 때문에 예상비용산정이 어렵다).

이러한 손해를 기존 공사수행방법과 비교하여 확실히 돌관공사로 발생한 추가적 손해를 객관적으로 산정해야 한다. 돌관공사비는 기타계약내용의 변경에 따른 계약금액조정사항으로 입증 가능한 실비(實費, Actual Cost) 산정을 기반으로 하기 때문이다.

돌관공사비는 직접공사임에도 불구하고 실비를 다투는 구조이므로 돌관공사비를 인정받더라도 수익이 아닌 그야말로 기투입비의 보전에 불과하다. 그래서 더욱 치열해야 하는 이유가 된다.

이 세 가지 요건은 상호 필요충분조건이며 최소한의 요건에 해당한다. 어느 하나의 요건이라도 성립하지 않으면 돌관공사비의 청구조건이 되기 어렵다. 물론 청구조건이 성립하더라도 무난하게 계약금액조정절차를 통한 계약적 반영은 요원하고 결국 법적분쟁을 통해서만이 해결이 가능하다. 간접비가 그랬던 것처럼.

고비용과 비생산적인 돌관공사를 시행하는 이유는 간단하다. 적정 공기확보가 이루어지지 않았기 때문이다. 적기에 적정수준의 공기연장이 이루어지면 필요 없는 공사수행방식이다. 사실 아주 쉬운 문제다. 그런데 공기연장에 대해서는 하나 같이 계약당사가 서로가 책임이 없다고 다투고 계약적 합의에 도달하지 않기에 어쩔 수 없이 기한내 공사를 완료하여 지체상금을 부과받지 않도록 하기 위한 것으로 결국 공기연장 분쟁의 연속선상에 존재한다.

돌관공사가 성립한다는 것은 공기연장의 책임이 발주처에게 있음을 의미한다. 물론 그 역도 성립한다.

공기단축의 돌관공사와 공기연장의 간접비를 상대적으로 비교하면 어떤 해결책이 더 경제적으로 합리적인 대안이 될 수 있을까를 고민하다가 공기연장간접비 및 돌관공사에 관련한 분쟁현장을 대상으로 실제 공기연장간접비와 직접공사비인 돌관공사비에 대한 월투입비를 산정하여 비교한 적이 있다. 물론 계약건의 표본수, 계약방식, 현장규모, 현장여건, 공사내용이 상이하므로 모든 상황에 적용할 수 있는 절대적인 비교라고 할 수 없지만, 결과는 돌관공사비가 간접비에 비해 약 4~5배 정도의 추가비용이 소요됨을 확인할 수 있었다.[3]

10개월의 공기단축을 위한 돌관공사비가 같은 공사기간을 연장했을 때의 간접비에 비해 4~5배 더 많은 비용이 투입된다는 것으로 요약할 수 있었다.

동일한 목적물에 대해 어떻게 공사기간이라는 시간의 문제를 해결하느냐에 따라 사회적 비용이 다를 수 있음을 의미하는 것이다. 적정공기를 분쟁없이 계약당사자간의 합의로 연장한다면 공기단축을 위해 소요되는 시간과 비용보다 경제적이라는 것인데 과연 어떤 선택이 합리적인가를 고민하게 된다.

비용의 문제를 떠나서라도 일단 돌관공사는 품질의 문제와 작업시간의 연장에 따른 안전관리에 대한 부담의 짐을 가져가야 한다.

전략적으로 공기를 단축하기 위해 공사초기부터 정밀하게 공정을 관리하고 신공법을 적용하는 등의 공사관리 고도화를 통한 공기단축과 달리 지체상금을 방어하기 위한 단기간에 급조된 돌관공사는 오로지 시간단축이라는 무거운 목표를 달성하기 위해 현장기술자에게 육체적 고달픔과 정신적 압박만을 확장시키는 비효율적이고 비생산적인 공사수행임은 틀림없는 것 같다.

불가피한 선택이지만 참으로 불행한 선택이 돌관공사이다.

---

3) 황준화, 공공공사에서의 돌관공사 분쟁의 법적 쟁점과 과제, 광운대학교 박사학위논문, 2019.

장기계속공사에서의 공정관리의 한계

건설공사에 있어서 공정관리(工程管理)는 무엇보다 중요하다.

공정관리는 단순히 일정상의 마일스톤(Milestone)에 대한 열거가 아니라 제한된 시간 내 적기의 자원 투입, 효율적 분배를 통해 공사를 완료하여 품질 및 원가절감을 달성해야 최적의 공정관리로써 의의가 있는 것이다.

대규모 다공종 프로젝트에서 공정관리는 실질적인 시공능력의 핵심이고 이는 건설사의 일류와 이류를 구분하는 기준이 된다. 공정관리는 어느 특정 분야만의 기술이나 기교로 단기간에 이루어지는 것이 아니라 많은 경험과 노하우를 가진 인적자원과 프로세스, 특화된 시스템, 지식 데이터를 통해 반복적으로 수행하면서 쌓은 고유의 문화를 통해 발현된다. 대규모 프로젝트를 정해진 기간 내에 최적화하여 수행할 수 있는 공정관리의 능력이 곧 건설기술의 척도라고 할 수 있다.

건설사는 입찰시 제시된 '계약기간 내 공사를 완료할 수 있는가'라는 물음에 확실한 답을 가져야 하고 이에 대한 첫 단추가 곧 공정관리라고 할 수 있다. 그렇다면 세계적인 대형프로젝트를 수행하며 세계 어디에도 뒤지지 않는 공정관리능력을 가진 국내 유수의 건설회사가 수행하는 국내 공공공사는 아무런 문제가 없어야 할 것 같지만 실제 그 내면을 보면 그렇지 않다.

예산확보의 한계에서 비롯된 장기계속공사의 차수계약에서 전체적인 공정관리 역량의 중요성은 전혀 부각되지 않는다. 이는 장기계속공사의 차수계약이 어떻게 이행되는지 세부적으로 살펴보면 쉽게 파악할 수 있다.

차수계약시 발주처는 당해년 확정된 예산을 계약상대자에게 통보하고, 계약상대자는 총괄계약상의 전체물량에서 차수계약분에 해당하는 물량을 발췌하여 이에 맞는 설계서, 당해년 예정공정표, 공사비 산출내역서 작성 등의 발주설계[1]를 하고 발주처는 이를 승인하고 나

---

1) 이를 차수별 발주설계라고 하며 계약상대자가 배정된 예산금액을 당해 차수계약금액으로 하여 작성하게 된

서야 비로소 차수계약이 체결될 수 있게 된다.

오로지 당해예산에 맞추어 용지보상 완료구간 등 실제 공사가 가능한 구간을 중심으로 별도의 발주설계를 해야 하는 부가적 업무만 가중되는 것이다.

최초 최적화된 전체 예정공정계획은 차수계약분의 차수 예정공정표를 반영하여 다시 수정되어 작성된다. 예산배정에 따라 차수계약분이 결정되므로 더 이상 계약상대자가 추구하고 목표한 전체적 공정관리의 일관성을 전체예정공정표에 반영할 수 없게 된다. 사실상 전체예정공정표에 의한 총체적인 공정관리의 기능적 목적은 상실되고 주로 물가변동반영시 대상물량을 적용하는 지표로써만 작용하게 된다.

공정 및 품질, 안전관리 측면에서 공사중지 없이 연속적으로 수행되어야 하는 터널, 댐, 교량 등의 연속공사에 있어서 장기계속계약은 불합리한 계약방식이다. 일정규모 이상의 시공물량을 지속적으로 수행해야 하지만 예산이 부족하면 원칙적으로 해당 차수계약금액을 초과하여 수행할 수밖에 없게 된다.

그러나 이미 투입된 모든 장비와 인원 등의 자원은 하도급업체에서 관리하게 되므로 공사가 중단되면 모든 손해는 고스란히 하도급업체로 전가될 수밖에 없고 계약상대자인 원도급자와 하도급업체와는 차수계약분으로 계약하지 않기 때문에 사실상 공사를 중단할 수도 없다.

계약상대자는 차수계약분 이외의 미계약 물량에 대해 발주처와 협의를 거쳐 사전공사를 수행하게 되지만 기성수금은 불가한 외상공사를 수행할 수밖에 없게 되는 것이다. 사전공사분은 미계약분이므로 공사 중 문제가 발생하면 법적문제까지 떠안을 수도 있다. 계약규정상 사전공사에 관한 어떠한 절차가 수립되어 있지 않기 때문이다(장기계속계약공사의 차수계약상 사전공사에 대한 기성금의 유보는 어쩔 수 없으나 미계약한 사전공사분에 대해 법적, 계약적 안정성을 확보할 수 있는 총괄계약의 효력에 대한 규정이 필요한 이유이다).

장기계속계약에서 예산은 공사여건이나 현장상황 등을 고려하여 반영되는 것이 그나마 바람직하지만 발주처의 입장에서 모든 현장을 일일이 고려할 수 없고 불용예산의 전용, 정부시책이나 정치, 경제적 상황 등에 따라 예산배정은 계약상대자의 의지와 무관하게 배정되기 때문에 쉽게 극복할 수 없는 어려운 참으로 답답한 문제이다.

장기계속공사의 체계에서는 계약상대자의 공정관리고도화를 통한 통합적인 건설관리의

다. 따라서 발주설계에 대한 작성 책임은 계약상대자에 있지만 현실 여건을 고려하여 차수계약금액을 조정하는 것이 아니라 발주자가 제시한 예산금액을 기준으로 하기 때문에 본질적인 책임문제에 있어서 쟁점 여부가 될 수 있다.

향상을 기대하기란 사실상 어렵다. 이와 달리 계속비계약에서는 전체예산이 확보된 단일계약이므로 계약상대자가 주도적으로 현장상황에 따라 공정을 관리할 수 있어 공정외 장기계속계약에서 발생하는 많은 계약적 문제를 극복할 수 있는 상식에 맞은 계약방식이다.

장기계속계약과 같은 계약방식이 존재하지 않는 해외공사에서 국내 건설사가 공정역량을 발휘할 수 있는 것은 기본적인 그라운드 룰이 좋기 때문이다.

공정관리의 고도화란 가장 빠른 시간 내에 최대한의 공사를 수행할 수 있는 기술적, 경험적 관리역량의 총합이다. 장기계속계약의 시스템에서는 공정관리의 고도화를 기대한다는 것은 더 이상 의미가 없을지도 모른다.

31
예산폭탄

현장은 이미 아수라장이었다. 수개월 째 밤낮으로 가용 가능한 장비와 인원은 주야간 지속적으로 투입되고 있었고 너무 많은 자원이 투입되어 기존의 현장관리자로는 부족하여 본사의 인원도 급히 파견되어 공사를 수행하고 있었다. 말 그대로 돌관공사였다.

사용 가능한 모든 자원을 동원하여 공기를 단축해서 올해 안에 끝내는 것 외에는 그 어떤 선택의 여지가 없었다. 현 상태로는 준공기한 내 완공한다는 것은 누가 봐도 불가능한 상태다. 도로현장을 수행한 경험이 있는 나의 눈에도 당해 준공은 일말의 가능성을 찾을 수 없었다.

돌관공사가 시작되면서 공사구간이 확대되고 다수의 공종이 동시에 착수되었다. 더 많은 공사구간을 공구별로 분할하고 각 관리자가 개별적으로 책임지고 목표기한 내 완료하기 위해 모든 자원을 쏟아부었다. 오로지 공기단축을 위해 할 수 있는 모든 것을 해야 했다. 웃음기 사라진 현장의 모든 구성원의 피곤하고 지친 모습에서도 끝을 봐야 한다는 강렬한 마음을 쉽게 읽을 수 있었다. 정신없이 돌아간다는 것이 이를 두고 한 표현일 것이다.

불과 1년 전에도 평온했던 현장에 도대체 무슨 일이 일어난 것일까?

이 현장의 공사기간을 다음과 같다.

구분	공사기한		공사기간 총일수	휴지기간	계약일수	공백기간
	① 시기	② 종기	③=②-① (④+⑤+⑥)	④	⑤	⑥
최초	2008-12-29	2013-12-28	1,825	325 (65일×5년)	1,500 (300일×5년)	
준공	2008-12-29	2015-12-22	2,549	814	1,500	235

계약일수는 공사착수 후 1,500일이다. 휴지기간은 814일로 계약기간의 50%를 초과한다. 여기에 각 차수계약 사이의 계약외 기간인 공백기간이 235일이나 된다. 계약기간을 총일수로 환산하면 2,549일이 되지만 이 중 1,049일이 휴지기간 및 공백기간으로 실제 공사일수에서 제외되었다. 계약일수가 1,500일이면 최소한의 동절기 휴지기간을 60일로 감안하여 300일/년을 반영하면 5년 공사인데 이미 7년으로 공사기간이 늘어난 것이다.

차수별 계약기간은 다음과 같다.

차수별 계약기간 및 휴지기간

구분	계약기간		계약기간 총일수	휴지기간	계약일수	공백기간
	① 시기	② 종기	②-①=③	④	③-④=⑤	전②-후①=⑥
1차수	2008-12-29	2008-12-30	2		2	
2차수	2009-01-02	2009-12-21	353	233	120	2
3차수	2010-01-06	2010-12-15	344	144	200	15
4차수	2011-01-07	2011-12-16	345	227	117	22
5차수	2012-01-06	2012-12-14	344	143	201	20
6차수	2013-01-11	2013-12-13	337	57	280	27
7차수	2014-02-21	2014-12-17	300	10	290	69
8차수	2015-03-08	2015-12-22	290		290	80
총일수	④+⑤+⑥	2,549	2,314	814	1,500	235

1,500일의 계약일수(5년)을 기준으로 하면 사실상 공사기한(工事期限)이 2년 연장되었지만 휴지기간과 공백기간을 제외하면 계약일수는 변경되지 않았기 때문에 발주처의 주장대로 공사기간이 연장된 것은 아니라고 할 수 있다.

그러나 정작 현장의 쟁점은 공사기간의 연장 여부가 아니라 공기부족에 따른 지체상금과 돌관공사였던 것이다. 표면적으로 계약기간은 늘어났는데 공기부족? 웬 돌관공사?

실상은 이렇다.

발주처에서는 건설예산의 축소로 인해 본 사업(본 공사구간를 포함한 전체 사업구간)에 대해 2016년 말로 준공시기를 조정하기로 한 자료를 2011년 8월경 계약상대자에게 제공하였고 계약상대자는 이를 근거로 공사수행계획을 수립하였다(이미 준공기한을 2016년 말에 맞추었기 때문에 그동안 무리한 휴지기간을 설정했고 공백기간이 발생했던 것이다).

여기까지는 큰 문제가 없었다. 그런데 2012년 말 정권이 바뀌면서 대통령 공약사항의 일환으로 공기연장 없이 당초 계획대로 2015년에 완료하는 것으로 다시 번복되어 결정되었다. 정책이 결정되었기 때문에 이를 달성하기 위해 그동안 집행을 미루어 왔던 예산을 과다하게 배정할 수밖에 없었다. 이와 같이 예산이 급증하는 경우를 소위 '예산폭탄'이라고 한다.

공사초기 용지보상이나 사업민원 등으로 적기 공사착수가 불가했고 적정예산배정이 이루어지지 않았기 때문에 공정지연이 불가피했던 것인데 어느 시점에 용지보상이 완료되고 공기지연의 불확실한 요인들이 일시에 제거된 시점에서 그동안 소화하지 못했던 예산이 정책결정에 따라 갑자기 일괄적으로 배정되었던 것이다.

그럼 어떻게 예산폭탄이 이루어졌는지 살펴보자.

최초 2008년부터 2012년까지 매년 40억 원에서 최대 291억 원까지 점진적인 예산이 배정되어 이에 맞는 규모의 공사를 수행해 오다가 공기연장이 불허된 2013년부터 2015년까지 평균 468억 원의 예산이 배정되었다. 만약 당초 계획대로 1년이 더 연장되었다면 평균 예산은 351억 원 규모였으나 공기가 연장되지 않아 매년 117억 원의 공사를 추가로 시행할 수밖에 없었다. 준비되지 않은 상태에서 갑자기 117억 원을 추가로 소화한다는 것은 쉽지 않은 일이다.

각 차수별 계약기간 및 년도별 계약금액은 다음과 같다.

차수계약별 계약금액 현황

시행년도	2008	2009	2010	2011	2012	2013	2014	2015
차수	1차수	2차수	3차수	4차수	5차수	6차수	7차수	8차수
계약기간(일)	2	121	201	117	201	210	210	215
준공금액(억 원)	41	90	276	158	291	421	486	530

당초 공정계획대로 수행하게 되면 2015년에 공사를 완료하는 것은 불가능했기에 공기단축을 위한 돌관공사는 불가피한 선택이었다. 정부정책의 결정에 협조해야 했고 계약적으로도 지체상금을 피하기 위해서는 돌관공사로 공사수행모드를 급격하게 전환할 수밖에 없었다. 다른 선택의 여지가 없었다.

공정의 핵심인 주공정인 장대 교량공사의 공기를 단축시키기 위해서는 기존 공정계획으로는 불가능하여 F/T(폼트레블러)를 2개 조를 추가해야 하고 주탑부 콘크리트 타설시 합판은 Steel Form으로 변경하고, 코핑폼을 추가로 제작해야 하는 등의 추가자원이 투입되었다. 작업시간도 야간시간으로 연장되었기에 당연히 할증수당의 추가비용이 발생할 수밖에 없었다.

계약상대자는 최적의 인력, 장비, 자재 등의 자원으로 최대의 효율을 계획하여 공정계획을 수립하고 공사를 수행해야 하지만 공사기간을 단축하기 위해서는 추가적인 자원투입과 작업시간연장은 불가피하다. 그러나 자원이나 작업시간이 어느 일정한계를 넘어가면 효율이 급격하게 낮아져 비용은 상승하게 된다. 이것이 돌관공사의 기본적인 메커니즘이다. 공기단축은 가능해도 필연적인 비용상승은 피할 수 없게 되는 구조이다.

우여곡절 끝에 현장은 2015년 말에 준공되었다. 손해는 불가피했고 현장은 휴지기간 등으로 연장된 공사기간과 1년간의 공기단축을 따른 돌관공사비를 인정해 달라는 소송을 제기했다.

결과는 어땠을까?

어떤 부분도 인정받지 못한 채 접어야 했다. 총괄계약기간의 연장에 의한 간접비를 불인정하는 대법원 판결(대법원 2018. 10. 30. 선고 2014다235189 전원합의체 판결)의 한계를 넘지 못한 채 휴지기간으로 인한 공기연장간접비는 기각되었다(서울중앙지방법원 2021. 1. 20. 선고 2016가합558201 판결).

돌관공사에 대한 법원의 시각은 계약상대자의 의견과 달랐다. 돌관공사에 관해 발주처의 명시적 지시가 없었더라도 수급인의 귀책없는 사유로 공기연장을 거절함으로써 부득이 공사기한을 준수하기 위한 돌관공사를 시행했어야 하는 특별한 사정이 인정되어야 한다고 판단한 판례[1]를 들면서 이번 사건은 이와 같은 돌관공사의 청구요건에 충족하지 않는다고 판단했다. 즉, 발주처와 계약상대자가 본 공사의 준공을 2016년까지 연장하기로 합의했다고 볼 수 있는 객관적 입증자료가 없다고 판단하였다. 발주처 책임에 의한 돌관공사의 지시가 아니라는 것이다. 결국 돌관공사비는 인용되지 않았다(발주처 귀책의 공기연장이 인정되지 않으면 돌관공사는 성립하지 않는다는 기본원칙은 변함이 없다).

예산폭탄은 용지보상 등의 공기연장의 원인이 소멸된 이후에 발생하게 된다. 따라서 후행 차수계약에서는 공기를 연장할 사유가 사라지게 된다. 과다한 예산은 공기를 연장할 수 있는 직접적 사유가 되지 않기 때문에 결국 공기부족에 따른 지체상금의 덫에 걸리게 된다. 방어수단으로 돌관공사의 선택은 피할 수 없게 된다. 이 모든 이벤트가 시간의 문제이고 시간의 분쟁이 된다.

판결결과를 예상하지 못한 것은 아니지만 그렇다고 이미 대법원 판결로 기울어진 운동장에서 더 이상 내세울 법리는 없었다. 패소는 어쩌면 정해진 수순이었을지도 모른다. 본 사건

---

1) 부산고등법원 2019. 9. 26. 선고 2017나54855 판결.

뿐만 아니라 공공공사는 늘 이러한 정치적 상황에 따라 현장여건이 달라진다. 아마도 해당 현장도 정권교체라는 정치적 이벤트가 없었더라면 공기연장이 가능할 수 있었을 것이고 분쟁의 상황에 직면하지 않았을 것이다.

발주처 입장에서 계약상대자는 우선적 고려 대상이 아님을 기억해야 한다. 그것이 공공공사의 가장 큰 특수성이고 약자인 계약상대자에겐 가장 큰 위험요소이다.

그렇지만 아무리 생각해 봐도 억울한 사건이었다. 항소했더라면 잘 됐을까?

대법원 판결이 없었다면 충분히 다투어 볼 사안이겠지만 승소할 수 있는 법리가 사라져 버린 게임에서 아쉬움만 접어야 했다.

시간을 되돌릴 수 없기에 이제는 쓸데없는 넋두리일 뿐이다.

32
끝날 때까지 끝난 것이 아닌 시간의 분쟁(준공시점에 따른 분쟁)

끝날 때까지 끝난 것이 아니다(It is not over until it's over).

"시즌이 끝난 것이냐?"라는 한 기자의 질문에 대한 1973년 내셔널리그 동부지구 최하위인 뉴욕메츠의 요기베라 감독의 답이다. 이후 뉴욕메츠는 기적적으로 동부에서 1위를 차지하고 월드시리즈까지 진출하는 위업을 달성했다고 한다.

갑자기 이 명언이 머리를 스치면서 건설분쟁, 특히 시간에 관한 분쟁에 제대로 어울리는 멋진 말이라는 생각이 들었다.

시간의 함수를 가진 문제들… 공기연장, 지체상금, 돌관공사는 끝이 나기 전까지는 어떠한 모습을 갖는지 알 수 없다. 언제 끝나는지에 따라 다툼의 대상의 방향과 내용이 결정된다는 의미다.

준공시점에 따른 분쟁의 대상

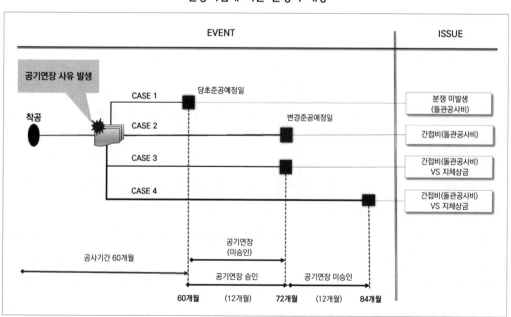

준공시점에 따른 시간의 분쟁은 크게 4가지 구분할 수 있다.

여기서 귀결되는 문제는 간접비, 지체상금, 돌관공사비다. 다만 돌관공사비는 발주처 사유의 공기지연 요소가 발생하고 계약상대자가 청구한 공기연장이 전혀 받아 들이지지 않았거나 연장기간의 일부만 인정된 경우에 한해 돌관공사를 수행하여 공기단축의 효과가 발생했다면 어떤 경우에도 청구대상이 될 수 있음을 의미한다(계약상대자가 청구한 연장기간이 어떤 사유에 의해 발주처가 일부만 인정된 경우를 '불완전한 합의'로 정의한다).

[CASE 1]

당초 준공예정일에 맞추어 60개월의 공사를 완료하는 경우이다. 공기가 연장되지 않았기 때문에 분쟁이 발생하지 않는 가장 정상적인 구조다. 공기연장이 일반화된 공공공사에서 오히려 접하기 드문 사례에 해당한다.

공기연장 이벤트가 있었음에도 불구하고 공기가 연장되지 않았다는 것은 계약상대자가 별도로 공기연장요청을 하지 않고 자의로 돌관공사 등을 통해 공기를 단축한 경우라고 할 수 있다. 이와 달리 공기연장요청에 대해 발주처가 이를 인정하지 않았으나 지체상금 방어 목적으로 불가피하게 돌관공사를 수행하여 공기를 단축한 결과라고 할 수 있다. 전자의 경우처럼 계약상대자의 공기연장 청구가 없었다면 돌관공사여부와 관계없이 돌관공사비가 인정되기 어렵다(청구행위가 없다면 사실여부와 관계없이 공기연장의 쟁점은 발생하지 않게 된다). 후자의 경우라면 돌관공사는 분쟁의 대상이 될 수 있다. 여기서 분쟁여부에 대한 의사결정의 핵심은 돌관공사비로 인한 손해의 규모가 될 것이다.

[CASE 2]

정상적으로 12개월이 공기연장에 대한 청구가 승인되어 변경 준공예정일에 따라 72개월에 공사가 완료되는 경우이다. 공공공사에서 나타나는 가장 일반적인 형태라고 할 수 있다.

공기연장 간접비를 청구할 수 있는 요건은 성립하고 연장기간에 대한 간접비 분쟁의 절차가 진행될 것이다. 공기연장의 승인은 계약상대자의 책임없는 사유였기에 가능한 것이므로 청구상 특별한 하자가 없고 간접비 미청구 조건 등의 사전합의만 없었다면 계약상대자의 간접비 청구는 충분히 인용될 수 있는 유리한 구조다.

계약당사자간 공기연장기간에 대한 불완전한 합의로 계약상대자가 불가피하게 돌관공사를 통해 준공이 가능할 수밖에 없었다면 돌관공사비의 청구도 가능할 수 있다. 다만 불완전한 합의에 따른 공기연장기간이 불합리하게 부족하여 돌관공사에 의한 공기단축에 대한 입증이 확실하다는 전제가 필요하다(추가로 불완전한 합의에 대한 이의제기가 반드시 필요하다).

[CASE 3]

발주처가 공기연장을 불허하고 지체상금을 부과하는 경우이다. 공공공사에서 공사초기 용지보상 지연 등의 구조적인 발주처 사유의 공기지연이 발생하는 것을 감안하면 일반적인 공공공사의 전형적인 케이스는 아니다.

그러나 계약기간에 대한 산정개념을 계약당사자가 서로 다르게 해석하면 발생할 수 있다 (계약기간이 일정기간이 아니라 일수개념의 착공일로 부터 ○○일 또는 공백기간, 휴지기 등의 특정사 유가 있는 경우이다).

당연히 지체상금 여부가 가장 큰 다툼이 예상되는 분쟁 시나리오다.

계약상대자는 발주처의 사유의 지연책임을 입증해야 지체상금을 부과받지 않을 것이다. 지체상금의 부존재가 인정된다면 지연된 기간만큼의 공기연장간접비를 인정받게 될 수 있 다. 그러나 발주처에서 공기연장을 전혀 인정하지 않았다는 것은 그만큼 충분한 사유가 있 었을 것이기에 가장 중요한 것은 누가 얼마나 논리적으로 적정 공기산정 및 공기지연의 책 임에 대한 확실한 입증을 할 수 있느냐가 가장 큰 쟁점이 될 것이다.

공기연장이 인정되지 않았지만 최대한 공기를 단축하기 위해서 돌관공사를 수행했고 공 기단축에 대한 입증이 가능하다면 돌관공사비의 청구도 가능할 수 있다.

그러나 이와 같이 불완전한 합의 없이 공기연장이 전혀 인정되지 않는 상황이라면 공기 연자의 책임주체가 불분명 할 가능성이 높을 수 있다. 오히려 계약상대자에게 공기지연의 책임이 클 가능성을 배제할 수 없는 상황이다(불완전한 합의가 없었다면 계약상대자가 어떻게 공 기연장 청구를 했는지에 대한 내용이 중요하다. 공기연장 청구를 하지 않았을 가능성도 배제할 수 없 는 상황이다).

[CASE 4]

공기연장이 승인되었으나 그 연장된 기한 내에 공사가 완료되지 못해 지체상금이 부과되 는 경우이다. 계약상대자의 입장에서 가장 불리한 분쟁상황에 해당한다. 따라서 매우 치열하 고 복잡한 분쟁구도가 될 수밖에 없다.

이미 공사기간이 연장되었기 때문에 계약상대자의 확실한 소명과 입증이 없다면 추가적 인 공사지연의 책임을 떠안을 가능성이 높다. 여기서 가장 중요한 것은 계약상대자가 실제 로 청구한 공기연장기간이 발주처로부터 온전히 인정받지 못해 불완전한 합의로 일부만 승인되기까지의 과정과 그 이후 계약상대자가 취한 추가 공기연장 청구 등의 계약적 행위 등에 대한 납득할 만한 입증책임이 필요하다.

일단 1차적인 공기연장기간내 공사를 완료하지 못한 것은 계약상대자에게 독이 될 가능성이 높다. 계약당사자간의 불완전한 합의라도 일단 공기연장에 따른 계약변경이 이루어졌다면 특별한 이벤트가 존재하지 않는 한 공기연장의 합의에 대한 이의를 제기하는 것은 논리적인 설득력을 갖기 어려워서 결과적으로 계약상대자가 유리할 수 없는 구조가 된다. 그럼에도 불구하고 계약상대자의 입증과 주장이 인정될 수 있다면 지체상금의 부존재, 공기연장간접비, 돌관공사비를 동시에 인정받을 수 있다.

이와 같은 분쟁구도에서는 대부분 계약상대자는 돌관공사가 불가피하고 상당한 비용이 투입될 수밖에 없기 때문에 가장 큰 비용적인 손해가 발생할 가능성이 높다. 매우 정교한 분쟁대응이 요구되는 상황이다.

실준공시점이 계약기한을 도과하여 지체상금이 부과될 수밖에 없는 CASE 3 및 CASE 4와 같은 상황에서 계약상대자는 지체상금의 부과를 우선적으로 방어하기 위해 돌관공사는 불가피하게 된다. 다만 필연적인 과투입이 발생하는 돌관공사에 대한 손해의 정도에 따라 이를 법적분쟁의 대상으로 규정하느냐의 문제는 전적으로 계약상대자의 의사결정사항이다.

돌관공사비는 비용적으로는 직접공사비에 해당하지만, 반드시 공기지연이 전제되고 공기단축이 실현되어야 최소한의 청구요건이 성립할 수 있는 것으로 사실상 '시간'의 연속된 분쟁이다.

시간에 관한 분쟁의 핵심은 공기지연에 대한 책임을 다투는 것이다. 그래서 가장 먼저 입증해야 할 대상도 공기지연의 귀책 여부와 산술적인 공기산정이다.

위에서 가정한 4가지 상황 외에도 다른 구조의 분쟁구도가 성립할 수 있지만 아직까지 실무적으로 그 이상의 복잡한 상황이 연출되지 쉽지 않을까 한다. 만약 자신이 속한 현장의 시간에 관한 분쟁이 발생했다면 큰 틀에서 어떻게 전략을 수립해야 하는지 해당 케이스인지 확인해 보는 것도 좋을 듯 하다.

지체상금, 공기연장, 돌관공사 각각의 성격과 내용은 다르지만 분명한 것은 어떻게 공사가 종료되는가에 따라 다툼의 분쟁대상도 달라질 수 있다.

시간은 절대로 멈추지 않는다. 이미 지나간 시간의 궤적을 누가 잘 설명할 수 있느냐에 따라 아주 비싼 시간의 대가를 감당하게 될 것이다.

33
분쟁도 경험공학?

건설에서 가장 큰 역량은 실적이다. 일류와 이류를 구분하는 건설사의 브랜드 파워는 곧 "해 봤느냐"라는 경험치의 누계값이다. 여기서의 경험은 얼마나 많은 다양한 공종과 대형 프로젝트, 차별적인 수행경험의 여부다. 많은 경험을 수행한 건설사는 그만큼 인재와 데이터가 확보되어 있고 프로젝트의 Operation System을 가지고 있음을 의미한다.

건설에서 해 본 것과 안 해 본 것의 차이는 수술을 해 본 적이 없는 의사와 수술경험이 있는 의사의 차이와 다르지 않을 정도로 크다.

시공기술사를 취득하기 위해서는 수험서 첫 장의 콘크리트부터 마지막 장의 건설관리까지 모든 공종을 두루 열공해야 가능하므로 이론적 경험을 쌓는 데 좋은 방법이다. 그렇지만 터널공사, 항만공사, 교량공사, 도로공사를 수행해 본 현장기술자에게 시공기술사의 유무는 실무적으로 큰 의미가 없음은 다들 알고 있을 것이다. 시공기술사 수험서에 있는 내용과 실제 시공에 있어서 접해야 할 기술적 사항이 다르지 않지만 어떠한 경우도 시공에 있어서 이론이 경험을 앞서갈 수 없는 것이 건설이다.

"해 봤어?!" 이 한마디로 모든 게 결정난다. 현장의 모든 기술자는 이 말의 의미가 무언지 뼛속 깊이 알고 있다.

현장에서 중대재해와 같은 사고발생 없이, 하도급업체나 발주처와 분쟁 없이 착공부터 준공까지 원만하게 계약을 이행했다면 이 또한 다행스러운 일이고 좋은 경험이다(사고나 분쟁이 없어도 편하고 곡절 없는 현장은 없다).

그러나 이 모든 것을 한 번이라도 겪게 된다면 그 당시는 죽도록 힘들겠지만 길게 멀리 본다면 황금보다 더 값진 경험임은 틀림없다.

특히 발주처와 법적분쟁을 수행하는 경우가 아직까지는 생각보다 흔한 일은 아니다. 분쟁이 발생하면 챙겨야 할 일은 더 많아지고 지속적으로 발주처에게 시달리게 된다. 대부분 분쟁은 공사종료와 함께 끝나지 않기에 현장기술자가 다른 현장으로 이동한다 해도 고스란히 이전 현장의 업무를 가져가야 하고 이제 좀 잊을 만하면 갑자기 분쟁관련 업무로 소환되기도 해서 여간 짜증나는 일이 아니다(그렇다고 좋은 분쟁결과가 나오더라도 마치 이를 당연하게 여기는 경우도 있어 정작 업무를 수행한 현장기술자는 상당히 허탈해 하는 경우를 많이 보았다).

그렇지만 발주처와 분쟁을 해결하는 일련의 과정을 겪어 본 현장기술자는 앞으로 현장을 꾸려나가는데 누구보다도 '경험(經驗, Experience)'이라는 값진 밑천을 갖게 된다. 이런 경험이 많을수록 분쟁경쟁력을 확보하게 된다. 시간이 흘러도 그 경험은 동물적 감각으로 다시 살아나게 된다.

그들은 현장기술자로서 분쟁에 대해 어떻게 대응하는지를 경험으로 몸속 깊이 체화하고 있어 언제 무엇을 어떻게 해야 되고 누구에게 문의하며 앞으로 어떻게 대응해 나가야 하는지에 대해 자발적으로 스스로 인식하여 처리한다.

실제로 분쟁을 경험한 현장기술자는 어떤 쟁점에 관한 문서를 보내고 작성하는 데 있어서도 신중하고 더 멀리 생각하여 실행한다.

분쟁해결능력을 배양하기 위해서는 교육도 좋은 수단이지만 직접 수행하여 경험한 바에 의하면 그 효과는 비할 바가 아니다. 그래서 경험만 한 교육은 없는 것이다.

일류와 이류를 구분하는 것도, 성공적 프로젝트를 완수하는 것도, 결국 그 핵심 Key는 사람이다. 곧 현장기술자의 개인기이자 역량이고, 체화된 감각(sense)이며 여기서 판가름 난다는 것이 내가 얻은 결론이다.

일류회사는 이러한 개인기를 가진 인재를 소중히 하고 이들이 마음껏 역량을 발휘할 수 있는 환경을 조성하고 조직적으로 시스템화하면서 자연스럽게 수준 높은 문화를 만들어간다. 그것이 곧 경쟁력(Competitive Power)이다.

영국의 프리미어리그를 보면 강팀과 약팀이 붙을 때 나는 마음속으로는 항상 약팀을 응원하게 된다(물론 손흥민과 같은 대한민국 선수가 소속된 팀은 예외다). 약팀이 선제골을 넣으면 이번만은 꼭 저 강팀을 이겼으면 하는 간절함이 발동하지만 곧 얼마 못 가서 골을 먹고 결국 대부분 강팀이 이긴다. 강팀은 우선 공격력이 월등하여 골을 쉽고 편하게 넣는 골 결정력이 탁월하다. 흔히들 개인기를 커버하는 게 팀워크과 정신력이라고 하지만 골을 만들어 낼 수 있는 개인기가 동반되지 않으면 그 최대치가 무승부다. 어떠한 경우에도 승리할 수 없다. 한국축구가 브라질, 독일 등의 축구강국을 뛰어넘지 못하는 근본적인 이유는 정신력이 아니라 선수 개개인의 능력의 차이를 극복하지 못하기 때문이다.

현장의 모든 기술자는 시공, 원가, 안전, 품질 등 모든 전방위적인 관리(All Round Managemant)를 위해 존재하고 준공이라는 목표를 달성하게 된다. 여기서 각각의 개인적인 탄탄한 기본기가 뒷받침될 수 있어야 목표를 달성할 수 있는 최소한의 수비력이다. 총액이 결정되어 있는 수주산업인 건설업의 특성상 획기적인 반전이나 소위 '대박'이라는 빅이벤트를 구현하기란 사실상 어렵다. 그래서 수주 당시 최초의 계획, 즉 원가율, 무재해 준공, 최적 품질을 통한 하자 최소화 등은 현장의 성공을 위해 반드시 방어해야 하는 가장 중요한 전략적 요소이다(당신이 이 책을 읽고 있다면 법, 분쟁, 공사보험, 하도급법이 얼마나 중요하고 극복해야 하는 리스크인지 알고 있는 참으로 영리하고 지혜롭고 경험 많은 현장기술자다).

그렇지만 수비는 한 번의 실수로 무너질 수 있기에 다시 원상으로 복귀하고 상황을 역전할 수 있는 골을 만들 수 있는 개인기가 필요하다. 개인기의 역량이 높은 구성원이 많을수록 새로운 퀀텀점프(Quantum Jump)가 가능한 것이고 그것이 곧 탑티어 일류회사의 조건이 된다(그렇지만 회사는 한없이 당신의 개인기를 기다리지 않는다. 스스로의 지속가능한 노력이 중요한 이유다).

어렵고 힘든 상황에서 분쟁 리스크를 챙기고 이를 반전의 기회로 만들 수 있는 것, 그것이 경쟁력이다.

분쟁을 해결하는 가장 큰 경쟁력은 경험이다. 그 경험은 유무형의 시스템을 만들고 그러다 보면 이기는 습관이 자리잡게 된다. 건설을 경험공학(經驗工學)이라고 한다. 분쟁도 분명 또 다른 의미의 경험공학이라고 확신한다.

34
유별난 발주처는 없다!

분쟁이 예상되거나 분쟁이 발생한 현장을 가 보면 한결같은 반응이 있다.

대부분의 현장기술자들은 발주처가 가장 피곤하게 굴고 깐깐하고 유별나다고 푸념한다. 그래서 좋지 않은 현장상황의 모든 원인을 발주처의 탓으로 돌리곤 한다.

모처럼 서로 다른 현장구성원이 함께 모여 소주잔을 기울이는 전체회식 자리에서도 하지 말아야지 하면서 '일 이야기'를 하다 보면 마치 약속이라도 한 듯이 각자가 자기 현장의 발주처가 가장 까다롭고 갑질을 해대서 힘들다며 심각한 표정을 짓고 구체적 사례까지 들어가며 목소리를 높인다. 그리고 그 속에서 자신들이 얼마나 맘고생하고 있는지, 그 힘든 여건 속에서 어떻게 어려움을 헤쳐 나가는지 구구절절 설명하곤 한다. 가만히 들어보면 은연중에 자기자랑처럼 비춰진다.

아주 공통적인 현상은 원활하게 별문제 없이 잘 돌아가는 현장보다는 항상 이슈가 있고 크고 작건 간에 문제가 지속적으로 발생하는 현장일수록 더욱 그렇다는 것이다. 어느새 발주처는 항상 우월적 지위를 가지고 갑질을 행사하는 유별난 존재로 마치 현장의 암적인 존재가 되어버린다.

자 그러면 실제 그럴까? 결론부터 말하자면 '아니다'라고 말하고 싶다. 유별난 발주처라도 각 담당자를 개별적으로 만나서 얘기하면 모두가 우리가 알고 있는 수준의 괜찮은 사람이고 합리적 사고를 가지고 있으며 현장에서 시공사의 어려움을 나름 충분히 인지하고 있다. 다만 발주처 조직의 한 구성원으로 회귀하는 순간 그런 인간적인 모습은 잠시 사라져 버리게 된다. 그것은 누구라도 그럴 수밖에 없고 충분히 이해할 수 있는 어쩌면 당연한 모습이다.

공공공사의 발주처라는 조직의 업무지침과 내용은 기본적으로 계약상대자의 행위에 대한 감독과 견제의 역할이 우선이고 그 이후 협조와 지원의 관계일 수밖에 없다. 따라서 발주처가 깐깐하게 하는 것은 전혀 이상한 것이 아니고 오히려 지극히 정상적인 모습이다.

발주처가 천사라야 하는가? 그래서는 안된다. 공적예산을 집행하고 공공목적물을 하자 없이 시공해야 하는 책임과 권한을 국민으로부터 부여받은 대리인이기 때문이다(이러한 발주처의 역할을 위임받은 감리자도 다름없다).

천사가 아니라고 악마가 되는 것이 아니듯 오로지 발주처 본연의 역할을 하는 것뿐이다. 발주처 업무를 수행하는 담당자도 사람이고 그중에는 정말 유별나고 까탈스러운 경우도 있지만 그것은 어느 조직에도 존재한다. 하도급업체의 현장기술자에게는 원도급사의 현장기술자가 귀찮고 까다로운 존재일 수 있다는 것과 다르지 않다. 이는 개인적 성향의 문제이지 책무의 문제가 아니기 때문에 공적비난의 대상이 될 수 없다.

모든 일은 사람간의 문제라서 도덕적으로 인성에 문제가 있거나 잘못된 인습을 답습하여 극히 비정상적인 경우도 있을 수 있으나 이것이 마치 발주처의 본연의 모습인 것으로 오해하면 안 된다(특히 건설을 막 시작하는 초심자는 좋지 않은 부분만 받아 들이고 선입견을 가지면 안 된다. 평생을 불행한 가치관에 메일 수 있다).

발주처의 업무를 위임받은 감리자의 경우, 현장에 사고가 발생하면 모든 책임에 대해서 자유롭지 못하고 심지어 발주처를 대신해서 형사적 처벌까지 감수해야 한다. 입장을 바꾸어 생각하면 깐깐하고 까칠한 업무처리가 당연하지 않은가?

나의 경험에 의하면 발주처의 담당자는 경험이 부족하거나 감독으로서의 책임감 때문에 시공사가 기대하는 만큼의 유연성(flexibility or tolerance)의 범위가 작을 수 있으나 계약규정에 대한 지식이나 시공부분의 이론적 사항에 대해서는 시공사의 현장기술자에게 결코 뒤지지 않는다. 오히려 더 앞선다고 감히 말할 수 있다.

발주처는 현장의 소소한 사정보다는 원칙과 규정을 우선해야 하기 때문에 계약이행의 모든 사항에 대해 계약적, 이론적으로 계약상대자의 현장기술자보다 더 무장되어 있음을 알아야 한다. 어설픈 경험을 가지고 마치 전부인 것처럼 발주처를 설득하면 곤란하다. 그래서 시공사의 현장기술자가 자신의 업무분야에 대해서 더 많은 학습이 필요한 이유가 된다.

발주처는 숙명적으로 피감 대상기관이므로 항상 이를 염두하여 모든 업무를 처리할 수밖에 없다. 매출과 이익을 최대의 가치로 하는 시공사의 입장과 달리 발주처는 다양한 부분에 대해 객관적이고 공정성의 시각을 가지고 시공사와 감리사를 관리하면서 현장을 바라보며 감독 업무을 수행하기 때문에 더 큰 책임과 함께 더 다양하고 넓은 시야를 가질 수밖에 없다. 물론 이것이 반드시 기술자로서 역량의 척도는 아니지만, 시공사 입장에서 발주처를 무시해야 할 이유도 분명 아니다(기업의 가치를 이윤추구의 재무적 평가에서 지속 가능성과 사회적 책임을 가치로 하는 최근의 ESG 경영은 공공공사를 수행하는 건설사가 진정성을 갖고 가야 할 방향이 아닐까 한다).

발주처가 처리하는 업무가 불공정하다고 느끼는 경우는 주로 계약상대자의 입장에서만 판단하기 때문인 경우가 많다. 실제 발주처의 문제를 지속적으로 제기하는 현장을 직접 가서 제반사항을 검토하다 보면 발주처의 지시나 요청, 승인과 관련한 고유의 업무에 큰 문제를 발견하지 못하는 경우가 많다.

어떤 사안에 대한 발주처의 조치에 대해 계약상대자 입장에서는 갑질이라 할 수 있지만, 기본적 사회적 통념이나 법규에 위반되지 않는다면 이는 발주처의 재량권이며 분명한 발주처의 계약적 권리이다.

같은 계약규정이라도 입장과 위치에 따라 이를 해석하는데 서로 다른 이견이 존재하는 것은 너무 당연하다. 그래서 계약이행은 끝날 때까지 계약당사자간 연속적인 협의의 과정임을 이해해야 한다. 이러한 일련의 과정에서 일정부분 인간적 관계가 불가피하게 관여될 수 있고 때로는 매우 중요한 작용을 한다는 것은 부인할 수 없다. 그래서 계약당사자간 관계의 신뢰의 형성은 절대적으로 중요한 이유가 된다(상호 인간적 관계를 오로지 도덕적 관점에서만 평가하는 것은 바람직하지 않다. 국가의 관계에 있어서도 통치권자의 인간적 신뢰관계가 우선되어야 하는 것과 전혀 다를 것이 없다).

분쟁보다는 협의를 거쳐 합의에 귀결하여 해결함이 현장기술자의 가장 큰 능력이다. 그렇지만 합의가 되지 않는다고 절망할 필요도 없다. 분쟁도 계약이행의 한 방법이다. 정당하게 법적구제를 통한 해결을 협의하고 공감을 얻어내는 것 또한 능력이다(이것은 현장기술자로서 최고수준의 역량이 아닐까 한다).

법적분쟁으로 현장은 분명히 힘들고 피곤하게 된다. 그렇지만 시간이 지나면 이 또한 해결되는 것이 현장의 순리인 것 같다.

가장 비겁한 것은 회피하고 보이지 않는 곳에서 서로를 비난하는 것이다.

어제보다 더 당당하게 오늘을 나서면 된다. 두려울 것도 두려워해야 할 것도 아무것도 없다.

35
역할 바꾸기

　오래전에 현장구성원 대상의 동절기 교육시간에 '발주처와 시공사의 역할을 바꾸기'란 과제로 워크숍을 실시한 적이 있다. 당시만 해도 설계변경에 관한 계약금액 조정 여부가 대부분 현장마다 중요한 이슈였던 시기였다.

　설계변경과 관련한 사항은 언제나 계약상대자인 시공사와 발주처가 아주 작은 사안에서부터 이견이 발생하고 자주 부딪치게 되어 심지어 감정의 골도 깊어지는 경우가 적지 않았다. 공사비의 변경은 예나 지금이나 항상 민감한 대상이다.

　계약당사자간 서로의 입장과 이해관계가 달라 발생하는 문제로 전형적인 시공사의 피해의식과 발주처의 우월의식에 기인한 수직적인 갑을관계의 구조에서 비롯된 경우가 적지 않다. 그렇다면 서로 입장을 바꾸어 달리 생각하는 것도 의미있다고 생각하여 '역할 바꾸기'라는 것을 기획하였다.

　피교육생의 반은 시공사로, 반은 발주처로 역할을 분담하여 주어진 문제에 대한 각자의 의견을 제시하여 서로의 입장차를 확인하였다. 정답을 찾기보다는 입장을 바꾸어서 생각한다는 것, 그것이 목적이었다.

　현장에서 흔히 발생할 수 있는 계약금액조정 관련하여 몇 개의 문제를 주고 관련 계약규정을 찾아가면서 발주처와 계약상대자로서의 공격 및 방어에 관한 논리를 만들고 논쟁을 벌이는 것이다. 문제는 국가계약 질의회신집에서 중에서 발췌하여 여러 가지 답이 가능할 수 있도록 일부 내용을 수정하였다.

　문제에 대한 기본 전제조건은 다음과 같다.

- 최초 도급액 1,000억 원에서 1,200억 원으로 증액(설계변경으로 200억 원 증)
- 장기계속공사 및 턴키공사
- 공사기간 당초 36개월(3차수공사)이 48개월(4차수공사)로 1년 연장
- 현장직원 30명

몇 가지 문제를 예시하면 다음과 같다.

1. 시설물 이관기관이 맨홀규격 변경(A→B)요청에 따라 발주처에서 이를 시공사에게 지시하였다. 아래의 조건에서 설계변경시 계약금액 조정액과 관련규정은?

당초: 도면 A type 100개소, 산출내역서 A type 80개소, 단가: 6백만 원/개소
　　　(도면 및 산출내역서 상이)
변경: 도면 B type 100개소, 단가정보(개소당): 물가정보 5백만 원, 물가자료 5백만 원,
　　　조달청단가 4.5백만 원, 실적단가 4백만 원

☑ 신규단가를 정하는 데 있어서 제시된 물가지에서 우선대상이 있는지의 여부이다. 신규단가의 적용은 발주처와의 협의를 통해 결정하는 것이 핵심이다.

2. 산출내역서상 아래 공종의 설계가 대비 계약단가의 차이가 커 발주처와 계약상대자 사이에 공사비 관련 이견이 발생하였다. 계약당사자들은 어떻게 단계별 조치를 통해 공사비를 증액/감액/방어할 수 있을까?

계약내역

A 구조물: 레미콘(25-240-12) 수량:1,000M3,
　　　　　계약단가 500,000원/M3, 설계단가 60,000원/M3
B 건축물: 철근(13MM), 수량: 100ton,
　　　　　계약단가 300,000원/ton, 설계단가 700,000원/ton

☑ 턴키공사에서 계약단가는 과다과소의 이유로 계약금액조정은 할 수 없지만 설계변경의 사유에 따라서 계약금액조정의 가능성은 있다.

3. 도로의 이관기관인 ○○시가 추석연휴 부분개통을 발주처에 요청하였고 발주처는 이를 계약상대자에게 지시하였다. 조기개통 및 개통 이후 유지관리에 아래와 같은 추가비용이 발생하였다. 발주처, 계약상대자 입장에서 어떤 조치사항이 필요하고 가능한 공사비 반영금액 및 관련규정은?

---

1. 조기개통 비용

   지장물 조기이설 3천만 원, 돌관작업비 4천만 원, 안전물 추가설치 2천만 원, 신호수 1천만 원
2. 개통이후 비용

   포장구간 균열보수비 4천만 원, 가드레일 사고파손 3천만 원, 교통정리원 1천만 원

☑ 조기개통이 계약상대자의 책임문제와 어떤 관계가 있는지, 개통 이후 시행한 보수가 하자보수인지의 여부와 교통정리의 비용은 누가 부담해야 하는지를 규명하는 것이다.

4. 공사기간이 아래와 같이 각 차수별로 연장됨에 따라 간접비를 청구하고자 한다. 발주처가 간접비를 불인정하기 위한 근거 및 조치는 무엇이고 계약상대자의 공기연장 근거와 청구 가능한 간접비는?

공기연장 기간 및 사유

- 1차년도: 예산 200억 원, 보상지연 6개월
- 2차년도: 예산 300억 원, 민원발생 3개월
- 3차년도: 예산 400억 원, 설계미결정 3개월
- 4차년도: 예산 300억 원, 해당사항 없음.

☑ 보상지연 및 설계미결정 사항이 실제 공기지연에 어떤 직간접 요인으로 작용했는지의 여부에 대한 각자의 입장에서 논리적으로 대응하느냐가 핵심이다.

예정된 저녁 식사시간을 넘어서 진행될 정도로 각각의 역할을 맡은 구성원들의 논쟁은 기대 이상으로 뜨거웠다. 저마다 관련법령과 공사계약일반조건 등의 계약규정을 찾아내어 발주처와 계약상대자의 역할에 따른 근거를 세웠다.

특히 발주처 역할을 맡은 그룹은 발주처 고유의 계약적 권한을 행사하며 거침없이 계약상대자 그룹을 매몰차게 몰아붙였다. 다들 현장에서 한 번쯤은 겪어 봤던 내재된 응분이 넘치는 것 같았다(시공사에 있던 기술자가 발주처로 이적하면 더욱 독해지는 이유를 알 것 같았다).

도급계약에 관한 계약규정해석에 있어서 발주처는 선택적 우선권을 가지고 더 유리한 입장에서 주장을 펼칠 수 있음을 다시 한번 확인할 수 있는 계기였다.

　　계약규정을 해석하는 데 있어서 각자의 의견과 주장에 대해 누가 맞고 틀리고 또는 옳고 그름의 절대적 기준은 없지만 역할 바꾸기를 통해 가장 의미 있었던 것은 서로의 상반된 입장을 이해할 수 있었던 계기가 된 것 같았다. 서로 다른 입장과 이견을 기술자의 입장에서 올곧은 협의 과정을 통해 합의의 과정까지 도달하기가 쉽지 않지만, 그것이 곧 계약이행의 과정임을 깨닫는 의미있는 계기가 되었다.

　　분쟁을 피할 수 없다면 법적 다툼은 불가피하겠지만 어디까지나 최선은 협의를 통한 합의의 도출이다.

　　싸우지 않고 이기는 것보다 더 좋은 것이 과연 있을까? 싸우지 않고 이길 수 없다면 이길 수 있는 싸움을 하는 것이 현명하고 지혜로운 선택이다. 그래서 선승구전(先勝求戰)이라 하지 않았던가?

36
재정 vs 민자

지금까지의 '분쟁'과 '법 이야기'는 국가가 주도하는 공공공사에 관한 것이다. 국가예산이 소요되기 때문에 이를 재정사업이라고 한다.

공공 인프라 시설을 건설하는 방법은 전통적으로 국가의 예산으로 집행하는 재정사업과 민간자본을 통한 민자사업으로 크게 구분할 수 있다. 국가예산이 무한하지 않기에 앞으로 인프라 확장의 수요를 충족시키기 위해서는 민자사업의 활성화는 불가피한 정책적 대안이라 할 수 있다. 재정공사 못지않게 공공 인프라 시설물을 민간자본에 의한 건설하는 민자사업의 비중이 높아져서 앞으로도 더 많은 민자사업 현장이 늘어날 것이고 더 많은 현장기술자가 민자사업을 경험하게 될 것이다.

정부가 아닌 사업시행자가 민간자본으로 도로, 철도, 상하수도 등의 공공 인프라 시설을 건설하고 일정기간 동안 인프라 시설을 운영하여 그 운영수입을 통해 투자금을 회수하는 것이 민자사업의 기본적 사업구조이다.

민간자본을 통해 공공시설물을 완성하고 운영하지만, 최종 수요자인 국민이 과하게 비싼 비용을 지급하지 않도록 '정부보조금'이라는 국가예산이 건설비에 일부 투입되고 최종적으로 국가가 소유하고 운영하게 되므로 일반적인 민간공사와는 완전히 다른 개념의 공적요소를 가지고 있다.

민자사업은 다양한 사업분야가 있고 각 사업에 따라 매우 복잡한 사업방식이 존재하지만 여기서 논할 수 없고 다만 현장기술자가 알아야 할 민자사업의 기본적인 성격을 짚어보고자 한다.

민자사업이나 재정사업에서 완성해야 하는 공공 인프라 시설이라는 목적물의 유형은 동일하기 때문에 기본적으로 공사착수에서 준공까지 시공 메커니즘과 공사수행절차는 크게 다르지 않다.

시공의 범위를 벗어나 사업수행의 구조적 측면을 본다면 민자와 재정사업에서의 정부의 위치(position)와 역할은 달라진다. 재정사업에서 정부는 발주처이자 계약당사자로서 계약이 행에 관한 모든 분야의 전반적이고 직접적인 감독의 위치와 역할을 하지만, 민자사업에서는 사업시행자를 감독하는 주무관청이 되고 사업시행자는 실질적으로 토지 수용 및 사용의 권리를 포함한 실질적인 사업의 주체로써 재정사업의 발주처에 준하는 권리를 법적으로 부여받아 사업을 추진하는 것이다.

사회기반시설의 업무를 관장하는 정부의 행정기관은 주무관청이 되어 사업시행자와 '실시협약'을 통해 각자의 과업과 책임 및 권리사항이 정해지는데 일반적으로 주무관청은 토지보상을 포함한 사업부지 제공 및 실시설계(변경)승인 등의 과업을 맡게 되고 사업시행자는 실시설계 및 시공, 운영까지의 일괄적인 과업의 주체가 된다. 사업시행자는 실시협약의 내용을 기반으로 건설사와 설계와 시공을 일괄하는 도급계약을 체결하게 되는 것이 기본구조이다.

재정과 민자사업의 서로 다른 구조에도 불구하고 사업비 변경과 공사기간의 변경에 관한 승인권자는 주무관청인 정부(지자체)라는 점은 다르지 않다. 재정사업에서 분쟁의 구도는 계약상 당사자인 정부와 계약당사자인 건설사가 되고 민자사업은 협약상 당사자인 정부와 사업시행자가 된다.

여기서 사업시행자의 실질적 지배자가 건설사(건설적 투자자, CI 방식)이거나 대리기관(은행 등의 투자자, 재무적 투자자, FI 방식)에 관계없이 건설사는 설계와 시공을 일괄하여 도급받게 되므로 실질적인 분쟁의 주체는 정부와 건설사가 된다고 할 수 있다(FI 방식도 결국 법적분쟁을 통해 사업비나 공사기간의 연장에 관한 재무적 투자자의 손해를 건설사가 최종적으로 담보하는 구조이기 때문이다).

그럼 민자사업과 유사한 설계 및 시공을 일괄적으로 수행하는 재정사업의 설계·시공일괄입찰 공사(이하 턴키공사)와 비교하여 정리해 보자.

재정사업과 민자사업의 비교

구분	재정사업	민자사업
이해관계자	발주처(정부)-감리자-수급자	주무관청(정부)-발주처(사업시행자) -감리자-수급자
적용법률	국가계약법	민간투자법
우선적용규정	입찰안내서	실시협약
공사비 변경[1]	확정계약(예산)	불변계약(재무모델)
건산법, 건진법	적용	적용

사업비의 변경이라는 측면에서 민자사업이 턴키공사와 동일한 수준으로 볼 수 있을까? (여기서 사업비는 재정사업의 도급계약금액이고 민자사업에서 사업비는 수급자인 건설사의 도급계약 금액이다.)

재정공사인 턴키공사의 사업비 변경(계약금액조정)은 공사계약일반조건 및 국가계약법시행령, 민자사업에서는 실시협약, 사회기반시설에 대한 민간투자법(민간투자법)에 따른다.

민자사업을 수행하고 있는 현장기술자는 사업비 변경 측면에서 민자사업이 재정사업보다 훨씬 엄격하고 제한적임을 간과하지 말아야 한다. 본질적으로 민자사업은 민간자본에 의한 자체사업이기 때문에 실시협약상 확정된 정부예산을 초과하여 추가로 반영되는 것이 쉽지 않다.

다음의 표는 재정사업과 민자사업에 관한 사업비 변경에 대한 사유를 구분하고 해당 규정을 나열한 것이다.

두 사업 모두 사업비 변경사유는 크게 정부, 인허가 및 민원, 법령 및 지침의 제·개정, 기타의 사유로 구분할 수 있고 내용에 있어서 다르지 않은 것처럼 보인다. 그러나 그 내용을 좀더 깊이 들여다 보면 적용범위에서 상당히 다름을 알 수 있다.

최종 목적물을 소유하는 정부(주무관청)의 명확한 의사표시에 의한 사업계획 변경, 공사 범위 변경 및 기타 요구에 의한 것으로 계약상대자 또는 사업시행자의 책임없는 사유가 명백하므로 사업비 변경사유는 민자나 재정사업이 거의 동일하다고 볼 수 있다.

이에 반해 인허가에 있어서는 환경·교통·재해·지하안전영향평가 등의 타법의 적용을 받아 불가피하게 변경되는 것을 제외하고 민자사업은 사업시행자의 과업으로 명확하게 구분하고 있기 때문에 인허가로 인한 사업비 변경은 사실상 어렵다. 재정사업도 큰 틀에서는 계약상대자가 인허가 업무를 수행하지만, 민자사업에 비해서 인허가의 내용과 성격에 따른 사업비 변경의 여지가 다양하다(공공공사에서 발주처는 사업의 주체로서 지자체, 유관기관의 등의 인허가 요구사항이 반영되지 않으면 원활한 공사수행이 어렵다는 것을 인식하고 있기 때문에 이와 관련한 사업비 변경 가능성은 민자사업보다 다소 높다고 할 수 있다).

민원 역시 그 강도와 합리적 사유 등에 따라 사업비에 반영될 여지가 있지만 사업성 민원에 의한 사업계획변경을 동반하는 것이 아니라면 민자사업은 사업시행자가 협약상의 사업비 내에서 부담하여 해결하는 것이 일반적이다. 재정사업과 달리 민자사업에서 민원을 해결하기 위해 주무관청이 정부예산 추가로 반영하는 것은 사실상 어렵다고 봐야 한다(정부가 사

---

1) 확정계약이나 불변계약의 기본적 취지는 계약금액의 불변이라는 원칙은 다르지 않지만 특히 증액에 있어서 민자사업이 더 제한적이고 까다롭다고 할 수 있다.

업시행자가 사업주체인 민자사업의 민원을 해결해야 할 책임도 명확하지 않고 재정사업과 같이 적극적 관심을 두지 않는 것이 일반적인 경향이다).

법령 및 지침 등의 변경은 민자사업이나 재정사업 큰 차이가 없다고 볼 수 있다. 다만 민자사업의 경우 사업착수 시점까지 실제 착공시까지 장기간 소요되므로 법령 및 지침의 변경여부를 고려하여 실시설계를 수행해야 한다.

기타 사업비 변경사유를 보면 재정사업이 민자사업보다 비교적 다양하다. 사업비 변경 규정이 많다는 것은 다양한 요인이 반영될 수 있다는 것이고 그 만큼 재정사업이 사업비 변경의 허용범위가 넓고 가능성이 높다는 것을 의미한다.

결론적으로 민자사업에서는 실시협약상 사업시행자의 책임없이 주무관청의 요구사항 이외의 기타 변경사유로 사업비 증액을 인정하지 않는다고 이해하면 된다.

정부가 민간사업자에게 사업을 인가(認可)함으로써 사업시행자가 사업을 독립적으로 추진할 수 있는 발주자로서의 모든 법적 권한을 부여한 것인데 정부가 추가로 예산을 반영하여 사업비를 반영해 준다는 것은 절차상으로도 쉽지 않다(민자사업의 사업시행자 선정은 그 자체만으로도 엄청난 특혜가 되는 이벤트다).

민자사업 현장에서 일하는 현장기술자는 '민자사업은 재정사업보다 한 단계 높은 EPC (Engineering Procurement Construction) 공사'라고 생각하고 공사를 수행하는 것이 가장 좋을 것 같다.

재정사업 및 민자사업의 사업비 변경사유

구분	재정사업	민자사업
적용규정/ 변경사유	국가계약법시행령 제91조 공사계약일반조건 제21조 (설계변경으로 인한 계약금액조정의 제한)	실시협약
정부 (주무관청)	• 정부에 책임있는 사유 또는 천재·지변 등 불가항력의 사유 (시행령) • 발주기관이 제시한 기본계획서·입찰안내서에 명시 또는 반영되어 있지 아니한 사항에 대하여 해당 발주기관이 변경을 요구한 경우(시행령) • 사업계획 변경 등 발주기관의 필요에 의한 경우(일반조건)	• 주무관청의 귀책사유 또는 불가항력사유로 인하여 총사업비가 증감되는 경우 • 주무관청의 요구에 따른 공사범위 변경 등으로 인하여 총사업비가 증감되는 경우 • 기타 주무관청의 요구로 인하여 총사업비가 증감되는 경우

인허가 민원	• 민원이나 환경 · 교통영향평가 또는 관련 법령에 따른 인허가 조건 등과 관련하여 실시설계의 변경이 필요한 경우(시행령) • 발주기관 외에 해당공사와 관련된 인허가기관 등의 요구가 있어 이를 발주기관이 수용하는 경우(일반조건) • 공사관련법령에 정한 바에 따라 시공하였음에도 불구하고 발생되는 민원에 의한 경우(일반조건)	• 환경 · 교통 · 재해 · 지하안전영향평가, 인 · 허가 기관의 요구, 지방자치단체와의 협의 결과, 주무관청이 인정하는 민원 내용으로 총사업비가 증감되는 경우
법령/지침	• 공사관련법령(표준시방서, 전문시방서, 설계기준 및 지침 등 포함)의 제 · 개정으로 인한 경우(일반조건)	• 총사업비에 직접 영향을 미치는 법령, 시방서, 정부가 제정하는 설계기준 · 설계규칙 및 각종 지침등의 제 · 개정으로 인하여 총사업비가 증감되는 경우
기타	• 토지 · 건물소유자의 반대, 지장물의 존치, 관련기관의 인허가 불허 등으로 지질조사가 불가능했던 부분의 경우 • 발주기관 또는 공사 관련기관이 교부한 지하매설 지장물 도면과 현장 상태가 상이하거나 계약 이후 신규로 매설된 지장물에 의한 경우	• 기타 본 협약에서 총사업비 변경을 인정한 경우

37
계주와 소송

계주경기에서 가장 짜릿한 것은 역시 마지막 주자가 최고의 스피드로 상대방을 앞질러 나가면서 마침내 역전을 이루게 되는 장면이다.

유튜브를 통해 어느 학교의 계주경기에서 마지막에서 역전하는 모습을 보면서 마치 다시 그 시절로 돌아가서 내가 직접 뛰는 것 같이 심장박동수가 최대치로 올라가는 스릴과 흥분, 그리고 억눌린 감정이 확 풀어지는 카타르시스를 느끼게 된다. 우리편이 그 역전의 주인공이라면 물론 더할 나위 없다. 이렇게 단순한 이어달리기가 주는 재미는 어떤 프로 스포츠와도 견주어 봐도 손색없는 본능을 자극하는 또 다른 새로움이다.

바통을 받는 순간부터 전력을 다해 뛰고 다음 주자에게 그 바통을 건네주고 나서야 비로소 전임 주자의 역할은 다하게 된다. 계주에서는 첫 번째 주자와 마지막 주차는 에이스로서 역할을 하게 된다. 첫 번째 주자는 기선을 제압하고 마지막 주자는 승부를 결정짓는다.

그렇게 계주경기를 보면서 갑자기 '소송'이 생각났다. 그게 도대체 무슨 관계가 있을까? 라는 생각이 들겠지만, 운동장 몇 바퀴를 돌면서 엎치락뒤치락하면서 바통을 떨어뜨리거나 다른 팀선수의 다리에 걸려 넘어지는 어이없는 실수로 역전을 당하기도 하고, 계속해서 뒤처지다가도 마지막 주자가 엄청난 스피드로 앞사람을 앞서는 광경을 보면서 뜬금없지만, 그 과정이 소송과 매우 흡사하다는 다소 엉뚱한 생각이 들었다.

소장을 제출하고 원고와 피고는 각자의 주장을 내세워 치열하게 다투다가 결정적 증거나 자료를 제시하면서 불리한 판을 뒤집는 경우가 연상되었기 때문이었다. 1심에서 패소하지만 2심에서는 승소하는 경우도 마찬가지다. 건설소송이 법정 영화와 같이 다이나믹하고 짜릿한 반전의 연속은 아니지만 그래도 일련의 과정을 생각해 보니 판을 뒤엎는 역전의 계주경기와 오버랩되었다.

역전(逆戰)이라는 반전(反轉)을 이룬다는 것은 저절로 되는 것이 아닐 것이다. 똑같은 논리와 주장, 입증만으로 어떻게 대한민국에서 가장 똑똑한 판사님의 생각을 바꾸게 할 수 있겠는가?

패소의 원인을 집요하게 분석하여 새로운 결전을 위해 집요하고 처절한 준비를 했기 때문에 가능했을 것이다. 건설관련 소송에서 법적논리를 바꾼다는 것은 쉽지 않다. 그것은 불리한 상황을 반전할 만한 새로운 법리나 사실 또는 입증자료를 발굴해야 가능한 것인데 건설분쟁에서 이러한 영화와 같은 반전은 사실 기대하기 어렵다.

대부분의 건설분쟁은 준공된 이후에 진행되는 경우가 많아서 반전을 만들 만한 결정적인 새로운 자료를 찾기 쉽지 않다. 시간이 흐를수록 분쟁의 실체는 안개처럼 흐릿해질 수밖에 없다. 물론 이와 같은 상황은 발주처도 다르지 않다. 그래서 계주에서 볼 수 있는 짜릿한 역전이라는 반전이 법적분쟁에서 일어나기 어려운 것일런지도 모든다(모든 경기에서 역전은 그렇게 쉽게 자주 일어나는 이벤트는 절대 아니다).

분쟁사안에 대한 더 많은 입증자료를 미리부터 준비해야 하고 쟁점사안을 가장 잘 아는 사람의 목소리를 더 많이 경청해야 하는 직접적인 이유이다. 관계자의 의견을 모으다 보면 또 다른 내용이 나오고 다른 각도에서 재구성할 여지가 계속해서 생긴다. 그렇기에 집요하게 그러한 과정을 지속적으로 반복 수행함으로써 입증자료는 더욱 객관화될 수 있고 탄탄하고 세련된 논리구성이 가능한 준비서면이 작성될 수 있는 것이다.

계주경기에서는 에이스인 첫 번째 주자가 확실하게, 그것도 압도적으로 치고 가야 확실하게 우위를 점할 수 있다. 뒤처지면 그다음 주자도 맥이 빠져 제 실력을 발휘하기 쉽지 않다. 계주에서 역전이 쉽지 않기 때문에 역전이 더 짜릿한 것이다.

소송에서도 첫판에 모든 화력을 부어야 한다. 모든 상황을 직접 겪은 여러 부분의 현장기술자의 가장 생생한 기억과 진술, 공식문서 외에도 개인수첩 속에 꼼꼼히 적혀 있는 메모와 회의내용들, 잊고 있었던 이름 모를 폴더에 쌓여진 자료들....(생각하지도 못한 곳에서 귀중한 자료가 나온다.) 이것들의 조합체가 화력의 무기이다. 첫판에 승부를 끝내겠다는 각오와 준비가 필요하다. 첫판에서 제대로 된 성과를 얻지 못한다면 그 다음 판은 방향을 잃을 가능성이 높다(사건을 분석해 보면 상급심으로 올라갈수록 승소율은 점점 낮아진다. 그렇기에 1심은 매우 중요하다).

법적다툼에서는 짜릿함을 기대하기보다는 첫판의 승률을 높여야 하는 이유는 분쟁은 진실을 밝히는 것이 아니라 이겨야 하는 게임이기 때문이다.

38
개그맨과 지휘자, 기술자와 변호사

개그맨 김현철은 개그가 아닌 진짜 오케스트라를 지휘하는 지휘자이다. 스스로도 이젠 개그보다 지휘자가 본업이라고 한다. 김현철은 스스로 창단한 '유쾌한 오케스트라' 지휘자로서 꾸준히 공연하고 있고 유튜브도 운영하고 있다.

40년 이상 클래식을 들어 왔고 나름 클래식에 관해 전문가 수준으로 해박하지만, 음악을 전공하지 않아 악보를 볼 줄 모르기 때문에 곡 전체를 외워서 지휘한다고 한다. 오케스트라 단원은 모두 음악과 악기를 전공한 전문가이고 지휘자는 그중에서도 가장 최고의 위치이다 (지휘자가 중요한 이유는 똑같은 곡이라도 지휘자에 따라 달리 연출된다는 점이다).

그런데 음악을 전공하지 않은 개그맨이 지휘한다는 것은 정말 개그 같은 이야기다. 토목이나 건축을 전공하지 않는 사람이 마치 현장소장을 하는 것과 다름없다고 할 수 있겠다(이렇게 생각하니 참으로 말이 안 되지만 대단하다고 생각하게 된다).

그래서인지 그는 자신을 지휘자(Conductor)가 아닌 지휘퍼포먼서(Performancer)로 부르고 어디까지나 클래식을 좋아하고 이를 대중화하고자 하는 일념으로 지휘를 한다고 스스로를 낮춘다.

'고전 클래식, 이미 들은 적은 많지만 어렵고 재미없다는 클래식은 왜 그럴까요. 그 곡을 모르기 때문에 그런 거예요. 가요나 팝송은 가사가 있잖아요. "나 오늘 완전히 털렸어" 하면 사람들이 털린 기억이 있으니까 감정 이입을 하거든요. 하지만 클래식은 모르는 언어거나 아예 노래가사가 없잖아요. 그걸 아는 노래로 만들어 주는 거죠. 그래서 클래식 길라잡이라는 말을 좋아해요. 개그할 때보다야 돈은 덜 벌고 힘들지만 그런 게 재미있어요.' 그가 어느 인터뷰에서 한 말이고 여기서 클래식에 대한 그의 확고한 신념과 가치관을 느낄 수 있었다. 이것이 그가 진심으로 지휘하는 이유일 것 같았다.

'정열적으로 지휘하는 지휘자 김현철'이라는 기사를 보면서 머릿속을 스치는 생각이 들었다. 누가 한들 어떠한가? 누구라도 클래식을 대중화하여 더 많은 사람들이 즐거워하고 그 속에서 위안을 찾을 수 있다면 그것으로 선의의 목적은 이루는 것이 아닌가.

물론 아무나 할 수 없고 어쩌면 김현철이기 때문에 가능한지도 모른다.

흑묘백묘(黑猫白猫), 흰 고양이든 검은 고양이든 쥐만 잘 잡으면 된다. 희든 검든 그건 껍데기일 뿐 아무 의미가 없다.

건설현장에서 분쟁이 발생하여 법적분쟁이 불가피한 경우, 현장기술자의 역할이 관련자료를 파일링하고 변호사가 요구하는 자료를 제공하는 단편적인 역할만으로 한정하면 안 된다.

공공공사에서 계약이행의 모든 과정은 법령과 규정에 근거하지만, 그 내면의 계약이행의 모든 살아있는 이야기는 세상의 그 어느 누구보다도 현장기술자가 가장 잘 알고 있다.

분쟁에서 주연은 변호사가 아니다. 가장 잘 알고 있는 현장기술자가 주연이고 그가 곧 지휘자이다. 그런데 막상 법적분쟁에서는 '법은 잘 모르겠고, 그것 말고도 당장 해야 할 업무도 많고, 분쟁은 전문가인 변호사가 알아서 잘하겠지…'라는 생각에 어느새 제3자가 되어 버리고 점점 관찰자적 입장에서 겉돌고 회피하려고 하는 경향이 있다(내가 접한 분쟁현장의 대부분 현장기술자가 적극적 지휘자 역할을 했던 것은 나에게는 참으로 행운이었다). 그것은 자신들의 고유한 현장업무와 분쟁업무는 전혀 다른 차원으로 인식하기 때문이다.

전문가란 특정분야에 해서 누구보다 잘 알고 경험을 가진 사람이다. 변호사는 누구나 전문가다. 변호사의 가치는 전문가로서가 아니라 법적다툼에서 이길 수 있느냐로 결정된다. 상대에게 승소하지 못하는 변호사는 더 이상의 가치가 없는 거다. 변호사의 궁극적인 존재 이유이기 때문이다. 고객이 변호사를 찾는 것은 지식과 경험을 전수받기 위함이 아니라 쟁송(爭訟)에서 승소하기 위함이다. 환자가 병을 잘 고치는 의사를 찾는 것과 하나도 다를 게 없다.

건설분쟁을 전문으로 하는 영리한 변호사는 현장기술자가 제공한 사실자료 외에도 더 많은 구체적 정보를 위해 현장기술자와 많은 교감을 통해 작은 사소함조차 절대 놓치지 않는다. 작은 단서가 때론 사건에 대한 큰 틀의 방향을 잡을 수 있고 이는 곧 승소의 지름길임을 잘 알기 때문에 사소함도 놓치지 않고 정교하고 구체적 사실을 결합함으로써 멋진 변론을 만들어 낸다.

마찬가지로 야무진 현장기술자는 변호사가 작성하는 변론과 입증자료에 대해서 꼼꼼히 살펴야 한다. 내용뿐만 아니라 그 내용과 입증자료가 서로 일치하는 것인지를 검토해야 한다. 가끔 사실과 다른 내용이 있을 수 있고 내용과 관련없는 증거자료가 오히려 사건을 꼬이게 만드는 경우도 있기 때문이다.

현장기술자가 기존에 수행해 왔던 업무와 다소 생소하더라도 본인 스스로가 사건의 중심에 있다는 사실을 잊지 말고 분쟁사안의 핵심적 사항을 견지하면서 제대로 파악하여야 한다. 법률대리인인 변호사를 믿지 말라는 의미가 아니라 현장기술자가 변호사보다 더 많이 더 제대로 알고 있는 지휘자이기 때문이다.

거듭해서 말하지만, 현장기술자와 변호사는 기본적 뇌 구조가 다르다. 같은 말도 이를 받아들이는 관점과 해석의 차이가 발생할 수 있다. 너무도 당연한 것이다. 이것은 '다름(difference)'이지 옳고 그름의 문제가 아니며 다름을 인정하면서 같은 방향과 목표를 가지고 간다면 다른 각도에서 사건을 볼 수 있기에 강력한 무기가 될 수 있다. 다 어떻게 받아들이냐의 문제일 뿐이다.

김현철은 모두가 말하는 전문가로서 지휘자가 아니다. 그러나 그가 지휘할 수 있는 것은 모든 음악의 악보가 아니라 자신이 가장 잘 알고 가장 많이 공부한 곡을 제대로 지휘한다. 그것은 악보를 잘 봐서가 아니라 그가 해야 할 방향이 명확하고 자신이 반드시 해내야겠다는 정열적 신념이 있기 때문이다. 그가 단순히 인기를 위한 지휘를 한다면 그것은 또 하나의 개그에 불과한 것으로 나 역시 이 귀중한 지면을 할애하지 않았을 것이다.

그는 진짜 지휘자로서 책임을 갖기에 가치 있는 것이고 그 책임도 고스란히 그의 것이 된다. 이제 그가 지휘하면 더 이상 객석의 수준 높은 관객은 그를 개그맨으로 보지 않는다. 관객은 개그를 보러 온 것이 아니라 음악을 듣고자 온 사람들이기 때문이다.

분쟁의 승리자는 현장기술자이다. 패배자 또한 현장기술자이다. 현장기술자가 곧 지휘자이기 때문이다. 내가 지휘자라는 생각, 그것이 승소를 위한 가장 첫 번째 마음가짐이다.

39
법률의견서의 허와 실

　많은 현장이 민감한 사안에 대해서 관행적으로 또는 임의로 처리하지 않고 로펌을 통해 법률의견서와 같은 법률자문을 받는 것은 이제는 특별한 일이 아니다.

　쟁점사안에 대해 임의적 판단, 임의적 처리는 때론 돌이킬 수 없는 상황으로 만들 수 있다는 것을 절감하면서 쟁점사안에 대한 리스크를 지속적으로 관리하는 수단이자 선제적으로 분쟁에 대처할 수 있도록 하기 위한 지혜로운 방법이다.

　현장업무에 있어서 법률적 지원이 일상화되었다는 것은 법적분쟁을 염두한 것으로 계약이행관리가 고도화되고 있음을 의미한다. 달리 말하면 그만큼 프로젝트의 성공 여부에 있어서 분쟁리스크 관리가 중요하다는 것, 그리고 실제로 분쟁은 현실적으로 반드시 발현된다는 문제성을 인식하고 있다는 의미이기도 하다.

　발주처와 서로 의견이 대립하거나 애매한 사항에 대해서 조달청 등 관련기관에 질의회신을 통해 검토를 받는 것은 오래전부터 현장의 관행이었다. 물론 질의에 대한 회신이 명쾌하지 않은 경우도 많지만, 회신내용에 따라 어떻게 업무를 처리해야 하는지에 대한 기본적 방향을 분명하게 정할 수 있다는 효과가 있다. 실제로 질의회신은 법률전문가를 접하기 쉽지 않은 많은 현장기술자에게 오랫동안 법과 계약적 규정에 대해 상당한 길라잡이 역할을 해 왔다(질의회신집을 곁에 두고 참고하는 것은 가장 쉽고 자연스럽게 계약규정을 이해하는 좋은 방법이다).

　발주처에서도 현장의 쟁점사항에 대해 계약상대자로 하여금 정부기관의 질의회신은 요구하는 사례도 많고 실제로 발주처의 판단에 중요한 영향을 주어 회신결과에 따라 조치하는 경우가 적지 않다. 질의회신은 그 자체가 법적 효력을 갖고 있지 않지만 실제 법적분쟁에서도 객관적 입증자료로써 제3자의 판단에 중요한 역할로 작용하기도 한다.

　그런데 질의회신과 달리 현장에서 법률의견서의 활용은 좀 다르다.

　벌률의견서의 활용은 대체로 다음과 같이 요약할 수 있을 것 같다.

첫째는 어떤 사안에 대한 답(해결책)은 이미 가지고 있지만 좀 더 법리적이고 형식적 내용의 보완을 필요로 하는 경우이다. 이는 계약당사자간 업무처리의 정당성을 확보하기 위함이기도 하다. 현장기술자는 어느 정도 확정된 결과에 대한 법률적 근거를 보완하기 위한 성격의 법률의견서를 변호사에게 요청하고 작성하게 하여 필요에 따라 발주처에게 제출하게된다. 물론 발주처와도 같은 방향으로 해결하는 교감이 형성된 경우이다.

둘째는 계약당사자간 이견이 발생하였으나 만족할 만한 질의회신 결과물이 없는 상황에서 객관적이고 세밀한 법적인 검토가 필요한 경우에 법률의견서를 의뢰하는 경우이다. 현장기술자는 분명한 질의내용과 객관성과 구체성을 가진 검토자료를 변호사에게 제공해야 한다. 이는 이미 확정된 결과나 방향에 관한 보완적 역할이 아닌 아직 확정되지 않은 사안에 대해 오롯이 객관적인 법률검토를 받고 방향성을 결정하는 수단으로 활용해야 되는 경우이다. 따라서 계약상대자가 가지고 있는 문제나 결함에 관해 주관적 의견을 최대한 배제하고 최대한 객관적이고 솔직한 정보를 제공하여 변호사에게 어떠한 선입견이나 방향성을 갖지 않도록 해야 한다. 그래야 균형 있고 객관적 법률의견서가 도출되는 것이고 법률적 판단에 기반한 방향성을 수립하여 의사결정을 할 수 있는 것이다.

법률의견서의 내용은 대부분 관련법과 계약규정 범위내에서 작성되는 것으로 전혀 새롭고, 예상하지 못한 내용으로 작성되는 경우는 사실상 거의 없다고 보면 될 것 같다. 그렇다고 새로운 판례나 법리가 적용되어 예상과 다른 법률의견서가 반드시 좋다는 것이 아니지만 현장기술자에게 당부하고 싶은 것은 법률의견서에 너무 많은 것을 기대하지 말고 기대해서는 안 된다고 말하고 싶다.

많은 쟁점과 이견이 있는 사안에 대해서는 언제나 정반합(正反合)의 내용을 다 포함하고 있으면서 어느 한쪽에 편중되지 않게 작성되는 것이 법률의견서이다. 법률의견서가 판결문이 될 수 없기 때문에 무를 자르듯 한 확정된 내용을 담기란 사실상 쉽지 않기 때문에 이를 고려하여 작성되는 것이다. 법률의견서에 대한 최종 판단은 의뢰인인 현장기술자의 몫이다.

변호사에게는 죄송한 이야기이지만 어떤 법률의견서의 내용을 보노라면 본질적으로 질의사항에 대한 실무적 내용을 확실하게 알지 못하고 있다고 느낄 때가 있다. 아무리 관련법령을 조합하여 나열하고 유사한 판례를 예시하여 법률의견서의 많은 지면을 할애하였지만 결론이 무엇인지, 의뢰자인 현장기술자에게 무엇을 어떻게 하라는 것인지 명확하지 않은 경우도 있다. 질의에 대한 법률의견서의 답변에 법률적 모호함이 풀리지 않는다는 것은 질의가 난해하거나 질의에 대한 정확한 핵심을 반영하지 못하고 있음을 의미한다.

법률의견서는 공학적 계산에 따른 산술적 구조검토에 의한 NG 또는 OK가 명확한 기술

검토서와 전혀 다르다. 그래서 기술검토서에 익숙하여 숫자를 통한 명쾌한 답을 기대하는 현장기술자의 공학적 마인드와 다를 수밖에 없다.

법률검토를 의뢰받은 변호사는 반드시 현장기술자에게 구체적 질의내용과 이와 관련한 실무적인 내용과 절차 및 방법에 대한 확실한 이해를 가지고 의뢰인의 의도에 따른 법률의견서의 작성이 필요하다(실제로 변호사가 법률검토 대상에 관한 실무를 모르는 경우 전혀 다른 방향의 법률의견서가 작성될 수 있으므로 반드시 현장기술자는 실무적 사항에 대해 변호사가 반드시 이해할 수 있도록 해야 한다).

최근의 현장기술자는 예전과 달리 상당히 많은 법률의견서를 접해 봤기 때문에 이해수준이 높고 문제의 본질을 정확하게 인식하고 있어서 법률의견서의 내용이 충실하지 않거나 모호할 경우 예리하게 문제를 제기하고 때론 비판하기도 하며 변호사의 수준까지 평가한다. 그 비판의 날이 절대 무디지 않다.

그렇다면 법률의견서를 접하는 현장기술자의 가장 올바른 태도는 무엇일까?

우선 법률의견서의 활용이 확정된 사안에 대한 보완적 목적인지 또는 불확실한 사안에 대한 의사결정을 위한 것인지에 대한 확실한 목적과 의도를 구분해야 한다. 그리고 그 목적과 의도를 변호사에게 정확하게 전달해야 한다. 그래야 제대로 된 방향과 속도가 결정될 수 있는 것이다. 덧붙여서 신속한 결과물을 도출해야 할 법률의견서인지 아니면 오랜 시간이 걸리더라도 충분한 법률검토가 필요한 것인지도 중요한 요소에 해당한다.

현장기술자는 사안에 대한 질의의 내용을 확실하게 도출하고 이를 변호사에게 정확하게 전달하여야 한다. 공부를 많이 한 사람이 제대로 된 질의가 가능하다는 것은 어디서나 똑같은 진리인 것 같다. 그리고 나서 의도한 목적에 따른 법률검토를 위한 판단의 근거자료 및 정보를 제공해야 한다.

법률의견서에 대해서는 맹신도 금물이지만 자신의 의견과 배치된다고 배척하는 것은 더욱 잘못된 것이다. 맹신하든 배척하든 어쨌든 법률의견서는 나름대로 판단기준에 대한 방법으로서의 '법률적 정보'라고 보면 된다. 정작 가장 잘못하는 경우는 법률의견서를 무시하면서 그렇다고 다른 행위도 하지 않는 무위(無爲)의 대응이다. 잘못된 조치는 다시 고칠 수 있다. 그러나 아무것도 하지 않는 것은 문제자체를 풀지 않는 현장기술자의 직무유기이다.

판단을 위해 너무 많은 시간을 허비할 수 없다. 현장은 옳고 그름을 고민하고 논쟁하는 곳이 아니라 어떤 식으로도 일을 만들어가면서 동시에 해결해 갈 때 의미있고 존재의 가치를 갖는 조직임을 명심해야 한다. 실제로 현장에서 발생하는 쟁점사항의 대부분은 항상 애매한 것만 있는 것이 아니다. 경험이 풍부하고 역량있는 현장기술자에 따라서 충분히 선험적 경험과 합리적 관점에서 판단하고 대처할 수 있는 것이 더 많다.

신중함은 매우 중요하지만, 고민이 길어지면 답이 없다. 돌다리도 두드려 보고 건너라는 말은 자신이 알고 있는 것을 과신하지 말고 신중함을 기해 실수가 없도록 하라는 의미이지만 모든 돌다리를 두드리며 건널 수 없다. 현장에서는 순간적으로 신속하게 판단해야 할 일들이 차고 넘친다.

과감하고 신속함이 필요한 이유는 잘못되었음을 깨달았을 때 다시 이를 수정하고 되돌릴 수 있는 시간의 확보가 그나마 가능하다. 거듭 말하지만 가장 위험한 것은 아무것도 하지 않고 고민하고 주저하다가 묻혀 버리게 만드는 것이다. 항상 뼈저리게 느끼는 것은 아주 작은 문제를 덮어 두면 잊어버릴만 하면 언젠가 반드시 소리없는 회색 코뿔소로 현장을 들이박는다. 그때는 정말 아무런 답이 없게 된다.

현장기술자가 법률자문의견을 정확하게 파악하여 의사결정의 판단에 적용할 수 있는 식견을 가져야 하는 이유는 분명하다. 아무리 좋은 법률의견서이라도 이를 잘 판단하여 제대로 적기에 활용해야 하는 책임과 선택은 현장기술자의 몫이기 때문이다.

금목걸이(훌륭한 법률의견서)도 돼지의 목(능력 없는 현장기술자)에 건다면 다 소용없는 짓이다.

40

분쟁을 승소로 끝내야 하는 이유

스포츠든 게임이든 하다못해 짬을 내서 하는 족구라도 이겨야 한다. 승부의 세계는 냉혹하고 승자는 돈과 명예를 독식한다는 법칙이 아니어도 이긴다는 것은 본능적인 선택이자 그 자체가 기쁨이기 때문이다.

과정의 아름다움은 승패의 그늘에서 빛이 바랠 수밖에 없다. 선거도 이긴 자만이 살아남는다. 턴키공사의 수주에서도 2등은 누구도 기억해주지 않는다. 변명은 더욱 구차해질 뿐이다.

분쟁도 승소하면 보상을 받는다. 그런데 스포츠나, 게임, 선거, 수주와 같은 종류의 독식(獨食)이 보상과는 그 성격이 다르다. 새로운 보상으로써의 이익의 창출이 아니라 본전(本錢)이라는 보상이다.

모든 분쟁의 본질은 손해배상이다.

손해배상은 상대방의 책임으로 금전적, 시간적 손해가 발생하였으니 이를 되돌려 달라는 것이고 '청구'로 부터 시작된다.

일의 완성과 대가의 지급이라는 도급계약상 계약당사자간 쌍무적 책임이라는 기본적 틀에서 지급받지 못한 대가가 손해가 되는 것이고 이를 다투는 것이 분쟁의 본질이다. 목적물이 완성 또는 기한이 종료에 따라 실제 투입된 비용이나 계약에 의해 약정된 도급내역상 비용이 청구대상이 되고 이에 대한 부담주체를 제3자가 판단하는 과정이 곧 분쟁해결이다(공사기간과 관련된 지체상금, 공기연장, 간접비 등도 공사기한이 종료되어야 비로소 다툴 수 있는 조건이 성립되는 것이다).

투입한 손해비용을 회수할 수 있는 유일한 방안은 소송이나 중재와 같은 법적구제를 통한 판결을 통해 손해비용을 법적, 강제적으로 돌려받는 것 외에는 달리 방법이 없다.

법적분쟁의 결과에 따라서 계약상대자가 패소하게 된다면 이미 투입된 청구대상의 비용은 매몰비용(sunk cost)이 되고 승소하게 되면 매몰비용을 돌려받게 되는 것이다. 그 이상은 없다.

법적분쟁에서 승부방식은 스포츠나 게임과 같이 어느 일방의 승(勝)과 패(敗)가 확연이 갈리는 승패구조와 다른 구조이다.

승소는 청구금액 전부를 법원으로부터 인용 받는 전부승소와 일부분만 인용 받는 일부승소로 나뉘는데 판결문의 내용에 따라 승소의 질은 천차만별이다.

청구금액의 20%만 인정받아도 승소다. 일부승소다. 이겨도 이긴 것이 아니고 그렇다고 완전히 진 것은 아닌, 화장실에서 제대로 볼일 못 보고 나온 것과 같다. 뭔가 찝찝하다. 그렇다. 분쟁에 소요된 비용을 감안하면 승소가 아니라 사실상 패소다(승소율에 따른 확정금액은 청구금액에 따라 달라지므로 20%의 일부승소라도 반드시 나쁜 결과라고 만은 할 수 없다).

그렇지만 이렇게라도 하지 않았으면 그나마 투입한 비용의 일부라도 회수하여 손해를 줄이는 것은 아예 불가능했으니 법적분쟁을 시도조차 하지 않은 것에 비하면 분명 잘한 선택임은 부인할 수 없다. 그렇게 본다면 일부 승소도 사건에 따라서는 의미있는 것임은 틀림없다.

청구한 내용에 큰 흠결이 없고 분명히 판결내용은 원고가 승소하였음에도 불구하고 법원은 청구금액에서 몇 % 정도를 삭감하기도 한다. 특히 공기연장간접비 사건에서 자주 볼 수 있는데 책임의 불분명, 상호 책임분배의 인정 등을 고려하여 청구금액 일부를 사정 반영한 법원의 재량적 판단이므로 뭐라 할 수 없다. 그 정도만으로도 승소라고 할 수 있다. 이렇게도 법적분쟁에서 청구금액 전액을 인용받는 전부승소란 승패의 확률인 50%도 되지 않는 매우 어려운 것이다(그래서 소가에 해당하는 청구비용은 감정이라는 절차를 거쳐야 하기 때문에 정밀한 산정이 중요하다. 과다한 청구비용은 희망고문일 뿐이다).

가만히 돌이켜 보면 현장의 분쟁사안을 법적으로 해결하기 위해 얼마나 많은 공을 들였던가?

대외적으로는 발주처의 압력과 따가운 눈총을 뒤로 하고 원만한 계약이행을 위한 허리를 굽혀 양해를 구하면서 대내적으로는 법적 분쟁에 대한 충분한 소명과 승소 여부 및 모든 리스크를 보고하면서 어렵게 의사결정을 받느라 고생한다. 그리고 실제 법적분쟁의 과정에서 해야 할 모든 일은 오롯이 현장의 몫이 된다.

승소를 위해 비싼 변호사를 선임하고 입증자료를 준비하기 위해 별도 비용을 들여가며 용역을 수행하고, 현장기술자는 빛바랜 오래된 자료를 끄집어내며 밤을 새우며 준비하며 쏟아 왔던 많은 시간과 고생이 결과에 따라서 일순간에 허공으로 날아가 버릴 수 있다.

공공공사 분쟁에서 계약상대자가 승소했다고 발주처 담당자가 책임을 지거나 인사상 불이익을 받았다는 말을 들어보지 못했다(물론 발주처 담당자가 책임에서 자유롭다는 의미는 아니다).

그러나 패소는 순식간에 명분과 실리 모든 것을 잃게 된다. 손해를 보전받을 수 없다는 것은 온전한 결과이지만 대외적으로 '승소하지 못하면서 왜 그렇게 시끄럽게 했느냐'는 발주처의 핀잔과 비난을 감수해야 한다. 상처만 나고 그동안 쌓은 신뢰도 흔들릴 수밖에 없게 된다. 정당한 대응이었고 고생도 했지만 그렇다고 패자에게 회사가 좋은 소리를 할 이유가 없다. 더 이상 결과에 대한 이유를 달아야 할 필요가 없다.

이 정도의 사유만으로도 분쟁에서는 반드시 승소해야 하는 이유가 되지 않을까? 분쟁에서 승소는 대박을 만들기 위함이 아니다. 단지 매몰비용을 되찾고 더 나아가서 현장에서 올바르게 정석대로 처리했다는 명예회복의 마지막 수단일 뿐이다.

독한 마음으로 발을 디뎠으면 반드시 이겨야 한다. 치열하게.

분쟁은 본전게임이기 때문이다.

41
초심(初心)과 항심(恒心)

'처음처럼'이라는 말이 설레이고 풋풋한 것은 우리의 애환을 달래주는 소주의 이름이어서 만은 아니다. 그것은 누구나 하얀 백지장 같은 처음이 있었고 그 처음에는 꿈과 희망을 그릴 수 있는 설레임으로 가득 찬 시절이 있었기 때문일 것이다. '처음처럼' 같지 않은 지금의 찌든 현실 속에서 그나마 '처음'은 그리움의 대상이 되기 때문은 아닐까?

처음처럼… 초심(初心)이다. 저마다 새로움을 시작할 때 초심을 갖는다. 건설기술자에게 초심은 공학도로서 처음에 사회에 발을 들이면서 갖는 꿈과 각오이다. 그것은 미래에 대한 그림이다. 최고의 엔지니어가 될 수도 있고 경영자가 될 수 있고 학계의 전문가, 건설정책을 주관하는 고위 공직자도 될 것이다. 시간이 지나고 그 꿈과 각오가 현실에 부딪혀 흩어지고 타협하면서 무뎌져 가게 된다. 그러다가도 어느 순간에는 초심을 잊지 않아야지 새삼스럽게 다시 굳게 다짐하게 된다.

건설사로 첫발을 내디딜 때는 신규현장에 발령을 받거나 다른 현장으로 이동을 하면서 그때마다 새로운 초심을 갖는다. 모두의 한결같은 초심은 준공할 때까지 사고 없이 좋은 수익을 가지고 성공적으로 완수하는데, 각자의 지위와 역할에 대한 자신과의 약속이 곧 초심이 될 수 있다.

현장이 본사업무보다 다이나믹하다고 하지만 어느 정도 세팅이 되면 연속된 업무의 반복이 된다. 어제의 하루와 오늘의 하루가 마치 병풍을 포개 놓은 것처럼 한치의 시간적 오차도 없는 반복이 연속된다. 사랑도 지겨울 때가 있다는데 매일 반복되는 일이 어찌 그렇지 않을 수 있겠는가?

선배에게 물었다. '왜 이렇게 일하기가 지겹고 싫죠?'

그는 무표정하게 대답했다. '일은 항심으로 하는 거여.'

항심(恒心). 아주 오래전 그때 처음 알았다. 항심이라는 말을. 사전적 의미는 변함없이 늘 지니고 있는 떳떳한 마음이란다.

이제는 후배에게 내가 자주 쓰는 용어가 되었다. 언제부터인가 모든 일을 초심의 설레임으로만 할 수 없음을 깨닫고 난 후 항심의 의미를 깨닫기 시작한 것 같다. 내 나름대로 항심을 정의하자면 반드시 어떤 목표나 경쟁에서 남보다 앞서기 위함이 아니라 조직의 일원으로서, 기술자로서, 어떤 위치에서 내가 가져야 할 신념을 꿋꿋하게, 어떠한 상황에서도 내가 해야 할 일에 대해서 흔들림 없이 한결같이 묵묵하게 변함없이 수행하는 것이 아닐까 한다. 물론 아직도 나의 항심은 아직도 완성형이 아니다. 그게 어디 쉬운 일인가?

항심의 발로는 책임감이고 소명의식이다. 초심은 변할 수 있고 흔들릴 수 있어도 항심은 언제나 그대로여야 한다.

오로지 계약상 목적물을 달성하기 위해 소수가 모인 TF 조직인 현장에서 기술자의 항심은 가장 중요하다. 어느 한 기술자라도 그 본연의 업무에 소홀히 하여 공백이 생기면 다른 어느 누구도 메울 수 없게 된다. 메우지 못한 그 공백은 잊혀지고 어느 순간에는 반드시 무너지게 되어 시간의 문제일 뿐 전체를 주저 앉게 할 수 있다. 이를 치유하기 위해서는 더 많은 시간이 필요하게 되고 많은 상처와 후유증을 앓게 된다.

더 많은 일을, 더 새로운 일을 통해 업무영역을 넓히는 것보다 더 절실한 것은 나에게 맡겨진 일, 내가 해야 할 일을 빈틈없이 야무지게 마무리하는 기본(基本)이다. 기본이 탄탄하지 않으면 여기에 더 높은 성을 쌓을 수 없는 이치다. 특히 소수의 정예인원이 움직이는 현장에서만큼은 이 명제는 절대적이라고 본다.

그렇다면 분쟁에서 초심과 항심은 무얼까?

분쟁단계까지 갈 수밖에 없었다면 많은 갈등과 부침, 억울함이 상존하였을 것이기에 분쟁에서의 초심은 '승소(勝訴)'다. 그것도 완벽한 승소이다. 이겨야 해결될 수 있고 반드시 이겨야만 하는 간절하고 절박한 마음이고 열정이다.

그렇지만 한 번도 경험하지 못한 이 지루한 법적다툼이 수년 동안 지속되면 그 간절한 초심은 점점 바래진다. 가장 중요하지만 화려하지 않은 뒤치다꺼리를 누군가는 아주 오랫동안 지속적으로 해야 한다. 현장에서 지금 하고 있는 일도 힘든데 과거를 소환해 내야 하는 일이니, 말처럼 그리 쉬운 일이 아니다.

그래서 이 법적다툼을 지속적으로 이끌어 갈 수 있는 구성원의 변함없는 마음과 지겹도록 끈질긴 의지가 절대로 필요하다. 그것이 '항심(恒心)'이 아닐까?

간절한 초심과 변함없는 항심을 가질 수 있다면 그것이야말로 승패보다 더 값진 것을 얻을 수 있지 않을까? 라는 흐뭇한 생각을 해본다.

다시 한번 아무런 두려움 없는 초심과 항심을 소환해야 할 때인 것 같다.

42

못다 한 이야기에 관한 이야기

'분쟁 이야기'의 끝을 맺으려 한다. 여기서 끝을 맺지 않으면 끝이 없을 것 같다. 다만 못다 한 이야기를 덧붙이고 끝을 맺어야겠다는 생각이 들었다.

보내지 못한 전날 밤의 사랑의 편지를 아침에 보는 것과 같이 아직도 이 글이 어색하고 허무하다. 무한정 글을 쓸 수 있는 시간이 주어진 것도 아니지만 만족을 채울 만큼의 부지런함은 게으름을 이기지 못하고 게으름을 채울 만한 나의 지식은 한참 부족해서 훗날을 기약하며 이젠 접어야겠다는 생각을 하게 된다.

분쟁이야기를 통해 '현장기술자에게 사례나 판례를 중심으로 더 많은 지식과 정보를 줄 수 있는 글을 담아야 하지 않을까?'라는 생각을 참 많이 했다.

그렇지만 시중에는 다양하고 풍부한 사례를 폭넓게 다룬 건설분쟁 관련 책이 많이 있다. 대부분 건설전문변호사가 집필한 것으로 실무적으로도 매우 유익하고 나 또한 법적 지식의 함양에 많은 도움이 되었던 훌륭한 전문서적들이다. 다루는 대상도 공공공사를 포함하여 민간공사까지 매우 광범위하다. 다만 이와 같은 전문서적을 가장 필요로 하는 대상은 건설을 전문으로 하고 있거나 할 예정인 법률가이지 현장기술자가 아닌 것 같다는 생각을 하게 된다. 내용에 있어서 간간이 나오는 법률용어와 알 듯 모를 듯 숨이 막히는 긴 문장의 원문 그래로의 판례의 적용, 법률가들만의 고상한 문체로 수필처럼 부담 없이 읽고 이해하기 쉽지 않다. 내가 그랬던 것처럼 현장기술자가 참을성 있게 끝까지 정독하기란 어렵다.

현장기술자에게 이와 같은 서적을 정독할 만한 시간적 여유나 업무적 목적을 가진 경우는 그리 많지 않을 듯하다. 현장에서 현장기술자가 해야 할 일은 너무도 차고 넘친다. 얼마든지 현장기술자로서 더 경험해야 할 새로운 현장과 더 공부해야 할 전문분야는 너무 많다. 그럼에도 불구하고 한번 접해 본다면 좋은 경험이 될 것 같다. 그렇다고 반드시 읽어 보라고 권유하고 쉽지 않다.

나는 법률가가 아니고 그만큼의 식견과 경험, 법학적 내공이 깊지 않기 때문에 좀 더 전문적인 내용을 아주 그럴 듯하게 담아내기 위해서는 훌륭한 전문서적의 많은 부분을 베껴야 한다. 이를 좋은 말로 '편집'이라 하지만 이 또한 나의 한계를 넘어서기에 쉽지 않은 것 같다 (실력이 부족한 사람에게 자유로운 편집은 허용되지 않는다는 것을 뼈저리게 느꼈다). 어설픈 흉내로 나의 자유로운 생각이 갇히는 느낌을 지울 수 없었고 가장 중요한 것은 정작 하고 싶은 이야기를 쏟아 낼 지면의 공간이 필요했다.

무엇보다도 내가 이야기하고 싶은 대상은 현장에서 묵묵히 본연의 업무를 수행하는 현장기술자들이다. 그래서 더 많은 지식과 정보보다도 오로지 현장기술자가 절절히 공감할 수 있어야 하고 일과 함께 분쟁에 대해 좀 더 쉽게 다가설 수 있는 내용이어야 한다고 생각했다.

분쟁은 계약이행의 한 부분이지만 현장기술자에게는 분명 익숙하지 않은 분야이고 서로 다른 위치, 다른 분야의 사람들과 유쾌하지 못한 이슈를 가지고 접촉해야 하며, 반드시 승소와 패소라는 평가를 받아야 하기에 직접 겪어 보지 못하면 그 스트레스는 말로 표현하기 어렵다.

그래서 경험이 많고 성실한 현장기술자도 분쟁 앞에서는 순식간에 혼란스러워 할 수밖에 없고 많은 이해관계자와의 갈등 속에서 겪을 수밖에 없는 마음고생도 그러려니와 실무적으로 무엇을 어떻게 해야 할지 방향을 잡지 못한 채 심하게 흔들릴 수 있게 된다.

많은 분쟁현장을 보면서 그 중심에 서 있는 현장기술자와 함께하면서 너무 안타까웠고 그들에게 어떤 도움이 필요함을 깊이 느꼈다. 그것은 '수고한다'라는 깊은 마음속 위로보다도 앞으로 이 어려움을 어떻게 극복해야 하는지에 대한 방향과 대안, 그리고 세밀한 방법을 알려주는 것이 더 중요함을 깨닫게 되었다. 그것은 법에 대한 전문지식뿐만이 아니라 분쟁을 대하는 현장기술자의 자세가 더 중요할 수 있다는 생각이었다.

공공공사 분쟁은 사안에 따라 복잡하고 다양하지만 결국 전체적인 방향은 비용(Cost)과 시간(Time)에 관한 일관된 문제다. 공공공사가 민간공사와 같이 아주 복잡한 채권, 채무관계에 관한 문제를 다루거나 민감한 하자분쟁보다는 대부분 계약이행에서 발생하는 분쟁이다. 계약이행의 주체는 현장기술자이므로 분쟁의 본질은 현장기술자들의 문제이며 그들이 속한 현장에서 그들이 이행하고 만들었던 모든 이야기이기 때문에 현장기술자, 그들이 곧 전문가이고 주체다. 그래서 당연히 계약에 관해 제대로 알아야 하며 이를 위해서 각각의 계약규정 속에 자리잡고 있는 법에 대한 기본적인 지식과 이해가 필요한 것이다.

법적분쟁은 전문분야이다. 그런 이유로 현장기술자가 법적분쟁의 보조자나 참고인으로 한정하여 나의 현장에서 발생한 분쟁사건을 온전히 변호사에 맡기는 것은 전혀 합리적이지도 않고 기술자로서의 소명을 다하는 것이 아니며 사건을 맡은 변호사에게도 도움이 되지 않는다.

이글을 통해 분쟁에 있어서 현장기술자가 해야 할 기본적인 역할과 분명한 분야가 있고 때론 게임체인저와 같은 아주 중요한 존재임을 알리고 싶었다.

분쟁에 대비할 수 있는 기술자의 기본적 소양과 준비란 전혀 새로운 분야에 대한 접근이 아니라 우선 내가 하고 있는 일과 분야에 대한 계약적 규정의 본질을 제대로 이해하는 것이 중요하다. 본질을 이해하기 위해서는 끊임없이 '왜?'라는 합리적 의심을 제기하고 이에 대한 답을 계속해서 찾아가는 과정이 계속되어야 하고 그러다 보면 누구라도 내공이 쌓이고 법적 마인드(Legal Mind)를 갖게 되어 문제를 대응하는 감각(Sense)을 갖게 된다고 생각한다. 여기에 열정과 절박함이 더해진다면 어떠한 분쟁에 관한 업무에 있어서도 결코 뒤지지 않는 수준 높은 현장기술자가 될 수 있다고 확신한다.

분쟁은 계약이행의 한 부분이지 결코 특별하고 새로운 분야나 특별한 새로운 누군가가 종결해야 할 대상이 아니다.

분쟁과 관련하여 내가 가장 좋아하는 가슴속 되새김의 말로 끝을 맺어야 할 것 같다.

이길 수 있는 상황은 없다. 그 이길 수 있는 상황을 만들 수 있는 항상 절박하고 간절한 현장기술자가 되었으면 한다.

다 시 한 번, **先 勝 求 戰!**

세 번째 이야기

공사보험 이야기

01

사고는 보험이다!

한강변 옆에 자리 잡은 현장은 항상 홍수나 태풍이 오면 비상이 걸렸다. 공정은 시트파일로 가물막이 한 내부에서 대형 갑문구조물의 기초부를 시공하는 단계로 구조물이 올라갈 때까지 항상 마음을 졸이는 구간이었다.

더군다나 구조물공사의 공기가 촉박하여 매일 야간공사를 시행하기 때문에 한 번 풍수해가 발생하면 공기에 막대한 영향을 미칠 수밖에 없었다.

모든 바람을 날려 버리듯 엄청난 호우로 한강이 범람하였고 시트파일은 휘어지고 엄청난 물과 모래와 뻘은 이제 기초공사를 끝내고 하늘을 향해 뻗은 수많은 철근을 비집고 구조물 바닥으로 뒤덮었다. 철근은 휘어지고 거푸집은 뜯겨 나가고 그야말로 현장은 처참하게 변해 버렸다. 구조물과 이어진 호안구간도 이미 상당부분 유실되었다.

대형 양수기로 유입된 물을 빼는 데 수일이 소요되었고 준설차를 통해 모래를 준설하고 슬러지 펌프를 통해 구조물 기초 바닥에 두껍게 붙은 뻘을 제거하였다. 철근과 거푸집에 접착제처럼 달라붙은 뻘은 에어 컴프레셔(air-compressor)로 불어 내고 일일이 사람이 청소할 수밖에 없었다.

너무 촉박한 공정이라 빠른 시간 내 복구하지 않으면 공정을 만회하기 어려워 가용 가능한 모든 장비와 인력이 동원되었다. 다행히 기초구조물의 직접적 손상은 없었다. 한강에서 유입된 물을 배수하고 억센 나뭇가지들과 뻘을 제거하고 손상된 호안을 보수하고 상당량의 외부 유입토의 잔존물을 조금씩 처리할 수 있었다.

현장정리가 어느 정도 되어 갈 무렵 속절없이 투입된 비용을 산정하던 중 중 갑자기 불현듯 머리를 스쳐 갔다. 아차 싶었다.

공사보험! 왜 공사보험을 생각하지 못했을까?

본 공사가 대형 수로공사이기 때문에 이십억이 넘는 엄청난 보험료를 지급했건만 그동안

운 좋게 한 번도 사고가 발생하지 않아 공사보험으로 처리해야 한다는 생각을 잊고 있었다. 아니 공사보험의 존재를 까맣게 잊고 있었던 것이다.

보험사고시 보험사에 통보하는 기한이 있다는 것을 어렴풋이 깨달은 것만으로도 다행이었다. 책상서랍 깊숙이 있었던 보험약관을 찾아내고 그 기한이 14일이었음을 알았고 즉시 보험사에 유선으로 사고접수를 했다. 사고발생 후 거의 2주일이 다 될 즈음으로 초기 응급조치가 완료되어 사고 직후 피해상황은 직접 확인할 수 없었고 손해사정인이 현장에 방문했을 때 사고 당시의 사진만 보여줄 수밖에 없었다.

사고구간을 어느 정도 정리할 때까지 투입된 실제 처리비용은 당초 예상한 수준을 훨씬 상회하는 것이어서 사고현장을 처음 접하는 손해사정인에게 제대로 설명하기가 쉽지 않았다. 이해는 가지만 투입된 비용을 신뢰할 수 없다는 손해사정인에게 지금까지의 경과와 처리비용에 대해 합리적이고 객관적으로 설득해야 했기에 초기복구를 위해 지금까지 실제 소요된 비용을 손해사정인에게 제시하고 설명하였다. 손해사정인에게 객관적 확신을 주어야 할 책임이 오롯이 나에게 있었기 때문이었다.

잔존물을 제거하기 위해 투입된 장비는 일상적인 공사용 장비가 아니고 수배 자체가 쉽지 않아 매우 비싸다는 것과 대부분 인력으로 청소할 수밖에 없는 난해한 작업으로 인건비도 비싸고 이미 상당한 인원의 투입이 발생했다는 그간의 상황과 자료를 제시하며 설명하였다.

사고 초기부터 손해사정인이 참여했더라면 충분히 이해할 수 있었겠지만, 시간을 돌려놓을 수는 없는 것이었다.

손해사정인의 미덥지 않은 눈빛과 질문은 이러한 과정을 직접 확인하지 못했기 때문에 충분히 나올 수 있는 합리적 의심이었다. 또한 현장에서 시행한 그동안의 작업이 실질적으로 적절했느냐에 대한 질문이기도 했다.

결국 이를 확인할 방법으로는, 실제 많은 장비와 인력이 소요될 수밖에 없는 불리한 작업여건과 공정지연을 막고자 사고복구에 주야간 철야작업이 불가피하며 실제 작업 효율성이 매우 떨어진다는 것 등을 잔존물의 양과 실제 투입된 장비에 대한 작업량을 비교하여 자료를 만들고 이해시킬 수밖에 없었다. 복구에만 급급한 나머지 공사보험을 염두에 두지 않고 초기에 피해정도를 제대로 정량화하지 못한 점은 큰 실수이자 너무 아쉬운 부분이었다.

잔존물 처리가 거의 완료된 시점이지만 다행히 수개월에 걸친 오랜 시간의 설명과 협의를 거치면서 복구비에 대한 소명이 인정되었고 보험금을 청구하여 수령할 수 있었다. 물론 적은 비용은 아니었지만, 보험금을 수령하기까지 그동안 노력한 만큼의 만족한 수준은 역시 아니었다. 무엇이 문제인지를 알았기 때문에 아쉬움이 많이 남을 수밖에 없었다.

사고가 발생하고 신속하게 보험사에 사고접수를 하고 손해사정인이 처음부터 일련의 과정을 확인했다면 손해액에 대한 확신과 신뢰를 주었을 것이다. 보험처리 과정에 있어서 손해사정인은 신뢰성 있고 객관적이고 합리적인 손해사정 보고서를 작성해야 하는데 이를 위한 제반 근거를 제공해야 할 주체는 절대적으로 피보험자의 몫이지만 이러한 역할을 제대로 못 했던 것이다.

사고로 인한 공정차질로 오로지 빨리 복구해야만 한다는 생각만 너무 앞섰고 기존의 업무가 중복되어 너무 바쁘고 힘든 시간이었기에 거의 제정신이 아니어서 누군가 도와주었으면 하는 생각이 간절했다. 어설픈 공사보험지식에 의한 서툰 일처리와 빨리 처리해야 한다는 강박관념이 스스로를 더 힘들게 하였다.

보험을 제대로 알고 적기에 확실한 방향을 가지고 처리했더라면 어렵지 않게 손해액을 입증하여 더 많은 보험금을 받을 수 있었을 것이라는 너무도 뼈저린 후회가 밀려왔다.

해당사고도 사실 대형사고는 아니기에 적기에 사고절차에 대한 보험절차를 밟았다면 그래도 쉽게 처리할 수 있었던 사고였다. 공정에 쫓겨 사고수습과 복구에만 집중한 나머지 적기에 보험처리를 제대로 못 한 것이 일을 어렵게 만든 원인이었다. 그래서 첫 스텝이 꼬이면 끝까지 꼬이게 된다.

수천억 원의 대형현장이지만 적자현장이었기에 무슨 일이 있더라도 많든 적든 간에 보험금을 받아야 했고 그만큼 마음만은 절박했다. 손해사정인도 그런 내 모습이 측은해 보였는지 이런 큰 현장에서 이 정도 보험금을 받기 위해 노력하는 경우는 드물다고 하면서 몇 개월의 고생을 인정해 주었다. 물론 전혀 내세울 일이 아니다. 실수를 그나마 최소화한 것뿐이다.

그래도 다행인 것은 만약 더 늦었다면 보험으로 처리할 수 없었을 것이다. 간신히 골든타임은 지킬 수 있었기에 가능했다. 아무리 복구를 신속하게 처리하여 공정차질을 최소화했더라도 보험처리가 없었다면 매몰비용이 되었을 것이다.

그 이후 이와 유사한 사고가 발생했는데 한 번 겪은 뼈저린 경험으로 아주 여유있고 주도적으로 보험처리를 종결할 수 있었다. 처음 사고에 비해 너무 쉽게 처리되어서인지 기억도 잘 나지 않는다. 그래서 항상 힘들고 아픈 경험이 기억에 오래 남는 이유인가 보다.

이렇게 얕은 지식으로 수준 낮은 보험이야기를 쓸 수 있는 것은 그때의 힘든 경험이 나의 뇌리에 박혀있기 때문이고 이젠 현장기술자에게 똑같은 실수를 하지 않았으면 하는 간절한 마음이 있기 때문이다.

기억하자. 사고는 보험이다!

보험사고 절차도

02
공사보험을 잘 몰랐던 이유들

현장기술자가 현장에서 가입된 공사손해보험에 대해 얼마나 알고 있을까?

그동안 잘 모르고 있었다고 해도 괜찮다. 사고가 발생하지 않았더라면…

다만 지금 당장 내 현장의 도급내역서를 확인해 보고 지금부터라도 알아보자.

오랜 시간 현장에서 근무하더라도 공사손해보험에 대해 제대로 모르는 것이 이상하지 않은 이유를 크게 보자면 3가지로 구분할 수 있을 것 같다.

첫째는 사고가 없었기 때문이다.

사고가 발생하지 않는다면 이보다 더 좋은 것은 없다. 보험사고 없이 현장업무를 수행했다면 공사보험 자체를 알 수 없다. 보험은 사고를 전제하기 때문에 사고가 없었다면 보험금을 청구할 필요가 없고 보험금을 지급받을 이유가 없다. 당연히 보험 관련 업무를 접할 기회가 없게 된다.

둘째는 공사보험의 가입은 현장에서 하지 않는다.

대부분의 보험가입 관련 업무는 본사의 유관팀에서 주도적으로 수행하기 때문에 실제 현장에서 공사보험에 관한 직접적인 정보를 공유하기 어렵다.

한 달에 몇천 원, 몇만 원의 개인보험에 가입해도 보험설계사로부터 집요할 정도로 설명을 듣고 어렵사리 보험에 가입하는데 정작 수억 원에서, 많게는 수십억 원의 보험에 가입하는데 누구 하나 현장에 방문하여 공사보험에 관한 제대로 된 설명을 해 주지도 않았고 들어본 적도 없었다. 어떻게 소문을 듣고 왔는지 누구에게 소개받고 왔다며 보험 관련 브로커(broker)만 현장을 뻔질나게 방문하고 얼굴을 내밀지만, 그것도 공사보험에 가입한 이후에는 다시 볼 수 없었다.

셋째로는 공사보험의 내용은 항상 어렵다.

보험증권상의 내용, 즉 계약조건인 약관(約款)에 대해 그 내용은 현장의 실무자에게 이해하기가 너무 어렵다. 어쩌면 실무적으로 접근하는 데 있어 가장 어려운 부분인지도 모른다.

일반적으로 개인보험에 가입할 때를 생각해 보자. 물론 아주 가까운 지인의 부탁이나 친분관계 및 어쩌다 보험설계사의 전화를 받고 집요한 가입요청으로 자의 반 타의 반으로 가입하는 경우도 있으나 보험상품의 기본내용이나 어떤 경우에 보험금을 받을 수 있는지에 대한 최소한의 내용은 인지하고 가입한다. 이와 별도로 보험의 중요성을 깨닫고 직접 보험에 가입하게 될 때는 보험설계사로부터 충분한 컨설팅을 받아 현재 상황에 맞는 최적화된 보험상품에 가입한다.

보험상품의 질(Quality)에 대한 판단은 피보험자, 즉 보험에 가입하는 사람에게 최적화되었느냐에 따라 좋고 나쁜 것이지 모든 보험상품이 누구에게나 최상일 수는 없다. 누구에게 최상인 보험상품이라면 그 상품을 판매하는 보험사는 엄청난 손해가 불가피할 수밖에 없다. 기본적으로 피보험자가 보험의 혜택을 많이 받는다는 것은 필연적으로 보험사는 그만큼 손해가 불가피한 구조이기 때문이다.

현장기술자가 공사보험가입을 본사 유관팀에 요청하면 알아서 보험사를 선정하여 가입하고 그 이후에는 현장에 보험약관과 가입증서를 보내주면 끝난다. 누구 하나 보험내용에 관해 친절하게 알려주는 보험사는 없었다(물론 알려 달라고 요청한 사실도 없는 것 같다). 현장의 누구도 수억 원에서 수십억 원의 그 비싼 비용을 들여 가입한 공사손해보험에 관해 공식적인 설명회 요청이나 정보를 알고자 하지 않는다.

제대로 알고 싶어서 보험내용을 읽어보지만 어려워서 건너뛰다 보면 도통 머릿속에 남는 게 없다. 그것도 잠시, 또다시 바쁜 업무로 어느새 보험은 기억저편으로 잊혀진다.

사실 공사초기에 현장을 세팅(Setting)하다 보면 공사보험에 신경쓸 겨를이 없는 것도 사실이다. 오로지 현장은 보험가입서류를 발주처에 통보하고 계약내역에 반영된 보험료를 수금하는 것으로 실질적인 현장의 공사손해보험의 업무는 종료된다.

보험사고가 발생하지 않는 한 더 이상 현장 사무실 서류함에 고이 보관된 공사보험증권을 볼 일은 없게 된다. 물론 보험사고를 통해 보험금을 수령하는 일련의 절차를 겪어 보고 경험한 현장기술자는 공사손해보험의 중요성을 알기 때문에 그나마 우리현장이 가입된 공사보험에 대한 아주 기본적인 내용이라도 확인하게 된다. 별것 아닌 것 같지만 이 정도만으로도 참으로 다행이고 최소한의 안전장치를 확인한 셈이다. 그래서 경험은 모든 업무의 동기유발의 원천이자 현장의 문제를 해결하는 필수적인 Know-how로 소환될 수밖에 없다.

선정된 보험사로부터 받은 보험증권상의 계약내용은 보험사와 피보험자 사이의 권리와 의무 및 보험의 적용범위 등이 기재되어 있는데 이를 보험약관(保險約款)이라고 한다. 보험약관의 해석은 영문을 우선한다. 그러잖아도 복잡한 보험약관인데 영문을 볼 엄두가 나지 않고 국문으로 번역한 국문번역본의 내용도 현장기술자로서는 참으로 낯설고 도무지 무슨 내용인지 고개를 갸우뚱하게 한다. 역시 영문이 어려우면 해석판도 어렵다는 원칙은 변함이 없다.

공사보험은 현장에서 예기치 않은 사고로 인한 비용적 손해를 만회할 수 있는 최후의 유용한 수단이다. 그렇지만 현장기술자가 공사보험증권만으로는 어떤 사고가 어떻게 보험에 적용되는지 등의 비롯한 실체적 접근과 이해가 쉽지 않다.

사고가 없다면 보험금은 한 푼도 받을 수 없다.

계약보증이나 선금보증과 같이 아무런 문제가 발생하지 않고 기한이 종료되면 돌려받는 보증보험상품과 같은 공사보험은 없다고 보면 된다(공사보험은 순수위험보장형 소멸성 보험으로 사고유무와 관계없이 환급되지 않는다. 다만, 보험사와 협의하여 'No Claim Bonus' 형식으로 보험금 지급율에 따른 환급조건으로 보험가입은 가능하고 이런 경우 가입시 보험료는 상승하게 된다).

그래도 현장에서 사고가 없다면 그보다 좋은 것은 없다. 그런데 사고에서 사각지대는 없다. 실제 사고를 경험하고 막대한 손실을 보게 되면 최종의 방법적 수단인 공사보험이 얼마나 중요한지를 몸소 깨우친다. 그러나 공사보험을 제대로 몰라 사고로 인한 손해를 보험으로 처리하지 않거나 못한다면 고스란히 비싼 보험료를 보험사에 바치는 꼴이 된다.

보험사고가 발생할 때 얼마나 효과적으로 대응하여 보험금을 최대한 많이 수령하여 손해를 최소화하는 것이 피보험자의 능력이자 기술(Art)이다.

이제는 현장기술자로서 건설공사보험의 기본을 조금이라도 알고 가자. 그 기본이 공사보험의 문제를 해결하는 키(Key)가 될 것이다.

03
공사보험을 얼마나 알아야 할까?(공사보험의 개관)

　　공사보험을 잘 모른다? 마음은 급하고 답답하지만, 당연한 것이니 전혀 조급해야 할 필요가 없다. 천천히 중요한 기본사항만 확실히 알면 된다.

　　공사보험도 보험사에 사고로 입은 손해를 클레임을 통해 만회하는 것이므로 사실상 분쟁과 기본적 틀이 유사하다. 그렇지만 그 속을 보면 분쟁업무와 차이가 있고 의외로 단순하다.

　　분쟁관련 업무는 현장에서 이루어지는 모든 계약행위의 연장선상에 있고 현장기술자가 기본적 법지식과 계약규정을 제대로 숙지하여 업무를 수행하느냐의 여부가 매우 중요하다. 한 번 잘못된 계약이행업무는 돌이킬 수 없는 상황을 만들 수 있고 현장기술자의 능력에 따라 분쟁해결의 결과가 달라질 수 있기 때문이다. 또한 계약기간 전체라는 시간적 광범위성을 가지고 있어서 충분한 예측이 가능하므로 상황에 따라 대처하는 방법이 다를 수 있다.

　　이에 반해 공사보험은 분쟁에 비하면 순간적이다. 오로지 사고를 대상으로 하기 때문이고 사고가 발생하여 보험사에 이를 통지하면 공사손해보험의 전문가인 손해사정인이 배정되므로 즉각적인 협의가 가능하다. 손해사정인과 사고조사와 함께 보험금을 산정을 위한 일련의 절차와 방법을 협의할 수 있기 때문에 분쟁보다 훨씬 수월하다.

　　현장기술자는 사고경위, 사고내용, 사고에 관한 대응방안, 사고처리에 따른 복구비용 등의 자료를 작성하여 손해사정인에게 제출하여 손해사정(損害査定)이 완료될 때까지 협조하고 최종적으로 보험사에 보험금을 청구하는 것으로 일련의 업무는 종료된다.

　　그렇다면 손해사정인이 있는데 현장기술자는 왜 공사보험을 알아야 할까?

　　손해사정인은 일단 보험사를 대리한다고 보면 된다. 당연히 어떤 보험사도 보험료를 많이 받았다고 피보험자(시공사)에게 넉넉하게 보험금을 주고 싶어 하지 않는다. 손해사정인은 사고 발생시 보험사가 선임하고 있으며 보험금을 산정하는 업무를 수행하므로 피보험자가 적극적으로 협조하고 지원하지 않으면 보험금을 피보험자가 유리하게 산정해야 할 이유와

302
세 번째 이야기, 공사보험 이야기

근거가 없다.

현장기술자는 손해사정인의 모든 업무 파트너로서 피해자료와 근거, 비용산정자료 등 사고에 관한 협조와 지원을 해야 하기 때문에 공사보험을 잘 모르면 위의 절차대로 업무를 제대로 수행할 수 없는 것이다. 많이 알고 있으면 그만큼 방향을 가지고 의도한 바대로 업무를 처리할 수 있고 여기에 간절하고 절박한 마음은 가지고 있다면 한 푼이라도 보험금을 더 많이 수령할 수 있기 때문이다.

사실 말이 필요 없다. 보험사고를 경험한 자만이 이 말이 무슨 의미인지 그 맥을 잡을 수 있을 것 같다. 공사보험을 경험하지 못하고 제대로 알지 못하면 현장에서 발생하는 사고나 어떤 피해에 대해 공사보험으로 처리할 수 있다는 생각 자체를 갖지 못한다. 아는 자와 경험한 자와의 그 차이는 참으로 크다.

그렇다면 공사보험에 대해 얼마나 잘 알아야 할까?

보험사고의 보험처리는 전문가인 손해사정인을 통해 보상액이 결정되는 구조이므로 현장기술자가 공사보험에 대해 전문가일 필요까지는 없다. 공사보험에 대한 기본적 이해, 사고에 대한 보험적용 여부, 중요한 약관내용의 숙지 정도면 된다. 물론 어려운 특별약관을 반드시 알아야 할 필요도 없다(애매하면 손해사정인이나 보험사에 직접 문의하는 것이 보험증권을 숙독하는 것보다 확실한 방법이다).

이에 덧붙일 것은 보험금을 통해 보험사고의 손해를 최소화해야겠다는 간절하고 절박한 의지도 공사보험을 더 많이 알고 있는 현장기술자가 강할 수밖에 없다. 모르면 절박한 의지도 발현되지 않는다. 잘 아는 현장기술자라야 보험사고가 발생하는 단계부터 어떻게 방향성을 가지고 업무를 주도하는지를 안다. 안다(Knowing)는 것이 가장 큰 힘이 된다.

오래됐지만 본사에서 근무할 때 공사손해보험에 대해 전문가를 초빙하여 전 현장 구성원을 상대로 지속적으로 교육을 시행하였다. 건설분쟁과 함께 비교적 생소한 분야였지만 역시 호응이 매우 좋았다. 그렇지만 공사보험교육은 일반적인 주입식 교육으로는 다소 한계가 보였고 현장별, 공종별로 특화해야 효과가 있을 것 같아서 권역별로 나누어서 유사 공종을 가진 2~3개 현장을 대상으로 전문가와 함께 직접 현장을 방문하여 워크숍을 시행했다. 각각의 현장에서 가입된 공사보험의 약관을 일일이 설명해 주고 현장기술자들의 질의사항에 대해 상황별로 설명해 주고 가면서 그야말로 특별교육을 시행한 것이다. 물론 보험사고가 발생한 현장은 직접 내려가서 어떻게 대처해야 하는지를 직접 컨설팅하였다.

이러한 교육의 결과인지는 모르겠으나 이후 사고로 발생한 손해에 대해 공사손해보험을 통해 처리한 사례가 점차 늘어났고 어떤 현장은 80억 원에 육박하는 보험금을 수령하여 거의 모든 손해를 보험으로 만회할 수 있었다. 이 정도의 성과는 공사보험의 지식과 함께 그 업무를 수행했던 현장기술자의 간절함이 더해진 결과임은 다시 언급할 필요가 없다. 그리고 그 현장은 발주처와의 건설분쟁에서도 매우 좋은 결과를 도출한 바 있었다. 그것은 결코 우연이 아니다.

이러한 성과를 지켜보면서 건설분쟁을 잘 대처하는 현장기술자가 공사보험 역시 탁월한 능력과 성과를 갖는다는 경험적 확신을 갖게 해 주었다.

각설하고 이젠 본격적으로 보험에 대해 알아보자.

건설현장에서의 보험은 건설공사보험, 근로자재해보험, 영업배상책임보험을 들 수 있다. 산재보험이나 근로자재해보험, 영업배상책임보험은 같은 보험이라도 공사보험과 내용과 적용범위 등이 다르다.

산재보험은 기본적으로 근로기준법, 산업재해보상보험법상에 따라 강제로 가입해야 한다. 그리고 기본적으로 재해 발생시 과실여부와 관계없이 보험담보가 된다. 즉 피해자(재해근로자)의 과실 유무, 과거병력 여부와 관계없이 치료비, 휴업급여, 장애급여, 유족연금 등을 기준에 따라 지급하는 무과실책임주의의 성격을 갖고 있다.

근로자재해보험은 산재의 범위를 벗어나 덜 받은 휴업급여, 일실수입, 비급여치료비, 향후 치료비, 위자료, 개호비(간병비) 등에 대해 별도로 보상을 받을 수 있는 것이며 의무적인 보험가입 대상은 아니지만, 사업자가 별도로 가입하여 사고발생시 산재처리와 함께 근재보험을 통해 최종적으로 사고를 처리하도록 함으로써 위험부담을 최소화하는 것이다.

영업배상책임보험은 공사수행 중에 제3자에게 손해를 입혀 이로 인한 법률상 손해배상책임을 보상해 주는 보험으로 공사손해보험의 제2부문의 제3자 배상책임과 유사한 보험으로 건설 외에 서비스업, 운수업 등의 산업전반에 걸쳐 이에 맞는 약관을 구성하는 보험상품이다.

건설공사보험은 현장에서 수행하는 프로젝트의 성격에 따라 토목 및 건축현장은 CAR (Contractor's All Risk Insurance)이라고 하며 토목 및 건축공사의 비중이 50% 미만이며 기계장치의 설치공사가 도급내역의 주를 이루는 발전소, 플랜트, 강구조물, 기계설비 증설 공사의 경우 조립보험이라고 하며 EAR (Erection All Risk)로 구분한다. 공사특성(시운전 등)에 따라 일부 조건이 다를 수 있지만 건설공사보험 및 조립보험은 동일하게 모든 위험을 담보(All Risks Policy)한다는 점에서 본질적으로 같은 보험이라고 할 수 있다.

공사보험은 기본적으로 현장의 목적물과 관련한 사고가 발생해야 비로소 피해정도 및 피해금액 등을 산정하여 청구가 가능하므로 현장기술자가 반드시 직접 챙겨야 한다. 그래서 공사보험을 잘 알아야 한다. 전혀 알지 못하면 손해를 만회할 기회조차 없다. 그런데 다행인 것은 조금만 잘 알아도 그다지 걱정할 필요가 없는 것이 곧 공사보험이다. 이젠 좀 더 쉽게 알아보자.

04
공사보험은 의무사항일까?

　지금 도급내역서를 확인하고 건설공사보험 내역이 반영되어 있다면 해당 사업은 공사보험의 의무가입 대상이라고 보면 된다. 그럼 공사보험에 관한 법적조항을 살펴보자.

　국가계약법 시행령 제53조 및 공사계약일반조건 제10조에 손해보험 가입에 관한 사항이 있으며 공사계약일반조건에서는 공사의 규모에 따라 공사보험가입을 의무적 사항으로 명시하고 있다. 여기서 가입대상 공사는 대안입찰, 일괄입찰과 같은 대형공사와 기술제안입찰공사(기본설계 및 실시설계 기술제안입찰)가 해당하며 기술적 공사이행능력부문 심사 대상공종으로 추정가격이 200억 원 이상인 공사에 대해 적용된다.

국가계약법 시행령 제53조(손해보험의 가입)
① 각 중앙관서의 장 또는 계약담당공무원은 계약을 체결함에 있어서 필요하다고 인정할 때에는 당해 계약의 목적물등에 대하여 손해보험(「건설산업기본법」 제56조 제1항 제5호[1])에 따른 손해공제를 포함한다. 이하 이 조에서 같다)에 가입하거나 계약상대자로 하여금 손해보험에 가입하게 할 수 있다.
② 기획재정부장관은 제1항의 규정에 의한 손해보험가입과 관련된 필요한 사항을 정할 수 있다.

공사계약일반조건 제10조(손해보험)
① 계약상대자는 해당 계약의 목적물 등에 대하여 손해보험에 가입할 수 있으며, 시행령 제78조, 제97조 및 추정가격이 200억 원이상인 공사로서 계약예규「입찰참가자격사전심사요령」 제6조(심사기준 등)제5항 제1호에 규정된 공사에 대하여는 특별한 사유가 없는 한 계약목적물 및 제3자 배상책임을

---

1) 건설산업기본법 제56조(공제조합의 사업) ① 공제조합은 다음 각 호의 사업을 한다.
　5. 조합원에 고용된 사람의 복지 향상과 업무상 재해로 인한 손실을 보상하는 공제사업 및 조합원이 운영하는 사업에 필요한 건설공사 손해공제사업

담보할 수 있는 손해보험에 가입하여야 한다. 하수급인 및 해당공사의 이해관계인을 피보험자로 하여야 하며, 보험사고 발생으로 발주기관이외의 자가 보험금을 수령하게 될 경우에는 발주기관의 장의 사전 동의를 받아야 한다.

공사보험에 가입해야 할 공사는 다음과 같다.

추정가격이 200억 원 이상인 공사로서 다음 어느 하나에 해당하는 공사

1. 다음 중 어느 하나에 해당하는 교량건설공사
   1) 기둥 사이의 거리가 50미터 이상이거나 길이 500미터 이상인 교량건설공사
   2) 교량건설공사와 교량 외의 건설공사가 복합된 공사의 경우에는 교량건설공사(기둥 사이의 거리가 50미터 이상이거나 길이 500미터 이상인 것에 한한다)부분의 추정가격이 200억 원 이상인 교량건설공사
2. 공항건설공사, 3. 댐축조공사, 4. 에너지저장시설공사, 5. 간척공사, 6. 준설공사, 7. 항만공사, 8. 철도공사, 9. 지하철공사, 10. 터널건설공사(단, 터널건설공사와 터널 외의 건설공사가 복합된 공사의 경우에는 터널건설공사부분의 추정가격이 200억 원 이상인 것에 한함), 11. 발전소건설공사, 12. 쓰레기소각로건설공사, 13. 폐수처리장건설공사, 14. 하수종말처리장건설공사, 15. 관람집회시설공사, 16. 전시시설공사, 17. 송전공사, 18. 변전공사

대부분의 주요 토목공사는 공사보험가입 대상이라고 할 수 있다.

공사보험의 범위는 목적물(제1부문) 이외에도 보험사고로 인해 발생할 수 있는 제3자의 피해(제2부문)에 대해 배상이 가능해야 하며 피보험자 대상은 발주자, 수급인 및 하수급인 등 공사와 관련한 이해관계자이다.

보험가입대상은 목적물 및 관급자재를 포함하고 가입대상금액은 부가세 및 손해보험료를 제외한 공사비가 대상이 된다.

보험기간은 착공일로부터 시운전을 포함한 준공일(차수준공이 아닌 최종 준공기한)까지로 해야 한다.

공사착공을 위해서는 착공일 이전까지 공사보험에 가입하여 보험증권을 착공계와 함께 발주처에 제출해야 한다. 보험가입 및 보험증권을 발주처에 제출함으로써 공사보험과 관련한 일련의 업무는 종료된다. 보험사고가 발생하지 않는 한 공사보험에 관한 대외적인 추가 업무는 더 이상 발생하지 않는다.

설계변경 등으로 신규공종이 발생될 경우에 한 해 변경된 사항에 대해 보험사에 통보하

여 신규공종이 보험대상에 포함되도록 해야 하며 도급금액의 증가시에는 원칙적으로 보험가입액이 늘어나게 되므로 보험료가 상승한다. 추가 보험금을 지급하지 않게 되면 '비례의 원칙'이 적용되어 보험수령액이 비례하여 줄어들게 된다. 이와 관련해서는 뒤편의 공사보험약관에 대해 자세히 설명하도록 한다.

계약상대자는 보험가입시 상기의 공사계약일반조건의 기준을 충족한 상태에서 더 많은 비용을 투입하여 보험조건을 유리하도록 특별약관 등을 반영하여 보험사고시 더 많은 혜택을 받을 수 있도록 설계하여 가입할 수 있으며 이때 보험료는 다소 높아질 수 있다. 물론 관련규정상 공사보험의무가입 공사가 아니지만 사고에 대비하여 계약상대자가 별도로 공사보험에 가입할 수 있다.

공사보험료는 실적정산 대상이 아니므로 도급내역상 계상된 공사보험료를 초과하더라도 계약금액조정사유가 될 수 없는 것이므로 어떤 조건으로 공사보험을 설계하여 가입하는 것은 전적으로 계약상대자가 판단할 사항이 된다.

05

공사보험으로 건설분쟁을 줄일 수 있다

공공공사에서 공사보험을 의무적으로 가입하는 이유는 뜻하지 않은 사고에 대해 계약당사자 모두의 위험부담을 최소화할 수 있는 최선의 수단이 될 수 있기 때문이다. 원칙적으로 공사보험은 모든 위험에 관한 담보(Contractors' All Risks Insurance)의 성격을 갖고 있으므로 계약상대자는 사고처리를 위한 비용의 부담을 최소화할 수 있다.

공사계약일반조건에서는 '불가항력'에 해당하여 발생한 손해에 대해서는 기성검사완료 또는 기성검사가 아니라도 이미 수행된 부분, 인수한 부분에 대해서는 발주처가 부담하게 되어 있으므로 보험으로 우선 처리하면 비용부담을 최소화하여 예산절감이 가능하게 된다.

공사수행 중에는 태풍이나 집중호우 등의 풍수해로 공사목적물에 피해가 발생하거나 공사이해관계자와 무관한 제3자 소유의 인근 건물에 피해를 주는 경우가 발생하는 것이 다반사이다. 사고처리를 위한 비용부담 주체는 사고의 책임 여하에 따라 계약당사자간 분쟁대상이 될 수 있는데 공사보험을 통해 우선 처리함으로써 처리대상의 비용적 위험부담을 경감할 수 있고 보험처리로 손해비용이 보전된다면 분쟁이 발생할 이유도 없게 된다(만약 공사보험이 가입되지 않았다면 사고책임여부 및 비용부담주체에 대해 계약당사자는 끊임없이 다툴 것이다).

다만 전쟁, 사변, 폭동 등과 같은 정치적 불가항력 사유로 인한 사고는 공사보험에서도 면책사항이 되므로 이로 인한 손해는 발주처와 협의하여 처리해야 한다.

공사보험 가입대상이 아닌 현장이라면 풍수해로 인한 목적물의 손상이 발생되어 이를 복구하기 위해서는 당초 설계와 동일하게 수행할 수 없어 다른 공법이나 설계서의 변경이 불가피하게 된다면 당초 목적물의 설계가 변경되므로 설계변경의 절차를 통해 계약금액조정을 해야 하고, 태풍이나 홍수로 공사수행 중인 구조물 안으로 토사 등이 유입되어 이를 제거해야 할 경우는 목적물의 변경이 수반되지 않기 때문에 설계변경이 아닌 기타계약내용의 변경절차에 따른 계약금액조정을 해야 한다.

이와 같이 사고를 처리함에 있어서 책임소재를 규명하는 과정부터 비용산정, 제반처리에 있어서 계약당사자들은 부담주체에 대해 협의하여 결정해야 하지만, 실제 책임분담에 있어서 원만한 협의가 이루어지기 쉽지 않고 결국 분쟁의 대상이 될 가능성이 높아지게 된다. 공사계약일반조건에서도 이와 같은 사고에 대한 부담주체의 불분명을 감안하여 분쟁의 해결로 처리함을 밝히고 있다.

사고처리를 위한 부담주체와 비용, 복구방안 등의 결정이 지연되면 신속한 복구가 어렵고 계약금액조정 및 변경계약 및 기성청구의 절차까지 감안하면 상당한 시간이 소요될 수밖에 없다. 공사보험은 이와 같은 복잡하고 장기간의 절차 없이도 보험금을 통한 소요된 복구비용의 신속한 회수가 가능하게 된다.

이러한 사유만으로도 공사보험의 의무가입이 발주처와의 분쟁을 최소화할 수 있는 충분조건은 성립하게 되는 것이다.

공사계약일반조건 제31조(일반적 손해)

① 계약상대자는 계약의 이행 중 공사목적물, 관급자재, 대여품 및 제3자에 대한 손해를 부담하여야 한다. 다만, 계약상대자의 책임없는 사유로 인하여 발생한 손해는 발주기관의 부담으로 한다.

② 제10조(손해보험)에 의하여 손해보험에 가입한 공사계약의 경우에는 제1항에 의한 계약상대자 및 발주기관의 부담은 보험에 의하여 보전되는 금액을 초과하는 부분으로 한다.

③ 제28조(인수) 및 제29조(기성부분인수)에 의하여 인수한 공사목적물에 대한 손해는 발주기관이 부담하여야 한다.

공사계약일반조건 제32조(불가항력)

① 불가항력이라 함은 태풍·홍수 기타 악천후, 전쟁 또는 사변, 지진, 화재, 전염병, 폭동 기타 계약당사자의 통제범위를 벗어난 사태의 발생 등의 사유(이하 "불가항력의 사유"라 한다)로 인하여 공사이행에 직접적인 영향을 미친 경우로서 계약당사자 누구의 책임에도 속하지 아니하는 경우를 말한다.

② 불가항력의 사유로 인하여 다음 각호에 발생한 손해는 발주기관이 부담하여야 한다.
  1. 제27조(검사)에 의하여 검사를 필한 기성부분 (공사완성시 검사)
  2. 검사를 필하지 아니한 부분중 객관적인 자료(감독일지, 사진 또는 동영상 등)에 의하여 이미 수행되었음이 판명된 부분
  3. 제31조(일반적 손해) 제1항 단서 및 동조 제3항에 의한 손해(공사목적물을 발주기관이 인수한 경우는 발주기관이 부담)

③ 계약상대자는 계약이행 기간 중에 제2항의 손해가 발생하였을 때에는 지체없이 그 사실을 계약담

당공무원에게 통지하여야 하며, 계약담당공무원은 통지를 받았을 때에는 즉시 그 사실을 조사하고 그 손해의 상황을 확인한 후에 그 결과를 계약상대자에게 통지하여야 한다. 이 경우에 공사감독관의 의견을 고려할 수 있다.

④ 계약담당공무원은 제3항에 의하여 손해의 상황을 확인하였을 때에는 별도의 약정이 없는 한 공사금액의 변경 또는 손해액의 부담 등 필요한 조치에 대하여 계약상대자와 협의하여 이를 결정한다. 다만, 협의가 성립되지 않을 때에는 제51조(분쟁의 해결)에 의해서 처리한다.

06
공사보험원리를 먼저 이해하자. 그래야 쉽다!

개인보험에 가입하고 보험금을 받지 못하면 손해라고 생각한다. 맞는 말이다.

최소한의 이자소득을 위해서라면 예금이나 적금에 가입해야지 보험에 가입할 이유는 없는 것이다. 개인보험은 암보험, 치아보험, 실손보험, 화재보험 등 특정한 사고에 해당하는 이벤트가 발생해야 보험으로 처리할 수 있는 특정위험담보(Named Peril Policy)에 해당하여 보험증권에 기재된 사항에 한해 제한적으로만 담보하게 된다.

이와 같이 보험은 반드시 항상 사고라는 별로 달갑지 않은 일이 발생해야 보험금을 받을 수 있는 조건이 된다. 공사보험도 다르지 않다.

공사보험도 보험증권상 기재된 사항을 담보하지만 기본적으로 사고에 대한 모든 위험을 담보(All Risks Insurrance)한다는 점이 일반 개인보험과 다르다고 할 수 있다. 현장 목적물의 어느 일부분의 손상에 한하거나 특정된 사고원인으로만 보험적용을 받는 것이 아닌 목적물 전부를 대상으로 하고 모든 사고가 원칙적으로 보험적용 대상이 된다는 점이다.

'사고나면 일단 보험이 된다'라는 전제조건을 머릿속에 담아두면 된다. 만약 보험적용 여부가 애매하다면 꼼꼼히 면책조항을 찾아 확인하고 만약 면책조항에 해당하지 않는다면 보험적용이 되는 것이다. 사고의 원인이 애매하지만 일단 면책조항이 아닌 사고라면 작성자 불이익 원칙에 따라 면책조항을 작성한 주체인 보험사에 책임이 존재하므로 보험적용을 받을 수 있다고 보면 된다.

'면책조항(Exclusion)만 빼고 공사보험은 목적물에 피해가 발생하는 모든 사고(위험)를 담보한다.' 이는 공사보험을 이해하는 데 가장 중요한 개념이자 대전제가 된다. 따라서 공사보험은 보험이 적용되지 않는 면책조항을 먼저 이해한다는 개념으로 접근하는 것도 훨씬 이해하기 수월한 방법이다.

그렇다면 보험에서 담보되는 사고란 어떠한 경우일까?

보험으로 처리할 수 있는 사고는 충분히 예상이 가능한 것이 아니라 예기치 못하고 (Unforeseen), 급격하고(Sudden), 우연(Accident)해야 한다.

지하철 현장이나 터널현장 주변은 소음으로 시끄러워 민원이 발생하지만 소음피해는 보험으로 처리할 수 없는 사고이다. 예기치 못하거나 급격하고 우연한 것이 아니기 때문이다. 반면 터널공사의 진동으로 인접건물에 균열이 발생하거나 발파로 인해 가축이 죽어 피해가 발생하는 것은 자주 발생할 수 있지만 반드시 발생해야 되는 것이 아니므로 보험적용이 가능한 '사고'라고 할 수 있는 것이다.

터파기 공사를 하면서 토사가 붕괴되어 피해가 발생하는 것 또한 예기치 못한 사고이지 반드시 발생하는 것이 아니다. 따라서 보험적용이 가능한 것이다. 물론 피보험자(시공사)는 정상적으로 시방을 준수하여 시공해야 할 책임이 있지만, 고의적인 과실이 아니라면 보험적용에 가능하다.

사고는 복합적 원인으로 기인하기 때문에 오로지 시공상 결함이라는 포괄적인 사유로 보험처리가 되지 않는다면 앞서 정의한 '공사보험은 모든 사고를 담보한다'라는 기본전제에 전혀 부합하지 않고 가입할 이유가 없게 된다. 물론 자재 및 시공상의 결함이 명백하여 피보험자의 과실이 확실하게 인정되는 경우라면 그 부분에 대해서만은 보험상 면책사항이 될 수 있다. 그렇다 하더라도 면책부분을 제외하고 피보험자의 과실로 인해 발생한 다른 부분의 피해에 대해서는 보험적용대상이 된다. 결국 어떤 경우에서도 보험적용 범위가 달라질 수 있지만 사고에 의한 피해가 발생했다면 어떤 식으로도 보험적용을 받을 수 있는 것이 공사보험이다.

공사보험에 대한 보상은 담보명세서(별표, SCHEDULE)상 기재된 개별항목에 대한 담보금액 한도 내에서 이루어지며 여기에는 '실손보상의 원칙'과 '이득금지의 원칙'이 적용된다.

피해를 복구하는 데 실제 소요되는 비용만을 보험청구의 대상으로 하는 것이지 사고의 피해보상으로 피보험자가 별도의 이득을 구할 수 없다는 것이 기본원칙이다. 이는 사고 목적물의 복구를 위해 추가, 개선, 보강 등으로 목적물의 효용가치가 증대되어 이득을 볼 수 없도록 하기 위함이다. 다만 목적물이 사고 전과 동일하게 복구하는 것이 전혀 불가능한 경우라면 보상방법이 달라지지만, 기본적으로 실손보상, 이득금지라는 공사보험의 원칙은 준용된다.

공사보험약관상의 일반면책조항을 보면 보험으로 처리할 수 있는 것이 매우 제한적인 것처럼 보이지만 이를 너무 확대해석할 필요가 없다. 일반면책조항은 특별약관을 통해 보험담보로 전환이 가능하다는 것도 알아두고 이를 고려하여 유리한 조건으로 보험에 가입할 수 있다는 점도 알아두자.

07
공사보험약관의 입문

　보험증권에 있는 내용을 약관(約款)이라 하는데 이는 보험사와 계약자의 권리, 의무, 범위 등을 규정한 내용으로 계약조건이라고 볼 수 있다. 보험의 약관은 어느 특정인에 따라 계약내용이 매번 바뀌거나 개별적으로 만들 수 있는 것이 아니라 일반 대중을 상대로 일반적인 계약조건을 만들어서 공평하게 그 내용을 보고 가입여부를 판단하는 데 의의가 있다.

　보험사가 임의로 약관을 유리하게 만들게 되면 계약자가 불이익이 발생할 수 있어서 약관에 대해서는 정부가 규제한다(공사계약일반조건도 모든 공공계약시 동일하게 적용되기 때문에 약관에 해당한다고 할 수 있다).[1]

　국내 공공공사에서 적용하는 공사보험약관의 종류는 영국식(U.K. British Form) 및 독일식(Munich Re's Form) 약관이 있고 특약 및 확장담보내용에 있어서 일부 조건이 서로 다르다. 대부분 국내 현장은 독일식 약관을 적용하고 있다.

　공사보험약관은 담보내용 및 범위, 면책사항, 담보기간, 일반조건 등으로 구성되어 있고 해당공사에 맞은 특화된 사양을 담은 특별약관 등의 내용을 담고 있다.

　많은 사람들이 어떤 경로를 통해 각자 개인적으로 일반보험에 가입하지만, 실제 보험약관을 꼼꼼히 들여다보지 않는다. 깨알 같은 많은 글자를 보기도 어렵거니와 설령 내용을 보

---

1) 약관의 규제에 관한 법률(약칭: 약관법), 공정거래위원회(약관심사과)
　제1조(목적) 이 법은 사업자가 그 거래상의 지위를 남용하여 불공정한 내용의 약관(約款)을 작성하여 거래에 사용하는 것을 방지하고 불공정한 내용의 약관을 규제함으로써 건전한 거래 질서를 확립하고, 이를 통하여 소비자를 보호하고 국민생활을 균형 있게 향상시키는 것을 목적으로 한다.
　제2조(정의) 이 법에서 사용하는 용어의 정의는 다음과 같다.
　1. "약관"이란 그 명칭이나 형태 또는 범위에 상관없이 계약의 한쪽 당사자가 여러 명의 상대방과 계약을 체결하기 위하여 일정한 형식으로 미리 마련한 계약의 내용을 말한다.
　2. "사업자"란 계약의 한쪽 당사자로서 상대 당사자에게 약관을 계약의 내용으로 할 것을 제안하는 자를 말한다.
　3. "고객"이란 계약의 한쪽 당사자로서 사업자로부터 약관을 계약의 내용으로 할 것을 제안받은 자를 말한다.

더라도 이해하기 쉽지 않다. 그래도 이쁘게 디자인된 보험증권은 왠지 중요할 것 같아서 집안 어딘가에 고이 보관한다. 정작 보험금을 청구해야 할 일이 생겨도 약관을 보지 않고 보험설계사나 보험사 상담원을 통해 처리한다. 그것이 가장 편하기 때문이다.

건강 관련 보험의 경우 치료해야 할 병이 생겼지만, 보험처리가 불분명해서 보험사에 보험적용 여부를 문의하여 치료를 받은 후 관련 증빙을 보험사에 제출하여 보험금을 청구하여 수령하는 일련의 과정을 겪으면서 그제서야 내가 가입한 보험에 대해 어느 정도 인지하게 된다. 그런 경험을 통해 이제는 누구에게 보험에 관한 사항을 알려줄 수도 있을 것 같은 기분이 든다.

공사보험도 다르지 않다.

현장기술자가 공사보험의 기본상식 없이 어려운 보험용어로 구성된 보험증권상의 약관만으로는 어떤 사고에 보험이 적용되는지 실무적으로 이해하기 어렵다. 그래도 가장 좋은 방법은 실제 보험사고가 발생하고 이를 처리하면서 보험의 전반적인 절차(Process)를 경험하는 것이 가장 효과적이지만 사고가 발생하지 않는 한 보험처리를 할 기회를 가질 수 없고 그렇다고 현장기술자가 공사보험을 이해할 때까지 사고가 나지 않으리라는 법은 없다. 사고는 언제나 피할 수 없이 예고 없이 찾아온다. 그래서 간접적으로라도 공사보험을 알기 위해서는 일단 기본적인 보험내용을 이해하고 가급적이면 사례 중심으로 접근하는 것이 가장 수월한 방법이라고 할 수 있다.

건설분쟁도 전문분야로 전문가와 협업을 통해 처리하는 것과 마찬가지로 공사보험도 전문가인 손해사정인과 적극적인 협업을 통해 업무를 처리해야 한다. 그렇다고 전문가가 모든 것을 처리해 주는 것 또한 아니고 결국은 현장기술자가 전체적인 보험업무 프로세스를 이해하고 실제 제반업무를 직접 챙기되, 전문가의 도움을 받으면서 처리하는 것뿐이다.

그럼 지금부터 보험사고를 경험하지 못한 현장기술자의 입장에서 가급적 쉽게 공사보험으로 차근차근 접근해 보고자 한다.

이제 마지막이라고 생각하고 지금 어느 한구석에 고이 자리잡고 있는 현장에서 가입한 보험증권(Insurance Policy)을 꺼내 보자. 보험증권은 영문과 한국어 번역판으로 구성되어 있을 것이다. 보험증권상의 해석에 있어서 영문이 우선하지만 우린 전문가가 아니므로 영문을 볼 필요까지는 없다(사전을 찾아봐도 영문판의 해석은 쉽지 않지만, 한글 번역본이라고 이해하기 쉬운 것은 아니다).

08
공사보험약관의 구성내용을 알아보자!

공사보험증권의 갑지를 보면 'Contractors' All Risks Policy'라고 표기되어 있음을 알 수 있다. 공사보험의 가장 큰 특징인 목적물에 발생할 수 있는 모든 위험(全危險)을 기본적으로 담보한다는 의미이다.

공사보험갑지

```
                                                    COPY
                                    Policy No : 153020090000035


                        Contractors ' All Risks Policy
                        _____


        Whereas the insured named   in the Schedule hereto has made to
```

갑지 다음부터 내용이 공사보험약관에 해당한다. 대부분 약관의 순서는 담보명세서(별표, SCHEDULE), 담보에 관한 사항으로 1부문, 2부문, 3부문의 보통약관(General Condition)과 특별약관(Special Condition) 및 추가약관을 포함하는 배서조항(Endorsements)의 순서로 구성되어 있다.

담보명세서를 보면 아래의 순서대로 현장의 보험가입현황을 알 수 있다.

- 피보험자는 보험가입자이고 보험자는 보험사를 의미한다.
- 담보위험은 보험대상으로 제1부문은 목적물, 제2부문은 제3자 배상책임, 제3부문은 발주자에 관한 손해를 보상하는 예정이익상실로 구성되어 있다.

- 보험기간은 일반적으로 공사기간이 되고 보험가입금액은 보험대상에 대한 손해보상액이 된다.
- 자기부담금은 사고 발생시 피보험자가 부담할 금액이다.
- 보험조건은 각 부문에 대한 일반, 특별, 추가 약관사항이다.
- 보험료는 피보험자가 보험에 가입하기 위한 비용이다.

건설공사보험의 구성

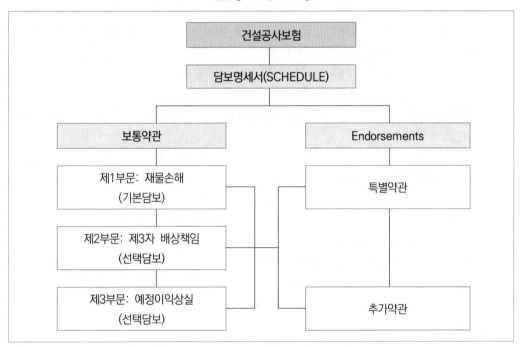

보험료가 고가이면 보험조건이 피보험자에 좋은 조건으로 설계되었다고 할 수 있지만, 한편으로는 공사의 위험도가 높다는 것을 의미한다. 대표적으로 해상 항만공사, 수로공사, 터널공사 등이 다른 공종에 비해 비교적 위험도가 높은 공종으로 보험료가 비싸다.

담보명세서의 내용

1. **피보험자(The Insured)**
   - 보험가입자로 보험을 적용받는 당사자가 열거되어 있다.
   - 발주자(Owner/Client), 계약상대자(Contractors), 공사관계 이해관계자(협력업체, 공급업체, 시운전업체) 등

2. **담보위험(Insured Risks)**
   - 제1부문 재물손해는 목적물의 손해에 해당하는 것으로 반드시 가입해야 하는 기본담보이며 제2부문은 제3자 배상책임, 제3부문은 예정이익상실에 관한 사항으로 보험가입시 선택적 사항에 해당하는 선택담보에 해당하므로, 공공공사의 경우 제1부문과 제2부문을 묶어서 가입하게 된다.

3. **소재지(Location)**: 계약건에 대한 소재지

4. **보험기간(Policy Period)**: 계약기간(시작일 00:00 ~ 완료일 24:00)

5. **보험가입금액(Total Sum Insured)**
   - 공공공사는 계약규정에 따라 아래의 보험대상 중에서 반드시 물적손해와 제3자 배상책임보험을 가입해야 한다.
   - 제1부문 물적손해(Section Ⅰ Material Damage): 보험적용 대상 목적물에 대한 손해보상액으로 공사비, 감리비, 시운전 등이 포함될 수 있다.
   - 제2부문 제3자 배상책임(Section Ⅱ Thied Party Liability): 계약이행 중에 발생한 제3자의 피해(1사고당)에 대한 손해보상액
   - 제3부문 예정이익상실(Section Ⅲ Advance Loss of Profits): 예정된 준공일이 지연됨에 따라 발생하는 재정적 손실에 보상액이다. 제3부문은 시설물 완료지연에 따른 운영상 발생되는 손해를 대상으로 하기 때문에 일반적으로 공공공사에서 계약상대자가 가입할 필요가 없다. 민자사업에서 운영권을 가지고 있는 사업시행자(영업권 소유자, 출자자, 투자자)를 대상으로 가입한다.

6. **자기부담금(Deductiable)**
   - 보험사고가 발생했을 때 피보험자가 우선 부담해야 할 금액의 범위(자기부담금이 낮을수록 피보험자는 유리하지만 보험료는 상승한다)

7. **보험조건(Terms & Conditions)**
   - 전 부문(Section Ⅰ. 물적손해, Ⅱ. 제3자 배상책임, Ⅲ. 예정이익상실)에 관한 공통 적용 조건(Applicable to All Sections)
   - Section Ⅰ, Ⅱ, Ⅲ에 관한 특별약관 및 추가약관

8. **보험료(율)(Premiuem, Rate)**
   - 피보험자가 지급해야 할 보험료

일반면책조항(General Exclusions)

① 전쟁, 침략, 적대행위, 핵폭발, 핵반응, 방사능 오염 등은 거대위험사항으로 이런 경우는 보험처리의 기본요건인 우연성과 불확실성이 성립하지만 그 손해를 보험처리 하게 되면 보험금이 너무 높아 보험사가 파산할 수 있어서 면책사항이다.

② 피보험자의 고의적인 행위, 고의적인 태만

③ 공사중단(전부 또는 일부 휴지)시 발생한 사고의 경우 공사중단과 인과관계 여부에 따라 면책여부가 결정되는데 공사중단과 무관한 사고여부는 피보험자가 입증해야 한다.

④ 동맹파업(Strike), 폭동(Riot), 민중봉기(Civil Commotion, S.R.C.C)도 면책조항에 해당하지만, 특별약관 추가하면 보상이 가능하다.

특별면책조항(Special Exclusions)

전쟁, 침략 등의 일반면책조항은 실제로도 발생확률이 낮기 때문에 어떤 경우가 특별면책조항에 해당하는지를 이해하는 것이 중요하다. 공사보험이 예기치 못하고 급격한 모든 사고(All Risks)에 대해 적용을 받는다고 전제하면 어떤 경우가 예기치 못하고 급격한 사고에 해당하지 않는지에 대한 설명이 필요하다.

예를 들어 목적물의 녹, 부식, 마모 등은 재료의 성질이나 노후화로 인해 발생하게 되는데 이는 급격하지 않고 예기치 못한 우연성이 결여되어 보상을 받을 수 없다. 이와 같이 사고에 대해 보험사가 보상하지 않는 면책조항이 곧 특별면책조항(Special Exslusions)이다. 일반적으로 대부분의 현장에서 가입하는 제1부문인 물적손해와 제2부문인 제3자 배상책임에 관한 특별면책조항은 다음과 같다.

1. 제1부문 물적손해

① 지체배상금, 벌금, 지연에 따른 손실, 계약상 불이행에 따른 손실, 사고로 인한 계약상실, 건설사의 가치하락

② **설계결함으로 인한 손실 또는 손해**   설계상 결함이 존재한다면 이로 인한 사고가 예기치 못한 우연한 사고라고 할 수 없는 것이다. 설계결함으로 인한 손실 또는 손해는 특별약관을 통해 보험처리가 가능하다. 설계결함에 관한 면책사항에 대해서는 후술하는 특별약관에 설명한다.

③ 재질결함이나 시공상 결함[1](Defective Material & Workmanship)　　재질이나 시공상 명백한 결함에 대해서 보험대상에 적용되지 않는다. 동바리 자재나 구조계산의 오류로 인해 간격이나 개수가 부족하여 시공결함이 판명되었을 때 동바리에 대해서 보험적용을 받을 수 없다. 다만 정상적으로 시공된 슬라브, 보, 기둥 등의 인접 목적물이 동바리로 인해 피해가 발생하는 경우는 보험처리가 가능하다.

④ 사용부족(lack of use), 정상기압상태에서 마모(wear and tear), 침식(corrosion), 산화(oxidation), 악화(deterioration)　　이와 같은 원인으로 기인한 사고는 충분히 예견될 수 있어서 보험적용에서 제외된다. 다만 이러한 원인으로 인해 정상적으로 설치된 목적물의 손해는 보험처리가 가능하다.

⑤ 기계적 또는 전기적 파손 및 교란, 유체의 동결, 윤활작용, 오일/냉매 부족으로 인해 발생되는 건설장비, 건설기계, 플랜트 등의 손해　　정상적으로 설치된 목적물의 손해는 보험처리가 가능하다. 예를 들면 상기 원인으로 타워크레인의 전복사고가 발생하여 구조물에 피해가 발생한 경우 타워크레인에 대한 보험적용은 불가하지만, 구조물을 복구하는 데 소요되는 보험처리는 가능하다. 이때 구조물의 복구를 위해 새롭게 타워크레인을 설치해야 하는 경우는 보험적용이 가능하다.

⑥ 일반도로 전용의 차량, 수상수송선박, 항공기의 손실 및 손해　　각기의 개별적 보험을 통해 처리하는 것으로 공사보험의 대상이 되지 않는다.

⑦ 서류, 계산서, 청구서, 통화, 인지, 증거서류, 채권. 화폐, 유가증권 및 수표의 손실 또는 손해

⑧ 재고조사 중 발견된 손해 또는 손실

2. 제2부문 제3자 배상책임(T.P.L, Third Party Liability)

제3자는 피보험자(발주자, 수급자, 하도급업자 및 기타 공사이해관계자)가 아닌 건설현장과 관계없는 자가 공사수행과정에서 피해를 입은 사항에 대한 보험대상이다. 제3자 배상책임도 반드시 우연성에 따른 손해에 해당한다(Accident Loss). 발파시 소음으로 인한 민원이 보험대상이 되지 않는 것도 우연성이 결여에 기인한다.

제3자 배상책임에 대한 면책사항은 다음과 같다.

① 1부문(물적손해)에서 담보되는 부분이나 공사와 관련한 이해관계자의 고용인 및 종업원, 타 회사의 고용인, 종업원 등의 질병 및 신체상의 상해　　산재 및 근로자재해보험의 영역이므로 공사보험의 보험대상이 아니다.

---

[1] 보험약관에는 기술적 졸렬로 표현되고 있는데 편의상 시공결함으로 대체했다.

② 진동(천공, 파일항타, 암발파, 부레카 등), 지지대(흙막이, 버팀대, 어스앙카) 철거 및 약화로 야기된 토지 및 건물의 손해 및 이러한 손해의 결과로 야기된 인적, 물적 피해　　본 사항은 보험대상이 된다고 알고 있는 경우가 많지만, 원칙적으로 특별면책조항에 해당한다. 그러나 현장에서 흔히 발생하는 사고이므로 특별약관으로 가입하여 보험이 적용될 수 있도록 할 수 있다(독일식과 달리 영국식 보험은 보통약관상에 포함되어 보험처리 가능하다).

③ 항공기, 수상수송선박, 일반도로운행허가를 가진 차량으로 인한 손해

④ 피보험자의 법률상의 배상책임을 넘어 당사자 간의 약정에 의한 손해배상책임　　공사보험에서는'법률상의 배상책임'의 범위만을 담보하는데 피보험자와 제3자의 피해자인 민원인과 통상의 손해배상범위를 벗어난 임의계약 또는 임의합의는 손해의 크기를 파악할 수 없어서 면책대상이 된다. 그래서 현장에서 발생하는 민원 때문에 어쩔 수 없이 민원처리비라는 명목으로 합의하여 지급하는 경우는 대부분 보험처리가 어려우니 사전에 보험사와 협의하여 신중하게 처리해야 한다.

⑤ 피해물이 발주자 소유이거나 피보험자가 소유하여 배타적으로 통제하고 관리하여 유지 보존되는 재산에 대한 손해　　공사중에 발주자 소유의 지하매설물을 파손한 경우 발주자는 제3자로 볼 수 없어 보험처리가 불가하다. 그래서 현장특성상 현장주변에 위치하고 발주자 및 피보험자가 관리하는 소유물이나 재산의 경우 '주위재산담보특별약관'을 반영하여 가입한 경우, 보험으로 보상처리가 가능하다.

담보기간

담보개시는 증권상 보험개시일(보험기간 첫날의 00:00시), 보험료 납입일, 공사착수 또는 목적물의 하역 중에서 가장 나중에 발생한 시점을 기준으로 실질적인 담보가 개시된다. 보험개시일 이전에 공사착수로 사고가 나면 효력이 발생하지 않고 보험개시일 이후라도 보험료가 납부되지 않으면 실질적인 보험담보는 개시되지 않는다.

담보종료는 보험기간 마지막 날(24:00), 발주자에게 인도하거나 사용 중인 경우 중 가장 먼저 도래한 때를 기준으로 하는데 공공공사의 경우 준공일 기준으로 담보가 종료된다고 보면 된다. 공공공사에서는 공사기간이 연장되는 경우가 흔히 발생하기 때문에 공사기간 연장에 따라 보험기간도 연장해야 한다.

목적물이 정식으로 발주처에 인도되어(take over) 사용중(put into service)에 있다면 담보기간은 자동적으로 종결되기 때문에 보험적용을 받을 수 없다. 이러한 문제를 해결하기 위해 '보험기간 자동연장 특별약관'으로 가입하면 자동으로 보험기간이 연장된다. 건설기간 동

안 발생한 원인으로 인해 유지기간 중에 발생한 손해를 담보하고자 한다면 '확장유지담보 특별약관'에 가입하면 된다.

일반조건

공사보험계약에 대한 보험증권의 구성과 책임, 피보험자의 준수사항, 조치사항 및 의무사항, 보험금 지급의 기준, 분쟁해결 등 총 9개 항으로 구성되어 있다. 일반적 내용이지만 주의해야 할 사항을 확인해 보자.

피보험자는 자신의 비용으로 손해예방의 조치를 하고 손해가 발생했을 때 손해가 경감될 수 있도록 조치를 취해야 한다. 사고가 발생하면 사고의 확대를 막기 위해 추가로 취한 조치에 드는 비용이 손해방지비용[2]인데, 이는 보험적용이 된다.

흙막이 공사에서 가시설의 변형이 발생하여 추가적인 붕괴를 막기 위해 압성토 등의 추가조치를 통해 2차 피해를 방지하는 경우가 해당할 수 있다. 단, 해당 사고는 공사보험의 담보대상이 되어야 가능하고 피보험자가 직접 투입한 비용이어야 한다(보험에서 담보하지 않은 대상이라면 적용되지 않는다).

보험사는 어떠한 경우에서도 사고 발생 14일 이내에 사고통지를 받지 아니하면 배상책임을 부담하지 않는다. 이러한 통지의무 조항은 불공정 약관이 아니라는 판례가 있으므로 피보험자는 반드시 기간 내에 통지해야 한다. 통지에 관해 어떤 형식적 절차를 요하지 않기 때문에 보험사에 유선, 이메일 등 어떤 방법으로라도 통지하면 문제가 되지 않는다.

현장에 사고가 발생하면 바로 보험사에 통지할 수 있을 것 같지만 실제 급박한 상황에서 응급조치 등의 업무로 인해 막상 보험사에 통보하는 것을 놓칠 수 있어 14일의 기간은 결코 긴 시간이 아니다. 긴급하게 사고를 수습하고 한숨 돌리면 그때서야 공사보험을 떠올리는데 14일이 훌쩍 넘어갈 수 있다. 사고로 인한 손해액이 크다면 통지의무 기한을 이행하지 못해 손해를 고스란히 피보험자가 떠안을 수 있고 심지어 보험사와 분쟁이 발생할 수 있다. 어떠한 이유로도 통지기한을 지키지 못한 현장의 책임은 벗어날 수 없다. 14일이 부담스럽다면 '사고통지 특별약관'을 통해 통지기간을 30일로 변경할 수 있다는 것도 알아두자.

사고는 곧 보험이라는 생각은 잊지 말자.

---

2) 손해방지비용은 보험금 청구와 달리 상법(제680조)에서 인정하는 별도의 청구권에 해당하므로 전액 인정받을 수 있으나 수리비용으로 판단되면 보상한도액의 적용을 받아 보상이 제한적일 수 있다

09

손해사정을 알아야 보험금이 보인다

손해사정의 원칙

사고가 발생하면 보험사에서는 보험약관에 따른 담보대상인지를 확인하고 피해상황을 조사, 피해액을 산정하여 손해액을 평가하는 것을 손해사정(損害査定)이라고 하며 보험사로부터 선임된 손해사정인이 업무를 수행하게 된다. 손해사정에는 어떤 원칙이 있고 어떤 방식으로 산정하는지를 이해해야 보험사로부터 보상받는 보험금을 예측할 수 있다. 보험금이 얼마로 결정되는지가 사실상 현장으로서는 가장 중요한 일이다.

사고가 발생하고 손해사정인이 이를 조사하면서 현장의 실무자와 협의하여 사고의 복구 여부, 복구방법 및 손해액을 산정하게 된다. 이때 손해사정의 원칙은 사고에 대한 수리비와 보험가액을 비교하여 산정하게 된다.

수리가 가능한 일부손해인 경우 손해 이전의 목적물로 회복하는 데 소요된 수리비가 보험가액보다 적은 경우는 수리비가 지급된다. 전부손해가 발생하거나 일부손해임에도 불구하고 목적물 본래대로 수리는 가능하지만, 보험가액과 동일하거나 초과할 경우는 손해 이전의 목적물의 가치에 대한 현실가액으로 보상받을 수 있다.

요약하면 일부손해인 경우 '수리비＜보험가액'이면 수리비 지급, '수리비≥보험가액'및 전부손해의 경우라면 목적물의 가치에 해당하는 현실가액으로 보험금은 산정된다.

예를 들면 10년 된 중고자동차가 500만 원인데 사고로 인해 수리비가 1,000만 원으로 산정되었다면 당연히 보험사는 중고자동차에 해당하는 500만 원만 보상하는 것과 다르지 않다. 다만 현장에서 사고가 발생하여 손해액을 산정하는 손해사정은 반드시 이와 같이 단순하지만은 않다. 손해의 범위 및 손해에 따른 피해금액을 산정하는 데 있어서 사고내용이나 피해상태에 따라 다를 수 있는 것이다.

흙막이 일부가 붕괴되었다면 일부 붕괴된 부분만 비교할 수 없고 복구를 위해서는 그 범위가 커지게 된다. 손해사정인도 현장경험이 있는 기술자가 많으므로 사고현장의 현장기술자는 필요시 설계엔지니어의 도움을 받고 최대한 기술 데이터를 손해사정인에게 제공하고 충분한 협의를 통해 본래의 보험취지에 맞추어 목적물의 본연의 기능이 될 수 있도록 방안을 강구하여 합리적인 보험금 산정이 될 수 있도록 해야 한다(현장기술자의 요구조건이 반영될 수 있기 위해서는 손해사정인과의 신뢰적 관계가 가장 중요하다).

손해사정은 사고에 의한 보험금산정이 보험약관상 보험가입금액 내에 기초하고 있는지가 중요하다. 어떤 경우에서도 목적물의 가치가 상승되는 변경이나 추가, 개선에 대해서는 보험대상이 될 수 없고 오로지 사고로 인해 실제 손해가 발생한 부분에 대한 복구 및 본래대로의 보수라는 개념에서 '실손보상의 원칙'이 적용되며 피보험자가 사고로 인한 보험금으로 별도의 이득을 얻을 수 없다는 '이득금지의 원칙'이 공히 적용된다(사고 이후 목적물의 보수, 보강, 개선 등의 구분은 사고의 경중에 따라 사실상 쉽지 않다. 결국은 가장 사고 이전의 목적물의 상태 및 기능으로 회복할 수 있도록 손해사정인과 어떻게 잘 협의하여 결정하느냐의 문제이다).

보험금의 산정

사고가 발생하고 손해액이 산정되어도 반드시 손해액 전액을 보상받는 것은 아니다. 그것은 보험가액과 보험가입액이 다를 수 있기 때문이다. 보험가액은 보험대상에 대한 목적물의 경제적 가치로써 도급내역상의 보험적용을 받을 수 있는 최대한의 금액에 해당한다. 기본적으로 보험가액과 보험가입액(공사비전체-부가가치세-공사손해보험료)과 다르지 않다.

공공공사의 의무가입 대상인 현장은 보험가액과 보험가입액은 동일하다. 이와 같이 보험가액과 보험가입액이 동일하다면 아무런 문제가 없다.

그런데 보험가입시 보험가액보다 적은 금액으로 가입하거나 계약금액조정으로 인해 도급금액이 증액되면 보험가액도 증액되는데 이런 경우 최초의 보험가입액과 차이가 발생한다. 손해액과 보상받는 보험금의 차이는 여기서 발생한다. 사고에 따른 보상에 해당하는 보험금은 보험가입액 비율에 따르기 때문이다.

보험금=손해액×(보험가입금액/보험가액)-(자기부담금)

보험가액 및 보험가입금액에 따라 보험금은 산정되는데 이를 '비례보상'이라고 한다.

최초 보험가액(=보험가입액)인 도급금액이 당초 900억 원에서 1,000억 원으로 100억 원이 증가했으나 보험가입액을 변경하지 않았다면 10억 원으로 손해액이 산정되었더라도 실제 보험사로부터 받을 수 있는 보험금은 9억 원이 된다(9억 원=10억 원×(900/1,000억 원)). 이는 피해가 발생한 목적물에 해당하는 내역이 보험가입액에 전액 포함되었다고 해도 이와 무관하게 전체 도급액의 변경에 따른 '비례보상의 원칙'이 적용되기 때문이다. 보험가입액을 변경된 보험가액에 맞추기 위해서는 증가된 100억 원에 대한 추가보험료를 납부해야 비례보상에 따른 손해액 전액을 보험금을 보상받을 수 있게 된다.

최초 착공시 가입하는 공사보험과 달리 설계변경이나 물가변동 등으로 계약금액은 지속적으로 조정되어 변경된다. 최초의 도급금액과 조정되어 증액된 도급금액 차이분에 해당하는 보험가입액의 증가로 발생되는 보험료의 증가분은 그리 크지 않으므로 보험사에 이를 통보하고 추가보험료를 지급하고 배서하면 된다. 그러나 현장에서 일일이 이를 챙기기 쉽지 않기에 가장 좋은 방법은 보험가입시 보험가입액의 110~130%까지의 증액분에 대해서는 별도의 조치가 필요 없는 '보험가입금액 증액특별약관(Escalation Clause)'을 추가하여 가입하는 것이 가장 좋은 방법이다.

사고가 발생하고 산정된 보험금을 받게 되면 남은 보험기간의 보험가입금액은 받은 보험금만큼 차감된다. 상기의 사례에서 9억 원의 보험료를 받게 된다면 보험가입액은 891억 원(900억 원-9억 원)이 되는 것이고 이후에 사고가 발생하면 다시 비례보상원칙에 따라 피보험자가 받을 수 있는 보험금의 규모는 더욱 작아지게 된다. 이런 경우 '보험가입금액 자동복원특별약관(Automatic Reinstatement of Sum Insured)'을 추가하여 가입하면 보험금 규모가 작아지는 불이익을 사전에 방지할 수 있다.

사고의 수 산정

현장에서 발생하는 사고는 개별적으로 발생하지만 누적하여 반복적으로 발생하기도 한다.

자동차 사고는 사고 건에 대해 개별적으로 보험을 처리하는데 건설현장의 사고는 공사구간이 광범위하여 유사한 사고가 위치를 달리해서 발생할 수 있고 같은 유형의 사고가 시차를 두고 발생할 수 있다.

터널공사의 경우 여러 개소의 막장이 있어 굴진방향을 달리하며 굴착하는데 지상의 인접 건물에 균열 등의 제3자의 피해가 동시다발적으로 발생하기도 하며 터널굴착 중에 서로 다른 구간에 대해 암질불량으로 붕락 등과 같은 사고가 발생하기도 한다.

이와 달리 대절토부 사면의 경우 동일한 구간에서 시차를 두고 사면의 1, 2차 붕괴가 발생하기도 한다. 이런 경우에 사고의 수(數)를 어떻게 산정하느냐에 따라 보험금 산정 및 지급여부가 달라지게 되어 '사고의 수'를 산정하는 것은 매우 민감하고 중요하다.

공사보험약관상 사고의 수에 관한 명확한 기준과 정의가 정립되어 있지 않지만 사고의 수를 어떻게 판단해야 하느냐는 사고의 내용, 구간, 시차 등을 종합적으로 고려하여 전문가인 손해사정인이 판단하게 된다.

사고의 수와 관련해서는 사고원인이 서로 달라 명확하게 구분할 수 있는 경우는 시차와 관계없이 각각의 사고로 볼 수 있으며 동일한 사고원인으로 유사한 사고가 발생한 경우는 피해건수가 많더라도 개별적으로 산정하지 않고 1건의 사고로 판단할 수 있다.

터널굴착으로 인접건물의 피해가 발생하면 사고위치는 다르지만 터널굴착의 진동에 따른 동일한 원인으로 각각의 사고구간을 하나의 피해물건군(Grouping)으로 묶어 1건 사고로 볼 수 있다. 따라서 인접건물 1개소가 아닌 10개소에서 피해가 발생했다면 보험에서는 이를 묶어서 1건의 사고로 산정한다.

암질불량 등으로 따른 터널 내 붕락과 같은 사고는 인접건물의 피해와 그 원인과 사고유형이 완전히 다르기 때문에 사고위치에 따라 별도의 1건의 사고에 해당한다.

터널공사로 인한 제3자 배상책임의 경우 사고의 수에 따라서 산정되는 보험금을 산정해 보자.

사고건수에 따른 보험금 산정사례

(보험조건: 보상한도액 10억 원, 자기부담금 0.5억 원)

사고유형		Case1			Case2		
사고구간		A구간	B구간	소계	A구간	B구간	소계
손해액		5억 원	5억 원	10억 원	15억 원	10억 원	25억 원
보험금	1건사고	-	-	9.5억 원	-	-	10억 원
	2건사고	4.5억 원	4.5억 원	9억 원	10억 원	9.5억 원	19.5억 원
건당 산정근거 (피해액-자기부담금)		9.5억 원=(10억 원-0.5억 원) 4.5억 원=(5억 원-0.5억 원)			10억 원=보상한도액 9.5억 원=(10억 원-0.5억 원)		

Case1의 경우 A, B 구간을 1건의 사고로 산정하게 되면 손해액에 자기부담을 제외한 9.5억 원이 되고 개별로 보아 2건이 되면 각각의 사고에 대해 자기부담금 0.5억 원이 적용되므로 9억 원이 된다. 이와 같은 사례는 1건의 사고로 산정하는 것이 피보험자에게 유리하게 된다.

Case2의 경우 Case1보다 사고규모가 큰데 1건으로 산정하면 25억 원이 되지만 실제 보험금은 보험한도액인 10억 원이 된다. 반면 2건으로 산정하게 되면 A구간은 보험한도액인 10억 원이 B구간은 자기부담금이 적용되어 9.5억 원이 되어 19.5억 원으로 산정되므로 이런 경우는 각각 개별사고로 산정되는 것이 보험금이 크다.

위의 사례와 같이 극단적인 경우는 흔치 않지만 사고건수를 어떻게 산정하느냐에 따라 보험금 산정액이 다를 수 있음을 보여주고 있다.

풍수해에 따른 대절토 사면의 연차적인 붕괴도 시차가 다를 수 있어도 동일한 원인으로 발생되었다면 2건이 아닌 1건의 사고로 판단하여 손해를 사정하는 것이 일반적이다. 단, 이러한 붕괴가 3일(72시간)이 초과하여 상당한 시차가 발생했다면 보험약관상 2건으로 판단할 수 있다.

일반적으로 자기부담금이 높다면 가급적 사고를 단일건으로 줄여야 유리하다는 것을 염두해 두자.

이와 같이 사고건수에 따라 산정되는 보험금은 보험조건에 따라 달라지므로 보험한도액 및 자기부담금 등을 잘 고려하여 손해사정인과 협의해야 한다.

공사보험과 달리 영업배상책임보험에는 같은 종류의 위험에 계속적, 반복적, 누적적으로 노출되어 발생한 사고는 1건의 사고로 정의하고 있음은 참고할 필요가 있다.[1]

---

1) 국문영업배상책임보험 보통약관 용어의 정의: 1회의 사고라 함은 하나의 원인 또는 사실상 같은 종류의 위험에 계속적, 반복적, 누적적으로 노출되어 그 결과로 발생한 사고로써 피보험자나 피해자의 수 또는 손해배상청구의 수에 관계없이 1회의 사고로 본다(출처:건설현장의 위험과 클레임 처리, 김정식 저, 건설경제).

10
돈이 드는 특별약관? 돈이 되는 특별약관!

앞서 설명한 일반 및 특별면책사항, 담보기간, 일반조건, 손해사정 등의 내용을 포함한 보통약관의 주요내용을 짚어봤다.

보통약관이 공사보험증권의 전반부의 내용이고 보험증권의 후반부에는 ~특별약관, ~추가약관이 각각의 아이템(Item)별로 상세하게 기록되어 있는 것을 확인할 수 있을 것이다. 이것은 담보명세서(SHEDULE)상의 Section Ⅰ, Ⅱ, Ⅲ에서 나열된 특별약관 및 추가약관 사항에 대한 해설이 붙은 것으로 이를 배서조항, Endorsements라고 한다.

특별약관은 보통약관에 명시되지 않은 사항으로 보험사가 담보하지 않는 사항을 담보 가능하도록 별도로 설정하거나 보통약관상 보험사의 면책사항을 해제하는 등의 특정 공사성격에 맞도록 보상범위를 확장하는 것을 추가조건으로 하는 것이다. 따라서 담보를 확대하고 보상범위를 확장하게 되면 보험료(PREMIUM)는 추가된다.

반드시 현장여건 및 공사특성에 맞은 특별약관을 가입해야 실제 유용하고 후회없는 실질적 보험의 혜택을 받을 수 있으므로 특별약관의 핵심적 사항은 제대로 알아야 한다. 이와 반대로 보험사의 추가적인 면책조항도 특별약관에 해당한다.

피보험자에게 유리한 특별약관이 추가될수록 돈이 많이 든다. 보험을 통해 새로운 수익을 창출할 수는 없다. 그러나 생각하지 못했던 사고로 발생한 손해를 제대로 보전받기 위해서는 현장여건에 맞은 가장 유리한 특별약관에 가입해야 돈이 된다는 것을 잊지 말자.

① 정치적 위험 부담보 특별약관(Political Risks Exclusion Clause)

전쟁, 침략, 내란, 폭동, 적대행위, 계엄령, 테러 등의 특별한 사태와 합법기관에 의한 몰수, 압류 등의 특별한 정치적 위험에 대해서 보험사의 면책사항이다. 이는 일반면책조항 중에서 정치적 위험 부분에 대한 세부적인 사항에 해당한다.

예) 2010년 북한에서 도발한 연평도 포격사건은 적대행위

② 정보기술 조항(IT Clarification Agreement)

재물손해란 보험사고로 인한 목적물에 발생한 물리적 손해를 의미하는데 데이터나 소프트웨어에 발생한 손해는 보상하지 않는 특별약관이다.

③ 보험가입액 자동복원 특별약관(Automatic Reinstatement of Sum Insured)

보험사고가 발생하여 보험금을 지급받게 되면 지급받은 보험금만큼 보험가입액은 감소하게 된다. 보험가입금액이 감소하게 되면 이후 사고가 발생하여 보험금을 지급받을 때 감소된 보험가입금액 만큼 비례하여 보험료가 감소된다. 보험은 다음과 같은 산식에 따라 산정되기 때문이다.

보험금=손해액×(보험가입금액/보험가액)−(자기부담금)

따라서 산정된 손해액만큼의 보험금을 지급받지 못하는 결과가 된다. 이를 방지하기 위해 보험가입액 자동복원 특별약관에 가입하면 보험가입액이 자동으로 복원되기 때문에 사고로 인해 지급받은 보험금 때문에 추후 사고시 보험금을 제대로 수령하지 못하는 문제를 해소할 수 있다.

④ 보험가입금액 자동증액 특별약관(Escalation Clause)

보험가입금액 자동복원 특별약관을 통해 보험가입금액은 감액되지 않지만, 물가변동, 설계변경 등으로 보험가액에 해당하는 도급금액이 증가하게 되면 지급받는 보험금은 증가된 보험가액만큼 반비례하게 되므로 낮아진다. 이런 경우를 대비하여 보험가입금액 자동증액 특별약관에 가입하게 되면 자동적으로 보험가입금액도 증가되어 보험료의 감액이 발생하지 않게 된다.

최초 공사기간 5년, 도급금액 1,000억 원, 보험가입금액 1,000억 원으로 보험에 가입된 현장에서 3년 후 물가상승율 10%, 설계변경 10%가 각각 증액되어 도급금액이 1,200억 원으로 확정된 이후 보험사고가 발생하여 10억 원의 손해액이 산정되었더라도 지급받는 보험금은 8.3억 원이 된다(8.3=10×1,000/1,200). 이는 보험가입금액은 변함이 없는데 보험가액(도급금액)이 증가되어 보험료가 낮아지게 되는 것이다. 이런 경우 120%에 해당하는 보험가입금액 자동증액 특별약관에 가입하면 120%까지는 이와 같은 비례보상에 따른 불이익은 없어진다.

⑤ 보험기간 자동연장 특별약관(Autoatic Insurance Period Extention Clause)

최초 보험가입시 보험기간은 공사준공기한까지 적용된다. 공공공사의 경우 공사기간이 연장되는 경우가 많이 발생하게 된다. 연장기간을 반영하여 변경계약시 보험사에 통보하여 보험기간을 연장해야 한다. 보험기간을 연장하지 않은 상태에서 공사기간 연장기간에 사고가 발생하면 보험처리가 불가능하게 되므로 이를 반드시 챙겨야 한다.

보험기간 자동연장 특별약관에 가입하면 일정기간의 자동연장이 가능해지는데 본 특약은 무한하지 않고 6개월 정도이므로 대부분의 공기연장기간이 본 특약보다 길기 때문에 반드시 보험기간을 변경된 공사기간에 맞추어서 연장할 수 있도록 해야 한다.

⑥ 대위권 포기 특별약관(Waiver of Subrogation Clause)

피보험자(시공사)가 사고에 대해 보험사로부터 보상을 받았음에도 불구하고 사고를 발생시킨 제3자에게 별도로 손해배상을 청구하게 되면 피보험자는 하나의 사고로 이중보상을 받게 되는 문제점이 발생한다. 이는 앞서 설명한 피보험자의 '이득금지의 원칙'에 위배되는 것이다. 그래서 보험사가 지급한 보험금 한도 내에서 피보험자가 제3자에게 청구할 수 있는 권리는 보험사가 갖게 되는데 이를 대위권이라고 하며 상법(商法)에도 보장되어 있다.

법적으로 보험사에 보장된 대위권을 포기한다는 것은 사고의 원인이 보험에 가입한 피보험자 범주에 해당하는 이해관계자에 대해 대위권을 포기한다는 의미이다. 가령 협력업체나 납품업체의 시공 및 자재의 결함으로 인해 사고가 발생하여 보험사가 보험료를 지급한 경우, 보험사가 법적으로 보장된 대위권을 행사한다면 본공사의 직접적 이해관계자의 피해가 크기 때문에 이러한 경우에 대해서 대위권을 행사하지 않는다는 의미로 해석하면 된다.

⑦ 보험금 가지급 조항(Claim Quntum Clause)

보험상 담보하는 사고로 확인되었으나 보험금이 미확정되었더라도 보험자는 잠정금액 일부(50%)를 가지급금으로 지급한다는 것으로 피보험사가 사고를 신속하게 복구할 수 있도록 보험금을 선금과 같이 미리 받을 수 있는 조항이다.

⑧ 사고통지 특별약관(Loss Notification Clause)

보험사고가 발생하고 반드시 14일 이내에 보험사에 사고를 통지해야 할 의무가 피보험자에게 있다. 앞서 설명한 바대로 14일이 경과되면 약관에 의거하여 보험적용이 원칙적으로 어렵다.

현장에서 사고가 발생하면 긴급하게 응급조치를 취하고 사고처리의 대책을 수립하며 기타 본사, 발주처 및 관련기관에 사고경위를 보고하는 등 업무가 폭주하게 된다. 특히 사고로 인한 제3자의 피해가 발생하게 되면 외부민원이 쇄도하게 되면 이에 대응하느라 그야말로 현장은 정신이 없다. 14일이 짧지 않은 기간이지만 이를 지나치는 것은 순간이 되는 참으로 난감한 상황이 발생한다. '사고통지 특별약관'을 가입하면 통지기한을 연장할 수 있게 된다(30일).

⑨ 설계결함특별약관(Cover for Designer's Risk)

현장기술자가 본 특약을 설계결함에 대해 보험담보가 되는 것으로 잘못 이해하고 있는 경우가 많다. '설계결함으로 인한 손해 또는 손실'의 의미를 명확하게 파악해야 한다. 시공한 목적물의 설계결함이 확인되었어도 우연하고 급격한 사고가 발생하지 않았다면 보험처리 여부와는 무관하다.

'사고가 없으면 보험은 없다'를 기억하면 된다.

설계결함인 목적물 그 자체가 문제가 발생하여 사고가 발생한 경우에 대해서는 보험적용 대상이 될 수 없다. 그렇다면 왜 설계결함특별약관에 가입해야 하는 걸까?

설계결함 특별약관상의 보험적용의 대상은 설계결함이 있는 목적물의 사고로 인해 온전하게 시공된 다른 부분의 피해가 보험적용 대상이 되는 것이다.

교량공사 중에 슬라브가 붕괴하는 사고가 발생했는데 그 원인이 교각의 설계상 철근부족 등의 결함이 확인되었다면 교각은 보험처리가 될 수 없지만, 교각의 직접적 영향으로 인해 붕괴된 슬라브 등의 기타 구조물의 손해는 본 특별약관으로 보험적용 대상이 된다. 쉽게 생각하면 설계상 결함이 있는 목적물의 사고는 이미 설계결함으로 인해 발생한 것으로 예기치 못하거나 우연적인 것은 아니기 때문이다.

피보험자는 보험금을 받지 못한 교각에 대해서는 설계결함을 원인으로 설계사에 별도의 손해배상의 청구는 가능하다. 단, 보험금을 지급받은 다른 목적물 부분에 대해서는 이득금지 원칙에 따라 설계사를 상대로 별도의 손해배상의 청구는 불가하다. 보험사는 피보험자에게 지급한 보험금 내에서는 대위권을 승계하므로 설계사에 구상권 청구는 가능하게 된다.[1]

만약 피보험사가 해당 특별약관에 가입하지 않았더라면 설계사를 상대로 설계결함임을 입증해야 하고 설령 가능하다고 하더라도 소규모의 설계사를 상대로 한 손해배상의 실익이 불투명할 수 있다. 따라서 설계결함특별약관을 통해 사고를 수습하고 처리하는 것이 훨씬 효율적이라고 할 수 있을 것이다.

본 특별약관을 요약하면 설계결함으로 직접적 영향을 받은 목적물(items immediately affected)은 보상이 되지 않고 이로 인해 파생되어 발생한 온전한 목적물의 손해에 대해서 보험처리가 된다.

참고로 설계결함으로 인한 손해 또는 손실에 관한 약관은 독일식 보험에서는 보험사의 특별면책조항[2]으로 피보험자가 별도 가입해야 하지만 영국식 보험은 보험사의 면책조항이

---

1) 설계자, 감리자는 피보험자 대상이 아니므로 설계자나 감리자의 과실로 인해 사고가 발생하면 대위권 포기 특별약관에도 불구하고 구상권을 청구할 수 있다.

아닌 기본 담보조항이다(영국식이 비싸지만 보험조건은 독일식보다 좋다).

⑩ 유지담보 특별약관(Maintenance Visit Cover), 확장유지 담보 특별약관(Extended Main-tenance Cover)

목적물이 준공으로 발주자에게 인도 또는 사용 중이면 보험담보기간은 자동적으로 종료된다. 그런데 계약상 발주자와 피보험자 사이에 목적물의 유지조항(Maintenance Provision)이 있는 경우, 피보험자가 유지조항에 따른 의무를 수행하다가 발생한 사고에 대해서는 책임을 져야 하므로 유지담보 특별약관을 가입하여 보험적용을 받을 수 있도록 할 수 있다.

확장유지담보 특별약관은 유지기간 동안에 사고가 발생했으나 그 원인이 공사기간에 기인한 경우에 대한 보험처리가 가능하다.

가령 준공된 상수도 공사에 대해 계약당사자간 유지조항이 계약내용이 있는 경우 상수도 유지관리 중에 사고가 발생하면 유지담보 특별약관으로 손해에 대한 보험처리가 가능하다. 이와 달리 해당사고가 공사기간 중 시공이나 자재의 결함으로 유지기간에 사고가 발생하게 되면 확장유지담보 특별약관을 통해 그 손해를 담보할 수 있다.[3]

유지기간내 재질이나 시공결함에 의한 사고인 경우는 준공 이후에 해당하므로 하자에 의한 손해에 해당할 수 있어 하자증권으로 처리할 수 있는 것으로 생각할 수 있다. 그러나 하자증권은 하자에 따른 수급자(시공사)의 하자처리 회피에 대한 발주자의 비용적 리스크를 보증회사가 담보하는 것으로 수급사의 하자처리 불이행[4]에 한해 보증사가 처리하고 그 비용에 대해 수급자에게 구상권을 청구하는 구조이므로 결국 모든 책임은 수급사에게 귀결된다는 점에 있어서 공사보험과 구별된다 할 수 있다.

수급자이자 피보험자인 시공사의 하자보수의 의무는 존재하기 때문에 수급자는 직접 비용을 들여 하자를 보수해야 한다. 본 특별약관은 수급자가 발생할 수 있는 하자에 관한 손해에 대해서도 보험사에 전가할 수 있다는 데 의미가 있다고 할 수 있다.

---

2) 제1부문에 대한 특별면책 조항
  3. 설계결함으로 인한 손해 또는 손실
  4. 대체비용, 재질 또는 세공의 결함(defective material and/or workmanship)을 수정하기 위한 비용. 그러나 이 면책조항은 직접적으로 영향을 받은 각 항목에만 한하며 재질 또는 세공의 결함으로 정당하게 사용된 보험의 목적물에 발생한 손해 또는 손실은 담보함.
3) 본 특별약관이 시공결함이나 자재결함 관련한 담보의 확장을 의미하는 것은 아니기 때문에 면책조항, 기타 특별약관 등에 따라 실제 보험처리가 가능한지의 여부는 사고의 유형과 조사결과에 따라 달라질 수 있다.
4) 민간공사와 달리 공공공사에서 하자처리의 불이행은 국가계약법상 부정당제재요건이 될 수 있는 중대한 사항에 해당한다.

⑪ 잔존물 제거 비용 담보 특별약관(Cover for Removal of Debris)

잔존물이란 사고로 인해 현장에서 제거되어야 하는 부분으로 목적물 자체가 파손되어 이를 해체하고 제거하는 경우와 목적물의 손상된 부분을 보수하기 위해 철거 및 제거가 필요한 경우, 주변지역에서 토석, 유수 등의 외부물질이 밀려와 이를 청소하고 제거하는 경우에 해당한다.

터널의 경우 붕락사고가 발생하면 붕락된 부분을 제거하는 비용이며 홍수나 태풍으로 목적물 내부로 외부물질이 유입되어 이를 제거하는 비용 등이 포함되는 것이다(외부물질을 제거하는 데는 단순한 운반의 단계를 넘어 합법적인 처리를 의미하므로 외부물질이 폐기물에 해당하면 폐기물처리비까지 대상이 될 수 있다).

제1부문 물적손해는 목적물의 손해에 대한 것으로 자기부담금이 존재하는데 목적물의 손해 없이 외부에서 유입된 잔존물 제거비용은 제1부문 자기부담금의 영역 밖의 사항이므로 잔존물 제거비용 특별약관상 자기부담금 없이 보험처리가 가능하다.

⑫ 교차배상 특별약관(Cover for Cross Liability)

공사 중에 발생한 제3자의 손해에 대해서는 제2부문 제3자 배상책임을 통해 보상처리가 가능하지만 제3자가 아닌 피보험자의 재산이 피해를 입어 손해가 발생하는 경우도 발생하게 된다.

피보험자의 범위는 발주자, 도급자, 하수급자 등이 포함되는데 어떤 피보험자가 다른 피보험자에게 재산상 피해를 주게 되면 법률적으로 손해배상책임을 지게 된다. 교차배상 특별약관에 가입하면 이와 같은 배상책임이 제3자 배상책임으로 담보되는 것이다. 특히 공사구간이 발주자가 관리하는 시설물 내에서 공사를 수행하는 중에 사고로 발주자의 재산상 피해가 발생할 수 있다. 대표적인 사례가 발주자의 재산의 케이블이나 관로 등의 지장물이 파손되는 경우에 대해서 본 특별약관의 적용이 유용할 수 있다. 다만 피보험자 소속의 종업원의 인적손해는 산재보험이나 근재보험으로 처리되어야 할 사항이므로 보험대상이 되지 않는다.

⑬ 진동, 지지대의 철거 및 약화에 관한 특별약관(Vibration, Removal, or Weakening of Support)

진동 또는 철거에 기인한 재산, 토지 또는 건물에 대한 재산상의 손해에 기인하여 받침대를 약화시키거나 제거함으로써 발생한 대인 및 대물손해는 제2부문 제3자 배상책임에서 보험사의 면책조항이다.

공사 중 진동에 의해 인접건물이 피해가 발생하는 것은 아주 흔히 발생할 수 있는데 이러한 사고가 면책조항이라는 것 자체가 현장기술자의 입장에서는 황당할 수 있다. 대부분

보험처리 대상이 되는 사고라고 생각하기 때문이다.

영국식 보험약관에서는 기본담보대상이지만 국내 대부분의 공사에서 가입하는 독일식 보험약관은 보험사의 면책조항이므로 반드시 진동, 지지대의 철거 및 약화에 관한 특별약관에 가입해야 제3자 배상책임의 본연의 효과를 낼 수 있는 것이다. 현장기술자는 반드시 가입 여부를 다시 한번 확인해야 하는 매우 중요한 특별약관이다.

본 특별약관에는 건물, 토지, 재물의 전부 또는 부분적인 붕괴사고에 대해서만 보험처리가 가능한 것으로 되어 있으나 일반적으로 발생하는 균열이나 손상 등도 대상에 포함된다. 사고로 인한 피해에 대한 보험적용을 받기 위해서는 사고 전에 인접건물이 온전한 상태임을 입증해야 하고 이는 보험조건이기도 하므로 현장에서는 착공 전에 공사주변의 인접건물에 대한 사전조사5)를 시행하여 공사로 인한 손해가 발생했음을 입증할 필요가 있다.

⑭ 동맹파업, 폭동 및 민중봉기로 인한 손해담보 특별약관(Cover for Loss or Damage due to Strike, Riot and Civil Commotion)

동맹파업, 폭동, 민중봉기(S.R.C.C)는 보험사의 일반면책사항이지만 특별약관에 가입하게 되면 이로 인해 직접적으로 발생한 손해를 보상받게 된다. 직접적인 손해란 목적물의 손상이나 파괴 등의 물리적 손해를 의미한다.

단, 파업, 폭동, 민중봉기로 인한 공정의 중단, 지연, 점유 및 합법기관의 몰수, 징발 등으로 발생한 간접손해는 담보하지 않는다.

⑮ 특별비용담보 특별약관(Cover of Extra Change, Night Work, Wokr on Public Holidays, Express Freight Clause)

보험사고 발생시 이를 신속히 복구하기 위해 소위 돌관공사를 수행하게 된다. 특히 공기가 부족한 현장에서는 불가피하다. 본 특별약관은 돌관공사시 부득이 발생하는 시간 외 근무, 야간근무, 휴일근무 및 급행운임(항공운임 제외)에 대한 돌관공사비용을 보상받을 수 있는

---

5) 이를 인접시설물 연도변 조사라고 한다. 공사 착공전 연도변 인접 건축물에 대한 현황조사를 사전에 실시하여 공사전 초기치를 획득하고, 공사중 민원에 적극적으로 대용하여 원활한 공사진행을 하기 위한 기초조사이다. 연도변 조사 기본항목은 다음과 같다.
   1. 관련기관 협의 및 인접 주요 건축물 도면 수집
   2. 건축물 관리대장 검토
   3. 주요 건축물의 기초현황 및 어스앙카 존치여부 확인
   4. 건축물 외부, 지하층 및 공용부분 외관상태 조사
      ① 콘크리트 구조물: 균열, 누수, 박리, 박락, 층분리, 백태, 철근노출 등
      ② 강재 구조물: 균열, 도장상태, 부식상태 등
   5. 손상부 사진 및 동영상 촬영
   6. 필요시 법무 공증을 통한 신뢰성 확보

특별약관이다. 사고와 무관한 돌관공사는 적용되지 않는다('사고가 없으면 보험은 없다').

단, 항공운임담보 특별약관(Cover of Extra Charges for Airfreight)을 가입하면 항공운임도 보험대상이 될 수 있다.

⑯ 전문가 및 조사자 비용 담보 특별약관(Cover of Professional Fees & Surveyor's Fees Clause)

보험사고시 목적물을 복구하기 위한 전문가 용역비, 조사비용과 관련비용을 보상한다. 전문가 용역비는 구조안전진단, 보험자에 의해 요구될 수 있는 입증을 위한 전문용역과 법적비용, 보험금청구를 위한 준비비용이 포함된다.

⑰ 상하차 포함한 내륙운송 및 보관담보 특별약관(Inland Transit Cover including loading and unloading clause)

대한민국 영토 내에서 보험 가입대상에 포함된 목적물을 계약현장으로 운송(수로 또는 항공 운송 제외) 중 목적물의 손실이나 손상을 담보한다.

⑱ 공사완료물건에 대한 손해담보 특별약관(Cover for Insured Contract Works Taken Over or Put into Service)

보험기간이라도 공사목적물의 일부가 발주자에게 인도되거나 사용될 때에는 담보되지 않지만 본 특별약관에 가입하면 제1부문의 물적손해에서 담보되는 항목의 건설공사로 인해 발생한 손해를 보상할 수 있다.

⑲ 72시간 특별약관(72 Hours Clause)

연속된 72시간 동안 지진, 폭풍우, 홍수나 수해, 화산활동과 같은 자연재해가 일정기간 동안 계속되는 경우, 연속된 72시간 이내에 발생한 재해는 한 건의 보험사고로 간주하는 것이다. 72시간의 개시점은 피보험자의 판단으로 정해진다. 1건의 사고로 간주되어 자기부담금도 1번 적용되게 된다(폭동, 동맹파업, 소요, 파괴, 악의적 행동 등으로 발생한 손해도 적용된다).

⑳ 도면, 시방서, 설계도 담보 특별약관(Cover of Plans, Specifications, Drawings Clause)

보험사고로 인해 손상된 도면, 시방서, 설계도 또는 기타 계약서류의 재작성에 대해 피보험자가 지출하는 비용을 보상하는 특별약관이다.

㉑ 공공기관 특별약관(Public Authority Clause)

보험적용을 받은 사고로 인해 피해부분을 복구하는 데 있어서 정부기관이나 지자체, 공공기관의 법률, 규정, 부칙 등을 따르기 위해 발생한 추가비용을 보상하는 특별약관이다.

특별약관은 보험가입시 공사규모나 성격, 내용에 따라 보험가입 전에 보험자와 피보험자가 협의하여 추가할 수 있다. 다만 보험대상이나 적용범위를 확대하여 유리하게 가입할 경우에는 보험료는 상승하게 된다. 그렇지만 비용이 들더라도 위에서 나열한 특별약관의 일부 사항은 반드시 현장특성에 맞도록 포함하여야 쓰일모 있는 공사보험이 되어 사고시 후회하지 않게 된다.

　돈이 든 만큼 돈이 되는 특별약관을 제대로 알아야 하는 이유이다.

11
시공사에게 불리한 특별약관! 추가약관(Warranty)

　추가약관은 보험사가 피보험사(시공사)에게 보상을 위한 전제조건으로 피보험자가 준수해야 할 사항이다. 성실한 시공, 관리, 조사 등 의무사항의 이행을 전제로 보험의 적용 여부를 명기한 것인데 이를 영문상 Warranty로 표시된다.

　추가약관이나 특별약관에서 '특약에 포함된 제조건, 제면책사항, 제규정에 관계없이 회사는 피보험자가 ~~~ 같은 조치가 취해진 경우에 한하여 보상한다' 등의 규정이므로 피보험자 입장에서 불리한 조항이고 Warranty 규정위반을 이유로 보험사는 면책할 수 있다.

　'공정구간에 관한 추가약관' 같이 선형공사에 있어서 보험적용구간의 제한을 두거나 터널, 갱도 등의 영구 지하구조물 공사에 대해 최대 보상한도를 두는 규정은 현장의 대부분 공사가 선형공사 또는 지하구조물공사인 경우 사고로 인한 피해를 온전하게 보상받을 수 없기 때문에 보험가입시 공정구간 및 최대 보상한도를 확대하여 보험에 가입하는 것도 고려해야 한다. 다만 보험대상을 확대할 경우 보험금의 상승은 불가피하게 된다.

　공사 중에 발생하는 가축의 사산, 어류의 폐사 등과 같이 원인이 불분명한 사고가 자주 발생하게 되는데 이를 보험으로 처리하기 위해서는 '농작물, 산림 및 양식 등 부담보 추가약관'은 삭제하여 가입해야 하고 '건설 및 조립공사 일정계획에 대한 추가약관'과 같이 예정공정 및 실제공정의 차이가 발생하여 사전에 보험자에게 통보해야 하는 규정은 피보험사에게 불리하므로 역시 삭제하여 가입해야 한다.

　추가약관은 피보험사에게 불리한 조건이므로 현장의 여건을 신중하게 고려하여 보험료가 다소 상승하더라도 사전에 불확실한 요소를 제거하여 가장 유리한 조건으로 보험에 가입할 수 있도록 해야 한다.

주요 추가약관은 다음과 같다.

① 공정구간에 관한 추가약관(Warranty Concerning Sections)

제방, 호안, 도랑 등의 항만이나 수로공사, 도로공사와 같은 선형공사(Liner works)에서 사고발생시 전 구간을 보상하는 것이 아니라 최대보상길이를 한도로 정하여 보상하는 것이다. 보험사고에 해당하더라도 사고구간 전체를 보상해 주지 않는다는 것으로 사실상 보험사의 일부면책에 해당한다고 할 수 있다.

태풍으로 공사중인 수로 2km가 손상되었다고 하더라도 최대 보상길이가 1km로 명시되어 있다면 잔여 1km에 대한 피해는 보험적용을 받을 수 없게 된다.

그렇다면 2km의 피해구간 중 구간에 따라 손해정도가 각각 다른 경우, 어떻게 산정하는 것일까?

다음과 같이 각 구간별 손해액이 다르게 발생했다고 하자.

구간	1구간	2구간	3구간	4구간
구간연장	0.5km	0.5km	0.5km	0.5km
손해액	1억	2억	3억	4억

보험사에서는 가장 손해액이 적은 1~2구간에 대한 손해액 3억 원을 산정할 것이고 피보험자는 손해가 가장 큰 3~4구간에 대해 7억 원을 주장할 수 있을 것이다. 또는 전체적으로 산술평균하여 5억 원(10억 원/2km)으로 협의할 수 있을 것이다.

이와 같이 공정구간이 적용될 때 보험약관상 손해액을 사정하는 명확한 기준은 없으나 담보한도 내에서라면 피보험자는 1~2구간은 청구를 포기하고 3~4구간에 대해서 청구할 수 있는 것이다. 보험금청구의 주체는 피보험사이며 손해액 사정에 관해 우선순위와 같은 명확한 규정이 없으므로 추가약관에 위배된다고 볼 수 없다.

② 터널, 갱도공사, 영구 또는 임시의 지표 아래 구조물 또는 설치물에 대한 추가약관(Special Conditions Concerning the Construction of Tunnels and Galleries, Temporary or Permanent Subsurface Structures or Installations)

본 조항의 가장 큰 특징은 손해구간을 복구하는 데 소요되는 비용의 전액을 보상하지 않고 최대지급비율이라는 제한을 두고 있다는 것이다. 가령 최대지급비율이 150%라면 터널의 최초 미터당 평균 건설비용의 150%까지 지급한다는 것을 의미한다.

터널공사시 붕락/붕괴 등의 대형 사고가 발생하는 경우 복구하는 데 과다한 비용이 소요되면 터널공사비를 초과할 수 있어서 보험지급액을 제한하여 지급하는 것이다.

터널의 과굴착으로 인한 과굴복구 및 되메우기는 보험사고라고 볼 수 없어서 보험적용이 되지 않는다(예측이 불가한 우연하고 급격한 경우가 아니다). 또한 사고의 복구와 관계없는 지면의 안정화 및 차수, 배수 등도 역시 보험적용이 되지 않는다. 터널사고로 천공장비 등의 유기 또는 복구 역시 보험대상이 아니다.

③ 파일기초 및 옹벽공사에 관한 추가약관(Special Conditions Concerning Piling Foundation and Retaining Wall Works)

파일기초나 옹벽공사(흙막이 벽체)는 지하수, 연약지반과 같은 지반조건 등에 따라 파일길이 증가, 파일 및 옹벽의 시공오류, 파일파손 및 절단, 벽체의 손상 등의 사고가 자주 발생하는데 보험에서는 이를 예측 가능하고 통상적 위험(Business Risk)으로 간주하기 때문에 보험에서 담보대상이 아니다. 또한 토양안정액의 유실이나 효능불능에 따른 재시공비용 등도 역시 보상범위에서 제외된다.

④ 강우, 홍수 및 범람에 관한 안전조치 추가약관(Special Conditions Concerning Safety Measures with Respect to Precipitation, Flood and Inundation)

강우, 홍수 및 범람에 따른 침수, 파손, 유실이 발생할 수 있는 항만, 댐, 수로 등의 공사에 대해 피보험자의 사전 안전조치 의무를 부과하여 사전에 손해방지를 이룰 수 있게 하기 위한 약관이다.

사고가 발생하면 안전조치의 기준을 20년 주기의 강우로 정하여 기상청의 기왕자료를 비교하여 보상을 결정하게 된다.[1] 실측결과 20년 주기의 강우량의 여부가 보험금 지급의 중요한 기준이 된다. 실제 충분한 안전조치가 이루어졌고 20년 주기의 강우량은 아니지만, 기타 복합적 원인에 따른 피해가 발생하였음을 합리적으로 입증하면 보험금을 지급받을 가능성이 있지만 충분하고 합리적인 안전조치의 기준이 모호하기 때문에 대체로 20년 주기의 강우량 여부가 면책사고의 여부에 가장 큰 영향을 미치게 된다. 따라서 사고를 조사하여 보험적용 여부 및 보험금을 산정하는 손해사정인과 협의가 필요하다

⑤ 지하매설 전선, 배관 또는 기타 설비에 관한 추가약관(Warranty Concerning Underground Cables and Pipes and Other Facilities)

지하매설물은 피보험자가 사전에 정확한 위치를 인지하고 공사 중에 발생한 피해에 대한 보상이 적용된다는 약관이다. 따라서 지하매설물을 소유 및 유지하고 있는 관할기관에 대해

---

1) 국토교통부에서는 전국 주요지점별로 강수량 정보를 제공하고 이를 설계시 기준으로 적용하므로 보험사고시 기상청 자료와 함께 활용하여 근거자료를 제시해야 한다(www.k-id.re.kr).

공사착수 전에 정확한 위치의 조회 여부가 중요하다. 여기서 조회 여부란 반드시 조회하고 회신을 받아 정확한 위치가 확인된 경우에 해당하는 것이다. 조회를 통해 정확한 위치를 확인하였음에도 불구하고 손해가 발생한 경우는 손해액의 20%의 자기부담금이 적용되며 조회 결과와 다른 위치에 매설된 경우는 피보험자의 책임이 경감되어 손해액의 10%가 자기부담금이 적용되어 보상받을 수 있다.

⑥ 농작물, 산림 및 양식 등 부담보 추가약관(Exclusion of Loss of or Damage to Crops Forests & Cultures)

도로공사나 터널공사와 같이 공사구간의 연장이 수 km에 이르고 농작물, 가축 등의 재배구간이 공사인접 구간을 벗어나 임야에 걸쳐 있는 경우가 많다. 공사중에 갑자기 가축이나 꿀벌, 어류의 폐사, 사산, 생산량 감소 등을 이유로 민원이 제기되는 경우는 흔하게 발생한다. 공사시 소음이나 진동에 대해 시방기준을 준수했음에도 불구하고 이와 같은 피해에 의한 민원은 끊임없이 발생하게 되고 일단 민원이 발생하면 공사는 상당한 차질이 불가피하게 된다.

공사중의 진동이나 소음이 직접 원인이 될 수 있지만, 기타 다양한 원인으로 추정될 뿐 사실상 정확한 인과관계를 밝히기가 쉽지 않다.

보험사에서는 이와 같은 불확실한 원인에 따른 피해에 관해서 본 추가약관을 통해 면책사항으로 정하여 보험사의 손해를 최소화하여 피보험자와의 분쟁을 사전에 차단하고 있다. 공사착수 전에 공사보험에 가입하기 때문에 현지여건을 정확하게 파악하기가 사실상 어려워 본 추가약관이 포함된 공사보험은 피보험자 입장에서는 매우 불리한 조항임이 틀림없다.

현장에서는 위와 같은 피해가 당연히 제3자 배상책임의 대상이 되는 것으로 알고 있는 경우가 있으나 보험사는 이와 같은 피해가 산정이 쉽지 않고 농작물, 가축사육 등에 따라 피해규모가 상당할 수 있어 본 추가약관을 통해 면책하는 것이다.

보험료를 추가 지급하더라도 본 추가약관은 삭제하여 보험에 가입하는 것을 고려해야 한다.

⑦ Wet Risk와 관련한 면책조항(Special Exclusions for Wet Risks)

Wet Risk란 강이나 바다에 인접한 항만공사(방파제, 부두, 호안, 안벽, 운하 등)나 해상교량과 같은 수리구조물 등과 같이 파(wave)의 영향 등으로 사고의 위험이 높은 것을 의미한다.

Wet Risk는 담보위험이 높아 현장에서 발생하는 모든 사고를 보상하지 않고 피보험자가 반드시 준수해야 하는 조건을 지정하고(Warranty) 일정한 정도의 위험이 미치지 못하는 사고원인에 대해서는 면책(Exclution)으로 정해 보험담보에서 제외하는 것이다.

기본적인 사항은 태풍이나 호우 등으로 인해 목적물이 피해가 발생하는 사고를 제외한 통상적인 해수, 해파 상태에서 작업을 수행하는 과정에서 발생한 장비, 케이슨, 매립토의 유실이나 시설물의 침하, 각종 와이어나 앵커 및 부표류의 손실 등은 보험대상이 될 수 없다.

⑧ **오염제거 및 청소비용 관련 추가약관(Decontamination Costs/Pollution Clean up)**

누출, 오염, 오탁으로 직간접적으로 발생한 신체상해나 재물손해는 보험담보대상이 아니다. 그러나 누출, 오염, 오탁이 우연하고 급격하여 예기치 못해 발생하였다면 이를 제거하는 비용을 포함하여 보상대상에 해당한다. 단, 오염으로 인한 벌금, 과태료, 손해배상은 보상대상에서 제외된다.

⑨ **건설 및 조립공사 일정계획에 대한 추가약관(Special Conditions Concerning the Construction and/or Erection Time Schedule)**

보험계약시 피보험자가 제출한 예정공정표상의 공사일정과 실제 공사진행이 6주 이상 차이가 발생하는 경우, 그 일정변경으로 인하여 발생한 사고를 보상받기 위해서는 사전에 변경내용을 보험자에게 통지하고 서면동의를 받아야 한다는 내용이다. 예정공정표와 실지 공정표는 통상 여러 사유로 상당기간 차이가 발생할 수 있으므로 해당 약관은 보험가입 전에 삭제하여 가입해야 한다.

12

쉽게 풀어보는 공사보험 Q&A

I. 보험 가입 및 배서

1. 보험(구독)요율은 어떻게 산정되나요?

☑ 각 현장의 여건(공사 환경: 도심지 or 산지, 공종: 터널, 교량, 항만 등의 계약 목적대상물 등)에 따라 다름. 일반적으로 보험사에서 재보험사에 보험요율을 신청하게 되면, 재보험사는 각 사의 인수지침 및 가이드라인에 기초하여 보험요율을 산정 후 보험사에 제시함.

2. 입찰시 보험요율과 실제 보험개발원이나 보험사가 견적시 제시하는 요율이 다른 경우 차액분에 대해서 어떻게 대응해야 하나요?

☑ 근래 발주처에서도 별도의 건설공사보험 가입 규칙(Rule)을 수립, 운영하고 있는 경향임. 차액분에 대해서 도급 반영을 인정하지 않는다면 현실적으로 시공사가 부담하여 가입하는 방법 외에는 없음(공사손해보험은 실적정산 대상이 아님).

3. 항만공사는 타 토목공사에 비하여 사고율이 낮은 편이라고 생각됩니다. 이에 반해 보험요율 (2.3~2.5%)은 상대적으로 높게 책정되는 사유는 무엇인가요?

☑ 재보험사에서는 각 건설사의 손해목적물(Product, 대공종)별 공사수행 실적, 공종별 사고 발생 빈도 등 방대한 기초 데이터를 구축하고 있음. 외부환경의 영향을 많이 받는 항만/해상공사는 계절적 특성상 사고빈도는 낮을 수 있으나, 사고 시 대규모 피해가 발생함으로 손해율이 제일 높은 편임.

4. 보험료 납입은 부가세가 있나요?

☑ 보험은 면세(免稅) 사업으로 피보험자가 보험 가입 시 부가세를 보험료에 반영할 필요가 없음.

　　Tip. 보험대상금액 제외 항목: 이윤, 설계비, 각종 보험료 및 수수료(정산 항목), 공사손해보험료, 부가세

5. 보험료 분납 특별약관에서 보험료를 미납입하여 효력 상실 후, 보험료 재납입시 그 효력이 발생되는 시점은 언제인가요?

☑ 납입 시점부터 효력 재발생(보험료는 반드시 현금으로 납부! ∵ 보험사 역시 보험금은 현금으로 지급!)

6. 보험 최초 가입시 공사 종류와 위험도 평가는 어떤 식으로 진행되나요?

☑ 보험사 및 재보험사는 가입된 공사의 세부 내역서를 가지고 분석 시행.

☑ 재보험사에서는 모든 산업분야를 비롯한 각 건설사의 손해율, Product별 공사수행 실적, 공종별 사고 발생 빈도 등 방대한 보험 데이터를 구축하고 있으며, 보험 신규 가입시 누적된 해당 데이터를 바탕으로 보험(구득)료율을 산출하여 원수급 보험사에게 제공함. 그러므로 동일한 공종에 대해서도 건설사별로 보험료율의 차이가 발생할 수 있음.

7. 자기부담금(Deductible)의 적정 수준이 궁금합니다.

☑ 자기부담금이 낮으면 보험료가 상승하지만, 현장의 소규모의 피해에 대해서도 보험처리가 가능하고, 최초 보험료를 줄이기 위해 자기부담금을 높이면 자기부담금을 초과하는 건에 대해서만 보험금 청구가 가능하여 보험청구를 전혀 하지 못하는 경우도 있음.

☑ 공사손해보험의 전문적인 지식이 없다면, 가입 전 보험사로 하여금 다양한 Case별 견적을 받아본 후 담보조건 검토 필요. 여기서 Case는 약관에 따른 '자기부담금'을 말하는 것으로 보통 0.5억 / 1.0억 / 3.0억 정도로 구분됨(더 세분될 수도 있음).

　　예를 들어 도심지 공사의 경우, 제3자의 피해가 많을 것으로 예상되면 최초 가입시 보험료가 상승하더라도 자기부담금을 낮추는 것이 필요하고 터널공사가 대부분인 경우 실제 터널에서 자주 발생하는 소규모 붕락사고에 대한 보험처리를 위해서는 자기

부담금을 최소화할 필요가 있음(실제 터널공사에서 소규모의 붕락사고는 잦지만, 대규모의 피해가 예상보다 많지 않음).

8. 가입된 보험사간(A사, B사)의 보험기간이 상이(약 1개월 차이)할 경우, 상이한 기간 내 사고발생시 대책은 무엇인가요?

☑ 사고 발생시점과 양 보험사의 보험기간을 확인 후, 사고일자가 보험기간 동안의 유효여부에 대한 검토 필요.
아울러, 향후 리스크를 고려하여 보험 배서 발생시 보험기간 조정 필요.
ex) 보험 가입: A사 2018. 1.~2020. 12. / B사 2018. 2.~2021. 1.(사유: 착공 후 실공사 투입을 고려하여 보험 가입 시점 차이 발생)
2021. 1. 사고 발생시, 사고인자가 2020. 12 이전부터 유효했던 것이라면 A사로부터도 보상이 가능하고 A사와 B사 모두 보험금 지급이 충족되며, 각 비율대로 분담 지급 처리 됨(사고인자에 대한 연관성에 대한 증명 필요).
그러나 상호 연관성이 결여되면 A사에게는 보험금을 받을 수 없음.

9. 피보험자의 범위 설정에 대한 기준이 있나요? (최초 시공사 & 하도급사 가입 후 발주처 요청으로 발주처를 추가하였음)

☑ 보험가입시 '피보험자' 범위에 대하여 포괄적인 지정이 필요.
보험계약자(피보험자)의 이해관계(발주처~하도급사 등)를 증명할 수 있으면 피보험자 추가 지정 가능.
Tip. 설정 범위: 발주처~하도급사, 책임감리업자, 기술적 자문사 그리고 또는 기타 동 Project 현장작업과 관련된 이해관계인으로서 그들 각각의 권리 및 이해관계에 있는 자 등

10. 피보험자 분담조항은 무엇인가요?

☑ '피보험자'는 '보험계약자, 보험수익자'와 동일한 의미로 보험에 가입하는 시공사(발주자 포함)를 지칭하며, '보험자'는 보험사를 지칭함.
한국 건설공사보험 시장은 원수급보험사(Major 보험사: 삼성화재, 한화손해보험, KB손해보험, DB손해보험, 현대해상, 흥국화재 등)와 '건설공제조합'이 영업 중이며 보험계약시 원수급보험사 및 건설공제조합으로 일정비율로 동시에 가입하는 경우에 대해서 원수

급보험사의 보험조건에 '피보험자 분담조항'을 보면 다음과 같이 설명되어 있음.

[피보험자 분담조항]

책임한도: 보험가입금액 도는 제3자 배상책임보상한도액의 90%

피보험자 부담비율 조항: 10%

보험자의 책임범위는 아래와 같이 계산됨

(총발생사고금액-자기부담금)×(100%-피보험자 부담비율)

위의 조건은 '보험자가 원수급보험사＋건설공제조합' 구성으로 보험 가입시 약관상에 명기되는 내용임. 사고발생시 피보험자가 10%를 부담하는 것이 아니라 원수급보험사가 보험금의 90%를 부담하고 나머지 10%는 건설공제조합에서 부담하는 조건을 나타낸 것이다. 따라서 본 조건의 피보험자 분담은 곧 건설공제조합의 분담분을 의미함.

11. 발주처의 보험 일괄가입 공사에서 시공사가 별도로 보험을 가입하는 사례가 있나요? 만약, 중복 가입한다면 손해에 대해 중복보상이 가능한가요?

☑ 여러 공구로 분할되어 각각 공구별로 계약된 공사에서 발주처가 건설공사보험을 일괄 가입하는 경우에 대해 각 공구의 시공사가 검토 후 담보가 부족하거나 미담보되는 부분에 대해서는 별도로 보험 가입이 가능함.

발주처 가입분과 중복으로 담보되는 공사목적물은 보험사별로 분담 보상되며 발주처 가입분 중 미담보되는 사항에 대해서는 별도 보험가입시 100% 보상이 가능함. 보험은 원칙적으로 '실손보상의 원칙' 및 '이득금지의 원칙'에 따라 동일한 사항에 대해 이중으로 중복보상은 원칙적으로 불가함.

12. 발주처의 보험 일괄가입 공사의 약관 중 '대위권 포기 특별약관'이 제외되었을 경우, 시공사가 별도로 가입할 수 있나요?

☑ 발주처가 일괄계약 주체인 경우, '대위권 포기 특별약관' 제외는 발주처에서 별도의 검토가 있었을 것이나 상기 약관의 제외로 인한 손해는 발주처 책임이므로 시공사에서 별도로 가입할 필요가 없을 것임. 건설공사보험 구조상 특정약관만 별도로 보험에 가입하는 것은 불가함(공사목적물에 대한 SEC.1, SEC.2의 보험 담보 성립 이후 특별약관이 설정되는 것임).

13. 공사중지 기간에 대한 보험적용 여부

☑ 공사중지에는 내부적 요인(ex: 발주처 사업비 부족 등)과 외부적 요인(ex: 민원)으로 구분할 수 있음.

가령, 장기계속 공사에서 금차 준공 후 신규 차수 발주시까지의 공백 기간(ex: 동절기)이 있다면, 보험사에 '보험정지'요청 가능함(공문 발송). 요청한 '보험정지'기간은 당초 보험 종료일로부터 해당 정지기간만큼 보험연장이 됨.

단, '보험정지'기간은 보험의 효력도 정지됨으로 사고 발생시 담보 불가.

[참고] 협력업체 부도로 인한 공사중지로 인해 당초 보험기간을 초과하여 사고가 발생할 경우 보험 담보 여부

☑ 사고원인이 공사중지 이전에 발생하여 공사중지기간에 사고가 발생하면 보험담보 가능함. 다만 협력업체 부도 이후로 시공사가 계속해서 계약목적 대상물을 '유지관리' (예: 구조물 균열 계측 등)한 증거 필요.

공사중지 이후에 사고원인이 발생하는 경우는 보험적용이 불가함.

풍수해가 공사중지기간에 발생하여 사고가 발생했다면 보험으로 담보가 불가함.

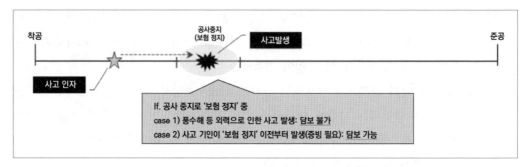

14. 장기계속공사의 경우 기 발생한 동절기 휴지기간으로 예상준공이 계약기간을 초과할 경우,

1) 보험증서에 보험기간이 명시되어 있으나, 공사기간도 기재되어 있는데(절대공기 개념), 기 발생한 휴지기간만큼 연장은 불가한가요?

2) 위의 사유로 보험기간 종료 이후 위험 공종이 시공될 경우, 단순공종 작업기간을 중지시켜 보험기간 확보가 가능한가요?

☑ 최초 보험가입(계약)시와 상이한 가입조건(도급액 변경 또는 공기 변경) 발생시 우선적으로 '배서'의 필요성에 대해서 검토 필요. 보험은 약관상의 시작일로부터 종료일까지 효력이 발생하며, 도급계약서상의 절대공기 개념은 접목할 수 없음.

'보험기간 자동연장 특별약관(O개월)'을 설정함으로써 담보연장이 가능하나, 일반적인 공공공사 현장의 공사 장기화로 인한 계약기간을 변경할 때마다 연장기간을 반영하여 공사보험기간을 연장해야 함. 보험기간 내, 보험사에 '보험정지'요청(공문 발송)을 통해 보험정지기간 만큼 당초 보험 종료기한이 연장될 수 있음. 단, 보험정지기간 동안 보험의 효력도 정지되어 정지기간 내 기시공된 공사목적물의 손망실 발생시 담보 불가.

※ 공사의 원활한 수행으로 당초 준공계획보다 3개월 먼저 조기 준공할 경우, 잔여 3개월에 대한 보험료 일부 환급은 불가함.

건설공사보험은 잔여공기(보험 종료일)와 상관없이 발주처에 시설물 인수인계 및 준공 승인을 득하면 보험효력이 자동적으로 종료됨.

15. 설계비가 포함되어 보험 가입이 되어 있는 경우, 설계오류에 대한 보상도 가능하나요?

☑ 설계비가 포함되어 보험에 가입한 것과 설계오류에 대한 담보는 무관(無關)함.

공사보험은 공사목적물에 대해서 담보하는 것이지 설계오류에 관한 사항을 담보하는 것이 아님. 따라서 설계비를 반영하여 보험에 가입한 것 자체가 오류임.

공사보험에서 공사목적물에 해당하지 않는 설계비, 이윤, 부가세는 가입대상에 해당하지 않음.

'설계결함담보 특별약관'은 설계자체에 관한 보험이 아니라 설계오류에 따른 목적물의 피해가 발생한 경우에 해당함. 공사목적물을 이루는 A에 대해 설계결함에 의한 사고 발생시 A를 보상하는 것이 아니고, A의 결함으로 인해 파급된 목적물 B,C,D 등의 피해를 보상하는 것이며 A는 보험적용 대상이 되지 않음.

16. 턴키공사의 경우 공사비 증액 없이 설계변경되었을 때, 보험에 대한 변경계약(배서)도 동시에 이루어져야 하나요? 또한 설계변경시 추가, 삭제되는 공종에 대한 위험도를 재산정하여 배서해야 하나요?

☑ 도급내역은 변경되었으나, 당초 보험 가입시 '보험 가입금액'의 변경이 없다면 보험료 산출은 '보험 가입금액×요율'로 산정되므로 별도의 배서는 불필요할 것임. 다만 원칙적으로 보험은 보험가입금액이 도급내역에 해당하므로 공법변경, 추가공사 등에 따른 도급내역의 변경시 반드시 보험사에 통보해야 변경된 내역에 대한 보험담보를 할 수 있는 것임. 도급내역 변경에 따른 통지의무 위반 여부로 사고시 보험사와 분쟁대상이 될 수 있음.

구 분	도급액 (A)=(B+C+D)	직공비 (B)	간접비 (C)	보험 제외분 (D)	보험가입금액 (D)=(B+C)	비 고
당 초	100억 원	80억 원	10억 원	10억 원	90억 원	
변경#1	100억 원	85억 원	5억 원	10억 원	90억 원	배서 불필요
변경#2	110억 원	88억 원	2억 원	20억 원	90억 원	배서 불필요
변경#3	110억 원	90억 원	10억 원	10억 원	100억 원	배서 필요검토

17. 설계변경 전 발주처로부터 사전 실정보고 승인을 받은 공종에 대하여 착수 전 보험사에 통지할 의무가 있나요? 있다면, 통보기한이 있나요?

☑ 보험 가입금액의 증감 여부를 선 검토 후, 당초 계약분보다 현저하게 늘어날 것으로 예상된다면 유선, 이메일 및 공문 등으로 '즉시' 해당내용을 보험사에 알리고, 추가 납입보험금 검토에 따른 배서 시행 여부를 판단하여야 함. 만약, 증가되는 금액이 도급 내 감액되는 부분과 일치하여 설계변경을 하여도 당초 보험 가입(대상)금액의 변경이 없을 거라 판단된다면 배서는 불필요할 수도 있음.
상기 내용 관련 별도의 통보기한은 없음. 피보험자(건설사)는 합리적인 배서를 통해 보험관리 필요.

18. 설계변경으로 공사비가 증액된 경우 추가된 공사가 기존의 공사보다 현저하게 위험도가 높은 경우, 공사비 변경 10% 특약이 있더라도 담보가 제외될 수도 있나요?

☑ 보험 배서의 목적은 추가된 공사목적물을 담보하는 것으로 현장에서는 설계변경시마다 배서 여부에 대한 검토 필요. 대규모의 신규공법, 노선 변경 등 대규모 공종의 설계변경 사항이면 보험사와 사전협의 필요.
'공사비 10% 특약'은 당초 보험대상금액에 대한 증감 변경 10% 미만시 당초 납부된 보험료로 보험이 유지되는 사항으로 도급증액이 10% 미만이라고 하나, 보험사에 미통보하여 확인이 안 된 '변경내역(도급 증액 사항)'은 기존 약관의 배서가 되지 않았으므로 향후 보상 사례 발생시 100% 보상이 아닌 '비례 정산'에 준하여 보상을 받게 됨 (공사비 10% 특약 맹신 금지!).

19. 도급계약서의 공사계약 특수조건(Ⅰ) 제12조 4. '보험가입주체와 관계없이 계약상대자는 공사보험 계약일로부터 6개월 이내에 보험회사로부터 위험도조사보고서(Risk Survey Report)를

징구하여 공단에 제출해야 한다', 5. '계약상대자는 보험회사가 제출한 위험도 조사보고서에 따른 적절한 위험방지 조치를 취해야 하며, 공정율 100분의 50 전후에 이미 제출한 위험도조사보고서의 내용을 보완하여 다시 제출하여야 한다'로 명기되어 있습니다.

1) 위험도조사보고서의 제출이 보험사의 의무사항인가요?

2) 의무사항이 아니라면 별도 비용이 발생하나요? 비용부담의 주체는 누구인가요?

3) 위험도조사보고서 상의 위험방지 조치시 발생비용에 대한 부담 주체는 누구인가요?

☑ '위험도조사보고서(Risk survey report)' 작성은 보험자(보험사)의 책임 사항으로 해당 시기에 제출을 요청하면 되며, 이와 관련하여 피보험자가 부담할 비용은 없음. 위험도조사보고서의 언급된 위험방지 조치사항은 피보험자(건설사)의 안전조치에 대한 의무사항으로 조치시 발생 비용은 피보험자가 부담하게 됨.

20. 보험가입금액 증액 특별약관에서 '110% 한도 내에서 증액될 수 있으며, 증액 금액은 보험자에게 통보되고 보험자가 동의한 것을 전제로 합니다', '보험가입 증액은 그 내용이 사고발생 이전에 증권에 기재되어 있을 경우에 가능합니다', '이 특약은 증가된 보험가입금액에 대한 추가보험료를 납입함으로써 효력이 발생됩니다.' 이 약관을 볼 때 도급증액이 발생하면 보험사 통보하고, 증권내용을 변경하고, 보험료를 납부해야만 담보가 된다는 내용으로 이해가 됩니다.

1) 도급 증액 금액이 110%가 넘을 경우 보험가입금액의 증액이 불가한가요?

2) 발주처 일괄가입으로 여러 공구가 동시에 가입된 경우 도급의 증액이란 각 공구별인가요? 전체인가요?

☑ 도급증액에 따른 보험한도액은 보험조건마다 다를 수 있음. 보험담보를 위해서는 반드시 보험료를 납부해야 효력이 발생하므로 추가담보 및 증액분에 대해서도 추가 보험료를 납부해야 보험적용이 됨.
발주처에서 일괄 가입하는 경우는 주로 공구별이 아니라 사업별로 가입하는 것이 일반적이나 보험사와의 계약조건에 따라 달라질 수 있음.

II. 보험 약관

1. 독일식 약관과 영국식 약관의 차이점은 무엇인가요?

구 분	영국	독일
특 징	• 약관상 '담보되지 않습니다'를 제외하고 Full 담보 • 독일식에서는 특별약관에 반영 필요한 담보를 '기본담보'에서 보장(설계결함 등)	• 담보 조건이 영국식에 비해 상대적으로 구체적 • (중요한) 특별약관 별도 반영 필요 – 설계결함 담보 – 진동, 지지대 철거 및 약화 담보
납입보험료	• 독일식보다 비싸다(담보 조건 많음)	• 영국식보다 경제적

2. '잔존물 제거비용'은 무엇인가요?

☑ 화재나 기타 위험으로 인하여 무너지거나 피해를 입은 보험의 목적물 제거, 해체, 지지비용에 대한 담보.

잔존물이나 잔해를 제거하는 작업에 의외로 과다한 비용의 지출이 불가피한 경우를 확장 담보하기 위한 특별약관(예: 교각 시공 중 풍수해로 인하여 기둥 파손 및 기초만 잔존. 교각 재시공을 위해 기초 잔존물 철거에 수반된 비용 담보).

3. '예정이익상실 담보(SEC.3)'는 무엇인가요?

☑ 피보험자(보험증권상 제1부문 별표에 기명 발주자)에게 제1부문에서 담보되는 계약공사의 전부 또는 일부의 손실 또는 손해가 발생하여 사업개시가 지연되었거나 피보험사업에 지장을 주어 매출액의 감소 또는 특별비용의 증가로 발생하는 총이익의 상실을 담보하는 것으로 제3부문이다.

이 부문에서 담보하는 보상은 다음과 같다.

– 총이익상실액: 보상기간 동안의 실제 매출액과 지연되지 않았을 경우 달성하였을 매출액과의 차액에 총이익을 곱하여 산출한 금액

– 특별비용: 보상기간 동안 발생하였을 매출액 감소를 방지 또는 경감하기 위해 지출된 필요유익 비용임.

일반적으로 재정사업과 같은 공공공사에서는 제3부문은 보험가입 대상이 아니며 피보험자인 시공사는 수급자에 해당하므로 제3부문과 직접 관련이 없음. 일반적

으로 시설물을 통한 운영으로 이익이 발생하는 사업시행자(발주자)에서 가입함(철도나 도로의 민자사업을 주관하는 사업시행자에게 적용됨).

4. 방화설비에 관한 추가약관에서 소화작업에 숙련된 근로자의 기준은 무엇인가요?

☑ 해당 직무 관련하여 관리기관의 (기술자) 교육 수료자

5 '확장 위험담보'에서 시간외근무, 야간근무, 공휴일 작업에 대한 특약이 궁금합니다.

☑ 특약 가입시 담보 사항으로 현장에서 공기 부족 등의 사유로 사고처리를 위한 돌관공사 시행시, 해당 조건(시간 외 근무, 야간근무, 공휴일 작업)에서 발생한 손해의 담보(물적 손해담보 및 제3자 배상책임담보). 시공사는 돌관공사 시행 전, 반드시 돌관공사 시행을 보험사에 통보 및 협의하여야 함(미통보시 불인정 가능).

6. 재보험사의 역할과 기능은 무엇인가요?

☑ 사고 발생시 보험자(원수급사)가 지급하는 막대한 보험금 부담을 해소하기 위해 재보험사에 보험을 가입하며, 재보험 거래는 국내는 물론 해외에 소재한 재보험사와도 거래가 가능함.
사고의 규모가 커서 보험금이 높게 산정되는 경우 보험사는 이를 재보험사에 보고하고 이후 재보험사는 사실 여부 및 보험금 산정액에 대해 별도로 조사할 수 있음.

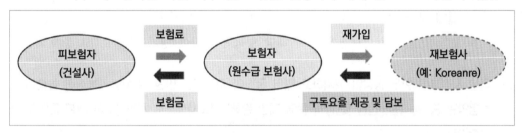

7. 시간 외 근무 등 특별비용에 대한 사전서면 합의 방법은 무엇인가요?

☑ 피보험자는 사고처리를 위한 돌관공사 시행시 반드시 보험자(또는 손해사정인)와 사전 협의가 필요하며, 보험자는 협의시 돌관공사 관련 자료를 요구할 수 있음. 특별비용을 청구하기 위해서는 관련 투입자료를 제출해야 함(돌관공사 기간, 공종, 투입내역 등).

8. 공동보험 특별약관상 4개 보험사가 부담하게 되어 있는데, 사고 발생시 4개 보험사가 전부 조사를 하나요?

☑ 계약자와 보험을 체결한 보험사(원수급 보험사)가 총괄 진행함. 특별약관상에 기재된 보험사들은 '시공사의 공동도급사' 개념으로 산정된 보험금에 대해 해당지분별로 분담하여 처리하는 것임(피보험자에게 지급될 보험금을 분담책임하여 보험사의 리스크를 최소화하는 것이 목적임).

9. '대위권(代位權)'은 무엇인가요?

☑ 보험사가 피보험자에게 어떤 사고에 대하여 보상을 지급한 후, 피보험자는 손해의 과실이 있는 자에게 별도의 구상청구권을 행사할 수 없고 보험사가 그 권리를 승계받는 것임. '대위권 포기 특별약관'은 보험사가 대위권 행사를 포기하는 약관임. 대위권포기 약관 미설정시 보험사의 구상권 행사와 관련하여 현장에 2차적인 간접피해의 발생이 우려됨으로 반드시 설정해야 함.

10. 제1부문(SEC.1) 물적 손해 중 특별면책조항 가운데 '서류, 제도, 계산서, 청구서, 통화, 인지, 증거서류 채권, 화폐, 유가증권 및 수표의 손실 또는 손해'의 면책사유는 무엇인가요?

☑ 상기 항목은 담보(보상)를 위한 '가치'의 평가에 대한 객관성 확보가 어려우며, 귀중품의 실제 보관 여부에 대하여 논란이 있으므로 특별면책(보상불가)으로 지정. 실제 담보(보상)을 위해서는 보험계약 시 해당 항목에 대하여 명기 필요(보험료 증가 가능).

11. 터널 시점부에 한우 농장이 위치하고 있어 굴착이 시작되면 민원 발생할 가능성이 높습니다. 보험약관 중 '농작물, 산림 및 양식 등에 대한 손해' 담보사항으로 처리하고자 계획 중인데 가능한가요?

☑ '농작물, 산림 및 양식 등에 대한 손해특별약관'에 의거 담보가 가능하고 특히 터널공사시 반드시 가입해야 하는 담보사항임.
또한 '진동, 지지대 철거 및 약화에 관한 특별약관' 및 'SEC.2 제3자 배상책임담보'에 의거하여 담보 가능.

12. 지하 매설전선이나 배관에 관한 추가약관에서 공사 개시 전에 조회된 것에 대해서만 보상이 이루어지는데, 공사 중 추가 발견된 지장물을 포함할 수 있는 방법은 무엇인가요?

☑ 시공 전 시공사가 지장물 소유주(유관기관)와 협의(회의)를 한 근거만 있으면, 공사 중 확인된 추가 지장물에 대한 사고도 보상 가능. 상호간 회의 요청 공문 또는 회의록 증빙 필요함. 단, 수리(복구)비만 보상 가능(영업손실 제외).

13. 약관을 보면 1사고당 보상한도액이 있는데, 1사고당의 기준이 궁금합니다(터널구간 공사로 인한 제3자 피해발생시 건물당 1사고로 봐야 하는지 또는 터널 구간 전체의 건물을 1사고로 봐야 하는지, 터널구간과 정거장 구간을 나누어서 각각을 1사고로 봐도 무방한지 궁금합니다).

☑ 시공사에서는 먼저 사고별 발생시점과 이로 인한 영향 범위의 면밀한 검토가 필요하며, 보험금 수령을 최대화할 수 있는 전략수립이 필요함. 주의할 점은 사고 Case가 많을수록 '자기부담금/Case'이 증가하기 때문에 수령 가능한 보험금이 축소될 수 있음. 피해건물에 대해서는 사고발생시점, 사고구간, 사고원인, 사고기간 등을 종합 후 분류(Grouping)화 하여 보험처리하는 것이 일반적이므로 손해사정인과 협의하여 최대한 보험적용 범위를 넓혀서 1건당 사고처리해야 함.

14. 추가약관 중 공정구간(Max length of Section: 400m)은 무엇인가요?

☑ 보통/특별약관의 규정과 관계없이 제방, 방파제, 개착(Cuttings), 계단식 파기(Benchings), 도랑 및 수로공사에 대한 손해 및 배상 책임손해는 일정한 구간으로 나뉘어 건설되는 경우에만 보상하는 것으로 한 사고당 최대보상 길이를 설정하게 됨.
공종의 성격상 연속된 공사(터널, 방파제 등)가 진행되는 현장의 증권에 첨부되는 추가약관으로 한 사고당 최대 보상길이를 초과하여 보상하지 않음. 공정구간의 연장길이가 늘어나면 보험료가 높아지므로 보험가입시 현장여건을 고려하여 적정 보험료 내에서 공정구간의 연장을 확정해야 함.

15. 공정구간에 대한 추가약관 중 최대보상 길이는 500m로 명기되어 있는데, 당 현장은 공사 구간이 두 구간(1호, 2호 방수제)으로 나누어져 있습니다. 이러한 경우 담보 범위는 연속적인 공사 구간이 아닌 두 공사 구간에 대한 각각 500m(합계1,000m)인지 합계 500m인지 궁금합니다.

☑ 공정구간에 대한 최대보상 연장 500m는 보상가능한도의 개념으로, 방수제가 1, 2호

(각각 500m)로 되어 있어도 동일한 사고 발생시 합계 연장(1,000m)의 보상은 없음. 두 방수제 중 피해 규모가 큰 방수제를 택일하여 보험금을 청구하는 것이 가장 유리함.

16. 내륙운송확장담보 특별약관에 따른 보험목적물의 범위와 관련하여

   1) 자재 운반시(모래, 자갈 등) 자재도 보험목적물로 볼 수 있나요?
   2) 보험목적물이라면 운송 중에 발생한 모래의 Loss에 대한 보상도 가능한가요?

   ☑ '내륙운송확장담보'는 해외에서 구매하여 수입되는 자재에 대하여 국내 통관 이후 현장까지 운송에 관련된 담보사항임. 모래는 공사목적물을 이루는 자재로써 담보대상이지만, 운송 중에 발생한 Loss에 대해서는 보험 판단의 객관성 확보가 명확하지 못함으로 보상 불가.

17. 폭우로 인한 현장의 침수가 발생하여 응급복구 중인 상태에서 72시간이 지난 후에 복구가 완료되지 않은 상태에서 또 침수가 발생하면 동일사고인지 다른 사고에 해당하는지 궁금합니다.

   ☑ '72시간 조항'은 72시간 내 발생한 동일한 내용의 사고에 대해서 1건의 사고로 간주하는 내용임.
   사고 발생 후 72시간이 지난 상태에서 침수가 재발생 되었다면, 별도의 사건으로 판단되며 자기부담금 공제도 2 Case가 발생함.
   사고 발생에 따른 보험청구건과 자기부담금 공제 횟수는 비례함으로 보험청구시 전략적 접근이 필요.

18. 강우, 홍수 및 범람에 관한 안전조치에 공사의 설계 또는 시공단계에서 적정한 안전조치가 취하여진 경우에만 이를 보상한다고 하는데 구체적인 사례는 있나요?

   ☑ 적정한 안전조치: 보험기간과 건설현장에 대하여 10년(강우강도) 주기의 강우, 홍수 및 범람에 대비한 예방조치.
   다만, 모래, 나무, 등 장애물들이 수로에서 즉각적으로 제거되지 않으므로 발생한 손해에 대해서는 보상이 거부될 수도 있음. 시공사의 안전조치에 대한 의무 불이행을 지적하는 사항임.

19. '공사일정표상의 공사일정과 실제 공사진행이 6주 이상 차이가 나는 경우, 그 차이로 인하여 발생한 손해에 대하여는 보상하지 아니한다'는 계획 대비 실공정이 6주 이상의 차이가 있는 경우, 보상하지 않는 특별한 이유는 무엇인가요?

☑ '건설 및 조립공사 일정계획에 관한 추가약관(일정변경 허용기간: 6주)'은 시공사에게 불리한 사항으로 가능하다면 삭제하여 가입하는 것이 필요함(삭제 가능).

현장 특성상, 설계변경, 현지여건 변경 등으로 공정은 수시로 바뀌는 경우가 많기 때문에 시공사로서는 불리한 약관임. 약관이 반영된 현장의 최선책은 공정 변경시 변경공정표를 공문으로 보험사에 제출 필요(보험계약자의 의무이행 증빙).

20. 건설 및 조립공사 일정계획에 대한 추가약관의 '공정지연 발생시 그 차이로 인하여 발생한 손해에 대하여는 이를 보상하지 아니한다.' 가령, 당초 계획이 3월에 구조물공사가 완료되어야 하나, 약 6개월 정도 공정지연이 발생하여 7~8월 구조물공사가 진행 중 수해가 발생한 경우 보험처리가 가능한가요?

☑ 당초(보험 가입시) 제출한 공정표와 실제 공정의 차이로 상기의 사례가 발생했다면, 해당 약관을 근거로 보험사는 담보 불가 통보를 할 수 있음.

일반적으로 공공공사의 약관상 해당 조항은 사고발생시 공정지연 여부에 대한 입증을 피보험자가 해야 할 필요가 있으므로 보험가입시 해당약관은 삭제하여 가입해야 함. 부득이 조건변경이 불가하다면 리스크를 최소화하기 위해서는 보험가입시 보험사의 특별한 요구가 있지 않은 한 공정표 제출을 보류할 것(보험사에서도 토목공사 특성상 공정표와 실제 공정이 동일하게 진행될 수 없음을 인지함).

보험가입시 공정표를 제출했다면, 추가약관에 근거하여 6주 이상 지연시 보험사에 변경공정표의 제출 필요(보험관리 필요)

21. 설계결함담보 특별약관에 '설계결함으로 인한 대체 및 복구비용을 보상한다'라고 되어 있는데, 턴키공사의 경우 설계누락으로 인한 시공사 추가투입분을 반영받을 수 있다는 뜻인가요?

☑ 건설공사보험은 가입시의 도급내역을 기준으로 요율산출 및 보험료를 산정하기 때문에, 가입시 미반영된 내역은 원칙적으로 담보 불가. 따라서 상당한 규모의 설계변경(C/O)이 발생할 경우에는 보험사에 통보하여 협의. 최종 내역에 반영되어 변경계약이 이루어지면 해당 변경내역서를 보험사에 제출하고 담보를 위해서는 별도의 '배서'가

필요할 수 있음.

22. 현장 발파로 주변 가옥의 균열이 발생하여 보상을 위해 제3자 배상책임 보험금을 청구하였으나, 보험사 측에서 보험사 특별면책조항에 해당한다는 회신을 받았습니다(보험적용이 불가함). 현장에서 흔히 발생할 수 있는 발파로 인한 균열보상(제3자 배상책임보험)약관반영가능 여부 및 추가약관 삽입시 보험료는 어느 정도인가요?

☑ 상기 내용은 '진동 지지대 철거 및 약화에 관한 특별약관'을 미가입하여 담보되지 않은 Case임(가급적 본 특별약관은 필수 가입해야 함).
특별약관 미가입시 보험사와 협의하여 특별약관을 삽입하여 보험가입 가능함. 보험료는 별도로 보험사와 협의할 사항임.

23. 준공 후 발주처에 공사목적물이 인수인계되면 보험의 효력은 종료된다고 하는데, 하자보수 기간 내 사고 발생시 보상받을 방법이 있나요?

☑ 건설공사보험의 효력은 공사목적물의 인수인계가 완료되면 자동적으로 종료되나, 다음과 같은 특별약관을 가입하면 담보가능함.

[공사완료 물건에 대한 손해 특별약관]
보통/특별약관의 규정에 관계없이 보험기간 동안에 보험가입증서상의 재물손해조항에서 보장되는 보험의 목적의 건설공사로 인하여 이미 완공되어 인도되었거나 사용되고 있는 공사목적물의 일부가 입게 된 손해를 보상함

24. 최근 약관의 기준을 초과하는 기상이변 및 기록적인 폭우 등에 의한 피해가 발생함에 따라 보험금 지급이 늘어나고 있을 것으로 예상이 되는데, 이에 대한 보험사들의 대응 및 약관 강화 등의 계획을 하고 있는지 궁금합니다.

☑ 천재지변 발생시, 강우, 홍수 및 범람에 관한 안전조치 추가약관, 자연력 공제(30%) 등의 조건이 대표적임.
자연력 공제(30%)는 기상이변의 성격상 어느 누구도 예기치 않은 사항으로 보험사에서 100% 손해 담보하는 것이 부당하다고 주장되어 보상 발생시 30%를 공제하는 것이며(보험약관 확인필요), 강우, 홍수 및 범람에 관한 안전조치 추가약관은 시공사의 적정한 안전예방조치가 취해진 경우에만 보상이 가능하다는 약관으로 현장에서 모래, 나무, 등 장애물들이 수로에서 즉각적으로 제거되지 않으므로 발생한 손해에 대해서

는 보상이 거부될 수도 있음.

자연력 공제(30%)는 보험가입시 약관을 면밀히 검토하여 가급적 삭제하도록 협의하고, '강우, 홍수 및 범람에 관한 안전조치 추가약관'과 관련해서는 현장의 정기적인 안전조치가 필요하며 만약의 경우를 대비하여 사전이행한 자료를 충분히 확보해야 함.

III. 보험 청구

1. 공사 중 인접건물 피해발생시 보험청구 절차와 필요한 서류는 무엇인가요?

☑ 공사 중 발생하는 진동 등으로 인해 공사장 인접건물의 균열, 파손 등의 피해가 발생하게 되는데 이는 제3자 배상책임에 적용됨. 일반적으로 인접건물의 피해는 단독으로만 발생하지 않고 분류(Grouping)되어 연쇄적으로 발생함. 따라서 피해민원이 발생하면 현장담당자는 피해규모, 피해상황 등을 파악하여 신속히 보험사에 통보하고 선임된 손해사정인과 피해상황 파악, 보험금 산정에 관해 협의해야 함.

제3자 피해에 관해서는 피해전부를 확인할 수 있도록 공사착수 전 연도변조사(인접건물의 상태 및 균열 등을 사전에 조사)를 시행해야 피해에 대한 입증이 용이함.

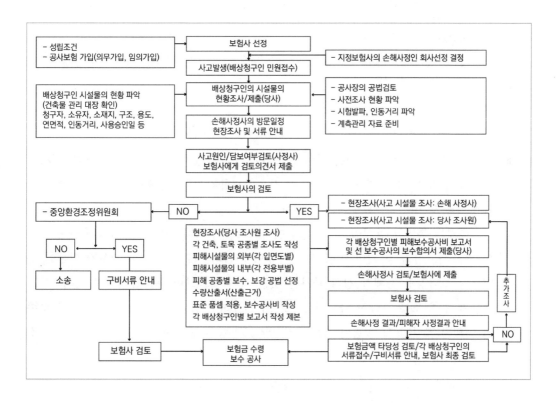

목적물의 물적피해(Section1)와 보험금청구에 관한 기본적 절차는 다르지 않지만, 피해건물이 많을 경우 보험사에 제공할 자료도 많고 민원인과 일일이 상대해서 협의해야 하므로 상당한 업무가 가중됨. 이와 관련하여 전문용역업체로 하여금 업무를 위탁하는 것도 현장업무를 경감시키는 방안이 될 수 있음. 업무절차는 다음과 같다.

단계별 구비서류에 대해서는 손해사정인과 협의하여 다음과 같이 보험사에 제출해야 할 필요한 서류 및 자료를 준비해야 함.

---

1. 기초자료

공사개요, 도급계약서, 민원건물현황도, 공사장 및 피해건물과의 인동거리(인접거리) 확인도면, 피해보상 청구인리스트(성명, 지번, 구조, 연면적, 사용승인일)

2. 사고원인 규명서류

지질조사보고서, 계측관리보고서(공사장내외 계측자료), 시험발파 관련 자료, 흙막이 도면 등의 관련 설계도서, 사전조사 보고서(공사전 연도변 측정자료),작업내용, 민원관리 대장

3. 피해보상 집행서류

① 미수선 수리비 합의시(민원인이 직접수리): 합의서(건물주), 위임장(건물주외 관계자가 대리할 경우), 합의금 입증자료 및 임금표, 합의자 인감증명서,

② 수선 수리비 합의시(시공사가 직접수리): 수리확인서, 수리내역서, 수리업체 수리비 세금계산서, 수리사진(전, 중, 후), 수리업체 사업자등록증

4. 보험금 청구서류

보험금 청구서, 법인인감증명서, 사용인감계, 법인통장 사본, 사업자등록증, 집행서류 일체

---

2. 사고발생 14일 이내 사고통지를 하게 되어 있는데, 그 이후에도 보험 청구를 할 수 있나요?

☑ 반드시 청구가 불가능한 것은 아니나 보험금 지급에 있어서 보험사와 분쟁의 여지가 발생할 수 있음(단, 보험사가 통지의무를 사유로 보험금 지급불가 의사를 밝힐 경우 이는 약관에 따른 조치이므로 피보험자는 불리함).

사고통지는 특별한 양식이 있는 것이 아니므로 유선이나 이메일 등의 신속한 통지가 필요함. 사고처리 등 기타 여러 가지 사유로 14일의 기한이 초과한 경우가 발생할 수 있으나 보험청구 자체가 전혀 불가한 것은 아니므로 보험사에 통지하며 손해조사가 가능할 수 있도록 가급적 사고현장 보존이 필요하고 응급조치 등으로 사고현장 보존이 여의치 않다면 사고 관련 자료(사진, 영상 등) 등을 반드시 확보해야 함(응급복구 전후 자료 등).

3. 보험대상분이 일부 누락되었을 경우, 추가 요청이 가능한가요? 가능하다면 유효한 추가 요청 기간은 얼마나 되나요?

☑ 보험금 소멸시효는 3년으로, 해당 사고 발생 후 3년 내 보험 청구 가능. 단, 보험청구 근거(현장보존, 사진, 등 back data 필요) 확보. 입증 불가시 보상 불가함.

4. 피해 금액이 크게 발생한 경우 재보험사에서 현장실사를 나오는 경우가 있는데, 이에 대해 시공사가 별도로 대응해야 할 것이 있는지 궁금합니다.

☑ 사고 규모가 커서 고액의 배상이 예상될 때 재보험사에서 별도로 조사(Survey)를 하는 경우가 있음. 현장실사를 할 경우에 대해 별도의 대응은 필요 없으나 선임된 손해사정인과 충분한 사전협의를 해야 함. 기타 손해사정업무는 보험사의 고유업무이므로 재보험사의 조사에 성실히 대응하면 됨.

5. 제3자 배상(민원) 사고 처리시 분류(Grouping)의 한계는 어디까지인가요?

☑ 사고(민원) 발생 연장(위치 및 분포)와 사고발생시기 및 약관상 공정구간 연장 확인 후, 동일 공종이나 사고 발생시점으로 묶어서 보험 청구함. 피보험자의 자기부담금 고려시, 가급적 분류(Grouping)의 범위를 확대해서 1건으로 처리하는 것이 가장 유리하므로 약관에 위배되지 않는 범위에서 가장 유리하게 처리할 수 있도록 손해사정인과 협의가 필요함.

5. 보험청구를 통해 보상받은 항목에 대하여 동시에 발주처로부터 설계변경을 통한 도급반영을 받았을 경우, 정산해야 하나요?

☑ 반드시 정산하여 중복보상이 없도록 해야 함(이득금지의 원칙 적용). 발주처의 외부감사 피검 시 주요 체크사항 중의 하나로 중복으로 보상된 경우 환수조치 되므로 이중으로 보상받지 않도록 해야 함. 단, 보험으로 보상받지 못하거나 보험한도를 초과하는 경우에 한해서 설계변경을 통한 도급반영이 가능함(공사의 계약방식에 따라 반영여부가 달라질 수 있으므로 별도 발주처와 협의사항임).

6. 도로확장공사 중 일반인 차량의 교통사고로 공사목적물 파손사고시, 자동차보험 처리와 건설공사보험 처리의 상관관계는 어떻게 되나요?

☑ 모든 보험사는 사고발생시 보상에 대한 자료를 공유함으로 자동차 보험사와 건설공사 보험사로부터 이중수령은 불가하며, 자동차 보험사가 보상을 기피할 경우 피보험자는 건설공사보험 청구 가능하며, 이후 보험사간의 구상권 청구가 진행될 수 있음.

7. 절도 또는 도난으로 보험 청구사유가 발생하였을 경우, 경찰서에 신고한 자료만으로 청구가 가능하나요?

☑ 도난사실 확인원(경찰서 발급) 제출 및 현장보존이 가장 중요함. 현장보존이 불가할 경우 보상 불가(현장 실사 전까지 '출입금지' 표지설치 필요).
일반적으로 절도사건은 보험사에서 제1순위로 조사 처리하는 편임.

8. 보험금의 정확한 산정이 어려울 경우, 보험사의 산정방법은 무엇인가요? (동일자재의 생산이 중단된 경우 또는 자료 손실에 따른 손해 등)

☑ 보험은 보험계약상 '도급내역'을 기준으로 손해를 산정하여 보험금을 지급하는 것이 원칙임.
자재의 생산이 중단된 경우, 계약자가 사고 전까지 투입된 기준으로 산출하여 보상. 예를 들어, 생산이 중단된 A 자재의 50%가 기투입(기시공)되었다면, 보상한도는 50%만 해당. 잔여물량 50%가 A 자재에서 B 자재로 변경되었다면, 향후 보험적용을 받기 위해서는 해당 변경내용은 보험사에 통보하고 별도의 '배서'가 필요할 수 있음.
보험료의 상승여부는 자재단가 변경에 따른 전체 공사금액의 변경에 따라서 '추가납부/일부환급/변경없음' 가능(보험사 검토사항)

9. 자재납품 중 사고발생시 보상의 적용범위는 어디부터인가요?

☑ 현장 내 반입되어 인수인계서에 서명하는 순간부터 보험의 효력이 발생함. 공장(생산처)으로부터 현장까지의 운반 중에 발생한 사고는 해당되지 않음.
'내륙운송 및 보관 특별약관' 가입시 운반 중에 발생한 사고에 대해서는 담보 가능함.

10. '보험계약자 또는 피보험자와 그 대표자의 고의적인 행동 또는 고의적인 태만시 배상책임이 없다.' 이와 관련하여 산업안전보건법 관련 '사업주의 의무' 등이 포함된다는 의미인가요?

☑ 건설공사보험은 보험계약자의 '고의'적인 행동(행위)을 제외한 사항에 대해서만 보험 처리 가능함.

'태만'은 해석상의 논란이 있으므로, 사고 발생시 '고의'적인 행동 여부가 배상책임의 관건이 됨. 피계약자의 '과실'은 보험처리 가능함.

※ 태만(怠慢): 열심히 하려는 마음이 없고 게으름.

※ 고의(故意): 자기의 행위에 의하여 일정한 결과가 생길 것을 인식하면서 그 행위를 하는 생각이나 태도

※ 과실(過失): 부주의로 인하여, 어떤 결과의 발생을 미리 내다보지 못한 일.

11. '위험의 현저한 변동과 상황에 따라 추가예방조치가 취해져야 할 원인이 발생하였을 경우 지체 없이 서면이나 전신으로 회사에 통지하여야 하며 이에 따라 필요하다면 담보범위와 보험료가 조정되어야 한다.' 상기와 관련하여 추가 예방조치가 취해져야 할 원인의 기준은 객관적으로 판단하기 어렵고 주관적인 판단에 따를 것 같은데 어떠한 방식으로 판단되나요?

☑ '위험의 현저한 변동'에 대한 절대적 기준은 없음.

피보험자(시공사) 입장에서는 '현저한 변동'에 대해 판단은 불가하다고 사료됨.

시공사 입장에서 최선의 추가 예방조치는 공사 변경사항에 대하여 보험사 적기 통보가 전부임.

설계변경 등으로 최초 보험가입 때와 계약내역이 상당히 달라진 경우, 일단 보험사에 통보가 필요하며 보험사로부터 보험료 증감에 따른 추가납부 또는 일부 환급은 차후 선택의 문제임. 설계변경이나 도급액 변경시 공사보험의 보험가입금액에 대한 관리가 필요함(항상 보험가입금액 내에서 보험처리).

12. 지하매설 약관 중 '피보험자가 지하에 매설된 설비의 위치를 정확히 조회한 경우에 손해를 보상한다.' 이와 관련하여 관리기관에 정확한 조회를 하였으나, 데이터가 누락되어 지하매설물이 파손되었을 경우는 어떻게 되나요?

☑ 시공사가 공사착수 전 지장물 소유주(유관기관)와 협의(회의)를 한 근거가 있으면 보상 가능(상호간 회의 요청 공문 또는 회의록 증빙 필요). 지장물(지장가옥 포함) 관련, 시공사

가 사전에 인지하고 보험계약자로서 필요한 행위를 한 경우, 보험처리 가능.

아울러, 공사장 인근에 건물이나 지장가옥이 많은 경우 공사착수 전, 연도변 조사(균열 및 상태조사)를 하는 것이 필요함. 이는 향후 공사기간 동안 보험처리에 상당히 유효함.

13. 터파기 작업 중 지하매설된 전선관로 파손으로 인근 공장이 단전되어 그에 따른 손해배상 청구시 보상이 가능한가요? (손해배상청구 업체는 공사구간 외이지만, 원인이 공사구간 내 작업인 경우)

☑ 제3자 배상책임담보에 근거하여 파손된 전선관로 '수리(복구)비'만 보상 가능. 단, 단전으로 인한 영업손실은 보상 불가함.

14. 수해로 인해 현장 내 장비 침수의 피해가 발생한 경우 기존 공사보험으로는 보상이 되지 않아 별도의 보험을 가입해야 하는데, 최초 보험가입시 약관에 반영하여 장비에 대한 피해도 보상받을 수 있나요?

☑ 특별약관을 가입시 보상받을 수 있으나, 해당 담보 증가로 인해 보험료 인상이 불가피함. 장비의 경우 소유주, 현장 반입 여부 등 장비운영상 수반되는 관리요소가 많으므로 장비는 공사손해보험보다 '자동차 보험' 및 '대물보험' 가입을 유도하거나 가입된 장비만 사용하는 것이 유리함.

15. 소재지 외 발생한 손해는 보상 범위에서 제외되나요? (설계변경으로 추가로 도급받은 물량이 용지경계 외 구간에 발생한 사고)

☑ 최초 보험계약 범위에 벗어나는 사항은 보상 불가. 공사구간이 변경될 경우는 보험사에 통보하고 필요시 추가 배서해야 함. 따라서 최초계약시 공사 구역에 대하여 포괄적으로 기재할 필요가 있음(예: ○○ ○○~○○ ○○까지 ○○현장 '일원').

16. 준공 전 공사구간 내 입주업체로 인하여 도로포장, 경계석 및 보도블럭 파손으로 손해가 발생한 경우 보상이 가능한가요? (택지현장으로 구획 조성 완료된 구간에 업체 입주 상황)

☑ 우선 손해를 발생한 입주업체에 손해배상 청구 조치 필요. 입주업체가 손해배상을 거부할 경우, 보험사에 보험 청구시 보상 가능. 보험사는 피보험자에게 보상 후, 입주업체에게 구상권 청구가 가능함.

17. 제3자 배상책임과 관련하여 피보험자는 보험자의 서면동의 없이는 어떠한 인정, 제의, 보상하여서는 안 되지만, 피보험자가 현장여건을 고려하여 선보상을 실시한 경우 보험사에게 보상받을 방법은 없나요?

☑ 단순히 제3자의 민원사항에 대해 근거가 불확실한 합의(위로금 등)는 원칙적으로 보험 적용이 불가함. 피해금액에 대한 제3자와 합의하는 경우에 대해서도 보험사(손해사정인)와 사전협의를 통해 처리해야 함.

18. 보험가입지역 내 하도급업체의 자재분실 및 장비파손에 대하여 보험청구가 가능한가요?

☑ 보험약관상 '분실'은 피보험자의 관리미흡, 부주의 등의 책임 소지가 따르기 때문에 원칙적으로 담보가 불가함.
Tip: 피보험자 보상의 원칙인 예측할 수 없고(unforeseen), 우연한(accidental) 사건에 해당하는 도난의 상황으로 보상 청구를 해야 함(단, 도난청구를 위해서는 반드시 경찰서에 신고하여 '도난사실 확인원'의 작성 필요!).
보험의 담보대상은 공사목적물의 '직접' 또는 '간접' 영향에 대한 검토가 필요함. 철근, 배수관 등의 자재는 공사목적물에 직접적으로 사용되므로 담보대상이 되나, 장비 및 공구 등은 공사목적물 시공을 위한 간접적인 성격으로 담보 불가.

19. 자연재해 및 돌발상황(수문개방 등)으로 인하여 하류부에 위치하고 있는 현장의 자재 분실 및 장비파손 발생시, 보험 청구를 위한 증빙은 무엇인가요?

☑ 사고에 대한 피보험자의 책임소지가 없음을 증명하여야 하며, 사고 내용을 파악할 수 있는 사진 등의 확보자료 필요함(No.18 참고).

20. 보험사에서 담보범위 적용시 피보험자의 피해부분과 피해에 따른 보강공사가 있을 때, 보험금 적용은 어디까지 되나요?

☑ 피보험자(시공사)는 해당 사고의 2차 피해방지 및 향후 보강의 필요성을 고려하여 보강공사를 시행하였으나, 이는 보험가입(대상)금액에 미반영 되었으므로 원칙적으로 담보가 불가함. 단, 공사목적물의 전손(全損)이 확연히 우려되어 추가 사고의 예방을 위한 보강공사를 시행하였다면, 예방차원에서 소요된 비용은 담보 가능(보험사는 전손시 보상비용과 보강공사 투입비의 대소를 비교하여 보강공사 투입을 담보하는 것이 경제적이

라고 판단될 경우 보장).

※ 전손(全損): 보험의 목적물이 사고 등으로 그 형체를 전부 멸실되는 것

21. 사고로 인한 공사지연시 공기 준수를 위해 돌관작업이 필요한 경우, 보험금을 어디까지 받을 수 있나요?

☑ 사고로 인한 공사지연으로 지연된 공기를 준수하기 위한 돌관작업시행은 특별비용 특별약관 담보조건과 해당없음. 특별약관상의 특별비용은 사고의 내용이 담보될 경우 해당 사고의 복구시 소요된 돌관공사에 대해서만 보상됨. 아울러, 건설공사보험은 근로계약법에 명시한 시간(주간 8h/일)에 발생한 사고에 대해서만 보상하나, '특별비용 특별약관' 가입시 돌관공사 중 발생한 사고에 대해서도 담보 가능. 단, 돌관공사 시행 전 보험사에 돌관공사 시행의 서면 통보 및 사전 협의가 반드시 필요함.

※ 보장내용: 시간 외 근무수당, 야간 근무수당, 휴일 근무수당 및 급행운임(항공운임 제외)

22. 보험사의 피보험자 보험 청구서류 보존기간과 피보험자로부터 보험금 청구접수 후 통상 며칠 내로 보험금을 지급하나요?

☑ 일반적으로 보험사는 피보험자의 보험청구서류를 5년간 보관하며, 통상 보험금은 현장의 사고복구 완료 후 1개월 내 지급함. 보험금을 지급하기 위해서는 현장의 사고를 복구한 피보험자의 투입 증빙이 필요하며, 이를 근거로 보험증서의 명시된 보상한도, 자기부담금 등을 검토하여 지급 처리됨.

23. 원수급사는 건설공사보험, 하수급사는 영업배상책임보험을 각각 가입하였을 경우, 사고 발생 시 각 사의 보험사는 보상업무를 어떻게 처리하나요? 아울러, 원수급사 입장에서 하수급사의 영업배상책임보험 가입의 장단점은 무엇인가요? (보상범위가 중복된다면 보험사간 분담 보상 여부)

☑ 보험가입금액의 비율대로 분담하여 각 보험사에서 보험금 분담지급.
자기부담금 공제는 지급되는 보험금의 분담비율과는 상관없이 정액공제되므로 원도급사의 보험사에서 분담하여 지급될 보험금이 자기부담금보다 적을시 자기부담금 한도에 저촉될 가능성이 높음. 건설공사보험에서 피보험자의 범위는 하도급사 (근로자 포함)까지 대상이므로 상기와 같은 경우, 하도급사의 별도 보험가입 여부에 대해서는 별도 검토가 필요함.

각 보험사 입장에서는 보험금 부담을 줄일 수 있어 유효하나, 피보험자는 보험금의 분담 수령에 따른 제약조건이 발생할 수 있어 경우에 따라서 단점이 될 수도 있음. 일반적으로 하도급사는 영업배상책임보험 가입시 보험료를 경감하기 위해 담보조건 최소화 및 자기부담금을 높게 설정함으로, 보험 청구시 실리(實利)의 정도는 작다고 사료됨(보험의 담보범위 및 보험금 규모: 건설공사보험＞영업배상책임보험).

발주처에서 보험 일괄가입시, 원도급사가 담보조건을 검토하여 보장내용이 부족한 부분을 별도로 보험 가입할 수 있음. 하도급사도 이와 유사하게 원도급사의 담보조건을 검토하여 영업배상책임보험에 가입하는 것이 유리함.

Ⅳ. 보험소송 및 계약 관련

1. 현재 진행 중인 민원에 대한 민사소송도 보험 접수가 가능한가요? (진동으로 인한 가옥 균열 보수 및 손해배상 청구 건)

☑ 건설공사보험 접수 가능. 민원처리와 관련하여 소송 발생시, 해당 내용이 보험에 담보되는 사항이면 보험사가 피보험자에게 소송을 위임받아 진행함.

특별약관상 법률비용담보에 가입하면 제3자 배상책임한도액 내에서 제3자 배상책임담보에서 보상하는 사고로 인해 발생하는 법률비용에 대해서는 보상받을 수 있음. 다만 재판이 진행 중이라면 해당 사항을 조속히 보험사에 통보하여 소송을 일임하여 처리토록 하는 것이 유리함.

2. 계약상대자의 책임없는 사유로 계약기간이 연장될 경우 연장된 기간만큼 보험기간을 연장해야 하나요?

☑ 국가기관이 체결한 공사손해보험 가입대상 공사로 보험기간을 연장하여야 하는 경우 계약예규 '정부입찰·계약집행기준' 제59조(보험의 가입시기 및 기간) 제2항의 규정에 의하면 '보험기간은 당해공사 착공시(손해보험 가입 비대상공사가 포함된 공사의 경우에는 손해보험가입대상공사 착공일을 말함)부터 발주기관의 인수시(시운전이 필요한 공사인 경우에는 시운전 시기까지 포함한다)'까지로 규정하고 있음.

3. 계약상대자의 책임없는 사유로 계약기간이 연장될 경우 보험료의 추가 발생분은 계약금액에 반영할 수 있나요?

☑ 계약예규 '정부입찰·계약집행기준' 제73조(공사이행기간의 변경에 따른 실비산정) 제4항

의 규정에 의하면 계약상대자의 책임없는 사유로 공사기간이 연장되어 당초 제출한 계약보증서·공사이행보증서·하도급대금 지급보증서 및 공사손해보험 등의 보증기간을 연장함에 따라 소요되는 추가비용은 계약상대자로부터 제출받은 보증수수료의 영수증 등 객관적인 자료에 의하여 확인된 금액을 기준으로 산출한 실비를 발주처에 청구하여 계약금액조정을 절차를 이행하면 된다. 다만, 보험기간 자동연장 특별약관에 가입시 자동연장기간까지는 보험료의 추가 발생분 없이 자동가입됨.

4. 설계변경, 물가변동, 공사기간 연장이 동시에 발생한 경우에 대한 공사손해보험료 산정은 달리 적용되나요?

　☑ 계약예규 '정부 입찰·계약집행기준' 제57조(보험가입금액) 제4항에 따라 설계변경 또는 물가변동에 따라 순계약금액이 증감된 만큼 보험가입금액을 증액 또는 감액해야 함. 설계변경에 의해 순공사금액이 증감되어 보험가입금액을 증감시킬 경우는 당초 보험요율을 적용하여 보험료를 산출하는 것이고 계약상대자의 책임없는 사유로 공사기간이 연장되어 보험기간이 연장에 따른 추가보험료는 실비(납입금액)을 산정하여 반영함.

네 번째 이야기

하도급법 이야기

01
하도급업체가 좋은 현장을 결정한다

어떤 현장이 좋은 현장일까?

발주처와 관계가 원만하고 민원 및 대외적 이슈가 없는 현장, 풍수해 사고가 없는 평안한 현장, 좋은 원가율의 고수익 현장, 위험한 공종이 없어 관리하기 수월한 현장, 아니면 규모가 크고 모두가 한 번쯤 경험하고, 남들은 꺼리지만 도전하고 싶은 험난한 현장, 많은 현장 가운데 가장 대표할 수 있는 시그니처 현장…

저마다 다른 각도에서 각자의 경험을 통해 좋은 현장을 선택하게 될 것 같다. 좋은 현장이라는 기준이 딱히 정해져 있는 것도 아니고 본인이 원한다고 반드시 갈 수 있는 것도 아니다.

힘들지 않고 편한 현장이 어디 있겠는가? 겉모습과 달리 속내를 보면 현장을 힘들고 피곤하게 하는 문제는 반드시 있다. 그래도 현장구성원이 함께 그 문제들을 어떤 식으로든 해결하고 있고 또한 잘 해결될 수 있다면 그나마 편한 현장이 아니겠는가?

나에게 좋은 현장을 선택하라면 두말없이 첫 번째로 공사능력이 짱짱하고 경영상태 탄탄한 하도급업체가 공사를 수행하는 현장을 우선해서 꼽고 싶다. 생뚱맞은 선택이라고 생각할 수 있으나 아마 현장에서 오랜 실무경험을 가진 현장기술자라면 나름 뼈저리게 공감하지 않을까 싶다.

이유는 단순하다. 하도급업체는 현장의 손과 발이 되어 현장의 존재이유인 목적물을 완성해가는 최일선 조직이다. 따라서 우수한 하도급업체 존재는 현장의 성공적 업무완수의 전제조건이 되기 때문이다.

그런데 그 전제조건이 쉽지 않다. 일 잘하고 소문난 하도급업체라도 실제 현장구성원의 역량에 따라 공사수행능력의 편차는 심하다. 그래서 하도급업체의 공사능력은 현장에 얼마나 실력있고 경험있는 현장기술자로 구성되어 있느냐의 여부로 결정된다. 그렇지만 구성원의 능력이 탄탄해도 업체의 경영상태가 좋지 않으면 제대로 된 역량을 발휘할 수 없다. 능력

있는 현장기술자를 보유하는 문제는 곧 경영상태와 직결되기 때문이다.

현장의 존재이유는 적기에 하자가 없는 제대로 된 목적물을 완성하는 것이다. 이를 위해서 가장 중요한 것은 인력, 장비, 자재 등의 실제 투입되는 자원의 양과 질이다. 우수하고 효율이 좋은 자원을 적기에 동원(Mobilization)하고 생산성을 극대화할 수 있도록 운용(Operation)하는 가장 기본적 단위가 바로 하도급업체이다. 단언컨대 목적물의 완공에 있어서는 그것이 전부다. 시공에 있어서 우수한 하도급업체는 이 두가지의 능력을 동시에 가지고 있다고 보면 된다.

전문공종에 관해서 우수한 하도급업체는 동원하는 기본자원인 작업자, 장비, 자재, 이에 수반되는 전문공종의 운용 시스템과 자원관리능력이 기민하고 숙달되어 아무리 네임밸류가 좋은 대형건설업체라도 하도급업체와 같이 효율적으로 관리하기 어렵다. 원도급사인 대형업체는 전문공종에 대해서 실질적인 시공관리능력의 한계로 직영공사를 수행하기가 쉽지 않고 실제로 직영공사를 수행하는 사례도 있지만 대부분 만족할 만한 성과를 얻지 못하고 원가만 상승하는 결과를 가져오게 된다(하도급업체의 전문공종 시공분야는 거칠지만 반대로 매우 섬세해야 하며 모든 문제를 즉각 처리할 수 있는 신속함과 과감함이 있어야 한다. 결코 대기업 건설사에서 시공업무를 오래했다고 습득되는 것이 아니다. 관리위주의 업무와 직접 자원을 동원하며 실제 목적물을 만드는 업무는 아주 큰 차이가 있다).

최일선에서 직접시공을 통해 목적물을 완성하는 가장 중요한 과업을 수행함에도 불구하고 정작 대부분의 하도급업체는 우리나라 중소기업의 사정과 마찬가지로 열악하고 취약하다. 하도급공사로 수익은 커녕 적자가 나지 않으면 다행인 시장구조로 점차 고착화 되고 있기 때문이다.

시공은 더욱 까다로워지고 안전, 환경, 품질 등의 요구조건 수준은 높아지는데 수익성은 좋지 않은 공공공사의 시장구조에서 하도급 시장도 전형적인 Red Ocean 구조로 바뀌는 것은 어쩌면 너무 당연할지도 모른다. 그럼에도 불구하고 생존을 위해서는 원도급사인 대형건설업체와의 원활한 관계를 유지해야 생존할 수 있고 다음을 기약할 수 있기 때문에 원도급사의 불합리하고 불공평한 거래관계를 관행으로 감수하게 된다. 여기서 그 한계를 넘어서면 원도급사와 분쟁은 불가피하게 된다(여기서 한계란 감내할 수 있는 적자의 폭을 의미한다).

원도급자가 대형건설업체인 경우는 최소한 하도급대금을 떼이는 경우는 많지 않기 때문에 그래도 나을지도 모른다. 그러나 원도급사가 같은 중소기업인 경우, 역시 재무구조가 취약하고 공사수행능력이 부족해서 하도급업체의 손해의 규모는 더욱 커질 수밖에 없다.

공사수행능력이 완비되지 않았음에도 불구하고 저가로 수주하여 계약규정을 뒤로하고 공사수행을 저해하면서 소위 떼법으로 무리한 추가공사비를 요구하거나 오히려 하도급법을 악용하여 현장을 힘들게 하는 일부 악성 하도급업체도 존재하는 것도 사실이다(그래서 우수한 업체를 선정하는 능력은 매우 중요한 경쟁력이다).

그러나 이러한 문제가 불공정한 하도급 거래를 법을 통해 상식적이고 정당한 거래로 바꾸는 하도급법의 본질을 흐리게 할 수는 없는 것이다.

본격적으로 하도급법으로 들어가기에 앞서 용어에 대한 정리가 필요해 보인다. 계약당사자인 도급자와 수급자에 관한 용어인데 하도급법, 타법 또는 일반적인 호칭과 서로 다르게 불리는데 정리하면 다음과 같다.

하도급계약(下都給契約)은 발주처와 원도급사의 도급계약에 비교하여 원도급사와 하도급 사간의 낮은 단계(下)로의 계약일 뿐 일의 완성과 대가의 지급이라는 동일한 도급계약이다.

공공공사의 경우, 도급자이자 발주자는 정부, 지자체, 공공기관이고 수급자는 계약상대자인 건설업체(시공 및 용역)가 되고 하도급자는 주로 건설중소기업(시공 및 용역)이 된다. 하도급법에서는 도급계약에서 수급자이자 계약상대자를 원사업자(原事業者)이라 하고 하도급자에 대해서는 수급사업자(受給事業者)로 구분하여 정의하고 있다. 단, 원사업자는 대기업뿐만 아니라 수급사업자보다 매출이나 시공평가액 등의 규모가 더 크다면 중소기업도 대상이된다.

하도급법에서 원사업자와 수급사업자

구 분	원도급	하도급	
계약관계	도급자(인)	수급자(인) 도급자(인)	수급자(인)
일반호칭	발주자(처, 청)	원청, 원도급사	하청, 하도급사
건설산업기본법	발주자	수급인	하수급인
국가계약법	중앙관서의 장 계약담당공무원	계약상대자	하수급인, 수급사업자
하도급법	발주자	원사업자	수급사업자

02
양날의 칼, 하도급법(하도급법의 양면성)

　원사업자에 해당하는 건설대기업들은 이미 오래전부터 수익성의 악화로 더 이상 매력없는 공공공사 위주의 사업을 탈피하여 사업다각화를 통한 신규사업의 확장 및 포트폴리오의 재구성 등의 사업구조 재편을 통해 변화된 건설시장에 빠르게 적응하면서 규모를 확대하여 신규수익을 창출하고 있다.

　그렇지만 중소기업이자 전문건설업체인 수급사업자는 사업구조를 변화시키는 데 한계가 있다. 규모와 수익을 확대하는 것은 고사하고 매출을 확보하여 생존능력을 키우는 것이 더 절박한 문제다. 불과 몇 년 전만 해도 손꼽히는 전문업체였는데 지금은 이름도 찾기 어려운 것이 현실이다.

　수급사업자는 토공사, 철근콘크리트공사, 포장공사 등 어느 한 분야에 특화된 시공을 위탁받아 인력 및 장비를 수급하고 운용하여 직접시공을 수행하기 때문에 원사업자보다 전문분야에 대해서는 상당한 경쟁력을 가지고 있다. 그러나 사업구조에 있어서 다양한 포트폴리오를 가지고 있지 못하기 때문에 대외적 건설시장 환경에 따른 영향을 직접 받게 된다. 보유한 인력이나 장비를 운용하기 위해서는 새로운 공사를 지속적으로 수주해야 회사를 유지할 수 있기 때문에 경쟁이 치열한 상황에서 때론 저가수주는 불가피한 선택이 된다(하도급 시장이 수익을 내기 어려운 구조임에도 불구하고 오히려 경쟁은 더욱 치열해지고 있다는 것이 문제다).

　공공공사에서 원사업자의 저가수주도 문제지만 특히 수급사업자의 저가수주는 업체를 부실하게 만들 수 있는 가장 큰 요인이 될 수 있다. 수급사업자의 경우 한두 개의 현장에서 적자가 발생하면 파급효과가 연쇄적이고 직접적으로 나타나 회사자체가 위태로운 상황에 놓이게 하고 그러다 보면 정상적인 다른 현장도 급격하게 부실하게 된다.

　수급사업자의 저가수주는 원사업자가 사전 입찰조건 등을 통해 일정부분 차단할 수 있지만, 일반적으로 현장 실행원가 구성의 60~70% 이상을 외주비가 차지하여 하도차액에 따라 수익이 결정되는 구조이므로 수급사업자의 저가입찰을 마냥 외면할 수 없는 불편한 진실이 있다. 또한 저가수주 자체가 경쟁에 의한 공평한 입찰원칙에 위배된다고만 볼 수 없으므로 이를 제한하기도 쉽지 않다. 그러나 수급사업자가 저가입찰로 계약을 체결하여 공사를 수행하면 필연적으로 발생하는 문제는 고스란히 현장으로 전가된다.

저가수주 또는 계약이행과정에서 적자가 누적되어 하도급사가 감당하기 어렵게 되면 공사수행에 투입되는 자원의 질이 떨어질 수밖에 없고 노임과 장비비가 체불되고 공사는 원활하게 진행되지 않게 된다. 이제 서서히 하도급사와 원도급사의 갈등이 시작된다. 어떤 식으로도 원도급사와 하도급분쟁의 단계로 가는 것은 필연적인 순서가 된다.

발주처와 원사업자의 분쟁은 하도급분쟁과 차원이 다르다. 규모가 큰 원사업자는 정부라는 강력한 권한을 가진 발주자를 상대하여 오랫동안 법적다툼이 가능하게 할 수 있는 역량, 즉 '맷집'이 있다. 그 맷집의 원동력은 분쟁을 유리하게 이끌어 갈 수 있는 현장기술자를 포함한 전문적 인력자원(Man power), 재무, 법무 등의 전반적 경영능력(Business management) 등의 총체적 역량이다. 그래서 절대로 '묻지마 소송'과 같은 무모한 법적분쟁은 시도하지 않는다.

그렇다면 동일한 사유로 하도급거래에서도 수급사업자가 원사업자를 상대로 법적분쟁을 제기할 수 있을까? 참으로 쉽지 않은 일이다.

수급사업자는 전문공종분야의 시공수행능력은 우수하지만 사무처리능력(Paper works)에 있어서는 다양한 조직력과 인력구성을 갖춘 건설대기업과 비교했을 때 한참 못 미친다(다만, 모든 수급사업자에게 적용되는 것은 아니다).

수급사업자가 원사업자를 상대로 민사소송을 제기한다면 손해를 입증할 만한 각종 데이터나 입증자료 등을 확보하는 데 상당히 어려움에 직면할 가능성이 높다.

수급사업자는 주로 시공위주의 업무를 수행하기 때문에 다양한 분야의 전문인력을 배치하는 데 한계가 있고 이를 유지하기 위한 현장관리비를 감당하기 쉽지 않다. 그래서 쟁송시 설령 1심에서 유리한 결과가 나오더라도 원사업자가 불복한다면 얼마가 소요될지 모르는 시간과 비용을 중소건설업체가 감내한다는 것이 현실적으로 어렵다(소송은 기본적으로 약자에게 불리할 수밖에 없는 구조이기 때문이다).

수급사업자가 원사업자에게 법적분쟁을 제기하면 당연히 원사업자와 관계된 일을 할 수 없을 것이고 업계에도 소문이 퍼져서 오히려 더 큰 피해를 감내해야 하고 때론 존립의 위기에 처할 수 있다. 수급사업자가 견딜 수 있는 '맷집'은 대기업 건설업체와 그것과 수준 자체가 다르다.

과거보다도 더욱 원사업자와 수급사업자의 격차는 비교하기 어려울 정도로 더 벌어졌다. 대등적 관계를 논하는 것은 큰 의미가 없다. 원사업자는 정당하게 일을 시키고 적기에 합당한 비용을 지급하고 동시에 수급사업자는 제대로 일을 하고 일한 만큼 비용을 받으면 된다. 이것은 시장경제의 기본이며 도급계약의 본질이다. 더 이상 무엇이 필요한가?

하도급법은 하도급거래에 있어서 이러한 기본과 본질을 강제적으로 실천하게 만드는 법이다.

하도급거래 공정화에 관한 법률(이하 하도급법)은 경제적 약자인 중소기업에 해당하는 하도급사의 이익을 보호하기 위하여 1984년 12월 31일 제정·공포되어 1985년 4월 1일부터 시행되었다.

하도급법의 목적은 공정한 하도급거래질서를 확립하여 하도급거래에서 원사업자와 수급사업자가 대등한 지위에서 상호보완하며 균형 있는 발전을 도모하기 위함이다.

하도급법의 가장 큰 특징은 상대적 약자인 하도급사의 이익을 최대한 보호하기 위해서 하도급거래에서는 당사자간 합의에 의한 계약에도 불구하고 불공정하고 불합리한 계약내용을 인정하지 않고 무효화할 수 있는 특별법으로 민법이나 상법의 계약관련 법규정을 우선하게 된다. 이와 같은 법적 특성으로 하도급법은 불공정한 계약행위를 바로잡기 위한 금지조항이 유독 많은데 금지조항은 하도급법을 이해하는 데 필수적이다.

하도급법은 모든 상거래에 적용되는 것이 아니고 상대적으로 약자인 중소기업에 해당하는 수급사업자와 대기업 또는 수급사업자보다 규모가 큰 중소기업인 원사업자와의 하도급거래에서만 적용된다.

그러나 하도급법은 수급사업자인 중소기업의 경쟁력을 향상시키는 법이라기보다는 불합리한 계약행위에 대한 원사업자의 제재에 방점을 두고 있는 법이다. 그래서 하도급법은 반드시 원사업자의 제재가 있어야만 수급사업자가 혜택을 보게 되는 구조인데 결과적으로 수급사업자에게 엄청난 희생을 감내하면서 원도급사에 대항해야 하는 최후의 선택일 수밖에 없다. 원사업자가 자신에게 상처를 준 수급사업자에게 어떠한 기회를 줄 리 만무하기 때문이다. 아직까지 하도급시장의 그라운드는 대기업의 지배권이 너무 크고 이를 수급사업자가 극복하기란 쉽지 않다.

하도급법은 수급사업자에게 창(槍)이 되지만 동시에 깊은 상처를 줄 수 있는 양날의 칼이 될 수 있다.

그렇지만 양날의 칼이 되더라도 하도급법은 공정한 하도급거래를 위한 공정의 수단이 되어야 함은 두말할 것 없을 것 같다.

03
하도급법에 의한 하도급분쟁 해결

공공공사에서 계약상대자와 발주처 분쟁은 국가계약법령 및 계약문서를 기준으로 중재나 민사소송이라는 법적 구제방법을 통해 채무 여부를 다투는 구조이다.

반면, 하도급 분쟁은 중재나 민사소송도 가능하지만 기본적으로 하도급법 위반 여부가 가장 큰 쟁점이 되며 대부분 수급사업자의 신고에 의한 공정거래위원회(이하 공정위)의 처분을 통해 해결한다. 설령 소송을 통한 법적 판단을 구하더라도 계약당사자간의 분쟁은 하도급법의 위반 여부에 관한 판단을 우선하여 적용하는데 그것은 하도급거래에 관해서는 하도급법이 특별법이기 때문이다.

불공정하도급거래와 관련하여 당사자인 수급사업자 외에도 누구든지 공정위에 신고할 수 있고, 공정위 자체적으로 인지하여 조사를 착수할 수 있다. 신고를 접수한 공정위는 하도급분쟁조정협의회[1]에 조정을 의뢰할 수 있으며 당사자가 직접 하도급분쟁 조정협의회에 분쟁조정신청도 가능하다.

공정위는 신고가 있거나 법위반이 있다고 인정할 때 조사개시의 대상은 하도급 거래가 끝난 후 3년이 지나지 아니한 것을 대상으로 하되, 기술자료 요구, 유용에 관한 조사는 7년까지 연장된다. 단, 3년 내 하도급위반 사실을 신고받거나 원사업자 및 수급사업자가 분쟁조정신청을 한 경우에 대해서는 3년이 지나도 조사를 개시할 수 있다.

분쟁당사자가 하도급분쟁조정협의회에 조정을 신청하면 분쟁의 시효는 중단된다. 조정이 성립하여 조정조서가 작성되거나 조정이 불성립되어 절차가 종료될 때 시효는 다시 진행된다(불공정거래 시점에서 2년이 지난 후에 분쟁조정을 신청하게 되면 조정성립 여부와 관계없이 2년이라는 기간에서 시효가 중단되므로 다시 공정위 조사대상이 될 수 있다).

그러나 부적합한 조정신청은 각하되거나 신청을 취하한 경우에는 시효중단의 효력은 발

---

1) 건설위탁은 건설하도급분쟁조정협의회(http://www.csdmc.or.kr)가 있다.

생하지 않는다. 단, 분쟁조정신청의 각하 및 취하한 때로부터 6개월 내 소제기, 가압류 및 압류, 가처분 등의 조치를 하는 경우 시효는 다시 분쟁조정신청 당시부터 중단된다(조정신청의 부적합으로 각하된다는 것은 하도급거래가 아닌 계약건이 조정협의회에 조정신청되는 경우로 조정절차를 진행하지 않고 반송하는 것을 말한다).

공정위를 통한 하도급분쟁처리절차

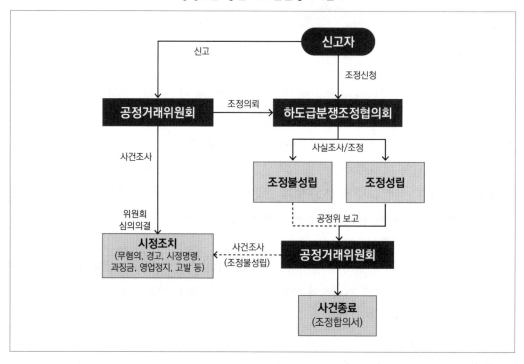

공정위에서 법위반 여부로 조사를 개시한 사건이 아닌 원사업자와 수급사업자 사이의 하도급대금에 관한 다음과 같은 경우는 직권으로 분쟁조정을 하도급분쟁조정협의회에 의뢰할 수 있다.

1. 신고인이 서면으로 조정의사를 표명한 경우
2. 조정을 통한 분쟁해결이 우선적으로 필요하다고 판단될 경우

단, 제3조(서면의 발급 및 서류의 보존), 제12조의3(기술자료 제공 요구금지등), 제18조(부당한 경영간섭의 금지), 제19조(보복조치의 금지), 제20조(탈법행위의 금지)에 관련 행위만을 대상으로 하는 분쟁은 제외된다.

신고인이 분쟁조정을 신청하였으나 분쟁조정협의회에서 조정불성립을 통보받고 공정위

에 분쟁조정 신청내용과 동일한 내용으로 신고한 경우에 대해서는 분쟁조정신청서는 불정공 하도급거래 신고서로 갈음되어 공정위에서 조사에 착수하게 된다.

하도급분쟁조정협의회에서는 공정의 의뢰사건 및 당사자가 신청한 조정건에 대해서 사실여부를 조사하여 조정신청일로부터 60일 내 조정절차를 진행할 수 있다. 분쟁조정 신청과 함께 조정절차가 완료될 때까지의 기간에 대해서는 시효중단의 효력이 발생하게 된다.

조정은 당사자의 조정합의가 이루어지지 않는 한 법적 효력이 발생하지 않는다. 조정은 원칙적으로 조정안에 대한 당사자의 합의가 전제되어야 하는 것으로 법적 강제력이 없다. 따라서 당사자는 조정안을 거부할 수 있고 조정절차를 중지할 수 있다. 협의회는 조정의 결과를 공정위에 보고함으로써 조정절차는 종료된다.

공정위는 신고건 및 조정이 성립하지 않은 사건에 대한 조사를 거쳐 심의의결이라는 처분을 통해 사건은 종료된다. 공정위의 심의의결은 법원의 1심판결과 동일한 효력이 있으므로 심의의결에 대한 불복은 공정위의 처분통지를 받은 날로부터 30일 이내 이의신청이 가능하고 공정위는 60일 이내 재결이 원칙이며 30일 범위 안에서 연장할 수 있다. 공정위에 이의 제기하지 않고 공정의 처분을 받은 날로부터 30일 이내에 서울고등법원에 불복의 소를 제기할 수 있다. 단, 30일의 기간은 불변기간이라 이 기간을 넘겨 소를 제기하면 부적법하여 각하되므로 각별히 기한을 준수해야 한다. 불복의 소를 제기하는 경우, 시정명령의 집행 등으로 발생할 수 있는 손해를 예방하기 위해 집행정지를 신청할 수 있다.

하도급분쟁은 이와 같이 하도급분쟁조정협의회를 통한 조정 또는 공정위에 의결조치가 결정되고 상대방의 불복이 없어야 비로소 종료된다고 할 수 있다.

공정위 의결의 불복절차 및 소요기간

제24조의4(분쟁조정의 신청 등)

① 다음 각 호의 어느 하나에 해당하는 분쟁당사자는 원사업자와 수급사업자 간의 하도급거래의 분쟁에 대하여 협의회에 조정을 신청할 수 있다. 이 경우 분쟁당사자가 각각 다른 협의회에 분쟁조정을

신청한 때에는 수급사업자, 조합 또는 중앙회가 분쟁조정을 신청한 협의회가 이를 담당한다.

1. 원사업자
2. 수급사업자
3. 제16조의2(공급원가 등의 변동에 따른 하도급대금의 조정) 제11항에 따라 협의회에 조정을 신청한 조합 또는 중앙회

② 공정거래위원회는 원사업자와 수급사업자 간의 하도급거래의 분쟁에 대하여 협의회에 그 조정을 의뢰할 수 있다.

③ 협의회는 제1항에 따라 분쟁당사자로부터 분쟁조정을 신청받은 때에는 지체 없이 그 내용을 공정거래위원회에 보고하여야 한다.

④ 제1항에 따른 분쟁조정의 신청은 시효중단의 효력이 있다. 다만, 신청이 취하되거나 제24조의5(조정 등) 제3항에 따라 각하된 경우에는 그러하지 아니하다.

⑤ 제4항 본문에 따라 중단된 시효는 다음 각 호의 어느 하나에 해당하는 때부터 새로 진행한다.

1. 분쟁조정이 성립되어 조정조서를 작성한 때
2. 분쟁조정이 성립되지 아니하고 조정절차가 종료된 때

⑥ 제4항 단서의 경우에 6개월 내에 재판상의 청구, 파산절차참가, 압류 또는 가압류, 가처분을 한 때에는 시효는 최초의 분쟁조정의 신청으로 인하여 중단된 것으로 본다

제24조의5(조정 등)

① 협의회는 분쟁당사자에게 분쟁조정사항에 대하여 스스로 합의하도록 권고하거나 조정안을 작성하여 제시할 수 있다.

② 협의회는 해당 분쟁조정사항에 관한 사실을 확인하기 위하여 필요한 경우 조사를 하거나 분쟁당사자에게 관련 자료의 제출이나 출석을 요구할 수 있다.

③ 협의회는 다음 각 호의 어느 하나에 해당되는 경우에는 조정신청을 각하하여야 한다.

1. 조정신청의 내용과 직접적인 이해관계가 없는 자가 조정신청을 한 경우
2. 이 법의 적용대상이 아닌 사안에 관하여 조정신청을 한 경우
3. 조정신청이 있기 전에 공정거래위원회가 제22조 제2항(신고 및 위반사실의 인정)에 따라 조사를 개시한 사건에 대하여 조정신청을 한 경우

④ 협의회는 다음 각 호의 어느 하나에 해당되는 경우에는 조정절차를 종료하여야 한다.

1. 분쟁당사자가 협의회의 권고 또는 조정안을 수락하거나 스스로 조정하는 등 조정이 성립된 경우
2. 제24조의4제1항에 따른 조정의 신청을 받은 날 또는 같은 조 제2항에 따른 의뢰를 받은 날부터 60일(분쟁당사자 쌍방이 기간연장에 동의한 경우에는 90일)이 경과하여도 조정이 성립되지 아니한 경우
3. 분쟁당사자의 일방이 조정을 거부하는 등 조정절차를 진행할 실익이 없는 경우

⑤ 협의회는 조정신청을 각하하거나 조정절차를 종료한 경우에는 대통령령으로 정하는 바에 따라 공정거래위원회에 조정의 경위, 조정신청 각하 또는 조정절차 종료의 사유 등을 관계 서류와 함께 지체 없이 서면으로 보고하여야 하고, 분쟁당사자에게 그 사실을 통보하여야 한다.

⑥ 공정거래위원회는 분쟁조정사항에 관하여 조정절차가 종료될 때까지는 해당 분쟁의 당사자인 원사업자에게 제25조(시정조치)제1항에 따른 시정조치를 명하거나 제25조의5제1항에 따른 시정권고를 해서는 아니 된다. 다만, 공정거래위원회가 제22조(위반사항의 신고 등)제2항에 따라 조사 중인 사건에 대해서는 그러하지 아니하다.

04
하도급계약에 반드시 포함되어야 할 내용은?

'갑'의 위치인 원사업자가 하도급계약 내용을 임의대로 작성한다면 '을'의 입장인 수급사업자는 계약조건상 불이익을 받은 가능성이 높다. 그렇다고 수급사업자가 일정부분 불리하다고 판단되는 계약내용에 대해 수정을 요구하기도 사실상 어렵다. 그런 사유로 하도급법에서는 하도급계약서상에 반드시 기재해야 할 내용을 정해 두고 있는데 위탁일, 목적물 내용, 원사업자에게 납품·인도 및 제공하는 시기·장소, 하도급대금, 지급방법, 지급기일 등이다.1) 하도급거래에 관한 계약관련 서류일체는 거래종료 후 3년, 기술자료의 제공요구를 교부한 서류는 7년간 보존해야 한다.

공정위에서는 하도급계약시 표준하도급계약서를 권장하고 있으며 이를 사용할 경우 입찰참가자격 제한에 있어서 벌점경감의 인센티브를 제공하고 있다.

원도급사가 계약내용과 다른 과업의 선작업 지시 등과 같이 당초 계약(위탁)내용과 다른 작업지시를 할 경우는 법적기재사항을 포함해야 하며 이를 누락하게 되면 법위반 사항에 해당한다.

수급사업자와 계약체결이 완료되지 않는 상태에서 원활한 공사수행을 위해 불가피하게 선착수를 하는 사례는 흔히 발생한다. 그런 경우 선착수 지시공문은 반드시 대상공사 착수 전에 발급해야 한다. 공사착수 이후에 발급이 확인된 경우도 법 제3조(서면의 발급 및 서류의 보존)의 위반에 해당한다.

선착수 지시공문의 내용에는 하도급대금, 지급방법, 지급시기, 목적물의 검사방법 및 시

---

1) 국가계약법에서도 발주처와 계약상대자의 계약체결 시 기재사항을 작성하도록 하고 있는데 그 취지에 있어서 다르지 않다.
　제11조(계약서의 작성 및 계약의 성립) ① 각 중앙관서의 장 또는 계약담당공무원은 계약을 체결할 때는 다음 각호의 사항을 명백하게 기재한 계약서를 작성하여야 한다. 다만, 대통령령으로 정하는 경우에는 계약서의 작성을 생략할 수 있다.
　1. 계약의 목적, 2. 계약금액, 3. 이행기간, 4. 계약보증금, 5. 위험부담, 6. 지체상금 7. 그 밖에 필요한 사항

기 등을 포함하고 반드시 계약당사자가 서명 또는 기명날인해야 법에 저촉되지 않는다.

다음 사례는 선착수 지시공문을 통지하였으나 하도급법상 서면기재 사항의 누락으로 시정조치 받은 사례이다.

사례
1

사전공사 착수지시 사항에서의 법정기재사항 누락

사건번호 2015서건3787(공정위 의결 제2019-036호, 2019. 2. 18.)

원사업자는 수급사업자에게 다음과 같은 착수지시 공문을 발급하였고 약 한 달 후에 하도급계약을 체결하여 서면을 교부하였으나 공정위는 착수지시 공문상 하도급법상 서면기재사항이 누락되어 법위반으로 판단하였다.

[사건의 개요]

원사업자A는 "*** ****신축공사" 계약 전 선착수 지시공문을 다음과 같이 작성하여 수급사업자B에게 통지하였다.

A는 해당공문에 공사명, 공사 분야, 공사기간, 위치, 정산 조건 등을 명기하였고, 수급사업자도 계약 체결 전 공사착수에 동의하였으므로 이 사건 하도급계약에 관한 서면이 법 취지에 어긋나지 않게 발급되었다고 주장한다.

문서번호: BD 사업실-00807

시행일자: 2013. 11. 1.

수　　신: **********(주) 대표이사

참　　조: 업무담당자

제　　목: "*** ****신축공사" 계약 전 착수 요청

　　　1. 귀 사의 무궁한 발전을 기원합니다.

　　　2. "*** **** 신축공사"를 건축공사 외주 계약 전 아래와 같이 조기 착수하여 공사기간 내 준공할 수 있도록 조치하여 주시기 바랍니다.

－ 아　　　래 －

　1) 발주처: ***********(주)

---

2) 공사명: *** ****동 신축공사

3) 분 야: 건축공사/전기공사/소방공사

4) 공사기간: 계약일 ~ 2014. 10. 02

5) 위 치: ***도 ***시 ****동 ***-111 외 OO필지

6) 특기사항

　　가. 공사계약 체결시까지 투입인원은 사전승인 필

　　나. 계약 미체결시 실투입금액(사전승인분에 한함) 정산조건

　　다. 공사기간은 추진상황에 따라 변경가능함. 끝.

　　3. 위 사항에 대한 동의여부를 회신하여 주시기 바랍니다.(이하 생략)

[공정위 판단내용]

A가 통지한 선착수 지시공문에는 법 시행령 제3조(서면 기재사항)에 규정된 서면 기재사항 중 하도급 대금과 그 지급방법 및 지급기일, 목적물 등의 검사방법 및 시기 등 중요사항이 누락되어 있다. 또한 이를 양 당사자가 서명 또는 기명날인한 형태로 발급하지도 아니하였으므로 이를 적법한 서면을 발급한 것으로 인정하기 어려워 법 제3조(서면의 발급 및 서류의 보존) 제1항에 위반되어 위법하다고 판단하였다.

하도급법 시행령 제3조(서면 기재사항)

법 제3조(서면의 발급 및 서류의 보존) 제2항에 따라 원사업자가 수급사업자에게 발급하는 서면에 적어야 하는 사항은 다음 각 호와 같다.

1. 위탁일과 수급사업자가 위탁받은 것(이하 "목적물등"이라 한다)의 내용

2. 목적물등을 원사업자에게 납품·인도 또는 제공하는 시기 및 장소

3. 목적물등의 검사의 방법 및 시기

4. 하도급대금(선급금, 기성금 및 법 제16조(설계변경 등에 따른 하도급대금의 조정)에 따라 하도급대금을 조정한 경우에는 그 조정된 금액을 포함한다. 이하 같다)과 그 지급방법 및 지급기일

5. 원사업자가 수급사업자에게 목적물등의 제조·수리·시공 또는 용역수행행위에 필요한 원재료 등을 제공하려는 경우에는 그 원재료 등의 품명·수량·제공일·대가 및 대가의 지급방법과 지급기일

6. 법 제16조의2(공급원가 등의 변동에 따른 하도급대금의 조정)제1항에 따른 하도급대금 조정의 요건, 방법 및 절차

05

레미콘은 되고 철근은 안 된다?(하도급법의 적용범위)

하도급법은 원사업자와 수급사업자의 모든 거래에 적용되는 것은 아니고 제조위탁, 수리 위탁, 건설위탁, 용역위탁에 적용된다. 여기서 위탁이란 사전적 의미는 어떤 일이나 사물의 처리를 남에게 부탁하여 맡기는 것인데 일정한 규격, 성능, 품질 조건을 제시하고 타인에게 만들게 하는 행위라고 할 수 있다. 사무용품이나 가전제품 등을 단순히 구매하는 것은 하도급법에서의 위탁이라 할 수 없으므로 적용대상이 되지 않는다.

하도급법이 적용되는 거래대상에 대해 살펴보자.

제조위탁은 물품의 제조·판매·수리·건설을 위탁하는 것이다(물품이란 기계류 등의 동산 (動産)을 의미하고 건물과 같은 부동산(不動産)은 대상이 아니므로 건물을 수리하는 것은 건설위탁에 해당한다).

제조위탁 중에서 건설을 업(業)으로 하는 경우에 대해서는 건설공사에 소요되는 자재, 부품, 시설물 등 설계도, 시방서, 사양서에 따라 주문 제작한 것 등이 대상이 된다.

제조위탁의 대상이 되는 물품의 범위 고시

제조위탁	물품의 범위
1. 사업자가 물품의 제조, 판매, 수리를 업으로 하는 경우	가. 제조, 수리, 판매의 대상이 되는 완제품. 단, 당해 물품의 생산을 위한 기계·설비는 제외한다. 나. 물품의 제조·수리과정에서 투입되는 중간재로서 규격 또는 품질등을 지정하여 주문한 원자재, 부품, 반제품등. 단 대량생산품목으로 샘플 등에 의해 단순 주문한 것은 제외한다. 다. 물품의 제조를 위한 금형, 사형, 목형등 라. 물품의 구성에 부수되는 포장용기, 라벨, 견본품, 사용안내서등 마. 상기 물품의 제조·수리를 위한 도장, 도금, 주조, 단조, 조립, 염색, 봉제 등 (임)가공

2. 사업자가 건설을 업으로 하는 경우	가. 건설공사에 소요되는 자재, 부품 또는 시설물로서 규격 또는 성능등을 지정한 도면, 설계도, 시방서등에 따라 주문 제작한 것(가드레일, 표지판, 밸브, 갑문, 엘리베이터 등) 나. 건설공사에 투입되는 자재로서 거래관행상 별도의 시방서등의 첨부없이 규격 또는 품질 등을 지정하여 주문한 것(레미콘, 아스콘 등) 다. 건축공사에 설치되는 부속시설물로서 규격 등을 지정한 도면, 시방서 및 사양서 등에 의하여 주문한 것(신발장, 거실장, 창틀 등)

레미콘, 아스콘, 철근과 같은 자재는 각각 규격과 품질조건이 있는데 레미콘이나 아스콘은 일정시간과 장소에 공급해야 하는 제조위탁에 해당하지만, 철근은 제조위탁으로 보지 않는다. 좀 더 그 내용을 들여다보면 레미콘, 아스콘은 적기적소에 공급하지 않게 되면 그 가치가 소용이 없게 되는 반면 철근은 반드시 지정된 시간과 장소에 납품하지 않더라도 품질의 하자가 발생하지 않는 단순 구매품목이므로 제조위탁이 아니다. 따라서 단순 건설자재인 시멘트, 모래, 자갈은 제조위탁이 아니지만, 규격 및 품질을 지정하여 골재 생산을 위탁하거나 석산 등을 임가공 하는 경우에는 제조위탁에 해당하는 것이다.

건설위탁은 법[1]에 따라 등록을 하고 건설업을 하는 건설사업자 그 업(業)에 따른 건설공사의 전부 또는 일부를 다른 건설업자에게 위탁하는 것이다.

건설산업기본법상 종합공사 및 전문공사를 시공하는 업종을 등록한 건설사업자가 시공자격이 있는 공종에 대하여 당해 공종의 시공자격을 가진 다른 등록업자에게 시공위탁 한 경우가 해당된다.

건설사업자가 시공자격이 없는 공종을 부대공사로 도급받는 경우, 시공자격이 있는 다른 사업자에게 시공위탁한 경우도 건설위탁에 해당하지만 주된 공사는 건설위탁으로 보지 않는다. 다만 경미한 공사[2]에 대해서는 건설사업자가 아닌 일반사업자에게 위탁하게 되면 건설위탁에 해당한다.

요약하면 도급받은 공사가 주된 공사인지 부대공사인지에 따라 건설위탁 여부가 결정되

---

1) 하도급법 제2조(정의) 제9항
　1.「건설산업기본법」제2조 제7호에 따른 건설사업자
　2.「전기공사업법」제2조 제3호에 따른 공사업자
　3.「정보통신공사업법」제2조 제4호에 따른 정보통신공사업자
　4.「소방시설공사업법」제4조 제1항에 따라 소방시설공사업의 등록을 한 자
　5. 그 밖에 대통령령으로 정하는 사업자
2) 건산법 시행령 제8조(경미한 건설공사 등) ① 종합공사 1건의 공사예정금액이 5천만 원 미만, ② 전문공사 1건의 공사예정금액이 1.5천만 원 미만의 공사 ③ 조립·해체하여 이동이 용이한 기계설비 등의 설치공사

고 건설위탁이 아니라면 하도급법 적용은 받지 않는 것이다.

예를 들어 전기공사업 등록증을 소지하지 아니한 종합건설사업자가 전기공사가 주인 공사를 전기공사업 등록증을 소지한 사업자에게 시공하도록 의뢰한 경우는 건설위탁에 해당하지 않지만, 전기공사가 부대적인 공사인 경우에는 건설위탁으로 본다.

토공사업만 등록한 전문건설사업자가 습식공사업에 등록한 전문건설사업자에게 습식공사를 시공의뢰 한 경우 역시 건설위탁으로 보지 않는다.

건설업을 영위하는 사업자가 아파트, 빌딩 등의 자체공사를 자신이 직접 발주하여 다른 건설업자에게 공사의 일부 또는 전부를 시공위탁하는 경우는 건설위탁에 해당한다. 달리 말하면 건설업을 영위하지 않는 사업자가 다른 건설업자에게 공사를 시공을 위탁하면 이는 하도급법상 건설위탁에 해당하지 않는 것이다.

수리위탁이란 물품을 수리하는 것을 업으로 하는 수리사업자가 그 수리행위의 전부 또는 일부를 다른 사업자에게 위탁하는 것을 말한다.

차량수리업자가 차량의 수리를 다른 사업자에게 위탁하는 경우, 선박수리업자가 선박의 수리를 다른 사업자에게 위탁하는 경우, 발전기 수리업자가 발전기의 수리를 다른 사업자에게 위탁하는 경우 등이 해당한다.

용역위탁이란 지식·정보성과물의 작성 또는 역무(役務)의 공급인 용역을 업으로 하는 사업자, 즉 용역업자가 그 업에 따른 용역수행행위의 전부 또는 일부를 다른 용역업자에게 위탁하는 것을 말한다. 「건축사법」에 의해 건축물의 건축·대수선, 건축설비의 설치 또는 공작물의 축조를 위한 도면, 구조계획서 및 공사시방서 등 설계도서의 작성을 다른 사업자에게 위탁하는 것이나 「엔지니어링산업 진흥법」상 엔지니어링 활동을 업으로 하는 사업자가 공장 및 토목공사의 타당성 조사, 구조계산을 다른 사업자에게 위탁하거나 시험, 감리를 다른 사업자에게 위탁하는 것, 시설물의 유지관리를 다른 사업자에게 위탁하는 것 등이 해당된다.

이상 하도급법 적용을 받은 제조위탁, 수리위탁, 건설위탁, 용역위탁의 가장 중요한 핵심은 법으로 등록된 업을 수행하는 자가 직접 수행하지 않고 법에 의해 업을 수행할 수 있는 자격을 갖춘 타인에게 업무를 위탁하는 경우에 한한다. 그렇다면 실제 본인이 법상 업을 수행할 수 없는 경우에 업을 수행할 수 있는 자격을 갖춘 타인에게 업무를 위탁하는 것은 하도급법 적용대상이 아님을 알 수 있다.

무등록업자는 하도급법의 보호를 받지 못한다(하도급법 적용 대상)

발주자(정부/공공기관) – 원사업자(종합건설업/건설대기업 또는 중소기업자) – 수급사업자(전문 건설업/건설중소기업자)로 이어지는 공공공사의 일반적인 계약적 위치(Position)에서 하도급법 의 기본적용 대상은 원사업자와 수급사업자를 대상으로 한다. 다만 건설업을 하는 원사업자 가 자체 발주하거나 하자보수공사와 같이 발주자의 지위에 있더라도 기본적으로 원사업자와 수급사업자의 관계는 변함이 없으므로 하도급법 대상이 된다.

하도급법에서 원사업자는 대기업뿐만 아니라 중소기업도 가능하다.

원사업자가 중소기업인 경우는 수급사업자보다 연간매출액이 많아야 한다. 연간매출액 은 하도급계약 체결시점, 직전 사업연도의 매출총액으로 손익계산서상의 매출액에 해당하는 데 직전연도에 사업을 시작하여 연간매출액을 산정하기 어려운 경우는 사업시작일 현재 재 무상태표상의 자산총액을 기준으로 한다.

건설하도급의 경우에는 시공능력평가액을 기준으로 하는데, 최소 45억 원 이상이면서 수 급사업자보다 시공능력평가액이 많은 경우라면 원사업자 기준에 충족한다.

다만 원사업자라도 너무 영세한 중소기업이라면 원사업자가 수급사업자보다 연간매출액 또는 시공평가액이 높더라도 하도급법상 원사업자로 구분되지 않아 법적용에서 제외된다. 여기서 기준은 건설위탁은 시공능력평가액이 45억 원 미만, 제조 및 수리위탁은 30억 원 미 만, 용역위탁은 10억 원 미만의 연간매출액인 중소기업자를 말한다.

원사업자의 동일한 기업집단에 속하는 계열회사, 상호출자제한기업집단에 속하는 사업 자도 하도급법상 원사업자로 분류된다.

원사업자

- 중소기업자가 아닌 사업자가 중소기업자에게 위탁한 경우
- 중소기업자이지만 수급사업자보다 직전 연도의 연간매출액보다 많은 경우
- 원사업자의 요건에 해당하는 사업자의 계열사를 통해 중소기업자에게 위탁하는 경우, 계열회사는 원사업자가 된다.
- 공정거래법상 상호출자제한기업집단에 속하는 회사

하도급법에서 가장 중요한 기준은 수급사업자의 요건이다.

상호출자제한기업집단[1]에 속하는 기업은 대기업 및 중소기업 여부와 관계없이 하도급법 상 수급사업자 대상이 될 수 없고 학술, 종교, 자선 등 기타 등 비영리사업을 목적으로 하는 경우도 대상이 아니다.

건설업의 경우 주된 업종별 평균매출액이 1,000억 원 이하면 관련법[2]에 따른 중소기업 으로 분류되어 하도급법상 수급사업자 기준이 충족된다.

건설위탁의 경우 중소기업에 분류되고 하도급체결 당시 공시된 시공능력평가액의 합계 액(가장 최근에 공시된 것)이 원사업자보다 낮은 경우 수급사업자의 요건에 충족된다. 여기서 수개 공종을 등록한 경우는 이를 합산하고, 1개 사업자가 건설과 제조 등 2개 이상을 영위할 경우 매출액, 자산총액은 업종별 구분 없이 합산하여 산출하게 된다.

중소기업이 아닌 연간매출액이 2,000억 원 미만인 건설 중견기업[3]이라도 상호출자제한 기업집단에 속하는 회사 및 연간매출액이 2조 원 이상을 초과하는 원사업자와 하도급계약을 한 경우는 법 제13조(하도급대금지급 등)에 한해 수급사업자로 하도급법이 적용된다.

공정위에서는 모든 사건에 대해 원사업자와 수급사업자의 지위가 적격한지 여부를 먼저 판단하고 적격한 경우에 한해 심의를 진행한다.

---

1) 「독점규제 및 공정거래에 관한 법률」 제31조(상호출자제한기업집단 등의 지정 등) ① 공정거래위원회는 대통령령으로 정하는 바에 따라 산정한 자산총액이 5조원 이상인 기업집단을 대통령령으로 정하는 바에 따라 공시대상기업집단으로 지정하고, 지정된 공시대상기업집단 중 자산총액이 국내총생산액의 1천분의 5에 해당하는 금액 이상인 기업집단을 대통령령으로 정하는 바에 따라 상호출자제한기업집단으로 지정한다.
2) 중소기업법 시행령 제3조(중소기업의 범위) 제1항 중소기업의 요건.
3) 업종별 평균매출액이 중소기업 규모의 기준을 초과하거나 업종에 관계없이 자산총액 규모가 5천억 이상이면 중견기업에 해당함. 건설업은 평균매출액이 1,000억 원을 초과하고 매출액이 700억 원 이상이면 중견기업 후보기업이 된다.

수급사업자

- 건설업은 주된 업종 평균매출액이 1,000억 원 이하
- 원사업자 및 수급사업자가 모두 중소기업인 경우, 원사업자보다 시공능력평가액이 적은 경우
- 연간매출액이 2,000억 원 미만인 중견기업 (원사업자에 따라 적용)

수급사업자가 무등록업자인 경우에는 하도급법 적용을 받을 수 없다. 하도급법은 무등록 업체를 보호하지 않는다.

원사업자와 계약한 수급사업자가 실제 공사를 이행하지 않고 무등록업자에게 명의를 대여하고 실제 무등록업자가 공사를 수행한 사건에서 공정위는 하도급법 적용대상이 아니라고 판단하였다.

원사업자(A)가 수급사업자(B)와 계약을 맺었으나 실제공사는 수급사업자의 등록증을 대여 받은 무등록 건설업자(C)가 시공하였을 경우 무등록업자는 하도급법의 보호를 받을 수 없다. 건설사업자가 등록요건을 갖추지 않은 상태에서 거래하다가 이후 요건을 충족한 경우에는 새로운 하도급계약(변경포함) 분부터 하도급법의 적용을 받을 수 있는 지위를 갖게 된다.

하도급법은 국내에 설립·등록된 바 없는 외국기업은 적용할 수 없는데 이는 중소기업기본법이나 중견기업법상 외국기업에 대한 중소기업, 중견기업을 구분할 수 없기 때문이다. 국내기업이 외국에 현지 법인을 설립한 경우에 대해서도 역시 하도급법 적용대상이 될 수 없다. 다만 원사업자가 해외공사 수행시 참여하는 국내법인인 수급사업자는 하도급법이 적용된다.

하도급법은 형식적 하도급관계와 사실상의 하도급관계가 다를 경우에는 사실상의 하도급거래를 적용대상으로 한다.

원사업자(A)가 실제 수급사업자(B)는 사실상 하도급관계(일을 완성하고 대가를 주는 관계)를 맺고 있으면서 형식상으로는 A가 직영하는 것(A와 B가 하도급계약이 체결되지 않는 상태)으로 되어 있을 경우, 즉 모작계약인 경우에 대해서 하도급법 적용여부가 문제가 된다. 이러한 경우, 다음에 예시하는 바와 같은 사실에 의해서 사실상의 관계가 입증되면 A와 B사이에 하도급관계가 있다고 본다.

- B가 A에 대하여 당해 공사에 관하여 계약이행을 보증한 사실 또는 담보책임을 부담한 사실이 있는 경우
- B가 당해 공사와 관련된 인부의 산재보험료를 부담한 사실이 있는 경우
- 형식상으로는 B가 당해 공사에 전혀 관련이 없는 자로 되어 있으나 당해 공사를 시공

하는 데 공사일지, 장비가동일보, 출력일보, 유류 사용대장 등에 B의 책임하에 장비, 인부 등을 조달하여 당해 공사를 시공한 것이 확인되는 경우
- 형식상으로는 B가 A의 소장으로 되어 있으나 B가 동 공사기간 중 A로부터 봉급을 받은 사실이 없는 경우

사례
2

무등록업자에 대한 하도급법 적용 여부

사건번호 2017부사1118(공정위 의결 제2018-2196호, 2018. 6. 18.)

원사업자가 하도급대금결정 위반 여부에 대해 수급사업자가 무등록업자에게 건설업등록증 명의를 대여하고 무등록업자가 공사를 수행하였음이 인정되므로 수급사업자는 하도급법상 수급사업자의 요건에 충족하지 아니하므로 하도급법 적용대상에 해당하지 않는다.

[사건의 개요]
- 원사업자A는 수급사업자B와 수의계약방식으로 하도급계약을 체결하면서 도급내역상 직접공사비 항목(재료비, 직접노무비, 경비)의 값을 합한 322백만 원보다 32백만 원이 낮은 290백만 원으로 하도급대금을 결정하였다.
- B는 건산법 제21조(건설업 등록증 등의 대여 및 알선 금지)를 위반하여 건설업 무등록자인 C에게 자신의 건설업 등록증 명의를 대여하였고 이는 민사재판 소송에서 확인되었다(B도 이 사실을 인정).
- C는 B와 이 사건 공사금액의 95% 금액으로 공사를 수행하기로 '건설공사 약정서'를 체결하였고 C는 B의 직원이 아님에도 B측의 대표로 참여하여 계약을 체결하였고 이 사건 공사의 현장소장 업무를 수행하였음이 확인되었다.
- A는 B가 무등록업자인 C에게 건설업 등록증 명의를 대여한 업체로 하도급법상 당사자적격이 인정되지 아니한다고 주장한다.

[공정위 판단내용]
- 이 사건의 사실상 하도급거래의 당사자는 B가 아닌 B로부터 건설업 등록증 명의를 대여 받아 이 사건 공사를 수행한 C가 인정된다.
- C는 건설업 무등록자이므로 하도급법상 '수급사업자 요건'을 충족하지 아니하여 하도급법 적용대상에 해당되지 아니하므로 원사업자A의 불공정하도급거래행위에 대한 심의절차를 종료한다.

07
하도급법의 금지조항 둘러보기

하도급법에서 금지조항은 원사업자가 하지 말아야 할 금지조항이며 이를 위반하면 과태료 및 과징금과 같은 금전적 제재와 함께 벌점부과, 벌점 누적에 따른 입찰참가제한 및 영업정지 등의 행정적 제재가 반드시 따르게 되고 정도가 심할 경우 검찰고발을 통한 형사적 처벌도 감수해야 한다.

하도급법의 금지조항은 매우 상식적인 수준이지만 그렇다고 현장에서 이를 제대로 준수하는 것 역시 쉽지 않다.

하도급법에서 명시하고 있는 13개의 금지조항에 대해 실제 건설현장에서 위반하기 쉽고 실제 위반사례가 많은 금지규정은 1) **부당특약 금지**, 2) **부당한 하도급대금의 결정금지**, 3) **감액금지**라고 할 수 있다.

하도급법의 금지조항 중에 위의 3가지 금지조항을 제외하면 건설업에서 일반적으로 발생하는 금지조항은 아니므로 3가지 금지조항만이라도 확실하게 이해하고 준수하면 된다.

중요한 금지조항은 다음 이야기를 통해 사례를 통해 자세하게 설명하였으므로 해당규정에 대한 하도급법 내용은 반드시 확인해야 한다(금지조항에 관한 법률내용을 발췌한 것으로 꼭 한번 정독하여 확인해야 한다. 현장기술자라면 충분히 이해할 수 있는 어렵지 않은 내용이다).

법 조항 순서와 관계없이 중요한 금지조항을 우선하여 나열하였다.

∴ **현장실무와 관련도: 매우 높음★★★, 높음★★ 보통★ 낮음☆**

원사업자의 금지조항

1) 부당특약 금지, 2) 부당한 하도급대금의 결정금지, 3) 감액금지, 4) 물품 등의 구매강제 금지, 5) 부당한 위탁취소의 금지, 6) 부당반품의 금지, 7) 물품구매대금 등의 부당결제 청구의 금지, 8) 기술자료 제공요구 금지, 9) 부당한 대물변제의 금지, 10) 부당한 경영간섭의 금지, 11) 보복조치의 금지, 12) 탈법행위의 금지

---

1) 부당특약 금지 — ★★★

제3조의4(부당한 특약의 금지)

① 원사업자는 수급사업자의 이익을 부당하게 침해하거나 제한하는 계약조건(이하 "부당한 특약"이라 한다)을 설정하여서는 아니 된다.

② 다음 각 호의 어느 하나에 해당하는 약정은 부당한 특약으로 본다.

1. 원사업자가 제3조(서면의 발급 및 서류의 보존) 제1항의 서면에 기재되지 아니한 사항을 요구함에 따라 발생된 비용을 수급사업자에게 부담시키는 약정

2. 원사업자가 부담하여야 할 민원처리, 산업재해 등과 관련된 비용을 수급사업자에게 부담시키는 약정

3. 원사업자가 입찰내역에 없는 사항을 요구함에 따라 발생된 비용을 수급사업자에게 부담시키는 약정

4. 그 밖에 이 법에서 보호하는 수급사업자의 이익을 제한하거나 원사업자에게 부과된 의무를 수급사업자에게 전가하는 등 대통령령으로 정하는 약정

2) 부당한 하도급대금의 결정금지 — ★★★

제4조(부당한 하도급대금의 결정 금지)

① 원사업자는 수급사업자에게 제조 등의 위탁을 하는 경우 부당하게 목적물등과 같거나 유사한 것에 대하여 일반적으로 지급되는 대가보다 낮은 수준으로 하도급대금을 결정(이하 "부당한 하도급대금의 결정"이라 한다)하거나 하도급 받도록 강요하여서는 아니 된다.

② 다음 각 호의 어느 하나에 해당하는 원사업자의 행위는 부당한 하도급대금의 결정으로 본다.

1. 정당한 사유 없이 일률적인 비율로 단가를 인하하여 하도급대금을 결정하는 행위

2. 협조요청 등 어떠한 명목으로든 일방적으로 일정 금액을 할당한 후 그 금액을 빼고 하도급대금을 결정하는 행위

3. 정당한 사유 없이 특정 수급사업자를 차별 취급하여 하도급대금을 결정하는 행위

4. 수급사업자에게 발주량 등 거래조건에 대하여 착오를 일으키게 하거나 다른 사업자의 견적 또는 거짓 견적을 내보이는 등의 방법으로 수급사업자를 속이고 이를 이용하여 하도급대금을 결정하는 행위

5. 원사업자가 일방적으로 낮은 단가에 의하여 하도급대금을 결정하는 행위

6. 수의계약(隨意契約)으로 하도급계약을 체결할 때 정당한 사유 없이 대통령령으로 정하는 바에 따른 직접공사비 항목의 값을 합한 금액보다 낮은 금액으로 하도급대금을 결정하는 행위

7. 경쟁입찰에 의하여 하도급계약을 체결할 때 정당한 사유 없이 최저가로 입찰한 금액보다 낮은

금액으로 하도급대금을 결정하는 행위

8. 계속적 거래계약에서 원사업자의 경영적자, 판매가격 인하 등 수급사업자의 책임으로 돌릴 수 없는 사유로 수급사업자에게 불리하게 하도급대금을 결정하는 행위

3) 감액금지 ─ ★★

제11조(감액금지)

① 원사업자는 제조등의 위탁을 할 때 정한 하도급대금을 감액하여서는 아니 된다. 다만, 원사업자가 정당한 사유를 입증한 경우에는 하도급대금을 감액할 수 있다.

② 다음 각 호의 어느 하나에 해당하는 원사업자의 행위는 정당한 사유에 의한 행위로 보지 아니한다.

1. 위탁할 때 하도급대금을 감액할 조건 등을 명시하지 아니하고 위탁 후 협조요청 또는 거래 상대방으로부터의 발주취소, 경제상황의 변동 등 불합리한 이유를 들어 하도급대금을 감액하는 행위

2. 수급사업자와 단가 인하에 관한 합의가 성립된 경우 그 합의 성립 전에 위탁한 부분에 대하여도 합의 내용을 소급하여 적용하는 방법으로 하도급대금을 감액하는 행위

3. 하도급대금을 현금으로 지급하거나 지급기일 전에 지급하는 것을 이유로 하도급대금을 지나치게 감액하는 행위

4. 원사업자에 대한 손해발생에 실질적 영향을 미치지 아니하는 수급사업자의 과오를 이유로 하도급대금을 감액하는 행위

5. 목적물등의 제조·수리·시공 또는 용역수행에 필요한 물품 등을 자기로부터 사게 하거나 자기의 장비 등을 사용하게 한 경우에 적정한 구매대금 또는 적정한 사용대가 이상의 금액을 하도급대금에서 공제하는 행위

6. 하도급대금 지급 시점의 물가나 자재가격 등이 납품등의 시점에 비하여 떨어진 것을 이유로 하도급대금을 감액하는 행위

7. 경영적자 또는 판매가격 인하 등 불합리한 이유로 부당하게 하도급대금을 감액하는 행위

8. 「고용보험 및 산업재해보상보험의 보험료징수 등에 관한 법률」, 「산업안전보건법」 등에 따라 원사업자가 부담하여야 하는 고용보험료, 산업안전보건관리비, 그 밖의 경비 등을 수급사업자에게 부담시키는 행위

9. 그 밖에 제1호부터 제8호까지의 규정에 준하는 것으로서 대통령령으로 정하는 행위

③ 원사업자가 제1항 단서에 따라 하도급대금을 감액할 경우에는 감액사유와 기준 등 대통령령으로 정하는 사항을 적은 서면을 해당 수급사업자에게 미리 주어야 한다.

④ 원사업자가 정당한 사유 없이 감액한 금액을 목적물등의 수령일부터 60일이 지난 후에 지급하는 경우에는 그 초과기간에 대하여 연 100분의 40 이내에서 「은행법」에 따른 은행이 적용하는 연체금리

등 경제사정을 고려하여 공정거래위원회가 정하여 고시하는 이율에 따른 이자를 지급하여야 한다.

4) 물품 등의 구매강제 금지 — ☆

제5조(물품 등의 구매강제 금지)

원사업자는 수급사업자에게 제조등의 위탁을 하는 경우에 그 목적물등에 대한 품질의 유지·개선 등 정당한 사유가 있는 경우 외에는 그가 지정하는 물품·장비 또는 역무의 공급 등을 수급사업자에게 매입 또는 사용(이용을 포함한다. 이하 같다)하도록 강요하여서는 아니 된다.

5) 부당한 위탁취소의 금지 등 — ☆

제8조(부당한 위탁취소의 금지 등)

① 원사업자는 제조등의 위탁을 한 후 수급사업자의 책임으로 돌릴 사유가 없는 경우에는 다음 각 호의 어느 하나에 해당하는 행위를 하여서는 아니 된다. 다만, 용역위탁 가운데 역무의 공급을 위탁한 경우에는 제2호를 적용하지 아니한다.

    1. 제조등의 위탁을 임의로 취소하거나 변경하는 행위

    2. 목적물등의 납품등에 대한 수령 또는 인수를 거부하거나 지연하는 행위

② 원사업자는 목적물등의 납품등이 있는 때에는 역무의 공급을 위탁한 경우 외에는 그 목적물등에 대한 검사 전이라도 즉시(제7조에 따라 내국신용장을 개설한 경우에는 검사 완료 즉시) 수령증명서를 수급사업자에게 발급하여야 한다. 다만, 건설위탁의 경우에는 검사가 끝나는 즉시 그 목적물을 인수하여야 한다.

③ 제1항 제2호에서 "수령"이란 수급사업자가 납품등을 한 목적물등을 받아 원사업자의 사실상 지배하에 두게 되는 것을 말한다. 다만, 이전(移轉)하기 곤란한 목적물등의 경우에는 검사를 시작한 때를 수령한 때로 본다.

6) 부당반품의 금지 — ☆

제10조(부당반품의 금지)

① 원사업자는 수급사업자로부터 목적물등의 납품등을 받은 경우 수급사업자에게 책임을 돌릴 사유가 없으면 그 목적물등을 수급사업자에게 반품(이하 "부당반품"이라 한다)하여서는 아니 된다. 다만, 용역위탁 가운데 역무의 공급을 위탁하는 경우에는 이를 적용하지 아니한다.

② 다음 각 호의 어느 하나에 해당하는 원사업자의 행위는 부당반품으로 본다.

1. 거래 상대방으로부터의 발주취소 또는 경제상황의 변동 등을 이유로 목적물등을 반품하는 행위
2. 검사의 기준 및 방법을 불명확하게 정함으로써 목적물등을 부당하게 불합격으로 판정하여 이를 반품하는 행위
3. 원사업자가 공급한 원재료의 품질불량으로 인하여 목적물등이 불합격품으로 판정되었음에도 불구하고 이를 반품하는 행위
4. 원사업자의 원재료 공급 지연으로 인하여 납기가 지연되었음에도 불구하고 이를 이유로 목적물 등을 반품하는 행위

7) 물품구매대금 등의 부당결제 청구의 금지 — ☆

제12조(물품구매대금 등의 부당결제 청구의 금지)

원사업자는 수급사업자에게 목적물등의 제조·수리·시공 또는 용역수행에 필요한 물품 등을 자기로 부터 사게 하거나 자기의 장비 등을 사용하게 한 경우 정당한 사유 없이 다음 각 호의 어느 하나에 해당하는 행위를 하여서는 아니 된다.

1. 해당 목적물등에 대한 하도급대금의 지급기일 전에 구매대금이나 사용대가의 전부 또는 일부를 지급하게 하는 행위
2. 자기가 구입·사용하거나 제3자에게 공급하는 조건보다 현저하게 불리한 조건으로 구매대금이 나 사용대가를 지급하게 하는 행위

8) 기술자료 제공 요구 금지 등 — ★

제12조의3(기술자료 제공 요구 금지 등)

① 원사업자는 수급사업자의 기술자료를 본인 또는 제3자에게 제공하도록 요구하여서는 아니 된다. 다만, 원사업자가 정당한 사유를 입증한 경우에는 요구할 수 있다.

② 원사업자는 제1항 단서에 따라 수급사업자에게 기술자료를 요구할 경우에는 요구목적, 권리귀속 관계, 대가 등 대통령령으로 정하는 사항을 해당 수급사업자와 미리 협의하여 정한 후 그 내용을 적은 서면을 해당 수급사업자에게 주어야 한다.

③ 수급사업자가 원사업자에게 기술자료를 제공하는 경우 원사업자는 해당 기술자료를 제공받는 날까 지 해당 기술자료의 범위, 기술자료를 제공받아 보유할 임직원의 명단, 비밀유지의무 및 목적 외 사용 금지, 위반 시 배상 등 대통령령으로 정하는 사항이 포함된 비밀유지계약을 수급사업자와 체결하여야 한다.

④ 원사업자는 취득한 수급사업자의 기술자료에 관하여 부당하게 다음 각 호의 어느 하나에 해당하는 행위(하도급계약 체결 전 행한 행위를 포함한다)를 하여서는 아니된다.

    1. 자기 또는 제3자를 위하여 사용하는 행위

    2. 제3자에게 제공하는 행위

⑤ 공정거래위원회는 제3항에 따른 비밀유지계약 체결에 표준이 되는 계약서의 작성 및 사용을 권장할 수 있다.

9) 부당한 대물변제의 금지 ― ☆

제17조(부당한 대물변제의 금지)

① 원사업자는 하도급대금을 물품으로 지급하여서는 아니 된다. 다만, 다음 각 호의 어느 하나에 해당하는 사유가 있는 경우에는 그러하지 아니하다.

    1. 원사업자가 발행한 어음 또는 수표가 부도로 되거나 은행과의 당좌거래가 정지 또는 금지된 경우

    2. 원사업자에 대한 「채무자 회생 및 파산에 관한 법률」에 따른 파산신청, 회생절차개시 또는 간이회생절차개시의 신청이 있은 경우

    3. 그 밖에 원사업자가 하도급대금을 물품으로 지급할 수밖에 없다고 인정되는 대통령령으로 정하는 사유가 발생하고, 수급사업자의 요청이 있는 경우

② 원사업자는 제1항 단서에 따른 대물변제를 하기 전에 소유권, 담보제공 등 물품의 권리·의무 관계를 확인할 수 있는 자료를 수급사업자에게 제시하여야 한다.

③ 물품의 종류에 따라 제시하여야 할 자료, 자료제시의 방법 및 절차 등 그 밖에 필요한 사항은 대통령령으로 정한다.

10) 부당한 경영간섭의 금지 ― ☆

제18조(부당한 경영간섭의 금지)

① 원사업자는 하도급거래량을 조절하는 방법 등을 이용하여 수급사업자의 경영에 간섭하여서는 아니된다.

② 다음 각 호의 어느 하나에 해당하는 원사업자의 행위는 부당한 경영간섭으로 본다.

    1. 정당한 사유 없이 수급사업자가 기술자료를 해외에 수출하는 행위를 제한하거나 기술자료의 수출을 이유로 거래를 제한하는 행위

    2. 정당한 사유 없이 수급사업자로 하여금 자기 또는 자기가 지정하는 사업자와 거래하도록 구속

하는 행위

3. 정당한 사유 없이 수급사업자에게 원가자료 등 공정거래위원회가 고시하는 경영상의 정보를 요구하는 행위

11) 보복조치의 금지 ― ★

제19조(보복조치의 금지)

원사업자는 수급사업자 또는 조합이 다음 각 호의 어느 하나에 해당하는 행위를 한 것을 이유로 그 수급사업자에 대하여 수주기회(受注機會)를 제한하거나 거래의 정지, 그 밖에 불이익을 주는 행위를 하여서는 아니 된다.

1. 원사업자가 이 법을 위반하였음을 관계 기관 등에 신고한 행위
2. 제16조의2(공급원가 등의 변동에 따른 하도급대금의 조정)제1항 또는 제2항의 원사업자에 대한 하도급대금의 조정신청 또는 같은 조 제8항의 하도급분쟁조정협의회에 대한 조정신청
2의2. 관계 기관의 조사에 협조한 행위
3. 제22조의2(하도급거래 서면실태조사) 제2항에 따라 하도급거래 서면실태조사를 위하여 공정거래위원회가 요구한 자료를 제출한 행위

12) 탈법행위의 금지 ― ☆

제20조(탈법행위의 금지)

원사업자는 하도급거래(제13조 제11항이 적용되는 거래를 포함한다)와 관련하여 우회적인 방법에 의하여 실질적으로 이 법의 적용을 피하려는 행위를 하여서는 아니 된다.

08
하도급법은 그 자체가 벌칙규정(하도급법을 준수해야 하는 이유)

하도급법은 거의 모든 조항에 대해 벌칙규정이 적용되는데 이는 불공정 하도급거래를 방지를 목적으로 하는 법의 특성상 벌칙규정이 과다할 수밖에 없고 하도급법을 관할하는 공정위의 의결조치만으로 신속한 행정적 제재를 통해 법취지를 구현하기 위함이다.

벌칙에 있어서 벌금, 과징금, 과태료와 같이 금전적 제재를 부과 받는 것보다도 입찰참가 자격제한에서 영업정지까지 이어지는 벌점 누적적용이 건설사 입장에서는 더욱 치명적이다.

원사업자인 건설대기업에서도 하도급법을 위반하지 않기 위해 지속적으로 지침을 내리고 정보와 교육을 통해 전파하지만 제대로 준수하기가 쉽지 않다.

하도급계약업무를 주로 수행하는 본사의 계약관련부서는 나름대로 하도급법에 대한 전문적인 지식과 체계화된 업무시스템을 갖추고 있어 입찰 및 계약체결에 있어서 하도급법을 위반할 여지가 비교적 적다.

이에 반해 현장에서 계약이행과정 중에 부지불식간의 관행적 행위가 하도급법 위반사례로 이어지게 되지만 정작 공정위 실태조사나 관련자의 신고에 의한 조사가 착수되기 전까지도 하도급법 위반 여부를 제대로 인지하지 못하는 경우가 많다. 그것은 하도급법이 어렵거나 매우 특별한 내용을 담고 있어서가 아니라 위반사례가 매우 다양해서 어떠한 행위가 법위반에 해당하는지를 현장기술자가 판단하기 어렵기 때문이다. 그래서 공정위의 조사가 이루어지지 않는다면 관행적 행위에 대해 법위반의 실체가 드러나지 않기 때문에 무엇이 잘못되었는지 깨닫지 못한 채 새로운 현장으로 이동하게 되면서 똑같은 위반행위가 반복되는 것이다. 고의가 아니기 때문에 더욱 하도급법을 준수하기 어려운 것이다.

하도급법을 준수해야 하는 절박한 이유는 하도급법 위반에 따른 벌칙이 얼마나 심각한 영향을 미치는지를 이해하면 알 수 있다.

벌칙의 적용은 하도급법 위반 여부에 따른 경중에 따라 공정위의 의결에 따라 벌칙은 부과벌점으로 구체화 되면 공정위가 검찰에 고발조치를 하는 경우가 가장 높고 과징금, 시정조치, 경고의 순으로 벌점의 경중이 결정된다.

벌점은 누산점수를 적용하는데 누산점수는 시정조치를 받는 직전 3년간 해당 사업자가 받은 모든 벌점을 더한 점수에서 경감점수를 더한 점수를 빼고 모든 가중점수를 더한 점수를 말한다. 누산점수가 3년간 누계로 5점을 초과하면 입찰참가자격제한, 10점을 초과하면 영업정지의 행정제재를 받을 수 있다.

원사업자가 공정위에서 의결한 위반행위에 대해 이의신청, 취소소송, 무효확인소송 등의 불복절차가 진행 중인 경우, 불복대상 사건에 대한 벌점은 누산점수에서 제외하고 불복절차가 종료되면 그 결과를 반영하여 점수를 다시 산정하게 된다.

과거 입차참가자격제한 요청이 이루어진 하도급법 위반사업자에 대해 다시 입찰참가자격제한을 요청할 경우에는 과거 누산점수 산정의 대상이 된 사건에 대한 벌점은 누산점수에서 제외한다.

하도급법의 주요 제재대상이 원사업자임을 감안하면 입찰참가자격제한 및 영업정지는 부정당제재와 같이 원사업자에게 가장 강력한 제재조치에 해당한다.

공정위가 입찰가자격제한 및 영업정지의 제재를 직접 가할 수 있는 것은 아니지만 벌점 누산점수가 초과하게 되면 하도급법 규정에 근거하여 관계 행정기관에 해당제재조치를 요청해야 한다.

공정위 의결사항에 따른 부과벌점

의결사항	내용	부과벌점
심의절차종료	적용요건 흠결, 신고취하, 위반 여부 판단곤란	없음
경고	위반행위 경미, 시정조치 실익 없음	서면실태조사시: 0.25 신고 및 직권조사: 0.5
시정조치	법위반에 따른 시정조치	시정권고: 1 시정명령: 2 (자진시정: 1)
과징금	하도급 대금의 2배 이내	2.5
고발	형사처벌	3.0, 5.1[1]

1) 법 제4조(부당한 하도급대금의 결정 금지), 제11조(감액금지), 제12조의3(기술자료 제공 요구 금지등)제3항 제1호, 제19조(보복조치의 금지)를 위반한 행위로 고발된 경우는 5.1점으로 한다.

벌점부과는 하도급법 금지조항규정은 모두 적용되며 금지조항이 아닌 조항에서도 다음과 같이 적용된다.

위반유형별 벌점부과 내용

위반유형	주요내용
1. 서면관련 위반	법 제3조(서면의 발급 및 서류의 보존) 제1항부터 제4항까지 및 제9항 ① 최초 계약체결전 선투입, 수급사업자의 귀책 없는 사유의 재작업, 계약내역에 없는 추가공사 등의 업무를 위탁하는 경우 공사착공 전 작업지시서 등의 서면발급 ② 서면은 추가공사의 내용, 목적물의 제공시기 및 장소, 검사방법 및 시기하도급대금과 지급방법 및 지급기일, 하도급대금 조정의 요건, 방법 및 절차 ③재해·사고 등의 긴급복구공사 등의 사유 시 해당사항을 적지 않은 서면발급 가능하며 이때 그 사유와 사항을 정하는 예정기일을 서면에 적시 ④ ③의 경우, 해당사항이 확정시 그 사항을 적은 새로운 서면발급
2. 부당납품단가 인하 관련 위반	법 제4조(부당한 하도급대금의 결정금지), 제11조(감액금지), 제16조의2(공급원가 등의 변동에 따른 하도급대금의 조정) 제10항 ① 목적물의 공급원가 변동, 수급사업자의 책임 없는 사유로 관리비 등 공급원가 외의 비용이 변동되는 경우 수급사업자 및 조합은 원사업자에게 하도급대금 조정 신청 가능 ② 원사업자는 ①의 신청이 있은 날로부터 10일 이내 수급사업자 또는 조합과 하도급대금조정의 협의를 개시해야 한다.
3. 대금지급 관련 위반	제13조의2(건설하도급 계약이행 및 대금지급 보증), 제14조(하도급대금의 직접지급), 제15조(관세 등 환급액 지급),제16조(설계변경 등에 따른 하도급대금의 조정), 제17조(부당한 대물변제의 금지) 법 제6조(선급금의 지급), 제13조(하도급대금의 지급) ① 발주자로부터 받은 날로부터 선급금의 내용과 비율에 따라 15일 이내 지급 ② 15일을 초과시 지연이자 지급 및 어음 또는 어음대체결제수단으로 지급시 어음할인료, 수수료 지급 ③ 하도급대금은 목적물 수령일로부터 60일 이내 지급, 초과할 경우에는 지연이자 지급, 어음 또는 어음대체결제수단으로 지급시 어음할인료, 수수료 지급 ④ 수급사업자와 계약체결일로부터 30일 이내에 공사대금 지급보증, 공사완료시 하도급 계약이행보증금 반환 ⑤ 발주자로부터 증액받은 계약금액의 내용과 비율에 따라 하도급대금 증액(설계변경, 경제상황의 변동 등의 계약금액 증액, 목적물의 완료에 추가비용이 드는 경우 등) ⑥ ⑤에 따라 발주자로부터 계약금액의 증액 또는 감액받은 날부터 15일 이내 수급사업자에게 통지 ⑦ ⑤에 따른 발주자로부터 계약금액의 증액 또는 감액받은 날부터 30일 이내에 하도급대금의 증액 및 감액
4. 보복조치 및 탈법행위 관련 위반	법 제19조(보복조치의 금지),제20조(탈법행위의 금지)를 위반한 경우

5. 그 밖의 위반	법 제3조의4(부당한 특약의 금지), 제5조(물품 등의 구매강제 금지), 제7조(내국신용장의 개설), 제8조(부당한 위탁취소의 금지 등), 제9조(검사의 기준·방법 및 시기),제10조(부당반품의 금지), 제12조(물품구매대금 등의 부당결제 청구의 금지), 제12조의2(경제적 이익의 부당요구 금지), 제12조의3(기술자료 제공 요구 금지) 또는 제18조(부당한 경영간섭의 금지) **제9조(검사의 기준·방법 및 시기)** ① 검사의 기준과 방법은 원사업자와 수급사업자가 협의, 공정·타당하게 정함. ② 원사업자는 목적물 수령일(수급사업자로부터 공사준공 및 기성부분을 통지받은 날)로부터 10일 이내 검사결과를 수급사업자에게 서면통지하고 이 기간내에 통지하지 아니한 경우 검사에 합격한 것으로 봄.

벌점은 다음과 같은 원사업자의 조치에 따라 경감될 수 있다.

원사업자 조치에 따른 벌점의 감경점수

원사업자의 조치사항	벌점감경점수
1. 표준하도급계약서 사용	2점: 사용비율 90% 이상 1점: 사용비율 70% 이상 90% 미만
2. 현금결재비율	1점: 현금결제비율 100% 0.5점: 현금결제비율 80% 이상 100% 미만
3. 입찰정보공개	1점: 입찰정보공개비율 80% 이상 0.5점: 입찰정보공개비율 50% 이상 80% 미만
4. 공정거래 자율준수 프로그램 평가	2점: 최우수 1점: 우수
5. 공정위의 하도급거래 평가	3점: 모범업체 선정시
6. 수급사업자와 협약체결 및 이행실적평가	3점: 최우수, 2점: 우수, 1점: 양호
7. 하도급대금지급관리시스템활용, 발주자 직접 대금지급(3자 합의)	1점: 직접대금지급 비율 50% 이상 0.5점: 직접대금지급 비율 50% 미만
8. 수급사업자 피해에 대한 원사업자의 자발적 구제	피해구제비율 100%: 해당사건 벌점 중 25% 초과 50% 이하 피해구제비율 50% 이상 100% 미만: 해당사건 벌점 중 25% 이하

다음은 공정위에서 ○○ 업체에 벌점을 부과한 사례인데 누산점수가 10점을 초과하여 영업정지된 사례이다. 벌점총계 11.75점에서 경감정수 1.0을 공제하여 10.75점으로 산정되었다 (누산점수＝시정조치 받은 직전 3년간 벌점합계－경감점수의 합＋가중점수의 합).

하도급법 위반사항	조치사항	조치일자	부과벌점
대금 미지급	시정명령	2014. 11. 5.	2
서면 미발급	시정명령	2014. 11. 5.	2
어음대체결재 수수로 미지급	경고	2016. 1. 18.	0.25
지연이자 미지급	과징금	2017. 7. 20.	2.5
부당한 특약	과징금	2017. 7. 20.	2.5
서면교부의무위반	과징금	2017. 7. 29.	2.5
대표자의 하도급법 특별교육 이수	경감점수		-0.5
현금결재비율 80% 이상	경감점수		-0.5
합계			10.75

　　법 제30조(벌칙)의 벌금은 형벌에 해당하므로 공정위에서 검찰의 고발이 있어야만 공소를 제기할 수 있는데 이를 공정위의 '전속고발권'이라 하여 공정위가 고발 여부에 대한 재량권이 있다. 여기서 공정위의 재량권에는 일정한 제한이 있는데 위반정도가 객관적으로 명백하여 하도급거래질서를 현저히 저해한다고 인정하는 경우에 한하며 이와 같은 고발요건에 해당하면 검찰총장에게 고발해야 할 의무가 있다. 공정위가 고발하지 않더라도 사회적 파급효과, 수급사업자에게 미친 피해 등의 다른 사정이 있는 경우 감사원장, 중소벤처기업부장관은 공정위에 고발을 요청할 수 있고 이때는 공정위에서는 검찰총장에게 고발해야 한다. 고발 이후 공소가 제기되면 고발은 취하할 수 없다.

　　벌금은 법인과 행위자에게 동시에 부과되는 양벌규정이다. 제30조(벌칙) 규정 위반시 벌점부과와 함께 하도급대금의 2배에 상당하는 벌금을 부과받을 수 있고 제19조(보복조치의 금지)를 위반하여 불이익을 주는 행위에 대해서는 벌금 3억 원, 제18조(부당한 경영간섭의 금지) 및 제20조(탈법행위의 금지)를 위반하는 경우, 공정위에서 명한 시정조치를 이행하지 않는 사항에 대해서도 1억 5천만 원의 벌금이 부과된다(벌점부과에 관계되는 금지조항은 벌금규정에도 적용된다는 것을 알 수 있다).

　　참고로 제18조(부당한 경영간섭의 금지)에 대해 부당한 경영간섭에 해당하지 않는 사례는 다음과 같다.

- 원사업자가 관계법령상 자신의 의무를 이행하기 위해 수급사업자에게 근로자 임금을 구분지급 또는 직접지급하기 위한 임금관련 정보를 요구하는 경우
- 하도급계약과 관련하여 정산 등 계약이행을 위해 필요한 정보를 요구하는 경우
- 원사업자가 수급사업자 간 하도급법령의 준수 및 상호지원·협력을 약속하는 협약체결시 수급사업자에게 2차 또는 그 이하 수급사업자에 대한 지원실적의 증빙자료를 요구하는 경우
- 수급사업자에게 2차 또는 그 이하 수급사업자와 협약을 체결하도록 권유
- 원사업자가 수급사업자에게 지원한 범위 안에서 2차 또는 그 이하 수급사업자에게 지원하도록 요청
- 2차 또는 그 이하 수급사업자의 인건비·복리후생비 지원 등 근로조건을 개선하는 행위

제30조(벌칙)

① 다음 각 호의 어느 하나에 해당하는 원사업자는 수급사업자에게 제조등의 위탁을 한 하도급대금의 2배에 상당하는 금액 이하의 벌금에 처한다.

	법규정	위반사항
1	제3조 제1항~제4항·제9항	서면의 발급 및 서류의 보존 위반
2	제3조의4	부당한 특약의 금지
3	제4조	부당한 하도급대금의 결정금지
4	제5조	물품 등의 구매강제 금지
5	제6조	선급금의 지급
6	제7조	내국신용장의 개설
7	제8조	부당한 위탁취소의 금지 등
8	제9조	검사의 기준·방법 및 시기
9	제10조	부당반품의 금지
10	제11조	감액금지
11	제12조	물품구매대금 등의 부당결제 청구의 금지
12	제12조의2	경제적 이익의 부당요구 금지
13	제12조의3	기술자료 제공 요구 금지 등
14	제13조	하도급대금의 지급 등
15	제13조의2	건설하도급 계약이행 및 대금지급 보증
16	제15조	관세 등의 환급액의 지급
17	제16조의 제1항·제3항·제4항,	설계변경 등에 따른 하도급대금의 조정
18	제16조의2	공급원가 등의 변동에 따른 하도급대금의 조정
19	제17조	부당한 대물변제의 금지

② 다음 각 호 중 제1호에 해당하는 자는 3억 원 이하, 제2호 및 제3호에 해당하는 자는 1억 5천만 원 이하의 벌금에 처한다.

1	제18조	부당한 경영간섭의 금지
2	제19조	보복조치의 금지
3	제20조	탈법행위의 금지
4	제25조	시정조치

금지조항은 과징금 부과시에도 여지없이 적용되며 수급사업자의 경제적 손해와 밀접한 하도급대금 직접지급 규정을 위반한 발주자, 직접지급을 위해 기성부분의 확인 등 원사업자가 협조의무를 하지 않은 경우, 설계변경, 공급원가 변동에 따른 협의 거부 역시 과징금을 부과받을 수 있다.

하도급법 제35조(손해배상책임)는 다음과 같은 하도급법 규정을 위반하여 수급사업자에게 손해를 끼친 원사업자에게는 손해액의 3배 범위내에서 손해배상의 책임을 지는 소위 징벌적 손해배상을 규정하고 있다.

징벌적 손해배상 관련 하도급법 규정

제4조(부당한 하도급대금의 결정금지)
제8조(부당한 위탁취소의 금지 등) 제1항(제조위탁 임의 취소 및 변경, 목적물 납품 수령 또는 인수
　　거부, 지연행위)
제10조(부당반품의 금지)
제11조(감액금지)제1항·제2항(하도급대금 감액관련 기준)
제12조의3(기술자료 제공 요구금지 등)제4항(수급사업자의 기술자료를 원사업자 또는 제3자를 위한
　　사용 및 제3자 제공금지)
제19조(보복조치의 금지)

하도급법의 벌칙규정은 왜 하도급법을 준수하지 않으면 안 되는지에 대한 답이 될 것 같다. 고의적으로 법을 위반하여 받는 처분은 응당 당연하지만, 하도급법을 제대로 알지 못해서 부지불식간에 위반하는 사례가 더 많다는 것이 어쩌면 더 큰 문제일 수 있다. 언제라도 위반사례가 발생할 수 있기 때문이다.

하도급법에서는 원사업자와 수급사업자간 계약상 합의 여부를 고려하지 않고 불합리, 불공정의 판단은 법에서 정한 규정의 위반 여부로만 판단한다.

계약당사자간 사전합의를 거쳐 시행하였더라도 결과적으로 수급사업자의 손해로 하도급 분쟁이 발생하여 공정위에 제소하면 생각하지도 못한 사소한 행위라도 적발될 수 있다.

원사업자 입장에서 하도급분쟁이 발생하지 않아야 하는 근본적인 이유이다.

제26조(관계 행정기관의 장의 협조)

② 공정거래위원회는 제3조 제1항부터 제4항까지 및 제9항, 제3조의4, 제4조부터 제12조까지, 제12조의2, 제12조의3, 제13조, 제13조의2, 제14조부터 제16조까지, 제16조의2 제10항 및 제17조부터 제20조까지의 규정을 위반한 원사업자 또는 수급사업자에 대하여 그 위반 및 피해의 정도를 고려하여 대통령령으로 정하는 벌점을 부과하고, 그 벌점이 대통령령으로 정하는 기준을 초과하는 경우에는 관계 행정기관의 장에게 입찰참가자격의 제한, 「건설산업기본법」 제82조 제1항 제7호에 따른 영업정지, 그 밖에 하도급거래의 공정화를 위하여 필요한 조치를 취할 것을 요청하여야 한다.

제31조(양벌규정)

법인의 대표자나 법인 또는 개인의 대리인, 사용인, 그 밖의 종업원이 그 법인 또는 개인의 업무에 관하여 제30조(벌칙)의 위반행위를 하면 그 행위자를 벌하는 외에 그 법인 또는 개인에게도 해당 조문의 벌금형을 과(科)한다. 다만, 법인 또는 개인이 그 위반행위를 방지하기 위하여 해당 업무에 관하여 상당한 주의와 감독을 게을리하지 아니한 경우에는 그러하지 아니하다.

제32조(고발)

① 제30조의 죄는 공정거래위원회의 고발이 있어야 공소를 제기할 수 있다.

② 공정거래위원회는 제30조의 죄 중 위반정도가 객관적으로 명백하고 중대하여 하도급거래 질서를 현저히 저해한다고 인정하는 경우에는 검찰총장에게 고발하여야 한다.

③ 검찰총장은 제2항에 따른 고발요건에 해당하는 사실이 있음을 공정거래위원회에 통보하여 고발을 요청할 수 있다.

④ 공정거래위원회가 제2항에 따른 고발요건에 해당하지 아니한다고 결정하더라도 감사원장, 중소벤처기업부장관은 사회적 파급효과, 수급사업자에게 미친 피해 정도 등 다른 사정을 이유로 공정거래위원회에 고발을 요청할 수 있다.

⑤ 제3항 또는 제4항에 따른 고발요청이 있는 때에는 공정거래위원회 위원장은 검찰총장에게 고발하여야 한다.

⑥ 공정거래위원회는 공소가 제기된 후에는 고발을 취소할 수 없다.

제35조(손해배상 책임)

① 원사업자가 이 법의 규정을 위반함으로써 손해를 입은 자가 있는 경우에는 그 자에게 발생한 손해에 대하여 배상책임을 진다. 다만, 원사업자가 고의 또는 과실이 없음을 입증한 경우에는 그러하지 아니하다.

② 원사업자가 제4조, 제8조 제1항, 제10조, 제11조 제1항·제2항, 제12조의3제4항 및 제19조를 위반함으로써 손해를 입은 자가 있는 경우에는 그 자에게 발생한 손해의 3배를 넘지 아니하는 범위에서 배상책임을 진다. 다만, 원사업자가 고의 또는 과실이 없음을 입증한 경우에는 그러하지 아니하다.

③ 법원은 제2항의 배상액을 정할 때에는 다음 각 호의 사항을 고려하여야 한다.

    1. 고의 또는 손해 발생의 우려를 인식한 정도

    2. 위반행위로 인하여 수급사업자와 다른 사람이 입은 피해규모

    3. 위법행위로 인하여 원사업자가 취득한 경제적 이익

    4. 위반행위에 따른 벌금 및 과징금

    5. 위반행위의 기간·횟수 등

    6. 원사업자의 재산상태

    7. 원사업자의 피해구제 노력의 정도

09
걸면 걸리는 부당특약!

도급계약은 일의 완성과 대가의 지급에 관한 약정이다.

도급자는 일을 완성하기 위한 제반조건을 제시하는 청약의 주체이고 수급자는 이를 승낙함으로써 성립되는 것이다. 따라서 도급자는 가장 유리한 입장에서 일의 완성을 위한 제반조건, 즉 계약조건을 작성하게 되고 수급자는 이를 승낙하여 합의하게 되면 계약은 성립하게 된다.

도급자가 유리한 계약조건이라면 수급자에게는 불리할 수 있지만 당사자간 합의에 의한 계약이 성립하면 수급자는 계약조건을 준수해야 할 의무를 갖게 된다. 계약조건의 불합리, 불평등한 내용이 있더라도 당사자간의 합의는 계약자유의 원칙에 따른 약속이기 때문에 그와 같은 사유만으로 계약이 무효가 되는 것은 아니기 때문이다.

도급계약은 일을 완성해야 대가를 지급하는 조건이므로 본질적으로 도급자가 수급자보다 우위에 있을 수밖에 없는 구조이다. 국가권력의 주체인 정부가 도급자이기 때문에 국가계약법에서도 계약당사자의 대등한 입장과 신의성실을 계약의 원칙으로 삼고 있는 것이다.

그럼에도 불구하고 하도급법은 계약자유의 원칙에 따른 계약당사자간의 합의에 의한 계약이라도 약자의 위치인 수급자의 이익과 권리보호를 위해서 법에서 정한 규정을 통해 부당한 계약내용을 무효화할 수 있고 이를 사유로 도급자인 원사업자를 제재할 수 있는 매우 강력한 특별법이다.

하도급법에서 부당특약이란 계약당사자간 별도의 특약(特約)에 대해서만 적용하는 것이 아니라 하도급계약조건의 모든 내용에 있어서 수급자에게 불리하거나 불합리하게 작성되거나 원사업자가 부담할 성격의 비용 또는 이행사항을 수급사업자에게 부담하는 조건 등 수급사업자의 이익을 제한하는 계약조건으로 그 영향이 수급자에게 미치거나 미칠 수 있는 모든 계약내용을 의미한다.

부당특약은 실제 행위 여부와 관계없이 특약의 내용이 계약조건에 명시된 것 자체만으로 위법사항이 되므로 말 그대로 '걸면 걸리는 법위반' 사항이 될 수 있다.

법위반 여부를 가장 먼저 확인할 수 있는 방법은 계약내용 문구에 '모든', '일체', '이의를 제기할 수 없다', '당사 규정에 따른다', '계약금액에 포함된 것으로 본다' 등의 원수급자가 유리한 용어의 적용인데 실제 위반사례를 볼 때 부당특약으로 해석될 가능성이 높다.

계약내용에 있어서 기성금 유보조항, 경미한 공사 부담조항, 단가상승 미반영, 계약체결 이후 공사대금 조정(ESC)신청불가, 검사 및 품질비용 부담, 작업 중에 발생한 폐기물처리, 총공사비 ○% 내 추가정산 불가, 성능보증 담보의 유보금 조건, 민원처리비 및 안전관리비 처리 부담 등의 조건을 두는 것은 모두 부당특약의 법위반에 해당한다.

계약내용이 현장의 특수성을 감안하여 작성했더라도 불분명한 책임의 소재를 전적으로 수급사업자에게 부담하는 조건, 또는 책임의 범위를 미리 정하는 조건, 법령상 원사업자의 책임사항의 일부를 수급사업자에게 전가시키는 등의 계약조건이라면 부당특약의 가능성이 매우 높다고 할 수 있다.

공사포기각서, 타절정산 요청서 및 합의서, 공사비 직불동의서 등의 하도급계약서의 부속서류에 일자, 금액 등에 대해서 공란으로 두고 미리 받아 두는 일체의 행위도 수급사업자의 자유로운 계약결정권을 침해할 수 있는 위법한 사항이 된다.

하도급계약의 절차는 주로 본사 계약부서가 담당하지만, 과업에 대한 성격을 가장 잘 알고 있는 현장기술자가 계약조건에 관한 내용을 반영하게 되는데 이때 현장의 여건을 고려하여 리스크를 최소화하다 보면 부지불식간에 부당특약임을 인지하지 못하여 부당특약에 준하는 계약조건을 반영할 수 있다는 것이다.

부당특약에 관한 선언적 내용의 법 규정만으로는 현장기술자가 위반여부를 인식하기 쉽지 않기 때문에 다양한 사례를 통해 세부기준을 정립하여 어떠한 경우에 대해서 부당특약이 성립하는지를 잘 살펴야 한다.

제3조의4(부당한 특약의 금지)

① 원사업자는 수급사업자의 이익을 부당하게 침해하거나 제한하는 계약조건(이하 "부당한 특약"이라 한다)을 설정하여서는 아니 된다.

② 다음 각 호의 어느 하나에 해당하는 약정은 부당한 특약으로 본다.

    1. 원사업자가 제3조 제1항의 서면에 기재되지 아니한 사항을 요구함에 따라 발생된 비용을 수급사업자에게 부담시키는 약정

2. 원사업자가 부담하여야 할 민원처리, 산업재해 등과 관련된 비용을 수급사업자에게 부담시키는 약정
3. 원사업자가 입찰내역에 없는 사항을 요구함에 따라 발생된 비용을 수급사업자에게 부담시키는 약정
4. 그 밖에 이 법에서 보호하는 수급사업자의 이익을 제한하거나 원사업자에게 부과된 의무를 수급사업자에게 전가하는 등 대통령령으로 정하는 약정

사례
3

일반적인 부당특약 사례 Ⅰ

사건번호 2017광사0278(공정위 의결 제2018-050호, 2018. 1. 17.)

원사업자A는 건산법상 일반건설업을 영위하는 중소기업자로 'OOO아파트 신축공사' 중 금속·창호·도장공사를 수급사업자B에게 건설위탁하였다.

A는 하도급체결연도 시공능력평가액의 합계액이 B보다 많으므로 하도급법 규정에 따라 원사업자에 해당되고 B는 전문건설업자이므로 동법에 따른 수급사업자이다.

공정위는 원사업자가 현장설명서상 다음과 같은 계약조건에 대해 수급사업자의 이익을 부당하게 침해하거나 제한한다고 판단하였다.

계약조건	공정위 판단내용
① 현장소장 또는 담당기사의 지시에 불응하거나 임의작업 시에는 어떠한 조치를 가하여도 이에 대한 민·형사상 이의를 제기하지 아니한다.	수급사업자가 긴급한 상황이 발생하는 경우 부득이하게 사전보고를 생략하거나 부적합한 지시에 대해서는 충분히 이의를 제기할 수 있다고 봄이 타당함에도 당해 조항은 이를 금지하면서 불이익 조치까지 규정함으로써 법 제3조의4 제1항에 위반된다.
② 오견적 또는 임금인상 등을 이유로 한 공사비 증액이나 계약변경·해약을 요구할 수 없음.	사정변경이 발생하게 된 구체적인 원인과 경위, 과정 등을 고려하여 하도급대금을 조정하거나 계약내용을 변경할 수 있다고 봄이 타당함에도 당해 조항은 이를 일률적으로 금지함으로써 법 제3조의4 제1항에 위반된다.
③ 현장작업 중 경미한 부상은 B의 책임 하에 발생비용 및 민·형사상 책임을 지며 B의 작업원에 관한 안전관리 및 교육, 산업재해 등과 관련한 책임 및 비용은 전	원사업자는 산업안전보건법 등 관련 법령에 따라 공사현장에 대한 안전관리 의무를 부담하므로 해당 장소에서 발생한 안전사고에 대해 전부 또는 일부 책임이 있다고 봄이 타당함에도 수급사업자가 전적으로 안전관리 의무를 수행하

적으로 B가 부담함.	도록 하고 귀책사유, 책임범위·비율 등에 대한 구체적 고려 없이 안전사고에 관련된 업무를 수급사업자의 비용과 책임하에 처리하도록 규정하고 있으므로 법 제3조의4 제1항에 위반된다.
④ 모든 재료의 관리시험에 소요되는 경비 일체는 B의 부담으로 책임 처리함.	건설기술진흥법에 따라 건설공사 계약체결시 품질관리에 필요한 비용을 공사금액에 계상함으로써 관련 비용을 부담하여야 하나 수급사업자의 비용과 책임으로 해당 업무를 처리하도록 하므로 법 제3조의4 제1항에 위반된다.
⑤ 본 공사 준공시까지 물가연동 및 설계변경에 따른 공사비 증액은 없음.	원사업자가 자신의 필요 또는 발주자의 지시로 기존 설계나 작업내용을 변경할 경우에는 그로 인한 비용들을 수급사업자에게 보전해야 한다고 봄이 타당함에도 이를 금지함으로써 수급사업자에게 관련 비용을 부담시키므로 법 제3조의4 제1항에 위반된다.
⑥ B는 A가 지시하는 인원증원 및 교체, 돌관작업(야간작업일체)대한 인건비 상승 등에 관계없이 순응해야 함.	하도급거래 과정에서 당초 예정과는 다르게 원사업자의 지시에 따라 작업내용이 추가 또는 변경되는 경우에는 해당 사항들이 변경된 경위, 책임의 유무·범위 등을 종합적으로 고려하여 관련 비용을 분담하여야 한다고 봄이 거래관행에 부합함에도 일률적으로 하도급대금 조정을 인정하지 않고 수급사업자가 관련 비용을 전부 부담하도록 하므로 법 제3조의4 제1항에 위반된다.
⑦ 견적단가는 준공시까지 자재비, 인건비 상승률을 감안한 견적이므로 준공시까지 단가변동(인상)은 없다. ⑧ 본 공사 시공시 계약금액 5% 범위 내에서의 증액은 변경계약 없이 시공한다.	수급사업자는 목적물 등의 제조 등에 필요한 원재료의 가격이 변동되어 하도급대금의 조정이 불가피한 경우에는 원사업자에게 하도급대금의 조정을 신청할 수 있음에도 원재료 가격의 변동을 사유로 한 공사비 증액을 인정하지 않거나 계약금액의 일정 비율을 초과하지 않는 범위 내에서는 변경계약 없이 시공하도록 함으로써 하도급대금 조정신청과 관련된 권리를 직접 제한하므로 법 제3조의4 제1항에 위반된다.

일반적인 부당특약 사례 Ⅱ

사건번호 2017서건1710(공정위 의결 제2018-331호, 2018. 11. 6.)

원사업자A는 'OOO공공주택건설사업' 중 토공사를 수급사업자B에게 건설위탁하면서 표준하도급계약서상의 별도로 계약특수조건을 설정하였다.

A의 계약특수조건 ①~⑥에 대해 공정위는 수급사업자의 이익을 부당하게 침해하거나 제한한다고 판단하였다.

계약조건	공정위 판단내용
① 수급인은 설계서에 명기되지 아니한 것이라도 구조 및 기능상 시공을 요하는 경미한 변경은 담당자의 지시에 따라 수급인의 부담으로 시공해야 한다.	하도급계약의 공사내역은 설계서를 기준으로 정해지는 것이므로 원사업자가 산출내역서에 포함되지 않은 작업을 요구할 경우 추가·변경되는 작업수행에 소요되는 비용을 별도로 정산하여야 할 것이나 원사업자가 지시할 경우 수급사업자가 비용을 부담하도록 규정하고 있으므로 법 제3조의4 제1항에 위반된다.
② 시공 중에 발생하는 민원사항에 대해서는 비용 등 제반사항을 수급인이 책임지고 해결해야 한다.	시공 중에 발생하는 민원사항이라도 원사업자가 지급한 자재로 인해 발생한 민원, 공사 자체에 이의를 제기한 민원 등의 경우 원사업자가 그 비용을 부담하여 책임져야 할 것이나 사유를 불문하고 수급사업자가 모든 책임을 부담하도록 규정하고 있으므로 법 제3조의4 제1항에 위반된다.
③ 설계변경이나 준공 후 물량증감으로 인한 재차 합의서 작성시 당사와 수급인이 쌍방 합의한 후 시행하는 것이 원칙이나, 6일 이내에 쌍방합의가 이루어지지 않을 때는 당사가 일방적으로 처리한다.	물량증감의 원인, 내역, 소요된 비용 등에 대하여 양 당사자 간의 의견이 일치되지 않을 경우 충분한 합의를 거쳐 정산을 하여야 할 것임에도 7일 이후부터는 원사업자가 일방적으로 결정할 수 있도록 하여 수급사업자에게 불리하게 정산금액이 결정될 수도 있으므로 법 제3조의4 제1항에 위반된다.
④ 시공 중에 또는 준공 후 하자보수 기간 중에 발생하는 일체의 하자는 수급인이 책임진다.	원사업자가 제공한 재료의 품질이나 규격 등의 기준미달로 인한 하자, 원사업자의 지시에 따라 시공한 부분에서 발생한 하자 등은 원사업자가 부담하여야 할 하자담보책임에 해당하나 사유를 불문하고 일체의 하자를 수급사업자에게 책임지도록 하고 있으므로 법 제3조의4 제1항에 위반된다.

⑤ 상기에 기재되지 아니한 사항은 당사의 규정 및 지침에 따른다.	사업자의 규정 또는 지침의 내용이 무엇인지 수급사업자가 전혀 예측할 수 없을 뿐 아니라 원사업자가 임의로 규정 또는 지침을 제정함으로써 수급사업자의 이익을 얼마든지 침해할 수 있는 부당한 특약이므로 법 제3조의4 제1항에 위반된다.
⑥ 당사와 수급인 사이에 이의가 있을 때는 당사의 결정에 따른다.	양 당사자 간에 이의가 발생할 경우 그 분쟁의 발생 원인이나 내용을 불문하고 모든 사항을 원사업자의 일방적인 결정에 따르도록 하고 있어 수급사업자의 예측가능성과 이익을 현저하게 침해하는 부당한 특약이므로 법 제3조의4 제1항에 위반된다.

■ 다음은 원사업자와 수급사업자간 주로 시공에 관한 계약조건에 대해 공정위가 부당특약으로 판단한 사례이다. 특히 눈여겨볼 것은 야적장 확보에 관한 비용 및 인허가, 민원사항에 관한 것과 시공관련 인허가 사항에 관한 것으로 일반적으로 현장에서 법위반 여부를 판단하기 쉽지 않은 사항이다.

부당특약의 가장 큰 사유는 실제 수급사업자가 시행해야 할 과업과 책임을 세밀하게 구분하지 못한 채 포괄적이고 일괄적으로 수급사업자에게 책임과 비용을 부담하도록 한 것이 가장 큰 원인이다.

사례
5

시공관련 부당특약 사례

사건번호 2017광사0278(공정위 의결 제2018-050호, 2018. 1. 17.)

원사업자A는 OO현장 관련 토공사를 수급사업자에 건설위탁하면서 일반조건 및 특수조건을 명시하였다.
시공에 관한 야적장 확보, 인허가, 돌관공사, 시험시공에 관해서 공정위는 부당특약으로 판단하였다.
그러나 수급사업자의 자재관리, 폐기물처리(사업장폐기물)는 법위반으로 보지 않았다.

계약조건	공정위 판단내용
① 임시 야적장 확보에 따른 제반비용 및 인허가, 민원해결은 을의 책임과 비용으로 부담한다.	임시 야적장 확보는 이 사건 계약 서면인 하도급 계약조건, 설계도, 시방서에는 기재되지 아니한 사항으로서 현장설명서를 통해서만 요구된 사항이고, 그에 따라 발생하는 제반비용은 물론 인허가 및 민원해결 등에 소요되는 비용까지도 모두 수급사업자에게 부담시키는 조항이므로 법 제3조의4 제1항에 위반된다.
② 시공에 관련된 인허가 수속은 을의 부담으로 하며 별도 규정이 없는 한, 을은 대관청 관계, 허가, 인가, 등록 및 검사를 득하여야 한다.	비산먼지 발생사업 신고, 소음·진동 관리를 위한 특정 공사의 신고 등 시공에 관련된 각종 인허가 사항을 규율하는 관련 법령들은 발주자 또는 원사업자를 신고 의무자로 특정하고 있으므로 이에 소요되는 비용도 의무자가 부담하는 것이 타당할 것이나, 해당 업무를 수급사업자에게 대행하도록 하면서 그에 소요되는 비용까지 전가하고 있으므로 법 제3조의4 제1항에 위반된다.
③ 공사 수행상 부득이하다고 판단되는 경우 갑의 지시에 따라 야간작업, 조기작업, 공휴일 작업 또는 작업시간대를 조정하여 시행할 수 있으며 이에 따른 소요되는 비용은 당초 견적단가에 포함된 것으로 한다.	공사 수행상 부득이한 사정이 발생하여 피심인이 추가 작업, 야간작업 등을 지시한 경우 그러한 사정을 초래한 것에 대하여 수급사업자에게 아무런 귀책사유가 없다면 수급사업자는 추가 작업수행에 대한 정당한 대가를 청구할 수 있어야 할 것이나, 동 조항은 책임의 유무 및 범위 등을 고려하지 않고 이를 견적에 포함된 것으로 간주하여 별도의 정산을 할 수 없도록 하고 있으므로 법 제3조의4 제1항에 위반된다.
④ 현장여건에 따른 장비투입 횟수 및 대수는 갑의 지시에 따라 투입하여야 하며, 그에 따른 제비용은 을의 부담으로 한다.	현장 여건상 피심인이 수급사업자에게 추가적인 장비투입 등을 요구하는 경우 그러한 여건을 초래한 것에 대하여 수급사업자에게 아무런 귀책사유가 없다면 수급사업자는 추가적인 장비투입 등에 소요되는 비용을 청구할 수 있어야 할 것이나, 동 조항은 책임의 유무 및 범위 등을 고려하지 않고 이를 수급사업자에게 모두 부담시키고 있으므로 법 제3조의4 제1항에 위반된다.
⑤ 발주처에서 요구하는 시험시공에 소요되는 비용은 횟수에 상관없이 (재시공 등) 견적에 포함되어 있다	피심인이 발주처로부터 요구받은 시험시공을 수급사업자에게 수행하도록 하면서 시공 횟수, 재시공 여부 등의 제한 없이 그에 소요되는 비용을 견적에 포함된 것으로 간주하여 수급사업자에게 추가적인 비용을 부담시키는 조항이므로 법 제3조의4 제1항에 위반된다.

⑥ 발주처 및 갑이 요청하는 모든 시험 및 검사는 시방서의 조건에 맞도록 공인기관의 시험(국내, 국외)을 을의 비용으로 을이 시행한다.	건설공사의 품질시험·성능검사 등 품질관리에 소요되는 비용은 관련법령에 따라 발주자가 이를 계상하고 원사업자가 도급받아 부담하여야 하는 것임에도 동 조항은 품질관리에 소요되는 모든 시험 및 검사비용을 수급사업자에게 전가하고 있으므로 법 제3조의4 제1항에 위반된다.

■ 하도급대금지급 및 설계변경을 포함한 공사대금과 관련한 부당특약 사례는 다음과 같다. 어떠한 경우라도 수급사업자의 공사대금 신청을 제한하는 규정은 법위반 사항임을 알 수 있다.

사례
6

하도급대금지급에 관한 부당특약

사건번호 2016전사3644(공정위 의결 제2018-069호, 2018. 6. 19.)

원사업자A는 OO신축공사 중 골조공사에 대해 수급사업자B와 하도급계약을 체결하면서 다음과 같은 사항을 계약서 및 일반조건에 명시하였다.
공정위는 계약서상 기성금 유보조항, 설계변경 및 추가공사에 대한 증액불가, 대금신청 불가에 대해 부당특약으로 판단하였다.

계약조건	공정위 판단내용
① 기성부분금(계약서) 1) 지하층 및 1층 기성: 실공정율 80% 범위내에서 기성지급 2) 2층 이상 기성: 실공정율 90% 범위내에서 기성지급 준공금: 20%(지하 및 1층), 10%(2층 이상)	기성금액의 일부를 지급 유보함으로써 법 제13조가 보장하고 있는 하도급대금 등의 수급권을 직접 제한하고, 유보금에 대한 금융차입비 부담 및 공사현장에서의 임금체불이나 공정지체 등의 위험 등을 전적으로 수급사업자에게 부담지게 하는 등 수급사업자의 이익을 부당하게 침해하거나 제한하여 법 제3조의4 제1항에 위반된다.
② 설계변경 등의 공사의 변경 - "수급인"은 설계도서의 잘못 명시된 것은 시정하여 시공할 의무가 있으며, 이	원사업자가 자신의 필요 또는 발주자의 지시로 기존 설계나 작업내용을 변경할 경우에는 그로 인한 비용들을 수급사업자에게 보전해야 한다고 봄이 타당함에도 당해 조항은

에 대한 계약금액의 증액을 요구할 수 없다. - 경미한 설계변경, 기타 사유 등이 발생하여도 변경 등에 따른 추가 증액은 없다.	이를 금지함으로써 수급사업자에게 관련 비용을 부담시키므로 법 제3조의4 제2항 제4호 및 법 시행령 제6조의2 제1호 나목에 해당되어 법 제3조의4 제1항에 위반된다.
③ 재작업, 추가작업 또는 보수작업- 추가물량 3% 이내의 물량에 대해서 정산 없음. - "수급인"은 공사 여건상 "도급인"이 지시하는 아래 사항에 대하여 작업난이도로 인한 인건비의 단가 할증 등에 관계없이 지시에 응해야 한다.	하도급거래 과정에서 당초 예정과는 다르게 원사업자의 지시에 따라 작업내용이 추가 또는 변경되는 경우에는 해당 사항들이 변경된 경위, 책임의 유무·범위 등을 종합적으로 고려하여 관련 비용을 분담하여야 한다고 봄이 거래관행에 부합함에도 당해 조항은 일률적으로 하도급대금 조정을 인정하지 않음으로써 수급사업자가 관련 비용을 전부 부담하도록 하므로 법 제3조의4 제1항에 위반된다.
④ 공사대금 신청불가 - "수급인"은 어떠한 경우를 막론하고 계약체결 후 계약조건의 미숙지 공사견적 착오, 물가 및 노임변동, 기타 사유 등을 이유로 계약금액의 변경을 요구할 수 없으며, 시공을 거부할 수 없다.	수급사업자는 목적물 등의 제조 등에 필요한 원재료의 가격이 변동되어 하도급대금의 조정이 불가피한 경우에는 원사업자에게 하도급대금의 조정을 신청할 수 있음에도 당해 조항은 물가 및 노임변동, 기타사유 등으로 공사비 증액 요구를 원천적으로 인정하지 않음으로써 법에 의해 보호되는 하도급대금 조정신청과 관련된 권리를 직접 제한하므로 제3조의4 제1항에 위반된다.

이상과 같이 현장에서 관행적으로 발생할 수 있는 부당특약 사항을 살펴보았다.

부당특약은 이행 여부와 관계없이 계약조건의 존재만으로도 법위반에 해당한다.

부당특약 여부의 판단에 있어서 현장의 특수성이나 시공여건은 전혀 정상참작의 대상이 되지 않음을 알 수 있다. 과업의 내용이 관련법상 발주자 또는 원수급자의 역무에 해당하는 경우에 있어서 계약상 명시된 대가 없이 수급사업자에게 이를 부담하게 하는 모든 행위가 부당특약이 될 수 있다.

■ 부당특약으로 간주될 수 있는 범위가 너무 넓어서 부당특약에 해당하지 않는 사례를 살펴보는 것이 더 효과적일 수 있기에 다음의 사례를 소개한다.

<table>
<tr><td colspan="2" align="center">설계변경 관련 특약사항</td></tr>
</table>

사건번호 2017서건1710(공정위 의결 제2018-331호, 2018. 11. 6.)

계약조건	물량증감에 대하여는 준공 후 실 정산 처리하며, 설계변경 분은 발주처의 사전승인을 득한 후 시행하며 발주처의 설계변경 확정분만 수급인과 실 정산한다.
공정위 판단내용	설계변경의 경우 발주자의 사전승인을 득한 후 계약대금에 확정 반영되는 변경분에 대해서만 실정산하고, 설계변경에 반영되지 않은 부분은 물량증감으로서 준공 후 실정산 처리한다는 취지로 보이므로 조항 그 자체로는 수급사업자의 이익을 부당하게 침해하거나 제한하는 계약조건으로 보기 어렵다. 동 조항이 원사업자의 설계변경 지시로 수급사업자가 비용을 부담하였더라도 최종적으로 발주자가 인정하지 아니하는 설계변경분이 있을 경우 수급사업자가 그 비용을 보전받지 못할 우려가 있으므로 부당한 특약이라고 주장하나, 그러한 상황은 동조항 자체로 초래되는 것이 아니라 피심인이 설계변경과 물량증감을 모두 인정하지 아니하는 방식으로 동 조항을 악용하는 경우에 한하여 발생할 수 있는 문제이므로 그와 같은 이유로 동 조항을 부당특약으로 볼 수 없다.

<table>
<tr><td colspan="2" align="center">지급자재 관련 특약사항</td></tr>
</table>

사건번호 2017광사0278(공정위 의결 제2018-050호, 2018. 1. 17.)

계약조건	지급자재의 하차비용 및 현장 내 관리비용은 을의 부담으로 하며 자재 분실 시 모든 책임은 을에게 귀속된다.
공정위 판단내용	이 사건 현장설명서는 지급자재의 하차 및 현장 내 소운반 비용을 견적 사항에 포함하고 있어 수급사업자는 견적 당시 지급자재 하차시 수반되는 대략적인 비용 등을 예측할 수 있었을 것이므로 해당 비용이 하도급대금에 반영된 것으로 볼 수 있는바, 수급사업자에게 실질적으로 비용을 부담시키는 계약조건으로 보기 어렵다. 또한 지급된 자재는 공사에 투입되기 전까지는 수급사업자가 임치 또는 위탁 관리하는 물건으로서 동 자재가 분실되었다면 수급사업자는 선관주의 의무를 다하지 못한 민사법상의 채무불이행 책임을 져야 하므로 분실에 대한 책임을 부담시키는 조항을 두었다고 하더라도 수급사업자의 이익을 부당하게 침해하거나 제한하는 계약조건에 해당하지 아니한다.

폐기물 관련 특약사항

사건번호 2017광사0278(공정위 의결 제2018-050호, 2018. 1. 17.)

계약조건	각종 폐기물처리는 적법한 절차에 의하여 을이 책임지고 처리하며 처리비용은 견적에 포함한다.
판단내용	원사업자는 폐기물관리법에 따른 사업장폐기물배출자로서 동법 제17조 제1항에 따라 폐기물 처리의무를 부담하나, 공사현장에서 수급사업자에 의해 발생하는 사업장폐기물의 처리를 해당 수급사업자에게 위탁하면서 이에 소요되는 폐기물 처리비용을 하도급대금에 반영하도록 하였다면 원사업자의 의무사항인 업무와 관련하여 발생하는 비용을 수급사업자에게 전가한 것으로는 보기는 어렵다. 이 사건 현장설명서는 공사수행 중에 발생하는 각종 폐기물의 처리를 수급사업자에게 위탁하면서 그 비용을 공사대금 견적에 포함하도록 규정하고 있고, 수급사업자는 견적 당시 스스로 발생시킬 수 있는 사업장폐기물의 처리비용을 예측할 수 있었을 것이므로 동 조항은 실질적으로 폐기물 처리비용을 수급사업자에게 전가하는 계약조건에 해당하지 아니한다. (단, 현장에서 공사중에 발생되는 건설폐기물은 이에 해당하지 않는다.)

10
정당한(?) 수의계약도 부당한 하도급대금결정이 될 수 있다!

공사를 수행하다 보면 경쟁에 부치지 않고 수의계약을 통해 수급사업자를 선정해야 할 경우가 발생한다. 특히 지방에서 공사를 수행하는 경우, 지역경제 활성화 등을 사유로 지역 우수업체를 선정하여 수의계약을 통해 공사를 수행하기도 하는데 수의계약으로 수행할 수밖에 없는 특수성(특허 등)이 있는 공사 외에 일반공사를 수의계약으로 수행하는 경우, 각별히 주의해야 할 사항이 있다.

특정업체에 대해 수의계약을 추진하게 되면 주로 현장기술자는 실행예산 범위 내에서 대상업체와 수의시담을 통해 하도급공사비를 합의하여 결정하고 계약체결을 본사에 의뢰하여 계약이 완료되는 과정을 거친다.

실행단가는 일반적으로 도급단가보다 낮기 때문에 수의시담을 통해 결정된 하도급공사비는 도급금액 보다 낮게 산정되게 된다. 원사업자는 도급금액과 관계없이 실행예산 내에서 수급사업자와 합의를 통해 계약을 체결하여 시행하므로 특별한 문제가 없다고 생각할 수 있지만 여기서 부터 문제가 발생하게 된다.

수의계약에 있어서 도급금액의 직접공사비(도급내역상의 재료비, 직접노무비, 경비의 합계)보다 낮은 금액으로 하도급대금을 결정하게 되면 이는 하도급법상 부당한 하도급대금의 결정 금지에 위반된다는 하도급법상 규정이다. 현장기술자가 간과하기 매우 쉬운 법조항이다.

법 제4조(부당한 하도급대금의 결정 금지)
② 다음 각 호의 어느 하나에 해당하는 원사업자의 행위는 부당한 하도급대금의 결정으로 본다.
　6. 수의계약(隨意契約)으로 하도급계약을 체결할 때 정당한 사유 없이 대통령령으로 정하는 바에 따른 직접공사비 항목의 값을 합한 금액보다 낮은 금액으로 하도급대금을 결정하는 행위

도급단가와 실행단가의 차액이 많은 고수익 공종에 대해 불가피하게 수의계약을 통해 공사를 수행해야 한다면 최소한 도급금액의 직접공사비 이상으로 계약해야 한다.

현장여건과 제반사정을 고려하여 대상업체와 합의과정을 거쳐 수의계약을 통해 공사를 종료하면 큰 문제가 없다고 생각할 수 있으나 발주처에 하도급통보 이후 공정위의 하도급실태조사 등의 불시점검시 적발될 수 있다.

그러나 무엇보다도 가장 문제되는 것은 정작 수의계약을 통해 공사를 수행했지만, 공사수행과정에서 해당업체의 적자가 발생하는 등의 문제로 하도급분쟁이 발생하여 공정위에 제소되면 부당한 하도급대금결정 여부를 조사받고 결국 법위반 처분을 받게 될 가능성이 높다는 것이다.

이와 달리 수급사업자가 특허공법 등 지식재산권을 보유하여 수의계약으로 하도급계약을 체결하는 경우는 「건설산업기본법」에 따라 발주자가 하도급계약의 적정성을 심사하여 그 계약의 내용 등이 적정한 것으로 인정한 수의계약에 대해서는 도급금액의 직접공사비 여부와 관계없이 부당한 하도급대금 결정사항이 아니므로 법위반에 해당하지 않는다.

하도급계약을 담당하는 실무자 입장에서는 경쟁입찰을 하지 않고 하도급업체와 충분한 협의를 통해 공사비를 결정, 합의하여 수의계약을 시행한 것이 왜 하도급법 위반에 해당하는지 반문할 수 있을 것이다.

그렇다면 도급금액(직접공사비)보다 낮게 체결된 수의계약이 왜 법적으로 하도급대금결정 위반에 해당하는지 공사비 측면에서 살펴보자.

도급금액은 대외적으로 목적물을 완성하는 공식적인 비용이다. 원사업자가 기준으로 삼는 실행금액은 산정하는 기준과 방법이 건설사마다 다르고 어디까지나 내부적으로 관리하는 비용으로 객관적인 공사비의 적정성 여부의 기준이 될 수 없다. 그래서 제3자의 입장에서 볼 때는 도급금액(직접공사비)보다 낮게 체결된 수의계약의 공사비 적정성이 확보되었다고 할 수 없다는 판단에 이르게 된다.

원사업자 입장에서는 수급사업자가 제시한 공사비를 반영하여 합의한 공정하고 대등한 계약이라고 생각할 수 있을 것이다. 그러나 가장 중요한 것은 공사비 측면이 적정성 여부의 문제보다도 수의계약을 보는 하도급법의 관점은 도급금액(직접공사비)보다 낮게 하도급계약이 체결된 것은 원사업자가 우월적 지위를 이용하여 도급금액보다 더 많은 이익을 남기기 위해 약자인 수급사업자와 부당하게 하도급대금을 결정한 것으로 본다는 것이다.

이에 반해 경쟁입찰방식는 도급금액의 여부를 떠나 각 업체의 입찰금액을 확인할 수 있고 입찰금액은 공사비를 합리적으로 추정할 수 있는 근거가 되기 때문에 부당한 하도급대금 결정 여부를 따질 수 없는 것이다.

사실 공평성의 관점에서 볼 때 하도급법의 해당규정은 다소 문제의 소지가 있을 수 있다. 일반내역입찰공사나 일괄입찰 또는 대안입찰공사(이하 대형공사)와 같이 입찰방식의 차이에 따른 공사비의 도급단가를 구분하지 않고 동일선상에서 판단하는 것은 오히려 불합리한 수의계약의 결과를 가져올 수 있기 때문이다.

일반적으로 원가율이 좋은 대형공사는 예정가격이 없고 원사업자가 직접 설계서 및 산출내역서를 작성하게 되는데 이는 예정가격을 기준으로 도급금액에 결정되는 일반내역입찰공사의 공사비 구조와 비교할 때 전체공사비를 확정하기 위해 일부 공종에 따라서는 공사비의 편차가 발생할 수 있다. 따라서 수의계약 대상공종의 공사비가 과소계상되었다면 하도급법 위반여부와 별개로 수급사업자 입장에서는 수의계약은 불리한 결과를 초래할 수 있는 것이다. 다만 대형공사가 일반내역입찰공사 보다 전반적으로 공사비가 높게 형성되기 때문에 수의계약시 수급사업자 입장에서는 다소 유리할 수 있다고 볼 여지가 있을 뿐, 도급금액이 적정공사비의 기준이라고 할 수 없다.

이와 같이 적정공사비를 판단하는 별도의 기준이 없어서 현재의 도급금액(직접공사비)이 적정공사비 판단의 최소한이 될 수밖에 없는 현실적 상황을 고려한다면 다른 대안을 찾기가 쉽지 않을 것이다.

그러나 현형 하도급법은 원사업자에게는 현장여건에 따른 합리적인 수단으로써 수의계약을 시행하는데 제한이 될 수밖에 없고 수급사업자도 도급금액(직접공사비)보다도 저렴하게 수행할 수 있음에도 불구하고 해당 규정으로 공사참여가 어려울 수 있다는 것을 감안하면 이러한 하도급법의 규정은 좀 더 유연해질 필요는 있을 것 같다(일반적으로 경쟁입찰로 수급사업자를 선정하는 경우가 공사비 측면에서 수의계약보다 낮게 책정된다는 점을 고려하면 우수한 업체에게 적정한 공사비 확보를 위한 선량한 목적의 수의계약 활성화를 막는 요소가 될 수도 있다. 그렇다고 수의계약이 선호되어야 한다는 의미는 아니다).

이와 같은 하도급법의 규정에도 불구하고 불가피하게 수의계약을 해야 할 사유가 있으나 대상업체의 견적 결과 도급금액의 직접공사비보다 낮은 경우에 해당한다면 건설산업기본법

제31조(하도급계약의 적정성 심사 등)에 따른 절차를 밟고 발주자가 심의하여 인정한다면 법위반에 해당하지 않을 수 있다(발주자가 특수한 사유가 아닌 수의계약에 대해 굳이 하도급계약의 적정성을 심사하고 이를 반드시 인정해 줄 수 있는지는 별개의 문제이다).

경쟁입찰의 경우 부당한 하도급대금 결정금지에 저촉될 가능성이 줄어들지만 수급사업자의 예정가격(실행예산)을 초과하여 재입찰이 불가피한 경우가 발생하게 되면 하도급공사비의 저가화는 발생할 수밖에 없다. 이러한 문제점을 방지하기 위해서 경쟁입찰에 의해 수급사업자 선정에 관한 하도급법 규정을 두고 있다.

경쟁입찰에서 원사업자가 정당한 사유없이 최저가로 입찰한 금액보다 낮은 금액으로 하도급대금을 결정하게 되면 부당한 하도급대금 결정에 해당한다. 또한 예정가격이 초과될 경우 재입찰한다는 사전고지가 있더라도 실제 계약시 정당한 사유[1]없이 최저가 보다 낮은 금액으로 하도급대금을 결정하거나 예정가격의 산정의 합리성에 문제가 있다면 부당한 하도급대금 결정에 해당하여 법위반 사항이 된다.

- 다음은 턴키공사의 성격상 물량확정이 불분명하여 도급공사비(직접공사비)보다 낮게 수의계약하였고 최종적으로 도급금액(직접공사비)보다 높게 최종계약하였지만 공정위는 최초 수의계약이 부당한 하도급대금 결정이라고 판단한 사례이다.

사례 10

수의계약시 부당한 하도급대금 결정사례

사건번호 2018서건0678(공정위 의결 제2021-030호, 2021. 1. 29.)

원사업자가 원도급계약금액의 직접공사비 합계액보다 낮은 금액으로 수급사업자와 수의계약 한 행위는 법4조(부당한 하도급대금의 결정금지)에 위반된다.

[사건의 개요]
• 원사업자A는 'OO기계설비공사'등 2개 현장의 4건의 공사에 수급사업자B와 수의계약으로 하도급계약을 체결하였다.

---

1) 원사업자의 책임으로 돌릴 수 없는 사유 또는 수급사업자의 귀책사유 등 최저가로 입찰한 금액보다 낮은 금액으로 하도급대금을 결정하는 것을 정당화할 객관적·합리적 사유를 의미하는바, 원사업자가 이를 주장·증명하여야하며 정당한 사유가 있는지는 공정한 하도급거래질서 확립의 관점에서 사안에 따라 개별적, 구체적으로 판단하여야 한다(대법원 2012. 2. 23. 선고 2011두2337 판결).

- A는 하도급체결시 도급내역상 직접공사비 항목(재료비, 노무비, 경비)의 합계액보다 낮은 금액으로 B와 계약하였다(도급금액 198억 원, 하도급금액 187억 원, 차액 11억 원).
- 이후 A와 B는 각각의 계약건에 대해 수차례의 계약변경을 통해 최종 199억 원으로 증액되었다.
- A는 해당현장의 공사일부를 B에게 하도급하기로 약정하고 공사진행 정도에 따라 형식적으로 여러 건의 하도급계약을 체결하였을 뿐이므로 개별 계약 별로 하도급계약금액과 원도급상의 직접공사비 항목을 비교할 것이 아니라 원도급계약의 범위내에서 체결된 모든 하도급계약금액을 합산한 금액과 원도급 계약금액의 직접공사비 항목의 합계액과 비교해야 한다고 주장한다.
- A는 턴키공사의 특징상 초기에 물량확정이 어려우므로 최초의 계약금액은 개산금의 성격을 가지며 이후 물량의 증가로 원도급액의 증액 없이 하도급대금을 증액해 준 것으로 증액된 최종 하도급대금과 원도급내역상의 직접공사비 합계액을 비교하여 위반여부를 판단해야 한다고 주장한다.

[공정위 판단내용]
- A는 별도의 입찰절차 없이 B의 견적서를 제출받아 검토·협의한 후 하도급계약을 체결하였으므로 계약체결 방식은 수의계약에 해당한다.
- B는 특허공법 등 지식재산권을 보유하고 있지 아니하고 발주자가 건산법 제31조의 규정에 따라 하도급계약의 적정성을 심사한 사실도 없기 때문에 도급내역상의 직접공사비 항목의 값을 합한 것보다 낮은 금액으로 결정한 정당한 사유가 있다고 볼 수 없다.
- 원도급내역상 직접공사비 합계금액의 비교대상은 "개별 하도급계약"으로 보는 것이 합당하다. 법 제4조 제2항 제6호에서의 '수의계약으로 하도급계약을 체결할 때'에서 "하도급계약"이란 원도급과 관련된 모든 하도급계약을 의미하는 것이 아니라 개별 하도급계약을 의미하는 것으로 보아야 한다. 따라서 법위반여부를 판단함에 있어 하도급계약 체결 당시의 하도급계약서 별로 기재된 하도급계약금액을 원도급내역상 직접공사비 항목의 합계액과 비교하여야 한다.
- 법조항의 위법성 판단시점은 법문언상 원사업자가 수급사업자에게 건설위탁당시 하도급대금을 결정한 시점이 되어야 하고 하도급계약 체결 이후 변경시점에 따라 위법성을 판단할 경우 원사업자의 악의적인 행태를 방지하거나 제재할 수 없는 불합리한 결과를 초래할 우려가 있다.
- A의 행위는 부당한 하도급대금 결정행위에 해당하여 법4조(부당한 하도급대금의 결정 금지)제2항 제6호에 위반되고 위반금액이 적지 않은 점을 고려하여 과징금을 부과한다.

- 경쟁입찰시 예정가격이 객관적·합리적으로 산정되지 않았고 예정가격에 대한 이의나 분쟁에 대비한 예정가격의 사후 확인 수단이 적절하게 마련되지 못했다는 이유로 공정위는 부당한 하도급대금 결정금지 규정을 위반했다고 판단하여 과징금을 부과한 사례이다.

경쟁입찰을 통한 수급사업자 선정관련 부당한 하도급대금 결정사례

사건번호 2017부사1450(공정위 의결 제2018-365호, 2018. 12. 11.)

원사업자는 최저가 입찰금액보다 낮게 하도급대금을 결정하였고 예정가격이 합리적으로 산정되었다고 인정할 수 없으므로 부당한 하도급대금결정금지 위반에 해당하여 과징금을 부과하였다.

[사건의 개요]

- 원사업자A는 OO경전철 건설공사 중 기계설비공사를 경쟁입찰 방식을 통해 최저가로 입찰한 금액보다 낮은 금액으로 수급사업자 C와 계약을 체결하였다.

- A는 입찰예정금액의 산정을 위해 수급사업자B에게 견적을 받고 견적가인 6,063백만 원의 98.5%인 5,975백만 원을 예정가격으로 산정(1.5%는 예비비)

- 예정가격은 입찰공고일 이전에 내부 전산시스템에 입력, 합당한 사유와 절차적 요건을 갖추어 결재권자의 승인을 득한 경우 수정가능

- A는 B 외 C, D, E의 3개사를 지명하여 경쟁입찰 예정임을 공고

- 입찰조건: 예정가격 초과시 3차례 입찰 가능, 3차례의 입찰 이후에도 예정가격 초과시 최저가 업체로 우선협상 진행, 협상결렬시 차순위 업체와 협상 또는 재입찰

- 3차례의 입찰결과 예정가격 초과로 유찰처리 후 최저가 입찰업체인 B사와 우선협상을 진행하였으나 B가 최종 제안가 6,050백만 원으로 제시하자 차순위 업체인 C와 추가협상을 통해 5,900백만 원으로 확정하여 계약체결

[공정위 판단내용]

- 최저 입찰가가 예정가격을 초과하면 유찰된다는 사실을 사전에 고지하였다 하더라도 그 자체만으로 최저가 입찰금액보다 낮은 금액으로 하도급대금을 결정한 행위가 정당화되는 것은 아니고, 최소한 낙찰의 기준이 되는 예정가격이 객관적·합리적으로 산정되어야 하고, 예정가격의 사후 확인 수단이 적절하게 마련되었어야 함.

- 예정가격은 B사 1개사로부터만 견적가를 받아 일반적인 대가수준으로 보기 부족하고 견적가에 대한 별도의 검토없이 1.5%를 삭감하여 예정가격이 도급가격 대비 71.5%에 불과하여 애초부터 낮게 산정된 측면이 있는 점, 견적가를 제출한 B도 3차례의 입찰에서는 물론 추가 가격협상에서도 '당사에서 드릴 수 있는 최종 마지노선 금액'이라면서 예정가격보다 높은 가격을 제시한 점 등을 고려할 때 피심인의 예정가격이 객관적·합리적으로 산정되었다고 인정하기 어렵다(B는 타공구의 공사를 수행하면서 자신이 제출한 견적가로 공사수행이 어려워 높은 입찰가격을 제출하였음).

- 예정가격의 사후 확인 수단도 낙찰 선정에 대한 이의나 분쟁에 적절하게 대응하기 위해서는 한 번 입력한 예정가격은 어떠한 경우에도 수정할 수 없도록 조치하였어야 함에도 불구하고, A의 전산시

스템에 입력된 예정가격은 A의 내부결재만으로 수정할 수 있도록 되어 있어 적절하게 마련되었다고 볼 수 없으므로 원사업자의 이 사건 행위는 그 정당성이 인정되지 아니한다.

제4조(부당한 하도급대금의 결정 금지)

① 원사업자는 수급사업자에게 제조등의 위탁을 하는 경우 부당하게 목적물등과 같거나 유사한 것에 대하여 일반적으로 지급되는 대가보다 낮은 수준으로 하도급대금을 결정(이하 "부당한 하도급대금의 결정"이라 한다)하거나 하도급받도록 강요하여서는 아니 된다.

② 다음 각 호의 어느 하나에 해당하는 원사업자의 행위는 부당한 하도급대금의 결정으로 본다.

1. 정당한 사유 없이 일률적인 비율로 단가를 인하하여 하도급대금을 결정하는 행위
2. 협조요청 등 어떠한 명목으로든 일방적으로 일정 금액을 할당한 후 그 금액을 빼고 하도급대금을 결정하는 행위
3. 정당한 사유 없이 특정 수급사업자를 차별 취급하여 하도급대금을 결정하는 행위
4. 수급사업자에게 발주량 등 거래조건에 대하여 착오를 일으키게 하거나 다른 사업자의 견적 또는 거짓 견적을 내보이는 등의 방법으로 수급사업자를 속이고 이를 이용하여 하도급대금을 결정하는 행위
5. 원사업자가 일방적으로 낮은 단가에 의하여 하도급대금을 결정하는 행위
6. 수의계약(隨意契約)으로 하도급계약을 체결할 때 정당한 사유 없이 대통령령으로 정하는 바에 따른 직접공사비 항목의 값을 합한 금액보다 낮은 금액으로 하도급대금을 결정하는 행위
7. 경쟁입찰에 의하여 하도급계약을 체결할 때 정당한 사유 없이 최저가로 입찰한 금액보다 낮은 금액으로 하도급대금을 결정하는 행위
8. 계속적 거래계약에서 원사업자의 경영적자, 판매가격 인하 등 수급사업자의 책임으로 돌릴 수 없는 사유로 수급사업자에게 불리하게 하도급대금을 결정하는 행위

건설산업기본법 제31조(하도급계약의 적정성 심사 등)

① 발주자는 하수급인이 건설공사를 시공하기에 현저하게 부적당하다고 인정되거나 하도급계약금액이 대통령령으로 정하는 비율에 따른 금액에 미달하는 경우에는 하수급인의 시공능력, 하도급계약내용의 적정성 등을 심사할 수 있다.

② 국가, 지방자치단체 또는 대통령령으로 정하는 공공기관이 발주자인 경우에는 하수급인이 건설공사를 시공하기에 현저하게 부적당하다고 인정되거나 하도급계약금액이 대통령령으로 정하는 비율에 따른 금액에 미달하는 경우에는 하수급인의 시공능력, 하도급계약내용의 적정성 등을 심사하여야 한다.

③ 발주자는 제1항 및 제2항에 따라 심사한 결과 하수급인의 시공능력 또는 하도급계약내용이 적정하지 아니한 경우에는 그 사유를 분명하게 밝혀 수급인에게 하수급인 또는 하도급계약내용의 변경을 요

구할 수 있다. 이 경우 제2항에 따라 심사한 때에는 하수급인 또는 하도급계약내용의 변경을 요구하여야 하고, 변경 요구를 받은 수급인은 정당한 사유가 있는 경우를 제외하고는 이를 이행하여야 한다.

④ 발주자는 수급인이 정당한 사유 없이 제3항에 따른 요구에 따르지 아니하여 공사 결과에 중대한 영향을 끼칠 우려가 있는 경우에는 해당 건설공사의 도급계약을 해지할 수 있다.

⑤ 제2항에 따른 발주자는 하수급인의 시공능력, 하도급계약내용의 적정성 등을 심사하기 위하여 하도급계약심사위원회를 두어야 한다.

⑥ 제1항부터 제3항까지에 따른 하도급계약의 적정성 심사기준, 하수급인 또는 하도급계약내용의 변경 요구 및 그 이행 절차, 그 밖에 필요한 사항 및 제5항에 따른 하도급계약심사위원회의 설치·구성, 심사방법 등에 필요한 사항은 대통령령으로 정한다.

11
하도급대금지급의 중요 포인트

원사업자와 수급사업자의 계약은 사인간 계약이므로 대금지급의 시기, 방법, 조건은 당사자가 자유롭게 정할 수 있지만 하도급법의 대상이 되는 건설, 수리, 제조, 용역 위탁분야에 관해서는 수급사업자가 불이익을 받지 않도록 하도급법에서 하도급대금지급 기준을 정하고 있다.

하도급대금 지급, 즉 하도급기성에 대해서 법적으로 준수해야 할 기본적인 다음의 사항에 대해 현장기술자는 반드시 숙지하여 업무를 처리해야 한다.

- 원사업자는 발주자로부터 기성금을 지급받은 경우 지급받은 날로부터 15일 이내에 수급사업자에게 수행한 부분에 상당하는 금액을 지급해야 한다.
  (1월 1일 발주자 기성수금시 1월 16일까지 수급사업자 기성지급)
- 발주자로 받은 기성금의 현금비율 이상으로 수급사업자에게 지급해야 한다.
- 원사업자는 목적물 수령일로부터 60일 이내 수급사업자에게 기성을 지급해야 한다(법정지급기일 60일).
  (1월 1일 목적물 수령 3월 2일까지 수급사업자 기성지급)
- 대금지급기한(60일) 초과시 연 15.5%의 지연이자 발생

기성대금지급기한은 목적물 등의 수령일로부터 60일 이내의 가능한 짧은 기한으로 정한 지급기일까지 하도급대금을 지급해야 한다. 이를 초과하면 지연이자율 15.5%를 지급해야 한다. 현금이 아닌 어음지급시 어음은 할인이 가능해야 하고 어음만기일까지의 할인율을 함께 지급해야 한다.

건설위탁에서 목적물의 수령일은 인수일을 의미하는데 이는 목적물에 대한 검사가 완료된 것을 의미한다.

법정지급기일은 원사업자가 발주자로부터 기성금 수령여부와 관계없이 수급사업자에게

반드시 지급해야 하는 기간이다. 다만, 원사업자와 수급사업자가 대등한 지위에서 지급기일을 정한 것으로 인정되는 경우나 해당 업종의 특수성과 경제여건에 비추어 그 지급기일이 정당한 것으로 인정되는 경우에 대해서는 법정지급기일을 협의하여 결정할 수 있고 이는 법위반의 예외로 규정된다.

원사업자가 발주자로부터 대금을 지급받지 못해 하도급대금을 지급하지 못하는 경우, 기타 확정되지 않은 손해를 수급사업자에게 부담하여 하도급대금을 상계하는 경우, 지급한 어음이 부도처리된 경우 등도 하도급대금을 지급하지 않은 것으로 본다.

하도급법에는 하도급대금지급 거절 및 지연에 관한 예외규정이 없기 때문에 법정기한을 초과하면 그 자체가 하도급법 위반이며 공정위에서도 하도급법 위반 여부 판단시 하도급대금 지급기한 준수여부만 판단하면 되고 하도급 대금지연의 상당한 이유는 살펴볼 필요가 없다는 것이 대법원의 판단이다(대법원 1995. 6. 16. 선고 64누10320 판결).

하도급대금지급에 관한 사례를 중심으로 중요 포인트를 짚어 보자.

POINT 1 준공시 수급사업자가 하자보수보증금(하자보증보험증권)을 제출하지 않았더라도 준공금은 지급해야 할까?

수급사업자의 하자보수보증금 또는 하자보증보험증권의 제출의무는 원사업자의 공사대금채무와 그 상당액에서 동시이행관계에 있으므로 원사업자는 수급사업자가 하자보수보증금 또는 하자보증보험증권을 제출할 때까지 그 범위 내에서 하도급대금을 미지급할 수 있다.

[사건개요]
- 원사업자A는 관할지자체의 사용승인이 있었음에도 수급사업자B에게 하도급대금(준공금) 21,450천 원을 지급하지 않았다(계약금액 1,417,350천 원, 지급금액 누계 1,395,000천 원).
- A와 B의 공사계약은 건설공사표준하도급 계약서를 적용하였고 하자보수보증금율을 3%로 규정하고 있다.
- B는 공사에 대한 하자보수보증금 42,520천 원을 현금 또는 하자보증보험증권을 A에게 제출하지 않았다.

[판단내용]
- 특별한 사정이 없는 한 수급사업자의 하자보수보증금 또는 하자보증보험증권의 제출의무는 원사업

자의 공사대금채무와 그 상당액에서 동시이행관계에 있으므로 A는 B가 하자보수보증금 또는 하자보증보험증권을 제출할 때까지 그 범위 내에서 하도급대금을 미지급할 수 있다.

[사건번호 2014건하2215, 공정위 의결 제2018-031호, 2018. 1. 15.]

 POINT 2 수급사업자의 하도급대금이 가압류된 경우 원사업자는 하도급대금은 지급해야 하는가?

원사업자의 하도급대금지급의 의무에 대해서는 예외규정이 없으므로 지급하지 않으면 법위반 사항이다. 다만 하도급대금이 압류 또는 가압류된 경우는 공탁을 통해 지급의무를 면할 수 있다.

[사건개요]
- 원사업자A는 'OO도시기반시설 공사 중 토공사'와 관련하여 수급사업자B와 하도급계약을 체결하였다(계약일 2001. 8. 6, 계약금액 5,030,300천 원, 공사기간 2001. 8. 6. ~ 2003. 3. 10.).
- B는 2002. 10. 17.부터 공사를 중단하였고 A는 3차례 공사이행을 촉구한 후 2002. 11. 29 계약해지를 통보하였다. 당시 B의 채권자는 A를 제3채무자로 하여 B의 하도급채권을 가압류 한 상태였다.
- 이후 B는 하도급채권이 가압류된 것을 해제하는 조건으로 2003. 7. 25.부터 공사를 재개하였으나 2003. 11. 2. 다시 공사를 중단하였다(계약변경금액: 6,476,140천 원, 공사기간 2001. 8. 6. ~ 2003. 11. 2.).
- A는 최종 137,313천 원의 목적물을 인수하였으나(2003. 11. 2.) B의 채권자들의 하도급채권 압류 및 가압류를 이유로 하도급대금 중 48,074천 원 및 이에 대한 지연이자를 지급하지 않고, 공탁하지 않았다.

[판단내용]
- 채권의 압류 및 가압류는 제3채무자인 A에 대하여 채무자인 수급사업자에게 압류 또는 가압류된 하도급채권의 지급을 금지하는데 그칠 뿐 채무 그 자체를 면하게 하는 것이 아니므로, 압류 및 가압류가 있다 하여도 하도급채권의 이행기가 도래한 때에는 A는 지체책임을 면할 수 없다.
- A는 공탁함으로써 하도급대금 지급의무를 면할 수 있음에도 법정지급기일 이내에 공탁하지 않았다.
- A는 법정지급기일을 초과하였음에도 불구하고 B의 채권자들이 A를 제3채무자로 하여 B의 하도급채권을 압류 및 가압류하였다는 이유로 하도급대금 중 48,074천 원 및 이에 대한 지연이자를 지급하지 아니한 행위는 법 제13조(하도급대금의 지급 등) 제1항 및 제7항에 위반되는 불공정하도급거래행위로 인정된다.

[사건번호 2004전사0304, 공정위 의결 제2004-383호, 2004. 12. 27.]

발주자에게 부과받은 지체상금을 수급사업자의 합의로 하도급대금과 상계처리할 수 있을까?

하도급계약에서 지체상금은 하도급대금과 상계처리가 가능하다. 그러나 지체상금에 관한 수급사업자의 귀책사유가 불분명함에도 불구하고 지체상금을 수급사업자에게 부과하여 하도급대금과 상계처리하는 것은 부당하다.

원사업자가 수급사업자에 절대적으로 거래를 의존하는 위치의 우월적 지위에서의 지체상금 상계에 관한 합의서는 인정할 수 없다.

[사건개요]

• 원사업자A와 수급사업자B에게 일괄로 하도급한 후 A는 현장대리인을 상주시키지 않고 B에게 현장대리인의 역할을 하게 하였다.

• A는 지체상금 93백만 원에 대해 B와 합의서를 작성하고 하도급대금에서 상계하였다(지체상금 관련하여 법원은 A가 지체상금의 상계표시가 유효하다고 인정하였으나 B에 대한 공사지연 책임 여부를 구체적으로 다투지 않았다).

[판단내용]

• 발주자의 요청에 따른 추가공사 및 물품자재변경, A의 B에 대한 공사중단지시 그리고 도시가스설치 변경 등의 사유로 공사완료가 지연된 사실이 있다.

• 지연사유 발생시 A는 발주자와 관련 내용을 조정할 뿐 B에게는 변경된 내용에 대한 공사대금만 증액하고 공기연장을 계약에 반영해 주지 않고, 종전 계약기간에 맞춰 수행하게 하였으므로 공사지연에 대한 부분을 전적으로 수급사업자에게만 책임이 있다고 보는 것은 곤란하다.

• 이와 같이 공사지연의 귀책여부가 불명확한 상태에서 발주자에게 부과 받은 지체상금을 B에게 전액 부과하는 것은 부당하다.

• 합의서는 A와 B가 주기적으로 거래가 이루어진 시점에서 작성된 것으로 A는 B에게 절대적으로 거래를 의존하는 위치에 있어 향후 지속적인 거래관계를 유지하기 위해 A의 요구를 거절하기 곤란하였을 것을 감안하면 A는 B의 지체상금 상계에 관한 합의는 비록 합의의 형식을 갖추었다고 하더라도 합의의 진정성을 인정할 수 없다.

[사건번호 2013서건1259, 공정위 의결 제2014-240호, 2014. 10. 29.]

POINT 4

목적물 수령일과 관계없이 법정지급기일과 달리 시운전 완료 후 하도급대금을 지급하기로 한 특약은 유효할까?

플랜트 기계설비와 같이 지정된 장소에서 제대로 작동되는지가 중요한 공종은 그 특수성을 반영하여 특별약관에서 정한 시운전 완료 후를 법정기일로 정할 수 있으므로 하도급법 위반에 해당하지 않는다.

[사건개요]
- 원사업자A는 수급사업자B와 Ladle lifting 설비제조에 대해 하도급계약 하였다(계약금액 198,000천 원, 계약기간 2008. 7. 2. ~ 2008. 12. 31.).
- A와 B는 최종 준공금은 시운전 완료이후로 잔금(계약액의 10%)을 지급하는 것으로 특약을 정했다.
- A는 목적물을 수령하였음에도 불구하고 178,200천 원만 지급하고 19,800천 원을 지급하지 않았다.
- B는 지정된 장소에 목적물을 납품하였다(2009. 11. 30.).
- A는 최종수락검사(2011. 6. 28.)에서 목적물이 정상적으로 작동됨을 확인하였고 최종적으로 발주자로부터 검사를 완료하였다(2011. 7. 6.).

[판단내용]
- 이 사건 제조위탁 계약의 특별약관상 대금의 지급조항에는 시운전 완료 후 하도급대금 잔금 19,800천 원을 지급한다고 규정하고 있고, 설비기계 특히 플랜트 기계인 경우에는 지정된 장소에 설치하여 제대로 작동되는지 여부가 중요한 사항이므로 법 제13조 제1항의 단서 2호의 당해 업종의 특수성을 반영하여 특별약관의 내용대로 시운전 완료 후를 법정지급기일로 보아야 할 것이다
- 시운전 완료시점에 대하여, 발주자의 최종수락증이 발급된 2011. 7. 6.을 최종 시운전 완료일로 보는 것이 타당하다(시운전 완료를 하도급대금지급기일로 정한 것은 하도급지급기일 규정에 위반되지 않지만, A가 시운전 완료일 2011. 7. 6. 이후에도 하도급대금을 지급하지 않아 하도급대금 지급기한을 초과하여 하도급법을 위반하였다).

[사건번호 2011부사1759, 공정위 의결 제2012-068호, 2012. 6. 22.]

POINT 5

수급사업자와 준공정산시 일괄 반영하기로 하였으나 정산합의가 지연된 경우에 대해 원수급자가 하도급대금의 법정지급기일(준공금 수령 후 15일)을 초과하면 하도급법 위반일까?

원사업자와 수급사업자가 하도급변경계약을 하지 않고 준공 정산시 일괄로 반영하기로 합의하였으나

정산합의가 지연되어 준공금 수령 후 하도급대금 지급기일인 15일을 초과하였으므로 하도급법 위반에 해당한다.

[사건개요]
- 원사업자A는 중소기업법상 중소기업자이지만 건설사업을 위탁받은 수급사업자B보다 하도급체결 시점의 시공능력평가액이 초과하므로 원사업자에 해당한다.
- A는 하도급대금이 포함된 준공금을 발주자로부터 수령하였음에도 불구하고 그날부터 15일 이내에 수급사업자에게 하도급대금 124,223천 원을 지급하지 않았다.
- A는 B와 합의하에 신규공사에 대한 변경하도급 계약을 하지 않고 준공 정산시 일괄적으로 반영하기로 하였으나 이에 대한 정산 합의가 이루어지지 않아 하도급대금을 지급하지 못하였다고 주장한다.

[판단내용]
- A와 B간의 정산합의가 이루어지지 않았다는 이유로 하도급대금을 지불하지 않아도 된다는 법적 근거가 없는 점, 그 밖에 대금 지급을 미룰 만한 특별한 사유를 발견할 수 없는 점 등에서 A의 주장은 이유 없다.
- 발주자로부터 준공금을 수령하였음에도 해당 공사분에 해당하는 하도급대금을 B에게 지급하지 아니한 A행위는 법 제13조 제3항에 위반되므로 위법하다.

[사건번호 2015건하3219, 공정위 의결 제2016-108호, 2016. 4. 12.]

제13조(하도급대금의 지급 등)

① 원사업자가 수급사업자에게 제조등의 위탁을 하는 경우에는 목적물등의 수령일(건설위탁의 경우에는 인수일을, 용역위탁의 경우에는 수급사업자가 위탁받은 용역의 수행을 마친 날을, 납품 등이 잦아 원사업자와 수급사업자가 월 1회 이상 세금계산서의 발행일을 정한 경우에는 그 정한 날을 말한다. 이하 같다)부터 60일 이내의 가능한 짧은 기한으로 정한 지급기일까지 하도급대금을 지급하여야 한다. 다만, 다음 각 호의 어느 하나에 해당하는 경우에는 그러하지 아니하다.
    1. 원사업자와 수급사업자가 대등한 지위에서 지급기일을 정한 것으로 인정되는 경우
    2. 해당 업종의 특수성과 경제여건에 비추어 그 지급기일이 정당한 것으로 인정되는 경우
② 하도급대금의 지급기일이 정하여져 있지 아니한 경우에는 목적물등의 수령일을 하도급대금의 지급기일로 보고, 목적물등의 수령일부터 60일이 지난 후에 하도급대금의 지급기일을 정한 경우(제1항 단서에 해당되는 경우는 제외한다)에는 목적물등의 수령일부터 60일이 되는 날을 하도급대금의 지급기일로 본다.

③ 원사업자는 수급사업자에게 제조등의 위탁을 한 경우 원사업자가 발주자로부터 제조ㆍ수리ㆍ시공 또는 용역수행행위의 완료에 따라 준공금 등을 받았을 때에는 하도급대금을, 제조ㆍ수리ㆍ시공 또는 용역수행행위의 진척에 따라 기성금 등을 받았을 때에는 수급사업자가 제조ㆍ수리ㆍ시공 또는 용역수행한 부분에 상당하는 금액을 그 준공금이나 기성금 등을 지급받은 날부터 15일(하도급대금의 지급기일이 그 전에 도래하는 경우에는 그 지급기일) 이내에 수급사업자에게 지급하여야 한다.

④ 원사업자가 수급사업자에게 하도급대금을 지급할 때에는 원사업자가 발주자로부터 해당 제조등의 위탁과 관련하여 받은 현금비율 미만으로 지급하여서는 아니 된다.

⑤ 원사업자가 하도급대금을 어음으로 지급하는 경우에는 해당 제조등의 위탁과 관련하여 발주자로부터 원사업자가 받은 어음의 지급기간(발행일부터 만기일까지)을 초과하는 어음을 지급하여서는 아니 된다.

⑥ 원사업자가 하도급대금을 어음으로 지급하는 경우에 그 어음은 법률에 근거하여 설립된 금융기관에서 할인이 가능한 것이어야 하며, 어음을 교부한 날부터 어음의 만기일까지의 기간에 대한 할인료를 어음을 교부하는 날에 수급사업자에게 지급하여야 한다. 다만, 목적물등의 수령일부터 60일(제1항 단서에 따라 지급기일이 정하여진 경우에는 그 지급기일을, 발주자로부터 준공금이나 기성금 등을 받은 경우에는 제3항에서 정한 기일을 말한다. 이하 이 조에서 같다) 이내에 어음을 교부하는 경우에는 목적물등의 수령일부터 60일이 지난 날 이후부터 어음의 만기일까지의 기간에 대한 할인료를 목적물등의 수령일부터 60일 이내에 수급사업자에게 지급하여야 한다.

⑦ 원사업자는 하도급대금을 어음대체결제수단을 이용하여 지급하는 경우에는 지급일부터 하도급대금 상환기일까지의 기간에 대한 수수료(대출이자를 포함한다. 이하 같다)를 지급일에 수급사업자에게 지급하여야 한다. 다만, 목적물등의 수령일부터 60일 이내에 어음대체결제수단을 이용하여 지급하는 경우에는 목적물등의 수령일부터 60일이 지난 날 이후부터 하도급대금 상환기일까지의 기간에 대한 수수료를 목적물등의 수령일부터 60일 이내에 수급사업자에게 지급하여야 한다.

⑧ 원사업자가 하도급대금을 목적물등의 수령일부터 60일이 지난 후에 지급하는 경우에는 그 초과기간에 대하여 연 100분의 40 이내에서 「은행법」에 따른 은행이 적용하는 연체금리 등 경제사정을 고려하여 공정거래위원회가 정하여 고시하는 이율에 따른 이자를 지급하여야 한다.

⑨ 제6항에서 적용하는 할인율은 연 100분의 40 이내에서 법률에 근거하여 설립된 금융기관에서 적용되는 상업어음할인율을 고려하여 공정거래위원회가 정하여 고시한다.

12
선급금은 빨리 지급하라!

하도급대금지급이 법정기한을 초과할 경우, 원사업자는 공정위가 고시하는 이율 15.5%의 지연이자를 지급해야 하는데 이는 선급금에서도 동일하게 적용된다. '소송촉진 등에 관한 특례법'상 지연이자가 12%임을 고려할 때 이는 매우 높은 이자율이므로 원사업자는 발주자로부터 받은 선급금의 내용과 비율에 따라 15일 내에 신속히 수급사업자에게 지급해야 한다.

선급금을 지급하지 않기로 합의 또는 계약했더라도 선급금 지급의무는 면제되지 않는 것이므로 선급금을 지급해야 한다(대법원 2010. 3. 25. 선고 2009두23181 판결).

원사업자가 하도급계약 체결당시 별도로 선급금을 지급하지 않기로 약정하여 선급금을 지급하지 않은 사건에 대해서 공정위에서는 원사업자가 발주자로부터 선급금을 지급받은 경우에는 수급사업자가 공사를 원활하게 진행할 수 있도록 원사업자가 수급사업자에게 선급금을 지급하도록 하는 의무를 부과하고 있는 강행규정이므로, 원사업자와 수급사업자의 약정에 의해 법 제6조(선급금의 지급)의 선급금 지급의무 규정의 적용을 배제할 수 없는 것으로 원사업자는 수급사업자에게 지연이자를 지급하라고 판단하였다(물론 수급사업자가 공식적으로 선급금 보증수수료 등의 기타 사유로 선급금 수령거부 의사를 표명한다면 원사업자는 선급급을 지급해야 할 책임이 없다. 받기 싫다는데 억지로 줄 필요는 없지 않는 너무 당연한 상식이다. 법은 당사가 간의 구체적이고 확실한 의사를 무시할 수 없다. 다만 이러한 과정은 반드시 공식적인 문서로 선행되어야 한다).

선급금을 지급하지 않는 계약조건으로 계약을 체결하였다면 실제 선급금의 지급 여부와 관계없이 부당특약(법 제3조의4)이 될 수 있으며 만약 계약조건에 따라 선급금을 지급하지 않았다면 법 제6조(선급금의 지급)의 선급금 지급의무를 추가로 위반한 것이 됨을 주의해야 한다. 따라서 원사업자가 선급금 미지급 조건으로 수급사업자와 계약을 체결하였다면 해당 조건을 삭제하여 변경계약을 하는 것이 바람직하다.

선급금 지급규정의 내용은 간단하지만, 현장에서 여차여차해서 15일이 초과하는 경우는 흔히 발생할 수 있다. 실무적으로 원사업자가 선급금을 지급받고 수급사업자에게 지급해야 하는 15일은 절차적으로도 그리 넉넉하지 않기 때문에 신속하게 처리하지 않으면 법위반과 함께 높은 지연이자를 물어야 한다.

선급금 지급 여부는 주로 불시에 시행하는 공정위의 서면실태조사시 적발될 수 있고 지급기한의 준수여부는 선급금증권을 조사하게 되면 즉시 확인이 가능하므로 선급금지급에 관해서는 무엇보다 기한을 준수하는 것이 가장 중요하다.

원사업자가 선급금 수령하였으나 수급사업자가 선급금 보증서를 늦게 제출하여 선급금 지급기한이 초과된 경우에 대한 지연이자지급여부를 살펴보자.

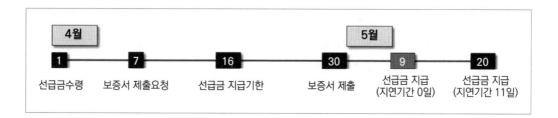

원사업자가 수급사업자에게 선급금보증서를 제출요청한 4월 7일까지 6일이 소요되었기 때문에 보증서를 제출한 4월 30일 이후 5월 9일이 선급금지급의 마감일자에 해당한다(6일 +9일=15일). 따라서 지연이자는 4월 17일~5월 20일까지 34일에서 수급사업자가 보증서 제출지연기간인 4월 8일~4월 30일까지의 23일은 지연이자 대상일수에서 제외되어 원사업자

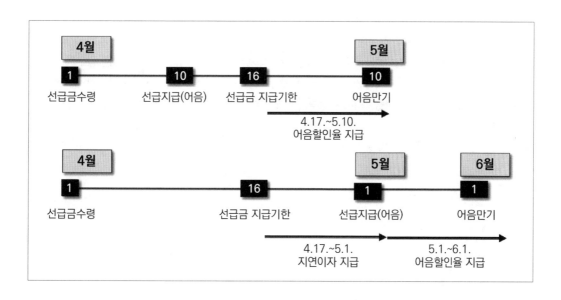

가 선급금 지연이자를 지급하는 기간은 34일에서 23일을 제외한 11일이 된다. 선급금을 5월 9일까지 지급했다면 지연이자를 지급할 필요가 없다.

　선급금을 기한 내 어음으로 지급했다면 지연이자와는 무관하고 어음만기일까지의 어음할인율만 지급하면 되지만 기한을 도과하였으면 지연이자 및 어음할인율을 함께 지급해야 한다.

　현장 사정상 선급금의 지급이 지연될 것으로 예상되면 사전에 원사업자는 수급사업자에게 지급지연에 대한 사유 등을 포함하여 문서로 이를 확인하여야 지급기한도과에 따른 소명이 가능할 수 있다(소명이 법위반 및 지연이자 면제여부가 될 수 있는지는 공정위의 판단사항이다).

　예외적으로 발주자로부터 받은 선급금 지급내용이 토공, 구조물공 등의 특정공사로 지정하는 경우는 해당공사의 수급사업자에게 지급해야 하고 특별한 지정이 없다면 하도급계약금액의 비율에 따라 지급하면 된다.

　원사업자가 선급금을 지급하고 하도급기성의 선급금 반제시 선급금 비율대로 제대로 반제하지 못한 상태에서 수급사업자가 부도가 난 경우는 반제되지 못한 선급금에 대해서 보증사는 책임이 없다는 것을 유념해야 한다.

제6조(선급금의 지급)

① 수급사업자에게 제조등의 위탁을 한 원사업자가 발주자로부터 선급금을 받은 경우에는 수급사업자가 제조 · 수리 · 시공 또는 용역수행을 시작할 수 있도록 그가 받은 선급금의 내용과 비율에 따라 선급금을 받은 날(제조등의 위탁을 하기 전에 선급금을 받은 경우에는 제조등의 위탁을 한 날)부터 15일 이내에 선급금을 수급사업자에게 지급하여야 한다.

② 원사업자가 발주자로부터 받은 선급금을 제1항에 따른 기한이 지난 후에 지급하는 경우에는 그 초과기간에 대하여 연 100분의 40 이내에서 「은행법」에 따른 은행이 적용하는 연체금리 등 경제사정을 고려하여 공정거래위원회가 정하여 고시하는 이율에 따른 이자를 지급하여야 한다.

③ 원사업자가 제1항에 따른 선급금을 어음 또는 어음대체결제수단을 이용하여 지급하는 경우의 어음할인료 · 수수료의 지급 및 어음할인율 · 수수료율에 관하여는 제13조 제6항 · 제7항 · 제9항 및 제10항을 준용한다. 이 경우 "목적물등의 수령일부터 60일"은 "원사업자가 발주자로부터 선급금을 받은 날부터 15일"로 본다.

13
하도급대금 직접지급청구권이란?

    중소기업인 수급사업자가 원사업자에게 지급 받아야 할 하도급대금을 제때 지급받지 못하게 되면 재정적으로 가장 어려운 상황에 직면하게 된다. 원사업자가 파산이나 부도 등 하도급대금을 지급할 수 없게 되면 수급사업자의 피해는 막대할 수밖에 없다.

    하도급법은 위와 같은 긴급한 상황에 있어서 발주자가 직접 하도급대금을 지급해야 한다는 규정이 '하도급대금의 직접지급'이다. 수급사업자는 이 규정에 근거하여 일정한 요건이 충족되면 발주자에게 직접 하도급대금을 지급해달라고 청구할 수 있는 '직접지급청구권'이 발생하므로 발주자는 비록 수급사업자와 계약관계가 존재하지 않더라도 하도급대금지급의무가 부과된다.

    발주자가 하도급대금을 직접지급하기 위한 요건을 요약하면 다음과 같다.

---

① 원사업자가 부도, 파산 등으로 하도급대금을 지급할 수 없는 경우, 수급사업자가 직접지급을 요청한 때
② 발주자, 원사업자, 수급사업자 간에 발주자의 직접지급을 합의한 때
③ 원사업자가 하도급대금의 2회분 이상을 지급하지 않아 수급사업자가 직접지급을 요청한 때
④ 원사업자가 하도급대금 지급보증 의무를 이행하지 아니하여 수급사업자가 직접지급을 요청한 때

    직접지급 요건이 되면 발주자는 원사업자와 수급사업자의 계약이행현황을 알 수 없으므로 원사업자에게 이와 관련한 기성관련 확인자료를 요청할 수 있으며 원사업자는 필요한 조치 등을 통해 협조해야 할 의무가 있다.

    수급사업자가 발주자에게 기성금의 직접지급을 청구하더라도 기성채권은 발주자와 계약관계에 있는 원사업자의 소유이다. 원사업자가 수급사업자의 문제로 직접지급의 사유가 되지 않는다고 판단되어 근로자 임금 및 자재대금 등의 미지급, 지체사실 등의 수급자가 채무

미이행 사실의 입증자료를 통해 직접지급의 중지를 요청할 수 있다. 이때 발주자는 하도급대금을 직접지급할 수 없다. 그럼에도 불구하고 발주자가 재량에 따라 직접지급하게 되면 발주자가 과징금을 부과 받는 사유가 된다.

해당규정은 법개정(2019. 4. 30.) 이전에는 발주자가 원사업자의 직접지급 중지요청이 있더라도 재량적으로 판단하여 직접지급 여부를 결정할 수 있었으나 현재는 원사업자의 직접지급 중지요청이 있다면 수급사업자에게 직접지급할 수 없도록 하고 있다.

원사업자의 채권자가 기성금에 해당하는 공사대금채권에 대해 이미 압류나 가압류 등의 법적조치를 한 경우는 직접지급청구권이 성립하더라도 가압류가 선순위로 우선하게 된다. 반대로 직접지급청구권이 성립하여 수급사업자가 사전에 압류 및 가압류한 경우라면 직접지급청구권이 우선하게 되므로 발주자는 수급사업자에게 하도급대금을 직접지급 해야 한다.

수급사업자의 직접지급 요청은 발주자에게 그 의사표시가 도달한 때부터 효력을 발휘하게 되므로 여러 명의 수급사업자가 직접지급을 요청한 경우에는 발주자에게 선착순으로 의사표시가 도달한 수급사업자에 한해 우선순위를 정해 나누어 주어야 한다.

발주자가 하도급대금을 직접지급하게 되면 그 범위 내에서 발주자는 원사업자의 대금지급의무와 원사업자와 수급사업자의 하도급대금지급의무는 동시에 소멸하게 된다.

■ 다음은 직접지급 요건에 해당하는 발주자, 원사업자, 수급사업자간 직불합의서의 날인여부 및 발주자의 실질적 의사에 따라 직불합의의 효력에 관한 사례이다.

사례
12

직불합의서의 발주자의 기명날인에 관한 효력

사건번호 2019협심1510(공정위 의결 제2019-017호, 2019. 8. 23.)

원사업자가 하도급대금미지급에 관해 시정명령을 부과받은 후 발주자의 직접지급의무를 주장하며 시정명령의 취소를 신청한 사건이다. 발주자의 직접지급의무는 공히 발주자·원사업자·수급사업자의 서명 또는 기명날인한 직불합의서가 필요하나, 발주자의 날인 없는 구두합의 및 직접지급 의사가 없음을 밝힌 정황으로 볼 때 발주자의 직접지급의무가 성립하지 않는다고 공정위가 판단하였다.

[사건의 개요]
• 원사업자B는 'OO신축공사 중 목재테크 설치공사를 수급사업자C에게 위탁한 후 목적물 수령일로부터 60일이 지났음에도 하도급대금 151,000천 원을 지급하지 아니하였고 공정위는 B에게 시정

명령을 부과하였다.

- B는 본 하도급계약(2017. 4. 26.) 당시 C와 '하도급대금 직불합의서'를 기명날인하였다. 발주자A
는 서명 또는 기명날인이 없지만 A가 B에게 구두로 약속하였고 그 내용의 녹취록이 존재한다.
- B는 이와 같은 근거로 발주자에게 직접지급 의무가 성립하므로 공정위의 시정명령 취소를 주장하
였다.

[공정위 판단내용]
- 발주자의 하도급대금 직접지급 의무는 발주자, 원사업자, 수급사업자 간에 합의한 때 성립한다.
- A와 B의 구두약속 녹취록이 2016. 10. 21. 녹음되었고 B와 C 간의 직불합의서는 2017. 4. 26.
이므로 직접지급의무가 성립한다.
- 그러나 B와 C간의 서면합의 한 직불합의서에 A의 서명 또는 기명날인이 누락되었고 현재까지 실
행되지 않은 것은 A의 합의의사가 있다고 볼 수 없어 직접지급의무가 성립한 근거로 볼 수 없다.
- A는 이 사건 하도급계약과 관련하여 공문을 통해 하도급대금을 C에게 직접지급하지 않겠다는 의
사를 전한 것으로 볼 때 A가 직접지급 할 의사가 없음이 명백하다.
- 따라서 A가 하도급대금의 직접지급에 합의의사가 없었으므로 하도급대금 직접지급의무가 성립하
지 않는다.

제14조(하도급대금의 직접 지급)

① 발주자는 다음 각 호의 어느 하나에 해당하는 사유가 발생한 때에는 수급사업자가 제조·수리·시
공 또는 용역수행을 한 부분에 상당하는 하도급대금을 그 수급사업자에게 직접 지급하여야 한다.

1. 원사업자의 지급정지·파산, 그 밖에 이와 유사한 사유가 있거나 사업에 관한 허가·인가·면
허·등록 등이 취소되어 원사업자가 하도급대금을 지급할 수 없게 된 경우로서 수급사업자가
하도급대금의 직접 지급을 요청한 때

2. 발주자가 하도급대금을 직접 수급사업자에게 지급하기로 발주자·원사업자 및 수급사업자 간
에 합의한 때

3. 원사업자가 제13조 제1항 또는 제3항에 따라 지급하여야 하는 하도급대금의 2회분 이상을 해당
수급사업자에게 지급하지 아니한 경우로서 수급사업자가 하도급대금의 직접 지급을 요청한 때

4. 원사업자가 제13조의2제1항 또는 제2항에 따른 하도급대금 지급보증 의무를 이행하지 아니한
경우로서 수급사업자가 하도급대금의 직접 지급을 요청한 때

② 제1항에 따른 사유가 발생한 경우 원사업자에 대한 발주자의 대금지급채무와 수급사업자에 대한
원사업자의 하도급대금 지급채무는 그 범위에서 소멸한 것으로 본다.

③ 원사업자가 발주자에게 해당 하도급 계약과 관련된 수급사업자의 임금, 자재대금 등의 지급 지체
사실(원사업자의 귀책사유로 그 지급 지체가 발생한 경우는 제외한다)을 입증할 수 있는 서류를 첨부

하여 해당 하도급대금의 직접 지급 중지를 요청한 경우, 발주자는 제1항에도 불구하고 그 하도급대금을 직접 지급하여서는 아니 된다.

④ 제1항에 따라 발주자가 해당 수급사업자에게 하도급대금을 직접 지급할 때에 발주자가 원사업자에게 이미 지급한 하도급금액은 빼고 지급한다.

⑤ 제1항에 따라 수급사업자가 발주자로부터 하도급대금을 직접 받기 위하여 기성부분의 확인 등이 필요한 경우 원사업자는 지체 없이 이에 필요한 조치를 이행하여야 한다.

14

받은 만큼 그 이상 주어야 한다(도급금액 조정과 하도급대금)

도급금액이 증액되었다면 그 내용과 비율에 따라 하도급금액도 증액되어야 한다. 반면 감액되었다면 하도급금액도 감액될 수 있지만, 감액은 강제규정은 아니다.

도급금액의 조정사유는 대부분 설계변경, 물가변동에 해당하고 이와 연계하여 하도급금액이 조정될 수 있는 것이다.

하도급금액의 조정은 원사업자와 발주자가 계약금액조정을 통해 도급금액이 변경된 날로부터 15일 이내에 원사업자는 수급사업자에게 서면으로 통지하고 30일 이내에 하도급금액을 조정해야 한다.

통지의무의 목적은 수급사업자가 설계변경 등으로 인한 하도급대금조정이 이루어지기 전에 발주자 및 원사업자의 도급계약금액의 변경사항에 대한 사유 및 내용에 대한 충분한 정보를 제공받아 하도급대금 조정행위에 대비할 수 있도록 한 조항으로 조정의무와는 구별되는 독립적인 절차규정으로 공정위에서는 판단하고 있다. 따라서 하도급대금조정이 30일 이내 이루어졌다고 하더라도 그 이전에 통지의무가 15일 내 이루어지지 않았다면 통지의무 위반으로 판단하고 있다.[1] 또한 도급금액의 증액이 아닌 감액에 대해서도 15일 이내 수급사업자에게 통지하지 않은 경우도 법위반으로 판단한 사례가[2] 있으므로 통지 및 조정의무는 동시에 준수해야 할 규정이다.

공정위에서는 원사업자가 수급사업자에게 규정에 따른 도급증액 및 감액의 내용과 사유에 대한 충분한 정보를 수급사업자에게 제공하는 의무를 우선해야 한다고 판단하고 있다. 또한 원사업자와 수급사업자의 대금조정지연에 있어서 수급사업자가 변경계약을 미루거나 원사업자의 대금조정 여부에 대해 회신이 없는 협의지연 등과 같은 사유에 대해서도 조정기

---

1) 공정위 2018. 4. 11. 의결 2016서건2713.
2) 공정위 2017. 5. 17. 의결 2016건하2546.

간 내 조정의무를 준수하지 않은 것으로 판단한다.

하도급대금 조정시 도급금액 증액분에 대한 공사비 미확정, 신규비목, 기타 도급 외 추가 공사 등 원사업자와 수급사업자가 협의해야 할 사항이 적지 않을 뿐만 아니라 내부적으로도 하도급계약변경을 위한 품의시행 등의 절차적인 시간이 소요되기 때문에 30일의 하도급대금 조정기간이 넉넉한 시간은 아니다. 따라서 도급금액 증액과 관련해서는 계약당사자가 사전에 충분한 협의를 통해 조정기한을 지켜야 하며 하도급대금 조정과 관련한 하도급분쟁이 발생하지 않도록 하는 것이 가장 중요하다. 이와 같은 사례에도 불구하고 여러 사정상 법규정상 통지 및 조정의무 기한의 일정준수가 어렵다면 수급사업자와 협의하여 사전에 문서를 통해 지연되는 사유에 대한 합리적 근거를 최대한 남겨두는 것만이 유일한 대응책이 될 수 있다.

■ 도급금액 변경에 따른 하도급대금조정에 관한 원사업자의 통보 및 조정의무에 관한 사례이다.

사례 13

설계변경 관련 증액분에 대한 하도급대금 조정지연 위반

사건번호 2009하개4185(공정위 의결 제2009-085호, 2009. 3. 23.)

원사업자가 발주자로부터 설계변경, 물가변동 등의 추가대금을 조정받았으나 30일 이내에 수급사업자에게 증액 조정하지 않고 법정기한을 지연하여 하도급법 제16조 제2항에 위반되어 불공정하도급거래에 해당한다.

[사건의 개요]
• 원사업자A는 'OO 이설 도로공사 등 3개 공사에서 7개 공종을 6개의 수급사업자에게 건설위탁하였다.
• A는 각각의 발주자로부터 설계변경으로 인한 증액조정을 받고도 수급사업자에게 법정조정기한 30일을 초과하여 하도급대금을 조정하였다.
• A는 수급사업자가 발주자로 받은 증액 받은 비율 이상의 조정을 요구하였고 신규품목으로 당사자 간의 협의가 필요하였으며 수급사업자가 스스로 변경계약을 추후에 체결할 것을 요청하거나 대금 조정관련 공문에 대해 수급사업자의 회신이 지연되는 등의 수급사업자의 귀책사유로 기인한 것으로 위법성이 없다고 주장한다.

[공정위 판단내용]

• 하도급법 제16조에 따르면 원사업자는 발주자로부터 설계변경 등에 따른 추가금액을 조정받았으면 그 내용과 비율대로 받은 날부터 30일 이내에 관련 수급사업자에게 하도급대금을 조정해 주어야 한다.

• A는 발주자로부터 조정받은 내용을 제시하지 않고 수급사업자에게 원하는 증액금액을 신청하라고만 통보하는 등 A의 귀책사유에 기인하므로 하도급법 위반에 해당한다.

사례
14

설계변경 관련 하도급대금 조정의무와 통지의무는 별건

사건번호 2016서건2713(공정위 의결 제2018-125호, 2018. 4. 11.)

원사업자가 발주자로부터 설계변경으로 인한 도급계약의 변경으로 하도급대금을 30일 내에 조정하였다고 하더라도(법 제16조 제3항) 15일 이선에 빌수자로부터 증액 또는 감액받은 사유와 내용을 수급사업자에게 통지하지 않으면 통지의무(동법 동조 제2항)를 위반한 것으로 서로 별개의 규정사항이다.

[사건의 개요]

• 원사업자A는 OO 택지지구 조성공사 외 3개 공사에 대해 수급사업자B와 건설위탁을 하였다.

• 2차례의 설계변경이 있었고 1차 설계변경으로 인해 B와 관련한 하도급공사비 53,779천 원의 증액이 발생하였고, 2차 설계변경시 466,558천 원의 하도급공사비 감액이 발생하였다.

• A는 2차례의 설계변경에 의한 도급금액 조정을 받고도 조정받은 날부터 15일 이내에 B에게 발주자로부터 조정받은 사유와 내용 등을 통지하지 않았다.

• A는 B에게 조정받은 사유와 내용을 통지하지 못했으나 30일 이내 하도급대금을 실제로 증액 및 감액하였으므로 법취지에 반하는 결과를 초래하지 않았고 B에게도 실질적인 피해가 발생하지 않았으므로 위법성 여부 판단시 이러한 사정이 반영되어야 한다고 주장한다.

[공정위 판단내용]

• 하도급법 제16조 제2항의 통지의무는 제3항의 하도급대금 조정의무와 구별되는 독립적인 절차규정으로 수급사업자가 설계변경으로 인한 하도급대금 조정이 이루어지기 전에 조정행위에 대비할 수 있도록 하기 위한 조항이다.

• 따라서 조정의무를 준수하더라도 통지의무를 위반한 것에 해당한다.

제16조(설계변경 등에 따른 하도급대금의 조정)

① 원사업자는 제조등의 위탁을 한 후에 다음 각 호의 경우에 모두 해당하는 때에는 그가 발주자로부터 증액받은 계약금액의 내용과 비율에 따라 하도급대금을 증액하여야 한다. 다만, 원사업자가 발주자로부터 계약금액을 감액받은 경우에는 그 내용과 비율에 따라 하도급대금을 감액할 수 있다.

  1. 설계변경, 목적물등의 납품등 시기의 변동 또는 경제상황의 변동 등을 이유로 계약금액이 증액되는 경우
  2. 제1호와 같은 이유로 목적물등의 완성 또는 완료에 추가비용이 들 경우

② 제1항에 따라 하도급대금을 증액 또는 감액할 경우, 원사업자는 발주자로부터 계약금액을 증액 또는 감액받은 날부터 15일 이내에 발주자로부터 증액 또는 감액받은 사유와 내용을 해당 수급사업자에게 통지하여야 한다. 다만, 발주자가 그 사유와 내용을 해당 수급사업자에게 직접 통지한 경우에는 그러하지 아니하다.

③ 제1항에 따른 하도급대금의 증액 또는 감액은 원사업자가 발주자로부터 계약금액을 증액 또는 감액받은 날부터 30일 이내에 하여야 한다.

④ 원사업자가 제1항의 계약금액 증액에 따라 발주자로부터 추가금액을 지급받은 날부터 15일이 지난 후에 추가 하도급대금을 지급하는 경우의 이자에 관하여는 제13조 제8항을 준용하고, 추가 하도급대금을 어음 또는 어음대체결제수단을 이용하여 지급하는 경우의 어음할인료·수수료의 지급 및 어음할인율·수수료율에 관하여는 제13조 제6항·제7항·제9항 및 제10항을 준용한다. 이 경우 "목적물등의 수령일부터 60일"은 "추가금액을 받은 날부터 15일"로 본다.

제16조의2(공급원가 등의 변동에 따른 하도급대금의 조정)

① 수급사업자는 제조등의 위탁을 받은 후 다음 각 호의 어느 하나에 해당하여 하도급대금의 조정(調整)이 불가피한 경우에는 원사업자에게 하도급대금의 조정을 신청할 수 있다.

  1. 목적물등의 공급원가가 변동되는 경우
  2. 수급사업자의 책임으로 돌릴 수 없는 사유로 목적물등의 납품등 시기가 지연되어 관리비 등 공급원가 외의 비용이 변동되는 경우

② 「중소기업협동조합법」 제3조 제1항 제1호 또는 제2호에 따른 중소기업협동조합(이하 "조합"이라 한다)은 목적물등의 공급원가가 대통령령으로 정하는 기준 이상으로 변동되어 조합원인 수급사업자의 하도급대금의 조정이 불가피한 사유가 발생한 경우에는 해당 수급사업자의 신청을 받아 대통령령으로 정하는 원사업자와 하도급대금의 조정을 위한 협의를 할 수 있다. 다만, 원사업자와 수급사업자가 같은 조합의 조합원인 경우에는 그러하지 아니하다.

③ 제2항 본문에 따른 신청을 받은 조합은 신청받은 날부터 20일 이내에 원사업자에게 하도급대금의 조정을 신청하여야 한다.

④ 제1항에 따라 하도급대금 조정을 신청한 수급사업자가 제2항에 따른 협의를 신청한 경우 제1항에

따른 신청은 중단된 것으로 보며, 제1항 또는 제3항에 따른 조정협의가 완료된 경우 수급사업자 또는
조합은 사정변경이 없는 한 동일한 사유를 들어 제1항부터 제3항까지의 조정협의를 신청할 수 없다.
⑤ 제2항에 따른 신청을 받은 조합은 납품 중단을 결의하는 등 부당하게 경쟁을 제한하거나 부당하게
사업자의 사업내용 또는 활동을 제한하는 행위를 하여서는 아니 된다
⑥ 제2항 본문에 따른 불가피한 사유, 수급사업자의 신청 및 조합의 협의권한 행사의 요건·절차·방
법 등에 관하여 필요한 사항은 대통령령으로 정한다.
⑦ 원사업자는 제1항 또는 제3항의 신청이 있은 날부터 10일 안에 조정을 신청한 수급사업자 또는
조합과 하도급대금 조정을 위한 협의를 개시하여야 하며, 정당한 사유 없이 협의를 거부하거나 게을리
하여서는 아니 된다.
⑧ 원사업자 또는 수급사업자(제3항에 따른 조정협의의 경우 조합을 포함한다. 이하 이 조에서 같다)
는 다음 각 호의 어느 하나에 해당하는 경우 제24조에 따른 하도급분쟁조정협의회에 조정을 신청할
수 있다. 다만, 제3항에 따른 조합은 「중소기업협동조합법」에 따른 중소기업중앙회에 설치된 하도급
분쟁조정협의회에 조정을 신청할 수 없다.

> 1. 제1항 또는 제3항에 따른 신청이 있은 날부터 10일이 지난 후에도 원사업자가 하도급대금의
>   조정을 위한 협의를 개시하지 아니한 경우
> 2. 제1항 또는 제3항에 따른 신청이 있은 날부터 30일 안에 하도급대금의 조정에 관한 합의에
>   도달하지 아니한 경우
> 3. 제1항 또는 제3항에 따른 신청으로 인한 협의개시 후 원사업자 또는 수급사업자가 협의 중단
>   의 의사를 밝힌 경우 등 대통령령으로 정하는 사유로 합의에 도달하지 못할 것이 명백히 예상
>   되는 경우

15

구두지시만으로 법위반을 피할 수 없다!(서면발급의 중요성)

본 공사를 수행하기 위한 부대공사, 민원사항 등 긴급하게 처리할 공사는 지속적으로 발생하고 도급금액과 연동되지 않는 작업사항이 적지 않다.

원사업자는 수급사업자에게 우선 구두지시를 통해 신속하게 처리하게 되는데 때론 수급사업자의 계약과업범위에 포함되어 있는 것으로 판단하여 별도의 작업지시서 등의 서면을 발급하지 않는 경우가 많다(원사업자 및 수급사업자의 현장기술자는 하도급계약내용 및 과업범위, 책임사항 등에 대해 확실하게 알고 있어야 한다).

그러나 하도급계약내역 외의 과업에 대해서는 하도급대금의 조정대상이 되기 때문에 작업착수 전에 작업지시서 등의 서면을 발급해야 한다.

서면의 내용도 작업지시일자(위탁일), 작업내용(위탁내용), 검사방법 및 시기, 하도급대금, 지급시기 및 지급기일 등 하도급계약서와 다름이 없는 내용이 포함되어야 한다. 다만 재해·사고로 인한 긴급복구공사를 하는 경우 등 정당한 사유가 있는 경우에는 해당 사항을 적지 아니한 서면을 발급할 수 있고 이 경우 해당사항을 정하지 아니한 이유와 그 사항을 정하게 되는 예정기일을 서면에 적어야 한다. 이와 같이 내용과 절차를 하도급법상 명시하는 이유는 작업지시서도 하도급계약서와 동일한 효력을 가지는 서면교부이기 때문이다.

도급계약금액 변경으로 인한 하도급대금의 조정은 계약변경시점 및 변경내영이 명확하지만 도급계약금액의 변경 없이 발생하는 기타 추가공사 등의 사정변경사항에 대해서는 적기에 서면을 발급하는 제반절차를 누락하거나 제대로 지키지 않을 수 있는데 하도급분쟁에 있어서 서면발급여부는 항상 민감한 쟁점이 될 수 있다(수급사업자는 원사업자가 지시한 사항을 잘 알고 있다).

빈번한 추가공사나 물량 정산이 어려운 공사 등 서면내용의 형식을 충족하기 어렵다면 시공완료 후 즉시 정산합의서 등을 발급하면 법규정의 위반 여부 판단시 적법한 행위로 고려될 수 있다.

　계약 외 추가공사의 성격상 물량이나 규격의 확정이 불확실하더라도 서면미발급의 사유가 될 수 없으므로 변동사항이 발생하면 이에 맞추어 서면을 발급해야 법위반에 해당하지 않는다. 긴급한 사항에 대해 구두지시로 처리하고 이를 반복하고 누적되면 반드시 정산시 계약당사자간 이견이 발생하게 된다. 협의가 되지 않을 경우, 하도급분쟁으로 이어질 수 있다.

　서면을 발급하는 가장 중요한 이유는 추가공사 등 추가비용이 발생하는 사안은 시행 전에 원사업자와 수급사업자 사이에 충분히 협의하여 소요비용을 확정함으로써 추후 분쟁의 여지가 없도록 하기 위함이다. 도급증액분 외의(수급사업자의 책임이 아닌 사유) 공급원가가 변동이 발생할 경우, 수급사업자는 공정위에 제소하지 않더라도 직접 또는 중소기업협동조합에 협의를 대행하여 원사업자에게 하도급대금조정을 협의 신청할 수 있으며 이에 원사업자는 반드시 응해야 한다. 여기에서도 합의에 도달하지 못하면 하도급분쟁조정협의회에 조정 신청을 할 수 있다(계약당사자에 관한 사항을 제3자를 통해 협의 신청하는 것은 취지는 좋지만 실효성에 의문이다. 끊임없는 계약당사자의 소통이 답이다).

　이와 같은 협의 및 조정에 관한 하도급법 규정은 원사업자가 조정에 응하게 하는 멍석을 펼 수 있는 수준이지 해결할 수 있는 대안은 될 수 없다. 조정안의 합의 여부는 강제적 사항이 아니기 때문이다.

　서면미발급, 서면지연발급은 현장에서 매우 흔히 발생할 수 있는 사항으로 하도급분쟁으로 공정위에 제소되거나 신고 등으로 공정위에서 사건조사시 단골메뉴처럼 적발될 수 있다. 그렇다고 현장에서 본 규정을 하나하나 지켜 가면서 일하기란 쉽지 않다. 그러다 보면 원사업자나 수급사업자의 현장기술자가 서류에 묻혀 정작 현장을 못 챙길 수 있다.

　원사업자는 지속적으로 수급사업자의 상태를 모니터링하고 세심하게 배려하며 끊임없이 소통하고 잘 챙겨야 한다. 그것도 진심으로 해야 한다. 그래서 불신이 쌓이지 않도록 해야 한다. 더 이상 원사업자는 갑이 아니다. 이 점을 명심해야 한다(같은 도급계약이지만 원사업자는 하도급계약을 발주처와 원사업자 도급관계의 연속선상으로 인식하면 곤란하다).

사례 15 — 추가공사에 대한 서면은 원칙적으로 공사착공 전에 발급해야 한다.

사건번호 2010광사3298(공정위 의결 제2012-093호, 2012. 8. 9.)

추가공사에 대한 정산합의서를 시공완료 후 지연하여 발급한 것은 서면 지연발급에 해당한다.

[사건의 개요]
- 원사업자A는 수급사업자B와 'OO수장공사' 등 3건의 공사를 체결하였다.
- A는 2건의 공사에 대해서 추가공사에 관한 정산합의서를 131~137일 지연발급하였다.

[공정위 판단내용]
- 법 제3조 제1항의 규정에 의하면 원사업자가 수급사업자에게 건설위탁을 하는 경우법정사항을 사실에 맞게 기재한 계약서면을 공사착공 전에 교부하여야 하며 이를 이행하지 아니한 경우 법 위반에 해당한다.
- 다만, 빈번한 추가작업으로 인해 물량변동이 예상되는 공종은 시공완료 후 즉시 정산합의서를 발급하면 적법한 것으로 고려될 수 있다.

사례 16 — 물량 및 규격의 미확정은 서면미발급의 사유가 될 수 없다.

사건번호 2020서건0668(공정위 의결 제2021-036호, 2021. 7. 23.)

공사성격상 물량 및 규격의 확정할 수 없어 착수전에 하도급대금을 결정하지 않고 이를 견적서로 대치한 것은 서면미발급으로 법위반에 해당한다.

[사건의 개요]
- 원사업자A는 'OO신축공사 중 비계공사'에 대해 수급사업자B로부터 임의물량을 기준으로 견적서를 제출받은 후 공사를 위탁하였고(2018. 10. 1.), 수급사업자는 공사를 착수하였다(2018. 10. 4.).
- A는 전체 하도급대금을 결정하지 아니하고 매월 작성을 지시한 비계설치계획도면을 기준으로 작업을 위탁한 후 매달 실공사비를 정산해주는 방식으로 건설위탁하였다.
- A는 공사착공 전까지 별도의 서면을 발급하지 아니하였고 2018년 10월부터 2019년 9월까지 총 220건의 비계설치도면을 작성하고 이에 따른 작업을 현장에서 구두로 지시하면서 하도급대금 등 일정한 사항을 기재한 계약서를 발급하지 아니하였다.
- A는 일반적인 공사와 달리 반도체공정의 특성상 설계와 시공을 동시에 진행하므로 비계설치위치

와 건물천정높이 등이 확정되지 않아 비계물량·종류·규격이 미확정되어 매월 공사물량은 전월에 작성된 비계설치도면에 의해 확정되어 B가 제출한 견적서가 계약서와 마찬가지고 B가 제출, A가 서명날인하여 확정된 비계설치도면은 매월 개별계약서로서의 요건을 갖추었으므로 서면미발급으로 볼 수 없다고 주장한다.

[공정위 판단내용]

• A는 물량확정이 곤란하여 하도급대금을 확정할 수 없었다고 주장하나 발주자와 A간에 체결한 계약내역서상은 품명, 규격, 수량. 단가. 금액이 기재되어 있고 물량증가분 및 수정분에 대한 변경계약을 체결한 것으로 확인되는바 A도 기본계약서면 발급 후 변동사항에 대해 변경계약서를 발급하면서 공사를 진행했어야 함에도 불구하고 발급하지 아니하였다.

• B가 제출받은 견적서는 A가 발급한 것이 아니며 B가 매월 제출하는 비계설치도면, 청구서 등의 서류가 개별계약서로서 상호날인, 하도급대금 확정의 방법, 하도급대금 지급방법 및 지급기일, 설계변경이나 경제상황변동에 따른 하도급대금 조정의 요건과 방법에 대한 내용이 없고, 견적시의 단가를 추후 물량 확정시 적용하여 계약금액을 산정한다는 내용이 기재된 서면이나 단가합의서도 존재하지 아니하는바 해당 견적서를 기본계약서로 볼 수 없다.

• A의 행위는 제3조 제1항의 서면미발급 행위에 해당한다.

하도급법 제3조(서면의 발급 및 서류의 보존)

① 원사업자가 수급사업자에게 제조등의 위탁을 하는 경우 및 제조등의 위탁을 한 이후에 해당 계약내역에 없는 제조등의 위탁 또는 계약내역을 변경하는 위탁(이하 이 항에서 "추가·변경위탁"이라 한다)을 하는 경우에는 제2항의 사항을 적은 서면(「전자문서 및 전자거래 기본법」 제2조 제1호에 따른 전자문서를 포함한다. 이하 이 조에서 같다)을 다음 각 호의 구분에 따른 기한까지 수급사업자에게 발급하여야 한다.

　　3. 건설위탁의 경우: 수급사업자가 제조등의 위탁 및 추가·변경위탁에 따른 계약공사를 착공하기 전

② 제1항의 서면에는 하도급대금과 그 지급방법 등 하도급계약의 내용 및 제16조의2제1항에 따른 하도급대금의 조정요건, 방법 및 절차 등 대통령령으로 정하는 사항을 적고 원사업자와 수급사업자가 서명[「전자서명법」 제2조 제2호에 따른 전자서명(서명자의 실지명의를 확인할 수 있는 것을 말한다)을 포함한다. 이하 이 조에서 같다] 또는 기명날인하여야 한다.

③ 원사업자는 제2항에도 불구하고 위탁시점에 확정하기 곤란한 사항에 대하여는 재해·사고로 인한 긴급복구공사를 하는 경우 등 정당한 사유가 있는 경우에는 해당 사항을 적지 아니한 서면을 발급할 수 있다. 이 경우 해당 사항이 정하여지지 아니한 이유와 그 사항을 정하게 되는 예정기일을 서면에 적어야 한다.

④ 원사업자는 제3항에 따라 일부 사항을 적지 아니한 서면을 발급한 경우에는 해당 사항이 확정되는

때에 지체 없이 그 사항을 적은 새로운 서면을 발급하여야 한다.

⑤ 원사업자가 제조등의 위탁을 하면서 제2항의 사항을 적은 서면(제3항에 따라 일부 사항을 적지 아니한 서면을 포함한다)을 발급하지 아니한 경우에는 수급사업자는 위탁받은 작업의 내용, 하도급대금 등 대통령령으로 정하는 사항을 원사업자에게 서면으로 통지하여 위탁내용의 확인을 요청할 수 있다.

⑥ 원사업자는 제5항의 통지를 받은 날부터 15일 이내에 그 내용에 대한 인정 또는 부인(否認)의 의사를 수급사업자에게 서면으로 회신을 발송하여야 하며, 이 기간 내에 회신을 발송하지 아니한 경우에는 원래 수급사업자가 통지한 내용대로 위탁이 있었던 것으로 추정한다. 다만, 천재나 그 밖의 사변으로 회신이 불가능한 경우에는 그러하지 아니하다.

⑦ 제5항의 통지에는 수급사업자가, 제6항의 회신에는 원사업자가 서명 또는 기명날인하여야 한다.

⑧ 제5항의 통지 및 제6항의 회신과 관련하여 필요한 사항은 대통령령(시행령 제5조)으로 정한다.

⑨ 원사업자와 수급사업자는 대통령령(시행령 제6조)으로 정하는 바에 따라 하도급거래에 관한 서류를 보존하여야 한다.

시행령 제6조(서류의 보존)

① 법 제3조 제9항에 따라 보존해야 하는 하도급거래에 관한 서류는 법 제3조 제1항의 서면과 다음 각 호의 서류 또는 다음 각 호의 사항을 적은 서류로 한다.

1. 법 제8조(부당한 위탁취소의 금지 등) 제2항에 따른 수령증명서
2. 법 제9조(검사의 기준·방법 및 시기)에 따른 목적물등의 검사 결과, 검사 종료일
3. 하도급대금의 지급일·지급금액 및 지급수단(어음으로 하도급대금을 지급하는 경우에는 어음의 교부일·금액 및 만기일을 포함한다)
4. 법 제6조(선급금의 지급)에 따른 선급금 및 지연이자, 법 제13조(하도급대금의 지급등) 제6항 부터 제8항까지의 규정에 따른 어음할인료, 수수료 및 지연이자, 법 제15조에 따른 관세 등 환급액 및 지연이자를 지급한 경우에는 그 지급일과 지급금액
5. 원사업자가 수급사업자에게 목적물등의 제조·수리·시공 또는 용역수행행위에 필요한 원재료 등을 제공하고 그 대가를 하도급대금에서 공제한 경우에는 그 원재료 등의 내용과 공제일·공제금액 및 공제사유
5의2. 법 제11조(감액금지) 제1항 단서에 따라 하도급대금을 감액한 경우에는 제7조의2(하도급대금 감액 시 서면 기재사항) 각 호의 사항을 적은 서면의 사본
5의3. 법 제12조의3 제1항 단서에 따라 기술자료의 제공을 요구한 경우에는 제7조의3 (기술자료 요구 시 서면 기재사항)각 호의 사항을 적은 서면의 사본
5의4. 법 제12조의3(기술자료 제공 요구 금지 등) 제3항에 따른 비밀유지계약에 관한 서류
6. 법 제16조(설계변경 등에 따른 하도급대금의 조정)에 따라 하도급대금을 조정한 경우에는 그 조정한 금액 및 사유

7. 법 제16조의2(공급원가 등의 변동에 따른 하도급대금의 조정)에 따라 다음 각 목의 어느 하나
   에 해당하는 자가 하도급대금 조정을 신청한 경우에는 신청 내용 및 협의 내용, 그 조정금액
   및 조정사유
   가. 수급사업자
   나. 「중소기업협동조합법」 제3조 제1항 제1호 또는 제2호에 따른 중소기업협동조합(이하 "조
      합"이라 한다)
8. 다음 각 목의 서류
   가. 하도급대금 산정 기준에 관한 서류 및 명세서
   나. 입찰명세서, 낙찰자결정품의서 및 견적서
   다. 현장설명서 및 설계설명서(건설위탁의 경우에만 보존한다)
   라. 그 밖에 하도급대금 결정과 관련된 서류
② 제1항에 따른 서류는 법 제23조(조사대상 거래의 제한) 제2항에 따른 거래가 끝난 날부터 3년(제1
항 제5호의3 및 제5호의4에 따른 서류는 7년)간 보존해야 한다.

막다른 길

남산 아래 산동네의 골목길은 여러 갈래길로 되어 있다. 오늘은 이쪽 길로, 내일은 저쪽 길을 구석구석 걷다 보면 어느새 꼭대기로 다다르게 된다.

꼭대기에서 바라본 남산 밑의 오밀조밀한 달동네는 마치 시간이 멈춘 것과 같이 아주 오래전 내가 살았던 동네 같은 정겨움과 함께 평온하기만 하다. 그때는 너무 어려서 몰랐던 삶의 고단함이 이제는 진하고 처절하게 베어져 있음을 느끼게 된다. 그래서 마치 중독된 것처럼 오늘도 내일도 그곳은 나를 이끌고 오게 한다.

그렇게 시작된 그 한걸음 한걸음은 나에게 이 글을 쓸 수 있는 사색의 시간들이었다. 지금 생각하면 외로웠지만, 너무 소중한 시간들이었다.

골목길의 정겨움을 뒤로하고 호기심을 이기지 못해 다시 사무실로 가고자 왔던 길이 아닌 다른 갈림길로 가다 보면 길은 막혀 있고 다시 한참을 헤매다 보면 어느새 점심시간은 지나간다. 마음은 급해지고 초조해지며 온몸은 땀으로 범벅이 된다.

다행히 길바닥에 '막다른 길'이라고 쓰여 있는 표시로 더 이상 헛걸음의 수고는 하지 않을 수 있었다. 만약 그 표시가 없었더라면 또 그리로 갔을 것이다. 그리고 익숙하기 전까지 얼마간은 같은 길을 또 갔을 것이다.

나와 같이 다른 누군가도 그 낯선 길에 많이 헤매지 않았을까? 헤매지 않고 그런 수고를 덜어주기 위한 '막다른 길'의 네 글자가 고맙다. 마치 험한 산길의 나뭇가지에 매여 있는 작은 리본을 본 것 같은 반가움이고 희망이다.

그런 생각을 한다. 내가 그 '막다른 길'을 알려줄 수 있다면, 나뭇가지에 리본을 매어 둘 수 있다면 참으로 보람될 것이라고. 누구에게는 일상이라서 필요 없을 것 같지만 처음 그곳을 가야 하는 사람들, 특히 힘들고 지친 사람에게 '막다른 길'의 표시는 고생을 덜 수 있는 구원의 표시가 될 수 있을 것 같다.

운이 좋았다.

내가 이 글을 쓸 수 있었던 것은 처음부터 끝까지 묵묵하게 현장을 지켜 왔던 많은 현장기술자들 때문이다. '정말 잘 될 수 있을까?'라는 의심과 불안을 해소한 것은 내가 아니라 바로 현장을 묵묵하게 지켜 온 현장기술자들이었다. 나에게 신념과 확신을 준 것은 알량한 지식이 아니라 바로 그들이었다. 그들의 절실함, 절박함과 열정, 그리고 역량이 나를 흔들리지 않고 몰입하게 만든 모든 것이었다.

시간이 가면 또다시 현장을 지킬 새로운 현장기술자들이 그렇게 앞선 선배들의 뒤를 따라 갈 것이다. 누구도 알려주지 않는다면 그들은 똑같은 실수를 반복할 것이고 똑같이 헤맬 것이다. 정말 잘하고 싶고 열심히 할 수 있는데 아주 작은 방법을 몰라서 너무 많은 시간을 헤매고 좌절해서야 되겠는가?

그들이 막다른 길에서 헤매지 않도록, 험한 산길을 무사히 내려올 수 있도록, 더 많은 역량을 발휘할 수 있도록 내가 그 표시를 더 많이 만들고 마중물이 될 수 있다면 그것이 내가 앞선 현장기술자들에게 받았던 고마움에 대한 최소한의 보답이자 앞선 길을 간 선배로서의 의무일 것이다.

물론 새로운 현장기술자들은 나보다 더 수준 높은 현장기술자가 될 것임을 확신하면서 이젠 수준 낮은 이야기를 여기서 접어야 할 것 같다.

부 록

01

건설공사의 종류별 하자담보책임기간(제30조 관련)

■ 건설산업기본법 시행령 [별표 4] <개정 2021. 1. 5.>

공사별	세부공종별	책임기간
1. 교량	① 기둥사이의 거리가 50m 이상이거나 길이가 500m 이상인 교량의 철근콘크리트 또는 철골구조부	10년
	② 길이가 500m 미만인 교량의 철근콘크리트 또는 철골구조부	7년
	③ 교량 중 ① · ② 외의 공종(교면포장 · 이음부 · 난간시설 등)	2년
2. 터널	① 터널(지하철을 포함한다)의 철근콘크리트 또는 철골구조부	10년
	② 터널 중 ① 외의 공종	5년
3. 철도	① 교량 · 터널을 제외한 철도시설 중 철근콘크리트 또는 철골구조	7년
	②① 외의 시설	5년
4. 공항 · 삭도	① 철근콘크리트 · 철골구조부	7년
	②① 외의 시설	5년
5. 항만 · 사방 간척	① 철근콘크리트 · 철골구조부	7년
	②① 외의 시설	5년
6. 도로	① 콘크리트 포장 도로[암거(땅속 또는 구조물 속 도랑) 및 측구(길도랑)를 포함한다]	3년
	② 아스팔트 포장 도로(암거 및 측구를 포함한다)	2년
7. 댐	① 본체 및 여수로(餘水路: 물이 일정량을 넘을 때 여분의 물을 빼내기 위하여 만든 물길을 말한다) 부분	10년
	②① 외의 시설	5년
8. 상 · 하수도	① 철근콘크리트 · 철골구조부	7년
	② 관로 매설 · 기기설치	3년
9. 관계수로 · 매립		3년
10. 부지정지		2년
11. 조경	조경시설물 및 조경식재	2년
12. 발전 · 가스	① 철근콘크리트 · 철골구조부	7년

및 산업설비	② 압력이 1제곱센티미터당 10킬로그램 이상인 고압가스의 관로(부대기기를 포함한다)설치공사	5년
	③ ① · ② 외의 시설	3년
13. 기타 토목공사		1년
14. 건축	① 대형공공성 건축물(공동주택 · 종합병원 · 관광숙박시설 · 관람집회시설 · 대규모소매점과 16층 이상 기타 용도의 건축물)의 기둥 및 내력벽 ② 대형공공성 건축물 중 기둥 및 내력벽 외의 구조상	10년
	주요부분과 ① 외의 건축물 중 구조상 주요부분	5년
	③ 건축물 중 ① · ②와 제15호의 전문공사를 제외한 기타부분	1년
15. 전문공사	① 실내건축	1년
	② 토공	2년
	③ 미장 · 타일	1년
	④ 방수	3년
	⑤ 도장	1년
	⑥ 석공사 · 조적	2년
	⑦ 창호설치	1년
	⑧ 지붕	3년
	⑨ 판금	1년
	⑩ 철물(제1호 내지 제14호에 해당하는 철골을 제외한다)	2년
	⑪ 철근콘크리트(제1호부터 제14호까지의 규정에 해당하는 철근콘크리트는 제외한다) 및 콘크리트 포장	3년
	⑫ 급배수 · 공동구 · 지하저수조 · 냉난방 · 환기 · 공기조화 · 자동제어 · 가스 · 배연설비	2년
	⑬ 승강기 및 인양기기 설비	3년
	⑭ 보일러 설치	1년
	⑮ ⑫ · ⑭ 외의 건물내 설비	1년
	⑯ 아스팔트 포장	2년
	⑰ 보링	1년
	⑱ 건축물조립(건축물의 기둥 및 내력벽의 조립을 제외하며, 이는 제14호에 따른다)	1년
	⑲ 온실설치	2년

비고: 위 표 중 2 이상의 공종이 복합된 공사의 하자담보책임기간은 하자책임을 구분할 수 없는 경우를 제외하고는 각각의 세부 공종별 하자담보책임기간으로 한다.

02
건설공사 등의 벌점관리기준(제87조 제5항 관련)

■ 건설기술 진흥법 시행령 [별표 8]

1. 이 표에서 사용하는 용어의 뜻은 다음과 같다.

    가. "벌점"이란 측정기관이 업체와 건설기술인등에 대해 제5호의 벌점 측정기준에 따라 부과하는 점수를 말한다.

    나. "업체"란 법 제53조 제1항 제1호부터 제3호까지의 규정에 따른 건설사업자, 주택건설등록업자 및 건설엔지니어링사업자(「건축사법」 제23조 제4항 전단에 따른 건축사사무소개설자를 포함한다)를 말한다.

    다. "건설기술인등"이란 업체에 고용된 건설기술인 및 「건축사법」 제2조 제1호에 따른 건축사를 말한다.

    라. "주요 구조부"란 다음 표의 어느 하나에 해당하는 구조부 및 이에 준하는 것으로서 구조물의 기능상 주요한 역할을 수행하는 구조부를 말한다.

구분	주요 구조부
건축물	내력벽, 기둥, 바닥, 보, 지붕, 기초, 주 계단
플랜트	기초, 설비 서포터
교량	기초부, 교대부, 교각부, 거더, 콘크리트 슬래브, 라멘구조부, 교량받침, 주탑, 케이블부, 앵커리지부
터널	숏크리트, 록볼트, 강지보재, 철근콘크리트라이닝, 세그먼트라이닝, 인버트 콘크리트, 갱구부 사면
도로	차도, 중앙분리대, 측도, 절토부, 성토부
철도	콘크리트궤도, 승강장, 지하역사 구조부, 지하차도, 지하보도, 여객통로
공항	활주로, 유도로, 계류장
쓰레기 · 폐기물 처리장	기초, 콘크리트 구조부, 설비 서포터
상 · 하수도	철근콘크리트 구조부, 철골 구조부, 수로터널, 관로이음부
하수 · 오수 처리장	수조 구조부, 수문 구조부, 펌프장 구조부

배수펌프장	침사지, 흡수조, 토출수조, 유입수문, 토출수문, 통문, 통관
항만 · 어항	콘크리트 바닥판, 콘크리트 널말뚝, 토류벽, 강말뚝, 강널말뚝, 상부공, 직립부, 콘크리트 블록, 케이슨, 사석 경사면, 소파공, 기초부
하천	하구둑, 보, 수문 본체, 문비, 제체, 호안
댐	본체, 여수로, 기초, 양안부, 여수로 수문, 취수구조물
옹벽	지반, 기초부, 전면부, 배수시설, 상부사면
절토사면	상부자연사면, 사면, 사면하부, 보호시설, 보강시설, 배수처리시설, 이격거리내 시설
공동구	공동구 본체
삭도	상부앵커, 하부앵커, 지주, 케이블

마. "그 밖의 구조부"란 주요 구조부가 아닌 구조부를 말한다.

바. "주요 시설계획"이란 「국토의 계획 및 이용에 관한 법률」에 따른 도시 · 군관리계획, 「시설물의 안전 및 유지관리에 관한 특별법」에 따른 시설물의 설치 · 정비 또는 개량에 관한 계획, 개별 사업의 토지이용계획 및 그 밖에 사업 목적을 달성하기 위한 필수 시설의 설치 계획을 말한다.

사. "그 밖의 시설계획"이란 주요 시설계획이 아닌 시설계획을 말한다.

아. "주요 구조물"이란 주요 시설계획에 포함된 구조물을 말한다.

자. "그 밖의 구조물"이란 주요 구조물이 아닌 구조물을 말한다.

차. "배수시설"이란 배수관 · 배수구조물 · 배수설비 등 우수(雨水)와 오수(汚水)의 배수를 위한 시설을 말하며, 그 밖에 공사현장에서 필요한 배수시설을 포함한다.

카. "방수시설"이란 아스팔트 · 실링재 · 에폭시 · 시멘트모르타르 · 합성수지 등을 사용하여 토목 · 건축 구조물, 산업설비 및 폐기물매립시설 등에 방수 · 방습 · 누수방지를 하는 시설을 말한다.

타. "건설 기계 · 기구"란 동력으로 작동하는 기계 · 기구로서 「산업안전보건법」 제80조 제1항에 따른 유해하거나 위험한 기계 · 기구, 「건설기계관리법」 제2조 제1항 제1호에 따른 건설기계와 그 밖에 건설공사에 주요하게 사용되는 기계 · 기구를 말한다.

파. "구조물의 허용 균열폭"이란 콘크리트 구조물의 내구성, 수밀성, 사용성 및 미관 등을 유지하기 위하여 허용되는 균열의 폭을 말한다.

하. "재시공"이란 공사 목적물의 시공 후 구조적 파손 등으로 인한 결함 부위를 모두 철거하고 다시 시공하거나 전반적인 보수 · 보강이 이루어지는 것을 말한다.

거. "보수 · 보강"에서 보수란 시설물의 내구성능을 회복시키거나 향상시키는 것을 말하며, 보강이란 부재나 구조물의 내하력(耐荷力)이나 강성(剛性) 등 역학적인 성능을 회복시키거나 향상시키는 것을 말한다.

너. "경미한 보수"란 결함 부위를 간단한 보수를 통하여 기능을 회복시키거나 향상시키는 것을 말한다.

더. "수요예측"이란 건설공사의 추진 여부, 시설물 규모의 결정, 건설공사로 주변 지역에 미치는 영향 분석 등에 활용하기 위하여 추정모형 등 자료 분석기법을 이용하여 교통수요, 항공유발수요, 항공전환수요, 생활·공업·농업용수 수요, 발전수요 등을 예측하는 것을 말한다.

2. 벌점 적용대상

측정기관은 제5호의 벌점 측정기준에서 정한 부실내용에 해당하는 경우와 이와 관련하여 시정명령 등을 받은 경우에 벌점을 적용한다. 다만, 관계 법령에 따라 건설공사의 부실과 관련하여 다음 각 목의 처분을 받은 경우는 제외한다.

가. 법 제24조에 따른 업무정지

나. 법 제31조에 따른 등록취소 또는 영업정지

다. 「건설산업기본법」 제82조 및 제83조에 따른 영업정지 및 등록말소

라. 「주택법」 제8조에 따른 등록말소 또는 영업정지

마. 「국가를 당사자로 하는 계약에 관한 법률」 제27조에 따른 입찰 참가자격 제한[제5호가목1)가)·나), 같은 목 11)가), 같은 목 14)다), 같은 목 15)가), 같은 목 16) 및 18)에 해당하는 경우와 건설엔지니어링을 부실하게 수행한 건설엔지니어링사업자만을 대상으로 한다]

바. 「국가기술자격법」 제16조에 따른 자격취소 또는 자격정지

사. 그 밖에 관계 법령에 따라 부과하는 가목부터 바목까지의 규정에 따른 처분에 준하는 행정처분

3. 벌점 산정방법

가. 업체 또는 건설기술인등이 해당 반기에 받은 모든 벌점의 합계에서 반기별 경감점수를 뺀 점수를 해당 반기벌점으로 한다.

나. 합산벌점은 해당 업체 또는 건설기술인등의 최근 2년간의 반기벌점의 합계를 2로 나눈 값으로 한다.

4. 벌점 적용기준

　가. 법 제53조 제2항에 따라 발주청은 벌점을 받은 업체 및 건설기술인등에 대한 입찰
　　참가자격의 사전심사를 할 때 아래 표의 구분에 따른 점수를 감점하되, 이 기준을
　　적용하기 부적합한 경우에는 별도의 기준을 정할 수 있다.

합산벌점	감점되는 점수(점)
1점 이상 2점 미만	0.2
2점 이상 5점 미만	0.5
5점 이상 10점 미만	1
10점 이상 15점 미만	2
15점 이상 20점 미만	3
20점 이상	5

　나. 합산벌점은 매 반기의 말일을 기준으로 2개월이 지난 날부터 적용한다.

　다. 벌점은 건설기술인등이 근무하는 업종을 변경하는 경우에도 승계된다.

5. 벌점 측정기준

　벌점은 다음 각 목의 기준에 따라 개별 단위의 부실사항별로 업체와 건설기술인등에게
각각 부과한다. 다만, 다음 각 목의 표에서 업체 또는 건설기술인등에 한정하여 적용하도록
하는 경우에는 그렇지 않다.

　가. 건설사업자, 주택건설등록업자 및 건설기술인에 대한 벌점 측정기준

번호	주요부실내용	벌점
1)	토공사의 부실	
	가) 기초굴착과 절토(땅깎기)·성토(흙쌓기) 등(이하 "토공사"라 한다)을 설계도서(관련 기준을 포함한다. 이하 같다)와 다르게 하여 토사붕괴가 발생한 경우	3
	나) 토공사를 설계도서와 다르게 하여 지반침하가 발생한 경우	2
	다) 토공사의 시공 및 관리를 소홀히 하여 토사붕괴 또는 지반침하가 발생한 경우	1
2)	콘크리트면의 균열 발생	
	가) 주요 구조부에 구조물의 허용 균열폭보다 큰 균열이 발생했으나 구조검토 등 원인분석과 보수·보강을 위한 균열관리를 하지 않은 경우 또는 보수·보강(구체적인 보수·보강 계획을 수립한 경우는 제외한다. 이하 이 번호에서 같다)을 하지 않은 경우	3
	나) 그 밖의 구조부에 구조물의 허용 균열폭보다 큰 균열이 발생했으나 구조검토 등 원인분석과 보수·보강을 위한 균열관리를 하지 않은 경우 또는 보수·보강을 하지 않은 경우	2

	다) 주요 구조부에 구조물의 허용 균열폭보다 작은 균열이 발생했으나 균열의 진행 여부에 대한 관리와 보수·보강을 하지 않은 경우	1
	라) 그 밖의 구조부에 구조물의 허용 균열폭보다 작은 균열이 발생했으나 균열의 진행 여부에 대한 관리와 보수·보강을 하지 않은 경우	0.5
3)	콘크리트 재료분리의 발생	
	가) 주요 구조부의 철근 노출이 발생했으나, 보수·보강(철근노출 또는 재료분리 위치를 파악하여 구체적인 보수·보강 계획을 수립한 경우는 제외한다. 이하 이 번호에서 같다)을 하지 않은 경우	3
	나) 그 밖의 구조부의 철근 노출이 발생했으나, 보수·보강을 하지 않은 경우	2
	다) 주요 구조부 및 그 밖의 구조부의 재료분리가 0.1㎡ 이상 발생했는데도 적절한 보수·보강 조치를 하지 않은 경우	1
4)	철근의 배근·조립 및 강구조의 조립·용접·시공 상태의 불량	
	가) 주요 구조부의 시공불량으로 부재당 보수·보강이 3곳 이상 필요한 경우	3
	나) 주요 구조부의 시공불량으로 보수·보강이 필요한 경우	2
	다) 그 밖의 구조부의 시공불량으로 보수·보강이 필요한 경우	1
5)	배수상태의 불량	
	가) 배수시설을 설계도서 및 현지 여건과 다르게 시공하여 배수기능이 상실된 경우	2
	나) 배수시설을 설계도서 및 현지 여건과 다르게 시공하여 배수기능에 지장을 준 경우	1
	다) 배수시설의 관리 불량으로 인해 침수 등 피해 발생의 우려가 있는 경우	0.5
6)	방수불량으로 인한 누수발생	
	가) 방수시설에서 누수가 발생하여 방수면적 1/2 이상의 보수·보강(구체적인 보수·보강 계획을 수립한 경우는 제외한다. 이하 이 번호에서 같다)이 필요한 경우	2
	나) 방수시설에서 누수가 발생하여 보수·보강이 필요한 경우	1
	다) 방수시설의 시공불량으로 보수·보강이 필요한 경우	0.5
7)	시공 단계별로 건설사업관리기술인(건설사업관리기술인을 배치하지 않아도 되는 경우에는 공사감독자를 말한다. 이하 이 번호에서 같다)의 검토·확인을 받지 않고 시공한 경우	
	가) 주요 구조부에 대하여 건설사업관리기술인의 검토·확인을 받지 않고 시공한 경우	3
	나) 그 밖의 구조부에 대하여 건설사업관리기술인의 검토·확인을 받지 않고 시공한 경우	2
	다) 건설사업관리기술인 지시사항의 이행을 정당한 사유 없이 지체한 경우	1
8)	시공상세도면 작성의 소홀	
	가) 주요 구조부에 대한 시공상세도면의 작성을 소홀히 하여 재시공이 필요한 경우	3
	나) 주요 구조부에 대한 시공상세도면의 작성을 소홀히 하여 보수·보강(경미한 보수·보강은 제외한다. 이하 이 번호에서 같다)이 필요한 경우	2
	다) 그 밖의 구조부에 대한 시공상세도면의 작성을 소홀히 하여 보수·보강이 필요한 경우	1
9)	공정관리의 소홀로 인한 공정부진	
	가) 건설사업관리기술인으로부터 지연된 공정을 만회하기 위한 대책을 요구받은 후 정당한	1

	사유 없이 그 대책을 수립하지 않은 경우	
	나) 공정관리의 소홀로 공사가 지연되고 있으나 정당한 사유 없이 대책이 미흡한 경우	0.5
10)	가설구조물(비계, 동바리, 거푸집, 흙막이 등 설치단계의 주요 가설구조물을 말한다. 이하 이 번호에서 같다) 설치상태의 불량	
	가) 가설구조물의 설치불량으로 건설사고가 발생한 경우	3
	나) 가설구조물의 설치불량(시공계획서 및 시공상세도면을 작성하지 않은 경우도 포함한다) 으로 보수 · 보강(경미한 보수 · 보강은 제외한다)이 필요한 경우	2
11)	건설공사현장 안전관리대책의 소홀	
	가) 제105조 제3항에 따른 중대한 건설사고가 발생한 경우	3
	나) 정기안전점검을 한 결과 조치 요구사항을 이행하지 않은 경우 또는 정기안전점검을 정 당한 사유 없이 기간 내에 실시하지 않은 경우	3
	다) 안전관리계획을 수립했으나, 그 내용의 일부를 누락하거나 기준을 충족하지 못하여 내 용의 보완이 필요한 경우 또는 각종 공사용 안전시설 등의 설치를 안전관리계획에 따라 설치하지 않아 건설사고가 우려되는 경우	2
12)	품질관리계획 또는 품질시험계획의 수립 및 실시의 미흡	
	가) 품질관리계획 또는 품질시험계획을 수립했으나, 그 내용의 일부를 누락하거나 기준을 충족하지 못하여 내용의 보완이 필요한 경우	2
	나) 품질관리계획 또는 품질시험계획과 다르게 품질시험 및 검사를 실시한 경우	1
13)	시험실의 규모 · 시험장비 또는 건설기술인 확보의 미흡	
	가) 품질관리계획 또는 품질시험계획에 따른 시험실 · 시험장비를 갖추지 않거나 품질관리 업무를 수행하는 건설기술인을 배치하지 않은 경우	3
	나) 시험실 · 시험장비 또는 건설기술인 배치기준을 미달한 경우, 품질관리 업무를 수행하는 건설기술인이 제91조 제3항 각 호 외의 업무를 발주청 또는 인 · 허가기관의 장의 승인 없이 수행한 경우	2
	다) 법 제20조 제2항에 따른 교육 · 훈련을 이수하지 않은 자를 품질관리를 수행하는 건설 기술인으로 배치한 경우	1
	라) 시험장비의 고장을 방치(대체 장비가 있는 경우는 제외한다)하여 시험의 실시가 불가능 하거나 유효기간이 지난 장비를 사용한 경우	0.5
14)	건설용 자재 및 기계 · 기구 관리 상태의 불량	
	가) 기준을 충족하지 못하거나 발주청의 승인을 받지 않은 건설 기계 · 기구 또는 주요 자재 를 반입하거나 사용한 경우	3
	나) 건설 기계 · 기구의 설치 관련 기준과 다르게 설치 또는 해체한 경우	2
	다) 자재의 보관 상태가 불량하여 품질에 영향을 미친 경우	1
15)	콘크리트의 타설 및 양생과정의 소홀	
	가) 콘크리트 배합설계를 실시하지 않거나 확인하지 않은 경우, 콘크리트 타설계획을 수립 하지 않은 경우, 거푸집 해체시기 또는 타설순서를 준수하지 않은 경우, 고의로 기준을 초과하여 레미콘 물타기를 한 경우	3

	나) 슬럼프시험, 염분함유량시험, 압축강도시험 또는 양생관리를 실시하지 않은 경우, 생산 · 도착시간 또는 타설완료시간을 기록 · 관리하지 않은 경우	1
16)	레미콘 플랜트(아스콘 플랜트를 포함한다) 현장관리 상태의 불량	
	가) 계량장치를 검정하지 않은 경우 또는 고의로 기준을 초과하여 레미콘 물타기를 한 경우	3
	나) 골재를 규격별로 분리하여 저장하지 않거나 골재관리상태가 미흡한 경우, 자동기록장치를 작동하지 않거나 기록지를 보관하지 않은 경우, 아스콘의 생산온도가 기준에 미달한 경우	2
	다) 품질시험이 적정하지 않거나 장비결함사항을 방치한 경우	1
17)	아스콘의 포설 및 다짐 상태 불량	
	가) 시방기준에 규정된 시험포장을 실시하지 않은 경우	2
	나) 현장다짐밀도 또는 포장두께가 부족한 경우	1
	다) 혼합물온도관리기준을 미달하거나 초과한 경우, 평탄성 측정 결과 시방기준을 초과한 경우	0.5
18)	설계도서와 다른 시공	
	가) 주요 구조부를 설계도서와 다르게 시공하여 재시공이 필요한 경우	3
	나) 주요 구조부를 설계도서와 다르게 시공하여 보수 · 보강(경미한 보수 · 보강은 제외한다. 이하 이 번호에서 같다)이 필요한 경우	2
	다) 그 밖의 구조부를 설계도서와 다르게 시공하여 보수 · 보강이 필요한 경우	1
19)	계측관리의 불량	
	가) 계측장비를 설치하지 않은 경우 또는 계측장비가 작동하지 않는 경우	2
	나) 설계도서(계약 시 협의사항을 포함한다)의 규정상 계측횟수가 미달하거나 잘못 계측한 경우	1
	다) 측정기한이 초과하는 등 계측관리를 소홀히 한 경우	0.5

나. 시공 단계의 건설사업관리를 수행하는 건설사업관리용역사업자 및 건설사업관리 기술인에 대한 벌점 측정기준

번호	주요 부실내용	벌점
1)	설계도서의 내용대로 시공되었는지에 관한 단계별 확인의 소홀	
	가) 주요 구조부에 대한 검토 · 확인 절차를 이행하지 않거나 설계도서와 다르게 하여 재시공이 필요한 경우	3
	나) 주요 구조부에 대한 검토 · 확인 절차를 이행하지 않거나 설계도서와 다르게 하여 보수 · 보강(경미한 보수 · 보강은 제외한다. 이하 이 번호에서 같다)이 필요한 경우	2
	다) 그 밖의 구조부에 대한 검토 · 확인 절차를 이행하지 않거나 설계도서와 다르게 하여 보수 · 보강이 필요한 경우	1
	라) 그 밖에 확인검측을 누락한 경우 또는 검측업무의 지연으로 계획공정에 차질이 발생한 경우(월간 계획공정 기준으로 10% 이상 차질이 발생한 경우를 말한다. 이하 같다)	0.5
2)	시공상세도면에 대한 검토의 소홀	
	가) 주요 구조부 시공상세도면의 검토 절차를 이행하지 않거나 관련 기준과 다르게 하여	3

	재시공이 필요한 경우	
	나) 주요 구조부 시공상세도면의 검토 절차를 이행하지 않거나 관련 기준과 다르게 하여 보수 · 보강(경미한 보수 · 보강은 제외한다. 이하 이 번호에서 같다)이 필요한 경우	2
	다) 그 밖의 구조부 시공상세도면의 검토 절차를 이행하지 않거나 관련 기준과 다르게 하여 보수 · 보강이 필요한 경우	1
3)	기성 및 예비 준공검사의 소홀	
	가) 검사 후 주요 구조부를 재시공할 사항이 발생한 경우	3
	나) 검사 후 주요 구조부를 보수 · 보강할 사항이 발생한 경우	2
	다) 검사 후 그 밖의 구조부를 보수 · 보강할 사항이 발생한 경우	1
	라) 검사 지연으로 계획공정에 차질이 발생한 경우	0.5
4)	시공자의 건설안전관리에 대한 확인의 소홀	
	가) 안전관리계획서를 검토 · 확인하지 않은 경우, 정기안전점검을 하지 않거나 안전점검 수행기관으로 지정되지 않은 기관이 정기안전점검을 실시했으나 시정지시 등을 하지 않은 경우, 정기안전점검 결과 조치 요구사항의 이행을 확인하지 않은 경우	3
	나) 안전관리계획서의 제출을 정당한 사유 없이 1개월 이상 지연한 경우	2
5)	설계 변경사항 검토 · 확인의 소홀	
	가) 설계도서의 확인 후 조치를 취하지 않아 시공 후 주요 구조부의 설계변경사유가 발생한 경우	2
	나) 설계도서의 확인 후 조치를 취하지 않아 시공 후 그 밖의 구조부의 설계변경사유가 발생한 경우 또는 설계 변경사항을 반영하지 않은 경우	1
	다) 설계 변경사항의 검토를 정당한 사유 없이 지연하여 계획공정에 차질이 발생한 경우	0.5
6)	시공계획 및 공정표 검토의 소홀	
	가) 시공계획 및 공정표 검토 후 시정지시 등을 하지 않아 주요 구조부 재시공이 필요한 경우	2
	나) 시공계획 및 공정표 검토 후 시정지시 등을 하지 않아 주요 구조부 보수 · 보강(경미한 보수 · 보강은 제외한다. 이하 이 번호에서 같다)이 필요한 경우	1
	다) 시공계획 및 공정표 검토 후 시정지시 등을 하지 않아 그 밖의 구조부 보수 · 보강이 필요하거나 계획공정에 차질이 발생한 경우 또는 설계 변경 요인에 따른 시공계획 및 공정표 변경승인을 관련 기준에 따라 이행하지 않은 경우	0.5
7)	품질관리계획 또는 품질시험계획의 수립과 시험 성과에 관한 검토의 불철저	
	가) 시공자가 제출한 계획 또는 시험 성과에 대한 검토를 실시하지 않은 경우, 시공자가 시험실 · 시험장비를 갖추지 않거나 품질관리 업무를 수행하는 건설기술인을 배치하지 않았는데도 시정지시 등을 하지 않은 경우	3
	나) 시공자가 제출한 계획 또는 시험 성과에 대한 검토 절차를 이행하지 않거나 관련 기준과 다르게 하여 보수 · 보강이 필요한 경우 또는 시험실 · 시험장비나 품질관리 업무를 수행하는 건설기술인의 자격이 기준에 미달하거나, 품질관리 업무를 수행하는 건설기술인이 제91조 제3항 각 호 외의 업무를 발주청 또는 인 · 허가기관의 장의 승인 없이 수행했는데도 시정지시 등을 하지 않은 경우	2
	다) 품질시험 중 일부 종목을 빠뜨리거나 시험횟수를 부족하게 수행했는데도 시정지시 등	1

	을 하지 않은 경우	
	라) 시험장비의 고장(대체 장비가 있는 경우는 제외한다)을 방치하여 시험의 실시가 불가능하거나 장비의 유효기간이 지났는데도 시정지시 등을 하지 않은 경우	0.5
8)	건설용 자재 및 기계·기구 적합성의 검토·확인의 소홀	
	가) 건설 기계·기구의 반입·사용에 대한 필요한 조치를 이행하지 않아 기준을 충족하지 못하거나 발주청 등의 승인을 받지 않은 건설 기계·기구가 사용된 경우	2
	나) 주요 자재(철근, 철골, 레미콘, 아스콘 등 건설 현장에서 주요하게 사용되는 자재를 말한다)의 품질확인 절차를 이행하지 않거나 관련 기준과 다르게 한 경우	1
	다) 그 밖의 자재의 품질확인 절차를 이행하지 않거나 관련 기준과 다르게 한 경우	0.5
9)	시공자 제출서류의 검토 소홀 및 처리 지연	
	가) 정당한 사유 없이 제출서류 처리 지연으로 계획공정에 차질이 발생하거나 보수·보강이 필요한 경우	2
	나) 정당한 사유 없이 제출서류 검토 절차를 이행하지 않거나 관련 기준과 다르게 하여 보수·보강(경미한 보수·보강은 제외한다)이 필요한 경우	1
	다) 정당한 사유 없이 제출서류 검토 절차를 이행하지 않거나 관련 기준과 다르게 하여 계획공정에 차질이 발생한 경우	0.5
10)	제59조에 따른 건설사업관리의 업무범위에 대한 기록유지 또는 보고 소홀	
	가) 기록유지 또는 보고 절차를 이행하지 않거나 관련 기준과 다르게 하여 보수·보강(경미한 보수·보강은 제외한다)이 필요한 경우	2
	나) 기록유지 또는 보고 절차를 이행하지 않거나 관련 기준과 다르게 하여 계획공정에 차질이 발생한 경우	1
11)	건설사업관리 업무의 소홀 등	
	가) 건설사업관리기술인의 자격미달 및 인원부족이 발생한 경우(건설사업관리용역사업자만 해당한다)	2
	나) 건설사업관리기술인이 현장을 무단으로 이탈한 경우(건설사업관리기술인만 해당한다)	2
12)	입찰 참가자격 사전심사 시 건설사업관리 업무를 수행하기로 했던 건설사업관리기술인의 임의변경 또는 관리 소홀(건설사업관리용역사업자만 해당한다)	
	가) 발주자에게 승인을 받지 않고 건설사업관리기술인을 교체한 경우, 50% 이상의 건설사업관리기술인을 교체한 경우(해당 공사현장에 3년 이상 배치된 경우, 퇴직·입대·이민·사망의 경우, 질병·부상으로 3개월 이상의 요양이 필요한 경우, 3개월 이상 공사 착공이 지연되거나 진행이 중단된 경우, 그 밖에 발주청이 필요하다고 인정하는 경우는 제외한다. 이하 이 번호에서 같다)	2
	나) 같은 분야의 건설사업관리기술인을 상당한 이유 없이 3번 이상 교체한 경우	1
13)	공사 수행과 관련한 각종 민원발생대책의 소홀	
	가) 환경오염(수질오염, 공해 또는 소음)의 발생으로 인근주민의 권익이 침해되어 집단민원이 발생한 경우로서 예방조치를 하지 않은 경우	2
	나) 공사 수행과정에서 토사유실, 침수 등 시공관리와 관련하여 민원이 발생한 경우로서 그 예방조치를 하지 않은 경우	1

14)	발주청 지시사항 이행의 소홀	
	가) 시방기준의 변경이나 사업계획의 변경 등에 따른 발주청의 지시사항을 이행하지 않아 보수·보강(경미한 보수·보강은 제외한다)이 필요한 경우	2
	나) 시방기준의 변경이나 사업계획의 변경 등에 따른 발주청의 지시사항을 이행하지 않아 계획공정에 차질이 발생한 경우	1
15)	가설구조물(가교, 동바리, 거푸집, 흙막이 등 구조검토단계의 주요 가설구조물을 말한다)에 대한 구조검토 소홀	
	가) 구조검토 절차를 이행하지 않은 경우	3
	나) 구조검토 절차를 관련 기준과 다르게 한 경우	2
16)	공사현장에 상주하는 건설사업관리기술인을 지원하는 건설사업관리기술인(이하, 이 표에서 "기술지원기술인"이라 한다)의 현장시공실태 점검의 소홀	
	가) 기술지원기술인으로서 업무를 수행한 이후 현장점검 횟수가 제59조 제7항에 따라 국토교통부장관이 정하여 고시하는 세부 기준에 따른 횟수보다 정당한 사유 없이 2회 이상 부족한 경우	1
	나) 기술지원기술인으로서 업무를 수행한 이후 현장점검 횟수가 제59조 제7항에 따라 국토교통부장관이 정하여 고시하는 세부 기준에 따른 횟수보다 정당한 사유 없이 1회 부족한 경우	0.5
17)	하자담보책임기간 하자 발생	
	가) 시공 단계의 건설사업관리 업무 내용과 관련하여 「건설산업기본법」 제28조 제1항에 따른 하자담보책임기간 내에 3회 이상 하자(같은 법 제82조 제1항 제1호에 따른 하자를 말한다. 이하 이 번호에서 같다)가 발생한 경우로서 같은 법 제93조 제1항 및 같은 법 시행령 제88조에 따른 시설물의 주요 구조부에 발생한 하자가 1회 이상 포함되는 경우(건설사업관리용역사업자만 해당한다)	2
	나) 시공 단계의 건설사업관리 업무 내용과 관련하여 「건설산업기본법」 제28조 제1항에 따른 하자담보책임기간 내에 하자가 3회 이상 발생한 경우(건설사업관리용역사업자만 해당한다)	1
18)	하도급 관리 소홀	
	가) 불법하도급을 묵인한 경우 또는 하도급에 대한 타당성 검토 절차를 이행하지 않거나 관련 기준과 다르게 하여 「건설산업기본법」 제82조 또는 제83조에 따라 영업정지 또는 등록말소가 된 경우	3
	나) 하도급에 대한 타당성 검토 절차를 이행하지 않거나 관련 기준과 다르게 하여 「건설산업기본법」에 따라 과징금 또는 과태료가 부과된 경우	2
	다) 하도급에 대한 타당성 검토 절차를 이행하지 않거나 관련 기준과 다르게 하여 계획공정에 차질 또는 민원이 발생하거나 불법행위가 발생한 경우	1

다. 그 밖의 건설엔지니어링사업자 및 건설기술인등에 대한 벌점 측정기준

번호	주요 부실내용	벌점
1)	각종 현장 사전조사 또는 관계 기관 협의의 잘못	
	가) 과업지시서에 명시된 현장 사전조사나 관계 기관 협의 등을 하지 않아 설계변경 사유	2

	가 발생한 경우	
	나) 과업지시서에 명시된 현장 사전조사 및 관계 기관 협의 등을 했지만 조사범위의 선정 등을 잘못하여 설계변경 사유가 발생한 경우	1
2)	토질·기초 조사의 잘못	
	가) 과업지시서에 명시된 보링 등 토질·기초 조사를 하지 않은 경우	3
	나) 과업지시서에 명시된 토질·기초 조사를 잘못하여 공법의 변경사유가 발생한 경우	1
3)	현장측량의 잘못으로 인한 설계 변경사유의 발생	
	가) 주요 시설계획의 변경이 발생한 경우	2
	나) 그 밖의 시설계획의 변경이 발생한 경우	1
4)	구조·수리 계산의 잘못이나 신기술 또는 신공법에 관한 이해의 부족	
	가) 주요 구조물의 재시공이 발생한 경우	3
	나) 주요 구조물의 보수·보강(경미한 보수·보강은 제외한다. 이하 이 번호에서 같다)이 발생한 경우	2
	다) 그 밖의 구조물의 보수·보강이 발생한 경우	1
5)	수량 및 공사비(설계가격을 기준으로 한다) 산출의 잘못	
	가) 총공사비가 10% 이상 변경된 경우	2
	나) 총공사비가 5% 이상 변경된 경우	1
	다) 토공사·배수공사 등 공사 종류별 공사비가 10% 이상 변경된 경우(총공사비의 10% 이상에 해당되는 공사 종류로 한정한다)	0.5
6)	설계도서 작성의 소홀	
	가) 설계도서의 일부를 빠뜨리거나 관련 기준을 충족하지 못하여 재시공 또는 보수·보강(경미한 보수·보강은 제외한다)이 발생한 경우	3
	나) 공사의 특수성, 지역여건 또는 공법 등을 고려하지 않아 현장의 실정과 맞지 않거나 공사 수행이 곤란한 경우	2
	다) 시공상세도면의 작성을 관련 기준과 다르게 하여 시공이 곤란한 경우	1
7)	자재 선정의 잘못으로 공사의 부실 발생	
	가) 주요 자재 품질·규격의 적합성 검토 절차를 이행하지 않거나 관련 기준과 다르게 하여 재시공이 필요한 경우	3
	나) 주요 자재 품질·규격의 적합성 검토 절차를 이행하지 않거나 관련 기준과 다르게 하여 보수·보강(경미한 보수·보강은 제외한다. 이하 이 번호에서 같다)이 필요한 경우	2
	다) 그 밖의 자재 품질·규격의 적합성 검토 절차를 이행하지 않거나 관련 기준과 다르게 하여 재시공 또는 보수·보강이 필요한 경우	1
8)	건설엔지니어링 참여 건설기술인의 업무관리 소홀	
	가) 참여예정 건설기술인이 실제 건설엔지니어링 업무 수행 시에 참여하지 않거나 무자격자가 참여한 경우	3
	나) 참여 건설기술인의 업무범위 기재내용이 실제와 다르거나 감독자의 지시를 정당한 사유 없이 이행하지 않은 경우	1
9)	입찰 참가자격 사전심사 시 건설사업관리 업무를 수행하기로 했던 건설엔지니어링 참여기술	

	인의 임의변경 또는 관리 소홀(건설엔지니어링사업자만 해당한다)	
	가) 발주자와 협의하지 않거나 발주자의 승인을 받지 않고 건설엔지니어링 참여기술인을 교체한 경우, 50% 이상의 건설엔지니어링 참여기술인을 교체한 경우(해당 공사현장에 3년 이상 배치된 경우, 퇴직·입대·이민·사망의 경우, 질병·부상으로 3개월 이상의 요양이 필요한 경우, 3개월 이상 공사 착공이 지연되거나 진행이 중단된 경우, 그 밖에 발주청이 필요하다고 인정하는 경우는 제외한다. 이하 이 번호에서 같다)	2
	나) 같은 분야의 건설엔지니어링 참여기술인을 상당한 이유 없이 3번 이상 교체한 경우	1
10)	건설엔지니어링 업무의 소홀 등	
	가) 제59조 제4항에 따른 건설사업관리의 업무내용 등과 관련하여 업무의 소홀, 기록유지 또는 보고의 소홀로 예정기한을 초과하는 보완설계가 필요한 경우	2
	나) 정당한 사유 없이 건설엔지니어링 참여기술인의 업무 소홀로 설계용역 계획공정에 차질이 발생한 경우	0.5
11)	건설공사 안전점검의 소홀	
	가) 정기안전점검·정밀안전점검 보고서를 사실과 현저히 다르게 작성한 경우, 정기안전점검·정밀안전점검을 이행하지 않거나 관련 기준과 다르게 하여 건설사고가 발생한 경우	3
	나) 정기안전점검 또는 정밀안전점검을 이행하지 않거나 관련 기준과 다르게 하여 보수·보강이 필요한 경우	2
	다) 정기안전점검 또는 정밀안전점검 후 기한 내 결과보고를 하지 않은 경우	1
12)	타당성조사 시 수요예측을 부실하게 수행하여 발주청에 손해를 끼친 경우로서 고의로 수요예측을 30% 이상 잘못한 경우	1

라. 측정기관은 해당 업체(현장대리인을 포함한다) 및 건설기술인등의 확인을 받아 가목부터 다목까지의 규정에 따른 주요부실내용을 기준으로 벌점을 부과하고, 그 결과를 해당 벌점 부과 대상자에게 통보해야 한다.

마. 해당 공사와 관련하여 감사기관이 처분을 요구하는 경우나 해당 업체(현장대리인을 포함한다) 또는 건설기술인등이 부실 확인을 거부하는 경우에는 처분요구서 또는 사진촬영 등의 증거자료를 근거로 하여 부실을 측정하고 벌점을 부과할 수 있다.

바. 벌점 경감기준

1) 반기 동안 사망사고가 없는 건설사업자 또는 주택건설등록업자에 대해서는 다음 반기에 부과된 벌점의 20%를 경감하며, 반기별 연속하여 사망사고가 없는 경우에는 다음 표에 따라 다음 반기에 부과된 벌점을 경감한다.

무사망사고 연속반기 수	2반기	3반기	4반기
경감률	36%	49%	59%

2) 반기 동안 10회 이상의 점검을 받은 건설사업자, 주택건설등록업자 또는 건설엔지니어링사업자에 대해서는 반기별 점검현장 수 대비 벌점 미부과 현장 비율(이

하 "관리우수 비율"이라 한다)이 80% 이상인 경우에는 다음 표에 따라 해당 반기에 부과된 벌점을 경감한다. 이 경우 공동수급체를 구성한 경우에는 참여 지분율을 고려하여 점검현장 수를 산정한다.

관리우수 비율	80% 이상 ~ 90% 미만	90% 이상 ~ 95% 미만	95% 이상
경감점수	0.2점	0.5점	1점

  3) 무사망사고에 따른 경감과 관리우수 비율에 따른 경감을 동시에 받는 경우에는 관리우수 비율에 따른 경감점수를 먼저 적용한다.
  4) 사망사고 신고를 지연하는 등 벌점을 부당하게 경감받은 것으로 확인되는 경우에는 경감받은 벌점을 다음 반기에 가중한다.

  사. 벌점 부과 기한
  측정기관은 「건설산업기본법」 제28조 제1항에 따른 하자담보책임기간 종료일까지 벌점을 부과한다. 다만, 다른 법령에서 하자담보책임기간을 별도로 규정한 경우에는 해당 하자담보책임기간 종료일까지 부과한다.

 6. 벌점 공개
  국토교통부장관은 법 제53조 제3항에 따라 매 반기의 말일을 기준으로 2개월이 지난 날부터 인터넷 조회시스템에 벌점을 부과받은 업체명, 법인등록번호 및 업무영역, 합산벌점 등을 공개한다.

03
소장(원고)

소　　장

원　　고　　　OO건설 주식회사
　　　　　　　　서울 OO구 OO동 OO빌딩 3층
　　　　　　　　대표이사　김말동
　　　　　　　　소송대리인 법무법인 OO
　　　　　　　　담당 변호사 김아무개
피　　고　　　한국OOOO공사
　　　　　　　　대표자 이OO
　　　　　　　　서울 OO구 OO로 12

청 구 취 지

1. 피고는 원고들에게 금 1,000,000,000원 및 이에 대한 이 사건 소장 부본 송달일 다음날부터 다 갚는 날까지 연 12%의 비율에 의한 금원을 지급하라.

2. 소송비용은 피고의 부담으로 한다.

3. 위 제1항은 가집행 할 수 있다.

　　라는 판결을 구합니다.

청 구 원 인

1. 기초적 사실관계

　가. 당사자 관계

　　　피고가 OO 일원에 'ㅁㅁ(이하 '이 사건 사업'이라고만 합니다)을 시행함에 있어... 　－ 중 략 －

입 증 방 법

1. 갑 제1호증의 1 내지 17　　　　　　　　각 계약(변경합의)서

1. 갑 제2호증　　　　　　　　　　　　　　준공검사 결과 통보

04
답변서(피고)

답 변 서

<table>
<tr><td>사　　건</td><td>2020가합28000 손해배상</td></tr>
<tr><td>원　　고</td><td>○○건설 주식회사</td></tr>
<tr><td>피　　고</td><td>한국○○○○공사</td></tr>
</table>

　　　　　　　위 피고 소송대리인
　　　　　　　변호사 강감찬

위 사건에 관하여 '**피고**' 소송대리인은 원고의 청구에 대하여 다음과 같이 답변합니다.

청구취지에 대한 답변

1. 원고의 청구를 기각한다.
2. 소송비용은 원고의 부담으로 한다.
라는 판결을 구합니다.

청구원인에 대한 답변

1. 다툼 없는 사실

　피고 한국○○○○공사와 원고 **○○건설 주식회사** 2020년도에 ○○공사로 계약을 체결한 바 있으며...

－ 중간 생략 －

05
준비서면

준 비 서 면

사　　건　　2020가합28000 손해배상
원　　고　　OO건설 주식회사
피　　고　　한국OOOO공사

　　위 사건에 관하여 원고들의 소송대리인은 다음과 같이 변론을 준비합니다.

다　　음

1. 피고의 원고들 청구 부당성 주장에 대하여
가. 피고의 주장 요지
　　피고는 『당사자 사이에 계약금액 조정을 염두에 두지 않고 확정적으로 지급을 마친 기성대가는 당사자의 신뢰보호 견지에서 계약금액조정의 대상이 되지 않는다』는 대법원 판결을 인용하면서 『피고는 원고들과 협의를 거쳐 각 차수별 변경계약을 체결하고 변경계약에 따라서 차수별 준공대가의 지급을 완료하였는바, 그렇다면 위 판례의 취지에 따라 원고들의 주장은 모두 이유 없다』고 주장합니다.

나. 원고들의 계약금액 조정 신청의 존재
　　소장에서 밝힌 바와 같이....

－중간생략－

06
판결문

서 울 중 앙 지 방 법 원
제 2 7 민 사 부
판 결

사　　　건	2020가합28000 손해배상
원　　　고	○○건설 주식회사
	서울 ○○구 ○○동 ○○빌딩 3층
	대표이사　김말동
	소송대리인 법무법인 ○○
	담당변호사 김아무개
피　　　고	한국○○○○공사
	서울 ○○구 ○○로 12
	대표자 이○○
	소송대리인 법무법인 ○○
	담당변호사 이○○, 박○○
변 론 종 결	2020. 10. 25.
판 결 선 고	2020. 11. 22.

주　　　문

1. 피고는 원고에게 1,130,554,000원 및 이에 대하여 20**. 1. 1.부터 20**. 10. 24.까지는
   연 6%의, 그 다음날부터 다 갚는 날까지는 연 12%의 각 비율에 의한 금원을 지급하라.
2. 소송비용은 피고가 부담한다.
3. 제1항은 가집행 할 수 있다.

<h1 align="center">청 구 취 지</h1>

주문과 같다.

<h1 align="center">이   유</h1>

1. 기초사실

　가. 이 사건 공사에 관한 도급계약의 체결

　　원고는 총공사부기금액 18,000,000,000원, 1차 공사기간은 착공일로부터 2005. 12. 31. 까지, 총공사기간은 착공일로부터 34개월로 하는 공사도급계약(이하 '이 사건 도급계약'이라 한다)을 체결하였다.

07
중재합의서

중 재 합 의 서

　아래 당사자들은 아래 내용의 분쟁을 대한상사중재원의 중재규칙 및 대한민국 법에 따라 대한상사중재원에서 중재에 의하여 해결하기로 하며, 본 분쟁에 대하여 내려지는 중재판정은 최종적인 것으로 모든 당사자에 대하여 구속력을 가지는 것에 합의한다.

　1. 분쟁내용 요지: (예: 계약(주문)번호xxx에 관련한 모든 분쟁)

　2. 부가사항: (중재인 수나 위 규칙 제8장에 따른 신속절차 및 형평과 선에 의한 판정 가능 여부 등에 관하여 합의할 수 있음)

20 ． ． ．

회 사 명: _____　　　회 사 명: _____
위대표자: _____㊞　　위대표자: _____㊞
주 　 소: _____　　　주 　 소: _____

위대리인: _____㊞　　위대리인: _____㊞

08
중재신청서

중 재 신 청 서

신 청 인   **1. OO건설 주식회사**

              서울시 O구 OOO로5가 100

              대표이사 홍 길동

            2. 주식회사 ㅁㅁ종합건설

              제주시 OO면 OO리 산1－1

              대표이사 김 말동

            위 신청인들의 대리인　법무법인 OO

            담당변호사　이 순신, 강 감찬

            서울 강남구 역삼동 OOO XX빌딩 4층

피신청인   **한국OO공사**

            대전시 OO구 OO로

            대표자 사장 이 성 계

신 청 취 지

1. 피신청인은 신청인들에게 금 10,000,000,000원 및 이에 대한 이 사건 중재신청서 송달일 다음날부터 이 사건 중재 판정일까지는 연 6%의, 그 다음날부터 완제일까지는 연 12%의 각 비율에 의한 금원을 지급하라.
2. 중재비용은 피신청인의 부담으로 한다.

라는 판정을 구합니다.

신 청 원 인

1. 기초적 사실관계
  가. 당사자 관계

– 이 하 생 략 –

중 재 판 정
정   본

사단법인 대한상사중재원

※ 이 중재판정에 관하여는 적법한 관할권이 있는 세계 각국의 어느 법원에서도
그 확인 또는 집행이 가능합니다.

대 한 상 사 중 재 원
중 재 판 정 부
중 재 판 정

중재   제111111-OOOO호

신 청 인   1. OO건설 주식회사
                   서울시 O구 OOO로5가 100
                   대표이사 홍 길동
                2. 주식회사 ㅁㅁ종합건설
                   제주시 OO면 OO리 산1-1
                   대표이사 김 말동

                위 신청인들의 대리인 법무법인 OO
                담당변호사 이 순신, 강 감찬
                서울 OO구 OO동 OOO XX빌딩 4층

피신청인   한국OO공사
                대전시 OO구 OO로
                대표자 사장 이 성 계

중재지 : 서울

판 정 주 문

1. 피신청인은 신청인들에게 금 OOO,OOO,OOO원 및 이에 대한 이 사건 중재신청서 송달
   일 다음날부터 이 사건 중재 판정일까지는 연 6%의, 그 다음날부터 다 갚는 날까지는
   연 12%의 각 비율에 의한 금원을 지급하라.
2. 신청인의 나머지 신청은 기각한다.
3. 중재비용(금 OOOOOO원)은 이를 4분하여 그 1 (금 OOOOO원)은 신청인의, 나머지 3
   (금 OOOOOO원)은 피신청인의 각 부담으로 한다.

신 청 취 지

1. 피신청인은 신청인들에게 금 10,000,000,000원 및 이에 대한 이 사건 중재신청서 송달일 다음날부터 이 사건 중재 판정일까지는 연 6%의, 그 다음날부터 완제일까지는 연 20%의 각 비율에 의한 금원을 지급하라.
2. 중재비용은 피신청인의 부담으로 한다.

라는 판정을 구합니다.

– 이 하 생 략 –

판 정 이 유

1. 기초적 사실관계
   가. 당사자 관계

– 이 하 생 략 –

보험증권(국문번역본)

10

건설공사보험 증권

건설공사보험 증권

(번 역 본)

담보명세서(별표)

1. 피보험자   : 시공사 ○○건설㈜ / 발주처 ○○공사 /기타 동 공사 이해관계인
2. 담보위험   : ○○ 정온도 향상 외곽시설 설치공사
3. 소 재 지   : 부산광역시 ○○ 일대
4. 보험기간   : 20○○. ○○. ○○ 00:00 ~ 20○○. ○○. ○○. 24:00
5. 보험가입금액 : 제Ⅰ부문) 재물손해 : ₩100,0000,0000,000
　　　　　　　　　　(잔존물 제거비용 10억 원/사고당 포함)
　　　　　　　　　　제Ⅱ부문) 제3자 배상책임 : 대인·대물 포괄한도
　　　　　　　　　　₩100,0000,0000,000 - 1사고당
　　　　　　　　　　부문별 보상한도액 : 각 부문 가입금액/보상한도액의 91.33%
6. 보험료   : ₩24,0000,0000,000. -
7. 보험조건   : 별첨참조
8. 참고   : 이 보험 증권은 청약일까지 알려지거나 보고된 사고가 없음을 전제로
　　　　　　　　　하여 보험효력이 발생합니다.

우리 회사는 이 보험의 보통약관 및 특별약관 기타 이 증권에 정한 바에 따라 위와 같이

보험계약을 체결하였음이 확실하므로 그 증거로 본 증권을 발생합니다.

계약일자 20○○년 ○월 ○일

　　　　　　　　　　　　　　　　　　　　　○○손해보험주식회사
　　　　　　　　　　　　　　　　　　　　　대 표 이 사   ○ ○ ○

7. 보험조건

제 1,2 부문) 재물손해 및 제3 자 배상책임담보

A. 독일식 건설공사보험 보통약관
B. 정치적위험 부담보 특별약관
C. 정보기술 조항 (데이터베이스, 소프트웨어 등 부담보)
D. 테러위험 면책 특별약관
E. 자기부담금 : 손해액의 20%, 단 최저 ₩500,000,000.-1 사고당/자연재해
　　　　　　 ₩100,000,000.-1 사고당/기타/제3 자 배상책임(단,대인제외)
F. 방화설비에 관한 추가약관 (보상한도액 : 보관단위당 보험가입금액의 10%)
G. 지하매설 전선이나 배관에 관한 추가약관
   (자기부담금 : 손해액의 20%, 단, 최소 제3 자 배상책임 자기부담금)
H. 강우, 홍수 및 범람에 관한 안전조치 추가약관
I. 파일기초 및 옹벽공사에 관한 추가약관
J. 농작물 및 산림 등 부담보 추가약관
   - 산림 등(Cultures) : 품종개량의 목적을 포함한 가축의 사육 및 식물의 경작
K. 산사태 제거에 관한 추가약관
L. 공정구간에 관한 특별약관 (최대보상구간 : 200m)
M. 건설 및 조립공사 일정계획에 대한 추가약관 (변경허용기간 : 6주)
N. 설계결함담보 특별약관
O. 진동, 지지대 철거 및 약화에 관한 특별약관
P. 보험사고 협조조항
Q. 공동보험 특별약관
R. 피보험자 부담비율 조항 (부담비율 : 8.67%)
   보험자의 책임범위는 아래와 같이 계산됩니다.
   (총발생사고금액 - 자기부담금) × (100%- 피보험자 부담비율)
S. 보험자의 책임은 여하한 경우에도 증권상에 기재된 보상한도액을 초과할수 없습니다.

T. 특별면책조항
- 해상보험에서 담보 가능한 모든 종류의 배상책임
- 통상적인 해수, 해파로 인한 충진물 또는 매립토양(또는 골재)의 유실
- 파일공사중 파일(말뚝)에 발생한 각종 손실과 그 파일을 제거, 수리하는데 소요되는 비용
- 케이슨, 바지선 또는 기타 물에 띄워서 사용하는 장비에 발생한 손실과 이러한 장비나 재료로 인해 발생한 배상책임손해
- 기상 악화로 해상장비를 동원 또는 철수하거나 기타 추가로 발생된 경비
- 통상적인 해수, 해파로 인한 준설 및 재준설 비용
- 침하, 침몰로 인한 정박소, 부두, 방파제 혹은 그와 유사한 시설물에 발생한 손실 및 손해
- 통상적인 해수작용, 파도 또는 토양침식에 의해 불가피하게 발생하는 손해나 사고
- 각종 삭도류, 닻, 체인류, 부표 또는 오탁방지막에 발생한 손해
[통상적인 해수 활동이란 공사현장 부근 공해상에서의 풍속이 Beaufort Scale 8이하에 해당하는 바다상태를 형성하는 것으로 정의함]

U. 추가조건
- 폭풍이 임박했음을 12시간 전에 통보 받은 경우는 지속적으로 기상청과의 연락을 유지해야함

독일식 건설공사보험 보통약관 (번역문)

별표에 기재된 보험계약자가 진술서와 함께 00손해보험주식회사(이하"회사"라 한다)에 약정의 일부로 간주되는 질문서를 완비하여 서면으로 청약한 것에 대하여 이 증권의 별표에 표시된 보험료를 보험계약자가 회사에 지불하고 이 증권과 이에 첨부된 배서에 포함되어 있는 용어, 면책사항, 제규정과 제조건에 따라 다음에 규정하는 방식과 한도 내에서 회사는 이를 보상하는 책임을 부담한다.

일반면책사항

회사는 직접 또는 간접을 불구하고 다음의 원인으로 인하거나 원인에서 발생한 또는 그 원인으로 악화된 손실, 손해 또는 배상책임은 이를 보상하지 아니한다.

1. 전쟁, 침략, 외적의 행위, 적대행위(선전포고의 유무를 불문함), 내란, 모반, 반란, 폭동, 파업, 민요, 군사력이나 찬탈자의 폭력, 어떤 정치 조직체를 위하거나 관련된 악인의 단체적 혹은 개인적 행위, 음모, 몰수, 징발 압류 또는 법에 의하거나 사실상에 의하거나 정부기관의 명령에 의한 파손 또는 손해
2. 핵반응, 핵반사 또는 방사선오염
3. 보험계약자 또는 피보험자와 그 대표자의 고의적인 행동 또는 고의적인 태만
4. 공사의 전부 또는 일부휴지

회사가 상기 1 의 면책규정을 이유로 하여 어떠한 손실, 파손, 손해 또는 배상책임이 이 보험에서 담보되지 않는다고 주장하거나 소송을 제기할 경우에는 피보험자는 이러한 손실, 파손, 손해 또는 배상책임이 이 보험에서 담보된다는 것을 증명할 책임이 있다.

담보기간

회사의 보상책임기간을 별표에 기재된 여하한 보험개시일에도 불구하고 건설공사장 구내에서의 작업의 개시 또는 별표에 기재한 보험의 목적이 하역된 직후부터 개시되고 부보된 피보험목적물의 건설공사가 인계되거나 사용되는 데에 따라 종료된다. 회사의 보상책임기간은 늦어도 별표에 기재한 말일에 종료되며 보험기간을 연장하고저 할 때에는 회사의 사전 서면 동의를 얻어야 한다.

일반조건

1. 이 증권상의 제조건을 정당하게 파악하고 이행함은 그러한 제조건이 피보험자가 행동하고 이행해야 할 모든 것과 피보험자가 작성한 질문서와 청약서의 기재사항을 규정하고 있는 한 회사가 이 증권에 의한 보상책임의 전제조건이 된다.

2. 별표와 각 부문(2개 부문)은 서로 결합되어 이 증권의 일부를 구성하며 이 계약에서 사용되는 "이 증권"이라는 표현은 별표와 각 부문을 포함한 것으로 하며 증권 또는 별표의 일부분 혹은 각 부문의 일부에 첨부되어 특정의미로서의 단어, 또는 표현도 동일한 의미로 간주한다.

3. 피보험자는 자신의 경비로서 손실, 손해 또는 배상책임을 방지하도록 모든 정당한 주의를 해야 하며 회사의 정당한 권고에 따라야 한다. 그리고 법률상 필요조건과 제조업자의 권고에도 따라야 한다.

4. (A) 회사의 대표자는 어떠한 경우에 있어서도 위험을 조사 또는 검사할 권리를 가지며 피보험자는 회사의 대표자에게 위험측정에 필요한 모든 명세와 자료를 제공해야 한다.

   (B) 피보험자는 위험의 현저한 변동과 상황에 따라 추가예방조치가 취해져야 할 원인이 발생하였을 경우 지체없이 서면으로나 전신으로 회사에 자신의 경비로서 통지하여야 하며 이에 따라 필요하다면 담보범위와 보험료가 조정되어야 한다. 그러나, 위험이 증가하더라도 이 보험의 계속에 대한 회사의 서면으로 된 확인이 없는 한 보험계약자 또는 피보험자의 임의로 변경시키거나 변경을 허용할 수 없다.

5. 이 증권하에 보험금청구사유가 발생하였을 경우에 피보험자는
   (A) 지체없이 손실 또는 손해의 성질과 정도를 밝힌 서면 또는 전화,전보로서 회사에 통지하여야 한다.
   (B) 손실 또는 손해를 최대한 경감하도록 가능한 한 모든 조처를 취해야 한다.
   (C) 손해부분을 보존하고 회사의 대표자 혹은 검정인이 정당하게 조사할 수 있도록 조처하여야 한다.
   (D) 회사가 요구하는 제자료와 증빙서류를 제출하여야 한다.
   (E) 절도 또는 도난으로 인한 손실 또는 손해의 경우에는 경찰기관에 신고하여야 한다.

회사는 여하한 경우에 있어서도 사고발생 14 일 이내에 사고통지를 받지 아니하면 손실, 손해 또는 배상책임에 대한 배상책임을 부담하지 아니한다. 피보험자는 손해가 소액인 때에는 이를 수리 또는 대체하기 전에 손실 또는 손해를 검사하는 권리를 가진다. 만약 회사의 대표자가 이런 상태하에 적당하다고 인정되는 기간 내에 검사를 수행하지 못할 때에는 피보험자가 수리 또는 대체를 할 권리가 있다. 이 증권하에서 손해를 입은 목적물에 대한 회사의 책임은 지체없이 적절하게 수리되지 않는다면 보상할 책임을 부담하지 아니한다.

6. 피보험자는 손해보상의 전후를 막론하고 회사의 비용으로 회사가 이 증권에 의하여 손실 또는 손해를 보상함으로써 취득 또는 대위하는 제자(이 증권하의 피보험자는 제외)에 대한 모든 권리와 손해배상 청구권의 행사 또는 배상을 받는데 필요한 행위와 사실을 이행하거나 이를 위하여 회사가 정당하게 요구하는 행위와 사실을 이행하고 협력하는 것에 동의하여야 한다.

7. 책임에 관한 해석이 달라짐으로 해서 이 증권에 의하여 지급되는 보험금에 관하여 이의가 있을 때에는 당사자 쌍방에 의하여 서면으로 선정된 1 명의 중재인의 결정에 따른다. 만약 양당사자가 단일중재인의 선정에 의견이 일치하지 않으면 당사자 일방이 서면으로 요청한 후 1개월 이내에 각 당사자가 지정하는 2 명의 중재인의 결정에 따르며 중재인간의 합의가 안될 때에는 심리에 들어가기에 앞서 양중재인에 의하여 지정되는 1명의 심판인의 결정에 따른다.
심판인은 중재인과 함께 심리를 하고 그 심의를 주재한다.
중재인과 심판인의 판정을 받는 것은 회사를 상대로 하고 소권취득의 전제조건 풀이 된다.

8. 만약 보험금 청구가 사기행위의 목적이나 허위진술이거나 또는 이 증권하에 피보험자가 어떠한 이익을 취득하기 위한 사기행위를 하였을 경우에는 중재인 또는 심판인의 판정이 있은 후 3 개월 이내에 행사하지 아니하면 이 증권하의 모든 이익을 청구할 권리를 상실한다.

9. 이 증권하에서 보험금 청구가 발생하였을 때에는 이 보험과 같은 손실, 손해 또는 상책임을 담보하는 타보험이 있을 경우 이러한 손실, 손해 및 책임에 대하여 지급할 보험금은 그 각각의 비율에 따라 지급한다.

제 1 부문 물질적인 손해

회사는 보험기간 중 특별히 제외된 원인 이외의 원인으로 별표에 기재된 보험의 목적 또는 그 일부가 예기할 수 없었고 갑작스런 물리적 손실 또는 손해를 입음으로써 수리 또는 대체를 하여야 할 때에는 별표에 기재된 바와 같이 개별적 항목에 대하여는 각 항목별 보험금액을 초과하지 아니하며 1 사고당 보상한도액을 초과하지 않고 또한 총체적으로 별표에 기재된 총보험금액을 초과하지 않는 범위 내에서 회사는 다음에 규정하는 바와 같은 손실 또는 손해에 대하여 이를 보상하는 책임을 부담할 것을 보험계약자 또는 피보험자와 합의한다.

이 증권하에서 보험청구가 발생하는 경우 개개의 합계액이 별표에 명시되어 있을 것을 전제로 회사는 피보험자에게 잔존물 제거비용을 보상하는 책임을 부담한다.

제 1 부문에 대한 특별면책조항

회사는 다음 각 항에 대하여 보상하는 책임을 부담하지 아니한다.

(A) 1 사고 발생당 피보험자가 부담하는 별표에 기재한 공제금

(B) 위약금, 과태금, 자연의 손실, 계약상의 불이행의 손실

(C) 설계결함으로 인한 손해 또는 손실

(D) 대체비용, 재질 또는 세공의 흠을 수정하기 위한 비용, 그러나 이 면책조항은 직접적으로 정당하게 사용된 보험의 목적물에 발생한 손해 또는 손실을 담보함.

(E) 사용부족이거나 정상기압상태에서의 마멸, 침식, 산화, 변질, 악화

(F) 건설장비, 건설기계의 기계적 또는 전기적 피해 또는 교란

(G) 일반도로 전용허가를 가진 차량, 수상수송선박, 항공기의 손실 및 손해

(H) 서류, 제도, 계산서, 청구서, 통화, 인지, 증거서류, 화폐, 유가증권 및 수표의 분실 또는 손해

(I) 재고조사중에 발견된 손해나 손실

제 1 부문에 적용할 규약

1. 총보험금액

이 보험의 필요조건으로 다음과 같은 별표에 기재된 총보험금액은 다음의 가액보다 적어서는 아니된다.

별표(1)항 : 공사기재, 임금, 운임, 관세, 세금 및 시공자가 공급하는 자재장비 등을 포함하여 건설공사종료까지의 총사의 총가액

별표(2)항과 (3)항 : 건설장비 및 건설기계의 대체가액 : 동종과 동일능력의 신품으로 보험의 목적을 대체하는 비용을 뜻함.

피보험자는 임금이나 물가의 현저한 변동이 있을 경우에는 보험금액을 그에 따라 증액시켜야 하며, 다만 이것은 회사가 증권에 기재한 이후에만 효력을 갖는다. 만약 손실 또는 손해가 발생하였을 경우 부보된 총보험금액이 보험가액에 미달되는 경우 이 증권에서 피보험자가 보상받는 금액은 이 계약의 보험금액의 보험가액에 대한 비율만큼 삭감하며 비례보상한다. 여하한 목적들과 비목도 이 조건에 준해서 개별적으로 적용한다.

2. 손해사정의 기초

손실 또는 손해가 발생한 때에 이 증권상의 손해사정의 기초는 제 규정과 제 조건에 따라 다음과 같이 결정한다.

(A) 수리가 가능한 손해의 경우

손해가 발생하기 직전에 있어서 보험목적의 현재가액으로 하되 구제된 금액은 공제

(B) 전손의 경우

손해가 발생하기 직전에 있어서 보험목적의 현재가액으로 하되 구제된 금액은 공제. 그러나 그 한도는 피보험자가 부담하는 비용 이내로서 총보험금액에 포함된 한도 내이어야 하며 제규정과 제조건에 적합하여야만 하는 것을 전제로 한다. 회사는 사정에 따라서 수리 또는 대체가 이행된 것을 증명하는 청구서 및 구비서류가 제출되는데 따라 지급한다. 그러나 수리될 수 있는 손해는 수리를 하되, 만약 수리비가 손해발생 전에 있어서의 보험가액과 동일하거나 초과할 경우에는 전항(2)에 규정된 기준에 의하여 손해를 산정한다.

본 수리비의 일부로서 공사비를 증가시키지 아니하는 임시수리비는 회사가 이를 부담한다. 개조비, 추가비 또는 개량비는 이 증권상에서 부담하지 아니한다.

3. 확장위험담보

시간외 근무, 야간근무, 공휴일 작업, 급행운임 등에 대한 특별비용은 사전에 특약으로 합의한 경우에는 이 보험에서 확장담보한다.

제2부문 제3자 배상책임보험

회사는 보험기간 중에 제1부문에서 부보된 보험목적물의 조립, 건설 또는 시험가동에서 직접적으로 관련되어 직접적으로 관련되어 조립구내에서 발생한 다음의 손해에 대하여 피보험자가 법률상의 손해배상책임을 부담함으로써 입은 모든 손해를 별표에 명시한 책임한도액을 초과하지 않는 범위 내에서 보상한다.

(A) 제 3 자가 입은 우연한 신체상의 상해 또는 병(불치여하에 관계없이)

(B) 제 3 자의 재산에 끼치는 손해 또는 손실

　　　이 보험에서 보상한 배상청구에 대하여 회사는 다음의 비용도 추가로 지급합니다.

　　1. 피보험자가 배상청구자에게 지급한 모든 소송비용

　　2. 회사에 서면으로서 승인을 얻어 지출한 모든 비용

이 부문에서 회사의 배상책임액은 별표에 기재된 보상한도액을 초과하지 아니한다.

제 2 부문에 적용되는 특별면책조항

회사는 다음의 각 호에 대하여는 보상하지 아니한다.

1. 1 사고 발생당 피보험자 자신이 부담하여야 할 별표의 공제금

2. 이 증권의 제 1 부문에서 담보하였거나 담보된 것의 작업 또는 개량, 수리하는데 따른 비용

3. 진동 또는 철거에 기인한 재산, 토지 또는 건물에 대한 재산상의 손해(특별히 증권에 배서를 하지 않는 한)에 기인하여 받침대를 약화시키거나 제거함으로써 발생한 대인 및 대물손해

4. 다음사항의 배상책임

　(A) 도급업자, 발주자 또는 그들 회사의 일원이나 제 1 부문에서 담보되는 부분이나 사업과 관련된 타회사의 고용인, 종업원들의 질병이나 신체상의 손해

　(B) 상기한 고용인이나 종업원 또는 제 1 부문에서 담보가 된 부분이나 사업과 연관된 타 회사와 발주자 도급업자의 관리, 관할, 통제를 하고 있는 재산에 대한 손해나 손실

　(C) 항공기, 수상수송선박 또는 일반도로 운행허가를 가진 차량으로 인한 손해

　(D) 피보험자에게 소속되지 않는 배상책임으로써 합의에 의하여 피보험자가 보상하는 배상책임

제 2 부문에 적용할 특수조건

1. 피보험자는 회사의 서면에 의한 동의 없이는 피보험자를 위하여 수행한 인정, 제의, 지불 또는 보상을 하여서는 아니된다. 회사는 만약 피보험자가 원할 경우에는 피보험자의 명의로 변호 또는 손해의 사정을 할 수 있고 자신의 이익을 위하여 피보험자의 명의로 배상청구 손해보상청구나 기타의 청구를 할 수 있으며 또는 어떠한 소송절차의 이행이나 손해보상의 결정에 대한 재량권을 가지며, 피보험자는 회사가 요구할 때에는 모든 자료를 제공하고 협조를 하여야 한다.

2. 회사는 사고에 관련되는 한, 피보험자에게 1 사고에 대한 보상한도에 지급하거나(이
에 각각 배상금이 이미 지급된 금액이 있는 경우에는 이를 공제하고) 이 같은 사고에
기인한 배상청구가 결정될 수 있는 금액을 지급하며 회사는 이 부문의 결정에 의하
여는 이와 같은 사고에 대하여 그 이상의 책임을 부담하지 아니한다.

정치적 위험 부담보 특별약관

원인의 직접, 간접을 불문하고 다음의 원인으로 의하거나, 원인에서 발생한 손실 또는
손해는 보상하여 드리지 아니합니다.

1) 전쟁, 침략, 외적의 행위, 적대행위, 전쟁유사행위(선전포고의 유무를 묻지 아니합
   니다.), 또는 내란
2) 합법기관에 의한 일시적 또는 영구적인 몰수, 징발 또는 압류
3) 민중봉기 또는 그에 상응하거나 그 일부인 폭동, 민요, 군사 봉기, 반역, 모반, 반
   란, 군사력, 찬탈자의 폭력, 계엄령 또는 포위상태 또는 이러한 계엄령, 포위상태
   를 공포 유지토록 하는 사건
4) 개인 또는 조직체에 관련하거나 이를 대리하는 자에 의한 테러 행위

상기의 테러 행위란 정치적 목적으로 폭력을 사용하거나 민간인 또는 그 중 일부 위협
할 목적으로 행사하는 폭력을 의미합니다.

어떤 행위나 소송에서 손해가 이 조건에서 보상되지 아니함을 재보험사가 주장할 경우
이 손해가 보상된다는 거증책임은 출재사가 져야 합니다.

출재사에 의하여 지불되어야 할 보상액이 정부기관에 의한 조치로 인하여 감소된 경우,
재보험사의 책임 또한 비례적으로 감소되어야 합니다.
출재사가 공공기관의 지시로 인하여 분담금 또는 보상금을 받은 경우, 재보험자는 그 인
수지분에 상응하는 분담금 또는 보상금을 받아야 합니다.

테러행위 면책특별약관

본 특별조항은 보통약관 및 여타의 특별약관 내용을 아래와 같이 수정합니다.

테러행위 면책

보험회사는 실제 또는 발생이 예견되는 테러사고를 저지 또는 방어하는 행위를 포함하는 테러행위로 인한 직접적 또는 간접적으로 발생한 손해액을 보상하지 않습니다. 동시적 또는 연속적으로 테러행위로 귀결되는 여타의 원인 또는 행위와 상관없이 그 손해액은 면책됩니다. 테러행위란 개인, 집단 또는 재물에 가해지는 아래의 행위를 지칭합니다.

1. 아래의 행위 또는 그 행위의 사전준비와 관련된 행위

  가. 물리력 또는 폭력의 사용 또는 위협, 또는

  나. 위태로운 행위의 위협 또는 의뢰

  다. 전자, 통신, 정보 또는 공학적 시스템을 간섭 또는 차단하는 행위의 수행 또는 의뢰

2. 아래 중 하나 또는 양자가 적용될 때,

  가. 정부나 민간인 또는 그 중의 일부를 협박하거나 위협 또는 경제의 일부를 혼란시키고자 하는 의도

  나. 정치적, 이념적, 종교적, 사회적 또는 경제적 목적 또는 이론이나 이념을(또는 그 이론이나 이념에 반대를) 표현할 목적으로 정부를 위협하거나 협박하려는 의도가 있을 경우

상기 1항 또는 2항 이외에 본 특별약관은 아래의 테러행위로 인한 손해액을 보상하지 않습니다.

1. 직접적 또는 간접적인 핵반응, 방사능 또는 방사능 오염으로 귀결되는 핵물질의 사용, 방출 또는 유출과 관련된 행위

2. 병원균이나 독성의 생화학 물질을 살포 또는 사용하는 행위

3. 병원균이나 독성의 생화학 물질 살포할 경우, 테러행위의 목적이 그러한 물질의 살포일 것

※ 단, 상기에도 불구하고 이 면책약관은 상해손해에 대하여는 적용하지 아니합니다.

정보기술 조항

이 조항에서 재물 손해란 실질적인 재물에 발생한 물리적 손해를 의미합니다. 재물에 발생한 물리적 손해는 데이터 또는 소프트웨어에 발생한 손해를 포함하지 아니합니다. 특히 원형에서 변형되거나 변조 또는 삭제로 인하여 데이터, 소프트웨어 또는 컴퓨터 프로그램에 발생한 유해한 변화는 재물 손해에 포함되지 아니합니다.

결론적으로 다음의 손실 또는 손해들은 이 조항에 의하여 담보되지 않습니다.

1) 원형에서 변형되거나 변조 또는 삭제로 인하여 데이터, 소프트웨어 또는 컴퓨터 프로그램에 발생한 유해한 변화와 같은 데이터 또는 소프트웨어에 발생한 손실 또는 손해, 그리고 이러한 손실 또는 손해로 야기된 기업휴지손해. 그러나 이 면책조항에도 불구하고, 재물에 발생한 담보되는 물리적 손해로 인하여 직접적으로 데이터 또는 소프트웨어에 발생한 손실 또는 손해는 담보됩니다.
2) 데이터, 소프트웨어 또는 컴퓨터 프로그램의 작동, 유용성, 사용범위, 또는 접근성에의 손상으로부터 야기된 손실 또는 손해. 그리고 이러한 손실 또는 손해로 발생한 기업휴지 손해.

방화시설에 관한 추가약관

회사는 이 증권의 보통약관 및 특별약관의 규정에 관계없이 화재 또는 폭발로 인한 직접 또는 간접의 손해에 대하여는 아래와 같은 조치가 취해진 경우에 한하여 보상하여 드립니다.

(1) 건설현장에 충분한 방화설비 및 소방기구가 항상 갖추어져 있어야 하며 화재시에는 즉시 사용이 가능하여야 합니다.
(2) 종업원들이 그와 같은 방화설비 및 소방기구를 사용할 수 있도록 충분히 훈련되어 있어야 하며 또한, 즉시 동원할 수 있어야 합니다.
(3) 건설현장에 보험목적물이 보관되는 경우에는 보관단위당 가액은 보험가입금액의 (10%)을 초과할 수 없으며, 각 보관단위는 각기 50m 의 공지 거리나 방화벽으로 분리되어 있어야 합니다. 또한, 모든 가연성 액체 및 기체는 공사중인 물건 또는

모든 가열성 작업으로부터 충분한 거리를 두고 보관되어야 합니다.

(4) 가연성 물질 주위에서 용접 및 땜질을 하거나 불을 사용할 경우에는 소화작업에 능숙한 사람이 소화장비를 갖춘 상태로 한 명 이상 대기하고 있어야 합니다.

(5) 시운전 시작 전에 조립물건에 사용될 모든 소화시설이 설치되어 즉시 가동 가능한 상태로 있어야 합니다.

지하매설 전선이나 배관에 관한 추가약관

회사는 이 증권의 보통약관 및 특별약관의 규정에 관계없이 공사개시 전에 관련기관에 피보험자가 지하에 매설된 전선, 배관 및 기타 설비의 위치를 정확히 조회한 경우에 한하여 그러한 매설물에 대한 손해를 보상하여 드립니다.

단, 회사의 보상책임은 직접 손해인 위 시설물의 수리비용에 한합니다.

강우, 홍수 및 범람에 관한 안전조치 추가약관

회사는 이 증권의 보통약관 및 특별약관의 규정에 관계없이 강우, 홍수 및 범람으로 인한 직접, 간접 손해 또는 배상책임손해에 대하여 당해 공사의 설계 또는 시공단계에서 적정한 안전조치가 취하여진 경우에만 이를 보상합니다.

적정한 안전조치라 함은 전 보험기간과 건설현장에 대하여 10 년 주기의 강우, 홍수 및 범람에 대비한 예방조치를 말합니다.

다만, 모래, 나무 등 장애물이 수로에서 즉각적으로 제거되지 않으므로 발생한 손해에 대해서는 보상하지 아니합니다.

농작물 및 산림등 부담보 추가약관

회사는 이 증권의 보통약관 및 특별약관의 규정에 관계없이 직접 또는 간접으로 건설공사 중에 발생한 농작물, 산림 등에 대한 손해 및 배상책임손해를 보상하지 아니합니다.

산사태 제거에 관한 추가약관

회사는 이 증권의 보통약관 및 특별약관의 규정에 관계없이 아래의 사항은 보상하지 아니합니다.
　(1) 산사태의 영향을 입은 지역의 사고발생 전 실굴착 경비를 초과한 산사태 제거 비용
　(2) 필요한 조치를 하지 않았거나 제때에 하지 않음으로써 생긴 침식된 경사지역이나 기타 정지면의 보수를 위한 비용

파일기초 및 옹벽공사에 관한 추가약관

회사는 이 보험의 보통약관 및 특별약관의 제규정에 관계없이 아래와 같은 비용은 보상하여 드리지 아니합니다.
　가. 파일 또는 옹벽의 전체 일부를 수정하거나 교체하는데 소요된 비용. 여기에는 이를 시공하는 과정에서 발생한 아래의 현상과 관련한 모든 비용이 포함됩니다.
　　- 파일 또는 옹벽 위치 지정상의 오류
　　- 파일 또는 옹벽의 비뚤어짐
　　- 파일 또는 옹벽의 시공중단
　　- 파일 또는 옹벽 혹은 이의 시공을 위한 거푸집 및 케이싱(casing)에 발생한 손해
　　- 어떤 이유에서든 시공중인 파일 또는 옹벽의 시공을 포기하거나 이를 버려야 할 경우

나. 파일이 끊어지거나 이음상태가 불량하여 이를 수정하는데 소요된 비용

다. 물질의 형태에 관계없이 새어나가거나 침투애 들어온 상태를 수정하는데 소요된 비용]

라. 토양안정액(Bentionite)등이 유실되어 이를 채워 넣거나 교체하는데 소요된 비용

마. 파일 또는 옹벽이 응력시험이나 재하시험에 합격하지 못하여 발생하게 된 모든 비용 혹은 파일 또는 옹벽의 시공결과가 설계기준에 미치지 못하여 발생하게 된 모든 비용

바. 파일 또는 옹벽의 외관이나 크기라 맞지 않아 발생하게 된 모든 비용

상기한 조항은 자연재해로 발생한 사고에는 적용하지 아니하며, 발생한 손해가 자연재해로 발생한 사고에 기인됨을 규명해야 할 책임은 계약자가 부담합니다.

공정구간에 대한 추가약관

회사는 이 증권의 보통약관 및 특별약관의 규정에 관계없이 제방, 방파제, 개착(Cuttings), 계단식 파기(Benchings), 도랑 및 수로공사에 대한 손해 및 배상책임손해는 동 제방 등이 일정한 구간으로 나뉘어 건설되는 경우에만 보상하여 드리며, 회사의 한 사고당 최대보상 길이는 최대구간 길이인 각각 200m 로 합니다.

건설 및 조립공사 일정계획에 대한 추가약관

회사는 이 증권의 보통약관 및 특별약관의 규정에 관계없이 보험계약시 피보험자가 제출한 공사일정표상의 공사일정과 전체 공사진행이 6 주 이상의 차이가 나는 경우 그 차이로 인하여 발생한 손해에 대하여는 이를 보상하지 아니합니다.

단, 손해발생이전 그러한 차이에 대하여 회사가 동의한 경우에는 그러하지 아니합니다.

설계결함담보 특별약관

회사는 이 증권의 보통약관 및 특별약관의 규정에 관계없이 설계결함으로 인한 대체 및 복구 비용을 보상하여 드립니다. 다만, 이 특별약관은 동 설계결함으로 인하여 직접적인 영향을 받은 보험의 목적에 대하여는 적용되지 아니합니다.

진동, 지지대 철거 및 약화에 관한 특별약관

회사는 이 보험의 보통약관 및 특별약관의 제규정에 관계없이 다음과 같은 조건하에서 진동, 지지대 철거 및 약화로 인하여 발생한 사고에 따른 제 3 자에 대한 배상책임손해를 이 보험증권의 배상책임 보상한도액을 한도로 보상하여 드립니다.

한 사고당 보상한도액 :
총 보상한도액 :
한 사고당 자기부담금 :

1. (보상의 전제조건)
   (가) 건물, 토지 또는 재물의 손실에 대한 배상책임은 그 건물, 토지 또는 재물의 전부 또는 부분적인 붕괴사고가 있었어야 합니다.
   (나) 건물, 토지 또는 재물의 손실에 대한 배상책임은 그 건물, 토지 또는 재물의 상태가 보험의 목적이 되는 공사를 시작하기 이전에는 온전한 상태이어야 하며 필요한 사고예방조치가 취하졌어야 합니다.
   (다) 보험계약자는 자신의 경비로 배상책임손해가 예견되는 건물, 토지 또는 재물의 상태에 대하여 보험의 목적이 되는 공사를 시작하기 이전에 조사보고서를 작성하여야 합니다.

그러나, 회사는 아래와 같은 배상책임 손해는 보상하지 아니합니다.

   (가) 보험의 목적이 되는 공사의 성격이나 수행방법으로 보아 예견할 수 있는 사고나 손해
   (나) 건물, 토지 또는 재물의 안정성(stability)을 저해하지 않거나 그 사용자들에게 위험을 초래하지 아니하는 외견상의 손해
   (다) 보험기간 중에 손해를 예방하거나 경감시키기 위해 지출한 제비용

2. (준용규정) 이 특별약관에 정하지 아니한 사항은 보통약관을 따릅니다.

손해조사 협조조항

이 재보험계약에 포함된 여하한의 규정에도 불구하고, 아래 사항들은 재보험자의 배상책임에 우선합니다.

1. 원수보험사는 이 증권에서 보장되는 피보험 활동과 관련하여 원수보험사에 보험금 청구가 제기되거나, 또는 그러한 보험금 청구가 야기될 수 있는 상황을 통지받는 경우 가장 합리적인 방법을 통해 서면으로 재보험자에게 통지해야 합니다.

2. 원수보험사는 보험금 청구 또는 보험금 청구가 가능한 상황을 통지받은 경우 이와 관련하여 습득한 모든 정보를 가장 합리적인 방법을 통해 재보험자에게 제공하며, 그 이후 관련 사항이 갱신되는 대로 지속적으로 재보험자에게 통지합니다.

3. 원수보험사는 위에서 언급된 바와 같이 재보험자에게 통지한 보험금 청구와 관련하여 사고조사, 손해사정, 보험금 정산에 있어서 재보험자 또는 재보험자가 선임한 여하한의 대리인에게 협조합니다.

피보험자 분담 조항

- 보험자의 책임한도 : 보험가입금액 또는 제3자 배상책임보상한도액의 (91.33 %)
- 피보험자 부담비율 조항 : (8.67 %)
- 보험자의 책임범위는 아래와 같이 계산됨

   (총발생사고금액 − 자기부담금) × (100% − 피보험자 부담비율)

여타한 경우라도 보험자의 책임범위는 보험증권에 명기된 보상한도액 특별약관을 초과할 수 없습니다.

공동보험 특별약관

이 증권은 아래의 공동보험자를 대리하여 간사사인 00손해보험(주)가 발행하며 각 보험자는
아래에 명기된 인수비율에 따라 그 책임을 부담합니다.

회사명	인수비율
00손해보험	20.837%
00화재해상보험	6.799 %
00손해보험	29.629 %
00손해보험	5.267 %
00손해보험	2.737 %
00화재해상보험	10.588 %
00화재	7.303 %
00해상화재보험	5.113 %

참고문헌

※ 기타 본서를 보완하는 데 필요한 내용은 인터넷의 정보와 자료를 참조하고 활용하였으나 일일이 모든 주소를 열거하지는 않았음.

정원, 공공조달계약법 I , 법률문화원, 2016

김정식, 건설현장의 위험과 클레임 처리, 대한경제, 2021

고지훈·김용우·여지운, 하도급 분쟁 심플한 정리법, 건설경제, 2020

정원·정유철·이강만, 공공계약 판례여행, 건설경제, 2017

한국정책연구원, 정부·공공기관 국가계약질의회신유권해석, 건설정보사, 2021

고상진·박채규 외, 설계변경과 클레임, 삼일, 2010

김남철, 행정법 강론, 박영사, 2014

정형근, 행정법, 피엔씨미디어, 2016

정기창, 건설기고만장, 한국산업융합연구원, 2022

대한경제 건설분쟁 관련 기고문 참고

저자약력

황준화 jhhwanb@hanmail.net

건설법무학 박사
대한상사중재원 중재인/감정인
토목시공기술사

1996년 인하대학교 토목공학과를 졸업하였고 2020년에 광운대학교 건설법무학과 석사 및 박사과정을 마쳤다. 에스케이에코플랜트(주)에서 단지·도로·교량·수로·방수제·전력구·지하비축·화력발전소·철도 등의 분야에서 공사/공무/품질/사업관리/현장소장을 수행하였다. 현재 건설분쟁 실무를 담당하고 있으며 관련분야의 연구에 매진하고 있다.

수준 높은 현장기술자를 위한 수준 낮은
건설법무 이야기

초판발행   2023년 2월 28일
중판발행   2023년 9월 20일

지은이   황준화
펴낸이   안종만 · 안상준

편 집   윤혜경
기획/마케팅   정성혁
표지디자인   이소연
제 작   고철민 · 조영환

펴낸곳   ㈜ **박영사**
            서울특별시 금천구 가산디지털2로 53, 210호(가산동, 한라시그마밸리)
            등록 1959. 3. 11. 제300-1959-1호(倫)
전 화   02)733-6771
f a x   02)736-4818
e-mail   pys@pybook.co.kr
homepage   www.pybook.co.kr
ISBN   979-11-303-1687-1   93540

정 가   32,000원